Handbuch der

# Seifenfabrikation

Als zweiter Band des **Handbuchs der Seifenfabrikation** erschien im gleichen Verlage

**Dr. C. Deite**

**„Toiletteseifen, medizinische Seifen und andere Spezialitäten“**

Dritte Auflage. Preis in Leinwand gebunden M. 11.—

# Deites Handbuch
der
# Seifenfabrikation

Unter Mitwirkung von Otto Spangenberg, Chemnitz

neu herausgegeben von

**Dr. Walther Schrauth**
Privatdozent an der Universität Berlin

Erster Band

## Hausseifen, Textilseifen und Seifenpulver

**Vierte Auflage**

Mit 90 in den Text gedruckten Abbildungen

Springer-Verlag Berlin Heidelberg GmbH
1917

ISBN 978-3-7091-5669-8 ISBN 978-3-7091-5721-3 (eBook)
DOI 10.1007/978-3-7091-5721-3


Ursprünglich erschienen bei Julius Springer in Berlin 1917
Softcover reprint of the hardcover 1st edition 1917

# Vorwort zur 1. Auflage.

Häufige Anfragen bei der Redaktion des „Seifenfabrikant" nach einem brauchbaren Werke über Seifenfabrikation und die Tatsache, daß ein solches nicht vorhanden war, veranlaßten mich bereits vor einigen Jahren, in Gemeinschaft mit einigen Mitarbeitern am „Seifenfabrikant" den Plan zu einem „Handbuch der Seifenfabrikation" zu entwerfen, dessen Ausführung sich leider, da ich durch meine Berufstätigkeit zu sehr in Anspruch genommen war, bis zum Sommer des vorigen Jahres verzögert hat.

Da es die außerordentliche Mannigfaltigkeit der Produkte, welche die heutige deutsche Seifenindustrie erzeugt, dem einzelnen Seifensieder fast unmöglich macht, in allen Seifensorten Erfahrungen zu sammeln, so schien es mir zweckmäßig, eine Teilung der Arbeit in der Weise eintreten zu lassen, daß die verschiedenen Seifen nicht von einem, sondern von mehreren Seifensiedern bearbeitet würden, und zwar jede Sorte stets von einem besonders darin erfahrenen Praktiker, während ich selbst die Bearbeitung des chemischen Teils und der Rohstoffe übernommen habe.

Die Seifensiederei ist ein Gewerbe, dessen Prozesse vollständig auf chemischer Grundlage beruhen, und doch sehen wir, daß viele tüchtige Praktiker aller chemischen Kenntnisse bar sind, während sich freilich die Überzeugung von ihrer Notwendigkeit in den Seifensiederkreisen immer mehr Bahn bricht und sich auch heute schon viele Seifensieder mit tüchtigen chemischen Kenntnissen finden. Unter diesen Umständen drängt sich die Frage auf: wie weit ist die Chemie bei Abfassung des Buches zu berücksichtigen? — Es ist mehrfach der Wunsch geäußert worden, daß dem Buche als Einleitung eine vollständige „Chemie für Seifensieder" gegeben würde. Dies schien mir zu weit zu gehen, da es den Umfang des Buches zu sehr vergrößert und es infolgedessen zu sehr verteuert haben würde; wohl aber schien es mir geboten, einesteils die Untersuchungsmethoden der Alkalien so elementar zu behandeln, daß sie auch von dem Nichtchemiker ausgeführt werden können, andernteils aber eine vollständige Chemie der Fette, soweit sie für die Technik von Bedeutung ist, zu bringen, um so dem mit chemischen Kenntnissen ausgerüsteten Seifensieder ein besseres Verständnis der in seinem Gewerbe vorkommenden chemischen Prozesse zu ermöglichen und ihn mit allen brauchbaren Methoden, welche zur Untersuchung der Fette und Öle dienen, vertraut zu machen.

Eine andere Frage war, ob die „Füllungen“ mit zu berücksichtigen wären. Ich bin kein Freund davon und kann einen großen Teil derselben nicht anders als Fälschungen bezeichnen; trotzdem hielt ich es für geboten, sie mit zu behandeln, da sie leider so verbreitet sind, daß man, ohne auf sie Rücksicht zu nehmen, garnicht ein den heutigen Verhältnissen entsprechendes Seifenbuch zu schreiben imstande ist.

Die Toiletteseifen sind nur kurz behandelt, da ich beabsichtige, sie zusammen mit den Parfümerien in einem besonderen Werke herauszugeben.

Einer Entschuldigung bedarf eine Inkonsequenz: im chemischen Teil und bei den Rohstoffen sind die Temperaturen nach Graden Celsius angegeben, im praktischen Teil dagegen nach Graden Réaumur; ich glaubte letztere nicht ändern zu dürfen, da sie heute noch bei allen deutschen Seifensiedern gebräuchlich sind.

Indem ich noch meinen Mitarbeitern und überhaupt allen denen, welche mich bei Abfassung des Werkes mit Rat und Tat unterstützt haben, sowie auch der Verlagsbuchhandlung für die gediegene Ausstattung meinen verbindlichsten Dank ausspreche, schließe ich mit dem Wunsche, daß sich das Buch für recht viele nützlich erweisen möge.

Berlin, im November 1886.

**Deite.**

# Vorwort zur 4. Auflage.

Die Herausgabe der vierten Auflage des Deiteschen Handbuches fällt in eine Zeit, zu welcher es schwer ist, das zukünftige Werden der Seifenindustrie in irgendeiner Weise vorauszusehen. Infolge der durch den gegenwärtigen Krieg gegebenen Verhältnisse ist ihre Lage eine so beengte geworden, daß zur Zeit die Möglichkeit selbständigen Entschließens völlig ausgeschaltet ist. Die bestehenden Gesetze und Verordnungen verbieten nämlich nicht nur die freie Verarbeitung aller Rohmaterialien, auch eine fortschrittliche Entwickelung der Industrie, die hauptsächlich in dem Streben des einzelnen nach besonderen Leistungen begründet liegt, ist infolge der bitteren Notwendigkeit einer Zwangssyndizierung gehemmt und gehindert. Nicht einmal der Erfinder, der sich beispielsweise auf rein wissenschaftlicher Grundlage bemühen wollte, fettsaures Alkali aus nicht beschlagnahmten Rohprodukten oder Salze anderer organischer Säuren mit seifenähnlichen Eigenschaften synthetisch herzustellen, besitzt die praktische Möglichkeit, den ihm durch das Patentgesetz zugestandenen Nutzen aus seiner Erfindung zu ziehen, da als Seifen nicht mehr nur die Alkalisalze der höheren Fettsäuren, sondern schlechthin alle Waschmittel verstanden werden, welche Ölsäuren, Fettsäuren, Harzsäuren oder deren Salze oder andere organische Säuren enthalten, die selbst oder in der Form ihrer Salze eine Wasch- oder Reinigungswirkung ausüben, und da das alleinige Recht zur Herstellung und zum Vertrieb all dieser Produkte durch Bundesratsbeschluß allein dem Syndikate zusteht.

Daß die Anzahl der zur Zeit fabrizierten Erzeugnisse infolge der bestehenden Fettknappheit und dieser oben kurz angedeuteten Verhältnisse halber außerordentlich gering ist, dürfte nahezu selbstverständlich sein. Sie beschränken sich, von den sogenannten fettlosen Waschmitteln aus Ton u. dgl. abgesehen, im wesentlichen auf die seit dem Frühjahr 1916 vom Kriegsausschuß für Fette und Öle vorgeschriebenen Fabrikate, die K. A. Seifen zur Körperpflege und das K. A. Seifenpulver zur Wäschereinigung, zwei Produkte, die nur zu 20 bzw. 5% aus wirklicher Seife bestehen.

In der bestimmten Voraussetzung aber, daß die gegenwärtige Lage der Seifenindustrie eine mit Kriegsende vorübergehende sein dürfte, glaubt der Herausgeber richtig zu handeln, wenn die kriegsgemäße Ausgestaltung der Seifenfabrikation in der vorliegenden Neuauflage nur mit kurzen Worten gestreift, dafür aber an geeigneter Stelle immer wieder darauf hingewiesen wird, in welcher Weise eine Weiterentwickelung nach Beendigung des Krieges und nach Aufhebung des Zwangssyndikates erwartet werden darf.

Die Art und die Einteilung des Stoffes konnte daher im großen und ganzen wie in der Vorauflage beibehalten werden.

Auch das Prinzip der Arbeitsteilung des Erstherausgebers ist völlig gewahrt geblieben, indem nach dem Vorschlage des Verlages der praktische Teil des Buches „die spezielle Technologie der Seifen“ wieder von einem auf diesem Gebiete besonders erfahrenen Fachmanne, dem Herrn Otto Spangenberg in Chemnitz, bearbeitet wurde.

Der chemisch-technische Teil des Handbuches hat teilweise nicht unerhebliche Kürzungen erfahren. Das Bestehen einer umfangreichen Spezialliteratur gestattet es, beispielsweise auf eine elementare Behandlung der Untersuchungsmethoden der Alkalikarbonate und Ätzalkalien zu verzichten. Auch die Besprechung der übrigen analytischen Methoden ist hier und da knapper als in den Vorauflagen behandelt worden, da diesbezüglich, wie gesagt, auf die vorhandenen Lehrbücher und Spezialarbeiten verwiesen werden muß und diese Kenntnisse demzufolge als bekannt vorausgesetzt werden können

Ebenso ist der praktische Teil des Buches in gewissem Umfange gekürzt worden, da die wiederholte Schilderung der gleichen Arbeitsweise bei einander ähnlichen Fabrikaten entfallen konnte.

Neu hinzugekommen ist dafür aber ein Kapitel über die Kalkulation der Seifenfabrikation und ausführlich berücksichtigt sind, was wohl selbstverständlich sein dürfte, alle Neuerungen, die die Seifenindustrie sowohl in chemischer (Fettspaltungsmethoden, Alkalischmelze ungesättigter Fettsäuren, Verarbeitung der Abfallfette usw.) wie maschineller Richtung seit Herausgabe der Vorauflage erfahren hat.

Eine angenehme Pflicht ist es mir, Herrn Dr. Otto Schenck (Dessau), der mir beim Lesen der Korrekturbogen behilflich gewesen ist und die Register hergestellt hat, für seine liebenswürdige Unterstützung auch an dieser Stelle meinen wärmsten Dank abzustatten.

Möge die neue Auflage dieselbe günstige Aufnahme finden, deren sich die früheren erfreuen durften.

Berlin, im September 1917.

**Dr. Walther Schrauth.**

# Inhalt.

# Geschichte der Seifenfabrikation.

Forscht man nach dem Ursprung der Seifenfabrikation, so findet man, daß bei den Schriftstellern, die vor unserer Zeitrechnung gelebt haben, nirgend eines Reinigungsmittels gedacht ist, das unserer Seife entspräche. Man findet zwar häufig die Angabe, daß schon den Autoren des alten Testaments die Seife bekannt gewesen sei; es ist dies jedoch ein Irrtum, der durch die Luthersche Übersetzung hervorgerufen ist. Die Worte, welche Luther mit „Seife" übersetzt, bedeuten lediglich mineralisches oder vegetabilisches Laugensalz.

Zu Homers Zeiten scheint die Reinigung der Wäsche nur dadurch bewirkt zu sein, daß sie im Wasser ohne irgend welchen Zusatz gerieben oder gestampft wurde. Wenigstens beschäftigt Homer die Nausikaa und ihre Begleiterinnen in dieser Weise, als sie von Odysseus überrascht werden.

Später dienten vielfach sowohl Pflanzen mit seifenartigen Säften wie auch Holzasche und natürliche Soda zum Waschen, auch wußte schon Paulus von Ägina (7. Jahrhundert n. Chr.), daß das Laugensalz durch Kalk verstärkt werden kann; das gewöhnlichste Waschmittel aber war im Altertum der gefaulte Urin, der auf Grund seines Gehaltes an Ammoniumkarbonat schwach alkalische Eigenschaften besitzt. In Rom standen deshalb die Fullonen, denen das Geschäft des Waschens oblag, recht eigentlich in schlechtem Geruch und waren mit ihren Werkstätten in entlegene Straßen oder vor die Stadt verwiesen; sie hatten aber das Recht, an den Straßenecken große Gefäße aufzustellen, in denen sie die Beiträge der Vorübergehenden einsammelten [1]).

Der älteste Schriftsteller, welcher die Seife erwähnt, ist Plinius [2]). Er erzählt im 18. Buch seiner Historia naturalis, wo er von Haarfärbemitteln spricht, daß die Seife von den Galliern zum Rotfärben der Haare erfunden sei, daß sie aus Holzasche und Ziegentalg hergestellt werde, und zwar in zweierlei Art, fest und flüssig; sie sei bei den Germanen in beiderlei Gestalt gebräuchlich und würde mehr von den Männern als den Frauen angewandt. Die Seife scheint also damals als eine Art Färbepomade benutzt zu sein; ob sie auch zu andern Zwecken gedient hat, geht aus den Angaben des Plinius nicht hervor.

---

[1]) Vgl. F. M. Feldhaus, Über Sapo, Lauge und Seife unserer Altvorderen. Chem.-Ztg. 1908, **32**, 837.

[2]) Plinius der Ältere; er fand seinen Tod beim Ausbruch des Vesuvs, 79 n. Chr.

Aus der angezogenen Stelle schließt man aber gewöhnlich, daß die Gallier oder auch die Gallier und Germanen die Erfinder der Seife gewesen sind. Ed. Moride [1]) bestreitet die Richtigkeit dieses Schlusses. Er meint, Plinius habe sagen wollen, daß nur die Verwendung der Seife als Haarfärbemittel eine Erfindung der Gallier sei, und glaubt, daß die Phönizier, dieses hoch entwickelte Industrievolk des Altertums, die eigentlichen Erfinder der Seife gewesen wären, die ihre Kunst nach Gallien mitgebracht hätten, als sie sich 600 Jahre v. Chr. an den Mündungen der Rhone niederließen [2]).

Die ersten Seifen dürfen wir uns jedenfalls nicht als Kunstprodukte nach Art der heutigen vorstellen. Anfänglich hat man wahrscheinlich nur Öl und Asche gemischt und solche Mischungen als Salben bei Hautausschlägen und ähnlichen Leiden verwandt. Durch Zufall wird man später gefunden haben, daß man eine viel kräftiger wirkende Salbe erhielt, wenn man die Asche zuvor mit Wasser und gebranntem Kalk und hierauf erst mit Fett oder Öl vermischte. Allmählich wird man dann wohl zu Produkten gekommen sein, wie sie ähnlich heute noch in Algier verwendet werden und über die Léon Droux [3]) in folgender Weise berichtet: „Im Innern von Algier bringen die sehr industriellen Kabylen auf die Märkte eine Masse, die zwei ganz verschiedenen Zwecken dient, als Heilmittel und zum häuslichen Gebrauch. Es ist dies eine schwach gelblich gefärbte, etwas transparente Seife von gallertartiger Konsistenz, die fast auf kaltem Wege hergestellt wird und nur einen geringen Wassergehalt besitzt. Sie wird aus Olivenöl und Lauge bereitet, die man erhält, indem man Wasser durch ein Gemenge von Holzasche und gebranntem Kalk hindurchgehen läßt. Die Araber benutzen die so gewonnene Seife vielfach als Salbe gegen Hautaffektionen, sowie für häuslichen Gebrauch und zum Waschen der Wolle, welche sie zu Geweben verarbeiten."

Als Reinigungsmittel wird die Seife zuerst von den Schriftstellern des 2. Jahrhunderts n. Chr. erwähnt. Der berühmte Arzt Galenus gedenkt ihrer in seiner Schrift „de simplicibus medicaminibus" sowohl als Mittel zur Reinigung wie als Medikament; er hebt zugleich hervor, die deutsche Seife sei die beste und nach ihr die gallische.

Über die allmähliche Weiterentwicklung der Seifenindustrie ist nur wenig bekannt. Marseille soll schon im 9. Jahrhundert einen bedeutenden Handel mit Seife gehabt haben. Im 15. Jahrhundert war Venedig der Hauptplatz für diesen Artikel, mußte aber seine Stellung im 17. Jahrhundert an Savona, Genua und Marseille abtreten. Auch in England scheint zu Anfang des gleichen Jahrhunderts die Seifenfabrikation schon bedeutend gewesen zu sein. Jedenfalls wurde schon 1622 einer englischen Seifensiederkompagnie das Monopol zur Bereitung von Seifen

[1]) Les corps gras industr. **12**, 261.

[2]) Vgl. Marazza, Industria Saponiera, Mailand 1907, S. 158.

[3]) Les produits chimiques. Paris 1878, S. 186.

erteilt; sie zahlte jährlich für 3000 Tons Seife 20 000 £ Steuer. Infolge dieses Patentes kam es jedoch zu Streitigkeiten, da sich ein großer Teil der vorhandenen 20 Seifensieder der Gesellschaft nicht angeschlossen hatte und ihre Rechte nicht anerkennen wollte. Es wurde deshalb auf Befehl des Königs verordnet, daß keine Seife verkauft werden dürfte, die nicht durch die Gesellschaft geprüft wäre. Im Jahre 1633 wurden 16 Seifensieder wegen Nichtachtung dieses Verbots und des Patents vor die Sternkammer geladen. Die Angeklagten wurden zu Geldstrafen von 500 bis 1500 £ verurteilt, und sollten außerdem so lange im Gefängnis bleiben, als es Sr. Majestät gefallen würde. Dieser Beschluß wurde ausgeführt, und zwei der Bestraften starben im Gefängnis, während die anderen 40 Wochen darin blieben. Im Anschluß hieran erfolgten einige Verordnungen, die den Patentträgern das alleinige Recht zur Fabrikation von Seife gewährleisteten und die Preise für letztere festsetzten. Als sich die Patentträger 1635 erboten, für die Tonne Seife noch 2 £ Steuer mehr zu bezahlen, wurden ihre Rechte sogar erweitert und wieder einige Seifensieder, welche dem zuwiderhandelten, eingekerkert. 1637 wurden endlich den Patentträgern das Patent für 40 000 £ und die Fabrikgebäude für 3000 £ abgekauft, die vorhandenen Materialien mußten die Londoner Seifensieder mit 20 000 £ bezahlen, wofür sie dann aber das Recht erhielten, ihr Gewerbe wieder fortzusetzen.

In Frankreich blühte im 17. Jahrhundert ebenfalls das Monopolunwesen. 1666 wandte sich Pierre Rigat, ein Lyoner Kaufmann, an den König und machte sich anheischig, Seife zu fabrizieren, ohne irgend Materialien dafür aus dem Auslande zu beziehen, und zwar in so großer Menge, daß sie für ganz Frankreich ausreiche. Louis XIV. nahm seinen Vorschlag an und gab ihm ein Privileg auf 20 Jahre, daß er allein Fabriken für weiße, marmorierte und alle sonstigen Sorten Seife und an allen Orten des Landes, welche ihm paßten, errichten durfte. Nur die damals vorhandenen sechs oder sieben Fabriken sollten bestehen bleiben, sofern ihre Siedekessel nicht vermehrt und ihre Fabrikate zu einem festgesetzten Preise an Rigat geliefert würden, der sie dann mitverkaufen sollte. Das Patent brachte jedoch zu viel Unzuträglichkeiten mit sich und wurde bereits 1669 wieder aufgehoben.

Vielfache Klagen über Verfälschungen der Seife veranlaßten die französische Regierung dann aber im Jahre 1688, bestimmte Vorschriften für die Seifenfabrikation zu erlassen. Man verordnete, daß die Seifenfabrikanten, welche Sorten Seife sie auch fabrizierten, in jedem Jahre während der Monate Juni, Juli und August die Fabrikation einzustellen hätten, daß die neuen Öle nicht vor dem 1. Mai eines jeden Jahres für die Seifenfabrikation verwandt werden sollten, und daß endlich außer Barilla, Soda, Asche und Olivenöl keine andern Fette und sonstigen Materialien verarbeitet werden dürften. Infolge vielfacher Klagen und Reklamationen wurden aber diese Verordnungen 1754 zum Teil wieder aufgehoben und schließlich räumte die Revolution 1789 gänzlich mit ihnen auf.

Über die deutsche Seifenfabrikation in den früheren Jahrhunderten ist wenig bekannt. Sie war Kleingewerbe und wurde in ihrer Entwicklung durch die allgemein gebräuchliche Seifenerzeugung im Haushalt wesentlich behindert. Bedeutung hat sie erst erlangt, als sich nach Einführung der künstlichen Soda und der tropischen Pflanzenfette, sowie durch die Erkenntnis des chemischen Charakters der Fettkörper Entwicklungsmöglichkeiten ergaben, die auch heute noch keineswegs erschöpft sind.

Im allgemeinen pflegt man den Zeitpunkt der Untersuchungen Chevreuls über die Fette [1]), die das Wesen des Verseifungsprozesses klar legten, als den Beginn für die moderne Periode der Seifenindustrie zu bezeichnen. Die bedeutende Ausdehnung, zu welcher sie heute in allen Kulturländern gelangt ist, ist in erster Linie jedoch der sogenannten Leblancsoda zu verdanken, deren industrielle Verwendung zeitlich etwa mit den Untersuchungen Chevreuls zusammenfällt.

Die französische Akademie der Wissenschaften hatte nämlich 1775 für die Lösung der Frage, welches die beste Methode der Umwandlung des Kochsalzes in Soda sei, einen Preis von 2400 Livres ausgeschrieben. Angeregt durch diese Preisfrage hatte sich neben anderen auch Nicolas Leblanc mit dem gegebenen Problem beschäftigt und war 1787 auf den richtigen Weg gekommen. Im Jahre 1790 assoziierte er sich mit dem Herzog von Orleans, Henri Shée, dem Schatzmeister des Herzogs, und Dizé, Assistenten der Chemie am Collège de France, zur Ausbeutung seines Verfahrens. Bei St. Denis wurde eine Fabrik errichtet, die aber schon nach kurzer Zeit zugleich mit den Gütern des Herzogs mit Beschlag belegt wurde. Leblanc hatte zwar am 25. September 1791 ein Patent auf sein Verfahren genommen, aber auf den Aufruf des Wohlfahrtsausschusses hin, demzufolge jedes Geheimnis zum Besten des Vaterlandes geopfert werden sollte, die Veröffentlichung seines Verfahrens gestattet, das nunmehr von jedermann frei benutzt werden konnte. Leblanc war ruiniert; im Kampfe mit dem Elend, ermüdet durch lange und vergebliche Versuche, Recht zu erhalten, abgewiesen und nicht imstande, von seiner Familie die Not fern zu halten, fiel er in Schwermut und tötete sich selbst (1806).

Mit Leblancs Tode ging indessen sein Verfahren nicht verloren. Schon in seinem Todesjahre entstand eine Sodafabrik von Payen in Paris, eine andere von Carny in Dieuze, und in demselben Jahre wurden von der Spiegelmanufaktur zu St. Gobain schon mit Leblancsoda hergestellte Spiegel ausgestellt.

In England, das später Jahrzehnte hindurch mit seiner Soda den Weltmarkt beherrschen sollte, scheint das Leblanc-Verfahren zuerst 1814, allerdings nur in kleinem Maßstabe, in Anwendung gekommen zu sein. 1818 führte es Tennant in Glasgow ein, und zu Ende des genannten Jahres verkaufte man dort bereits die Tonne Kristallsoda zu

[1]) Chevreul, Recherches chémiques sur les corps gras d'origine animal. Paris 1823.

42 £. In jenem Jahre wurden 100 Tonnen, im Jahre 1829 1400 Tonnen und im Jahre 1876 14 000 Tonnen Soda hergestellt. In größerem Maßstabe wurde das Verfahren aber erst mit dem Jahre 1824 ausgeführt, als die Aufhebung der über Gebühr hohen Salzsteuer (bis 30 £ pro Tonne) eine Rentabilität erwarten ließ, und auch dann noch hatte James Muspratt, der sich um die Einführung des Produktes besonders verdient gemacht hat, große Schwierigkeiten zu überwinden, da die Seifensieder die neue Soda nicht kaufen wollten, weil sie so verschieden von der ihnen geläufigen natürlichen Soda, nämlich so sehr viel reiner und stärker war. Muspratt mußte, wie A. W. Hofmann[1]) berichtet, anfangs ganze Tonnen an die Seifensieder in Lancashire verschenken, ehe es ihm gelang, Verständnis für die außerordentlichen Vorteile der Anwendung dieses reineren Präparates zu erwecken. Von da an sehen wir aber die Seifenfabrikation in stetem Wettlaufe mit der künstlichen Sodabereitung mehr und mehr an Umfang zunehmen. Jede Verbesserung in der Sodafabrikation zog als eine unmittelbare Folge die der Seifensiedereien nach sich, wie denn auch die gesteigerte Seifenproduktion nicht ohne entsprechende Rückwirkung auf die Entwicklung des Sodapreises bleiben konnte. Es ist eine bemerkenswerte statistische Notiz, daß in Liverpool allein zu Anfang dieses Jahrhunderts mehr Seife jährlich exportiert wurde, als vor Einführung des Leblanc-Verfahrens in sämtlichen Häfen Großbritanniens zusammengenommen. Als erster Großabnehmer der künstlichen Soda, die bekanntlich heute für eine große Anzahl chemischer Prozesse als Hauptrohmaterial benötigt wird, bildet also die Seifenfabrikation eines der wichtigsten Glieder in der Entwicklungsgeschichte der chemischen Gesamtindustrie.

Die Einführung der tropischen Pflanzenfette und speziell der Import des Kokosöles und Palmkernöles, deren Verwendung die Herstellung neuer, bisher unbekannter Seifenarten (Leimseifen) ermöglichte, bedeutet alsdann einen weiteren Fortschritt in der Geschichte der Seifenfabrikation. Das erste Kokosöl ist in den dreißiger Jahren des vorigen Jahrhunderts nach Deutschland gekommen und zuerst von Douglas in Hamburg zur Herstellung von Seifen verwandt worden. Er fertigte daraus auf kaltem Wege mit Natronlauge, die er aus englischer Kristallsoda herstellte und auf 36° B. eindampfte, die Kokosnußöl-Sodaseife als medizinisches Präparat. Bereits im Jahre 1839 hat dann aber Chr. Reul[2]), in der Fabrik von J. Zeh in Hamburg das Kokosöl zu geschliffenen Kernseifen mitverarbeitet, ohne jedoch, wie er sagt, den späteren Nutzen dieses Öles geahnt zu haben. Die Fabrikation von Leimseifen selbst ist durch den Engländer Henry Kendall nach Deutschland gekommen, welcher im Jahre 1842 in Gemeinschaft mit Carl Naumann in Offenbach eine Fabrik zur Ausbeutung seines neuen Verfahrens gründete. Durch Kendall ist auch die von C. Watt herrührende Methode der Palmöl-

[1]) Amtl. Ber. der Londoner Industrieausst. v. 1852. Berlin 1853, S. 518.
[2]) Seifenfabrikant, 1881, S. 109.

bleiche mit Kaliumbichromat und Schwefelsäure zuerst den deutschen Seifensiedern bekannt geworden. Die Naumannsche Fabrik ist die älteste deutsche Fabrik, die aus gebleichtem Palmöl Kernseifen angefertigt hat.

Die erste abgesetzte Kernseife auf Leimniederschlag ist mit Hilfe des Kokosöles von J. B. Grodhaus in Darmstadt hergestellt, einem tüchtigen und erfahrenen Seifensieder, bekannt durch die Herausgabe eines Werkes: „Vorteilhafte Betreibung der Seifensiederei und Lichterfabrikation“ (Darmstadt 1841). Es gelang ihm 1843, aus weißem Talg und Kokosöl eine vorzügliche Seife zu erzielen, welche er unter dem Namen „glattweiße Kernseife“ in den Handel brachte.

Den neuen Seifen Eingang zu verschaffen war allerdings nicht leicht; man hatte viel mit den Vorurteilen der Seifensieder und des Publikums zu kämpfen. So erzählt Jean Naumann [1]), der sich in den ersten Jahren nach Errichtung der väterlichen Firma Carl Naumann in Offenbach persönlich um Einführung der neuen Produkte bemüht hat, wie häufig er von den Kaufleuten abgewiesen und von den Seifensiedern unfreundlich aufgenommen sei. Man hielt die Palmölkernseifen nicht für gut, weil sie den üblen Geruch vermissen ließen, der den damaligen, oft aus rohen Fetten gesottenen Seifen anhaftete, und lehnte die angebotene „Fabrik- und Sodaseife“ ab.

Von größtem Einfluß auf die Entwicklung der deutschen Seifenfabrikation war dann weiter aber die Erfindung der sogen. Halbkern- oder Eschweger Seife, über die ebenfalls Chr. Reul [2]) berichtet.

Den Anlaß zu dieser Erfindung gab die von Carl Naumann hergestellte, sog. Offenbacher Talgseife, die aus Talg, Palmöl und Kokosöl gesotten wurde, und deren Nachahmung u. a. auch den Seifenfabrikanten Dircks & Thorey in Eschwege trotz vielfacher Bemühungen nicht gelingen wollte. Um die aus vielen mißlungenen Versuchen herrührenden Produkte aufzuarbeiten, versuchten sie u. a. auch durch den Zusatz von Kernseife eine verkaufsfähige Seife zu erhalten und gelangten so zu einem Erzeugnis, das im wesentlichen die Eigenschaften der heutigen Eschweger Seife aufwies. Die alsdann in analoger Weise hergestellten Halbkernseifen wurden zuerst 1846 in größerem Maßstabe in den Handel gebracht und erweckten bald das größte Interesse der Seifenfabrikanten. Als dann 1849 das bis dahin geheim gehaltene Verfahren durch einen Werkführer verraten wurde, fand es schnell auch in anderen Fabriken Eingang.

Von anderer Seite wird allerdings bezweifelt, daß die Eschweger Seife in Eschwege ihren Ursprung gehabt hat, da man schon früher an andern Orten, namentlich in Sachsen, ähnliche Seifen hergestellt habe. Nach Carl Hentschel [3]) ist der wirkliche Erfinder der Eschweger

[1]) Die technische Entwicklung der Seifenindustrie in Offenbach am Main.
[2]) Seifenfabrikant, 1881, S. 109.
[3]) Seifenfabrikant, 1900, S. 1194.

Seife sein Großvater Joh. Georg Greve, bekannt durch seine 1839 in Hamburg erschienene, für die damaligen Verhältnisse ganz vorzügliche „Anleitung zur Fabrikation der braunen, schwarzen und grünen Seife". Von diesem erst soll dann der bei der Firma Dircks & Thorey beschäftigte Siedemeister Heinze die Fabrikation des von Greve als „gestippte Seife" bezeichneten Produktes erlernt haben.

Hentschel schreibt: „Mein Großvater starb am 12. Juni 1844, und das Geschäft wurde von der Witwe und den Kindern fortgeführt. Der einzige Sohn, Bernhard Greve, war damals noch sehr jung und, wenn ich nicht irre, in jener Zeit zu seiner Ausbildung in Magdeburg oder Stettin. So mag es gekommen sein, daß die Firma Dircks & Thorey resp. deren Siedemeister Heinße die Erfindung der Eschweger Seife unbestritten als ihr Werk hinstellen konnten. Es ist ja möglich, daß irgendwelche Änderung oder auch Verbesserung in der Herstellungsweise später in deren Fabrik zuerst angewandt wurde; die Priorität der Erfindung gebührt aber wie aus den Briefen [1]), deren Originale in meinem Besitz sind, hervorgeht, ohne Frage meinem Großvater Joh. Georg Greve."

Von Mitte des vorigen Jahrhunderts an hat dann die Seifenindustrie an Bedeutung und Umfang wesentlich gewonnen. Neue Fette und Öle (Sesam- und Erdnußöl, Baumwollsaatöl, gehärtete Fette u. a.) wurden eingeführt, die Mitverwendung von Harz ermöglichte eine nicht unbedeutende Verbilligung und Verbesserung der Kernseifen, für die minderwertigeren Rohprodukte (Abfallfette) lernte man Raffinationsverfahren kennen, Bleichverfahren für dunkle Seifen wurden ausgearbeitet, und speziell das letzte Jahrzehnt brachte die Erkenntnis, daß auch auf dem Gebiet der Seifenfabrikation Technik und exakte wissenschaftliche Forschung Hand in Hand gehen müssen, wenn die weitere Fortentwicklung nicht zum Stillstand kommen soll.

Von größter Bedeutung für die Seifenfabrikation waren dann weiter die Fortschritte, die in bezug auf die Herstellung und Verbilligung der Hilfsrohstoffe gemacht wurden, insonderheit die Einführung der kaustischen Soda (Ätznatron), da sich nunmehr die Kaustizierung der Lauge im Einzelbetrieb erübrigte und die mühelose Herstellung hochgrädiger kaustischer Laugen von großer Reinheit ermöglicht wurde. Auch die Herstellung von Pottasche aus Chlorkalium und von Ätzkali auf elektrolytischem Wege ist im besonderen für die Schmierseifenfabrikation bedeutungsvoll gewesen.

Die Verseifung der Fettsäuren mit Alkalikarbonat, die sogen. kohlensaure Verseifung bedeutet dann einen weiteren wichtigen Schritt in der Fortentwicklung der Seifenfabrikation. Schon in der ersten Hälfte der 80er Jahre des vorigen Jahrhunderts, als die Glyzerinpreise eine enorme Steigerung erfuhren, haben sich vielfach Fabriken damit befaßt,

[1]) Von Dircks & Thorey an J. G. Greve.

den Fetten das Glyzerin zu entziehen und die Fettsäuren an die Seifenfabriken abzugeben, und auch einzelne größere Seifenfabriken haben sich damals schon zur Aufnahme der Fettspaltung im Eigenbetriebe entschlossen. Seitdem nun die Industrie über eine ganze Anzahl außerordentlich wirtschaftlicher Verfahren verfügt, die eine leichte, nahezu quantitative Gewinnung des Glyzerins ermöglichen und eine den Bedürfnissen des einzelnen entsprechende Auswahl gestatten, hat die frühere Siedeweise mehr und mehr an Bedeutung verloren, obwohl man nicht vereinzelt behauptet, daß die „Fettsäureseifen" den aus Neutralfett hergestellten Produkten an Qualität nachstünden. Für den Verlauf des gegenwärtigen Krieges ist die Verseifung von Neutralfetten mit Rücksicht auf den Wert des Glyzerins für Heereszwecke gesetzlich untersagt und lediglich die Verwendung von Fettsäuren gestattet. Es bleibt zu erhoffen, daß diese gesetzliche Maßnahme jene eben erwähnten Vorurteile auch nach dem Kriege überwinden hilft.

Wesentliche Änderungen und Verbesserungen hat auch der maschinelle Teil der Seifenfabrikation speziell in den letzten Jahrzehnten des 19. Jahrhunderts erfahren. In erster Linie ist hier der Übergang zum Dampfbetrieb zu nennen, da das Sieden mit Dampf die Verwendung größerer Siedekessel und damit ein sichereres Arbeiten ermöglichte. Um die Ausbildung der zur Hausseifenfabrikation dienenden Maschinen und Geräte haben sich besonders deutsche Firmen verdient gemacht, vornehmlich die Maschinenfabriken Aug. Krull in Helmstedt, C. E. Rost & Co. in Dresden, Wilh. Rivoir in Offenbach und Louis Brocks in Leipzig-Lindenau. Das Schneiden der Seifen, das in Deutschland noch vor einem halben Jahrhundert allgemein durch Drähte mit der Hand ausgeführt wurde, wird jetzt fast ausschließlich durch Schneidemaschinen bewirkt. Das Krücken und Wehren der Seifen beim Sieden erfolgt heute durch vorzügliche Krück- und Wehrmaschinen, die sich immer mehr einführen und an Stelle der früheren mühsamen Handarbeit in Tätigkeit treten. Hervorragende Verbesserungen haben auch die Pressen erfahren. Dies ist nicht nur wertvoll für die Fabrikation der Toiletteseifen, da man auch bei der Herstellung von Hausseifen mehr und mehr Wert auf das Äußere legt und die gepreßte Form dem ungepreßten Stück vorzieht. Ein weiterer großer Fortschritt liegt in dem Ersatz der früher allgemein gebräuchlichen hölzernen Kühlkästen durch die zuerst von Aug. Krull hergestellten schmiedeeisernen Seifenformen, deren schnelle Kühlwirkung durch äußerlich aufgelegte Matratzen behindert wird.

Im Verlauf der letzten 20 Jahre hat sich dann weiter das Bestreben geltend gemacht, die Herstellung der Seifen dadurch abzukürzen, daß man die lange Abkühlung derselben in den Formen zu umgehen sucht. Bahnbrechend sind in dieser Hinsicht A. & E. des Cressonnières in Brüssel mit ihrer Broyeuse sécheuse continue gewesen, dem ersten Apparat, der die künstliche Kühlung von Seifen ermöglichte. Während man früher zur Herstellung von Toiletteseifen nur zuvor getrocknete Seife auf den Piliermaschinen verwenden konnte, gestattet der erwähnte Apparat, die flüssig-heiße Seifenmasse, wie sie aus dem Siedekessel kommt, zu verarbeiten, und ermöglicht, daß eine Seife, die heute im Kessel fertig gesotten wurde, schon morgen parfümiert und gefärbt in den Handel gebracht werden kann. Davon ausgehend hat sich die Anwendung der künstlichen Kühlung auch in der Hausseifenfabrikation allmählich eingeführt, indem man die flüssige Seifenmasse in Riegeln oder Platten unter dem Einfluß von Kühlwasser erstarren läßt. Um die Konstruktion und den Bau dieser Kühlmaschinen besonders verdient gemacht haben sich Schnetzer in Aussig, Aug. Klumpp in Lippstadt, Heinr. Schrauth jr. in Frankfurt a. M., August Jacobi in Darmstadt und andere.

Seit den 1850er Jahren ist auch wiederholt versucht worden, Seife in geschlossenen Kesseln unter Druck herzustellen. So hat sich Arthur Dunn in England ein Verfahren patentieren lassen, den Verseifungsprozeß durch Anwendung von Druck bei einer Temperatur von 150 bis 160° C zu beschleunigen. Später schlug Mouveau in ähnlicher Weise vor[1]), die Seifenbereitung in einem geschlossenen, mit Sicherheitsrohr usw. versehenen Kessel vorzunehmen. Der Kessel hatte einen Rührapparat und war mit einem Mantel umgeben, in den man Heizdampf oder Kühlwasser leiten konnte. Das Einbringen von Fett und Lauge geschah vor dem Beginn des Siedens durch ein Mannloch, das danach geschlossen wurde; nach Beginn des Siedens noch erforderliche Zusätze von Fett und Lauge wurden durch eine Pumpe in den Kessel getrieben. Das Ablassen der Unterlauge und der fertigen Seife erfolgte durch ein unten am Kessel ausgehendes Rohr, das mit einem Hahn versehen war. — Alle derartigen Verfahren sind jedoch seit langem wieder aufgegeben, weil die Vorteile, die durch die bei höherem Druck erzielbare, größere Reaktionsgeschwindigkeit erreicht werden, unbedeutend sind gegenüber den Nachteilen, welche die begrenzten Größenverhältnisse der relativ kostspieligen Autoklaven bedingen. Außerdem läßt die direkte Verseifung der Fettsäuren mit Alkalikarbonat, die auch unter gewöhnlichen Verhältnissen momentan verläuft, das Verfahren völlig entbehrlich erscheinen, wenigstens soweit Fettsäuren in Frage kommen, die nach ihrer Neutralisation direkt ein handelsfähiges Fabrikat ergeben. Bei der Verarbeitung von Abfallfettsäuren dagegen, die bei der üblichen Verseifungsmethode ihrer Herkunft entsprechend ein nach Geruch und Farbe qualitativ nur geringwertiges Produkt ergeben können (abfallende Trane, Heringsöl, Fettsäuren aus Klärschlamm u. dergl.) scheint die Behandlung mit überschüssigem Alkali unter Druck und bei hoher Temperatur (Varrentrappsche Reaktion) eine nutzbringende Verwendung finden zu können, indem einerseits durch den hierbei stattfindenden Abbau der ungesättigten Fettsäuren zu gesättigten, andererseits durch den während dieser Reaktion entwickelten Wasserstoff eine

[1]) Wagner, Jahresber. f. 1855, S. 80.

Desodorierung und Bleichung der entstehenden Seifen bedingt wird [1]). Auch die Verseifung des Wollfetts läßt sich in befriedigender Weise lediglich im Autoklaven durchführen, und zwar ist die Verseifung unter Druck hier die einzige Methode, welche eine Verwendung des Wollfetts auch für die Herstellung von Seifen ermöglicht [2]).

Die Lage der Seifenindustrie, die heute einen wirtschaftlich bedeutenden Teil der deutschen chemischen Industrie darstellt, ist infolge des gegenwärtigen Krieges eine beengte geworden. Ein große Anzahl von Gesetzen und Verordnungen haben die Produktion im Interesse einer geregelten Versorgung mit Nahrungsfetten nach Qualität und Quantität weitgehend beschränken müssen. Trotzdem sind die Vorteile, welche sich aus dieser Beschränkung für die Entwicklung der Industrie ergeben, nicht geringe. Technische und kaufmännische Rückständigkeit, die besonders in der Kleinindustrie bemerkbar waren, dürften allmählich überwunden werden, die Notwendigkeit einer ständigen chemischen Betriebskontrolle ist allerseits anerkannt. Größere Unternehmungen lassen in sachgemäß geleiteten Laboratorien in streng wissenschaftlicher Weise jene Fragen bearbeiten, die an jeden herantreten, der sehenden Auges die fortlaufende Entwicklung der Industrie verfolgt. Wünschenswert bleibt für die kommende Friedenszeit lediglich eine strengere Spezialisierung der Produktion, d. h. eine Beschränkung der bestehenden zahllosen Handelsmarken, die zu einer größeren Sicherheit des inneren Marktes führen müßte und die Bildung wirksamer Konventionen erleichtern würde.

---

[1]) Vgl. Schrauth, Die Bedeutung der Varrentrappschen Reaktion für die Fett- und Seifenindustrie. Seifenfabrikant, 1915, **35**, 877.

[2]) Vgl. Schrauth, Die zweckmäßige Verwertung des Rohwollfettes in der Seifenindustrie. Seifensiederzeitung 1916, **43**, 437.

# Die Rohstoffe für die Seifenfabrikation.

Die gewöhnlichen Seifen des Handels sind die mehr oder weniger reinen Natron- oder Kalisalze der höheren Fettsäuren. Sie werden in der Regel hergestellt entweder durch Verseifung der Fette oder fetten Öle mit Ätzalkalien in mehr oder weniger konzentrierter wässeriger Lösung (Laugen) oder durch Neutralisation der Fettsäuren mit Ätzalkalien oder Alkalikarbonaten — Soda oder Pottasche — die ebenfalls zuvor in Wasser gelöst werden. Auch die Alkalisalze der Harzsäuren werden auf Grund ihrer Ähnlichkeit mit den fettsauren Salzen als „Seifen" bezeichnet und finden im Gemisch mit letzteren vielfache Anwendung.

Die Rohstoffe für die Seifenfabrikation bestehen demnach in Fetten, fetten Ölen, Fettsäuren und Harz einerseits, andererseits in Alkalien. Dazu kommen noch als Hilfsrohstoffe Wasser, Kalk (Kaustizierung der Laugen im Eigenbetrieb, Krebitzverfahren), Kochsalz (Aussalzen der Kernseifen, Härten und Füllen der Leimseifen) und verschiedene Füll- und Beschwerungsmittel.

Alle diese Materialien sollen in den folgenden Abschnitten eingehend besprochen werden, und zwar sollen nicht nur ihre Eigenschaften, soweit sie für den Seifensieder von Interesse sind, sondern auch die Art und Weise ihrer Gewinnung sowie die Methoden zu ihrer Untersuchung Erörterung finden.

## Die Fette.

### Die Natur der Fette.

Um den chemischen Prozeß verstehen zu können, welcher bei der Verseifung der Fette vor sich geht, müssen wir die Natur der Fette, ihre physikalischen und chemischen Eigenschaften, näher betrachten.

Unter der Bezeichnung „Fette" versteht man gewisse dem Tier- und Pflanzenreich entstammende Produkte, denen folgende Eigenschaften gemeinsam sind: sie fühlen sich schmierig an, bilden erwärmt oder schon bei gewöhnlicher Temperatur ölartige Flüssigkeiten; sie machen auf Papier einen durchsichtigen Fleck, der auch bei längerem Liegen oder Erhitzen nicht verschwindet; sie sind leichter als Wasser und darin vollkommen unlöslich, dagegen löslich in Äther, Schwefelkohlenstoff und anderen organischen Lösungsmitteln; sie sind nicht flüchtig, fangen bei 300—320° C an zu sieden, erleiden aber dabei Zersetzungen; sie brennen für sich nur schwierig, am Docht aber mit leuchtender Flamme.

Die Fette werden ihrer Konsistenz nach unterschieden als feste oder Talgarten, halbfeste oder Butter- und Schmalzarten und flüssige oder Öle und Trane. Unter letzteren versteht man verschiedene von Seetieren herstammende flüssige Fette. — Die festen Fette sind sehr leicht schmelzbar und werden schon unter 100° C flüssig, d. h. ebenfalls zu Ölen, während die Öle bei niederen Temperaturen in feste Fette übergehen. Die Öle erscheinen bei gewöhnlicher Temperatur nicht dünnflüssig wie Wasser, sondern sind durch eine gewisse Dickflüssigkeit ausgezeichnet, eine Eigenschaft, die besonders bei Verwendung der Öle als Schmiermittel in Betracht kommt. Das dickflüssigste von allen bis jetzt bekannten Ölen ist das Rizinusöl.

Die flüssigen Fette dehnen sich bei der Erwärmung stärker aus, als dies sonst bei Flüssigkeiten der Fall ist. Nach Preißer beträgt die Ausdehnung auf 1000 Raumteile für 1° C: bei Olivenöl 0,83, Rüböl 0,89, Tran 1,0 Raumteil. Es vermehren sich daher 1000 Liter Olivenöl, die im Winter bei 0° gemessen sind, im Sommer bei 20° C auf 1016,6, Rüböl, in gleicher Weise gemessen, auf 1017,8, Tran auf 1020 Liter.

Werden Öle mit Wasser, dem durch Auflösen von Eiweiß oder Gummi eine schleimige Beschaffenheit, eine größere Dichtigkeit erteilt ist, geschüttelt, so bleiben sie in Gestalt mikroskopisch kleiner Tröpfchen suspendiert. Die Flüssigkeit erhält ein milchartiges Ansehen, sie bildet eine Emulsion.

In dem Zustande, wie die Fette gewöhnlich vorkommen, sind sie verschiedenartig gefärbt, die festen meist weiß oder gelblich, die Öle gelb oder gelbgrün, die Trane oft rot oder rotbraun. Sie besitzen Geruch und Geschmack, durch welche sie sich unterscheiden; zu erwähnen ist beispielsweise der Talggeruch und der aromatische Geruch des Palmöls und Kokosöls gegenüber dem Geruch der Fischöle, der Geschmack der genießbaren Fette, wie Butter gegenüber dem widerlichen Geschmacke des Rapsöls usw.

An der Luft erleiden die meisten Fette allmählich eine Veränderung. Die flüssigen werden durch Oxydations- und Polymerisationsvorgänge dickflüssig und die sogenannten trocknenden Öle wie Leinöl, Hanföl, Holzöl u. a. trocknen, insonderheit wenn sie auf große Oberflächen dünn verteilt sind, zu harten durchsichtigen Schichten ein. Dieser Vorgang ist häufig noch von anderen eigentümlichen Zersetzungserscheinungen begleitet, die ihrerseits auch bei den festen Fetten für sich allein auftreten können. Die Fette werden ranzig, indem sie einen mehr oder weniger unangenehmen Geruch und Geschmack, eine dunklere Farbe und saure Reaktion annehmen.

Während die reinen, unveränderten Fette, mit Ausnahme des Rizinusöls, in kaltem Alkohol fast unlöslich sind, werden die ranzigen darin löslich; saure Reaktion bei Fetten rührt, wenn nicht von anhängenden fremden Stoffen, immer von einem Beginn des ranzigen Zustandes her. Im unveränderten reinen Zustande sind die Fette gänzlich neutral.

**Chemische Konstitution.** Ihrer elementaren Zusammensetzung nach bestehen die Fette aus Kohlenstoff, Wasserstoff und Sauerstoff zum Unterschied von den sogenannten mineralischen Fetten und Ölen, welche nur aus Kohlenstoff und Wasserstoff bestehen. Es enthält z. B. Hammeltalg ca. 78 Teile Kohlenstoff, 12,5 Teile Wasserstoff und 9,5 Teile Sauerstoff, Baumöl 77 Teile Kohlenstoff, 13 Teile Wasserstoff und 10 Teile Sauerstoff, Mohnöl 77 Teile Kohlenstoff, 11,5 Teile Wasserstoff und 11,5 Teile Sauerstoff, Leinöl 78 Teile Kohlenstoff, 11 Teile Wasserstoff und 11 Teile Sauerstoff. Der Elementarbestand der verschiedenen Fette ist also keineswegs gleich; ja es unterliegt kaum einem Zweifel, daß dasselbe Fett desselben Tieres nicht immer gleich zusammengesetzt ist. Dies erklärt sich aus der näheren Zusammensetzung der Fette. Die in der Natur vorkommenden Fette sind nicht einfache chemische Verbindungen, sondern Gemenge solcher.

Die Kenntnis von der Natur der Fette verdanken wir hauptsächlich den denkwürdigen Untersuchungen Chevreuls, welche um das Jahr 1810 angefangen, mit der Publikation des Werkes: „Recherches sur les corps gras d'origine animale", 1823 ihren Abschluß fanden. Manche Eigenschaften der Fette und Öle waren allerdings schon vor Chevreul bekannt. So wußte man bereits, daß sich unter den fetten Ölen trocknende und nicht trocknende finden, daß die Fette und Öle, mit Kalilauge gekocht, Seifen bilden und daß die weiche Seife der Pottasche durch Kochsalz in feste Seife verwandelt wird. Von dem hierbei vorgehenden chemischen Prozeß hatte man jedoch keine Vorstellung. Ein große Merkwürdigkeit sah man weiter darin, daß die Seifen in Wasser und Alkohol gelöst werden können, obgleich die Fette in diesen beiden Flüssigkeiten nicht löslich sind.

Ein wichtiger Schritt zur Erforschung der Fette wurde bereits durch Scheele im Jahre 1779 ausgeführt. Dieser entdeckte, daß bei der Bereitung des Bleipflasters neben dem Pflaster auch ein in Wasser löslicher, süß schmeckender Körper, das Glyzerin, entsteht, den er als „principium dulce oleorum", zu deutsch als Ölsüß bezeichnete.

Chevreul, der seine Untersuchungen lediglich mit einer Seife aus Schweineschmalz und Kalilauge ausführte, stellte fest, daß im Gegensatz zu der bestehenden Annahme der Sauerstoff der Luft bei der Verseifung nicht tätig ist; daß einmal verseiftes Fett durch wiederholtes Verbinden mit Kali nicht mehr verändert wird; daß die Fette gewöhnlich Gemische sind, die bei der Zersetzung durch Schwefelsäure ebenso wie bei der Zersetzung durch Alkalien Säuren bilden; daß die bei der Verseifung erhaltenen fetten Säuren und das Glyzerin $4\,{}^1/_2$—$5\,{}^1/_2$% mehr betragen, als das Gewicht des angewandten Fettes, und daß schließlich bei der Vereinigung der fetten Säuren mit Bleioxyd Wasser austritt. Aus den letzten Beobachtungen zog er den Schluß, daß sowohl die fetten Säuren wie das Glyzerin Wasser chemisch gebunden enthalten, und verglich die Fette mit den gemischten Äthern (Estern), die ganz wie die Fette unter Aufnahme von Wasser in Salz und Alkohol zerlegt werden.

Die Arbeiten Chevreuls haben als Grundlage für alle weiteren Untersuchungen über das chemische Verhalten der Fette gedient. Seine Beobachtungen sind von den späteren Forschern im großen und ganzen bestätigt, im einzelnen berichtigt und vielfach erweitert worden. Nach ihm haben besonders Berthelot[1]) durch die Synthese der Fette aus den fetten Säuren und dem Glyzerin und Heintz durch wesentlich verbesserte Untersuchungsmethoden die Kenntnis von der Natur der Fette bedeutungsvoll erweitert.

Fast alle in der Natur vorkommenden Fette sind Glyzerinester (Glyzeride) der höheren Fettsäuren, d. h. Verbindungen, welche nach dem Vorgange der Salzbildung zwischen Base und Säure aus Glyzerin und Fettsäure entstanden sind. Das Glyzerin selbst ist ein dreiwertiger Alkohol der Formel $CH_2OH\,.\,CHOH\,.\,CH_2OH$, d. h. ein gesättigter Kohlenwasserstoff (Grenzkohlenwasserstoff) mit drei Kohlenstoffatomen ($CH_3 \cdot CH_2 \cdot CH$, Propan), in dem je eins der an den drei Kohlenstoffatomen haftenden Wasserstoffatome durch die Hydroxylgruppe (OH) ersetzt ist. Diese Hydroxylgruppen können nun ganz oder teilweise durch Säurereste ersetzt werden, indem sie sich selbst mit dem sauren Wasserstoffatom der Säure zu Wasser ($H_2O$) vereinigen. Mit Essigsäure beispielsweise verläuft diese Reaktion derart, daß sich aus einem Molekül Glyzerin und drei Molekülen Essigsäure das Essigsäureglyzerid (Triazetin) bildet entsprechend der Gleichung:

$$\begin{array}{lclcll} CH_3COO\,H & & HO\,CH_2 & & CH_3COO\cdot CH_2 & \\ & & \quad\;| & & \qquad\qquad\;| & \\ CH_3COO\,H & + & HO\,CH & = & CH_3COO\cdot CH & +\;3\,H_2O \\ & & \quad\;| & & \qquad\qquad\;| & \\ CH_3COO\,H & & HO\,CH_2 & & CH_3COO\cdot CH_2 & \\ \text{Essigsäure} & & \text{Glyzerin} & & \text{Triazetin} & \text{Wasser.} \end{array}$$

Treten nun an Stelle der in diesem Beispiel gewählten Essigsäure höhere Fettsäuren — Palmitinsäure, Stearinsäure, Ölsäure, Linolsäure u. a. — in Reaktion, so erhält man die den natürlichen Fetten entsprechenden Triglyzeride. Auch Mono- oder Diglyzeride lassen sich synthetisch herstellen, ob indessen derartige Produkte in den natürlichen Fetten enthalten sind, ist nicht mit Sicherheit bekannt, es besteht aber die Wahrscheinlichkeit, daß sie bei stufenweiser Verseifung in ranzig werdenden Fetten entstehen können.

Bis gegen Ende des vorigen Jahrhunderts nahm man an, daß die natürlichen Fette ausschließlich aus einfachen Triglyzeriden — Tripalmitin, Tristearin, Triolein usw. — bzw. aus Gemischen derselben beständen. Die neuere Forschung hat indessen gezeigt, daß die Fette auch gemischte Ester enthalten, d. h. Verbindungen, in denen dasselbe

---

[1]) Chimie org. fondée sur la synthèse Paris 1890, Vol. 2.

Glyzerinmolekül mit zwei oder drei verschiedenartigen Fettsäuren verbunden ist.

Von den Fetten streng zu unterscheiden sind die Wachsarten, zu denen insonderheit auch das bei der Seifenfabrikation bisweilen verwandte Wollfett gehört. Die Wachse sind in der Hauptsache ebenfalls esterartige Verbindungen der Fettsäuren, an die Stelle des Glyzerins treten hier jedoch ein- und zweiwertige, in Wasser unlösliche, hochmolekulare Alkohole, wie Cetylalkohol, $C_{16}H_{33}OH$, Myricylalkohol, $C_{30}H_{61}OH$, Cholesterin und Isocholesterin, $C_{27}H_{45}OH$.

**Die Fettsäuren.** Die in den natürlichen Fetten gebundenen Fettsäuren lassen sich nach ihrer Zusammensetzung in drei Gruppen einteilen und zwar in Säuren

1. von der Zusammensetzung $C_nH_{2n}O_2$, die man als nichthydroxylierte, einbasische, gesättigte Säuren der Essigsäurereihe bezeichnet,

2. von der Zusammensetzung $C_nH_{2n-2}O_2$, $C_nH_{2n-4}O_2$, $C_nH_{2n-6}O_2$ und $C_nH_{2n-8}O_2$ die man als nichthydroxylierte, einbasische, ungesättigte Säuren der Ölsäure-, Linolsäure-, Linolensäure- und Clupanodonsäurereihe bezeichnet, und welche, den obigen Summenformeln entsprechend, ein, zwei, drei und vier doppelte Bindungen besitzen,

3. von der Zusammensetzung $C_nH_{2n-2}O_3$, die man als hydroxylierte, einbasische, ungesättigte Säuren der Rizinusölsäurereihe bezeichnet und welche außer einer Doppelbindung eine Hydroxylgruppe als Substituenten besitzen.

Aus der Essigsäurereihe kommen in den Fetten vor: Buttersäure ($C_4H_8O_2$), Capronsäure ($C_6H_{12}O_2$), Caprylsäure ($C_8H_{16}O_2$), Caprinsäure ($C_{10}H_{20}O_2$), Laurinsäure ($C_{12}H_{24}O_2$), Myristinsäure ($C_{14}H_{28}O_2$), Palmitinsäure ($C_{16}H_{32}O_2$), Stearinsäure ($C_{18}H_{36}O_2$), Arachinsäure ($C_{20}H_{40}O_2$), Behensäure ($C_{22}H_{44}O_2$), Cerotinsäure ($C_{26}H_{52}O_2$). Die zuerst genannten vier Säuren sind bei gewöhnlicher Temperatur flüssig, mit Ausnahme der Buttersäure ölartig, und hinterlassen auf Papier zum Teil verschwindende Fettflecke. Sie besitzen einen unangenehm ranzigen oder schweißigen Geruch, lassen sich unzersetzt destillieren und gehen beim Kochen mit Wasser, obgleich ihr Siedepunkt höher als der des Wassers liegt, mit den Wasserdämpfen über, weshalb sie auch als flüchtige Säuren bezeichnet werden. Für die Technik sind sie nicht von Bedeutung, da sie in den Fetten nur in sehr geringen Mengen vorkommen. Die übrigen oben genannten Fettsäuren sind bei gewöhnlicher Temperatur fest, geruch- und geschmacklos, hinterlassen auf Papier nicht wieder verschwindende Fettflecke und sind nur im luftleeren Raume oder mit überhitztem Wasserdampf (abgesehen von der Laurinsäure, die noch mit gewöhnlichen Wasserdämpfen übergeht) unzersetzt flüchtig. In Wasser sind sie vollkommen unlöslich, löslich aber in siedendem Alkohol, aus dem sie sich beim Erkalten in Kristallen ausscheiden und leicht löslich auch in Äther. Ihre Lösungen röten Lackmus nur schwach. Beim Erhitzen entzünden sie sich und brennen mit leuchtender, rußender Flamme.

Die wichtigsten von diesen Fettsäuren sind die Laurinsäure, die Palmitinsäure und die Stearinsäure.

Die Laurinsäure ist fest, bildet aus Alkohol kristallisiert weiße, büschlig vereinigte, seidenglänzende Nadeln ohne Geruch und Geschmack. Ihr spezifisches Gewicht ist 0,883 bei 20° C, ihr Schmelzpunkt liegt bei 43,5—43,6° C. Große Mengen siedenden Wassers bringen noch merkliche Mengen der Säure in Lösung. Mit Wasserdämpfen ist sie noch zum größten Teil flüchtig und bildet in dieser Beziehung das Mittelglied zwischen den oben erwähnten flüchtigen und den nachstehend beschriebenen nichtflüchtigen Säuren. Von den Salzen der Laurinsäure sind die der Alkalimetalle amorph und leicht löslich in Wasser, die übrigen zum Teil kristallisierbar und schwer löslich oder unlöslich. Die Alkalisalze lassen sich erst durch große Mengen von Kochsalz aus ihren Lösungen aussalzen. Nach Stiepel[1]) wird das laurinsaure Natron erst in einer 17 %igen Kochsalzlösung unlöslich, während das stearinsaure Natron sich bereits aus einer 5 %igen Lösung ausscheidet.

Die Palmitinsäure besteht aus feinen, büschelförmig vereinigten Nadeln oder nach dem Schmelzen und Erstarren aus einer perlmutterglänzenden, schuppig kristallinischen Masse, ist geschmack- und geruchlos, schmilzt bei 62° C und hat bei dieser Temperatur im flüssigen Zustande das spezifische Gewicht 0,8527. Sie ist bei ca. 350° C zum großen Teile unzersetzt destillierbar, bei einem Druck von 100 mm siedet sie bei ca. 270°. In kaltem Alkohol ist die Palmitinsäure schwer löslich, indem 100 Teile absoluten Alkohols bei 19,5° nur 9,32 Teile der Säure auflösen. Von siedendem Alkohol wird sie jedoch leicht aufgenommen, so daß sie aus diesem Lösungsmittel gut umkristallisiert werden kann. Verdünnte Säuren sind ohne Einwirkung auf Palmitinsäure, in konzentrierter Schwefelsäure löst sie sich auf, wird aber beim Verdünnen unverändert ausgeschieden. Kochende konzentrierte Schwefelsäure greift sie langsam an. Die Salze der Palmitinsäure sind denen der Stearinsäure (s. unten) sehr ähnlich; nur sind sie um ein geringes leichter löslich.

Reine aus Alkohol kristallisierte Stearinsäure besteht aus weißen, glänzenden Blättern, welche bei 69,3° C zu einer vollkommen farblosen Flüssigkeit schmelzen und beim Abkühlen zu einer kristallinischen, durchscheinenden Masse erstarren. Beim Erhitzen auf 360° C beginnt sie unter teilweiser Zersetzung zu sieden. Unter vermindertem Drucke läßt sie sich unzersetzt destillieren, bei 100 mm siedet sie bei 291° C. Auch bei der Destillation mit überhitztem Wasserdampf geht sie zum größten Teil unverändert über. Ihr spezifisches Gewicht ist bei 11° C gleich 1; bei höheren Temperaturen schwimmt sie aber auf dem Wasser, weil sie sich durch Wärme rascher ausdehnt als dieses. Das spezifische Gewicht der bei 69,2° C geschmolzenen Säure ist 0,8454. Die Stearinsäure ist geruch- und geschmacklos, fühlt sich fettig an und hinterläßt

---

[1]) Seifenfabrikant, 1901, S. 933.

auf Papier einen Fettfleck. In Wasser ist sie unlöslich, leicht löslich in heißem Alkohol. In kaltem Alkohol ist sie noch schwerer löslich als die Palmitinsäure. 1 Teil Stearinsäure löst sich in 40 Teilen absoluten Alkohols, Äther löst sie leicht auf. Bei 23° C löst 1 Teil Benzol 0,22 Teile, Schwefelkohlenstoff 0,3 Teile Stearinsäure.

Die Salze der Stearinsäure und der andern nicht flüchtigen Fettsäuren werden Seifen genannt. Die Alkalisalze werden durch Erhitzen von Stearinsäure mit den wässerigen Lösungen von kohlensaurem Kali oder Natron, oder durch die Neutralisation einer alkoholischen Stearinsäurelösung mit einer wässerigen Alkalikarbonatlösung und nachfolgendes Eindampfen erhalten. Die Alkalistearate sind in reinstem Zustande kristallisiert. Im Wasser zeigen sie ein auch für die Alkaliseifen anderer Fettsäuren charakteristisches Verhalten. Beim Kochen mit einer nicht zu großen Menge Wasser lösen sie sich klar auf, geben aber beim Erkalten eine trübe, gallertige Masse. Mit viel Wasser liefern sie keine klare Lösung, sondern eine trübe Flüssigkeit, welche beim Schütteln einen starken Schaum gibt, der ziemlich lange bestehen bleibt. Durch Kochsalz werden die Alkalistearate aus ihren Lösungen ausgeschieden und zwar kann das Kaliumsalz durch wiederholtes Aussalzen mit Chlornatrium vollständig in das Natronsalz umgewandelt werden. Alkohol nimmt die stearinsauren Alkalien in der Wärme leicht auf; beim Erkalten konzentrierter Lösungen scheiden sich die Seifen aber auch hier meist in gallertartigem Zustande aus, um bei längerem Stehen in die kristallinische Form überzugehen. In Äther und Petroläther sind sie unlöslich.

Das stearinsaure Kalium ($C_{18}H_{35}O_2K$) bildet fettglänzende Nadeln, die sich in 6,6 Teilen kochenden Alkohols lösen. Versetzt man seine heiße wässerige Lösung mit viel Wasser, so fällt ein im Wasser unlösliches saures Stearat ($C_{18}H_{35}O_2K \cdot C_{18}H_{36}O_2$) in perlglänzenden Schuppen aus. Das stearinsaure Natron besteht aus glänzenden Blättern und ist dem Kalisalz sehr ähnlich. Das Kalzium-, Strontium- und Bariumstearat bildet kristallinische Niederschläge, ebenso das Magnesiumsalz, das aus heißem Alkohol umkristallisiert werden kann. Die Salze der Schwermetalle sind meist amorph, so das Silber-, Kupfer- und Bleisalz. Letzteres ist bei 125° C ohne Zersetzung schmelzbar.

Chevreul erwähnt des weiteren unter den festen Säuren, welche bei der Verseifung der Fette erhalten werden, eine bei 60° C schmelzende, der er den Namen Margarinsäure gab. Heintz[1]) hat später gezeigt, daß die sog. Margarinsäure ein Gemisch von Stearinsäure und Palmitinsäure ist und fand, daß etwa ein Gemisch von 10 % Stearinsäure und 90 % Palmitinsäure den Schmelzpunkt und die sonstigen Eigenschaften jener hypothetischen Säure zeigt.

---

[1]) Journ. f. prakt. Chem. **66**, 1.

Für die Fabrikation von Stearinkerzen ist das Verhalten der Stearin- und Palmitinsäure beim Zusammenschmelzen von großer Wichtigkeit. Gottlieb[1]) hatte beobachtet, daß der Schmelzpunkt der sog. Margarinsäure, die selbst bei 60° C schmelzen sollte, beim Vermischen mit etwas Stearinsäure unter 60° fiel. Heintz verfolgte dies eigentümliche Verhalten weiter und fand, daß Gemische von festen Fettsäuren sich wie gewisse Metallegierungen verhalten, indem sie einen niedrigeren Schmelzpunkt zeigen, als die Einzelbestandteile selbst. Über das Verhalten der Gemische von Stearinsäure und Palmitinsäure hat er folgende Tabelle aufgestellt:

| Schmelzpunkt | Zusammensetzung der Mischung | | Art zu erstarren |
|---|---|---|---|
| | Stearinsäure | Palmitinsäure | |
| 67,2° | 90 | 10 | Schuppig kristallinisch |
| 65,3° | 80 | 20 | Feinnadlig kristallinisch |
| 62,9° | 70 | 30 | „ „ |
| 60,1° | 10 | 90 | Schön großnadlig kristallinisch |
| 57,5° | 20 | 80 | Sehr undeutlich nadlig |
| 56,6° | 50 | 50 | Großblättrig kristallinisch |
| 56,3° | 40 | 60 | „ „ |
| 55,6° | 35 | 65 | Unkristallinisch, völl. glänzend |
| 55,2° | 32,5 | 67,5 | „ „ „ |
| 55,1° | 30 | 70 | „ „ glanzlos |

Obgleich nun die Erniedrigung des Schmelzpunktes den Wert des Gemisches für die Fabrikation von Kerzen verringert, so sind doch die sonstigen Veränderungen, welche die fetten Säuren beim Zusammenschmelzen erfahren, von so großem Wert für ihre Benutzung, daß jener Nachteil kaum ins Gewicht fällt. Die reinen Säuren sind weich, locker und leicht zerreiblich, während die Gemische dichter und härter sind und so dem Drucke ausgesetzt werden können, welcher erforderlich ist, um die Ölsäure aus dem rohen Fettsäuregemisch abzupressen. Die reinen Säuren ziehen sich ferner beim Erstarren so zusammen, daß daraus gegossene Kerzen ein schönes Ansehen nicht besitzen, während das Gemisch der Säuren wenig kristallinisch bis amorph ist, so daß sich aus der halberstarrten Masse dichte, nicht kristallinische Kerzen gießen lassen. Kerzen aus reinen Fettsäuren sind weich, zerreiblich, nicht durchscheinend und besitzen keinen Glanz; Kerzen aus einem Gemisch von fetten Säuren sind hart, glänzend und durchscheinend.

Aus der Ölsäurereihe kommen in den Fetten vor: Hypogaeasäure ($C_{16}H_{30}O_2$), die ihr isomere Physetölsäure ($C_{16}H_{30}O_2$), Ölsäure ($C_{18}H_{34}O_2$), die ihr isomere Rapinsäure ($C_{18}H_{34}O_2$), Eruka- oder Brassikasäure ($C_{22}H_{42}O_2$). Diese Säuren sind bei gewöhnlicher Temperatur teils fest, teils flüssig, sämtlich aber bei wenig erhöhter Temperatur schmelz-

[1]) Ann. d. Chem. u. Pharm. 57, 33.

bar. In Alkohol sind sie viel leichter löslich als die Glieder der Essigsäurereihe mit gleicher Kohlenstoffzahl. Sie gehören zu den ungesättigten Säuren und sind daher wie alle ungesättigten Verbindungen durch eine Reihe charakteristischer Reaktionen ausgezeichnet, zu denen die gesättigten Fettsäuren nicht befähigt sind. Insonderheit besitzen sie die Fähigkeit, unter geeigneten Bedingungen Wasserstoff, Chlor, Brom und Jod, und zwar je zwei Atome aufzunehmen, wobei sie in die Säuren der Essigsäurereihe oder deren Substitutionsprodukte übergehen. Erhitzt man z. B. Ölsäure mit rauchender Jodwasserstoffsäure bei Gegenwart von rotem Phosphor auf 200—210° C, so geht sie in Stearinsäure über entsprechend der Gleichung:

$$\underset{\text{Ölsäure}}{C_{18}H_{34}O_2} + 2\,HJ = \underset{\text{Stearinsäure.}}{C_{18}H_{36}O_2} + J_2$$

Leichter und vollständiger gelingt diese Überführung noch, wenn man nach dem DRP. 141029 durch ein im Ölbade erwärmtes Gemisch aus reiner Ölsäure und feinem, durch Reduktion im Wasserstoffstrom erhaltenen Nickelpulver einen kräftigen Wasserstoffstrom hindurchleitet, ein Prozeß, der nach Übertragung auf die Neutralfette als „Fetthärtung" im Laufe des letzten Jahrzehnts große technische Bedeutung erlangt hat.

Die wichtigste Säure aus dieser zweiten Ölsäure-Reihe ist die Ölsäure selbst, auch Oleïnsäure oder Elainsäure genannt. Sie ist in reinem Zustande bei gewöhnlicher Temperatur flüssig und erstarrt bei + 4° C zu einer harten kristallinischen Masse, die bei + 14° C wieder schmilzt. Das spezifische Gewicht ist 0,898 bei + 15° C. In ganz reinem Zustande ist sie ein farbloses, geschmack- und geruchloses Öl, welches Lackmuspapier nicht rötet; dagegen entfärbt die reine Ölsäure durch ein Tröpfchen Alkali gerötete Phenolphthaleinlösung [1]). In Wasser ist die Ölsäure unlöslich, leicht löslich aber schon in kaltem Alkohol, selbst wenn er verdünnt ist. Durch größere Mengen Wasser wird sie indessen wieder aus der alkoholischen Lösung abgeschieden. Für sich allein ist die Ölsäure bei gewöhnlichem Druck nicht destillierbar; sie geht aber in einem überhitzten Dampfstrom bei 250° C unzersetzt über. Beim Stehen an der Luft verändert sie sich durch Aufnahme von Sauerstoff; sie wird dann gelb und übelriechend, nimmt einen kratzenden Geschmack an und rötet Lackmus. Beim Durchleiten von Luft wird Ölsäure, die auf 200° erhitzt ist, nach Benedikt und Ulzer [2]) zum größten Teil in Oxyölsäure übergeführt. Salpetersäure oxydiert Ölsäure lebhaft. Salpetrige Säure verwandelt sie in die isomere Elaidinsäure. Diese ist kristallinisch, schmilzt bei 51—52° C, ist löslich in Alkohol und Äther, unlöslich in Wasser, reagiert sauer, und läßt sich un-

---

[1]) Benedikt-Ulzer, Analyse der Fette und Wachsarten, 4. Aufl., Berlin 1903, S. 23.

[2]) Benedikt und Ulzer, Zeitschr. f. chem. Ind. 1887, Heft 9.

zersetzt destillieren. Auf eine Temperatur von 60° C gebracht, absorbiert sie Sauerstoff und erstarrt dann nicht wieder. Oxydierte Ölsäure wird durch salpetrige Säure nicht in Elaidinsäure verwandelt.

Durch Schmelzen mit Ätzkali zerfällt die Ölsäure unter Wasserstoffentwicklung in Palmitinsäure und Essigsäure gemäß der Gleichung:

$$\underset{\text{Ölsäure}}{C_{18}H_{34}O_2} + \underset{\text{Ätzkali}}{2KOH} = \underset{\text{Essigs. Kali}}{C_2H_3O_2K} + \underset{\text{Palmitins.Kali}}{C_{16}H_{31}O_2K} + \underset{\text{Wasserstoff.}}{H_2}$$

Diese Reaktion, die nach ihrem Entdecker meist als Varrentrappsche Reaktion bezeichnet wird[1]), ist bereits in den sechziger Jahren des vorigen Jahrhunderts zur Herstellung von Palmitinsäure vorübergehend technisch verwertet worden[2]).

Die Salze der Ölsäure verhalten sich in bezug auf ihre Löslichkeit in Wasser denen der festen Fettsäuren ähnlich, da nur die Alkalisalze löslich sind. Dagegen sind alle andern Salze in Alkohol und einige auch in Äther löslich; zu den letzteren gehört das Bleisalz. Das Silbersalz der Ölsäure ist in Äther unlöslich. Die Alkalisalze scheiden sich aus ihren wässerigen Lösungen bei Zusatz von überschüssigem Alkali, Chlornatrium usw. aus. Alle Salze der Ölsäure sind weicher als die der festen Fettsäuren und meist unzersetzt schmelzbar.

Ölsaures Natron ($C_{18}H_{33}O_2Na$) kann aus absolutem Alkohol kristallisiert erhalten werden. Es löst sich in 10 Teilen Wasser von 12° C, in 20,6 Teilen Alkohol vom spezifischen Gewicht 0,821 bei 13° C und in 100 Teilen siedenden Äthers (Chevreul). Das Kalisalz bildet eine durchsichtige Gallerte, die in 4 Teilen kalten Wassers, und auch in Alkohol und Äther weit leichter löslich ist als das Natronsalz. Das Bariumsalz ist ein in Wasser unlösliches Kristallpulver, welches bei 100° C zusammenbackt, ohne zu schmelzen. Von kochendem Alkohol wird es sehr schwer aufgenommen. Das ölsaure Blei stellt ein weißes lockeres Pulver dar, das bei 80° C zu einer gelben Flüssigkeit schmilzt und nach dem Erkalten zu einer spröden Masse erstarrt. In Äther ist das Bleioleat klar löslich, dagegen nur wenig löslich in absolutem Alkohol.

Die Linolsäure ($C_{18}H_{32}O_2$), die Linolensäure ($C_{18}H_{30}O_2$) und die Isolinolensäure ($C_{18}H_{30}O_2$) bilden die flüssige Fettsäure des Leinöls, die von Hazura[3]) als ein Gemisch dieser drei oben genannten Säuren erkannt wurde. Man faßt diese Säuren unter dem Namen trocknende Säuren zusammen, da sie die Fähigkeit besitzen, an der Luft leicht Sauerstoff aufzunehmen und in feste, unlösliche Körper überzugehen.

Die Linolsäure ist ein schwach gelbliches, in der Kälte nicht erstarrendes, fast geruchloses Öl vom spezifischen Gewicht 0,9206 bei 14° C. Sie reagiert schwach sauer und ist leicht löslich in Alkohol und

---

1) Varrentrapp, Liebigs Annalen **35**, 196.
2) Vgl. Muspratt **3**, 491; **5**, 154.
3) Monatsh. f. Chemie 1888, **9**, 180.

Äther. Mit salpetriger Säure gibt sie im Gegensatz zur eigentlichen Ölsäure kein festes Produkt, sondern wird nur rötlich und dickflüssig. An der Luft nimmt sie viel rascher Sauerstoff auf und geht, in dünnen Schichten der Luft ausgesetzt, zuerst in eine feste, harzähnliche Substanz, die Oxyoleinsäure, und schließlich in einen neutralen, in Äther unlöslichen Körper, das Linoxyn, über [1]). Bei der katalytischen Behandlung mit Wasserstoff geht die Linolsäure ebenso wie die Linolen- und Isolinolensäure in Stearinsäure über. Die Salze der Linolsäure kristallisieren nicht und sind in Alkohol und Äther löslich.

Die Linolensäure ist ein Öl von eigenartigem, fischöl- oder firnisähnlichem Geruch, während die Isolinolensäure bisher nicht isoliert wurde. Ihre Existenz ist jedoch durch die Untersuchung der aus der Linolensäure erhaltenen Oxydationsprodukte wahrscheinlich gemacht [2]).

Die Clupanodonsäure ($C_{18}H_{28}O_2$) endlich wurde von Tsujimoto aus dem Sardinentran als schwachgelbliche, fischartig riechende Flüssigkeit isoliert, die sich an der Luft unter Bildung eines trocknen Firnisses oxydiert und wahrscheinlich der Träger des spezifischen Trangeruches ist. Bei der katalytischen Reduktion geht sie ebenfalls in Stearinsäure über. Durch Alkalischmelze wird sie ebenso wie die vorbesprochenen Fettsäuren mit mehrfacher Doppelbindung zu einer niedriger molekularen Säure abgebaut, indem für jede Doppelbindung zwei Kohlenstoffatome in Form der Essigsäure zur Abspaltung kommen.

Als Vertreter der hydroxylierten einbasischen, ungesättigten Säuren der Rizinusölsäurereihe ist vor allem die Rizinusölsäure selbst, auch Rizinolsäure genannt, hervorzuheben. Diese ist bei 15° C ein dickes Öl von 0,940 spezifischem Gewicht; ihr Schmelzpunkt liegt nach Juillard [3]) bei 4—5° C. Sie ist nicht unzersetzt flüchtig und in Alkohol und Äther in jedem Verhältnis löslich.

Beim Destillieren unter 50 mm Druck siedet sie wenig über 250° und liefert eine ölige Säure $C_{18}H_{32}O_2$, die nach Zusammensetzung und Charakter der Linolsäure ähnlich ist. Die aus dem Rizinusöl dargestellte Säure ist nach Walden [4]) optisch aktiv. Bei längerem Aufbewahren wird die Rizinusölsäure durch Polymerisation dick und zähflüssig, absorbiert jedoch keinen Sauerstoff. Durch salpetrige Säure wird sie in die stereoisomere Rizinelaidinsäure vom Schmelzpunkt 52—53° C übergeführt. In der Alkalischmelze liefert sie Sebazinsäure und sekundären Oktylalkohol, bei der katalytischen Reduktion eine Oxystearinsäure, die bei der Destillation in eine feste Ölsäure, vermutlich die Isoölsäure ($C_{18}H_{34}O_2$) übergeht. Bei der Einwirkung von konzentrierter Schwefelsäure auf Rizinolsäure entsteht, ähnlich wie bei Verwendung von Öl-

---

[1]) Mulder, Jahresber. 1865, S. 324.

[2]) Hazura, Monatsh. f. Chemie **9**, 180.

[3]) Juillard, Bull. Soc. chim. 1895, S. 240.

[4]) Ber. d. deutsch. chem. Gesellsch. 1894, **27**, 3472.

säure (Oxystearinschwefelsäure), zunächst Dioxystearinschwefelsäure, daneben aber auch schwefelfreie Kondensations- und Polymerisationsprodukte.

Die Salze der Rizinusölsäure verhalten sich ähnlich wie die der Ölsäure, die meisten lassen sich kristallisiert erhalten. Die wässerige Lösung der Alkalisalze besitzt jedoch im Gegensatz zu den Lösungen der vorbesprochenen fettsauren Alkalien kein Schaumvermögen, das Bleisalz ist in Äther löslich und schmilzt bei 100°.

**Die Fett- und Wachsalkohole.** Wie bereits erwähnt, sind die Fettsäuren in den natürlichen Fetten esterartig mit einem dreiwertigen Alkohol, dem Glyzerin, verbunden, während in der Hauptsache die gleichen Fettsäuren in den Wachsen mit hochmolekularen ein- oder zweiwertigen Alkoholen verestert sind, unter denen der Cetylalkohol, der Myricylalkohol und das Cholesterin bzw. Isocholesterin besonders hervorzuheben sind.

Das Glyzerin ($C_3H_8O_3$) ist in reinem Zustand eine neutrale, farb- und geruchlose, süßschmeckende Flüssigkeit von sirupartiger Konsistenz. Bei starker Abkühlung erstarrt es in rhombischen Kristallen, die erst wieder bei 20° C schmelzen. Die Angaben über das spezifische Gewicht stimmen nicht genau untereinander überein, weil das Glyzerin auf Grund seiner hygroskopischen Eigenschaften nur schwer von den letzten Anteilen Wasser befreit werden kann. Es ist bei 15° C nach Chevreul 1,27, nach Pelouze 1,28, nach Mendelejeff 1,26385 bezogen auf Wasser von 0° oder 1,26468 bezogen auf Wasser von 15° C, nach Gerlach 1,2653 (Wasser von 15° C = 1), bei 17,5° C nach Strohmer 1,262. Glyzerin läßt sich in allen Verhältnissen mit Wasser mischen, dabei tritt Volumenverminderung und Temperaturerhöhung ein. Es ist ferner mischbar mit Alkohol, leicht löslich in ätherhaltigem Alkohol, sehr schwer aber in Äther allein. Mit Wasserdämpfen ist es leicht flüchtig, weshalb mehr als 70 %ige Glyzerinlösungen durch Eindampfen ohne Verlust nicht konzentriert werden können. Reines Glyzerin siedet unter gewöhnlichem Druck unzersetzt [1]), bei Gegenwart von Verunreinigungen zerfällt es während der Destillation aber teilweise in Wasser und Akrolein ($C_3H_4O$), dessen Dämpfe die Augen sehr angreifen und im Schlunde heftiges Kratzen verursachen. Im Vakuum ist das Glyzerin jedoch unzersetzt flüchtig. Für viele Salze besitzt es ein sehr bedeutendes Lösungsvermögen, auch in Wasser unlösliche Seifen vermag es in geringer Menge aufzunehmen. Mit Basen bildet es salzartige Verbindungen, die Glyzerate genannt werden, und unter denen die der Alkalien, alkalischen Erden und des Bleis besonders zu nennen sind. Mit Schwefelsäure entstehen Schwefelsäureester, die unbeständig und leicht zerfließlich, auch im Vakuum nicht destillierbar sind, mit Salpetersäure die Salpetersäureester oder Glyzerinnitrate, unter denen das Trinitrat oder Nitro-

---

[1]) Mendeljeff, Liebigs Annalen **114**, 167.

glyzerin, eine ölige, blaßgelbe Flüssigkeit vom spez. Gew. 1,61 für die Darstellung von rauchlosem Schießpulver und Sprengstoffen (Dynamit) große technische Bedeutung besitzt. Der Phosphorsäureester, die Glyzerinphosphorsäure besitzt infolge ihrer Verwandtschaft zum Lezithin, dem Hauptbestandteil der Nervensubstanz, ein physiologisches Interesse.

Durch wasserentziehende Mittel wird das Glyzerin in Akrolein übergeführt, Oxydationsmittel wirken stark zersetzend, in der Alkalischmelze bilden sich Ameisensäure und Essigsäure unter gleichzeitiger Wasserstoffentwicklung.

Der Cetylakohol ($C_{16}H_{34}O$), hauptsächlich im Walrat vorkommend, ist eine weiße kristallinische Masse, ohne Geschmack und Geruch, die bei 50° C schmilzt und bei 344° C siedet; er ist unlöslich in Wasser, löslich in Alkohol und sehr leicht löslich in Äther und Benzol. Durch Oxydation mit Kaliumbichromat und Schwefelsäure wird er in Palmitinsäure übergeführt. In der Alkalischmelze entsteht ebenfalls Palmitinsäure unter Wasserstoffentwicklung.

Der Myricylalkohol (Melissylalkohol, $C_{30}H_{62}O$) findet sich in verschiedenen Wachsarten, vornehmlich im Bienenwachs. Er kristallisiert aus Äther im kleinen seidenglänzenden Kristallen vom Schmelzpunkt 88°, bei der Destillation zersetzt er sich teilweise, in der Alkalischmelze gibt er Melissinsäure $C_{30}H_{60}O_2$.

Das Cholesterin ($C_{27}H_{46}O$) kristallisiert aus Chloroform in wasserfreien Nadeln vom spezifischen Gewicht 1,067, welche bei 145°—146° C schmelzen. Aus wasserhaltigem Alkohol oder Äther scheidet es sich in Blättchen mit 1 Mol. Kristallwasser ab, welches schon beim Stehen über Schwefelsäure, rascher beim Trocknen gegen 100° C abgegeben wird. Das Cholesterin ist unlöslich in Wasser, sehr wenig löslich in kaltem, verdünnten Alkohol. Es löst sich in 9 Teilen kochenden Alkohols vom spezifischen Gewicht 0,84 und in 5,55 Teilen von 0,82 spezifischem Gewicht. Äther, Schwefelkohlenstoff, Chloroform und Petroleum nehmen es leicht auf. Seine Lösungen drehen die Polarisationsebene des Lichtes nach links. Das Molekularbrechungsvermögen beträgt 201. Bei vorsichtigem Erhitzen ist es unzersetzt flüchtig; doch destilliert man es besser unter vermindertem Druck. Seine chemische Zusammensetzung ist noch nicht mit Sicherheit festgestellt. In der Alkalischmelze entstehen keine Fettsäuren. Das ihm ähnliche Isocholesterin kristallisiert aus Äther in feinen Nadeln vom Schmelzpunkt 137—138° C. Im Gegensatz zum Cholesterin dreht es die Polarisationsebene nach rechts.

Das Cholesterin ist ebenso wie das Isocholesterin ein wesentlicher Bestandteil des Wollfettes. Da aber außerdem alle animalischen Öle und Fette geringe Mengen Cholesterin enthalten, so deutet seine Anwesenheit in reinem Öl oder Fett auf animalischen Ursprung hin. Für den Nachweis besonders charakteristisch ist die Liebermannsche Reaktion, nach der sich bei Einträufeln von konzentrierter Schwefelsäure in eine kalt gesättigte Lösung von Cholesterin in Essigsäureanhydrid eine rosenrote und dann dauernde Blaufärbung bildet.

**Die natürlichen Glyzeride.** Die natürlichen Fette sind zum größten Teil Gemische verschiedenartiger Triglyzeride, unter denen das Tristearin, das Tripalmitin und das Triolein die am häufigsten vorkommenden und daher auch die wichtigsten sind. Daneben hat als Bestandteil des Kokosöles insonderheit das Trilaurin technische Bedeutung.

Die charakteristischen Eigenschaften der Glyzeride werden im allgemeinen durch den Charakter der an das Glyzerin gebundenen Fettsäuren bedingt. Die Schmelzpunkte liegen in der Regel aber höher als diejenigen der Stammsäuren und zwar ist hier die zuerst von Heintz am Tristearin beobachtete Erscheinung des sog. doppelten Schmelzpunktes besonders auffallend.

Das Tristearin [$C_3H_5(C_{18}H_{35}O_2)_3$] oder gewöhnlich kurz als Stearin bezeichnet, bildet farblose, perlmutterglänzende Schuppen, die bei 71,6° C schmelzen und bei 70° C zu einer undeutlich kristallinischen Masse erstarren; erhitzt man das Stearin jedoch mindestens 4° über seinen Schmelzpunkt, so erstarrt es erst bei 52° C zu einer wachsähnlichen Masse und schmilzt dann bei 55° C. Erwärmt man dieses wieder einige Grade über seinen Schmelzpunkt, so nimmt es den ursprünglichen Schmelzpunkt von 71,6° C wieder an. Man erklärt diese Erscheinung heute als Folge der Unterkühlung der einmal geschmolzenen Substanz, welche die kristallinische Beschaffenheit noch nicht wieder angenommen hat. Das Stearin ist unlöslich in Wasser, wenig löslich in kaltem Alkohol und Äther, aber leicht löslich in warmem Äther und kochendem Alkohol. Benzin und Chloroform lösen es schon bei gewöhnlicher Temperatur. Bei der Destillation erleidet es Zersetzung.

Das Tripalmitin [$C_3H_5(C_{16}H_{31}O_2)_3$], kurz Palmitin genannt, ist neben dem Stearin in den talgartigen und in vorwiegender Menge in den schmalzartigen Fetten enthalten. Da es sich indessen von dem Stearin nur schwierig trennen läßt, so ist es sehr schwer rein darzustellen. Das Tripalmitin besteht aus kleinen, perlmutterglänzenden Kristallen, die in kaltem Alkohol sehr schwer, etwas leichter in kochendem löslich sind und sich beim Erkalten in Flocken ausscheiden. In siedendem Äther und Benzin ist es in allen Verhältnissen löslich, in Chloroform löst es sich bereits bei gewöhnlicher Temperatur. Beim Erhitzen zeigt es ebenfalls die Erscheinung des doppelten Schmelzpunktes, indem es bei 50,5° C schmilzt, bei weiterem Erwärmen aber wieder erstarrt und erst bei 66,5° C neuerdings geschmolzen ist [1]).

Das Trilaurin [$C_3H_5(C_{12}H_{23}O_2)_3$] bildet weiße, stern- oder baumförmig gruppierte Nadeln, die bei 45—46° C schmelzen, erst bei 23° C wieder erstarren und sich nicht in Wasser, schwer in kaltem, besser in heißem

---

[1]) Benedikt-Ulzer, Analyse der Fette und Wachsarten, 4. Aufl., Berlin 1903, S. 59.

Alkohol, leicht aber in Äther und anderen organischen Lösungsmitteln lösen. Durch Kalilauge ist es ziemlich leicht zu verseifen und bildet dann einen klaren Seifenleim. Im Vakuum ist es unzersetzt destillierbar. Bei 10 mm Druck liegt der Siedepunkt bei 260—275° C.

Das Trioleïn [$C_3H_5$ $(C_{18}H_{33}O_2)_3$], kurz als Oleïn bezeichnet, bildet den vorwiegenden Teil der nicht trocknenden Öle. Rein dargestellt bildet es ein farb- und geruchloses Öl, das bei — 5° C in Kristallnadeln erstarrt. Es ist unlöslich in Wasser, schwer löslich in kaltem Alkohol, leichter in heißem, mit Äther aber in jedem Verhältnis mischbar. An der Luft dunkelt es nach, wird sauer und übelriechend (ranzig), indem die Ölsäure allmählich Zersetzung erleidet. Wie sich die Ölsäure durch die Einwirkung von salpetriger Säure in Elaidinsäure verwandelt, so geht auch das Oleïn unter denselben Verhältnissen in eine isomere feste Verbindung, das Elaidin, über. Letzteres besteht aus Kristallwarzen, die nach Meyer [1]) bei 32° C, nach Duffy [2]) bei 38° C schmelzen und sich in Alkohol fast gar nicht, in Äther leicht auflösen.

Zu erwähnen ist schließlich noch das Tririzinoleïn [$C_3H_5$ $(C_{18}H_{33}O_3)_3$], ein farbloses, neutrales, abführend wirkendes Öl, das optisch aktiv, mit Alkohol und Eisessig mischbar ist und leicht in die Ester anderer Alkohole überführt werden kann. Beim Aufbewahren erleidet es durch Polymerisation Veränderungen.

Bezüglich der Mengenverhältnisse, in welchen das Stearin, Palmitin und Oleïn in den Fetten vorkommen, ist zu bemerken, daß ein Fett um so fester ist, je mehr es von dem ersten enthält, und um so weicher, je mehr das letztere vorwaltet.

## Verseifung und Aufspaltung der Fette.

Unter „Verseifung" verstand man ursprünglich nur den chemischen Prozeß, welcher beim Kochen der Fette mit starken Basen vor sich geht, wobei sich Glyzerin und fettsaure Salze der Alkalien, Erdalkalien und gewisser Schwermetalle (Blei) bilden; im weiteren Sinne bezeichnet man aber — nicht ganz mit Recht — jede Reaktion, bei welcher die Fette auch ohne Mitwirkung von Basen in Glyzerin und Fettsäuren zerlegt werden, mit dem gleichen Namen. Im wissenschaftlichen Sprachgebrauch gilt als Verseifung jedoch lediglich der Prozeß, bei dem eine wirkliche Verseifung, d. h. die Salzbildung aus den Säuren stattfindet, während man die Aufspaltung der Fette, wie sie durch gespannten Wasserdampf, Mineralsäuren, aromatische Sulfosäuren und schließlich auch bei niedriger Temperatur durch lipolytische Fermente erfolgt, als Hydrolyse bezeichnet. In der Technik hat sich für Prozesse der zweiten Art auch der Begriff „Fettspaltung" eingeführt.

---

[1]) Meyer, Liebigs Annalen **35**, 177.
[2]) Duffy, Jahresber. 1852, 511.

Sämtliche Fettspaltungs- und Verseifungsmethoden verlaufen nach dem durch die folgende Gleichung ausgedrückten einfachen Reaktionsschema:

$$C_3H_5\begin{cases}OOCR\\OOCR\\OOCR\end{cases} + 3\,H_2O = C_3H_5\,(OH)_3 + 3\,RCOOH$$

Neutralfett Wasser Glyzerin Fettsäure

so daß es sich bei diesen Verfahren also stets um den gleichen chemischen Vorgang, die Zerlegung eines Esters durch Wasseraufnahme in Alkohol und Säure, handelt. Bei der Verseifung durch eine zur Bindung der entstehenden Säuren hinreichende Menge von Basen (Kali, Natron, Kalk, Magnesia) entstehen an Stelle der freien Säuren deren Salze, die man, wie schon mehrfach erwähnt, als Seifen bezeichnet. Der Prozeß verläuft dann in folgender Weise:

$$C_3H_5\begin{cases}OOCR\\OOCR\\OOCR\end{cases} + 3\,KOH = C_3H_5(OH)_3 + 3\,RCOOK$$

Ätzkali Glyzerin Fetts. Kali

$$2\,C_3H_5\begin{cases}OOCR\\OOCR\\OOCR\end{cases} + 3\,Ca\,(COH)_2 = 2\,C_3H_5\,(OH)_3 + 3\,(RCOO)_2\,Ca$$

Ätzkalk Glyzerin. Fetts. Kalk

Bei Verwendung von Ätznatron zur Verseifung ergibt sich dieselbe Gleichung wie bei Ätzkali, bei Verwendung von Magnesia dieselbe wie bei Kalk. Der Unterschied entsteht dadurch, daß Kalium und Natrium einwertige, Kalzium und Magnesium dagegen zweiwertige Metalle sind.

Im Laboratorium zerlegt man die Fette am zweckmäßigsten durch Verseifen mit alkoholischem Kali. Lewkowitsch[1]) gibt dafür folgende Vorschrift: „50 g Fett werden mit 40 ccm kaustischer Kalilösung von 1,4 spezifischem Gewicht und 40 ccm starkem Weingeist auf dem Wasserbade in einer Porzellanschale unter beständigem Rühren erhitzt, bis die Seife dick geworden ist. Sie wird alsdann in 1000 ccm Wasser aufgelöst und die Lösung über freiem Feuer gekocht, um den Alkohol zu verjagen. Dies geschieht am besten in der Weise, daß man das verdampfte Wasser von Zeit zu Zeit ersetzt. Die Seife wird hierauf durch Zusatz von verdünnter Schwefelsäure zersetzt und die Lösung erhitzt, so daß die Fettsäuren sich als eine klare, ölige Masse auf der wässerigen Lösung absetzen. Letztere wird dann mit einem Heber abgezogen und die Fettsäure mehrmals mit heißem Wasser gewaschen, bis die Schwefelsäure entfernt ist. Die warmen, flüssigen Fettsäuren werden durch ein trockenes Faltenfilter im Heißwassertrichter filtriert."

[1]) Chemische Technologie und Analyse der Öle, Fette und Wachse. Braunschweig 1905, S. 64.

Mit kohlensauren Alkalien lassen sich die Neutralfette nur bei höherer Temperatur verseifen. Es erfolgt alsdann unter Entbindung von Kohlensäure eine Neutralisation der durch „Wasserverseifung" primär entstehenden Fettsäuren. Diese Tatsache hat zuerst Tilghman[1]) technisch zu verwerten gesucht. Er vermischte das geschmolzene Fett mit der zur Verseifung notwendigen Menge einer Lösung von kohlensaurem Alkali und trieb die erhaltene Emulsion durch ein langes, gewundenes schmiedeeisernes Rohr, das $^1/_2$ Zoll inneren und 1 Zoll äußeren Durchmesser hatte und in einer Feuerung lag. Je nach Beschaffenheit des Fettes wurde auf 260—330° erhitzt. Das Verfahren hat sich praktisch jedoch nicht bewährt.

Ammoniak, das sich sonst den Alkalien analog verhält, wirkt nicht wie diese auf Fette verseifend. Mischt man ein fettes Öl durch Schütteln mit einer wässerigen Ammoniaklösung, so entsteht eine Emulsion. Setzt man diese der Luft aus, so verflüchtigt sich das Ammoniak nach kurzer Zeit, und das Öl scheidet sich unverändert ab.

Beim Erhitzen von Neutralfetten mit Ammoniak unter Druck entsteht jedoch neben Fettsäureamiden auch Ammoniumseife, die mit Alkalisalzen zu Alkaliseifen umgesetzt werden kann.

Die Spaltung der natürlichen Glyzeride in Fettsäuren und Glyzerin besitzt für einen großen Teil der fettverarbeitenden Industrien, insonderheit für die Stearin- und Seifenindustrie, eine große, praktische Bedeutung. Für die erstere ist die Zerlegung des Fettmoleküls Selbstzweck, für die letztere stellt, soweit man von der Verseifung der Neutralfette absieht, die Fettsäure ein Halbfabrikat dar, dessen Neutralisation mit Alkali erst zum Endprodukte führt. Die bei weitem wirtschaftlichere Methode der „Fettsäureverseifung" hat aber dazu geführt, daß zum wenigsten alle größeren Betriebe heute über eine eigene Fettspaltungsanlage verfügen, so daß die Fettspaltung im eigenen Betriebe gewissermaßen als erste Phase der Seifenerzeugung gelten kann. Im folgenden sollen daher zunächst die technischen Verfahren der Fettspaltung, d. h. die Fettsäure- und Glyzeringewinnung, behandelt werden.

**Die technischen Fettspaltungsverfahren.** Der Fettindustrie stehen, wie bereits erwähnt, eine ganze Anzahl von Verfahren zur Verfügung, die eine Spaltung der Fette und eine wirtschaftliche Gewinnung des Glyzerins und der Fettsäuren in relativ reiner Form gewährleisten. Für die jeweilige Auswahl entscheidend ist vornehmlich die Art der vorzugsweise zu spaltenden Fette, da sich keins dieser Verfahren universell für die befriedigende Spaltung aller Fette eignen dürfte. Infolgedessen ist auch keins dieser Verfahren als absolut gut oder schlecht zu bezeichnen, da jedes im geeigneten Fall verwendbar ist.

Die heute meist verwandten Verfahren sind:

---

[1]) Dingl. pol. J., **138**, 123.

1. Die Fettspaltung im Autoklaven (Druckkessel) unter Zusatz eines fettspaltenden Oxydes,
2. Die Fettspaltung unter gewöhnlichem Druck mittels Mineralsäuren (Schwefelsäure),
3. Die Fettspaltung unter gewöhnlichem Druck mit aromatischen Sulfofettsäuren (Twitchell-Reaktiv, Pfeilringspalter) oder auch hochmolekularen aliphatischen Sulfosäuren (Kontaktspalter),
4. Das fermentative oder enzymatische Fettspaltungsverfahren nach Connstein, Hoyer und Wartenberg,
5. Das Krebitzsche Kalkverseifungsverfahren, das an Stelle der Fettsäuren allerdings deren Kalkseifen ergibt, aber ebenfalls eine nahezu quantitative Abscheidung des Glyzerins ohne Verunreinigung gestattet.

Der von de Milly im Jahre 1851 eingeführte Autoklavenprozeß wird heute im allgemeinen unter Zusatz von 0,6 % Zinkoxyd, dem 0,3 % Zinkgrau (Zinkstaub) beigemischt ist, bei 6 Atm. in etwa 8 Stunden durchgeführt, und zwar in bezug auf die verwandte Apparatur im wesentlichen auch heute noch den Angaben de Millys entsprechend.

Fig. 1 zeigt den von ihm verwandten Autoklaven mit Zubehör. A ist ein geschlossenes zylindrisches Gefäß aus Kupfer mit einer Wandstärke von 18 mm, doppelt genietet und mit halbkugelförmigem Boden und Kopf versehen; es hat einen Durchmesser von 1,2 m und eine Höhe von 5 m, ist mit einem Sicherheitsventil S, einem Manometer und einem Mannloch versehen. Die Armaturen sind massiv und aus bester Hartbronze hergestellt. Durch das Rohr L steht der Apparat mit einem Dampfkessel in Verbindung, welcher Dampf von 6 Atmosphären Überdruck liefert.

Durch den Hahn L, von welchem ein Rohr bis auf den Boden des Autoklaven geht, tritt der Dampf in letzteren ein. Die Rohre D und E dienen zur Entleerung des Apparates nach beendigter Verseifung und gehen ebenfalls bis auf den Boden desselben[1]). Der Betrieb ist folgender: Das zu einer Beschickung erforderliche, gut vorgereinigte Fett (2500 kg) wird in dem hölzernen Bottich H mit Dampf geschmolzen und dann durch den Trichter G in den Apparat gebracht. Hierauf wird das Spaltmittel, 15 kg Zinkweiß und 7 kg Zinkgrau gleichmäßig mit Wasser oder Öl angerührt und dem auf etwa 50° erwärmten Autoklaveninhalt beigemischt. Schließlich werden noch 500 l Wasser nachgegeben. Nachdem der Apparat so beschickt ist, wird der Hahn am Trichter G geschlossen und der Dampfhahn L geöffnet. Der Dampf tritt am Boden ein, durchdringt die im Kessel befindliche Masse und arbeitet sie gut durcheinander. Der Druck im Autoklaven steigt bald auf 6 Atmosphären.

---

[1]) Statt zweier Ablaßrohre verwendet man jetzt gewöhnlich nur ein Ablaßrohr. Dieses ist dann außerhalb des Autoklaven mit einem Dreiwegehahn versehen, und von diesem aus gehen die Verbindungen nach dem Glyzerinbottich und dem Fettsäurebottich.

Nach etwa 8 Stunden sperrt man den Dampf ab und überläßt den Apparat 2 Stunden der Ruhe, damit sich das glyzerinhaltige Wasser absetzen kann. Alsdann öffnet man den Hahn D — der Druck ist noch immer hinreichend stark, um die im Autoklaven befindliche Masse heraustreiben zu können — und so wird zunächst das unten befindliche Glyzerinwasser herausgepreßt und gelangt durch eine Filtriervorrichtung C in den Bottich B. Sobald das Glyzerin heraus ist und die Fettmasse herauszutreten beginnt, schließt man den Hahn D, öffnet den Hahn E und läßt das Gemisch aus Fettsäuren und Zinkseife in den Bottich I treten. Sobald sich alles in letzterem befindet, gibt man 30 kg Schwefelsäure von 66$^0$ Bé, die man

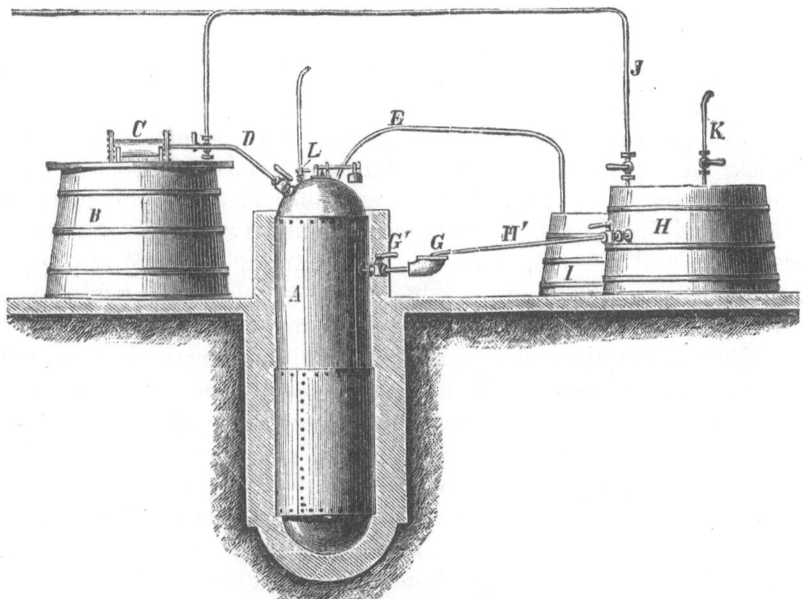


Fig. 1. Autoklav mit Zubehör für Fettspaltung.

zuvor auf 10 Bé verdünnt hat, unter Umrühren hinzu und läßt gleichzeitig Dampf einströmen. Hierbei soll die Temperatur jedoch nicht über 80—85$^0$ C steigen, da sonst die Farbe der Fettsäure leidet. Nach ungefähr 2 Stunden ist die Zersetzung der Zinkseife beendigt. Man sperrt jetzt den Dampf ab, läßt die Fettsäure absetzen, um sie schließlich in einen Abziehbehälter abzulassen, wo sie vorteilhafterweise einer nochmaligen Waschung mit kochendem Wasser unterzogen wird.

Die so erhaltene Fettsäure enthält je nach Art des gespaltenen Fettes 86—95$^0/_0$ freie Fettsäure und ist auf Grund ihrer hellen Farbe insonderheit auch zur Seifenfabrikation vorzüglich verwendbar. Die technische Ausbeute an 28$^0$ Glyzerin beträgt, ebenfalls je nach Art des gespaltenen Fettes, 6,5—12 $^0/_0$ und zwar 10—12 $^0/_0$ bei Verwendung von Kottonöl,

Olivenöl, Talg, Palmkernöl und Kokosöl, 7,5—9,5% bei Verwendung von Knochenfett, Maisöl, Erdnußöl, Sesamöl, Palmöl und Leinöl und schließlich nur 6,5 % bei Verwendung von Tran und Rizinusöl, trotzdem auch hier eine theoretische Ausbeute von etwa 10 % erwartet werden sollte. Wahrscheinlich findet diese Tatsache ihre Erklärung in dem Umstand, daß die Tran- und Rizinusölfettsäuren auf Grund ihres Gehaltes an Oxyfettsäuren einen Teil des Glyzerinwassers hartnäckig in Emulsion halten und nicht zum Absetzen gelangen lassen.

Als Vorteile einer Fettspaltung im Autoklaven ergeben sich vor allem, eine sorgfältige Arbeitsweise vorausgesetzt — die Sicherheit der Spaltung, die ein fast reines Rohglyzerin und hochprozentige Fettsäuren in guter Ausbeute gewährleistet, daneben die helle Farbe dieser Fettsäuren, die speziell für ihre Weiterverarbeitung auf Seifen von Bedeutung ist. Als Nachteil stehen dem jedoch die hohen Anschaffungskosten der Apparatur gegenüber, die mit Mk. 10000 nicht zu niedrig bemessen sind.

Die Fettspaltung mit Mineralsäuren unter gewöhnlichem Druck, die sogenannte saure Verseifung, hat praktische Bedeutung heute nur noch für die Stearinindustrie, und auch hier kommt sie für sich allein lediglich bei stark fettsäurehaltigen, minderwertigen Fetten zur Anwendung, weil diese Spaltungsmethode stärkere Verluste an Glyzerin verursacht, das zudem auch qualitativ eine erhebliche Verschlechterung erfährt. In der Regel wird lediglich die durch Autoklavierung erhaltene 90—95%ige Fettsäure einer Weiterspaltung durch konzentrierte Schwefelsäure unterworfen, um die in der Autoklavenfettsäure noch enthaltenen Neutralfettreste völlig zu zerlegen und so zu einer nahezu neutralfettfreien, gut kristallisierenden Fettsäure zu gelangen, die ihrer dunklen Färbung halber allerdings immer destilliert werden muß. Da indessen durch die chemische Einwirkung der Schwefelsäure auf die in dem Fettsäuregemisch enthaltene Ölsäure (Bildung von Isoölsäure und Stearolakton) die Ausbeute an festem Kerzenmaterial nicht unerheblich erhöht wird, so werden die Nachteile des Verfahrens durch dessen Vorteile weitgehend ausgeglichen.

Die hydrolytische Spaltung der Fette mit konzentrierter Schwefelsäure wird im wesentlichen durch die katalytische Wirkung der Wasserstoffionen dieser Säure bedingt. Daneben wird sie aber, und zwar insonderheit in bezug auf die für die Spaltung notwendige Zeitdauer außerordentlich begünstigt durch den Umstand, daß sich bei dieser Behandlung der Fette aus den darin enthaltenen ungesättigten Fettsäuren zunächst Sulfofettsäuren bilden, die ein großes Emulsionsvermögen und demzufolge die Fähigkeit besitzen, die Fette und zwar besonders auch die von der Schwefelsäure nicht angegriffenen Teile in Wasser überaus fein zu verteilen. Dem weiteren Angriff der Schwefelsäure wird damit bei der nachfolgenden Verkochung mit Wasser eine große Oberfläche geboten, so daß die Hydrolyse selbst in relativ kurzer Zeit verlaufen kann.

Die praktische Ausführung dieses auch als Azidifikation bezeichneten Verfahrens geschieht am besten in der Weise, daß die bei 120° C vorgetrocknete, wasserfreie Fettmasse in den Azidifikator, einen mit Dampfmantel und Rührwerk versehenen zylindrischen Kessel, eingebracht und hier bei einer Temperatur von 110—120° C mit 4—6 % konzentrierter Schwefelsäure von 66° Bé rasch und innig durchmischt wird. Die Spaltung vollzieht sich in etwa 15—20 Minuten unter lebhafter Entwicklung von schwefliger Säure, die man durch einen auf dem Apparat befindlichen Schornstein ins Freie oder unter eine Feuerung entweichen läßt. Die Fettmasse färbt sich zunächst violett, wird dann aber immer dunkler und ist schließlich schwarz gefärbt. Nach Beendigung des Spaltungsprozesses wird sie in kochendes Wasser eingetragen, durch mehrstündiges Kochen von der anhaftenden Säure befreit und mehrmals noch mit heißem Wasser nachgewaschen. Das abgespaltene Glyzerin geht dann ebenfalls mit in die Waschwässer über. Die erhaltenen Fettsäuren werden zum Zweck einer weiteren Reinigung der Vakuumdestillation mit überhitztem Wasserdampf unterworfen.

Nach einer zweiten Methode, die meist nur bei der Verarbeitung minderwertiger, glyzerinarmer, zuvor nicht autoklavierter Fette in Anwendung kommt, wird das Fett in dem Azidifikator auf 90° C erwärmt und alsdann langsam mit 6—10 %iger konzentrierter Schwefelsäure vermischt, indem man das Rühren durch überhitzten Dampf bewirkt. Von außen her wird die Temperatur allmählich auf 140—150° C gebracht und mehrere Stunden hindurch auf dieser Höhe erhalten. Alsdann wird die Fettmasse ebenfalls mit Wasser verkocht und in der oben geschilderten Weise weiterbehandelt.

Die Fettspaltung unter gewöhnlichem Druck mit aromatischen Sulfofettsäuren, nach ihrem Erfinder Ernst Twitchell in Philadelphia meist als das Twitchellsche Spaltverfahren (DRP. 114491) bezeichnet, ist als eine glückliche Modifikation der Schwefelsäurespaltung anzusehen. Während dort jedoch die Sulfofettsäuren, die auf Grund ihrer emulgierenden Eigenschaften einen schnellen Verlauf der Spaltung selbst ermöglichen, in dem zur Spaltung kommenden Fett erst gebildet werden, verwendet Twitchell diese Sulfosäuren in einer gebrauchsfertigen und haltbaren Form als „Reaktiv", mit dem er gleichzeitig Emulsion und Spaltung erreicht. Dies „Reaktiv", eine Naphthalinstearosulfosäure wird erhalten, indem man Ölsäure (Handelsoleïn) mit Naphthalin im Verhältnis der Molekulargewichte mischt und dies Gemisch der Sulfurierung mit konzentrierter Schwefelsäure unterwirft. Die überschüssige Schwefelsäure wird nach Beendigung der Reaktion mit Wasser ausgewaschen, wobei sich das Reaktionsprodukt als ein in der Kälte gelatinierendes Öl auf der Oberfläche der sauren Waschflüssigkeit abscheidet. Im Gegensatz zu den gewöhnlichen aus Ölsäure und Schwefelsäure allein erhältlichen Sulfosäuren ist die Naphthalinstearosulfosäure bei der für die Spaltung notwendigen Temperatur von 100° beständig, des weiteren ist sie sowohl in Wasser, als in Fetten bzw.

Fettsäuren leicht löslich und daher besonders geeignet, die gegenseitige Löslichkeit dieser beiden Stoffe ineinander bzw. ihre Emulsion in vollkommener Weise herbeizuführen.

Die praktische Ausführung des Twitchellschen Verfahrens zerfällt in zwei Teile: eine Vorreinigung, welche zur Verhinderung einer Dunkelfärbung des Spaltproduktes die möglichst vollkommene Entfernung aller Schleim- und Eiweißstoffe aus dem zur Verarbeitung kommenden Fett bezweckt, und den eigentlichen Spaltungsprozeß.

Für die Vorreinigung bringt man das Fett in einen mit Blei ausgekleideten Behälter aus Holz oder Eisen, der mit Rührgebläse und Dampfschlange versehen ist, und unterwirft es hier einer Waschung mit Schwefelsäure von 60 ⁰ Bé (ca. 77 % $H_2SO_4$), nachdem es vorher mit direktem Dampf auf eine durch seinen Charakter bestimmte Temperatur erhitzt ist. Die Menge der anzuwendenden Säure und die Dauer der Waschung sind ebenfalls von der Art des Spaltgutes abhängig und aus der folgenden Tabelle ersichtlich.

Vorreinigung der Fette zur Twitchellspaltung.

| | Temperatur des Fettes bei Beginn der Waschung | Zusatz von Schwefelsäure % | Dauer der Waschung Stunde | Bé-Grade des abgesetzten Säurewassers |
|---|---|---|---|---|
| Leinöl | 20 | 2 1/2 | 1 | 15 |
| Kottonöl | 50 | 2 | 1 | 20 |
| Palmkern- und Kokosöl | 50 | 1 1/2 | 1 | 15 |
| Talg | 55 | 1 1/4 | 1 | 10 |
| Abfallfett | 50 | 1 1/4 | 1 | 10 |
| Sesamöl | 30 | 1 1/2 | 1 | 15 |
| Erdnußöl | 30 | 1 1/2 | 1 | 15 |

Nach der Waschung wird das abgesetzte Säurewasser abgelassen, das ebenfalls je nach Art des zu spaltenden Fettes 10—20⁰ Bé haben soll (s. Tabelle), während man das nunmehr zur Spaltung geeignete Fett in den Spaltbottich einbringt, d. h. in einen Behälter aus Holz, am besten aus Pitch-pine, dessen Stäbe durch Nut und Feder fest verbunden sind und der durch einen gut schließenden Deckel verschlossen werden kann. Der Bottich ist außerdem mit einer offenen Dampfschlange aus Messing oder Kupfer und einem Ablaßhahn für die erhaltenen Spaltungsprodukte (Glyzerin und Fettsäure) ausgestattet. Der Deckel enthält die für die Zuleitung von Fett, Wasser, Reaktiv und Chemikalien notwendigen Öffnungen.

In dem Spaltbottich wird das Fett zunächst mit 20—25 % Kondenswasser und 0,1 % Schwefelsäure vermischt und durch direkten Dampf zu lebhaftem Sieden gebracht. Alsdann fügt man das zuvor in der drei- bis vierfachen Menge Kondenswasser aufgelöste Reaktiv hinzu, und zwar bei sehr reinen Fetten $^1/_3$—$^1/_2$%, bei weniger reinen 1 % und bei ganz unreinen bis zu 3 % der Fettmasse, und läßt das Ganze 12—24 Stunden ununterbrochen in leichtem Sieden. Sobald das Fett 85—90 % freie Fettsäure aufweist, wird der Dampf abgestellt und während des Absitzens ein schwacher Dampfstrahl über die Oberfläche des Fettes geleitet, um den Luftzutritt und damit ein Nachdunkeln der Fettsäure zu verhindern. Das Glyzerinwasser, das nicht über 5° Bé stark sein, also ungefähr 12—15 % Glyzerin enthalten soll, wird in den dafür bestimmten Behälter abgelassen und die zurückbleibende Fettmasse einer zweiten Kochung unterworfen. Zu diesem Zweck werden nochmals, noch immer unter Luftabschluß, 10—15 % Kondenswasser hinzugegeben und das Ganze 10—14 Stunden kräftig durchgesotten. Der Fettsäuregehalt soll alsdann ca. 95 % betragen. Zur Neutralisation der noch vorhandenen freien Schwefelsäure fügt man zu dem Ganzen alsdann etwa 0,05 % Bariumkarbonat, das mit etwas Wasser angeschlämmt ist, läßt nochmals kurze Zeit durchkochen und prüft mit Methylorange auf völlige Neutralität. Das aus dieser zweiten Kochung erhaltene schwache Glyzerinwasser II dient alsdann für eine folgende Spaltung als Wasseransatz. Die praktischen Glyzerinausbeuten stimmen im wesentlichen mit denen des Autoklavenprozesses überein. Insonderheit werden auch hier bei Verwendung von Tran und Rizinusöl die theoretisch möglichen Ausbeuten bei weitem nicht erreicht.

Als Vorteile des Twitchellverfahrens sind bei guter Betriebssicherheit vor allem die geringen Anschaffungskosten der notwendigen Apparatur und die Verwendung lediglich von niedrig gespanntem Dampf zu erwähnen, denen als besondere Nachteile aber die leicht eintretende Dunkelfärbung der erhaltenen Fettsäuren, die lange Spaltungsdauer (einschließlich der Vorreinigung etwa 48 Stunden) und die Notwendigkeit einer nächtlichen Beaufsichtigung zum wenigsten des Dampfkessels gegenüberstehen.

Die Spaltungskosten sind gering und betragen in größeren Anlagen pro 100 kg gespaltenen Rohstoff ca. 60 Pf.

Nach Ablauf des DRP. 114 491 von Twitchell, das die Spaltung von Fetten und Ölen durch fettaromatische Sulfosäuren schützte, sind fettspaltende Reaktive der gleichen oder auch ähnlicher Art von verschiedenster Seite auf den Markt gebracht worden. Unter diesen ist besonders zu erwähnen der Pfeilring-Fettspalter (Vereinigte Chemische Werke Charlottenburg) und der Kontaktspalter (Sudfeldt & Co., Melle). Der erstere ist im wesentlichen mit dem alten Twitchellreaktiv identisch, nur wird an Stelle des dort verwandten Oleïns gehärtete Rizinusölfettsäure bei Anwesenheit von Naphthalin der Sulfurierung unterworfen. Der Kontaktspalter wird durch Sulfurierung gewisser Erdöldestillate erhalten und besteht vornehmlich aus den durch einen besonderen Reinigungsprozess von den unsulfurierten Kohlenwasserstoffen abgetrennten Sulfosäuren. Beide Fettspalter besitzen der vorliegenden

Literatur[1]) zufolge dem alten Twitchellreaktiv gegenüber wesentliche Vorzüge, indem einerseits die mit ihnen gewonnenen Fettsäuren eine hellere Färbung aufweisen, andererseits die Spaltungsdauer eine nicht unerhebliche Abkürzung erfahren soll.

Das fermentative oder enzymatische Fettspaltungsverfahren wurde der Technik durch Connstein, Hoyer und Wartenberg[2]) zugeführt und zur technischen Vollkommenheit ausgebildet. Bei ihren ausführlichen Arbeiten gingen diese drei Autoren von der bekannten Beobachtung aus, daß beim Zusammenreiben ölhaltiger Pflanzensamen mit Wasser durch Fermentwirkung eine hydrolytische Spaltung des Fettmoleküls in Glyzerin und freie Fettsäure erfolgt. Bei der Nachprüfung dieser Angaben speziell am Rizinussamen konnten sie aber feststellen, daß in diesem Fall zur Auslösung der enzymatischen Fettspaltung eine gewisse Säurekonzentration erforderlich ist, die entweder vom Samen selbst im Verlauf einiger Tage erzeugt wird oder von vornherein künstlich herbeigeführt werden kann, und daß sich schließlich die Säure auch durch andere Aktivatoren, beispielsweise Mangansulfat ersetzen läßt. Das fettspaltende Enzym selbst, die Lipase, ist im Protoplasma des Samens enthalten, in Wasser unlöslich, aber bei gleichzeitiger Anwesenheit eines fetten Öles nicht wasserempfindlich und läßt sich daher in Form einer haltbaren Emulsion technisch darstellen. Die gebrauchsfertige Fermentemulsion oder kurz das Ferment besteht aus etwa 38 % Rizinusölsäure, 4 % Eiweißkörpern und 58 % Wasser. Seine Anwendung an Stelle des geschälten Rizinussamens, der ohne weiteres auch selbst zur Spaltung benutzt werden kann, ergibt besondere technische Vorteile, insonderheit eine nicht unbedeutende Verminderung der nach der Spaltung entstehenden sogenannten Mittelschicht.

Die praktische Ausführung der Fermentspaltung, die den Vereinigten Chemischen Werken in Charlottenburg durch DRP. 145 413 und 188 429 geschützt ist, zerfällt in drei Teile: den eigentlichen Spaltungsprozeß, die Trennung der erhaltenen Spaltprodukte und die Aufarbeitung der sogenannten Mittelschicht, die sich nach der Trennung in Form einer Emulsion zwischen Fettsäure und Glyzerinwasser befindet. Als Spaltgefäß dient am besten ein eiserner, nach unten konisch zugespitzter Kessel, der mit Blei ausgekleidet und mit einer geschlossenen verbleiten Heizschlange, sowie einer offenen Bleischlange für die Zuführung von Preßluft oder direktem Dampf versehen ist. Mehrere Hähne aus säurefestem Metall oder Steingut gestatten auch die seitliche Entnahme der einzelnen Flüssigkeitsschichten.

In diesem Spaltkessel wird das zu spaltende Fett mit 30—40 % Wasser (auf die Fettmenge berechnet) vereinigt und alsdann auf eine

---

[1]) Seifensiederzeitung 1913, Nr. 21 und 44; 1914, Nr. 12 u. a.

[2]) Ber. d. deutsch. chem. Gesellsch. 1902, **35**, 3988; 1904, **37**, 1441. Ergebn. d. Physiol. 1904, **3**, I. 194. — Zeitschr. f. physiol. Chem. 1907, **50**, 414.

Temperatur gebracht, welche bei Ölen und leichtschmelzenden Fetten am besten gegen 23°, bei konsistenten Fetten oder Fettgemischen zweckmäßig 1—2° über dem jeweiligen Erstarrungspunkt liegt. Eine höhere Ansatztemperatur als 42° darf jedoch nicht in Anwendung kommen, da das Ferment sonst bei der während der Spaltung auftretenden Temperatursteigerung, die in der Regel 2—3° ausmacht, seine spaltende Eigenschaft verliert. Nachdem die Gesamtmasse durch Einblasen von Luft möglichst innig durchmischt ist, trägt man in die entstandene Emulsion den in wenig heißem Wasser gelösten Aktivator, in der Regel Mangansulfat, in einer Menge von 0,2 $^0/_0$ des Fettansatzes und das Ferment ein. Die Fermentmenge ist je nach der Art des zur Spaltung kommenden Fettes verschieden und beträgt für Leinöl 4—5 $^0/_0$, Kottonöl 6—7 $^0/_0$, Palmkern- und Kokosöl etwa 8 $^0/_0$ und schließlich für talgreiche Fettmischungen 8—10 $^0/_0$ des Fettansatzes. Nunmehr wird das Ganze nochmals 15—20 Minuten lang mit Luft innig durchmischt und dann sich selbst überlassen. Durch ein kurzes zeitweiliges Einblasen von Luft ist lediglich der Emulsionszustand während der selbsttätig verlaufenden Spaltung aufrecht zu erhalten. Der Spaltungsgrad beträgt gewöhnlich nach 24 Stunden 80 $^0/_0$, nach 48 Stunden 85—90 $^0/_0$ freie Fettsäure.

Zur Trennung des fertig gespaltenen Ansatzes wird das Ganze alsdann mit indirektem Dampf auf etwa 80° C erwärmt und mit 0,2—0,3 $^0/_0$ Schwefelsäure von 66° Bé, die zuvor mit der halben Gewichtsmenge Wasser verdünnt ist, verrührt. Hierdurch wird eine fast vollkommene Trennung der Emulsion ermöglicht, die, nunmehr der Ruhe überlassen, drei verschiedene Schichten bildet, indem sich oben die völlig klare, wasserfreie Fettsäure, unten das gebildete Glyzerinwasser abscheidet und zwischen beiden die bereits erwähnte emulsionsartige Mittelschicht bestehen bleibt. Schon nach 2—3 Stunden läßt sich die Hauptmenge des Glyzerinwassers abziehen, nach etwa 12 Stunden beträgt die Mittelschicht bei einem ungefähren Fettsäuregehalt von 33 $^0/_0$ nur noch etwa 2—3 $^0/_0$ vom Fettansatz. Nunmehr werden Fettsäure und Glyzerinwasser durch die geeigneten Hähne möglichst quantitativ abgezogen, während man die Mittelschicht zuletzt durch den unteren Entleerungshahn in ein kleineres Gefäß ablaufen läßt. Hier scheiden sich in der Regel noch weitere Mengen Glyzerinwasser ab, nach deren Abtrennung man schließlich die verbleibende Gesamtmasse mit etwa dem gleichen Volumen heißen Wassers durchwäscht, nach dessen Entfernung wieder man die verbleibende, durch Eiweißteile verunreinigte Wasser-Fettemulsion direkt auf Seife verarbeitet.

Die Kosten des Verfahrens werden im wesentlichen durch die Kosten des Fermentes bedingt, dessen Preisstellung vom Preise des Rizinussamens abhängig ist. Unter normalen Verhältnissen dürften 100 kg fertiges Ferment 30—35 Mk. erfordern.

Als Vorteil des Verfahrens ergibt sich die Tatsache, daß die erhaltenen Fettsäuren infolge der für den Spaltungsprozeß notwendigen niedrigen Temperatur von besonders heller Farbe sind, und daß die Apparatur selbst aus dem gleichem Grunde einer nur geringen Abnutzung unterliegt. Daneben ist dann weiter der geringe Dampfverbrauch hervorzuheben, den das Verfahren benötigt. Als Nachteil ist demgegenüber, vom Kostenpunkt abgesehen, lediglich die gesonderte Verarbeitung der entstehenden Mittelschicht zu nennen, und daneben vielleicht die Tatsache, daß in das entstehende Glyzerinwasser Eiweißstoffe übergehen, die nicht immer leicht zu entfernen sind. Für höher schmelzende Fette wie Talg und Palmöl ist das Verfahren an sich weniger geeignet, da beide bei der für die Fermentwirkung günstigsten Temperatur eine genügende Emulsionierung nicht gestatten; für alle übrigen Fette darf es aber durchaus empfohlen werden.

Das nach seinem Erfinder P. Krebitz in München meist als Krebitz-Verfahren bezeichnete Kalkverseifungsverfahren (DRP. 155 108) greift seinem Wesen nach auf die ältesten Methoden der Fettverseifung mit gelöschtem Kalk zurück, indem man zunächst eine Kalkseife herstellt. Hierdurch wird das in den Fetten enthaltene Glyzerin in verhältnismäßig reiner Form frei. Die vom Glyzerin befreite Kalkseife wird sodann weiter mit Soda zu einer wasserlöslichen Natronseife und Calziumkarbonat umgesetzt. Das Verfahren ist heute auch in bezug auf seine mechanische Durchführung technisch so weit durchgebildet, daß es von der Seifenindustrie gern bevorzugt wird, namentlich, da die durch die Umsetzung der Kalkseife mit Soda gewonnenen Kernseifen in besonders heller Farbe ausfallen. Durch Umsetzung der Kalkseife mit Mineralsäuren kann man selbstverständlich auch freie Fettsäuren erhalten. Wenn dies Verfahren der Fettspaltung in Glyzerin und Fettsäuren, im ganzen betrachtet, sicher auch nicht billig erscheint, sind andererseits doch die Vorteile, die sich aus seiner Anwendung beispielsweise bei der Verarbeitung von Tran auf geruchlose Tranfettsäuren ergeben, in Anbetracht der nahezu quantitativen Glyzerinausbeute sowie des hohen Spaltungsgrades der Fettsäuren selbst keineswegs zu unterschätzen.

Das Krebitzsche Verseifungsverfahren beruht auf der Tatsache, daß sich mit Alkalien oder Erdalkalien emulgierte Fette in der Ruhe leicht verseifen. Zu seiner Durchführung wird das zur Verseifung kommende Fett in einen eisernen, gut isolierten, nicht über 90 cm hohen, flachen Behälter von doppeltem Fassungsvermögen eingebracht, aufgeschmolzen und sodann mit der für die Verseifung benötigten Menge Kalkmilch versetzt, die ihrerseits aus einem Teil gebrannten Kalk und 3—3 $^1/_2$ Teilen Kondenswasser angemacht wird. Bei Berechnung des Kalkes soll ein Überschuß von etwa 4 $^0/_0$ der theoretisch notwendigen Menge Berücksichtigung finden. Nunmehr wird das Ganze mittels direkten Dampfes auf 98—100$^0$ erwärmt, innig durchmischt und alsdann gut zugedeckt und, nach außen hin durch Säcke und Matratzen isoliert, 8—10 Stunden der Ruhe überlassen. Die Reaktion setzt je nach Art des Fettansatzes innerhalb der ersten $^1/_2$—2 Stunden ein und ist nach

Verlauf der oben genannten Zeit beendet. Die Temperatur des Ansatzes steigt vielfach durch Selbsterhitzung um 2—3° C. Die entstandene, fast trockene, poröse Kalkseife, die das während der Verseifung frei gewordene Glyzerin mechanisch aufgesaugt enthält, wird nunmehr ausgebracht und in einer Spezialmühle zu einer grießförmigen Masse vermahlen. Diese gelangt mit Hilfe eines Becherwerkes in den Entglyzerinierungsturm, einen dünnwandigen eisernen Zylinder, in dem die Glyzeringewinnung nach dem Prinzip der systematischen Auslaugung automatisch vor sich geht. In der Regel werden 95 % der theoretischen Glyzerinausbeute gewonnen, die ersten Glyzerinwässer haben in ihrer Gesamtheit meist 10—12 % Glyzeringehalt (4° Bé), bei Verwendung von Kokos- und Palmkernöl 15—18 % (5°—6° Bé). Die späteren, schwächeren Waschwässer werden am besten zum Auswaschen weiterer Fabrikationschargen verwendet. Die vom Glyzerin befreite Kalkseife wird durch ein am Boden des Turmes befindliches Mannloch direkt oder mit Hilfe eines Becherwerkes und einer Transportschnecke in einen Seifenkessel gebracht, in dem ihre Umsetzung mit Soda zu Natronseife stattfindet. Wie oben angedeutet, kann die Kalkseife aber auch in einem besonderen Behälter durch Behandlung mit der berechneten Menge Mineralsäure in freie Fettsäure übergeführt werden.

Für die Umsetzung in Natronseife verwendet man am besten eine salzhaltige Sodalösung, welche 18—20 % mehr als die theoretisch notwendige Sodamenge in der doppelten Menge Wasser und 5 % des Fettansatzes an Gewerbesalz enthält. Nachdem diese Lösung in dem Seifenkessel, dessen Fassungsraum etwa das Dreifache des Fettansatzes betragen soll, zum Kochen gebracht ist, wird die glyzerinfreie Kalkseife über einen Streutrichter langsam eingestreut. Während die Masse weiter siedet, geht die Umsetzung ohne jede stürmische Reaktion meist in 2—3 Stunden zu Ende. Sobald Kalkseifenteilchen in der kochenden Masse nicht mehr sichtbar sind, wird die Natronseife völlig ausgesalzen und alsdann einer etwa zwölfstündigen Ruhe überlassen. Die Unterlauge von 19—20° Bé und der Calziumkarbonatschlamm haben sich alsdann abgesetzt und werden beide in besondere Behälter abgelassen oder ausgepumpt. Der Kalkschlamm wird mit heißem Wasser übersprengt und gegebenenfalls unter Zusatz von etwas Ätzlauge soweit verdünnt, daß sich die in ihm noch befindliche Natronseife zu einem dünnen, nicht zu zähen Seifenleim auflösen kann. Alsdann wird der Kalk mit Hilfe einer Spezialfilterpresse (A. L. G. Dehne in Halle a. S.) abfiltriert und mit heißem Wasser ausgelaugt. Er hinterbleibt alsdann in Form trockner Kuchen, welche höchstens noch 1 % Seife enthalten sollen, und unter Umständen wieder gebrannt und neu verwendet werden können. Die salzhaltige Unterlauge wird nach dem Absetzen des Kalkes entweder mit Harz, Oleïn und dergleichen ausgestochen, oder nach dem Eindampfen auf 24° Bé wieder zum Auflösen der für den nächsten Sud notwendigen Sodamenge verwendet.

Der im Kessel verbliebene Kern wird, unter Zusatz von etwas Ätzlauge, in der üblichen Weise verschliffen und fertig gemacht.

Die Kosten der Kalkspaltung betragen nach Krebitz für 100 kg Fett ausschließlich Amortisation und Verzinsung der Anlage 1,15 bis 1,20 Mk., einschließlich dieser beiden Posten rund 1,50 Mk., einen Betrieb normaler Größe vorausgesetzt.

Die Umsetzung der Kalkseife mit Kaliumkarbonat zu Schmierseife bietet Schwierigkeiten. Es ist dies in gewissem Sinne ein Nachteil des Verfahrens, der aber weitgehend dadurch aufgewogen wird, daß die nach dem Krebitzverfahren hergestellten Natronseifen, wie schon erwähnt, von außerordentlich schöner Farbe sind und sich demnach insonderheit auch zur Herstellung von Feinseifen eignen, und daß weiter das fast quantitativ gewonnene Glyzerinwasser nach dem Eindampfen ohne besondere Reinigung ein gutes Rohglyzerin ergibt. Die Beseitigung des abfallenden Calziumkarbonates bietet in Form der festgepreßten Kuchen heute kaum besondere Schwierigkeiten.

Die technischen Fettspaltungsverfahren führen nach den obigen Ausführungen also entweder zu Glyzerin und Fettsäuren, oder ebenso wie die direkte Verseifung zu Glyzerin und Seifen. Im folgenden sollen nun zunächst diese beiden letztgenannten Produkte einer weiteren Besprechung unterzogen werden.

**Das Glyzerin.** Die bei den vorbesprochenen Fettspaltungsverfahren gewonnenen, meist 4—6$^0$ Bé starken Glyzerinwässer sind je nach Art der angewandten Methode und der Natur des Fettansatzes entsprechend mehr oder weniger milchig getrübt. In der Regel enthalten sie alle noch im Fett vorhanden gewesenen Eiweißstoffe, fein verteilte Fettsäuren bzw. deren Kalksalze (Krebitzverfahren) und die während und unmittelbar nach der Spaltung angewandten Chemikalien. Durch mehrstündige Ruhe der Glyzerinwässer kann bereits der größte Teil der emulgierten Fettsäuren zum Absitzen gebracht und entfernt werden. Ist Schwefelsäure vorhanden, so wird das Glyzerinwasser alsdann durch Kalkwasser oder Kalkmilch in der Siedehitze neutralisiert, bis es Lackmuspapier nicht mehr rötet. Hierbei scheiden sich gleichzeitig mit dem größten Teile des gebildeten Calziumsulfats auch die Eiweißstoffe und die letzten Reste der Fettsäuren in Form ihrer Kalksalze als Schaum auf der Oberfläche ab, der mit durchlöcherten Schöpfern entfernt werden kann. Das Kochen wird fortgesetzt, bis das Wasser vollständig geklärt ist. Alsdann werden die Kalksalze abfiltriert, das schwach alkalische Glyzerinwasser durch Zusatz von wenig Schwefelsäure unter Zuhilfenahme von Phenolphthalein als Indikator neutralisiert, mit 1—2 % Knochenkohle oder Cyanschwarz nochmals erwärmt und schließlich durch eine Filterpresse gedrückt. Das nunmehr klare Filtrat wird alsdann am besten in geeigneten Vakuumeindampfapparaten auf 28$^0$ Bé (1,240) konzentriert, ohne daß bei der Verdampfung des Wassers unter 100$^0$ im

Vakuum Glyzerinverluste in Erscheinung treten. Das Eindampfen in offenen Pfannen mit indirektem Dampf empfiehlt sich nur bis zu einem gewissen Grade, da das Glyzerin mit den Wasserdämpfen flüchtig ist, sobald eine Konzentration von 15° Bé erreicht ist.

Durch die vorbeschriebene Konzentration erhält man ein mit Gips gesättigtes Rohglyzerin; um denselben zu entfernen, behandelt man am besten das mit Kalkmilch versetzte klar, filtrierte Glyzerinwasser nacheinander mit Barythydrat und mit Oxalsäure. Das alsdann filtrierte Glyzerinwasser ergibt nunmehr nach seiner Konzentration ein Rohglyzerin mit nur 0,2—0,5 % Aschengehalt. Waren sehr unreine Fette verarbeitet, so empfiehlt sich außerdem noch eine Behandlung mit schwefelsaurer Tonerde zur Entfernung speziell auch der organischen Verunreinigungen (Eiweißstoffe u. dgl.).

Je nach der Verseifungsart unterscheidet man im Handel drei Arten von Rohglyzerin.

1. Das Saponifikatglyzerin, das bei der Fettspaltung im Autoklaven oder nach dem Twitchellschen und fermentativen Verfahren gewonnen wird. Es ist hellgelb bis dunkelgelb gefärbt, besitzt einen rein süßen Geschmack, nicht mehr als 0,5 % Asche und höchstens 1 % nichtflüchtige organische Substanz. Das spezifische Gewicht beträgt 1,240 oder 28° Bé, der Glyzeringehalt demnach etwa 90 %. Der Siedepunkt liegt konstant bei 138°.

2. Das Destillationsglyzerin, das bei der „sauren Verseifung“ gewonnen wird und meist dunkel gefärbt und schwer entfärbbar ist. Der Geschmack ist scharf adstringierend, der Aschegehalt beträgt vielfach 3,5 %, der Glyzeringehalt 80—85 %. Das spezifische Gewicht ist ebenfalls 1,240, der Siedepunkt liegt jedoch selten über 128°.

3. Das Laugenglyzerin, das nach besonderen Verfahren aus den Seifenunterlaugen gewonnen wird, meist stark verunreinigt und daher weniger wertvoll ist als die besprochenen Arten. Im Gegensatz zu diesen ist sein Verwendungsgebiet in rohem Zustand eng begrenzt, in der Regel kann es nur nach vorheriger Destillation Verwertung finden.

Die Weiterverarbeitung und Veredelung des Rohglyzerins kann in zweierlei Weise geschehen, entweder durch eine Raffination mittels entfärbender Substanzen oder durch Destillation, die unter gewöhnlichem Druck oder besser im Vakuum durchgeführt wird. Durch das Raffinationsverfahren lassen sich im allgemeinen nur die Saponifikatglyzerine aufbessern. Zu diesem Zweck behandelt man dieselben mit fein gemahlener, möglichst eisenfreier Blutkohle und filtriert. Den günstigsten Effekt erzielt man jedoch, wenn man das etwa 80° heiße Glyzerin nach dem Gegenstromprinzip besonders konstruierte Kolonnenapparate durchfließen läßt, die mit Filtern aus Knochenkohle versehen sind. Die Knochenkohle besitzt ein großes Absorptionsvermögen für färbende und riechende Substanzen, so daß man auf diese Weise ein völlig farbloses und fast geruchfreies Glyzerin erzeugen kann. Ein Nachteil des Verfahrens besteht allerdings in der lästigen Aufarbeitung der verbrauchten Kohlefilter. Infolgedessen wird das Glyzerin vielfach auch in einem mit Rührwerk versehenen Gefäß bei 100° mit Entfärbungspulvern behandelt, die besonders wirksam sind, wenn sie vor ihrer Anwendung mit Salzsäure extrahiert, gut ausgewaschen und getrocknet wurden. Im Handel unterscheidet man je nach dem Aussehen Ia, IIa und IIIa Raffinate, die ersteren sind gewöhnlich völlig wasserhell, die letzteren gelblich bis tiefgelb gefärbt.

Die vollkommenste Reinigung des Rohglyzerins geschieht durch die Destillation mit überhitztem Wasserdampf unter gewöhnlichem Druck oder besser im Vakuum. Die Anwendung des letzteren bietet besondere Vorteile, weil die Destillation selbst bei niederer Temperatur vorgenommen werden kann und infolgedessen eine stärkere Zersetzung des Glyzerins vermieden wird. Daneben können die Destillate selbst in höherer Konzentration, vielfach sogar ganz wasserfrei und in erheblich kürzerer Zeit gewonnen werden als bei der Destillation unter gewöhnlichem Druck. Die Apparatur ist dem Spezialzweck entsprechend besonders ausgebildet.

Während die raffinierten Saponifikatglyzerine sowohl für technische und kosmetische, als auch für Genußzwecke eine vielfache Verwendung finden, und zwar insonderheit in der Textil-, Tinten-, Papier- und Farbenindustrie, Walzenmassen- und Hektographenfabrikation, Lederindustrie, Wein- und Likörfabrikation, werden die Destillate fast ausschließlich zur Herstellung von Sprengstoffen, insonderheit Dynamit benutzt. — Das sogenannte Dynamitglyzerin ist in der Regel einmal destilliertes Glyzerin vom spezifischen Gewicht nicht unter 1,262 bei 15,5° C, von neutraler Reaktion und mit nur unbedeutendem Aschengehalt. Die Farbe darf gelblich sein. Das chemisch reine Glyzerin wird in den meisten Fällen durch doppelte Destillation gewonnen und vielfach auch einer abermaligen Behandlung mit Tierkohle unterworfen. Es ist farb- und geruchlos, besitzt rein süßen Geschmack und ist fast völlig frei von Verunreinigungen. Der durch das deutsche Arzneibuch beanspruchte Reinheitsgrad stellt die höchst erreichbare Reinheitsgrenze dar.

Für die Untersuchung des Glyzerins bzw. glyzerinhaltiger Flüssigkeiten ist es von Bedeutung, daß alle organischen Verunreinigungen des Rohglyzerins, soweit sie sich aus der Gewinnungsweise selbst ergeben, durch Bleiessig gefällt werden. Hierdurch ist die Möglichkeit geboten, allein aus der Menge des Niederschlags mit Bleiessig einen Anhalt für die Herkunft des zur Untersuchung stehenden Produktes zu gewinnen. Die Untersuchung selbst geschieht am besten entsprechend den Vereinbarungen des Verbandes der Seifenfabrikanten Deutschlands [1]) ent-

---

[1]) Vgl. Einheitsmethoden zur Untersuchung von Fetten, Ölen, Seifen und Glyzerinen. Herausg. v. Verb. d. Seifenfabrik. Deutschl. Berlin 1910.

weder nach dem Azetinverfahren oder nach dem Bichromatverfahren. Von beiden wird das letztgenannte bevorzugt, besonders da auch die deutsche Glyzerinfabrikanten-Konvention ihren Verkaufsanalysen die nach dem Bichromatverfahren erhaltenen Zahlen zugrunde legt. Die Ausführung der Analyse geschieht in folgender Weise:

10—20 g Glyzerinwasser, welche aber keinesfalls mehr als 2 g Reinglyzerin enthalten dürfen, werden in einem geeigneten Wägegläschen genau abgewogen und ohne Verlust in einen ca. 200 ccm fassenden Meßkolben gebracht und mit verdünnter Essigsäure nahezu neutralisiert; eine Ansäuerung der Mischung ist also unbedingt zu vermeiden. Hierauf wird mit destilliertem Wasser auf ein Volumen von ca. 50 ccm verdünnt und nach und nach Bleiessig zugesetzt, bis schließlich nach einigem Stehenlassen der Reaktionsflüssigkeit ein letzter Tropfen des Bleiessigs keinen Niederschlag mehr erzeugt. Man läßt dann etwa eine halbe Stunde stehen und füllt das Gemisch auf 200 ccm, also bis zur Marke auf unter Berücksichtigung der Temperatur von 15$^0$ C.

Von der gut durchgeschüttelten Gesamtflüssigkeit wird durch ein trockenes Filter etwas abfiltriert.

20 ccm dieses Filtrates werden nun in einen Erlenmeyer-Kolben von ca. 300 ccm Inhalt gebracht und in nachstehender Reihenfolge und in kleinen Portionen zugesetzt:

1. 30 ccm destilliertes Wasser,
2. 30 ccm verdünnter Schwefelsäure, die durch Verdünnen von 100 ccm konzentrierter Schwefelsäure mit 100 ccm Wasser bereitet wird,
3. 25 ccm starke Kaliumbichromatlösung, im Liter 74,86 g Kaliumbichromat und 150 ccm konzentrierte Schwefelsäure enthaltend. Die drei Flüssigkeiten werden aus einer Bürette mit Glashahn unter Berücksichtigung des Nachlaufenlassens von 2 Minuten abgelassen.

Dieses Gemisch wird nun 2 Stunden lang in ein siedendes Wasserbad eingehängt, wobei der Kolben mit einem kleinen Trichter zu bedecken ist.

Nach dem Erkalten des Reaktionsgemisches wird es mit einer genau eingestellten Eisenoxydul-Ammonsulfatlösung (Mohrsches Salz) zurücktitriert, bis also ein Tropfen des ersteren mit einem Tropfen roter Blutlaugensalzlösung (1: 1000) deutlich sichtbare Bläuung zeigt. Die Eisenoxydul-Ammonsulfatlösung soll im Liter 240 g Eisenoxydul-Ammonsulfat und 100 ccm konzentrierte Schwefelsäure enthalten.

Die Ausrechnung der Analyse ergibt sich hiernach sehr einfach wie folgt:

Sind z. B. zum Zurücktitrieren der oxydierten Flüssigkeit bzw. der darin im Überschuß vorhandenen starken Bichromatlösung 40 ccm der Eisenlösung verbraucht worden, so entsprechen diese 40 × 0,4

= 16 ccm starker Bichromatlösung. Werden diese nun von den von vornherein zugesetzten 25 ccm derselben abgezogen, so wurden 25 — 16 = 9 ccm Bichromatlösung zur Oxydation des vorhanden gewesenen Glyzerins in Kohlensäure und Wasser benötigt, welche 9 × 0,01 = 0,09 g Glyzerin entsprechen. Diese Menge ist in 10 % des zu untersuchenden Glyzerinwassers enthalten, d. h. dieses enthält selbst 4,5 % Reinglyzerin.

Die Bichromatmethode ist jedoch nicht anwendbar, wenn die Untersuchungsobjekte etwa Zucker, ätherische Öle, bzw. sonstige oxydierbare, durch Bleiessig nicht fällbare Stoffe beigemengt enthalten. In solchen Fällen sind genau gewogene Mengen der Wässer im Vakuum einzudampfen und die Konzentrate nach dem Azetinverfahren zu untersuchen. Dasselbe wird in der folgenden Weise ausgeführt.

Von den fraglichen Glyzerinflüssigkeiten wägt man im Wägegläschen 15 g genau ab, säuert sie ganz schwach mit Essigsäure an, erwärmt etwas und filtriert durch ein angenäßtes Filter in einen inkl. Hals ca. 30 cm hohen Rundkolben, dessen Bauch etwa 150 ccm Wasser faßt und dessen Hals etwa 20 cm lang ist und ca. 3,5 cm lichte Weite zeigt. Das Filter wird mit etwas warmem, destillierten Wasser nachgewaschen und die nun vielleicht 30—40 g betragende Flüssigkeit unter Vakuum eingedampft, indem man besagten Rundkolben einfach schräg im kochenden Wasserbade befestigt und an eine Luftpumpe anschließt. Durch Drehen des Kolbens verjagt man nach und nach auch das in den oberen Teilen desselben anfangs kondensierte Wasser und hat nach kurzer Zeit ein Konzentrat, das man im selben Kolben direkt zur Azetylierung verwenden kann. Dies geschieht nach dem Einwiegen von mindestens 10 g Essigsäureanhydrid und 3,5—4 g geschmolzenem und gepulvertem Natriumacetat. Die Öffnung und der oberste Teil des Kolbenhalses werden nun innen sehr gut trocken gewischt und mittels eines gut schließenden Gummistopfens luftdicht an einen Rückflußkühler angeschlossen, nachdem man vorher direkt über dem Gummistopfen eine dicke Manschette von Fließpapier angebracht hat. Diese hat den Zweck, das an den äußeren Teilen des Kühlers aus der Feuchtigkeit der Zimmerluft herrührende Kondenswasser aufzufangen und so den heißen Kolben vor dem Zerspringen zu schützen. Ist der Rückflußkühler an die Wasserleitung angeschlossen, so erhitzt man den auf einem Drahtnetz mit Asbesteinlage stehenden Azetylierungskolben mit dem Bunsenbrenner. Anfangs schwenkt man den Kolben öfter, bis vollkommene Lösung und gleichmäßiges Sieden seines Inhaltes eingetreten ist, und erhitzt so stark, daß die Destillate nahezu bis zur Öffnung des Rückflußkühlers gelangen. Hierdurch werden die beim Einfüllen der zu untersuchenden Glyzerinflüssigkeit etwa an die innere Halswandung des Kolbens gespritzten Teilchen in den Kolbenbauch hinuntergewaschen. Dann dreht man die Gasflamme so weit herunter, daß der Kolbeninhalt nur ganz schwach siedet. Man schützt die kleingeschraubte Flamme vor Luftzug und läßt, vom Beginn des Siedens an gerechnet, eine Stunde lang kochen. Alsdann läßt man den Kolben genügend abkühlen, füllt durch den Rückflußkühler hindurch 50 ccm destilliertes Wasser ein, schwenkt um und erwärmt unter dem Rückflußkühler den Kolben nochmals mit der Gasflamme (aber nicht bis zum Kochen) so lange, bis sich die schwerlöslichen öligen Tropfen des jetzt vorhandenen Triazetins vollkommen gelöst haben, zieht den Kolben vom Rückflußkühler ab, kühlt ihn in Wasser bis auf lauwarm herunter und filtriert den Inhalt durch ein vorher angenäßtes Papierfilter in eine tiefe Porzellanschale von etwa 23—24 cm Durchmesser. Das Filter wird natürlich sehr gut nachgewaschen und das ganze Filtrat nach Zusatz von Phenolphthalein mit einer möglichst karbonatfreien, ca. 2—3 $^0/_0$ igen Natronlauge genau neutralisiert, und zwar in der Weise, daß eine auch nach einer Viertelstunde noch stehen bleibende minimale Rosafärbung sichtbar bleibt. Hierauf setzt man genau 25 ccm einer ca. 20 $^0/_0$igen möglichst karbonatfreien Natronlauge hinzu und setzt die Schale auf einen großen Brenner, um sie etwa eine halbe Stunde lang bis zum schwachen Kochen zu erhitzen, bzw. das Triazetin zu verseifen. Alsdann wird der Schaleninhalt kochend heiß mit genau gemessenen Mengen Normalsalzsäure übertitriert und nach dem Erkalten der Flüssigkeit mit Normallauge zurücktitriert.

Neben dem Reinglyzeringehalt ist für den Handel insonderheit mit Rohglyzerinen ferner von Bedeutung:

1. Die Bestimmung des spezifischen Gewichtes, das am besten mit der Mohr-Westphalschen Wage bei 15° ermittelt wird.

2. Die Bestimmung des Aschengehaltes. Man erwärmt 3—4 g Rohglyzerin im Platin- oder Porzellantigel auf einer Asbestplatte vorsichtig, bis das Wasser und schließlich auch das Glyzerin verdampft ist. Hierauf wird stärker erhitzt und schließlich geglüht. Die meist aus Kalk-, Eisen-, Zink- und Magnesiaverbindungen bestehende Asche wird nach Verbrennung der ausgeschiedenen Kohle in der üblichen Weise zur Wägung gebracht.

Von einer gewissen Bedeutung ist auch die Bestimmung des Destillationseffektes und der Rückstandsbildung nach Heller. Der Gang dieser Methode ist der folgende:

10 g Glyzerin werden in ein genau gewogenes Rundkölbchen mit weitem Halse (ca. 100 ccm Wasserinhalt) genau eingewogen und dessen Öffnung mit einem zweimal durchbohrten Korkstopfen versehen. Durch die eine Bohrung führt man ein zu einer feinen Spitze ausgezogenes Glasröhrchen von ca. 4 mm Durchmesser so ein, daß dessen Spitze in einigem Abstand davon auf die Oberfläche des eingewogenen Glyzerins gerichtet ist. Die zweite Bohrung erhält ein nur ca. 1 cm in den Kolbenhals hineinreichendes Abzugsrohr von ca. 7 mm Durchmesser, welches nach einer kleinen Vorlage, U-Rohr oder dergleichen hinüberleitet und luftdicht angeschlossen zur Wasserstrahlpumpe führt. Man evakuiert zunächst den Apparat durch Öffnen der Wasserstrahlpumpe, wobei das spitz

ausgezogene Glasröhrchen durch aufgesetzten Schlauch und scharf angezogene Klemmschraube zunächst verschlossen bleibt. Sodann öffnet man die Klemmschraube ein wenig und saugt so unter dauerndem Vakuum durch das erste Röhrchen einen Luftstrom, welcher auf das Glyzerin im Kölbchen bläst und erst Wasser und dann Glyzerin mit sich fortführt, sobald das Kölbchen in einem Luftbade entsprechend erhitzt wird. Nachdem die Hauptmenge des Destillates übergegangen ist, hinterbleibt schließlich ein nicht mehr beweglicher Rückstand im Kölbchen, welcher aber noch etwas Glyzerin mechanisch einschließt. In diesem Stadium unterbricht man die Destillation, läßt etwas erkalten und gießt ca. 15 ccm destilliertes Wasser in das Kölbchen, um damit den Rückstand wieder zu lösen. Hierauf destilliert man in bisheriger Weise von neuem, wobei die letzten Spuren Glyzerin mit übergehen, bis zur Trockne.

Der nun erhaltene fast pulverige Rückstand wird gewogen und ist der Destillationsrückstand des Glyzerins, welcher nach Abzug der erhaltenen anorganischen Aschenmenge zugleich den organischen Rückstand des Glyzerins (Teere usw.) repräsentiert. Der Gewichtsverlust des Kölbchens inkl. Beschickung, abzüglich des separat bestimmten Wassers, ist die durch Destillation erhältliche Maximalmenge Reinglyzerin aus dem zur Untersuchung abgewogenen Rohglyzerin.

Auf diesem Wege ist man also in der Lage, festzustellen, nicht nur wieviel Glyzerin, Wasser, Asche und organische Verunreinigungen die Ware enthält, sondern auch wie sie sich im Destillationsgange verhält, und wieviel Destillationsrückstand sie mindestens ergibt.

Chemisch reines Glyzerin soll völlig geruchlos sein und darf auf Zusatz von Ammoniak, Ammoniumoxalat sowie Silbernitrat in salpetersaurer Lösung keine Trübung geben. Bei Zusatz von Silbernitrat allein darf eine Verfärbung nicht auftreten.

**Die Seifen.** Die gewöhnlichen Seifen des Handels sind im wesentlichen Gemenge von Kali- oder Natronsalzen der höheren Fettsäuren, in der Regel der Stearin-, Palmitin- und Ölsäure, und falls Kokosöl oder Palmkernöl mitverwandt wurde, auch der Laurin- und Myristinsäure. In wasserfreiem Zustande sind die Seifen außerordentlich hygroskopisch, und zwar die Kaliseifen, welche aus der Luft 30 % (stearinsaures Kalium) bis 162 % (ölsaures Kalium) Wasser aufnehmen können, in weit höherem Maße als die Natronseifen, deren Aufnahmefähigkeit mit 12 % (ölsaures Natrium) erschöpft ist [1]).

Im Wasser selbst sind die Seifen löslich, und zwar beobachtet man bei dem Lösungsvorgang zunächst ein Gallertigwerden der Seife und eine Verteilung der gebildeten Gallerte unter Schlierenbildung. Bei den

[1]) C. Stiepel, Chemische Technologie der Fette, Öle, Wachse usw. Leipzig 1911, S. 100.

Seifen der ungesättigten, flüssigen Fettsäuren erfolgt alsdann schon bei Zimmertemperatur vollständige Lösung, während sich die Seifen der gesättigten, festen Fettsäuren nur in der Siedehitze klar lösen, da sich bei tieferen Temperaturen eine durch „Hydrolyse" gebildete, in kaltem Wasser unlösliche, saure Seife abscheidet. Im allgemeinen sind die Kaliseifen leichter löslich als die Natronseifen.

Weiter lösen sich die Seifen in Alkohol, und zwar die Kaliseifen und die Seifen der ungesättigten Fettsäuren auch hier in höherem Maße als die Natronseifen und die Seifen der gesättigten Fettsäuren. Nach Untersuchungen von J. Freundlich [1]) sind unter den Kaliseifen der technisch verwandten Fette in Alkohol am leichtesten löslich die Seifen aus Rizinusöl, Sesamöl, Kokosöl, Cottonstearin, Speiseleinöl und Mohnöl, es folgen sodann die Seifen aus Schweineschmalz, Butter, Palmöl, Rüböl und Sonnenblumenöl, welche nur $^1/_4$ der Löslichkeit der ersten Gruppe aufweisen. Weit schlechter löslich sind sodann die Seifen aus Rindertalg, Erdnußöl und Hammeltalg mit nur $^1/_{16}$ Löslichkeit der ersten Gruppe und am schlechtesten die Seifen aus Mimusops-Djave-Fett und Stearin mit $^1/_{32}$ Löslichkeit der ersten Gruppe.

In den übrigen organischen Solventien ist, soweit diese wasserfrei sind, die Löslichkeit neutraler Alkaliseifen eine nur geringe, sie wächst aber recht erheblich bei gleichzeitiger Anwesenheit geringer Wassermengen. Saure Seifen aber, die beispielsweise durch Zusatz von Fettsäure aus neutralen Seifen erhalten werden können, sind in Äther oder Kohlenwasserstoffen (Benzin) erheblich leichter löslich als die letzteren. Nach Beobachtungen von R. Gartenmeister [2]) löst sich z. B. eine aus 2 Mol. Ölsäure und 1 Mol. Alkali hergestellte saure Seife mit 12 % Wassergehalt leicht und klar in Benzin.

In wässeriger Lösung unterliegen die Seifen, wie oben erwähnt, der „Hydrolyse", einem chemischen Vorgang, der durch die Anwesenheit des Wassers selbst bedingt wird. Unter Aufnahme der Elemente desselben tritt nämlich eine Spaltung der Seife ein in freies Alkali und freie Fettsäure, welch letztere sich sodann mit einem zweiten Molekül noch unzersetzter Seife zu einem sauren Salz vereinigt. Diese Reaktion, die in gleicher Weise für die Alkalisalze aller schwachen Säuren zutrifft, und im vorliegenden Falle zuerst von Chevreul [3]) zu Anfang des neunzehnten Jahrhunderts beobachtet ist, verläuft demnach nach den Gleichungen:

$$NaR + H_2O = NaOH + HR$$
$$NaR + HR = NaR . HR$$

in denen R das Fettsäureradikal bedeutet.

---

[1]) Chemische Revue 1908, **15**, 133.

[2]) DRP. Nr. 92 017 s. Fischers Jahresbericht 1897, **43**, 1083.

[3]) Chevreul, Recherches chémiques sur les corps gras d'origine animal. Paris 1823.

Die überaus exakten Beobachtungen Chevreuls haben dann später in den eingehenden Untersuchungen von Krafft und Stern[1]) weitgehende Bestätigung gefunden, und gleichzeitig damit konnten die Annahmen anderer Autoren, welche sich für die Bildung basischer Seifen ausgesprochen hatten (A. Fricke[2]), Rotondi[3]) u. a.), endgültig widerlegt werden. Zu ihren Versuchen verwendeten die Verfasser das Natriumpalmitat, das sie mit der 200-, 300-, 400—900fachen Menge reinen Wassers aufkochten. Unter starkem Schäumen erhielten sie jeweils anscheinend durch äußerst feine Tröpfchen geschmolzener Fettsäure milchig getrübte Lösungen, die beim Erkalten einen perlmutterglänzenden, feinkristallinischen Niederschlag ausschieden. Die Analyse dieser Niederschläge ergab nach dem Trocknen im Vakuumexsikkator die folgenden tabellarisch zusammengestellten Werte:

| 1 Teil Natriumpalmitat (Natriumgehalt 8,27 %) | Natriumgehalt des beim Erkalten ausgeschiedenen Salzes |
|---|---|
| Aufgekocht mit 200 Teilen Wasser | 7,01 % |
| „ „ 300 „ „ | 6,84 % |
| „ „ 400 „ „ | 6,60 % |
| „ „ 450 „ „ | 6,32 % |
| „ „ 500 „ „ | 6,04 % |
| „ „ 900 „ „ | 4,20 % |

Da das Natriumbipalmitat einen Natriumgehalt von 4,31 % besitzt, so ist bei Verwendung von 900 Teilen Lösungswasser die Hydrolyse des Natriumpalmitats eine im obigen Sinne vollständige. Ähnlich verhalten sich das Stearat und das Oleat, doch nimmt die Hydrolyse mit steigendem Molekulargewicht der Fettsäure in der gesättigten Reihe zu. Die Spaltung der ungesättigten Fettsäuren ist weit geringer als die der entsprechenden gesättigten Säuren.

Das Verhalten der aus natürlichen Fetten hergestellten Neutralseifen in wässeriger Lösung ist nun nach Stiepel[4]) dem Verhalten der Einzelverbindungen entsprechend. Beispielsweise werden die Seifen aus solchen Fetten, welche vornehmlich aus den Glyzeriden der Stearin-, Palmitin- und Ölsäure bestehen, in viel Wasser derart zerlegt, daß ungefähr die Hälfte des vorhandenen Alkalis abgespalten wird.

Ähnlich verhalten sich die Seifen solcher natürlichen Fette, welche andere hochmolekulare Fettsäuren, wie Leinölsäure, Physetölsäure u. a. enthalten. Dagegen kommt bei den Palmkernölseifen und noch mehr bei den Kokosölseifen das Vorhandensein von weniger oder gar nicht

---

[1]) Ber. d. deutsch. chem. Ges. 1894, **27**, S. 1747.

[2]) Dingl. polytechn. Journ. 209, S. 46, Wagners Jahresber. 19, S. 452.

[3]) Atti della R. acad. de science di Torino 1883, **19**, S. 146, ferner Seifenfabrikant 1886, S. 284.

[4]) Seifenfabrikant 1901 S. 1186.

dissoziierten Seifen niederer Fettsäuren zum Ausdruck. Während bei Talgseifen, welche 7,64 % Na enthielten, 4,03 % Natrium, also 52,5 %, als Hydroxyd abgespalten wurden, wurden bei Kernölseifen, die 8,74 %, Na enthielten, nur 3,67 % desselben, d. h. 39,6 % und bei Kokosseifen, die 10,1 % Na enthielten, nur 33 % der Gesamtmenge abgespalten. Trotz des höheren Gesamtalkaligehaltes spalten also 100 g Kokosseife weniger Alkali (3,3 g) ab als die Talgseife (4,05 g).

Die Hydrolyse wässeriger Seifenlösungen kann nun durch den Zusatz gewisser Reagenzien, d. h. durch Änderung des Lösungsmittels vermindert oder aufgehoben werden. Dem Massenwirkungsgesetz entsprechend tritt solche Hydrolysehemmung vor allem durch den Zusatz freien Alkalis ein, eine Tatsache, die beim Sieden der Seife praktische Anwendung findet. In gleicher Weise wirkt der Zusatz von Alkohol und zwar ist für eine praktisch vollständige Aufhebung der Hydrolyse ein Alkohol-(Äthylalkohol-)Gehalt von 40 % erforderlich. Bei der Verwendung von Amylalkohol genügt für den gleichen Effekt sogar schon ein solcher von 15 %[1].

Mit wachsendem Alkoholgehalt, d. h. mit der Verminderung der Hydrolyse Hand in Hand geht die Verminderung der Schaumfähigkeit einer Seifenlösung, denn nach den Untersuchungen Stiepels[2]) beruht das Schäumen einer Seifenlösung auf dem Vorhandensein wassergelöster Seife neben freier Fettsäure bzw. saurer Seife. Seifen, die in wässeriger Lösung nicht oder mit den gegebenen Mitteln nicht nachweisbar hydrolysiert werden, wie die Alkalisalze der Capron-, Capryl- und Nonylsäure[3]) oder die Rizinusölseifen[4]) schäumen auch so gut wie gar nicht. Durch den Zusatz freier Fettsäure, d. h. also durch Erzeugung einer sauren Seife neben der neutralen erhält man jedoch aus diesen Seifen Lösungen von starker Schaumfähigkeit. Wie man sieht, ist also die Anwesenheit freien (hydrolysierten) Alkalis neben dieser sauren Seife für die Schaumkraft einer Seifenlösung keineswegs Bedingung, sie wird nur da notwendig, wo durch Fortnahme dieses Alkalis, der Natur der verwandten Fettsäuren entsprechend, die teilweise Zurückdrängung der Hydrolyse aufgehoben würde, so daß sich die Seife bis zur vollständigen Unlöslichkeit spalten müßte.

Die physikalische Erscheinung des Schäumens selbst findet ihre Erklärung in der Tatsache, daß die wässerige Seifenlösung, welche also neben wirklich gelöster Seife Fettsäure bzw. eine saure Seife in äußerst feiner Verteilung enthält, sehr dehnbare Membranen zu bilden vermag,

---

[1]) Kanitz, Ber. d. deutsch. chem. Ges. 1903, **36**, 403.

[2]) Stiepel, Seifenfabrikant 1901, Nr. 47—50. Seifensiederzeitung 1908, Nr. 14, S. 331.

[3]) Reichenbach, Die desinfizierenden Bestandteile der Seifen. Zeitschr. f. Hyg. u. Infektionskrankh. 1908, **59**, 296.

[4]) Stiepel, Seifensiederzeitung 1908, Nr. 15, S. 396.

welche durch Umhüllung von Luft die viskosen Wände der Schaumzellen erzeugen.

Wird den Seifenlösungen durch Abdampfen Wasser entzogen, so werden sie mit steigender Konzentration dickflüssiger, zuletzt zäh und fadenziehend. Erkalten die Lösungen in dickflüssigem Zustande, so gestehen sie je nach Umständen zu einer Gallerte oder zu einer vollkommen festen, aber nicht kristallinischen Masse. Die Gallerte enthält ebenso wie die zu einer festen, harten Masse erstarrte Seifenlösung reichlich Wasser, das teilweise auch bei 100° C zurückgehalten wird.

Diese Gelatinierungsfähigkeit, die im allgemeinen für kolloide Lösungen charakteristisch ist, läßt auch bei den Seifenlösungen einen kolloiden Lösungszustand vermuten, und diese Vermutung gewinnt dadurch an Wahrscheinlichkeit, daß auch die übrigen für Kolloide charakteristischen Erscheinungen an den Seifen zu beobachten sind. Konzentrierte Seifenlösungen zeigen nämlich reinem Wasser gegenüber keine Siedepunktserhöhung, im Ultramikroskop erscheinen sie als Suspensionen submikroskopischer und mikroskopischer Teilchen, deren Dispersionszustand von der Konzentration, Temperatur und Reaktion der Lösung abhängig ist. Im elektrischen Felde sind die Seifenteilchen negativ geladen. Bei der Dialyse in Kollodiumsäckchen findet, wenn die Lösung alkalisch reagiert, zunächst ein teilweises Hindurchgehen der Seife durch die Membran statt, sobald die Lösung aber infolge der gleichzeitig stattfindenden Hydrolyse und infolge des schnelleren Durchganges des abgespaltenen Elektrolyten neutral geworden ist, verlangsamt sich die Dialyse merklich und kommt ganz zum Stillstand, wenn die Seifenlösung durch fortschreitende Alkalientziehung in eine mehr oder weniger grobe Suspension von saurer Seife übergegangen ist.

Des weiteren zeigen die Seifen wie andere Kolloide Quellungserscheinungen, die dem eigentlichen Auflösungsprozeß vorausgehen, so daß alles in allem an der Kolloidnatur der Seifen nicht gezweifelt werden kann, obwohl ihre Lösungen unter gewissen Bedingungen auch Erscheinungen zeigen, welche für Elektrolyte charakteristisch sind. Wie erwähnt, scheint hier besonders die Reaktion der Lösung von maßgeblichem Einfluß zu sein, da der Kolloidcharakter mit zunehmender Azidität ausgeprägter wird, und es läßt sich infolgedessen voraussehen, daß die kolloiden Eigenschaften in einer von vornherein sauren Seife ganz besonders in Erscheinung treten werden. Soweit die Schaumfähigkeit und Waschwirkung der Seifen von deren Kolloidnatur abhängig sind, werden also in geeigneter Weise angesäuerte Seifen in dieser Beziehung die besten Ergebnisse erwarten lassen.

Von den vorbesprochenen Eigenschaften ist die Gelatinierungsfähigkeit der Seifenlösungen auch für den technischen Prozeß der Seifenbereitung von großer praktischer Bedeutung. Im allgemeinen gelatinieren die Seifenlösungen stearinreicher Fette leichter als die aus flüssigen Ölen. Die Technik arbeitet jedoch niemals mit reinen Seifenlösungen, da der durch Verseifung der Fette oder Fettsäuren entstehende Seifenleim stets auch Elektrolyte enthält, die entweder als Verunreinigung der zur Verseifung dienenden Alkalien in die Reaktionsmasse gelangen, oder dieser auch absichtlich zugefügt werden. Die Elektrolyte wirken nun ganz allgemein auf Seifenlösungen derart ein, daß sie von einer Grenzkonzentration ab eine schichtenweise Trennung des Seifenkörpers von dem Lösungsmittel bewirken, ein Vorgang, der als Aussalzung bezeichnet wird und derart zustande kommt, daß sich auf der je nach ihrer chemischen Zusammensetzung als „Unterlauge" oder „Leimniederschlag" bezeichneten wässerigen Salzlösung die durch die Salzwirkung abgeschiedene, im technischen Sprachgebrauch „Kern" genannte Seifenmasse absetzt. Vor dieser eigentlichen Koagulation findet jedoch schon eine Beeinflussung der Mikrostruktur der kolloiden Seifenteilchen statt, indem zunächst bei geringerem, für die Aussalzung selbst noch ungenügendem Elektrolytzusatz die Viskosität der Lösung und damit auch die Erstarrungstemperatur des Seifenleimes eine nicht unwesentliche Änderung erfährt. Schon relativ dünnflüssige, verdünnte Seifenlösungen können durch entsprechenden Elektrolytzusatz eine leimige Beschaffenheit annehmen, eine etwa 10 %ige, in der Wärme dünnflüssige Talgseifenlösung beispielsweise kann durch den Zusatz von 1 % Kochsalz die Viskosität eines streng flüssigen Leimes erhalten, während erst bei einem Gehalt von 6—7 % Kochsalz die Aussalzung der Seife selbst eintritt. Beide Phasen folgen jedoch nicht unmittelbar aufeinander, indem die Viskosität des zunächst erhaltenen Leimes bei weiterem Elektrolytzusatz wieder abnimmt, ehe dann plötzlich die Aussalzung selbst auftritt, eine Erscheinung, die bekanntlich beim Sieden der Seife von technischer Bedeutung ist. Außerdem erfahren aber Seifenleime und insonderheit die der niederen Fettsäuren des Palmkern- und Kokosöles schon bei geringem Salzzusatz zugleich mit der Erhöhung der Viskosität auch eine Erniedrigung ihrer Gelatinierungstemperatur derart, daß der Leim zu einer festen Seife bereits bei Temperaturen erstarrt, bei denen er ohne Salzzusatz noch flüssig bleiben würde. Diese Wirkung, die, wie schon kurz erwähnt, vornehmlich wohl durch die stattfindende Beeinflussung der Seifenteilchengröße und die dadurch gegebene Möglichkeit einer Strukturbildung veranlaßt wird, ist in solchen Fällen von Bedeutung, wo der Reinseifengehalt der Lösung so niedrig gehalten werden soll, daß ein Erstarren des Leimes auch bei gewöhnlicher Temperatur nicht mehr zu erwarten, ein verkaufsfähiges Produkt ohne Salzzusatz also nicht mehr zu erzielen ist (Herstellung hochgefüllter Leimseifen mit geringem Fettsäuregehalt).

Während also, wie aus dem Obigen hervorgeht, bei der Gelatinierung die räumliche Homogenität der Seifenlösung noch gewahrt bleibt, findet bei der Aussalzung des Seifenkernes eine Störung dieses homogenen Zustandes statt, indem bei einer gewissen „Grenzkonzentration der

Seifenlöslichkeit" [1]) die vollständige Ausscheidung der Seife aus ihrer Lösung stattfindet. Diese Grenzkonzentration oder abkürzend auch „Grenzlauge" genannt, ist abhängig von der Natur der Seife selbst, d. h. also wieder von dem Charakter der in der Seife gebundenen Fettsäuren, und zwar nimmt die Elektrolytempfindlichkeit ab, einerseits mit abnehmendem Molekulargewicht der Fettsäure innerhalb der homologen Reihe und andererseits mit Zunahme des ungesättigten Charakters bei gleicher Kohlenstoffzahl.

Die Feststellung der bei den einzelnen Seifenlösungen auftretenden Unterschiede ihrer Grenzlaugenwerte hat dazu geführt, die natürlichen Fette und Öle dem Verhalten ihrer Seifen bei der Aussalzung entsprechend in zwei fundamental verschiedene Gruppen, die Kernfette und die Leimfette, einzuteilen, und zwar bezeichnet Stiepel [2]) als Kernfette diejenigen Fettstoffe, deren Seifen einen leicht aussalzbaren Seifenleim bilden, der sich also schon bei geringem Elektrolytzusatz in Kern und Unterlauge scheidet. Im Gegensatz dazu benötigen die Leimfette relativ hohe Salzkonzentrationen, um die mehr oder weniger vollständige Abtrennung des Kernes herbeizuführen, sind also zu der Bildung besonders widerstandsfähiger Seifenleime befähigt. Zur Gruppe der Kernfette gehören alle talgartigen Fette, Olivenöl, Cottonöl, Leinöl usw., zur Gruppe der Leimfette vornehmlich das Palmkern- und Kokosöl.

Bei der Aussalzung von Seifen aus gemischten Fettansätzen, die gleichzeitig aus Kern- und Leimfetten bestehen, würde nunmehr eine fraktionierte Aussalzung denkbar sein, derart, daß ausschließlich die Seifen der Kernfette den ausgesalzenen Kern bilden, während die Seifen der Leimfette im Leimniederschlag verbleiben würden. Aus den bisher vorliegenden Untersuchungen ergibt sich jedoch, daß sich die im Seifenleim vorhandene gemischte Seife bei der Aussalzung wie eine einheitliche verhält, deren Eigenschaften durch das jeweilige Verhältnis ihrer Komponenten bestimmt werden.

Zu den Leimfetten zu zählen sind schließlich auch solche Fette bzw. Fettsäuren, die in ihrer Kohlenstoffkette eine Substitution von Wasserstoff durch Halogen, Hydroxyl- und Sulfogruppen erfahren haben [3]). Insonderheit die Seifen des Rizinusöles, der oxydierten (geblasenen) und sulfurierten Öle und Fettsäuren (Türkischrotöl) vermögen durch ihre Anwesenheit in Seifengemischen deren Stabilität gegen Salzwirkung ganz bedeutend und zwar derart zu erhöhen, daß solche Seifengemische, selbst wenn sie zum überwiegenden Teil aus Kernfetten gesotten sind, den Charakter einer Leimfettseife annehmen.

Die Konzentration der Grenzlaugen ist jedoch nicht nur von der Art

---

[1]) Vgl. Merklen, Die Kernseifen. Halle 1907, S. 54.

[2]) Stiepel, Seifenfabrikant 1901, S. 986ff.

[3]) Vgl. Leimdörfer, DRP. 250164. Schrauth, Patentanm. Sch. 41950. Kl. 23i. Seifensiederztg. 1914, S. 991 (Nr. 35).

der auszusalzenden Seife selbst, sondern auch von dem Charakter des zur Anwendung kommenden Elektrolyten abhängig.

Die folgende, nach Versuchen von Leimdörfer[1]) zusammengestellte Tabelle zeigt die Grenzlaugenkonzentration einiger Seifen bei Anwendung verschiedener Elektrolyte.

| Elektrolyt | Kokosölseife % | Palmkernölseife % | Talgseife % |
|---|---|---|---|
| NaOH | 19,1 | 14,2 | 5,1 |
| KOH | 26,7 | 19,8 | 7,2 |
| NaCl | 24,0 | 20,1 | 5,4 |
| KCl | — | 25,6 | 13,6 |
| $Na_2SO_4$ | — | — | 18,0 |

Im allgemeinen ist also das Aussalzungsvermögen der Kalisalze (auch gegenüber Kaliseifen) geringer als das der Natronsalze, und bei gleichem Kation im wesentlichen abhängig von der Natur des jeweiligen Anions.

Das Kation des Elektrolyten spielt jedoch dann eine bedeutendere Rolle, wenn dasselbe mit dem Kation der Seife nicht identisch ist. Insonderheit treten bei dem Zusatz von Natronsalzen zu den Lösungen von Kaliseifen und umgekehrt bei dem Zusatz von Kalisalzen zu den Lösungen von Natronseifen Umsetzungen ein, die besonders in früheren Zeiten von technischer Bedeutung waren, als man das Fett mit Kalilauge (Aschenlauge) verseifte und durch nachfolgenden Kochsalzzusatz den Austausch der Basen bewirkte. Dieser Austausch der Basen ist jedoch kein vollständiger, eine so hergestellte Seife ist stets kalihaltig und infolgedessen etwas weicher und löslicher als eine aus reiner Natronlauge gesottene Seife.

Über die Vorgänge, welche bei der Überführung weicher Kaliseifen in harte Natronseifen durch Kochsalzlösung stattfinden, sind schon früher von A. C. Oudemans jr.[2]) Versuche angestellt. Er war zu dem Resultat gekommen, daß auch bei wiederholter Aussalzung nur ungefähr die Hälfte des Kalis durch Natron ersetzt wird. Später haben Wright und Thompson[3]) nochmals den Gegenstand eingehend untersucht, ebenfalls mit dem Ergebnis, daß die wechselseitige Umsetzung zwischen Natriumsalzen und fettsaurem Kali und umgekehrt zwischen Kalisalzen und fettsaurem Natron nur eine teilweise ist, indem sich die Fettsäure ziemlich gleichmäßig zwischen beide Alkalien verteilt.

Die genannten Autoren verfuhren zunächst so, daß sie die für die Untersuchung verwandte Fettsäure, zugleich mit der zur Neutralisation erforderlichen Kali- und Natronmenge behandelten, also in der Weise, daß auf 1 Äqu. Säure 2 Äqu. Alkali kamen. Eine abgewogene Menge Fettsäure wurde in die erforderliche Menge der gemischten Laugen gegeben, im Wasserbade erhitzt und nach dem

[1]) Seifensiederzeitung 1910, S. 1205.
[2]) Journal f. praktische Chemie **106**, 51. Wagners Jahresbericht 1869, **15**,311.
[3]) Seifenfabrikant 1886, S. 140.

Schmelzen der Fettsäuren tüchtig geschüttelt. Von den durch Stehenlassen geklärten Flüssigkeiten wurde alsdann ein Teil zur Analyse entnommen. Dabei ergaben sich für die verschiedenen zur Untersuchung verwandten Fettsäuren folgende Resultate:

| Angewandte Fettsäuren | Prozente der in Natronseife | Kaliseife übergeführten Fettsäuren |
|---|---|---|
| Stearinsäure | 51,2 | 48,8 |
| Ölsäure | 50,8 | 49,2 |
| Rohe Stearin- und Ölsäure (Talg) | 51,5 | 48,5 |
| Rohe Stearin-, Palmitin- und Ölsäure (Palmöl und Talg) | 48,2 | 51,8 |
| Rohe Laurinsäure (Kokosnußöl) | 49,7 | 50,3 |

Es folgt hieraus, daß bei der Behandlung einer Kaliseife mit der äquivalenten Menge Natron sich fast ebenso viel Natronseife bilden wird, wie bei der Behandlung von Natronseife mit Kali, während etwa die Hälfte der angewandten Alkalien unverändert vorhanden bleiben wird. Direkte Versuche ergaben dann weiter, daß bei der Behandlung von Kaliseifen mit der äquivalenten Menge Natriumhydrat 48,8 % der ersteren in Natronseife und von Natronseife mit der äquivalenten Menge Kaliumhydrat 46,0 % der ersteren in Kaliseife umgewandelt wurden.

Während also bei der Behandlung einer Seife mit einem andern freien Alkali eine Teilung der Basen in die Fettsäuren etwa im Verhältnis von 1:1 eintritt, ist dies Verhältnis ein anderes, wenn man ein Alkalikarbonat auf die fettsaure Verbindung eines andern Alkalis einwirken läßt. Wie aus der folgenden Tabelle zu ersehen ist, verläuft die Umsetzung hier immer zugunsten der Bildung von Kaliseife und es wird daher verständlich, daß der Zusatz von Pottaschelösung zu Natronseifen diese letzteren durch Bildung von weicher Kaliseife geschmeidiger werden läßt.

| Angewandte Fettsäuren | | Natronseife mit $K_2CO_3$ behandelt. Prozente der vorhandenen Gesamt-Fettsäuren: äquivalent dem zugefügten $K_2CO_3$ | $Na_2CO_3$ | Kaliseife mit $Na_2CO_3$ behandelt. Prozente der vorhandenen Gesamt-Fettsäuren: äquivalent dem zugefügten $K_2CO_3$ | $Na_2CO_3$ |
|---|---|---|---|---|---|
| Stearin- und Ölsäure | 1 | 10,1 | 8,0 | — | — |
| | 2 | 45,7 | 34,4 | — | — |
| | 3 | 100,0 | 97,95 | 100,0 | 4,3 |
| | 4 | 104,2 | 99,0 | 1000,0 | 15,0 |
| Stearin-, Palmitin- und Ölsäure (Palmöl und Talg) | 1 | 57,2 | 52,1 | — | — |
| | 2 | 108,0 | 90,8 | 177,0 | 9,5 |
| Rohe Laurinsäure (Kokosnußöl) | 1 | 52,8 | 46,4 | — | — |
| | 2 | 114,8 | 87,9 | 197,0 | 6,2 |
| Rohe Rizinölsäure (Rizinusöl) | 1 | 50,0 | 48,4 | — | — |
| | 2 | 100,0 | 93,8 | 205,0 | 8,2 |

Während also beim Vorhandensein von Fettsäure und Kohlensäure einerseits und Kali und Natron andererseits die Reaktion derart verläuft, daß sich vorwiegend Kaliseife (und Natriumkarbonat) bildet, ist das Verhältnis bei Anwendung der Alkalichloride an Stelle der Karbonate genau das Umgekehrte.

Bei den diesbezüglichen Versuchen wurde eine bekannte Menge Fettsäure in zwei Hälften geteilt und die eine mit Kalilauge, die andere mit Natronlauge neutralisiert. Beide Seifen wurden dann gemischt und in heißem Wasser (150 Mol. auf 1 Mol. des Seifengemenges) gelöst. Die Lösung wurde hierauf bei 100 ° C mit einem Gemisch äquivalenter Mengen Kalium- und Natriumchlorid (20 Mol. des Gemisches) behandelt, das in Pulverform unter Umschütteln in die Seifenlösung eingetragen wurde. Dabei ergaben sich folgende Resultate:

| Angewandte Fettsäuren | Prozente Fettsäuren enthalten als | | Molekülverhältnis der Natronseife zur Kaliseife |
|---|---|---|---|
| | Kaliseife | Natronseife | |
| Reine Ölsäure . . . . . . . | 38,0 | 62,0 | 1,63: 1 |
| Rohe Rizinusölsäure . . . . | 17,8 | 82,2 | 4,6 : 1 |
| Stearin-, Öl- und Harzsäure . | 17,2 | 82,8 | 4,8 : 1 |
| Rohe Laurinsäure . . . . . | 15,1 | 85,9 | 5,7 : 1 |

Es wurden ferner Versuche angestellt über a) die Mengen Kaliseifen, die aus einer Lösung in M Mol. Wasser durch N Mol. Natriumchlorid auf 1 Mol. Kaliseife und b) die Mengen Natronseife, die aus einer Lösung in M Mol. Wasser durch N Mol. Kaliumchlorid auf 1 Mol. Natronseife ausgesalzen werden. Die Resultate der Versuche zeigt die folgende Zusammenstellung:

| Fettsäuren | M | N | a) Kaliseife mit NaCl ausgesalzen | | b) Natronseife mit KCl ausgesalzen | |
|---|---|---|---|---|---|---|
| | | | Prozente der abgeschiedenen Fettsäuren als | | | |
| | | | Kaliseife | Natronseife | Kaliseife | Natronseife |
| Stearin- und Ölsäure . . . . | 100 | 5 | 10,5 | 89,5 | 79,1 | 20,9 |
| | 200 | 20 | 5,1 | 94,9 | 82,1 | 17,9 |
| Stearin-, Palmitin- und Ölsäure (Palmöl und Talg) . . . . | 200 | 20 | 3,8 | 96,2 | 95,8 | 4,2 |
| Rohe Laurinsäure. . . . . . | 200 | 20 | 5,4 | 94,6 | 74,8 | 25,2 |

Durch Änderung der Konzentrationsverhältnisse erhält man natürlich Änderungen des Resultats, das im wesentlichen von der Massenwirkung und der relativen Löslichkeit des einzelnen Komponenten abhängig ist.

In der Technik arbeitet man nun stets mit Unterlaugen, welche mehr als einen Elektrolyten gelöst enthalten. Auch hier wieder wird die

Wirkungsweise des Elektrolytgemisches bestimmt durch die Eigenschaften seiner Komponenten im Verhältnis ihrer absoluten Mengen, d. h. Elektrolytgemische verhalten sich wie ein einheitlicher Elektrolyt, dessen Eigenschaften aus dem obwaltenden Mengenverhältnis der Einzelkomponenten und ihrer Wirkungsstärke zu berechnen ist. Ein Gemisch aus beispielsweise 40 Teilen NaOH und 58,5 Teilen NaCl besitzt, wenn 1,15 Teile NaCl die gleiche Wirkung wie 1 Teil NaOH auslösen, eine Wirkungsstärke von

$$\frac{40}{98,5} + \frac{58,5 . 1,15}{98,5} = 1,09,$$

verglichen mit der Wirkungsstärke reiner Natronlauge gleich 1, eine Zahl, die man nach dem Vorschlag von Ubbelohde und Richert auch als „reduzierte Konzentration" bezeichnet.

Die Wirksamkeit der Elektrolytlösungen wird jedoch nicht nur durch den eigenen chemischen Charakter, sondern in besonderem Maße auch durch die während der Aussalzung obwaltende Temperatur bestimmt. Bei höherer Temperatur sind in der Regel auch höhere Elektrolytkonzentrationen notwendig, da die Löslichkeit der Seifen in Salzlösungen mit zunehmender Temperatur ebenfalls wächst. Demzufolge tritt bei der Abkühlung elektrolythaltiger Seifenlösungen, die in der Siedehitze ihre homogene Beschaffenheit noch nicht verloren haben, Aussalzung des Seifenkernes ein und zwar bei derjenigen Temperatur, bei der die Elektrolytlösung eben den Charakter der Grenzlauge besitzt.

Ein großer Teil der technisch hergestellten Kernseifen wird jedoch nicht auf Unterlauge, d. h. durch völlige Aussalzung der Seifenmasse gewonnen, sondern auf Grund ihres angenehmeren Charakters und ihrer größeren Reinheit als „abgesetzte" oder „geschliffene" Kernseife „auf Leimniederschlag" hergestellt, d. h. auf einer gegenüber der Grenzlauge verdünnteren Elektrolytlösung, die neben den Salzen auch Seife gelöst enthält, und daher eine leimig-viskose Beschaffenheit und ein spezifisches Gewicht besitzt, das ein Absetzen dieses „Leimniederschlages" am Kesselboden veranlaßt. Die abgesetzten Kernseifen erhält man daher auf direktem Wege durch nur teilweise Aussalzung (Absalzung) des Kernes mit einer zur völligen Aussalzung unzureichenden Elektrolytmenge, die geschliffenen Kernseifen auf indirektem Wege durch teilweise Wiederauflösung des zunächst vollständig ausgesalzenen Kernes in einer Salzlösung, deren Konzentration die Grenzlaugenkonzentration noch nicht erreicht (Ausschleifung). Es bleibt jedoch zu beachten, daß sich der bei dieser Arbeitsweise eintretende Gleichgewichtszustand nur bei der Arbeitstemperatur selbst unverändert erhält, indem bei etwa eintretender Abkühlung des Leimniederschlages aus diesem weiterhin Seifenmasse als Kern zur Abscheidung gelangt. Bei entsprechender Elektrolytkonzentration wird jedoch die vollständige Trennung des Leimniederschlages in klare Unterlauge und Kern durch die Gelatinierung der gelösten Seife erschwert, so daß also bei der Abkühlung des Leimniederschlages eine Schichtenbildung derart eintreten kann, daß auf eine obere Kernseifenschicht seifenärmere Schichten und schließlich eine klare Unterlauge folgt, die Merklen als „Ausschleifungsendlauge" bezeichnet.

Es ist nun selbstverständlich, daß man den Elektrolytzusatz auch so bemessen kann, daß bei Siedetemperatur eine sichtbare Störung der Homogenität überhaupt nicht erfolgt, und daß die Trennung des Seifenleimes in Kern und Leimniederschlag erst bei einer Temperatur einsetzt, die ein reguläres Absetzen des Kerns infolge bereits eingetretener Gelatinierung des Leimniederschlages nicht mehr gestattet. Die bei der Abkühlung des Seifenleimes erfolgende Trennung in Kern und Leimniederschlag bleibt lokal begrenzt, die beiden Phasen verlaufen neben- und ineinander, und es entsteht die in der Praxis als „Marmor" benannte Erscheinung, indem sich in dem als „Fluß" bezeichneten Leimniederschlag die weißen Adern des „Kernes" abheben. Dies Verfahren, das zur Herstellung der sogenannten „Halbkern- oder Eschweger Seifen" geführt hat, ist natürlich in seinen Bedingungen eng begrenzt, da die gegebenen Temperaturverhältnisse eine Veränderung des Wasser- und Elektrolytgehalts in weiteren Grenzen nicht gestatten [1]).

Es ist aber weiter zu erwarten, daß die hier beschriebenen Erscheinungen mit Änderung des Lösungsmittels ebenfalls eine Änderung erfahren müssen, indem die maßgebenden quantitativen Verhältnisse eine gewisse Verschiebung erfahren. Dies tritt besonders in Erscheinung, wenn die Elektrolytlösungen, wie das beispielsweise bei der Verseifung von Neutralfetten meist der Fall ist, einen mehr oder weniger hohen Glyzeringehalt aufweisen, durch den die Löslichkeit der Seife erhöht, d. h. ihre Elektrolytempfindlichkeit geringer wird. Die von Praktikern vielfach betonten Qualitätsunterschiede zwischen den Seifen aus Neutralfetten und denen aus Fettsäuren finden also in dieser Tatsache eine gewisse Erklärung.

Wie schon oben erwähnt, stellen die in der beschriebenen Weise erzeugten Kernseifen jedoch niemals reine Seifenlösungen dar, sondern enthalten stets auch einen gewissen Elektrolytgehalt, dessen Konzentration nach Merklen von der Natur der Seife selbst, der Art des Lösungsmittels, der Natur und Konzentration der gelösten Elektrolyte und schließlich von der angewandten Temperatur abhängig ist. Auch der Wassergehalt des Seifenkernes zeigt eine ähnliche Abhängigkeit von den genannten Faktoren, im allgemeinen kann es jedoch als feststehend gelten, daß ein Seifenkern um so weniger Wasser (Elektrolytlösung) aufnimmt, je salzreicher die Unterlauge ist und je höher die Temperatur liegt,

---

[1]) In diesem Zusammenhang sei darauf hingewiesen, daß auch das sogenannte „Nässen" oder „Schwitzen" der Seifen auf Homogenitätsstörungen beruht, die durch die in dem Seifenkörper vorhandenen Elektrolyte bedingt werden. Der sogenannte „Beschlag" der Seifen entsteht alsdann durch Verdunstung der ausgeschwitzten Salzlösung unter Hinterlassung des in Lösung gewesenen Salzrückstandes.

bei der die Aussalzung geschieht. Wird eine Seife nacheinander mit verschiedenen Elektrolytlösungen behandelt, so ist für den Charakter des schließlich erhaltenen Kernes naturgemäß die Zusammensetzung derjenigen Unterlauge (Leimniederschlag) maßgebend, mit der er sich zuletzt im Gleichgewicht befunden hat.

Die hier geschilderten Betrachtungen lassen nunmehr eine strenge Klassifizierung der verschiedenen, technisch erzeugten Seifen zu, die für den Handelsverkehr nicht ohne Bedeutung ist. Man unterscheidet hiernach im besonderen Leimseifen und Kernseifen und bezeichnet als Leimseifen allgemein diejenigen Erzeugnisse, die durch Erstarrung (Gelatinierung) flüssiger Seifenleime entstehen, ohne daß bei dem Erstarrungsprozeß eine Störung in der Homogenität der räumlichen Verteilung in Erscheinung tritt. Die Leimseifen enthalten demzufolge alle während des Siedeprozesses angewandten Materialien einschließlich aller in Fettansatz und Siedelaugen vorhanden gewesenen Verunreinigungen und einschließlich des im Neutralfett gebunden gewesenen Glyzerins. Zu den Leimseifen gehören speziell die sogenannten kaltgerührten Feinseifen, die Transparentseifen und vornehmlich auch die Eschweger Seifen, die allerdings, wie oben erwähnt, bereits zu der zweiten Gruppe, den Kernseifen, überleiten. Als Kernseifen bezeichnet man diejenigen Erzeugnisse, die durch Koagulation eines Seifenleimes unter Aufhebung des homogenen Lösungszustandes erhalten werden. Ihre Zusammensetzung und äußeren Eigenschaften sind im allgemeinen außer von der Art des Fettansatzes von den während der Koagulation obwaltenden äußeren Bedingungen abhängig.

Nach einem Beschluß des Verbandes der Seifenfabrikanten Deutschlands gelten im praktischen Gebrauch als reine Kernseifen alle nur aus festen und flüssigen Fetten oder Fettsäuren, auch unter Zusatz von Harz, durch Siedeprozesse hergestellten, aus ihren Lösungen durch Salze oder Salzlösungen (auf Unterlauge oder Leimniederschlag) abgeschiedenen, technisch reinen Seifen mit einem Mindestgehalt von 60 % Fettsäurehydraten einschließlich Harzsäure.

**Die reinigende Wirkung der Seifen.** Es ist natürlich, daß eine große Anzahl der Theorien, die man über die reinigende Wirkung der Seife aufgestellt hat, in dem oben besprochenen Vorgang der Hydrolyse ihre Basis findet, besonders auffallend ist es aber, daß gerade die unwahrscheinlichste von allen, eine zuerst von Berzelius [1]) ausgesprochene und später von Kolbe [2]) übernommene Annahme mit seltener Zähigkeit auch in den neuesten Lehrbüchern der organischen Chemie eine stete Auferstehung feiert. Ihr zufolge wirkt nämlich das durch die Hydrolyse eben frei gewordene Alkali auf die fettigen Bestandteile des Schmutzes verseifend ein, während der Seifenschaum durch Umhüllen desselben zu

---

[1]) Berzelius, Lehrbuch der Chemie 1828, 2. Aufl. 3, 438.

[2]) Kolbe, Organische Chemie 1880, 2. Aufl., 1, 817.

seiner Entfernung nur beiträgt. Der Vorteil gegenüber der Verwendung freier Alkalien, welche ein billigeres Waschmittel darstellen würden, liegt angeblich darin, daß bei der Anwendung von Seife das freie Alkali stets nur in geringer Konzentration, die sich von selbst regelt, in dem Wasser zugegen ist, wodurch eine größere Schonung des Waschgutes und der Epidermis erzielt wird.

Diese Theorie wird den gegebenen Tatsachen jedoch in keiner Weise gerecht, denn es ist wenig logisch, daß das im Entstehungszustande befindliche Alkali, an Menge gering, den vorhandenen fettartigen Substanzen gegenüber die verlangte große Verbindungsfähigkeit besitzen soll, weil das Alkali an und für sich leichter mit der Fettsäure, bzw. dem sauren Salz reagieren würde, von dem es abgespalten wurde, als mit Glyzeriden, für deren Verseifung eine beträchtlich höhere Energiemenge erforderlich sein würde. Da nun die Verdünnung der Seifenlösung zudem so bedeutend ist, daß die erstgenannte Reaktion nicht nur nicht eintreten kann, die Lösung vielmehr einer möglichst weitgehenden Hydrolyse entgegenstrebt, so ist eine chemische Einwirkung des Alkalis während des Waschprozesses vollkommen unwahrscheinlich. Auch der Umstand, daß Mineralöle durch Seifenlösungen ebenso leicht entfernt werden können wie Fettstoffe, entzieht der Theorie jeglichen Boden, da ein durch Alkali bedingter Verseifungsprozeß in diesem Falle nicht stattfinden kann, und ebenso vernichtend wirkt die im Anschluß an die obige Theorie kaum erklärliche Tatsache, daß reine Ätzalkalien für den Waschprozeß wenig geeignet sind.

Nach einer von Krafft [1]) aufgestellten Theorie beruht die Seifenwirkung darauf, „daß Säure und Alkali nebeneinander vorhanden und gleichzeitig verfügbar sind; dies äußert sich teils in der bekannten emulgierenden Fähigkeit, teils durch eine rein chemische, namentlich auflösende Wirkung der genannten Agenzien". Diese Theorie wird den bekannten Tatsachen gerecht, daß eine schon im kalten Wasser gut wirksame Seife leicht löslich und in der Lösung möglichst weitgehend hydrolysiert sein muß, während solche Seifen, die erst beim Erwärmen in Lösung gehen, weil die bei der Hydrolyse gebildeten sauren Salze in kaltem Wasser unlöslich sind (Palmitate, Stearate), trotz der stattfindenden Alkaliabgabe an das Waschwasser in der Kälte eine nur ungenügende Waschwirkung besitzen.

Auch andere Autoren (Donnan [2]), Quincke [3]) u. a.) betonen in ihren Untersuchungen über die Waschwirkung das Emulsionsvermögen der Seifenlösungen, indem sie vornehmlich auf die Bedeutung der Oberflächenspannung hinweisen. Ein größeres Lösungsvermögen

---

[1]) Vortrag, gehalten in der medizinisch-naturwissenschaftlichen Gesellschaft in Heidelberg, zitiert von Stiepel in seinem Sammelreferat über Seifenwirkung. Seifenfabrikant 1901, S. 1136.

[2]) Zeitschr. f. physiol. Chemie 1899, **31**, 42.

[3]) Wiedemanns Annalen 1894, **53**, 593.

für Fette (Triglyzeride) besitzen aber die Seifenlösungen nach Versuchen von R. Hirsch[1]) nicht. Mit 10 ccm einer 5 $^0/_0$igen Seifenlösung läßt sich 1 ccm auf den Handflächen verriebenes Kokosöl leicht entfernen, trotzdem die angeführte Menge Seifenlösung noch nicht den hundertsten Teil der Ölmenge aufzulösen vermag. Daß diese emulgierende Wirkung wirklich durch die Seifenlösung und nicht etwa durch das bei der Hydrolyse abgespaltene Alkali bewirkt wird, konnte dann Hillyer[2]) durch die Tatsache beweisen, daß weder neutrales, von freier Fettsäure befreites Kottonöl (Salatöl), noch Petroleum durch n/10 Natronlauge emulgiert werden kann. Leicht gelingt die Emulsion jedoch durch n/10 ölsaures Natron.

Im Sinne der Emulsionstheorie wirkt die Seife also nach Art eines Schmiermittels, indem sie die Adhäsion zwischen dem Reinigungsobjekt und den darauf haftendenVerunreinigungen vermindert und durch Emulsion eine Entfernung der Schmutzteilchen bewirkt. Den fettsauren Salzen ist also die Eigenschaft der fettsauren Glyzeride erhalten geblieben, sich auf anderen Körpern kapillar auszubreiten, sie zu benetzen und fremde Substanzen, die auf ihnen haften, ohne Anwendung von mechanischer Kraft oder chemische Einwirkung lediglich bei der Berührung mit dem verunreinigten Körper zu verdrängen, indem die Adhäsion, welche die vorhandene Verunreinigung mit dem Reinigungsmittel verbindet, größer ist als diejenige, welche bis dahin zwischen dem Reinigungsobjekte und der Verunreinigung bestanden hat und größer als die Kohäsion dei Seifenlösung selbst. Auf Grund der großen Wasserlöslichkeit und der dadurch erreichbaren außerordentlich feinen Verteilung der für die Reinigung verwandten Seife können diese Eigenschaften natürlich in vollkommenster Weise zur Wirkung und Ausnutzung gebracht werden, so daß die genannten Erscheinungen auch noch bei starker Verdünnung deutlich zutage treten[3]).

Die Emulsionstheorie läßt also für die Erklärung des Waschprozesses die Hydrolyse der Seife, welche für die Annahme einer chemischen Wirkung maßgebend ist, als durchaus entbehrlich erscheinen. Dennoch aber dürfte dieser chemische Vorgang für die Waschkraft der Seife nicht ohne jede Bedeutung sein. Künkler[4]) konnte nämlich zeigen, daß eine Seife, welche z. B. 70 $^0/_0$ und mehr Mineralöl enthält und in wässeriger Lösung nicht schäumt, nicht nur die Seife als solche ersetzt, sondern auch da noch reinigt, wo Seife überhaupt versagt. Das Öl löst den Schmutz augenblicklich vollkommen ab, emulgiert denselben und auf Zufügen derjenigen Mengen Wasser, welche die Emulsion der Seife hervorrufen, wird Öl und Schmutz von dem zu reinigenden Gegenstande abgespült. Das bei der Seifenhydrolyse entstehende saure, fettsaure

[1]) Chem. Industrie 1898, S. 509ff.

[2]) Journal of the American Chemical Society 1903, **25**, 511—532.

[3]) Vgl. A. Künkler, Seifensiederzeitung 1903, **30**, 681 u. 704 und Hillyer, l. c.

[4]) Siefensiederzeitung 1904, Nr. 8, S. 150.

Salz könnte also dementsprechend als in der Seifenlösung schwer lösliche, äußerst fein verteilte, fettartige Substanz selbst reinigende Kraft besitzen, während die wässerige Seifenlösung lediglich die aus der Fettsubstanz und den Schmutzstoffen gebildete Emulsion von dem Reinigungsobjekte entfernt.

Außerordentlich interessante experimentelle Untersuchungen, die aus diesem Zusammenhang in hohem Maße zur Erklärung des Waschprozesses beitragen, hat W. Spring [1]) veröffentlicht. Aus den Versuchen, die der Verfasser zunächst mit reinem, völlig fettfreiem Kohlenstoff (Kienruß) anstellte, und die er später auf Eisenoxyd, Tonerde, Kieselsäure, Töpferton und Zellulose ausdehnte, geht hervor, daß alle diese Stoffe befähigt sind, mit in Wasser gelöster Seife Adsorptionsverbindungen zu bilden, die der Einwirkung des Wassers widerstehen und die beständiger sind als die Verbindungen, welche zwischen dem Reinigungsobjekt und den genannten Stoffen bestehen können. Kohlenstoff bildet beispielsweise sowohl mit Zellstoffen, wie Filtrierpapier, als auch mit in Wasser gelöster Seife Adsorptionsverbindungen, doch zeigte es sich, daß die Kohlenstoff-Seife-Verbindung größere Adhäsion besitzt als die Verbindung aus Kohlenstoff und Zellulose, indem die letztere durch eine Seifenlösung zerstört wird. Während Filtrierpapier, das Kohle adsorbiert enthält, durch reines Wasser nicht von dieser befreit werden kann, laufen Suspensionen von Ruß in Seifenwasser durch ein Filter glatt hindurch, ohne Kohlenstoffteilchen auf demselben zurückzulassen.

Die Zusammensetzung dieser Adsorptionsverbindungen richtet sich jeweils nach der elektrischen Polarität der von der Seife zu adsorbierenden Stoffe. Der positiv elektrische Kohlenstoff verbindet sich mit der negativ elektrischen, hydrolytisch gebildeten, sauren Seife, das Eisenoxyd und die Tonerde, die bei der Kataphorese sowohl zur Anode wie zur Kathode wandern, deren elektrischer Charakter also weniger scharf betont ist, agglutinieren sich mit einer alkalisch reagierenden Seife, und ebenso sind die Adsorptionsverbindungen, welche die Kieselsäure und die Zellulose mit der Seife bilden, alkalireicher als die für die Herstellung der Seifenlösung ursprünglich verwandte Seife. Die Bildung dieser alkalischen Adsorptionsverbindungen ist nach Goldschmidt [2]) jedoch am besten so zu erklären, „daß die zwischen dem Versuchsobjekt und der sauren oder neutralen Seife gebildete Adsorptionsverbindung ihrerseits aus der Lösung hydrolytisch abgespaltenes Alkali adsorbiert“.

Das Ergebnis seiner Untersuchungen faßt Spring in den Satz zusammen, „daß die Waschwirkung der Seifenlösungen die Bildung einer Adsorptionsverbindung mit dem wegzuwaschenden Stoffe zur Ursache hat, einer Verbindung, die jenes Ad-

---

[1]) Zeitschrift für Chemie und Industrie der Kolloide 1909, **4**, 161; 1910, **6**, 11, 109, 164.

[2]) Ubbelohde und Goldschmidt, Handbuch der Chemie und Technologie der Öle und Fette **3**, 446.

häsionsvermögen weitgehend verloren hat, welches ihre Komponenten vor ihrer Vereinigung besaßen".

Bei der Fülle des von so vielen Seiten beigebrachten, exakten Versuchsmaterials ist es natürlich schwer zu entscheiden, welche der aufgestellten Theorien nunmehr die einzig richtige ist. Bei genauer Würdigung aller Erscheinungen will es aber fast scheinen, als ob der Waschprozeß als solcher überhaupt kein einheitlicher, streng geregelter Vorgang ist, und daß die Bedeutung der Seife für diesen Prozeß gerade in der Eigenschaft begründet liegt, ihre Wirkungsweise auf Grund der Heterogenität ihrer in der wässerigen Lösung vorhandenen Bestandteile den verschiedensten Verhältnissen anzupassen.

**Die Desinfektionskraft der Seifen.** Über den Desinfektionswert der Seifen gehen die Ansichten früherer Autoren weit auseinander. Daß die Seife Desinfektionskraft besitzen kann, steht jedoch heute außer allem Zweifel, und die neuere Forschung hat nunmehr auch die Bedingungen festgelegt, die für das Vorhandensein und die Größe dieser Wirkung maßgebend sind.

Die Desinfektionskraft der Seife als solcher wurde zuerst von Robert Koch [1]) festgestellt, der bei seinen Untersuchungen fand, daß gewöhnliche Schmierseife imstande ist, in einer Verdünnung von 1: 5000 eine Behinderung und bei 1: 1000 eine vollständige Aufhebung der Entwicklung von Milzbrandsporen zu bewirken. Im Jahre 1890 untersuchte sodann Behring [2]) etwa 40 verschiedene Seifensorten mit dem Ergebnis, daß eine „feste Waschseife" bei einer Verdünnung von 1: 70 in Bouillon Milzbrandbazillen innerhalb zweier Stunden abzutöten vermag. 1894 konnte M. Jolles [3]) die Desinfektionskraft der Seife ebenfalls bestätigen. Bei seinen Versuchen töteten 3 %ige Lösungen von fünf verschiedenen Seifen, deren Fettsäure-, Alkali- und freier Alkaligehalt bestimmt war, Cholerakeime in 10 Minuten ab, mit zunehmender Konzentration und Temperatur nahm auch die Desinfektionskraft zu. Auch bei seinen späteren Untersuchungen [4]), für die er Typhus- und Kolibazillen als Testobjekt benutzte, kam er ebenfalls zu dem Ergebnis, daß den Seifenlösungen an und für sich eine bedeutende Desinfektionskraft innewohnt, und daß die Seife infolgedessen für die Desinfektion von schmutziger und infektiös verunreinigter Wäsche das geeignetste und natürlichste Reinigungsmittel sei.

Auch A. Serafini [5]) spricht den gewöhnlichen Waschseifen, und zwar den reinen fettsauren Salzen als solchen, eine ziemlich bedeutende Desinfektionskraft zu und betont, daß alle Zusätze, welche den Gehalt der Handelsseifen an solchen Salzen herabsetzen, auch die Desinfektions-

---

[1]) Robert Koch, Mitt. a. d. Kaiserl. Gesundheitsamt 1881, **1**, 271.

[2]) Behring, Zeitschr. f. Hyg. u. Infektionskrankh. 1890, **9**, 414.

[3]) M. Jolles, Zeitschr. f. Hyg. u. Infektionskrankh. 1893, **15**, 460.

[4]) M. Jolles, Zeitschr. f. Hyg. u. Infektionskrankh. 1898, **19**, 130.

[5]) A. Serafini, Arch. f. Hyg. 1898, **33**, 369.

wirkung abschwächen. Andererseits kam aber Konradi[1]) bei seinen mit Milzbrandsporen angestellten Untersuchungen über die bakterizide Wirkung der Seifen zu dem Resultat, daß der Seifensubstanz selbst keine nennenswerte desinfizierende Wirkung zukommt, daß dieselbe vielmehr, wenn überhaupt vorhanden, gerade durch gewisse Zusätze, vor allem durch odorisierende Stoffe (Terpineol, Vanillin, Cumarin, Heliotropin u. a.) bedingt werde. Seine Resultate wurden bei einer Nachprüfung von anderer Seite mehrfach bestätigt gefunden, im allgemeinen neigten spätere Autoren aber wieder der Ansicht zu, daß den Seifen eine antiseptische Wirkung zukomme. So berichtet 1905 A. Rodet[2]) über die Desinfektionskraft einer reinen, von überschüssigem Alkali freien Natronseife (Marseiller Seife), deren Wirksamkeit er an Staphylokokken und Typhusbazillen prüfte. In beiden Fällen konnte er zweifellos eine antiseptische Wirkung feststellen, indem die Seife einem Nährboden zugesetzt, auch schon in schwachen Konzentrationen das Wachstum der Bakterien behinderte, ohne dasselbe allerdings selbst in sehr viel höheren Dosen ganz zu unterdrücken. Durch reine Seifenlösungen wurden aber beide Bakterienarten abgetötet und zwar bei einem Gehalt von 1 $^0/_0$iger Seife die empfindlicheren Elemente des Staphylokokkus in einigen Stunden, die Typhusbakterien schon in wenigen Minuten. Mit wachsender Konzentration und steigender Temperatur machte sich, den Beobachtungen früherer Autoren entsprechend, auch eine schnellere und energischere Wirkung bemerkbar.

Endlich betonte dann im Jahre 1908 C. Rasp[3]) auf Grund eigener Experimentalstudien ganz besonders die schwankende Desinfektionswirkung der käuflichen Schmierseifen und hob hervor, daß weder die chemische Analyse hinsichtlich des Alkaligehaltes noch die chemisch-physikalische Untersuchung (Leitfähigkeit), noch die Feststellung der Fettsäuren durch die Hübl sche Jodzahl diese Schwankungen voll erklären könnten. Auf Grund der bei Temperaturerhöhung eintretenden Steigerung der Wirksamkeit glaubte er jedoch schon auf die Bedeutung der Dissoziation hinweisen zu dürfen, seine Arbeit schloß er mit den Worten: „Einen weiteren Beitrag zur Theorie der Seifenwirkung dürften wohl Versuche mit Seifen bringen, welche mit chemisch reinen. Substanzen angefertigt werden.“

Bald danach erschien dann eine Arbeit von Reichenbach[4]), in der dieser Gedanke bereits zur Tat wurde und deren umfangreiches experimentelles Material nunmehr eine Klärung der vorliegenden Frage in fast vollem Umfange zuläßt. Reichenbach verwandte für seine Untersuchungen unter beinahe vollständiger Vernachlässigung aller Handelspräparate die chemisch reinen Alkalisalze all der Säuren, die für

---

[1]) Konradi, Arch. f. Hyg. 1902, **44**, 101. — Zentralbl. f. Bakt. 1904, **36**, 151.

[2]) A. Rodet, Rev. d'Hygiène 1905, S. 301.

[3]) Rasp, Zeitschr. f. Hyg. u. Infektionskrankh. 1908, **58**, 45.

[4]) Reichenbach, Zeitschr. f. Hyg. u. Infektionskrankh. 1908, **59**, 296.

gewöhnlich im Seifenkörper angetroffen werden und konnte auf diese Weise feststellen, daß die Kalisalze der gesättigten Fettsäuren ganz allgemein eine recht beträchtliche Desinfektionskraft besitzen, während die Salze der ungesättigten Fettsäuren an und für sich bei der Desinfektionswirkung der Seifen kaum in Betracht kommen können. Eine besonders bemerkenswerte Desinfektionskraft besitzt vor allen anderen Salzen das palmitinsaure Kalium. Eine n/40-Lösung (0,72 $^0/_0$) vermochte Bact. coli in weniger als 5 Minuten abzutöten, eine Wirkung, die mit einer wässerigen 1 $^0/_0$igen Karbolsäurelösung noch nicht in 20 Minuten erreicht wird. Im Gegensatz hierzu zeigen n/10-Lösungen von oleinsaurem Kalium überhaupt keine nennenswerte Wirkung und n/2,5-Lösungen führen erst bei einstündiger Wirkung eine teilweise Abtötung der Testbakterien herbei.

Schon aus diesen Versuchen dürfte sich ein großer Teil der in der Literatur vorhandenen Widersprüche erklären, denn es geht aus ihnen mit großer Wahrscheinlichkeit hervor, daß eine Seife um so höhere Desinfektionskraft besitzt, je stärker sie in wässeriger Lösung hydrolysiert wird. Diese Theorie gewinnt jedoch an Bedeutung dadurch, daß sie durch eine ganze Reihe weiterer Beobachtungen gestützt werden konnte. Reichenbach fand nämlich des weiteren, daß die Desinfektionswirkung der fettsauren Alkalien analog der hydrolytischen Spaltung mit verringertem Molekulargewicht der Fettsäuren abnimmt. Aus der Reihe heraus fällt lediglich das Stearat, das trotz seines größeren Molekulargewichts eine etwas schwächere Desinfektionskraft, gleichzeitig aber auch eine etwas geringere Hydrolyse zeigt als das Palmitat. Ferner konnte entsprechend den aus dem obigen Satze herzuleitenden Schlüssen u. a. gezeigt werden, daß die Desinfektionskraft einer Seifenlösung bei zunehmender Verdünnung in geringerem Maße abnimmt, als der Verdünnung eigentlich entspricht. Da nämlich mit steigender Verdünnung die Hydrolyse einer Seifenlösung zunimmt, und zwar derart, daß die absolute Menge der hydrolysierten Bestandteile allerdings vermindert wird, der prozentuale Anteil des zersetzten Salzes aber stetig wächst, so muß ein Teil der Verdünnungswirkung durch die relative Zunahme der Spaltprodukte aufgehoben werden.

Trotzdem nun die obige Erklärung den bisher besprochenen, experimentell gefundenen Daten in vollkommenster Weise Rechnung trägt, muß man aber bei näherer Überlegung doch zu dem Ergebnis kommen, daß die mehr oder weniger hydrolytisch gespaltenen fettsauren Salze allein nicht für die Desinfektionskraft der handelsüblichen Seifen maßgebend sein können. Schon die Resultate Roberts Kochs, der doch auf Grund seiner Untersuchungen gerade den aus Tranen und pflanzlichen Ölen, d. h. also aus hauptsächlich ungesättigten Fetten hergestellten Schmierseifen eine große Desinfektionskraft zusprach, lassen es vermuten, daß bei diesem Desinfektionsprozeß noch andere Umstände mitwirken müssen, die es möglich machen, daß auch den aus ungesättigten Fettsäuren hergestellten Seifen bisweilen eine größere Wirkung zukommen kann.

Es ist nun natürlich, hier zunächst an den „überschüssigen“ Alkaligehalt der Seifen zu denken, insonderheit da es naheliegt, in Übereinstimmung mit den Ansichten früherer Autoren (Behring usw.) auch das aus den Seifen hydrolytisch abgespaltene Alkali als den in erster Linie für die Desinfektionskraft maßgebenden Faktor anzusprechen. In der Tat erhielt auch Reichenbach durch die Kombination einer kaum desinfizierenden Kaliumoleatlösung mit einer ebenfalls nur schwach wirksamen Kaliumhydratlösung stark desinfizierende Flüssigkeiten, und zwar wurde das Maximum des Desinfektionswertes erreicht bei einer Mischung von $^1/_6$ Oleat (n/50) mit $^5/_6$ Kalilauge (n/50). Entgegen der obigen Annahme würde es aber, wie er selbst zeigen konnte und wie auch vor ihm schon andere Autoren ausgesprochen haben[1]), durchaus falsch sein, die Wirkung der Seife als eine reine Alkaliwirkung aufzufassen, indem Seifenlösungen in den meisten Fällen eine stärkere Wirkung besitzen, als sie günstigsten Falles vom Alkali allein ausgeübt werden könnte. Die Bedeutung des überschüssigen Kalis dürfte also weniger in seiner eigenen Desinfektionskraft als in einer Steigerung der Desinfektionswirkung der fettsauren Salze begründet sein, und so faßt Reichenbach das Ergebnis seiner Untersuchungen dahin zusammen, daß „Alkali und fettsaure Salze bei gemeinsamer Einwirkung eine gegenseitige Erhöhung ihrer Desinfektionskraft bewirken, und zwar eine stärkere Erhöhung als sie durch dieselben Mengen in einer gleich starken Lösung desselben Mittels hervorgebracht worden wäre.“

Die Frage, wie diese Erhöhung selbst zustande kommt, ist hierbei offen gelassen, ihre Deutung dürfte aber bei Berücksichtigung des Desinfektionsvorganges selbst nicht allzuschwer möglich sein.

Für die Wirksamkeit eines Desinfektionsmittels ist nämlich eine gewisse Fettlöslichkeit (Lipoidlöslichkeit) desselben Bedingung und zwar derart, daß es auf Grund seiner Lösungsaffinitäten aus einer wässerigen Lösung möglichst leicht an das lipoide Mittel (die Bakterienzelle) abgegeben wird. Es wird daher erklärlich, daß einerseits das bei der Hydrolyse der gesättigten fettsauren Salze neben dem Alkali entstehende, in erheblichem Maße lipoidlösliche saure Salz, das im wässerigen Medium relativ schwer löslich ist, leicht an die Bakterienzelle herantreten kann, und daß andererseits auch die im Wasser leicht löslichen Neutralsalze der ungesättigten Fettsäuren eine Wirksamkeit entfalten werden, wenn sie, durch Elektrolyte aus ihren wässerigen Lösungen ausgesalzen, nunmehr eine für Lipoide erhöhte Lösungsaffinität erhalten. Die Desinfektionskraft wässeriger Seifenlösungen ist also, nochmals kurz zusammengefaßt, abhängig von dem jeweils obwaltenden Verhältnis zwischen den Alkalisalzen der gesättigten und ungesättigten

[1]) Siehe z. B. Serafini, l. c.

Fettsäuren und von der Reinheit der Seife selbst, indem die Wirkung der gesättigten Seifen parallel läuft der relativen Menge hydrolysierter Fettsäure bzw. sauren Salzes, die Wirkung der ungesättigten im wesentlichen nur bedingt wird durch das Aussalzvermögen gleichzeitig vorhandener Elektrolyte. Das in Seifenlösungen vorhandene gebundene oder überschüssige Alkali ist im übrigen, von seiner eigenen, nicht gerade großen Desinfektionskraft abgesehen, insofern von Bedeutung, als einerseits durch die Art desselben Unterschiede in der Lipoidlöslichkeit der sauren Salze der gesättigten Säuren, andererseits durch seine Art und Menge Änderungen der physikalischen Eigenschaften der Seifenlösung (Zurückdrängung der Hydrolyse, Beeinflussung der Mikrostruktur der kolloiden Seifenteilchen) veranlaßt werden.

## Vorkommen, Gewinnung und Reinigung der Fette und fetten Öle.

**Vorkommen und Gewinnung.** Sowohl im Tierreich wie im Pflanzenreich sind die Fette außerordentlich verbreitet. Im Tierorganismus finden sie sich in allen Organen, an einzelnen Stellen in größerer Menge angehäuft, und, mit Ausnahme des normalen Harns, in allen tierischen Flüssigkeiten. Das Fett zeigt sich im Tierreich gewöhnlich in eigenen Zellen eingeschlossen, in größerer Menge vorzugsweise im Bindegewebe, im Netz der Bauchhöhle, in der Umgebung der Nieren, im Knochen- und Nervenmark, in der Leber und endlich in reichlicher Menge in der Milch. Bei den Pflanzen treten die Fette teils zerstreut durch die ganze Pflanze auf, teils in gewissen Organen angehäuft, so namentlich in den Samenlappen und den Samen überhaupt. Von den Samen führen besonders die stärkelosen bedeutende Mengen Fett, weniger die stärkehaltigen. Im allgemeinen bilden die pflanzlichen Ausgangsstoffe ein bedeutend wichtigeres und quantitativ größeres Material für die Fett- und Ölgewinnung als die tierischen Rohfette und zwar sind es vornehmlich die Tropen, die die meisten und fettreichsten Ölfrüchte liefern (Palmenkerne, Kokoskerne, Baumwollsaat, Rizinussamen usw.), während im gemäßigten Klima Ölsaaten schwerer gedeihen und quantitativ hinter dem in den Tropen erzielbaren Ergebnis zurückbleiben.

Die Gewinnung des Fettes aus fetthaltigen tierischen Substanzen geschieht entweder durch Ausschmelzen oder durch Extraktion des zuvor mechanisch in geeigneten Waschtrommeln vorgereinigten Rohmaterials (Rohkern, Rohausschnitt, Nierenfett, Eingeweidefett). Zu diesem Zweck wird dasselbe in besonderen Maschinen zerkleinert und entweder über freiem Feuer, im Wasserbade, durch indirekten Dampf oder heiße Luft (Trockenschmelze) oder mittels direkten Dampfes auf Wasser, gegebenenfalls unter Zusatz von Säuren oder Ätzalkalien (Naßschmelze) zum Ausschmelzen gebracht. Die bei der Trockenschmelze erhaltenen, noch außerordentlich fettreichen Rückstände werden alsdann einer Pressung und unter Umständen auch einer Benzinextraktion unterworfen, ehe sie als Viehfutter oder Stickstoffdünger verwertet werden. Aus Knochen wird das darin enthaltene Fett entweder als „Naturknochenfett" ebenfalls durch Ausschmelzen mittels direkten Dampfes oder als „Extraktionsknochenfett" durch Extraktion mit Benzin u. dgl. gewonnen. In ähnlicher Weise geschieht auch heute die Gewinnung der Fischfette, Leberöle und Trane; die nach der Extraktion der zunächst zerkleinerten und getrockneten Fische hinterbleibenden Fischmehle besitzen einen hohen Nährwert und werden neuerdings auch auf menschliche Nahrungsmittel verarbeitet.

Neben den hier erwähnten Rohstoffen werden jedoch noch eine Reihe weiterer Fettstoffe tierischen Herkommens gewonnen, unter denen die Kadaverfette wohl die wichtigsten sind. Auch sie werden der Hauptsache nach durch Ausschmelzen und Extraktion erhalten.

Die Gewinnung der vegetabilen Fette und Öle geschieht auf Grund ihres häufigeren Vorkommens in weit größerem Maßstabe, als die der animalischen Fette; als Ausgangsmaterial dienen fast alle ölhaltigen Samen sowie das Fruchtfleisch der Oliven und der Palmfrüchte. Wie bei der Verarbeitung der tierischen Rohfette geht auch hier der eigentlichen Fettgewinnung eine Reinigung und Zerkleinerung des Rohproduktes voraus, die durch maschinelle Siebung bzw. Enthülsung oder Schälung geschieht. Die ölhaltigen Samen sind nämlich von einer festen lederartigen Hülle umgeben, die gegen den Zutritt der Luft einen dichten Verschluß bildet und so die Haltbarkeit und Transportfähigkeit der Samen bedingt, aber auch dem Ausfließen des Öls einen festen Widerstand entgegensetzt. Um Öl aus den Samen zu gewinnen, muß deshalb notwendigerweise eine Zerreißung der Samenhülle vorangehen. Aber auch in dem inneren Teile ist das Öl nicht frei, sondern in Zellen eingeschlossen und aus diesem Grunde ist eine weitere, möglichst vollständige Zerreibung und Zerkleinerung der Ölsamen Bedingung einer guten Ausbeute. Während der nun folgenden Mahlung der Ölsamen fließt das Öl zum Teil, aber nur in beschränktem Maße, freiwillig ab. Zu einer vollständigen Abscheidung ist es notwendig, das Samenmehl unter der Presse einem starken Druck auszusetzen. Um das Öl dünnflüssiger zu machen, es also leichter zum Ausfließen zu bringen, pflegt man das Samenmehl entsprechend zu erwärmen. Diese Erwärmung hat allerdings den Nachteil, daß Farb- und Bitterstoffe, die in dem heißen Öle leichter löslich sind als in dem kalten, die Farbe und den Wohlgeschmack beeinträchtigen. Das Öl ist um so dunkler und um so schmeckender, je wärmer die Samen gepreßt werden, weshalb man bei der Herstellung von Speiseölen die Samen nur gelinde oder gar nicht erwärmt. Das kalt geschlagene Öl führt gewöhnlich den Namen „Jungfernöl" und ist in der Regel weniger stearinhaltig als das warm geschlagene.

Magere Ölsamen, wie Bucheckern, Hanf u. a., werden meist nur einmal gepreßt; fette Samen dagegen, wie Raps, Lein u. a., bedürfen einer zweimaligen Pressung. Die zu festen Massen zusammengedrückten Rückstände der ersten Pressung werden zu diesem Zwecke wieder zerkleinert, erwärmt und nochmals gepreßt. Man nennt die erste Pressung den Vorschlag, die zweite den Nachschlag.

Bei dem Preßverfahren verbleiben jedoch in der Regel 5—10 % Öl in den Preßrückständen (Ölkuchen). Es lag daher nahe, auch die vegetabilen Fette und Öle ebenso wie die animalischen auf dem Extraktionswege zu gewinnen. Die Ölausbeute stellt sich hierbei etwa 4—7 % höher als bei dem Preßverfahren, das Öl selbst enthält jedoch größere Mengen Harz und Schleimsubstanzen, ist also geringwertiger als das Preßöl. In der Regel werden daher nur die Preßrückstände, falls sie nicht unverändert als Futtermittel verwertet werden, dem Extraktionsverfahren unterworfen.

Als Extraktionsmittel werden im Großbetrieb fast ausschließlich Schwefelkohlenstoff und Benzin, seltener auch Azeton, Benzol und Chloroform verwandt. Daneben haben sich im Lauf der letzten Jahre auch die nicht brennbaren Lösungsmittel Tetrachlorkohlenstoff und vornehmlich das Trichloräthylen, kurz „Tri" genannt, gut eingeführt. Namentlich das letztere besitzt, von seiner Nichtentflammbarkeit abgesehen, den anderen Lösungsmitteln gegenüber wesentliche Vorteile, indem seine Lösungsfähigkeit fast ausschließlich auf fettartige Substanzen beschränkt ist, andere Bestandteile des Extraktionsgutes also nur wenig angegriffen werden.

Die Gewinnung der Öle aus den zerkleinerten Samen oder Ölkuchen mit Hilfe der erwähnten Lösungsmittel ist bei Verwendung der entsprechenden Spezialapparaturen im allgemeinen eine einfache. Die Hauptschwierigkeit des Extraktionsverfahrens bildet die vollständige Entfernung des Lösungsmittels sowohl aus den entfetteten Rückständen wie aus dem gewonnenen Öle, und zwar ist diese wesentlich durch die Art und Weise bedingt, wie das Extraktionsgut zerkleinert und geschichtet wird. Als Auflockerungsmaterialien, die ein leichtes Durchdringen der Masse mit dem Lösungsmittel gewährleisten sollen, werden dem Extraktionsgut daher vielfach Wollstaub, Filzabfälle, Torf und dergl. beigemischt. Nach vollendeter Extraktion wird das Abdestillieren des Lösungsmittels in einem besonderen Destilliergefäß vorgenommen und zwar zunächst durch indirekten, später zur Entfernung der letzten Reste des Lösungsmittels durch direkten Dampf. Bei zweckentsprechender Apparatur und Arbeitsweise sollen die jeweils auftretenden Verluste des Lösungsmittels als unwesentlich kaum in Betracht kommen.

Die Verarbeitung von Ölfrüchten (Oliven und Palmfrüchte), die im Gegensatz zu den Pflanzensamen infolge ihres leichten Verderbens weitere Transporte nicht ertragen, geschieht meist an Ort und Stelle ihrer Erzeugung. Dabei sind die Gewinnungsmethoden vielfach noch recht primitiver Art, da beispielsweise die Palmölgewinnung noch ganz in den Händen der eingeborenen Neger liegt, und die Olivenpreßfabriken Italiens auch heute noch maschinell wenig fortgeschritten sind.

**Reinigung der Fette und Öle.** Die Fette und Öle, auf welche Weise sie auch gewonnen werden, sind niemals vollständig rein, sondern enthalten stets mehr oder weniger fremdartige, aus dem verarbeiteten Rohmaterial stammende Substanzen, die teils mechanisch beigemengt, teils in gelöster Form darin enthalten sind. Auch das etwaige Vorhandensein freier Fettsäuren ist für manche Zwecke hinderlich, und schließlich bedürfen auch Farbe und Geruch vielfach einer Verbesserung. Die bei der Reinigung der Fette und Öle angewandten Methoden kann man daher nach Hefter [1]) in die folgenden, hier in Betracht kommenden Hauptgruppen einteilen:

1. Methoden zur Entfernung mechanischer Verunreinigungen.
2. Methoden zur Entfernung von gelösten Eiweißstoffen, Harzen und Pflanzenschleim.
3. Maßnahmen zur Entfernung freier Fettsäure — Neutralisationsmethoden.
4. Bleichmethoden.
5. Methoden zur Entfernung von Riechstoffen — Desodorisationsmethoden.

Die Entfernung der mechanischen Verunreinigungen wie Blut- und Fleischreste bei animalischen, Samenteilchen, Pflanzenfasern, Staub, Wasser u. dgl. bei vegetabilen Fetten und Ölen, geschieht entweder durch längeres Stehenlassen in leicht erwärmten Klärgefäßen (Selbstklärung) oder durch Filtration mit Filterpressen unter Druck, indem man als Filtermaterial gleichzeitig wasserentziehende und entfärbend wirkende Substanzen wie Fullererde, Kieselgur, Blut- und Knochenkohle, Aluminiumsilikate u. dgl. in Anwendung bringt. Im Gegensatz zu diesen mechanischen Methoden erfordert die Entfernung der in Fetten und Ölen häufig gelösten Eiweißstoffe, Harze, Schleimsubstanzen u. dgl. die Anwendung chemischer Reinigungsverfahren, nachdem man heute von der Methode der Eiweißkoagulation in der Hitze absieht. Für die Raffinierung verwendet man entweder konzentrierte Schwefelsäure (Säureraffination) oder Ätzalkalien (Laugenraffination).

Die Schwefelsäure besitzt bekanntlich die Eigenschaft, die meisten organischen Stoffe, mit denen sie zusammengebracht wird, durch Wasserentziehung zu verkohlen. In gleicher Weise werden daher auch die in den Ölen enthaltenen fremden Körper zerstört. Die Öle widerstehen freilich auch nicht der energischen Einwirkung konzentrierter Säuren; wendet man aber nur wenig Schwefelsäure an, so wirkt die Säure vorzugsweise auf die fremden, beigemengten Stoffe. Die Menge der erforderlichen Schwefelsäure ist je nach der Beschaffenheit des Öles

[1]) Hefter, Technologie der Fette und Öle 1, 1906, 59.

verschieden; sie beträgt zwischen 1 und $1^1/_2$ %, wenn man das Öl bei gewöhnlicher Temperatur behandelt. Erwärmt man das Öl durch Wasserdampf auf 50—60° C, so wird meist noch weniger als 1 % Säure erforderlich sein. Zu kalt darf man allerdings das Öl nicht halten, da es sonst zu dickflüssig ist und das Absetzen der verkohlten Stoffe zu sehr erschwert wird.

Der Zusatz der Schwefelsäure erfolgt in dünnem Strahle und unter fortgesetztem Rühren. Das Öl nimmt dabei eine dunkelgraue Farbe an. Das Rühren muß so lange fortgesetzt werden, bis auf einen Porzellanteller gebrachte Tropfen des Öles zeigen, daß die verkohlten Stoffe sich zu größeren schwarzen Flocken vereinigt haben und das Öl gelb und klar erscheint, was gewöhnlich nach $^3/_4$—1 Stunde der Fall ist.

Sobald die ausgeschiedenen verkohlten Stoffe sich zu Flocken vereinigt haben, bleibt das Öl 6—12 Stunden ruhig stehen, damit sich jene ruhig zu Boden senken. Nach dieser Zeit zapft oder schöpft man das Öl von dem Bodensatz, welcher ziemlich fest am Boden liegt, ab, und mischt ihm dann $^1/_4$—$^1/_3$ seines Volumens heißen oder doch warmen Wassers hinzu, auf 100 l des Öls also 25—33 l Wasser. Man rührt hierauf eine Viertelstunde anhaltend, aber sehr mäßig um, damit nicht viel Schaum gebildet und das Öl nicht zu sehr zerteilt wird, und läßt dann das Gemisch so lange ruhig stehen, bis sich das Öl von dem Wasser geschieden hat.

Ist diese Scheidung erfolgt, so trennt man das Wasser durch einen dicht über dem Boden angebrachten Hahn ab und wiederholt das Zumischen von warmem Wasser noch ein- oder zweimal, bis eine völlige Entfernung der Schwefelsäure erreicht ist. Ein Zusatz von Kalk ist dabei nicht notwendig; im Gegenteil wird bei Anwendung von gebranntem Kalk leicht etwas Öl verseift, und bei Benutzung von Kreide ist der Schaum, welcher sich infolge der entwickelten Kohlensäure bildet, unangenehm. Dem letzten Wasser kann aber eine kleine Menge Soda zugegeben werden.

Sobald nach dem letzten Auswaschen die Trennung von dem Wasser wieder möglichst vollständig erfolgt ist, kann zur Klärung des Öles geschritten werden, die, falls man von einer Selbstklärung absehen will, am schnellsten durch den Zusatz von etwas Kochsalz, Aluminiumsulfat oder Alaun erreicht wird.

In der Regel werden bei der Säureraffination drei Schichten erhalten, eine obere Schicht des raffinierten Öles, eine mittlere Schicht des Raffinationssatzes (Sauertrieb) und die untere saure Schicht. Der Sauertrieb bildet eine zähflüssige, dickliche Masse, die die verkohlten Organsubstanzen neben fettartigen Verbindungen enthält und mancherlei technische Verwendung findet.

Allgemeiner als die Säureraffination wird die Laugenraffination angewendet, durch welche gleichzeitig die Entfernung etwa in dem Öl vorhandener freier Fettsäuren erreicht wird. Man verfährt in der Regel so, daß man das zu reinigende Öl leicht erwärmt, mit einigen Prozenten Kali- oder Natronlauge verrührt, deren Stärke den Umständen entsprechend verschieden sein kann. Der sich bildende flockige Niederschlag (Raffinationssatz), der aus Seife, Neutralfett und den gleichzeitig ausgefällten Verunreinigungen des Öles besteht, wird zum Absitzen gebracht und findet entweder als solcher (soapstock) in der Seifenindustrie Verwendung oder wird nach dem Behandeln mit Mineralsäuren in Form einer 40—70 $^0/_0$igen Fettsäure als Abfallfett in den Handel gebracht.

Bei dieser Laugenraffination tritt jedoch häufig der Übelstand in Erscheinung, daß sich der gebildete Seifenleim nur schwer und außerordentlich langsam von dem gereinigten Öl absetzt. Um eine schnelle Trennung zu erreichen ist daher vielfach die Zuhilfenahme einer geeigneten Zentrifuge empfehlenswert. An Stelle der Ätzalkalien hat man namentlich in früheren Jahren auch Alkalikarbonate, Ammoniak, Erdalkalien, Natriumaluminat u. dgl. für die Raffination bzw. Neutralisation der freien Fettsäuren verwandt, alle diese Reagenzien haben sich aber den ersteren gegenüber nicht gehalten.

Eine Neutralisation der Fette und Öle läßt sich weiter auch durch die Behandlung mit Alkohol erreichen, in welchem die freien Fettsäuren löslich, die Fette selbst aber unlöslich sind. Das Verfahren hat sich aber nicht allgemein eingeführt.

Die Bleichmethoden, welche bei der Verarbeitung der Fette und Öle in Anwendung kommen, sind außerordentlich zahlreich, und es gibt wohl kein Bleichmittel in der chemischen Industrie, das nicht auch auf diesen Spezialzweig angewandt worden ist. Dies erklärt sich auf Grund der Tatsache, daß einmal die Ursache der Färbung bei den einzelnen Produkten eine durchaus verschiedene sein kann und dieser jeweiligen Ursache entsprechend auch eine andere Behandlungsweise erforderlich ist, und daß zweitens auch heute noch die Industrie über ein in jeder Beziehung befriedigendes Bleichverfahren nicht verfügt. Im allgemeinen kann man die heute üblichen Bleichmittel einteilen in drei Gruppen und zwar solche, welche

1. den Farbstoff durch Komplementärwirkung überdecken,
2. den Farbstoff absorbieren,
3. den Farbstoff durch chemischen Eingriff zerstören.

Im letztgenannten Fall kann die Zerstörung durch Verkohlung, Oxydations- oder Reduktionsmittel erfolgen.

Die Überdeckung der Farbstoffe durch Komplementärfarben ist naturgemäß nur in geringem Maße anwendbar und kann Erfolge auch nur dort erwarten lassen, wo kleine Veränderungen in der Nuance des Fettes erwünscht erscheinen. Im Gegensatz hierzu wird die Absorptionsbleiche jedoch in größerem Umfange angewandt, und zwar bedient man sich auch hier der schon oben erwähnten feinverteilten porösen Materialien — Fullererde, Walkerde, Knochenkohle, Entfärbungspulver aus der Blutlaugensalzfabrikation, Hydrosilikate u. dgl. —, welche viele Farbstoffe auf ihrer Oberfläche lebhafter verdichten als die Fette selbst. In der Regel wird der erreichbare Effekt schon erzielt, wenn man das zu bleichende Fett bei erhöhter Temperatur mit 5—10 % der Bleicherde verrührt und alsdann filtriert oder in einfacherer Weise die Fette durch ein Filter schickt, das die genannten Entfärbungspulver als Filtermaterial enthält. Es bleibt jedoch zu beachten, daß bei diesen Verfahren ca. 40 % der Bleicherde an Fett in der Filtermasse zurückgehalten werden, die nur auf dem Extraktionswege wiederzugewinnen sind, und daß weiter die Bleichpulver selbst schnell an Wirksamkeit verlieren.

Die chemischen Bleichverfahren sind, soweit sie durch Verkohlung der Farbstoffe wirken, mit der oben besprochenen Säureraffination identisch. Aber auch bei der Laugenraffination findet eine Bleichwirkung statt, indem der ausgeschiedene Raffinationssatz die in dem Öle vorhandenen Farbstoffe mit zu Boden schlägt. Für die Oxydationsbleiche kommen alsdann weiter in Betracht Luft, Sauerstoff, Ozon, Superoxyde, Kaliumpermanganat, chromsaure Salze, Chlor, Hypochlorite, Chlorate usw., für die Reduktionsbleiche vornehmlich schweflige und hydroschweflige Säure bzw. ihre Salze und Derivate (Blankit und Dekrolin).

Die älteste Form der Oxydationsbleiche ist die sogenannte Naturbleiche, die durch die gemeinsame Einwirkung von Luft, Licht und Wasser eine Aufhellung dünngeschichteter Fettstoffe bedingt, indem als wirkende Agenzien wahrscheinlich Ozon und Wasserstoffsuperoxyd entstehen. Die Methode findet heute jedoch lediglich noch bei der Verarbeitung des Bienenwachses Verwendung, während man für die Bleichung der Fette und Öle in der Regel die Anwendung chemischer Bleichmittel vorzieht. Nur bei der Palmölbleiche macht man auch von der Wirkung des Luftsauerstoffes direkten Gebrauch, indem man in das warme Öl längere Zeit einen starken Luftstrom einbläst.

Die Wirkung des Wasserstoffsuperoxydes und seiner Salze (Bariumsuperoxyd), deren Anwendung sich namentlich für die Bleichung des Sulfurolivenöles empfiehlt, beruht ebenfalls auf der Wirksamkeit des aus diesen Verbindungen leicht abspaltbaren Sauerstoffes. Das Wasserstoffsuperoxyd kommt in wässeriger Lösung mit der Bezeichnung „10 Vol." oder auch „10fach" in den Handel, d. h. die wässerige Lösung entwickelt das zehnfache Volumen Sauerstoff, was dem Gewicht nach etwa 3 % Wasserstoffsuperoxyd entspricht. Während des Bleichprozesses muß das Reagens mit dem Öle innig vermischt werden, und da der Endeffekt erst im Laufe mehrerer Tage erreicht wird, ist eine Trennung der beiden Komponenten durch häufiges Durchkrücken zu verhindern. Die Wirksamkeit des Bleichmittels ist jedoch in hohem Maße von der Natur des zu bleichenden Fettes abhängig, insonderheit Leinöl, das durch die Schwefelsäurebleiche sehr schön entfärbt wird, wird in sciner Farbe durch Wasserstoffsuperoxyd kaum beeinflußt. Neben den genannten Superoxyden sind aber auch andere Verbindungen mit aktivem Sauerstoff (Natriumperborat und -persulfat) und insonderheit auch die organischen Superoxyde, wie beispeilsweise das Luzidol (Superoxyd der Benzoesäure) verwendbar, mit denen in Spezialfällen vielfach sehr gute Bleicheffekte erreicht werden.

Die am häufigsten angewandten und für die Technik wichtigsten oxydativen Bleichmittel sind jedoch der Chlorkalk, das Kaliumpermanganat und das Kaliumbichromat.

Um mit Chlorkalk zu bleichen, übergießt man ihn mit ungefähr dem zehnfachen Gewicht Wasser, läßt das Gemisch einige Zeit stehen, indem man bisweilen umrührt, und läßt dann den Bodensatz absetzen. Von der darüber stehenden Flüssigkeit gibt man zu dem zu bleichenden Öle, das man zuvor mit etwas Schwefelsäure oder Salzsäure versetzt hat, und rührt anhaltend um. Nachdem das Öl genügend gebleicht erscheint, wird es mit heißem Wasser ausgewaschen und hierauf durch Filtrieren geklärt. Da indessen das während des Bleichprozesses entwickelte Chlor die Fette und Öle unter Umständen leicht angreift, ist bei Anwendung des Verfahrens eine gewisse Vorsicht geboten.

Übermangansaures Kali mit Schwefelsäure wurde früher vornehmlich zum Bleichen von Palmöl verwandt. Man gab unter beständigem Rühren zu dem geschmolzenen Öl eine stark mit Schwefelsäure angesäuerte Lösung des Salzes und setzte das Rühren eine halbe bis eine ganze Stunde fort. Hierauf überließ man das Öl bis zum andern Tag der Ruhe. Auf der bräunlichen mangansulfathaltigen Flüssigkeit lagerte alsdann das gebleichte Öl; erstere wurde entfernt, letzteres wiederholt mit heißem Wasser gewaschen und dann zum Absetzen der Ruhe überlassen. — Statt des übermangansauren Kalis wurde häufig auch Braunstein (Mangandioxyd) genommen. Man versetzte das erwärmte Öl mit verdünnter Schwefelsäure und gab fein gepulverten Braunstein in kleinen Mengen unter beständigem Rühren so lange hinzu, bis die anfänglich schwarze Masse hell geworden war. Nachdem dies erreicht war, verfuhr man wie oben angegeben.

Das übermangansaure Kali ist als Bleichmittel für Fette jetzt allgemein durch das Kaliumbichromat verdrängt worden. Diese Bleiche verdanken wir einem Engländer, Watt, der sein Verfahren 1836 im London Journal veröffentlicht hat. Während Watt jedoch zum Ansäuern Schwefelsäure benutzte, nimmt man statt derselben jetzt gewöhnlich Salzsäure, so daß als bleichendes Agens nicht wie bei Verwendung von Schwefelsäure Sauerstoff, sondern vornehmlich Chlor in Erscheinung tritt. Die Ausführung ist eine ähnliche wie bei der Bleiche mit übermangansaurem Kali und Schwefelsäure, indem man in das flüssige Fett oder Öl die verdünnte Salzsäure einträgt und das Ganze hierauf unter Erwärmung mit 1—2 % Kaliumbichromat zu einer möglichst vollkommenen Emulsion verrührt. Die Reaktionsgleichungen, nach denen das den Bleicheffekt bedingende Prinzip (Sauerstoff oder Chlor) entwickelt wird, sind die folgenden:

Chlorkalk: $$Ca\begin{matrix}\diagup Cl\\ \diagdown OCl\end{matrix} + H_2SO_4 = CaSO_4 + H_2O + 2\,Cl$$

$$Ca\begin{matrix}\diagup Cl\\ \diagdown OCl\end{matrix} + 2\,HCl = CaCl_2 + H_2O + 2\,Cl.$$

Kaliumpermanganat: $$2\,KMnO_4 + 3\,H_2SO_4 = K_2SO_4 + 2\,MnSO_4 + 3\,H_2O + 5\,O$$

$$KMnO_4 + 8\,HCl = KCl + MnCl_2 + 4\,H_2O + 5\,Cl.$$

Kaliumbichromat: $$K_2Cr_2O_7 + 4\,H_2SO_4 = K_2SO_4 + Cr_2(SO_4)_3 + 4\,H_2O + 3\,O$$

$$K_2Cr_2O_7 + 14\,HCl = 2\,KCl + 2\,CrCl_3 + 7\,H_2O + 6\,Cl.$$

Auch die Verwendung von Kaliumchlorat in salzsaurer Lösung verläuft in ähnlicher Weise nach der Gleichung:

$$KClO_3 + 6\,HCl = KCl + 3\,H_2O + 6\,Cl.$$

Bei all diesen Bleichverfahren ist zu beachten, daß sich die für ihre wirksame Durchführung notwendigen Emulsionen nach Beendigung des jeweiligen Prozesses oft nur schwer wieder trennen lassen, und zwar besonders dann, wenn das Fett selbst durch Aufnahme von Sauerstoff oder Chlor chemisch verändert wurde. Die dann entstandenen Chlor-, Oxy- oder Chloroxyfette besitzen nämlich ein besonders ausgeprägtes Emulsionsvermögen, so daß eine endgültige Trennung alsdann lediglich durch einen mehr oder weniger großen Kochsalzzusatz erreicht werden kann.

Für die Reduktionsbleiche mit schwefliger bzw. hydroschwefliger Säure bedient man sich am zweckmäßigsten des sauren schwefligsauren Natrons (Natriumbisulfit) bzw. des wasserfreien hydroschwefligsauren Natrons (Blankit) oder sonstiger hydrosulfithaltiger Bleichlaugen. Die Bleichung mit schwefliger Säure erfolgt am besten in schwach saurer, die mit Hydrosulfiten in alkalischer Lösung. Auf 10 kg Öl werden in der Regel $1-1^1/_2$ kg Natriumbisulfit oder 0,3—0,5 kg Hydrosulfit benötigt. Bei dieser Arbeitsweise zu beachten bleibt jedoch, daß die auf dem Reduktionswege gebleichten Fette leicht wieder nachdunkeln.

Die hier beschriebenen Bleichmethoden veranlassen, soweit sie auf einer Zerstörung der Farbstoffe durch chemischen Eingriff beruhen, in der Regel auch eine Geruchsverbesserung der behandelten Öle, weil die genannten Mittel gleichzeitig auch auf die dem Öl beigemischten Riechstoffe einwirken. Die vornehmlich angewandte Arbeitsweise, welche unter Umständen selbst bei Fischölen und Tranen eine weitgehende Desodorisierung herbeiführt, ist jedoch eine physikalische, indem man die Riechstoffe mit Wasserdampf, Luft und indifferenten Gasen, wie Stickstoff oder Kohlensäure, aus dem heißen Fett oder Öl, gegebenenfalls im Vakuum zu vertreiben sucht. Die speziellen Arbeitsbedingungen müssen sich dabei den jeweils gegebenen Objekten anpassen und sind durch Variation der genannten Faktoren zu ermitteln. Auch die Hydrierung der Fette (Fetthärtung) führt in vielen Fällen, und zwar stets dann, wenn der Geruchsbildner ungesättigten Charakter besitzt, zu völlig geruchlosen Produkten. Trane werden beispielsweise bei der katalytischen Behandlung mit Wasserstoff in talgartige Fette verwandelt, deren Eigengeruch an das Ausgangsmaterial nicht mehr erinnert.

Vielfach läßt sich allerdings eine Desodorisierung der Fettstoffe, und zwar namentlich der sogenannten Abfallfette (Gerberei- und Lederfette, Abwässer- und Fäkalfette, abfallende Trane u. dgl.) in der geschilderten Weise nicht erreichen, es ist dann die Vakuumdestillation der durch vorherige Spaltung erhaltenen Fettsäuren mit überhitztem Wasserdampf das einzige Mittel, um ein einigermaßen befriedigendes Ergebnis zu erzielen. Eine der Destillation vorausgehende Behandlung der glyzerinfreien Fettsäuren entweder mit 6—10 % konzentrierter Schwefelsäure bei etwa 100—120° oder mit schmelzenden Ätzalkalien führt in der Regel aber selbst bei ganz minderwertigen Fetten zu in jeder Beziehung ausgezeichneten Destillaten.

## Untersuchung der Fette und fetten Öle.

Bei der Untersuchung von Fetten und fetten Ölen kann es sich um die Lösung sehr verschiedener Aufgaben handeln. Es kann die chemische Konstitution eines Fettes oder Öles, seine Identität, sein Gehalt an festen und flüssigen Glyzeriden, an Glyzerin und freien Fettsäuren, eine absichtliche oder unabsichtliche Verunreinigung mit anderen Fetten oder Ölen oder auch mit fremdartigen Beimengungen festzustellen sein. Die chemische Konstitution eines Fettes zu bestimmen, ist Sache der Wissenschaft und soll uns hier nicht beschäftigen; die anderen Untersuchungen sind aber häufig auch in der Seifenindustrie erforderlich, so daß es geboten erscheint, auf die verschiedenen, dabei in Anwendung kommenden Prüfungsmethoden näher einzugehen. Man kann sie in drei Klassen einteilen: in organoleptische, in physikalische und in chemische.

Die organoleptischen Mittel, d. h. Geruch, Geschmack und Farbe, sind beim Handel mit Ölen die am meisten angewandten Kriterien der Güte. Sie setzen selbstverständlich eine große Übung voraus, sind aber keineswegs zuverlässig, da sie sich nicht nur mit dem Alter, sondern auch mit der Abstammung ändern. So hat z. B. Leinöl aus russischer Saat einen anderen Geschmack als solches aus indischer Saat. — Den Geruch eines Öles pflegt man durch Verreiben in der inneren Handfläche zu prüfen; auch hat man vorgeschlagen, einige Tropfen des zu untersuchenden Öles in einer kleinen Porzellanschale vorsichtig zu erwärmen und zur Vergleichung dieselbe Operation gleichzeitig mit einem anderen Öle derselben Art vorzunehmen.

Von wirklichem Wert für die Untersuchung der Fette sind jedoch nur die physikalischen und chemischen Methoden.

Handelt es sich um die Untersuchung einer größeren Partie eines Fettes oder Öles, so kommt es in erster Linie darauf an, eine richtige Durchschnittsprobe zu erhalten, und daher ist die Art der Probenahme von Wichtigkeit. Bei Ölen ist sie verhältnismäßig leicht ausführbar. Für den Fall, daß sich Stearin ausgeschieden hat, muß man durch Umrühren u. dgl. eine möglichst gleichmäßige Verteilung des ausgeschiedenen Fettes herbeiführen. Bei den festen Fetten ist es schwieriger, eine richtige Durchschnittsprobe zu ziehen. Nach Lewkowitsch[1]) ist hierfür die folgende Methode in den Seehäfen und Fabriken üblich: Mit Hilfe eines Probestechers werden mehrere Fettzylinder von mindestens 20 cm Länge und 2,5 cm Dicke jedem Fasse entnommen und diese Proben in dem Nettogewichte der Fässer entsprechenden Mengen gemischt. Die so erhaltene Masse wird alsdann auf dem Wasserbade in einer Schale bei einer 60° C nicht übersteigenden Temperatur erwärmt. Sobald das Fett geschmolzen ist, wird die Schale vom Wasserbade abgenommen und die Masse tüchtig durchgerührt, damit Wasser und Verunreinigungen sich nicht am Boden des Gefäßes absetzen können.

Die Untersuchung der Fette beginnt mit der Bestimmung des Wassers und derjenigen fremden Substanzen, die ihnen von der Darstellung her anhaften oder absichtlich oder unabsichtlich zugesetzt und leicht zu entfernen sind, d. h. also mit der Herstellung reiner, von diesen leicht entfernbaren Stoffen befreiter Fettsubstanz. Zu beachten ist, daß dann noch eine Anzahl fettähnlicher Substanzen, wie Harz, Paraffin, Mineralöle, Teer- und Harzöle, mit dem Fett innig vermischt, erst bei der späteren Untersuchung aufgefunden und ihrer Menge nach bestimmt werden können.

Um den Wassergehalt zu bestimmen, werden 1—2 g des Fettes in ein mit einem hineingestellten Glasstab gewogenes kleines Becherglas oder in eine Glasschale gebracht und unter öfterem Umrühren bei 95—100° bis zur Gewichtskonstanz getrocknet.

Zuweilen werden feste Fette, namentlich Talg, in betrügerischer Absicht mit kaustischem Kali oder Kaliseife versetzt, indem sie dadurch die Fähigkeit erhalten, größere Quantitäten Wasser aufzunehmen. In diesem Falle läßt sich das Fett durch Trocknen bei 100° C nicht wasserfrei erhalten; man bestimmt dann am besten den Gehalt an Fett, Verunreinigungen und Pottasche und findet den Wassergehalt aus der Differenz.

Zur Bestimmung der festen fremden Substanzen, wie Hautfragmente, Pflanzenteile, Schmutz usw. (Trübstoffe), werden 10—20 g Fett in Petroleumäther gelöst und sodann durch ein trocknes, tariertes Filter gegossen, welches mit demselben Lösungsmittel so lange nachgewaschen

[1]) Chem. Technologie, 1, 160.

wird, bis ein Tropfen des Filtrats, auf Papier verdunstet, keinen Fettfleck hinterläßt. Hierauf trocknet man bei 100° C und wägt. Die Gewichtszunahme des Filters gibt den im Fett enthaltenen Schmutz.

Bleibt nach der Lösung des Fettes ein reichlicher organischer Rückstand, so wird er durch Befeuchten mit Jodlösung geprüft. Tritt Blaufärbung ein, so sind stärkehaltige Substanzen vorhanden, deren Gegenwart sich auch bei der mikroskopischen Untersuchung des Fettes verrät.

Infolge unvollkommener Reinigung nach der Raffinierung können die Fette Schwefelsäure, kohlensaure Alkalien, Alaun u. dgl. enthalten und demnach ist bei Untersuchung eines Fettes oder Öles auch auf etwaige Beimengungen dieser Art zu prüfen. Die Schwefelsäure findet man nach tüchtigem Schütteln mit destilliertem Wasser, durch Fällung der wässerigen Flüssigkeit mit Chlorbarium. Ein weißer Niederschlag zeigt die Gegenwart von Schwefelsäure an. Einen Gehalt an kohlensaurem Alkali ermittelt man durch Schütteln des Öles mit Wasser und Prüfung des letzteren auf alkalische Reaktion mit Lackmuspapier. Alaun läßt sich durch Schütteln mit Wasser, dem etwas Salpetersäure beigemischt ist, Eindampfen der wässerigen Lösung und Versetzen mit Ammoniak nachweisen. Bei Gegenwart von Alaun entsteht ein weißer Niederschlag.

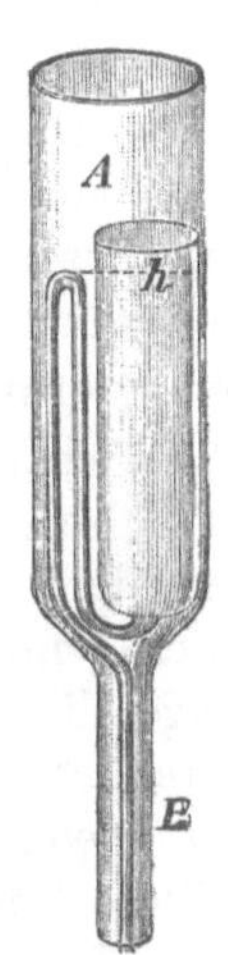

Fig. 2. Extraktionsapparat nach Soxhlet.

Sind in einem Fett größere Mengen fremder Substanzen enthalten, so wird auch eine direkte Bestimmung des Fettgehaltes vorgenommen, indem man die klar filtrierte Petrolätherlösung in einem gewogenen Gefäße abdunstet und den Rückstand trocknet und wägt. Diese Bestimmung läßt sich bei Gegenwart schleimiger oder stärkemehlhaltiger Substanzen bequemer und genauer durchführen, wenn man ca. 5 g des Fettes mit der 4—6fachen Menge reinen, feingemahlenen Gipses mischt, bei 100° C trocknet und sodann im Extraktionsapparat extrahiert. Sehr bewährt hat sich zur Fettbestimmung der Extraktionsapparat von Soxhlet, von dem Fig. 2 eine leichter herzustellende Modifikation zeigt.

Die zu extrahierende Substanz kommt in eine Hülse aus Filtrierpapier. Damit die Heberöffnung am Boden durch die Hülse nicht verschlossen werde, kann man sie auf einen ringförmig gebogenen Blechstreifen stellen. Die Hülse soll nicht ganz angefüllt werden; um zu verhüten, daß kleine Teilchen der Substanz weggeschwemmt werden, legt man noch etwas Watte auf. Das Rohr B wird mittels eines Korkes in ein Kölbchen von ca. 100 ccm Inhalt eingesetzt, welches man vorher mit 50 ccm des Extraktionsmittels (Chloroform, Äther, Petroleumäther) beschickt hat, dann bringt man in den Extraktionszylinder so viel von derselben Flüssigkeit, bis sie durch den Heber abfließt, verbindet A mit einem Rückflußkühler und erwärmt das Kölbchen auf dem

Wasserbade. Die Dämpfe der im Kölbchen befindlichen Flüssigkeit gelangen durch B nach A und auch zum Teil noch in den Kühler, wo sie kondensiert werden. Die Flüssigkeit sammelt sich in A an, durchdringt die Substanz und erreicht endlich den Stand h, worauf sie abgehebert und A völlig entleert wird, ein Vorgang, der sich je nach der Stärke des Erwärmens etwa 20—30 mal wiederholt. Filter, auf welchen sich zu extrahierende Niederschläge befinden, werden einfach zusammengebogen und in den Apparat gebracht.

In den meisten Fällen genügt jedoch ein Trocknen und Filtrieren der Fettsubstanz, deren weitere Untersuchung den wichtigsten Teil der Analyse bildet.

**Physikalische Methoden.** Von physikalischen Eigenschaften hat man die Viskosität, das spezifische Gewicht, den Schmelz- und Erstarrungspunkt, den Brechungsindex und die Refraktometerzahl zu verwerten gesucht.

Es wurde bereits erwähnt, daß die Öle bei gewöhnlicher Temperatur durch eine gewisse Dickflüssigkeit (Viskosität) ausgezeichnet sind. Als Maß dieser Dickflüssigkeit kann die Zeit dienen, welche gleiche Mengen Öl bedürfen, um aus einer Öffnung von bekannter Weite bei gleicher Temperatur auszufließen.

Wichtiger für die Ölprüfung ist indessen die Bestimmung des spezifischen Gewichts. Für den Handel mit Ölen hat man daher besondere Aräometer, sogen. Ölwagen oder Oleometer konstruiert, unter denen neben dem Pyknometer und der Mohr-Westphalschen Wage die gebräuchlichsten auch heute noch das Lefèbresche Oleometer, die Fischersche Ölwage und das Brixsche Aräometer sind. Das Oleometer von Lefèbre hat eine Skala, auf welcher die spezifischen Gewichte der verschiedenen im Handel vorkommenden Öle angegeben sind. Da es aber nicht gut ausführbar ist, 4 Ziffern nebeneinander auf die Skala zu bringen, so werden die erste und die letzte fortgelassen, und nur die beiden mittleren beibehalten, was auch weiter keinen Nachteil hat, seitdem man sich im Handel darüber verständigte. So muß z. B. vor den Ziffern 1—40 eine 9 angenommen werden, um das spezifische Gewicht eines Öles auszudrücken. Das Rüböl also, das die Zahl 15 aufweist, besitzt das spezifische Gewicht 0,915. Um das Ablesen zu erleichtern, werden die Öle gleichzeitig durch eine Farbe bezeichnet, welche derjenigen möglichst gleichkommt, die jede Sorte bei der Behandlung mit konzentrierter Schwefelsäure annimmt. Diese Farben lassen beim Eintauchen die Stelle, bis zu welcher das Instrument in das Öl eindringt, deutlicher hervortreten, so daß man nicht nötig hat, dasselbe herauszunehmen, um das spezifische Gewicht des Öles abzulesen. Die Graduierung ist für 15° gültig; da das spezifische Gewicht der fetten Öle mit der Temperatur sehr stark schwankt, und zwar stärker als bei anderen Flüssigkeiten, so müssen insonderheit Vergleichsproben bei derselben Temperatur vorgenommen werden. Stellt man die Proben mit dem Oleometer bei einer anderen Temperatur an als bei 15° C, so beträgt der Unterschied im spezifischen Gewicht 0,001 mehr oder weniger für jede 1,5° unter oder über dieser Normaltemperatur.

Obgleich die Ölwagen bei der Prüfung der Öle auf ihre Reinheit häufig ganz gute Dienste leisten können, so darf man doch nicht glauben, daß man sich mit unbedingter Sicherheit auf ihre Angaben verlassen kann. Die Unterschiede in den spezifischen Gewichten der Öle sind sehr gering, und genaue Versuche haben erwiesen, daß die Schwankungen des spezifischen Gewichts einer und derselben Ölgattung je nach Alter, Bereitungsart usw. oft ebenso groß sind, wie die Unterschiede zwischen einem Öle und einem anderen, das als Verfälschungsmittel dient; dazu kommt noch, daß es ziemlich schwierig ist, mit dickflüssigen Substanzen genaue aräometrische Messungen vorzunehmen. Bestimmungen des spezifischen Gewichts sind deshalb nur als ein auf einzelne Fälle beschränktes und durchschnittlich nicht zuverlässiges Mittel zur Erkennung der fetten Öle anzusehen. Als ein brauchbares Unterscheidungsmerkmal kann indessen das spezifische Gewicht dienen, wenn es sich darum handelt festzustellen, ob zwei Öle identisch oder verschieden sind.

Die Ölwagen geben jedoch nicht immer das spezifische Gewicht direkt an, viele besitzen auch eine besondere Teilung nach Graden. Die folgende, von Benedikt[1]) zusammengestellte Tabelle ermöglicht jedoch ohne weiteres die Umrechnung der bei den einzelnen Instrumenten abgelesenen Grade n in das spezifische Gewicht s.

| Aräometer von | Temperatur | Flüssigkeit schwerer als Wasser | Flüssigkeit leichter als Wasser |
|---|---|---|---|
| Balling | 17,5° C | $s = \frac{200}{200 - n}$ | $s = \frac{200}{200 + n}$ |
| Baumé[2]) | 12,5° C | $s = \frac{144}{144 - n}$ | $s = \frac{144}{144 + n}$ |
| Baumé | 15° C | $s = \frac{144,3}{144,3 - n}$ | $s = \frac{144,3}{144,3 + n}$ |
| Baumé | 17,5° C | $s = \frac{146,78}{146,78 - n}$ | $s = \frac{146,78}{146,78 + n}$ |
| Beck | 12,5° C | $s = \frac{170}{170 - n}$ | $s = \frac{170}{170 + n}$ |
| Brix | 12,5° R<br>15,625° C | $s = \frac{400}{400 - n}$ | $s = \frac{400}{400 + n}$ |

[1]) Benedikt-Ulzer, Analyse der Fette und Wachsarten, 4. Aufl., Berlin 1903, S. 111.

[2]) Man achte darauf, welche Normaltemperatur auf dem Aräometer angegeben ist, und wähle danach eine der drei gegebenen Formeln aus.

| Aräometer von | Temperatur | Flüssigkeit schwerer als Wasser | Flüssigkeit leichter als Wasser |
|---|---|---|---|
| Cartier . . . . . . | 12,5° C | | $s = \frac{136,8}{136,8 + n}$ |
| Fischer. . . . . . | {12,5° R<br>15,625° C | $s = \frac{400}{400 - n}$ | $s = \frac{400}{400 + n}$ |
| Gay-Lussac. . . . | 4° C | $s = \frac{100}{n}$ | $s = \frac{100}{n}$ |
| E. G. Greiner. . . | {12,5° R<br>15,625° C | $s = \frac{400}{400 - n}$ | $s = \frac{400}{400 + n}$ |
| Stoppani . . . . . | {12,5° R<br>15,625° C | $s = \frac{166}{166 - n}$ | $s = \frac{166}{166 + n}$ |

Zur Bestimmung des Schmelzpunktes sind verschiedene Methoden in Vorschlag gebracht worden; die wichtigsten sind folgende: 1. Man saugt das geschmolzene Fett in ein einseitig zugeschmolzenes Kapillarröhrchen auf, das man an einem Thermometer mit langgezogenem Quecksilbergefäß befestigt, so daß sich die Substanz in gleicher Höhe mit dem letzteren befindet. Nach völligem Erstarren des Fettes bringt man alsdann das Thermometer in ein ca. 3 cm im Durchmesser weites Reagenzglas, in welchem sich die zur Erwärmung bestimmte Flüssigkeit (konzentrierte Schwefelsäure oder Glyzerin) befindet. Man erwärmt langsam und beobachtet als Schmelzpunkt diejenige Temperatur, bei welcher das Fett völlig klar und durchsichtig wird. 2. Man überzieht die Kugel eines Thermometers mit einer etwa 3 mm starken Schicht des zu untersuchenden Fettes, taucht das Thermometer in Wasser und beobachtet bei langsamer Erwärmung die Temperatur, bei welcher das Fett sich ablöst. Bei beiden Methoden muß man die Röhrchen resp. das Thermometer mit dem wieder erstarrten Fett erst ein oder, bei ganz weichen Fetten, zwei Tage lang beiseite legen, bevor sie zum Versuche benutzt werden, da die Fette, namentlich die weichen, nach dem Schmelzen nur sehr langsam wieder ihre natürliche Festigkeit annehmen.

Bei der erstgenannten Methode wird also ein gewisser Grad der Durchsichtigkeit, bei der anderen eine gwisse Beweglichkeit der Fetteilchen als Schmelzpunkt angesehen. Da beide Methoden indessen gleiche Resultate nicht ergeben und insonderheit die zweite eine gewisse Willkür in der Versuchsanordnung nicht ausschließt, hat man nach einer zwischen den bayerischen Vertretern der angewandten Chemie getroffenen Vereinbarung die erstgenannte Methode als maßgebend angesehen.

Der Schmelzpunkt der aus den Fetten oder Ölen abgeschiedenen Fettsäuren wird in gleicher Weise ermittelt. Da seine Bestimmung zuverlässiger ist als die Schmelzpunktsbestimmung der Neutralfette, ist es empfehlenswert, bei Untersuchung von Fetten den Schmelzpunkt der abgeschiedenen Fettsäuren als maßgeblich zu betrachten.

Die Unregelmäßigkeiten, die man bei der Schmelzpunktsbestimmung der Fette beobachtet, sowie die Tatsache, daß die mit Fett beschickten Kapillaren erst nach verhältnismäßig langer Zeit für die Bestimmung benutzt werden dürfen, haben dazu geführt, zur Vergleichung und Wertbestimmung der Fette an Stelle des Schmelzpunktes den Erstarrungspunkt zu benutzen. Diese Bestimmung bietet keine Schwierigkeiten, da beim Erstarren der geschmolzenen Fette die sog. „Schmelzwärme" frei wird und die Temperatur daher während des Erstarrens eine Zeitlang konstant bleibt, unter Umständen sogar plötzlich um einige Zehntelgrade ansteigt. Bei einigen Fetten ist das Maximum, auf welches die Temperatur steigt, konstant, sie ist also als Erstarrungspunkt zu betrachten; andere Fette zeigen aber diese Konstanz nicht und es ist daher nicht möglich, einen Erstarrungspunkt genau zu ermitteln. Wie erwähnt, ist es deshalb, ebenso wie bei der Schmelzpunktsbestimmung, vorzuziehen, zur Beurteilung eines Fettes den Erstarrungspunkt der daraus abgeschiedenen Fettsäuren zu bestimmen. Zu diesem Zwecke verseift man zunächst 150 g der zu untersuchenden Probe mit 120 ccm einer kaustischen Kalilauge vom spezifischen Gewicht 1,4 und 120 ccm Alkohol. Die entstandene dicke Seife wird alsdann in 1000 ccm Wasser gelöst, der Alkohol durch Kochen verjagt und die Seifenlösung schließlich mit verdünnter Schwefelsäure von 18° Bé zerlegt. Die abgeschiedenen Fettsäuren werden vom Säurewasser getrennt, mehrfach mit reinem Wasser gewaschen und schließlich durch ein trockenes Faltenfilter im Heißwassertrichter filtriert. Die Fettsäuren werden unter einem Exsikkator dem Erstarren überlassen und über Nacht aufbewahrt. Am folgenden Tage wird die Fettsubstanz in einem Luftbade oder über freier Flamme vorsichtig geschmolzen und soviel davon in ein 15 cm langes und 3,5 cm weites Reagenzglas gegossen, als notwendig ist, um das Rohr mehr als zur Hälfte zu füllen. Das Reagenzglas wird in dem Halse einer 10 cm weiten und 13 cm hohen Flasche mittels eines Korkes befestigt und ein genaues, in $^1/_{10}$-Grade eingeteiltes Thermometer so in die Fettsäuren eingesenkt, daß die Thermometerkugel sich in der Mitte der Fettmasse befindet. Man läßt dann langsam erkalten; sobald man am Boden des Reagenzglases einige Kristalle beobachtet, wird die Masse mit dem Thermometer umgerührt, unter Beobachtung der Vorsicht, daß die Gefäßwände nicht von dem Thermometer berührt werden, so daß alle erstarrten Partikelchen, sowie sie entstehen, in die Masse gut verrührt werden. Die Fettsäuren werden dann durch ihre ganze Masse hindurch trübe. Jetzt wird die Temperatur genau beobachtet. Zweckmäßig ist es, die Temperatur innerhalb gewisser Zeiträume aufzuschreiben. Erst wird die Temperatur fallen, dann steigt sie plötzlich einige Zehntelgrade, erreicht ein Maximum und bleibt dabei kurze Zeit stehen, worauf sie wieder fällt. Das erreichte Maximum ist der „Titer" oder Erstarrungspunkt.

Zur zolltechnischen Titerbestimmung wird in der Regel allerdings in etwas anderer Weise gearbeitet, indem man den von Finkener[1]) empfohlenen in Fig. 3 abgebildeten Apparat benutzt. Er besteht aus einem mit Klappendeckel versehenen, viereckigen Kasten aus Buchenholz von 70 cm lichter Weite, 144 cm lichter Höhe und 9 mm Wandstärke und enthält einen Glaskolben, dessen Kugel einen Durchmesser von 49—51 mm besitzt, und ein in den Hals des Kolbens eingeschliffenes Thermometer. In der Mitte des Kastenbodens ist ein 22 mm hoher Kork befestigt, in dessen kleine Vertiefung der Kolben zu stehen kommt. Wenn das eingeschliffene Thermometer in den Kolbenhals eingesetzt ist, fällt der Mittelpunkt seiner Kugel mit demjenigen des Kolbens zusammen. In dem Schliff des Thermometers ist parallel zur Achse eine Rinne angebracht, so daß die Luft in dem Kolben immer unter dem Druck der Atmosphäre steht. Der Hals des Kolbens ist unten etwas erweitert (25 mm weit), damit die Kugel des Kolbens beim Erkalten des Fettes sicher gefüllt bleibt, wenn man das flüssige Fett bis zur Marke am Halse eingefüllt hat. Die Thermometerkugel hat 9 mm Durchmesser, der dünnere Teil des Thermometers 5 mm und der Schliff 12 mm. Die Teilung des Thermometers geht bis 75° C und läßt $^1/_5$ Grade ablesen. Die Thermometerröhre hat ein etwas größeres Reservoir, so daß das Thermometer bis 120° C erhitzt werden kann, ohne zu platzen. Die Bestimmung des Erstarrungspunktes selbst geschieht in folgender Weise: Eine Durchschnittsprobe des Fettes wird mit alkoholischer Kalilauge verseift. Die alsdann abgeschiedenen, gewaschenen und getrockneten Fettsäuren werden auf dem Wasserbade zum Schmelzen gebracht und hierauf in das Kölbchen bis zur Marke eingefüllt. Das Kölbchen wird sofort in den Kasten gestellt, der Deckel zugeklappt und so eine rasche Abkühlung verhindert. Nachdem das Thermometer auf ungefähr 50° C gefallen ist, beginnt man die Temperatur in Zeiträumen von zwei zu zwei Minuten abzulesen und aufzuschreiben. Nach einiger Zeit fängt das Thermometer an, langsamer zu fallen, bleibt einige Minuten stehen, steigt wieder, um dann schließlich wieder zu fallen. Der neu erreichte, höchste Stand gibt den Erstarrungspunkt an. Nach erfolgter Bestimmung wird der Kolben in warmes Wasser gestellt, das geschmolzene Fett ausgegossen und das erkaltete Kölbchen mit Äther gereinigt.

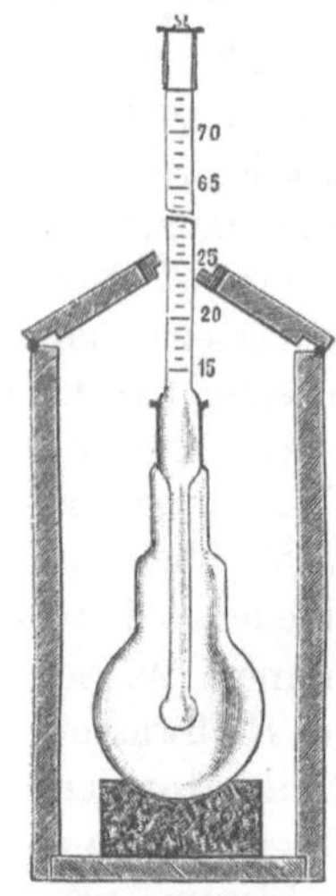

Fig. 3. Apparat zur zolltechnischen Titerbestimmung nach Finkener.

Zur Bestimmung des Brechungsindex und der Refraktometerzahl wird in der Regel der von C. Zeiß empfohlene Apparat wegen seiner einfachen Handhabung und größeren Genauigkeit bevorzugt. Für den Gebrauch desselben ist die jedem Instrument beigegebene Gebrauchs-

[1]) Mitt. a. d. kgl. techn. Versuchsanst. 1890, S. 153.

anweisung maßgebend. Als Vergleichstemperatur wird bei Ölen zweckmäßig 25°, bei festen Fetten eine über dem Schmelzpunkt liegende Temperatur, etwa 40° gewählt. Die Methode dient insonderheit zur Voruntersuchung, indem sie die schnelle Feststellung ermöglicht, ob ein verfälschtes oder unverfälschtes Fett vorliegt.

**Chemische Methoden.** Die chemischen Methoden, welche zur Untersuchung der Fette Anwendung finden, bestehen in der Ermittlung gewisser Zahlenwerte, die von der Beschaffenheit der einzelnen Fettsäuren eines Fettes oder Öles abhängig sind und die man ihrem Charakter entsprechend in zwei Klassen, die Konstanten und die Variablen einteilen kann. Die Konstanten sind diejenigen Zahlen, welche für die Natur eines Fettes charakteristisch sind und daher eine leichte Identifizierung desselben zulassen. Die Variablen dagegen sind solche Zahlenwerte, die durch die Reinigungsart des Rohproduktes, Alter, Ranzidität usw. bedingt werden und daher die Möglichkeit bieten, die Qualität des vorliegenden Fettes zu beurteilen. Zu den Konstanten gehören 1. die Verseifungszahl (Köttstorferzahl), welche die Anzahl von Milligrammen Kalihydrat angibt, welche für die Verseifung eines Grammes Fett oder Öl erforderlich sind, 2. die Jodzahl der Fette nach Hübl, welche die von einem Fette absorbierte Jodmenge in Prozenten des angewandten Fettes angibt, 3. die Bestimmung der flüchtigen Fettsäuren, d. h. die Reichert-Meißlsche Zahl, welche die Anzahl Kubikzentimeter von $^1/_{10}$-Normal-Kalilauge angibt, die zur Neutralisation desjenigen Anteils der löslichen flüchtigen Fettsäuren notwendig sind, der aus 5 g eines Fettes oder Öles mittels des Reichertschen Destillationsverfahrens erhalten wird und 4. die Hehnerzahl, welche die Prozente der aus einem Fett oder Öl erhältlichen Menge von unlöslichen Fettsäuren und Unverseifbarem angibt. Zu den Variablen der Fette und Öle gehören 1. die Säurezahl, d. h. die Bestimmung der in einem Fett vorhandenen freien Fettsäuren, 2. die Ätherzahl oder Esterzahl, welche die Anzahl von Milligrammen Kalihydrat angibt, welche zur Verseifung der neutralen Ester in 1 Gramm des Fettes nötig sind, 3. damit zusammenhängend der Glyzeringehalt und 4. die in einem Fett vorhandenen unverseifbaren Bestandteile. Die Bestimmung der Azetylzahl schließlich ermöglicht die Feststellung eines etwaigen Gehaltes an Oxyfettsäuren oder Fettalkoholen. Die sonst noch zur Unterscheidung der Fette in Anwendung gebrachten chemischen Reaktionen beziehen sich mehr auf unwesentliche Bestandteile, welche die Fette bei ihrer Darstellung aus dem Pflanzen- oder Tierkörper, aufgenommen haben und zurückhalten.

Die Bestimmung der Verseifungszahl wird in folgender Weise ausgeführt: 2,5—4 g des reinen, klar filtrierten Fettes werden genau abgewogen und mit Hilfe eines Wägegläschens in einen Kolben von 150 bis 200 ccm Inhalt gebracht. Alsdann fügt man aus einer Bürette 50 ccm einer alkoholischen, etwa $^1/_2$-Normal-Kalilauge hinzu, deren Titer bei jedesmaligem Gebrauch neu zu bestimmen ist.

Die Lauge wird hergestellt, indem man 28,05 g Ätzkali in 96 %igem Alkohol löst und die gesättigte kalte Lösung durch Zusatz von Alkohol auf 1 l bringt. Der Kolben wird alsdann mit einem langen Kühlrohr oder einem Rückflußkühler versehen und auf dem Wasserbade, welches nahe bei der Siedetemperatur zu erhalten ist, eine halbe Stunde lang unter häufigem Umschwenken erwärmt, so daß der Alkohol schwach siedet. Die klare, völlig homogene Seifenlösung wird alsdann mit Phenolphthalein versetzt und der Überschuß an Kali mit $^1/_2$-Normal-Salzsäure zurücktitriert, wobei das Ende der Reaktion durch die rein gelbe Farbe der Flüssigkeit angezeigt wird. Durch Subtraktion der für die Rücktitration verbrauchten Kubikzentimeter Salzsäure von der angewandten Menge Kalihydrat erhält man die zur Verseifung des Fettes erforderlich gewesene Menge des letzteren. Durch Division dieser Zahl durch die Anzahl der eingewogenen Milligramme Fett wird die Verseifungszahl erhalten.

Die von Hübl[1]) empfohlene „Jodadditionsmethode", die Bestimmung der Jodzahl, beruht auf der Tatsache, daß sich die ungesättigten Fettsäuren sowohl in freiem Zustande, als auch in Form ihrer Glyzeride mit Halogenen vereinigen, und zwar nimmt die Ölsäure und ihre Homologen, sowie die Rizinusölsäure 2 Atome, die Leinölsäure 4 Atome, die Linolensäure 6 Atome Chlor, Brom oder Jod pro Molekül auf.

Von den genannten Halogenen wäre die Verwendung von Jod für den diesbezüglichen Zweck aus zahlreichen Gründen unbedingt bequemer und passender als jene von Brom oder Chlor; Versuche zeigten jedoch bald, daß Jod bei gewöhnlicher Temperatur nur sehr träge auf Fette einwirkt, bei hoher Temperatur aber in seinen Wirkungen höchst ungleichmäßig ist und daß eine glatte Reaktion in oben angedeutetem Sinne unter diesen Umständen nicht herbeigeführt werden kann. Eine in jeder Beziehung zufriedenstellende Wirkung zeigt aber eine alkoholische Jodlösung bei Gegenwart von Quecksilberchlorid. Dieses Gemisch reagiert schon bei gewöhnlicher Temperatur auf die ungesättigten Fettsäuren unter Bildung von Chlor-Jodadditionsprodukten und läßt gleichzeitig anwesende gesättigte Säuren vollständig unverändert. Das Gemisch wirkt in gleicher Weise auf die freien Fettsäuren wie auf die Glyzeride, ein Umstand, welcher im Verein mit der leichten maßanalytischen Jodbestimmung diese Untersuchungsmethode zu einer äußerst einfachen gestaltet. Man hat daher zur Bestimmung der Jodmenge, welche ein Fett zu addieren vermag, eine abgewogene Probe mit einer gemessenen überschüssigen Menge einer alkoholischen Jodquecksilberchloridlösung von bekanntem Gehalte zu behandeln, nach Ablauf der Reaktion mit Wasser zu verdünnen und unter Zusatz von Jodkalium das im Überschuß vorhandene Jod maßanalytisch zu bestimmen. Es ist vom praktischen Standpunkt ganz gleich, ob nur Jod, oder ob Jod und Chlor und in welchem Verhältnis

[1]) Dingl. pol. Journ. **253**, 281.

beide in die Verbindung eingetreten sind, da bei der maßanalytischen Bestimmung unter obigen Umständen beide Elemente gleichwertig sind. Versuche haben ergeben, daß, um die Wirkung des gesamten Jods auszunutzen, auf je 2 Atome desselben mindestens 1 Mol. Quecksilberchlorid nötig ist. Da die meisten Fette in Alkohol schwer löslich sind, so gibt man, um die Reaktion zu erleichtern, zweckmäßig einen Zusatz von Chloroform, welcher sich gegen die Jodlösung vollkommen indifferent verhält.

Die alkoholische Jodquecksilberchloridlösung besitzt allerdings die unangenehme Eigenschaft einer sehr geringen Beständigkeit. Offenbar wirkt das Jod unter den obwaltenden Bedingungen auf den Alkohol ein. Infolge dieses Umstandes ist es nötig, mit jeder Versuchsreihe auch eine Titerstellung zu verbinden.

Zur Durchführung der Versuche sind erforderlich: Eine Jod-Quecksilberchloridlösung, eine Natriumthiosulfatlösung, Chloroform, eine 10 %ige Jodkaliumlösung und Stärkelösung. Zur Herstellung der Jod-Quecksilberchloridlösung werden einerseits 25 g Jod in 500 ccm, andererseits 30 g Quecksilberchlorid in der gleichen Menge 95 %igen fuselfreien Alkohols gelöst, letztere Lösung, wenn nötig, filtriert und sodann beide Flüssigkeiten vereinigt. Wegen der anfangs stattfindenden raschen Änderung des Titers kann die Flüssigkeit erst nach 6—12stündigem Stehen in Gebrauch genommen werden. Diese Lösung soll in der Folge der Einfachheit wegen als Jodlösung bezeichnet werden.— Für die Natriumthiosulfatlösung verwendet man zweckmäßig eine Lösung von etwa 25 g des Salzes in 1 l Wasser. Der Titer wird mit reinem sublimierten Jod bestimmt. Die Lösung ist als haltbar anzusehen, sobald es nicht auf äußerst genaue Bestimmungen ankommt, was hier durchaus nicht der Fall ist. — Das Chloroform muß vor seiner Verwendung auf Reinheit geprüft werden, wozu man etwa 10 ccm desselben mit 10 ccm der Jodlösung versetzt und nach 2—3 Stunden sowohl die Jodmengen in dieser Flüssigkeit, als auch in 10 ccm der Vorratslösung maßanalytisch bestimmt. Erhält man in beiden Fällen vollkommen übereinstimmende Zahlen, so ist das Chloroform brauchbar. — Die Jokaliumlösung ist, wie erwähnt, eine wässerige Lösung im Verhältnis 1: 10. — Die Stärkelösung ist ein frischer 1 %iger Kleister.

Das Abwägen des Fettes geschieht am besten in einem kleineren leichten Glase. Man entleert das Fett, wenn nötig, nach dem Schmelzen in eine 200 ccm fassende, mit Glasstopfen versehene Flasche und wägt das Gläschen samt dem noch anhaftenden Fett zurück. Die Größe der Probe richtet sich nach der voraussichtlichen Jodabsorption. Man wählt von trocknenden Ölen 0,15—0,18 g, von nicht trocknenden 0,3—0,4 g, von festen Fetten 0,8—1 g. Das Fett wird sodann in etwa 15 ccm Chloroform gelöst, worauf man 30 ccm Jodlösung zufließen läßt. Sollte die Flüssigkeit nach dem Umschwenken nicht vollkommen klar sein, so wird noch etwas Chloroform zugesetzt. Tritt binnen kurzer Zeit eine fast vollkommene Entfärbung der Flüssigkeit ein, so wäre dies ein Zeichen, daß keine genügende Menge Jod vorhanden ist. Man hat in diesem Falle mittels einer Pipette nochmals 5—10 ccm Jodlösung zufließen zu lassen. Die Jodmenge muß so groß sein, daß die Flüssigkeit noch nach $1^1/_2$—2 Stunden stark braun gefärbt erscheint. Nach der angegebenen Zeit ist die Reaktion beendet, und es wird nun die Menge des noch freien Jods bestimmt. Man versetzt daher das Reaktionsprodukt mit 15 ccm Jodkaliumlösung, schwenkt um und verdünnt mit etwa 100 ccm Wasser. Ein Teil des nicht absorbierten Jods ist in der wässerigen Flüssigkeit, ein anderer im Chloroform enthalten. Man läßt jetzt aus einer in 0,1 ccm geteilten Bürette unter oftmaligem Umschwenken so lange die oben erwähnte Natriumthiosulfatlösung zufließen, bis die wässerige Flüssigkeit, sowie die Chloroformschicht nur mehr schwach gefärbt erscheinen. Nun wird etwas Stärkekleister zugesetzt und vorsichtig zu Ende titriert. Unmittelbar vor oder nach der Operation werden 10 oder 20 ccm der Jodlösung unter Zusatz von Jodkalium und Stärkekleister titriert. Die Unterschiede dieser beiden Bestimmungen geben bei Berücksichtigung des Titers der Thiosulfatlösung die vom Fett gebundene Jodmenge. Die Zahlen sind ganz konstant, wenn die Jodlösung in genügendem Überschusse vorhanden war, der in der Regel 10 %, und nur bei trocknenden Ölen 30 % der absorbierten Jodmengen betragen soll. Das Resultat ist unabhängig von der Konzentration und einem Überschusse von Quecksilberchlorid, nur muß auf 2 Atome Jod mindestens 1 Molekül Quecksilberchlorid vorhanden sein. Nach Hübl ist es gleichgültig, ob die Titrierung nach 2- oder 48stündigem Stehen vorgenommen wird; doch soll man der Sicherheit halber bei trocknenden Ölen die Titration erst nach etwa 18 Stunden vornehmen, um genaue Resultate zu erhalten.

Zur Bestimmung der Reichert-Meißlschen Zahl verseift man genau 5 g Fett in einem Kölbchen von etwa 300 ccm Inhalt mit 2 ccm starker Natronlauge unter gleichzeitiger Zugabe von 20 g Glyzerin. Man läßt alsdann auf etwa 80—90° abkühlen und gibt 90 g Wasser der gleichen Temperatur hinzu. Die entstehende klare Seifenlösung wird mit 50 ccm verdünnter Schwefelsäure versetzt, und das Kölbchen alsdann durch ein schwanenhalsförmig gebogenes Glasrohr von etwa 20 cm Höhe und 6 mm lichter Weite verschlossen, das an beiden Enden stark abgeschrägt und mit einem Kühler verbunden ist. Es werden nun innerhalb einer guten halben Stunde genau 110 ccm abdestilliert und davon abpipettierte 100 ccm mit $^1/_{10}$-Normal-Kalilauge und Phenolphtaleïn als Indikator titriert. Die gefundene Anzahl Kubikzentimeter wird mit 1,1 multipliziert. Die so erhaltene Zahl ist die Reichert-Meißlsche Zahl.

Zur Bestimmung der Hehnerzahl werden etwa 3—4 g des filtrierten Fettes in eine Porzellanschale von 13 cm Durchmesser eingewogen und nach Zugabe von 50 ccm starken Alkohols und 1—2 g festen Kalihydrates auf dem Wasserbade erhitzt, bis klare Lösung und völlige Verseifung eingetreten ist. Die Lösung wird alsdann eingedampft, der Rückstand in 100—150 ccm Wasser gelöst und mit verdünnter Schwefelsäure bis zur deutlich sauren Reaktion angesäuert. Die in der Wärme klar abgeschiedenen Fettsäuren werden alsdann auf ein bei 100° getrocknetes und genau gewogenes Filter gebracht und dort mit siedendem Wasser ausgewaschen. Alsdann bringt man das Filter samt Inhalt in das auch vorher zum Abwiegen des trockenen Filters benutzte Becherglas und trocknet etwa 2 Stunden bei 100° bis zur Gewichtskonstanz. Die so erhaltene, in Prozenten des angewandten Fettes ausgedrückte Menge unlöslicher Fettsäuren ist die Hehnerzahl.

Von den Variablen der Fette und Öle ist die Säurezahl, d. h. die Bestimmung der freien Fettsäuren am wichtigsten. Zu diesem Zwecke werden 5 g Fett in 20 ccm säurefreiem Äther gelöst und mit 10 ccm Alkohol und etwas Phenolphtaleïnlösung versetzt. Alsdann läßt man, je nach dem Säuregehalt, $^1/_{10}$- oder $^1/_1$-Normallauge bis zur Rotfärbung hinzufließen. Die wässerige Kalilauge hat vor der alkoholischen den Vorzug der Beständigkeit des Titers, welcher sich bei der alkoholischen Lösung fortwährend ändert und daher bei Beginn jeder Versuchsreihe neu gestellt werden muß; andererseits scheidet sich das Fett aus seiner alkoholischen Lösung bei Zusatz wässeriger Lauge leicht aus und muß dann durch Erwärmen auf dem Wasserbade wieder in Lösung gebracht werden. War die Lösung alkoholisch-ätherisch, so bilden sich zwei Schichten, und die Reaktion muß unter kräftigem Schütteln nach jedem neuen Zusatz von Lauge zu Ende geführt werden.

Die Menge Kalihydrat in Zehntelprozenten oder die Anzahl Milligramm Kalihydrat, welche erforderlich sind, um die in 1 g Fett erhaltenen freien Fettsäuren zu neutralisieren, bezeichnet man als Säurezahl. Sie bildet also ein Maß für den Gehalt des Fettes an freien Fettsäuren.

Wenn ein Fett oder Öl ausschließlich aus neutralen Glyzeriden besteht, so ist die Säurezahl selbstverständlich gleich Null. In diesem Falle zeigt die Verseifungszahl die Menge Kalihydrat an, welche erforderlich ist, die neutralen Ester zu verseifen, oder, mit anderen Worten, die Menge Kalihydrat, welche notwendig ist um die gebundenen Fettsäuren zu neutralisieren. Wenn die Fette oder Öle freie Fettsäuren enthalten, also eine wirkliche Säurezahl besitzen, dann stellt ihre Verseifungszahl die Summe der Mengen Kalihydrat dar, die notwendig sind, um sowohl die freien Fettsäuren wie auch die an Glyzerin gebundenen zu neutralisieren. Die Differenz dieser beiden Mengen Kalihydrat wird als Ätherzahl oder Esterzahl bezeichnet. Man versteht also darunter die Anzahl Milligramm Kalihydrat, die zur Verseifung der neutralen Ester in 1 g Fett oder Öl erforderlich sind.

Seit Einführung der sogenannten Karbonatverseifung ist die Bestimmung des Gehalts an Neutralfett einer Fettsäure für den Seifensieder von großer Bedeutung geworden. Kennt man die Verseifungszahl des Fettes, aus dem die Fettsäure gewonnen ist, so wird der Gehalt an Neutralfett leicht durch Bestimmung der Verseifungszahl und der Säurezahl der Fettsäure gefunden. Ist die gefundene Verseifungszahl der Fettsäure V = 202, die Säurezahl S = 162, so entspricht die Differenz V — S = 202 — 162 = 40 dem in der Probe vorhandenen Neutralfette. Betrug die Verseifungszahl des verseiften Fettes 195, so ergibt sich aus der Proportion:

$$195 : 100 = 40 : x$$

für x der Wert von 20,05. Die Fettsäure enthält also 20,05 % Neutralfett und 100 — 20,05 = 79,95 % Fettsäure.

Kennt man die Verseifungszahl des verarbeiteten Fettes nicht, wie es bei gekauften Fettsäuren fast immer der Fall ist, so verfährt man in folgender Weise: Man übergießt einige Gramm der Probe mit heißem Alkohol, setzt Phenolphtaleïn hinzu und neutralisiert die Fettsäuren sorgfältig, indem man verdünnte Lauge aus einer Bürette zufließen läßt, bis eben eine dauernde Rotfärbung auftritt. Alsdann läßt man die Flüssigkeit erkalten, verdünnt sie mit dem gleichen Volumen Wasser und bringt sie hierauf in einen Scheidetrichter, um sie mit Äther oder Petroleumäther auszuschütteln. In der Ruhe bilden sich zwei Schichten, eine untere, die die wässerige Seifenlösung, und eine obere, die die ätherische Fettlösung enthält. Die untere Seifenlösung zieht man in einen zweiten Scheidetrichter ab und schüttelt sie nochmals mit frischem Äther aus. Die beiden ätherischen Lösungen werden vereinigt, mit einer kleinen Menge Wasser gewaschen, um sie von Spuren gelöster Seife zu befreien, und in einen gewogenen Kolben übergeführt. Der Äther wird auf dem Wasserbade verjagt und der Rückstand bei 100° C getrocknet und gewogen.

Die Bestimmung der in einem Fett enthaltenen Glyzerinmenge erfolgt jetzt gewöhnlich rechnerisch aus der Verseifungszahl resp. Ätherzahl. Bei Verseifung eines Neutralfettes sind drei Moleküle Kalihydrat einem Molekül Glyzerin äquivalent. Es entsprechen also 168 g Kalihydrat 92 g Glyzerin oder 1 g Kalihydrat 0,5476 g Glyzerin. Man hat somit die Ätherzahl d, also die Differenz zwischen Verseifungszahl und Säurezahl zu bestimmen, aus der sich dann der Glyzeringehalt als 0,5476 d ergibt.

Eine sonstige, sehr gebräuchliche Methode, die jedoch auf Grund der Flüchtigkeit des Glyzerins bei 100° nur eine ungefähre Ermittlung des Glyzeringehaltes zuläßt, besteht darin, daß man das Fett mit alkoholischer Kali- oder Natronlauge verseift, den Alkohol durch Eindampfen verjagt, die Seife in Wasser löst, verdünnte Schwefelsäure zusetzt und gelinde kocht, bis sich die Fettsäuren vollständig geklärt haben. Dann läßt man erkalten, filtriert die glyzerinhaltige Flüssigkeit von den erstarrten Fettsäuren ab, kocht die Fettsäuren noch einmal mit Wasser auf, läßt wieder erstarren und vereinigt die filtrierten Waschwässer mit dem ersten Filtrat. Letzteres wird mit kohlensaurem Natron genau neutralisiert und im Wasserbade zur Trockne verdampft. Den aus schwefelsaurem Natron und Glyzerin bestehenden Rückstand behandelt man mit Alkohol, welcher das schwefelsaure Natron ungelöst läßt. Die filtrierte alkoholische Lösung wird verdunstet, der Rückstand nochmals mit Alkohol behandelt und die abermals filtrierte Lösung in einem Platinschälchen auf dem Wasserbade verdunstet.

Im übrigen sei auf die vorbesprochenen Methoden verwiesen, welche für die Bestimmung des Glyzeringehaltes in Glyzerinwässern maßgebend sind und nach geeigneter Abtrennung der durch Verseifung abgespaltenen Fettsäuren auch für den hier vorliegenden Zweck als brauchbar erscheinen müssen.

Zum Verschneiden der fetten Öle dienen häufig neben billigeren fetten Ölen auch Harz- und Mineralöle. Der sicherste Weg, diese unverseifbaren Bestandteile in fetten Ölen nachzuweisen, beruht auf dem Prinzip der Ausschüttelung der Seifenlösung des zu untersuchenden Fettes mit Petroläther. Dieser löst, ohne die Seifen selbst aufzunehmen, das Unverseifbare auf, das nunmehr durch Abdunsten des Petroläthers isoliert und zur Wägung gebracht werden kann. Demzufolge verfährt man folgendermaßen: 10 g Fett werden in einem 300 ccm fassenden Kolben mit 50 ccm einer 10 %igen alkoholischen Ätzkalilösung 30 Minuten auf dem Wasserbade gekocht. Die noch warme Masse verdünnt man alsdann mit 50 ccm Wasser, läßt erkalten und vereinigt sie sodann in einem Schütteltrichter mit 100 ccm nicht über 65° C siedenden Petroläthers. Nach noch zweimaligem Ausschütteln mit je 50 ccm Petroläther werden die drei Petrolätherauszüge vereinigt, ihrerseits nochmals zur Entfernung etwa gelöster Seifen- und Alkalireste mit Alkohol ausgeschüttelt und schließlich in einen trockenen und gewogenen Erlenmeyerkolben gebracht. Nach dem Abdampfen des Petroläthers auf dem Wasserbade und dem Trocknen des Rückstandes bis zur Gewichtskonstanz erhält man die unverseifbaren Bestandteile der zu untersuchenden Fettprobe.

Untersucht man käufliche Öle in der beschriebenen Weise, so erhält man in der Regel 0,5—3 % unverseifbaren Rückstand, auch wenn kein Grund vorliegt, eine Verfälschung zu vermuten; man wird deshalb nur, wenn man mehr als 5 % Unverseifbares findet, einen absichtlichen Zusatz von Mineralöl annehmen können.

Ob der Rückstand aus Harzöl oder Mineralöl besteht, läßt sich einerseits durch eine Reihe von Löslichkeitsversuchen, andererseits auf polarimetrischem Wege ermitteln. Harzöle drehen die Ebene des polarisierten Lichtstrahles 30—40° nach rechts, während Mineralöle in der Regel optisch inaktiv sind. Der Nachweis von Harz — Kolophonium — erfolgt quantitativ nach der Methode von Twitchell, auf die noch später eingehend zurückgekommen wird. Im übrigen sei aber auch hier wieder ausdrücklich auf die vom Verband der Seifenfabrikanten Deutschlands herausgegebenen Einheitsmethoden zur Untersuchung von Fetten, Ölen, Seifen und Glyzerinen verwiesen, die nicht nur eine genauere Beschreibung der auch hier behandelten Methoden, sondern auch weitere für die Untersuchung von Fetten und Ölen wichtige Angaben enthalten.

## Die in der Seifenfabrikation angewandten Fette, fetten Öle, Fettsäuren und Harz.

Nachdem in den vorhergehenden Abschnitten die allgemeinen physikalischen und chemischen Eigenschaften der Fette und fetten Öle eingehend erörtert und die wichtigsten Methoden zu ihrer Prüfung angegeben sind, sollen nunmehr diejenigen von ihnen eine besondere Besprechung erfahren, welche in der Seifenfabrikation eine allgemeine Anwendung finden.

Man unterscheidet die Fette gewöhnlich nach ihrer Abstammung als tierische und pflanzliche Fette und Öle und teilt speziell die letzteren in drei Untergruppen, die trocknenden, halbtrocknenden und nichttrocknenden Öle.

### Tierische Fette und Öle.

Von Fetten und Ölen tierischen Ursprungs finden in der Seifenfabrikation Verwendung: der Talg, das Schweinefett, das Pferdefett, das Knochenfett, der sogenannte Waltalg oder Fischtalg und der Tran.

**Talg.** Mit dem Namen „Talg" bezeichnet man die Fettmassen, welche sich bei den Wiederkäuern, namentlich den gemästeten, in reichlicher Menge in der Bauchhöhle, im Netz, in der Umgebung der Nieren usw. finden. Man unterscheidet im Handel Rindertalg von Stieren, Ochsen, Kühen und Kälbern und Hammel- oder Schöpsentalg von Hammeln, Schafen und Ziegen.

Der in den Schlachthäusern gewonnene, rohe Talg ist zumeist noch im Zellgewebe eingeschlossen und durch Haut- und Blutteile in größerer oder geringerer Menge verunreinigt. Man sortiert ihn daher zunächst in den Rohkern, d. h. die größeren, zusammenhängenden Fettmassen und den Rohausschnitt, d. h. die stark mit Blut und Hautteilen durchsetzten Abfälle, das Beinfett usw. Wird der Rohtalg einige Tage aufbewahrt, so gehen besonders die Blut- und Fleischteile leicht in stinkende Fäulnis über.

Um das Fett von den häutigen Teilen zu scheiden, wird der Rohtalg zunächst mechanisch zerkleinert und dann ausgeschmolzen. Letzteres hat den Zweck, die Zellen zu zerstören, die Fettkügelchen zu schmelzen und so zu einer Masse zu vereinigen. Die hierbei üblichen Verfahren der Naß- und Trockenschmelze sind bereits oben kurz besprochen.

Bei der Margarinefabrikation findet gewöhnlich jedoch zunächst die oben erwähnte Sortierung des Rohtalgs in Rohkern und Rohausschnitt statt. Wird der von anhängenden Fleisch- und Hautteilen sorgfältig befreite Rohkern allein bei niederer Temperatur (60—65° C) mit Dampf ausgeschmolzen, so entsteht das „Premier jus", das nach dem Kristallisieren bei 35° C ausgepreßt als festen Rückstand den Prima-Preßtalg ergibt, welcher meist der Kerzenfabrikation zugeführt wird; das abgepreßte Fett ist das Prima-Margarin oder Oleomargarin der Kunstbutterfabrikation. Der Rohausschnitt gibt für sich ausgeschmolzen den „Secunda Premier jus", der, wie Kerntalg behandelt, Sekunda-Preßtalg und Sekunda-Margarin liefert. Preßt man den Talg bei niedriger Temperatur ab, so erhält man das bei gewöhnlicher Temperatur flüssige Talgöl.

Wie schon oben erwähnt, wird die Naßschmelze vielfach unter Zusatz von Säuren oder Alkalien durchgeführt, wodurch eine wenigstens teilweise Bindung oder Zerstörung der in den Rohfetten vorhandenen Riechstoffe bedingt wird. In den meisten Fällen ist die saure Schmelze der alkalischen vorzuziehen, und zwar arbeitet man gewöhnlich in offenen hölzernen Bottichen, die mit Blei ausgeschlagen sind, in denen man auf eine Mischung aus 100 kg Rohtalg, 20 kg Wasser und 1 kg Schwefelsäure von 66° Bé etwa 2 Stunden lang Dampf von 1—2 Atmosphären Überdruck einströmen läßt.

Eine andere, ebenfalls zweckmäßige Methode der sauren Naßschmelze besteht darin, daß man den Rohtalg mit einer Schwefelsäure von 4—5° Bé übergießt und dann mit Brettern oder Steinen so beschwert, daß die Schwefelsäure stets über dem Talge steht. Man läßt so 4—5 Tage stehen und zieht die Säure alsdann durch ein am Boden des Bottichs befindliches Spundloch ab. Nunmehr erst wird der Talg mit direktem Dampf geschmolzen. Da die das Fett einschließenden Zellen durch die Säurebehandlung zum Teil zerstört sind, ist die Ausschmelzung in kurzer Zeit beendigt. Die zurückbleibenden Grieben werden, da sie noch Talg enthalten, nochmals angesäuert und ausgeschmolzen.

Von der Inlandserzeugung abgesehen kommen als Hauptproduktionsländer des Talges Australien, Südamerika und die Vereinigten Staaten von Nordamerika in Betracht. Die inländischen Rindertalge sind frisch geschmolzen weiß, neutral und frei von unangenehmem Geruch, die importierten Produkte, sofern sie ungebleicht sind, meist hellgelb bis stark gefärbt und je nach der bei ihrer Zubereitung aufgewandten Sorgfalt mehr oder weniger stark riechend. Die geringeren Sorten der australischen und La Plata-Talge sind gewöhnlich außerdem stark sauer, ein Fettsäuregehalt von 25 % und darüber gehört nicht zu den Seltenheiten.

Hammeltalg ist gelblich weiß, härter als Rindertalg, zeigt aber einen spezifisch unangenehmen Geruch und wird schneller ranzig als Rindertalg, weshalb er für die Herstellung von Feinseifen unbrauchbar ist. Beide Talgarten bestehen vornehmlich aus den einfachen oder gemischten Glyzeriden der Palmitinsäure, Stearinsäure und Ölsäure und weisen in der Regel 45—50 % feste Fettsäuren und 55—60 %

Ölsäure auf. Die Härte des Fettes auch von derselben Tiergattung ist jedoch nicht immer gleich, es hängt dies von der Rasse, dem Alter und besonders von der Nahrung des Tieres ab. Am härtesten ist das Fett von Tieren, welche mit gewachsenem, trockenem Futter genährt werden, am wenigsten fest bei der Fütterung mit Branntweinschlempe. Auch die Fette von verschiedenen Körperteilen eines Tieres besitzen keine völlig übereinstimmende Zusammensetzung. Nach Untersuchungen, welche Leopold Mayer mit dem Fett von verschiedenen Körperteilen eines dreijährigen ungarischen Ochsen anstellte, ergaben sich in dieser Beziehung sogar weitgehende Unterschiede, wie aus der folgenden Tabelle zu ersehen ist.

| Bezeichnung des Talgs | Glyzerin Proz. | Fettsäuren Proz. | 1 g Fett benötigt mg KOH | 1 g Fettsäuren benötigt mg KOH | Schmelzpunkt des Fettes nach Pohl. °C | Erstarr.-Punkt des Fettes nach Pohl. °C | Schmelzpunkt der Fettsäuren nach Pohl. °C | Erstarr.-Punkt der Fettsäuren nach Dalican. °C | Stearin von 54,8°C Schmelzpunkt. Proz. | Ölsäure von 5,4°C Erstarr.-Punkt. Proz. |
|---|---|---|---|---|---|---|---|---|---|---|
| Eingeweidefett . . . | 8,6 | 95,7 | 196,2 | 201,6 | 50,0 | 35,0 | 47,5 | 44,6 | 51,7 | 48,3 |
| Lungenfett . . . . . | 8,6 | 95,4 | 196,4 | 204,1 | 49,3 | 38,0 | 47,3 | 44,4 | 51,1 | 48,9 |
| Netzfett . . . . . . | 8,7 | 95,8 | 193,9 | 203,0 | 49,6 | 34,5 | 47,1 | 43,8 | 49,0 | 51,0 |
| Herzfett . . . . . . | 8,8 | 96,0 | 196,2 | 200,3 | 49,5 | 36,0 | 46,4 | 43,4 | 47,5 | 52,5 |
| Stichfett . . . . . . | 8,8 | 95,9 | 196,8 | 203,6 | 47,1 | 31,0 | 43,9 | 40,4 | 38,2 | 61,8 |
| Taschenfett. . . . . | 9,0 | 95,4 | 198,3 | 199,6 | 42,5 | 35,0 | 41,1 | 38,6 | 33,4 | 66,6 |

Die Fettproben von einem zweiten Ochsen unbekannter Abstammung und Alters ergaben folgende Schmelzpunkte der Fettsäuren: Eingeweidefett 51° C, Netzfett 50° C, Stichfett 47,5° C, Lungenfett 50,5° C, Herzfett 49° C, Taschenfett 43° C.

Die Verseifungszahlen der verschiedenen Talgsorten zeigen keinen großen Unterschied, was sich leicht daraus erklärt, daß Ölsäure und Stearinsäure fast die gleichen Mengen Alkali binden. Sie werden allgemein mit 193,2—198 angegeben. Die Jodzahl wurde beim Rindertalg zu 38,3—45,2, beim Hammeltalg zu 35,2—46,2 ermittelt, die Hehnerzahl beträgt 95,5—95,6 %. Der Erstarrungspunkt des Rindertalges liegt bei 35—27°, der des Hammeltalges bei 36—32° C, das spezifische Gewicht beträgt bei 15° C 0,937—0,953 (Hammeltalg).

Die Beurteilung des Talgs im Handel erfolgt, abgesehen von der Farbe, meist jedoch nach dem sogenannten Talgtiter, d. h. nach dem Erstarrungspunkt seiner Fettsäuren. Derselbe soll beim Rind zwischen 43,5 und 45°, beim Hammel zwischen 45 und 46° C liegen.

Vor Einführung der tropischen Pflanzenfette war der Talg das wichtigste Rohmaterial der deutschen Seifenfabrikation, und auch heute noch werden insonderheit die geringeren Qualitäten mit tieferem Titer, die für die Stearinfabrikation weniger geeignet sind, in größten Mengen verarbeitet. Die besseren Qualitäten dienen, sofern es sich um Rindertalg handelt, zur Herstellung pilierter Feinseifen, im übrigen finden sie aber auch Verwendung zur Fabrikation von Kernseifen, Eschweger Seifen und von Naturkornseife.

Talg verseift sich nur mit schwachen Laugen, die im Höchstfalle 8—10° Bé haben. Mit diesen bildet er leicht eine milchige Emulsion, die beim Sieden in einen zähen, dicken und durchscheinenden Seifenleim übergeht. Das Fertigsieden geschieht dann in der Regel mit stärkeren Laugen von 12—15° Bé, die allmählich zuzugeben sind, da die Verseifung sonst trotz des vorhandenen Alkaliüberschusses unvollständig verlaufen kann. Ebenso wie zu konzentrierte Laugen sind auch salzhaltige Laugen zu vermeiden, da die Talgseife leicht ausgesalzen wird und es somit unmöglich wäre, eine vollständige Verleimung und Verseifung des Fettes herbeizuführen.

Die Natronseife ist in der Regel grauweiß, sehr hart und spröde, trüb und undurchsichtig, wenn sie auf Unterlauge gesotten, schmutzigweiß bis cremegelb, sehr fest, geschmeidig und von feiner, kompakter Struktur, wenn sie auf Leimniederschlag hergestellt wird. Auf Leimniederschlag beträgt die Ausbeute 158—160 %, was einem Fettsäuregehalt von 59—59,5 und einem Reinseifengehalt von 63,5 bis 64 % entspricht (Merklen). In Wasser ist die Natronseife wenig löslich (sparsam im Verbrauch) und schwach schäumend, der entstandene Schaum ist aber feinblasig und beständig. Wie erwähnt ist die Talgseife leicht aussalzbar, die Grenzlauge ist bei Siedetemperatur eine Ätznatronlösung von 7° Bé oder eine Kochsalzlösung von 5° Bé. Die Aussalzung selbst geschieht in feinen, mürben Körnern, die schnell hart und spröde werden. Durch den Zusatz von Harz, pflanzlichen Ölen, Kernöl, Oleïn u. dgl. beim Siedeprozeß oder durch geeignete Ansäuerung des fertigen Kerns, beispielsweise mit Rizinusölsäure[1]), kann die Schaumkraft und Waschfähigkeit der Talgseifen aber bedeutend erhöht werden. Auch der teilweise Ersatz der Natronlauge durch Kalilauge führt zu geschmeidigeren Produkten höherer Waschkraft (altdeutsche Kernseife). Die Kaliseife selbst wird in reiner Form kaum hergestellt, man verwendet Talg jedoch in geringem Prozentsatze zur Bildung des Korns bei der Herstellung der sog. Naturkorn-Schmierseifen, oder in Mischung mit Kottonöl zur Fabrikation von prima weißen Terpentin-Salmiakschmierseifen.

**Schweinefett.** Beim gemästeten Schwein findet sich unter der Haut eine dicke Fettablagerung, der Speck; außerdem sind Fettablagerungen in der Bauchhöhle, im Netz, an den Nieren usw. vorhanden. Während der Speck im frischen oder geräucherten Zustande fast ausschließlich als Nahrungsmittel dient, findet das letztgenannte Fett vielfach auch zu anderen Zwecken Verwendung und bildet in ausgeschmolzenem Zustande als Schmalz einen nicht unwichtigen Handelsartikel. Es dient zur

---

[1]) Seifensiederztg. 1914, S. 991. — Steffan, Über Schaumzahlen, Seifensiederztg. 1915, S. 24.

Darstellung von Salben, Pomaden und Feinseifen, zum Einschmieren von Lederwerk u. dgl.; in Amerika ist es auch Material für die Stearinfabrikation.

Das Schweinefett ist von salbenartiger Konsistenz und besitzt eine feinkörnige Struktur. Es ist rein weiß (Speisefette) bis grau oder gelb gefärbt (Seifenfette). Die für Speisezwecke nicht verwandten, geringwertigen Qualitäten sind meist ranzig und enthalten bis zu 25 und 30 % freie Fettsäuren. Das Schmalz besteht aus den Glyzeriden der Laurinsäure, Myristinsäure, Palmitinsäure, Stearinsäure und Ölsäure, sowie aus geringen Mengen Linolsäure und vielleicht auch Linolensäure, das Fett von den verschiedenen Körperteilen ist jedoch verschieden hart. Am härtesten ist das Liesenfett, das etwa 62 % Olein und 38 % Stearin und Palmitin enthält, dann folgt das Rückenfett, während das Bauchfett das weichste ist. Das geschmolzene Schweinefett erstarrt sehr langsam und gewinnt erst nach längerer Zeit seine natürliche Festigkeit wieder. Der Erstarrungspunkt liegt bei 27,1—29,9° C. Die Verseifungszahl wurde zu 195,2—196,6, die Jodzahl zu 53—76,9 ermittelt. Die Hehnerzahl beträgt 93—95 %, der Erstarrungspunkt der Fettsäuren (Titer) liegt bei 41—42° C, das spezifische Gewicht beträgt bei 15° C 0,934—0,938.

Aus dem Schmalz wird in ähnlicher Weise wie aus dem Talg ein Öl abgeschieden, das unter dem Namen Lardoil (Schmalzöl) von Amerika aus in großen Massen der Qualität entsprechend für Speise- oder Industriezwecke in den Handel gebracht wird. Die Stadt Cincinnati ist der Mittelpunkt einer ausgedehnten Schweinezucht, welche zu einer fabrikmäßigen Abschlachtung und Verarbeitung der Schweine geführt hat. Mehr als 30 Fabriken beschäftigen sich damit, die festen Teile des Schweinefettes von den flüssigen abzuscheiden. Das feste Fett wird als Solarstearin (gepreßtes Schmalz) den Stearinfabriken zugeführt.

Das Schmalz verhält sich Laugen gegenüber ähnlich wie Talg, je frischer und neutraler das Fett ist, um so schwerer verseift es sich und um so schwächer müssen die ersten Laugen sein, deren Konzentration 8—10° Bé nicht übersteigen soll. Die Verseifung des alsdann beim Sieden entstehenden, dickflüssigen Seifenleimes wird ähnlich wie beim Talg mit stärkeren Laugen von 12—15° Bé zu Ende geführt.

Die Natronseife ist in der Regel schön weiß, fest und homogen. Auf Unterlauge gesotten sehr hart, trübe und undurchsichtig, auf Leimniederschlag geschmeidig aber doch fest, halb durchscheinend und von feiner kompakter Struktur. Sie enthält alsdann 60—60,5 % Fettsäure, bzw. 65 % Reinseifengehalt (Merklen). Die Ausbeute beträgt dementsprechend 158—160 %. In Wasser ist die Schmalzseife gut löslich und gibt einen reichlichen, gut beständigen Schaum. In Salzlösung bzw. in Alkalien ist sie wenig löslich. Die Grenzlauge ist bei Siedetemperatur eine Kochsalzlösung von 6° Bé oder eine Natronlauge von 8° Bé. Salzhaltige Laugen sind daher während des Siedeprozesses zu vermeiden.

Das Schmalz wird, soweit die besseren technischen Qualitäten in Frage kommen, fast ausschließlich für die Herstellung pilierter Feinseifen verwandt, und lediglich die gefärbten und stark ranzigen Qualitäten werden, meist mit Pflanzenfetten gemischt, auch zur Fabrikation von indirekt hergestellten Eschweger Seifen usw. herangezogen. Dabei ist es von Bedeutung, daß das Schmalz den spröden, trockenen Charakter der Palmkern- und Kokosölseifen in vorzüglicher Weise mildert, indem es in Gemeinschaft mit den genannten Fetten sehr schöne, feste Seifen von weißer Farbe ergibt, die nicht bröckeln und gut schäumen. Auch bei der Herstellung kalt gerührter Kokosseifen kann es bis zur Hälfte des Ansatzes genommen werden und besitzt dann ebenfalls eine verbessernde Wirkung.

In der Schmierseifenfabrikation wird das Schmalz seltener benutzt, es kann jedoch bei der Herstellung von Naturkornseifen, weißen Terpentin-Salmiakseifen usw. mit herangezogen werden, wenn es zur Verfügung steht.

**Pferdefett.** Das Pferd ist im allgemeinen arm an Fett. Bei gut genährten Tieren findet sich jedoch am Halse, am sogenannten Kamm, eine ziemlich starke Fettablagerung, das sogenannte Kammfett, das durch Ausschmelzen gewonnen wird. Es ist gelb von Farbe und von butterartiger Konsistenz. Da seine Verarbeitung indessen wenig sorgfältig geschieht, ist es wesentlich unreiner als Talg und dementsprechend meist einer ziemlich raschen Zersetzung unterworfen. Das im Handel vorkommende Kammfett zeigt einen sehr verschiedenen Schmelzpunkt. In der Regel enthält es ca. 75 % feste Glyzeride und 25 % Oleïn. Das in der Seifenindustrie verarbeitete Pferdefett stammt wohl ausschließlich aus Abdeckereien. Es ist dann ein mehr oder weniger dunkel gefärbtes Produkt von schmalzartiger Konsistenz und meist üblem Geruch. Gewöhnlich ist es dann mit den in Abdeckereien weiter anfallenden Fetten wie Schweinefett, Knochenfett usw. gemischt. Durch Behandlung mit starker Lauge läßt es sich bleichen und gibt dann ein sehr gutes Material auch für weiße Seifen, während der dunkle Satz für dunkle Seifen Verwendung finden kann. Zur Verseifung werden mittelstarke Laugen (10—15° Bé) verwandt, da sich das Pferdefett seines meist hohen Gehaltes an freien Fettsäuren halber leicht verleimt. Auch die vollständige Verseifung geht damit leicht und rasch vonstatten. Die Verwendung dieser Fette zu Hausseifen ist so ziemlich dieselbe wie die des Schweinefettes, bei billigen Kernölpreisen sind sie ein recht brauchbares Material für harte Seifen. Erwähnenswert ist noch der eigentümlich süßliche Geruch des Pferdefettes, der besonders bei der Verarbeitung hervortritt. Da reine Kernölseifen indessen einen strengen Geruch haben, so ist es für diese ein sehr geeigneter Zusatz, um diesen Geruch abzuschwächen. In den kälteren Jahreszeiten bildet das Kammfett auch einen teilweisen Ersatz für Talg bei der Herstellung von Naturkornseifen. Die Kaliseife ist aber weniger kompakt und weicher als die des Talges.

Das spezifische Gewicht des Pferdefettes ist bei 15° C 0,916—0,922. Die Verseifungszahl ist 195—197, die Jodzahl 71—86. Der Erstarrungspunkt der Fettsäuren liegt bei 37,3—37,7°, der Schmelzpunkt bei 42 bis 44° C. Die Hehnerzahl beträgt 96—97,8 %.

**Knochenfett.** Die Knochen aller Tiere enthalten Fett, das als Nebenprodukt bei der Fabrikation von Beinschwarz, Leim und Gelatine abfällt. Im allgemeinen stimmt es in bezug auf seine Zusammensetzung mit dem vorherrschenden Fette überein, nur ist es reicher an Ölsäureglyzerid, daher weicher und leichter schmelzbar. Man kann das Fett zum größten Teil gewinnen, indem man die Knochen mechanisch zerkleinert und mit Dampf unter gewöhnlichem Druck oder im Autoklaven auskocht. Das Fett kommt an die Oberfläche, von wo es abgeschöpft und durch ein Sieb gegeben wird, welches die festen Teile zurückhält. Durch nochmaliges Umschmelzen auf Wasser kann es dann weiter gereinigt werden. Im Gegensatz zu dem so hergestellten „Naturknochenfett" wird das sog. „Benzinknochenfett" durch Extraktion mit Benzin oder anderen flüchtigen Lösungsmitteln erhalten. Dabei ist die Ausbeute eine größere als beim Dämpfen; nur hat das extrahierte Fett einen stark anhaftenden, unangenehmen Geruch, mehr oder weniger dunkle Farbe und einen hohen Gehalt an freien Fettsäuren. Auch enthält es häufig fettsauren Kalk, der gleichzeitig einen größeren Wassergehalt ermöglicht. Man reinigt es, indem man auf Salzwasser umschmilzt und längere Zeit Dampf einströmen läßt.

Im Gegensatz dazu ist das durch Auskochen frischer Knochen gewonnene Fett von weißer bis gelblicher Farbe, schwachem Geruch und Geschmack und von weicher Konsistenz, gut gereinigt wird es schwer ranzig.

Die im Handel vorkommenden Knochenfette zeigen sehr verschiedenen Schmelzpunkt (20—28° C). Die Verseifungszahl beträgt 190,9 bis 195, die Jodzahl 48—55,8. Der Erstarrungspunkt der Fettsäuren wurde bei 38—44° ermittelt, das spezifische Gewicht beträgt 0,914—0,916. Bei der Untersuchung von Knochenfett hat man außerdem sein Augenmerk hauptsächlich auf den Schmutz- und Wassergehalt zu richten.

Das gewöhnliche Knochenfett des Handels läßt sich schwer, oft gar nicht bleichen. Die häufig dafür empfohlene Bleiche mit saurem chromsauren Kali und Schwefelsäure oder Salzsäure führt in den seltensten Fällen zum Ziel. Je höher der Prozentgehalt an freien Fettsäuren ist, um so größer werden die Schwierigkeiten, die sich dem Bleichen entgegenstellen. Nach Lewkowitsch[1]) lassen sich Produkte, die mehr als 50 % freie Fettsäuren enthalten, nicht mehr, Extraktionsfett überhaupt nicht mit Erfolg bleichen; selbst wenn eine Bleichmethode zu einem anscheinend guten Resultate geführt hat, so treten in der Regel

[1]) Lewkowitsch, Chem. Technologie und Analyse der Öle, Fette und Wachse. 2, 389.

sowohl die dunkle Farbe wie der unangenehme Geruch bald nach dem Bleichen wieder auf.

Da die Knochenfette des Handels viel freie Fettsäuren enthalten, so verbinden sie sich leicht mit stärkeren Laugen, die einen großen Gehalt an kohlensauren Alkalien haben. Im übrigen aber ist die Beschaffenheit dieser Fette eine außerordentlich verschiedene. Es kommen Knochenfette vor, die in Farbe und Konsistenz fast geringerem Talg gleichen und daher ein sehr gutes Material für die Seifenfabrikation abgeben, während andere schlecht destilliertem Oleïn ähnlich sind und allein versotten keine zusammenhängenden Kernflocken zu bilden vermögen. Selbst bei besseren Knochenfetten zeigt sich die Unterlauge meist mehr oder weniger trübe und bildet auch bei hohem Kochsalzgehalt beim Erkalten eine leimige Haut infolge der in den Fetten enthaltenen Unreinigkeiten.

Enthält ein Knochenfett beträchtliche Mengen Kalksalze, so wird empfohlen, es zuvor mit verdünnter Schwefelsäure zu behandeln. — Extrahierte Knochenfette verarbeitet man am besten überhaupt nicht zu Seife, sondern überläßt sie den Stearinfabriken.

Die Ausbeute, welche Knochenfette ergeben, ist, abgesehen von den durch Schmutz und Wassergehalt bedingten Schwankungen, eine sehr verschiedene. Ein gutes, festes Knochenfett kann eine Ausbeute von 150—155% ergeben, die Kernseife ist ziemlich fest und speckig, doch nicht so weiß wie Kernseife aus Talg.

Infolge der geschilderten Eigenschaften findet das Knochenfett für sich allein bei der Seifenfabrikation wenig oder gar keine Verwendung, wohl aber dient es in Gemeinschaft mit anderen Fetten vielfach zur Herstellung von Kern- und Eschweger Seifen. Sehr bedeutend ist sein Verbrauch zu Harzkernseifen, während es zu glattweißen Kernseifen weniger geeignet ist, da auch das beste Knochenfett nicht die reine weiße Seife gibt, welche gerade hier sehr erwünscht ist. Auch zu Schmierseifen ist das Knochenfett mit verwendbar und zwar können die helleren Qualitäten zu gekörnten Seifen besonders dann eine gute Verwendung finden, wenn das Aussehen und die Farbe der Seife wie bei Textilseifen erst in zweiter Linie steht. Im Sommer können auch geringe Prozentsätze Knochenfett als Zusatz zu gewöhnlichen glatten Leinölschmierseifen mit verwendet werden.

**Tran.** Ebenso ausschließlich wie von den Wiederkäuern der Talg und den Dickhäutern das Schmalz, wird von Seesäugetieren und Fischen der Tran geliefert. Die verschiedenen Transorten stimmen darin überein, daß sie bei gewöhnlicher Temperatur flüssig und von eigentümlich unangenehmem Geruch und Geschmack sind. Eine genaue Unterscheidung der verschiedenen Transorten ist teilweise unmöglich, da ihre Individualitäten nicht sehr ausgeprägt sind. Den übrigen Fetten und Ölen gegenüber zeigen sie jedoch eine wesentlich andere chemische Zusammensetzung, indem sie nicht wie diese vornehmlich aus Palmitin-, Stearin- und Ölsäure bestehen, sondern stark ungesättigte Glyzeride enthalten, die sich durch die im allgemeinen hohe Jodzahl der Trane verraten. Von stärker ungesättigten pflanzlichen Ölen unterscheiden sie sich dabei durch ein nur geringes Trocknungsvermögen, so daß Linol- und Linolensäure in vorwiegender Menge in den Tranen nicht enthalten sein können. In größeren Mengen ist jedoch eine vierfach ungesättigte Fettsäure, die Clupanodonsäure, in den Tranen aufgefunden worden (bis zu 14 % beim Japantran), auf welche man zum Teil wenigstens den charakteristischen Geruch derselben zurückführt. Wie weit derselbe im übrigen auch durch stickstoffhaltige Stoffe, die Phonizine, oder durch Zersetzungsprodukte der ungesättigten Glyzeride selbst bedingt wird, soll hier nicht näher untersucht werden. In mehreren von Seesäugetieren abstammenden Tranen sind auch Verbindungen enthalten, die keine Glyzeride, sondern Ester der höheren Fettalkohole, also Wachse sind. — Tran ist etwas in kaltem, mehr in heißem Alkohol und ziemlich leicht in Äther löslich. Die meisten Trane werden durch gasförmiges Chlor geschwärzt, während ein anderes weniger bedeutsames Tieröl, das sog. Klauenöl, durch Chlor gebleicht wird.

Die Trane unterscheidet man nach ihrer Abstammung als Trane von Seesäugetieren und Trane von Fischen; erstere unterscheidet man wieder als Robbentrane und Waltrane, letztere als Lebertrane und Fisch- oder Abfalltrane.

Die Seesäugetiere, die in ihren einzelnen Familien den Übergang von der Form der Vierfüßler zu der Form der Fische darstellen, sind, um ihr Fett zu gewinnen, seit fast drei Jahrhunderten der Gegenstand einer so eifrig betriebenen Jagd, daß ihre Zahl sich bereits sehr gelichtet hat und schließlich ihr gänzlicher Untergang droht. Sie umfassen die Ordnung der Pinnipeden oder Flossenfüßler und der Cetaceen oder Waltiere; erstere sind im Wasser lebende, behaarte Säugetiere mit fünfzehigen Flossenfüßen, von denen die hinteren nach rückwärts stehen, mit vollständigem Zahngebiß, ohne Schwanzflosse, letztere ebenfalls wasserbewohnende Säugetiere mit spindelförmigem, unbehaartem Leib, flossenähnlichen Vorderfüßen und horizontaler Schwanzflosse, ohne hintere Extremitäten. Die Pinnipeden zerfallen in die Phociden (Robben) und die Tricheciden (Walrosse), die Cetaceen in die Sirenen, Baläniden (Bartenwale), Physeteriden (Potfische), Hyperdontiden, Monodontiden und Delphiniden. Alle diese Tiere haben zwischen den äußeren Hautdecken und dem eigentlichen Muskelfleische eine mehr oder weniger dicke Schicht von Speck.

Der meiste Tran wird von Robben, Walrossen, Pot- und Walfischen gewonnen.

Die Robben und Walrosse werden mit Keulen erschlagen; von den gutartigen Gattungen, wie dem See-Elephanten (Cystophora proboscidea Nilss.) hat man schon 1200 Stück in einer Woche, ja 400 Stück in einer halben Stunde getötet; ein Stück gibt 14—15 Ztr. Tran. Ein Walroß (Trichecus rosmarus L.) gibt bei 5,5—6,5 m Länge und 3—4 m Umfang 15—30 Ztr.

Die Pot- und Walfische werden bekanntlich von eigens ausgerüsteten Schiffen, den Walfischfängern, in den Polarmeeren gejagt. Der Walfischfang ist bald nach Erfindung des Kompasses bei den Basken um das Jahr 1372 aufgekommen; diesen folgten die Reeder von Bordeaux 1450, dann die Engländer von Hull aus 1598, zuletzt die Holländer 1611 von Amsterdam aus. Diese letzteren hatten eine geraume Zeit den Handel mit Tran fast allein in den Händen; sie erbeuteten in den 46 Jahren von 1822—1867 auf 5886 Schiffen 39 907 Wale im Werte von 100 Millionen Talern; heute sind sie von den Engländern und mehr noch von den Amerikanern überflügelt, welche fast den gesamten Handel an sich gerissen haben.

Potfische werden in der Regel 18—22 m, Walfische 25—30 m lang bei einem Gewicht von 2500 Ztr. und einer Speckmasse, die im Mittel zwischen 200 und 300, oft bis 400 Ztr. Tran liefert.

Der Tran wird durch Ausschmelzen des Specks meist auf bestimmten Stationen, die in der Nähe der Fangorte liegen, von den Walfischfängern selbst gewonnen; teilweise wird jedoch auch der Speck zerschnitten und in Fässern verpackt mit in die Heimat genommen. Auf der Fahrt geht die Masse in faulige Gärung über, wodurch zwar das Ausfließen des Trans wesentlich erleichtert, aber auch ein äußerst widriger Geruch entwickelt wird. Der faule Speck wird dann am Verarbeitungsort auf Siebböden geworfen, in denen ein Teil des Tranes von selbst ausfließt. Die häutigen Rückstände werden ausgekocht, indem man ganz ähnlich wie beim Ausschmelzen des Talges verfährt. Die von den Membranen befreite flüssige Fettmasse läßt man alsdann durch Absetzen klären, zapft den klaren Teil ab und erhitzt diesen in großen kupfernen Pfannen bis etwas über 100° C, wobei sich noch einzelne Unreinigkeiten abscheiden und ein Teil der durch die Fäulnis erzeugten flüchtigen Bestandteile entfernt wird. Sowohl beim Aussieden des Speckes wie bei diesem Kochen entwickelt sich ein sehr übler Geruch, weshalb die Transiedereien gewöhnlich in unbewohnten Gegenden angelegt werden. Schließlich wird der Tran aus dem Kessel in große Behälter gegossen, durch längere Ruhe nochmals geklärt und in den Handel gebracht. Der Bodensatz in den Klärgefäßen heißt Trutt; er wird gewöhnlich, bevor er in den Handel kommt, nochmals der Reinigung unterworfen. Je nach Farbe unterscheidet man die verschiedenen Handelsqualitäten des Waltrans mit den Nummern 0—4, wobei Nr. 0 die hellste Marke ist.

Werden die Trane unter 0° abgekühlt, so scheidet sich ein festes Fett ab. Dieses bildet abgepreßt den sogenannten Waltalg oder Fischtalg.

Im Kopf mehrerer Cetaceen, namentlich des Potfisches (Physeter macrocephalus), befindet sich zwischen dem Schädel und der ihn bedeckenden, mehrere Zoll starken Specklage eine Höhlung, die durch eine wagerechte Zwischenwand in zwei Kammern geteilt ist. Diese Kammern, ferner eine vom Kopf bis zum Schwanz verlaufende Röhre und zahlreiche im Körper zerstreute Säckchen enthalten eine eigentümliche, von dem Tran der Specklage wesentlich verschiedene Flüssigkeit, die während des Erkaltens auf gewöhnliche Temperatur eine Menge kleiner Kristallblättchen absetzt. Dies ist der vornehmlich aus dem Palmitinsäurecetylester bestehende Walrat (Sperma ceti), der von dem flüssigen Teile, dem Walratöl, durch Filtrieren, Abpressen und schließliches Auskochen mit etwas Kali- oder Natronlauge getrennt und gereinigt werden kann. — Der Walrat dient namentlich in England zur Darstellung von Luxuskerzen, während das Walratöl ein ausgezeichnetes Schmiermaterial bildet, zur Seifenfabrikation sind beide ohne weiteres nicht geeignet.

Eine Klasse für sich bilden neben den bisher erwähnten Transorten die eigentlichen Fischtrane. Man unterscheidet hier Heringstran, Sprottentran, Sardinentran, Sardellentran, Menhadentran und schließlich die Lebertrane vom Dorsch und Kabeljau. Zur Gewinnung des letzteren ließ man früher die Lebern faulen und preßte sie dann aus; der Rückstand wurde ausgekocht und lieferte eine geringere Transorte. Heute werden die Lebern meist mit Wasserdampf behandelt, wodurch man schönere, hellere Trane erhält, von schwachem Geruch und Geschmack nach Fischen und von nur sehr schwach saurer Reaktion, während die nach älterer Methode bereiteten Trane meist ziemlich stark sauer reagieren.

Die sogenannten Fisch- und Abfalltrane werden durch Auskochen von zerkleinerten Fischen und Fischabfällen mit Wasser gewonnen. Der Tran, welcher sich dabei ausscheidet, wird abgeschöpft und zur Klärung in große Bottiche gebracht.

Verfälschungen, die sich meist schwer oder gar nicht nachweisen lassen, kommen bei Tranen hauptsächlich in der Weise vor, daß bessere Transorten mit geringeren versetzt sind. Auch die Unterscheidung der einzelnen Trane voneinander macht im allgemeinen noch große Schwierigkeiten. Die spezifischen Gewichte sind nicht sehr verschieden, sie liegen bei 15° C zwischen 0,915 und 0,930. Der Erstarrungspunkt der abgeschiedenen Fettsäuren wurde zu 18,4—24,3° bei Leberölen und zu 15,5 bis 15,9° beim Robbentran ermittelt. Beim Walöl liegt er zwischen 22,9° und 23,9°. Die Verseifungszahl beträgt in der Regel 171—196, die Jodzahl 167 bei Leberölen, 127—141 beim Robbentran und 121,3—127,7 beim Walöl. Alles in allem bieten diese Konstanten jedoch nicht die zur Unterscheidung der Trane genügenden Anhaltspunkte.

Eine Beimischung von fremden Fetten zu Tran soll man erkennen können, wenn man 1 Teil Tran mit 2 Teilen konzentrierter Schwefelsäure in einem hohen Glase gut durcheinander mischt; es soll nur dann eine klare Mischung geben, wenn dem Tran fremde Fette nicht beigemischt sind [1]). — Harzöle lassen sich auch im Tran nach der früher angegebenen Methode zur Bestimmung in Fetten leicht nachweisen.

Während die besseren Lebertrane in der Medizin Verwendung finden, dienen die geringeren Lebertrane, die Abfalltrane, die Robben- und Waltrane vorwiegend industriellen Zwecken. Früher war Tran in Norddeutschland das Hauptmaterial für die Schmierseifenfabrikation. Da man heute jedoch fast überall möglichst helle und nicht stark riechende Schmierseifen verlangt, wird in den deutschen Seifensiedereien wenig oder gar kein Tran mehr verarbeitet. Die meisten Trane verseifen sich leicht mit Laugen von 10—12° Bé und geben gute Ausbeuten; doch ist letztere nicht bei allen Tranen gleich. Die größte Ausbeute gibt der Südseetran, ein Waltran (hauptsächlich von Balaena australis), der jedoch im Winter fest wird, so daß er sich wie fast alle Trane nur im Sommer gut zu Schmierseifen verarbeiten läßt. Der dünnflüssige Archangeltran, ein Robbentran, eignet sich jedoch auch zu Winterseifen.

Das abgepreßte Walfett oder der Fischtalg, zeigt sich von außerordentlich verschiedener Beschaffenheit. Es kommen Fette vor von ziemlich heller Farbe, nicht unangenehmem Geruch und talgartiger Konsistenz, während andere ganz dunkel gefärbt und schmierig sind und den reinen Trangeruch besitzen. Früher kam auch Transatz in großen Posten in den Handel und wurde massenhaft zu Schmierseife verarbeitet; heute ist er, wenigstens für die deutschen Seifensieder, unverwendbar. Zuweilen macht man im Handel einen Unterschied zwischen Walfett und Fischtalg, indem man mit ersterem Namen die geringeren, mit letzterem die besseren Sorten bezeichnet.

Das Walfett läßt sich zu Kern- und Leimseifen verwenden. Es verseift sich leicht mit 12grädiger Lauge. Wird der klare, schaumfreie Leim mit stärkerer Lauge weiter behandelt, so zeigt die erhaltene Seife eine gute Festigkeit; die Farbe ist graustichig. Gutes Walfett gibt eine Ausbeute an Kernseife bis zu 130 %; es kommen aber auch viele Fette vor, die infolge ihres Schmutz- und Wassergehaltes eine weit geringere Ausbeute liefern. Auch der beste Fischtalg, dem kein unangenehmer Geruch anhaftet, zeigt beim Sieden Trangeruch, der auch noch an der fertigen Seife zu bemerken ist. Am geeignetsten ist daher das Fett für solche Seifen, bei deren Herstellung Harz mitversotten wird.

Wie schon oben erwähnt, läßt sich aber eine Desodorisierung der Trane je nach deren Qualität in mehr oder weniger vollkommener Weise erreichen, wenn man die Riechstoffe im Vakuum, gegebenenfalls unter gleichzeitiger Anwendung einer Adsorptionsreinigung bei höherer Temperatur mit überhitztem Wasserdampf oder anderen indifferenten Gasen abtreibt. Derart gereinigte Trane sind namentlich in den letzten Jahren vor Kriegsausbruch unter den verschiedensten Bezeichnungen — Neutraline, Butterfett, usw. — im Handel gewesen und haben sich auch

[1]) Zeitschr. f. analyt. Chemie **2**, 444.

bei der Seifenfabrikation in jeder Weise bewährt. Auch eine Desodorisierung der Tranfettsäuren läßt sich in verschiedenster Weise erreichen. E. Böhm[1]) beispielsweise erhitzt die zunächst bei 150° im offenen Gefäß getrocknete Tranfettsäure im Vakuumkocher 2—3 Stunden auf 350—400° und destilliert alsdann die so gereinigte Fettsäure. Nach G. Sandberg[2]) werden die durch Spaltung der Trane erhaltenen Fettsäuren mit konzentrierter Schwefelsäure (1,84 spezifisches Gewicht) bei 25—40° C behandelt, mit siedendem Wasser gewaschen und destilliert. Bei diesem Verfahren, das auch unter den Bedingungen der gewöhnlichen Azidifikation und bei Anwendung von etwa 10% Schwefelsäure ein gutes Ergebnis liefert, werden die ungesättigten Fettsäuren teilweise in gesättigtere Oxyfettsäuren übergeführt und die etwaigen Geruchstoffe aus stickstoffhaltigen Substanzen in eine wasserlösliche Form (Sulfate) gebracht und während des Auswaschens entfernt. Besondere Effekte sollen nach Hofmann[3]) mit diesem Verfahren erzielt werden, wenn gleichzeitig mit den Tranfettsäuren auch eine geringe Menge Harz der Sulfurierung unterworfen wird. Eine weitere sehr wirksame Desodorisierung läßt sich nach Schrauth[4]) dadurch erreichen, daß man die Tranfettsäure einer Alkalischmelze unterwirft und das so erhaltenen Produkt entweder direkt auf Seife oder nach dem Ansäuern mit Mineralsäuren durch Destillation auf freie Fettsäuren verarbeitet. Die Desodorisierung erfolgt hier nach dem Prinzip der sogen. Varrentrappschen Reaktion, indem die stark riechenden ungesättigten Fettsäuren unter Abspaltung von Essigsäure bei gleichzeitiger Wasserstoffentwicklung in gesättigte Fettsäuren mit geringerer Kohlenstoffanzahl übergeführt werden, die nunmehr, ihrer chemischen Zusammensetzung entsprechend, den vollen Charakter einer Leimfettsäure zeigen. Auch die bei der Raffination mit konzentrierter Schwefelsäure erhaltenen Oxyfettsäuren besitzen einen ähnlichen Charakter, so daß es möglich erscheint, die Trane, und zwar gerade die geringwertigen Qualitäten, als Rohmaterial zur Herstellung von Ersatzprodukten für die tropischen Leimfette heranzuziehen.

Eine vollkommene Desodorisierung der Trane bzw. der Tranfettsäuren findet ferner durch die katalytische Reduktion mit Wasserstoff (Hydrogenisation) statt, und es ist damit bewiesen, daß der typische Trangeruch in der Tat durch den ungesättigten Charakter seiner Bestandteile bedingt wird. Für diesen Prozeß sind jedoch im Gegensatz zu den vorbesprochenen Verfahren nur die guten, sorgfältig vorgereinigten Qualitäten brauchbar, welche durch die Wasserstoffanlagerung in talgartige Fette und Fettsäuren übergehen, deren Eigenschaften und Ver-

---

[1]) DRP. 230 123. Seifensiederzeitung 1911, 38, 118.
[2]) DRP. 162 638.
[3]) DRP. 281 375.
[4]) Seifenfabrikant 1915, **35**, 877.

halten bei der Seifenfabrikation später noch ausführlich besprochen werden sollen.

## Pflanzliche Fette.

Aus der Reihe der dem Pflanzenreich entstammenden Fette und fetten Öle findet eine große Anzahl zur Darstellung von Seifen Verwendung. Von festen Pflanzenfetten sind es besonders das Palmöl, das Kokosöl und das Palmkernöl. Sehr geeignet für die Seifenfabrikation sind auch noch verschiedene andere feste Pflanzenfette der Tropen, wie Sheabutter, Illipebutter, Kakaobutter, Dikafett, Muskatnußbutter u. a., die aber ihres hohen Preises wegen bisher wenig oder gar keine Anwendung gefunden haben und deshalb nur kurz Erwähnung finden sollen. Von flüssigen Pflanzenölen finden vornehmlich Verwendung als trocknende Öle das Leinöl, Hanföl und Mohnöl, als halbtrocknende oder schwachtrocknende das Baumwollsaatöl (Kottonöl), Sesamöl, Maisöl, Leindotteröl, Sojabohnenöl und Rüböl und schließlich als nichttrocknende das Oliven- und Olivenkernöl, Erdnußöl (Arachisöl) und Rizinusöl.

**Palmöl.** Das Palmöl wird aus dem Fruchtfleisch verschiedener Palmenarten, hauptsächlich der Ölpalme, Elaeis guineensis L., durch Auspressen und Auskochen gewonnen. Die hauptsächlichsten Erzeugnisorte sind das westliche Afrika (Guinea) südlich von Sinoe in der Republik Liberia bis Cameroon in der Bai von Benin und Südamerika. Die Früchte sind dunkel orangegelb, beinahe braun, von der Größe eines Taubeneies und bilden traubenförmige Fruchtstände, welche 1000—2000 Einzelfrüchte enthalten. Die von einem öligen, faserigen Fleische umgebene, dreiklappige Nuß enthält einen Stein, und dieser umschließt einen Kern, welcher seinerseits das sogenannte Palmkernöl liefert.

Infolge der überaus rohen Weise, in der das Palmöl von den Eingeborenen gewonnen wird, gehen ungeheure Mengen verloren. Man läßt die Palmfrüchte liegen, bis sie beinahe in Fäulnis übergehen, schält die Kerne durch Stampfen und Kneten heraus und behandelt das zurückbleibende Fruchtfleisch mit heißem Wasser, wobei sich das Öl oben absetzt. Auch primitive Pressen sind teilweise im Gebrauch, und neuerdings fehlt es nicht an Bemühungen, die rein manuelle Arbeit durch Handmaschinen zu ersetzen.

Das Palmöl hat orangegelbe bis rotbraune Farbe, butter- bis talgartige Konsistenz und in frischem Zustande einen veilchenartigen, nicht unangenehmen Geruch. Der Schmelzpunkt des frischen Palmöls liegt bei ungefähr 27° C, der jedoch mit zunehmendem Alter und Zunahme der Ranzidität bis zu 42,5° steigen kann. Der Schmelzpunkt der aus Palmöl abgeschiedenen Fettsäuren schwankt zwischen 47 und 50° C, ihr Erstarrungspunkt zwischen 35,9 und 45,5° C. Die Verseifungszahl des Palmöls beträgt 196—202. Die Jodzahl nach Hübl 51,5.

Das Palmöl besteht im wesentlichen aus Palmitin und Oleïn. Sehr charakteristisch für dieses Fett ist jedoch der große Gehalt an freien Fettsäuren, welcher schon in frischem Palmöl 12 % beträgt, in ganz altem auf 100 % steigen kann. Das Glyzerin scheidet sich dabei zum größten Teile als solches aus und kann durch Ausziehen mit Wasser gewonnen werden.

Der gelbrote Farbstoff des Palmöls wird durch die Verseifung mit Alkalien nicht zerstört, so daß die aus rohem Palmöl gesottene Seife eine gelbe Farbe zeigt. Bei Anwendung der sauren Verseifung und Destillation wird er aber vernichtet. Auch an der Luft und am Licht bleicht das Palmöl langsam, die schnellste Zerstörung des Farbstoffes findet aber in der Wärme und durch Oxydationsmittel statt. Das Bleichen des Palmöls kann daher auf sehr verschiedene Weise bewirkt werden; doch sind es hauptsächlich drei Wege, die zur Erreichung dieses Zweckes eingeschlagen werden: Die Erhitzung auf 220—240°, die Behandlung mit einem äußerst fein verteilten Luftstrom bei 100—150° und schließlich die chemische Bleichung mit Kaliumbichromat und Schwefelsäure oder Salzsäure.

Die Überhitzung, d. h. das rasche Erhitzen auf hohe Temperatur, ist das einfachste Mittel, den Farbstoff zu zerstören. Das, wenn nötig, zuvor geläuterte Öl wird in einem eisernen Kessel schnell auf eine Temperatur von 200° C und dann vorsichtig weiter auf 215—220°, gegebenenfalls bis auf 240° C gebracht und diese Temperatur eine Stunde lang ohne Umrühren aufrecht erhalten. Nach einer halben Stunde zeigt das Palmöl schon eine zitronengelbe Farbe und ist ganz klar. Nach einer bis anderthalb Stunden ist in der Regel die gelbe Farbe gänzlich verschwunden, das Palmöl erscheint schmutziggrau; gibt man einige Tropfen auf einen Teller, so bemerkt man, daß feine Kohlenteilchen darin schwimmen. Jetzt wird das Feuer abgestellt und das Palmöl ruhig im Kessel belassen.

War das Öl vor dem Erhitzen geläutert, so zeigt es sich nach dem Erkalten weißlich mit einem Stich ins Braune; war es nicht zuvor geläutert, so erscheint es schmutziggrau von vielen darin fein zerteilten Kohlenteilchen, deren Entfernung jedoch unnötig ist, wenn das Öl zu Seifen verarbeitet wird, die ausgesalzen werden. Das Bleichverfahren beruht darauf, daß der Farbstoff des Palmöls durch die Hitze zerstört wird, hat jedoch den Übelstand, daß die Kesselböden sehr leiden. Der Gewichtsverlust beträgt, wenn sorgfältig gearbeitet wird, bei gutem, reinem Palmöl 1—1½ %.

Zur Luftbleichung des Palmöls bedient man sich vorteilhafterweise des Körtingschen Dampfstrahl-Luftsaugeapparates (Palmölbleichapparat), von welchem Fig. 4 eine Abbildung zeigt. C ist der Luftsaugeapparat, bei a erfolgt der Dampfeintritt, b ist eine Spindel zum Regulieren des Dampfes, g der Absaugestutzen, K eine Dampfheizschlange, H der Ablaßhahn für das Öl und E das Luftzuführungsrohr.

Um mit dem Apparat zu arbeiten, wird zunächst der Ölinhalt des Kessels mittels der Dampfheizschlange auf ca. 100° C erwärmt, dann wird der Luftsauger in Betrieb gesetzt, welcher oberhalb des Öles eine dem Ölbestande entsprechende Luftleere erzeugt und die durch das Luftrohr eintretende Luft, sowie die aus dem Öle sich bildenden Dämpfe unter dieser Luftleere absaugt. Die durch das Luftrohr eingeführte atmosphärische Luft tritt aus einer großen Anzahl kleiner Löcher nahe dem Boden des Kessels aus und mischt sich mit dem Öl aufs innigste, indem sie nach oben steigt. Auf diese Weise kann man in ca. 2 Stunden 20—25 Ztr. Palmöl sehr schön hell bleichen. Ob die Bleiche beendigt ist, erkennt man an Proben, welche man durch den Hahn H entnimmt und auf einer Porzellanschale erkalten läßt. Der Bleicherfolg bei diesem Verfahren ist, sofern das Öl durch den Sauerstoff der Luft allein bleichbar ist, ein vorzüglicher. Durchaus notwendig ist dabei aber, daß das zur Verarbeitung kommende Öl schmutz- und wasserfrei ist. Es ist daher nötig, das Rohöl tags zuvor zu schmelzen und über Nacht absetzen zu lassen. Der Betrieb dieser Anlage ist ein außerordentlich einfacher und ein gegenüber den bisherigen Verfahren angenehmer, da die Öldämpfe durch den Luftsauger sofort abgeführt werden.

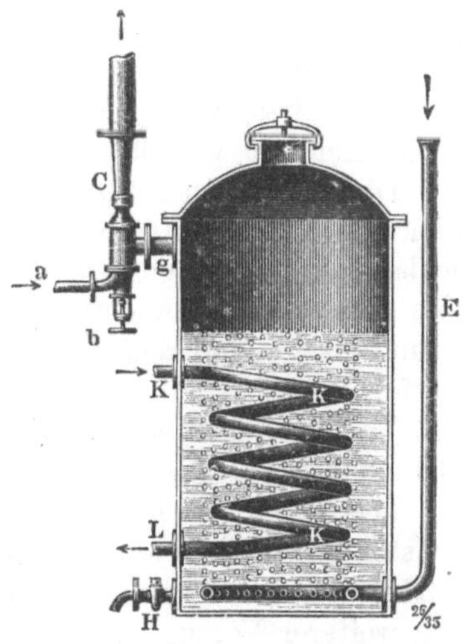

Fig. 4. Palmölbleichapparat.

Die chemische Bleiche wird mit oxydierenden Substanzen am besten mit Kaliumbichromat und Salzsäure in der folgenden Weise ausgeführt: Das Palmöl wird zunächst geläutert, indem man es auf Wasser schmilzt. Nach dem Absetzen der Unreinigkeiten schöpft man das klare Öl vorsichtig ab und läßt es auf 50° C erkalten. Bei tüchtigem, anhaltendem Durchkrücken gibt man alsdann auf 1000 kg Öl 50 kg Salzsäure und 12 kg Kaliumbichromat, das man zuvor in 24 kg kochendem Wasser gelöst hat, in das Öl. Nachdem das letztere 10—15 Minuten durchgearbeitet ist, zeigt es eine dunkle, schmutziggraue Farbe. Bisweilen gibt man jetzt noch einige Kilo Schwefelsäure hinzu und setzt das Krücken fort, bis sich das Öl ganz klar mit einem bläulichen Schein zeigt. Alsdann gießt man 60—80 kg heißes Wasser über das Öl, deckt zu und läßt gut absetzen. In vielen Fällen kommt man jedoch schon mit wesentlich geringeren Mengen des Bleichmittels aus. Vorteilhafterweise bringt man daher zunächst in 1000 kg geschmolzenes Palmöl nur 5 kg chromsaures Kali und gibt dann unter starkem Rühren 10 kg Salzsäure und schließlich $^1/_2$ kg Schwefelsäure hinzu. Nach halbstündigem Durchkrücken wird eine Probe gezogen. Zeigt sich das Öl noch gelb, so wird chromsaures Kali, Salzsäure und Schwefelsäure weiter nachgegeben und damit fortgefahren, bis der erwünschte Erfolg erreicht ist. Alsdann wird das Öl längere Zeit mit Wasser gekocht, um alle Bestandteile des Bleichmittels zu beseitigen und schließlich nach längerem Stehen das klare, oben aufschwimmende Fett abgehoben.

Das durch chromsaures Kali gebleichte Palmöl hat nicht selten einen Stich ins Grüne, weil es etwas Chromoxyd enthält. Dies kann ihm durch längeres Kochen mit verdünnter Salzsäure entzogen und so ein tadellos weißes Produkt hergestellt werden. Nach dem Kochen mit der Salzsäure muß das Öl jedoch noch einmal auf reinem Wasser umgeschmolzen werden.

Die Bleiche mit chromsaurem Kali ist die teuerste von den drei Bleichmethoden, dafür aber auch die sicherste. Trotzdem wird häufig geklagt, daß bei ihrer Anwendung das Öl nicht hell genug wird. Es ist dies meist nicht Schuld des Verfahrens, sondern hat gewöhnlich seinen Grund darin, daß das Öl der Bleiche in zu heißem Zustande unterworfen wurde.

Bei der chemischen Bleiche geht der angenehme, veilchenartige Geruch des Palmöls fast ganz verloren.

Das Palmöl ist in sehr verschiedener Qualität im Handel. Das am meisten geschätzte ist das Lagosöl. Es zeigt eine tieforange, aber klare Farbe, ist ziemlich rein und hinterläßt wenig Satz und Unreinigkeiten. Ein weiterer Vorzug dieses Öles liegt darin, daß es weniger ranzig ist und sich besser als die anderen Qualitäten bleichen läßt. Mit Hitze oder mit Luft und Licht gebleicht zeigt es eine besonders helle Farbe, mit Kaliumbichromat behandelt erfordert es bei gleichem Effekt eine nur geringe Menge des Bleichmittels.

Dem Lagosöl ziemlich nahekommend und oft von diesem kaum zu unterscheiden ist das Old Calabar-Öl. Es bleicht sich ebenfalls gut, besitzt aber in der Regel einen mehr oder weniger großen Gehalt an Wasser und Schmutz. Unreiner und sehr ungleichmäßig in ihrem Verhalten beim Bleichen sind die Kongoöle. Diese werden daher meist nur zu dunkleren Kernseifen und Harzkernseifen verwandt, bei denen es weniger auf die helle Farbe als auf einen angenehmen Geruch ankommt. In der Regel sind sie rotbraun gefärbt und hochgradig ranzig.

Von so verschiedener Beschaffenheit auch das rohe Palmöl den Seifenfabriken zugeführt wird, in einem Punkte stimmen alle Sorten überein: sie geben sämtlich eine feste und angenehm riechende Seife, deren milder, veilchenartiger Geruch auch in Verbindung mit anderen Ölen und Fetten, ja sogar bei Gegenwart von Harz ziemlich wahrnehmbar bleibt.

Das Palmöl ist roh und gebleicht sehr leicht verseifbar. Es gibt schon mit schwacher Lauge von 8° Bé einen dicken, zähen Seifenleim. In der Regel wird es mit einer Lauge von 12—15° Bé verseift und gibt damit, richtig ausgesalzen, einen ziemlich schaumfreien, flotten Kern, der, wenn der Leim vollständig klar und gut abgerichtet war, bereits ganz gesättigt ist.

Die Natronseife des ungebleichten Öles ist mehr oder weniger orange gefärbt, die des gebleichten Öles creme- oder hellgelb. Sie ist fest und auf Unterlauge gesotten hart und spröde. Auf Leimniederschlag ist sie homogen und von feiner, kompakter Struktur. In Wasser ist sie wenig löslich, gibt aber einen feinen, beständigen Schaum. Bei Siedetemperatur ist die Grenzlauge gleich einer 7,5° Bé starken Ätznatronlauge und einer 5° Bé starken Kochsalzlösung. Die Ausbeute beträgt auf Leimniederschlag 160 %, auf Unterlauge 155 %, im ersten Fall enthält die Seife also 60—60,5 % Fettsäuren entsprechend 65 % Reinseife, im zweiten Fall 60,5—61 % Fettsäure entsprechend 65—66 % Reinseife.

Unvermischt wird das Palmöl in der Regel nur zur Herstellung bestimmter Textilseifen verwandt. Zur Herstellung von Feinseifen, glattweißen Kernseifen, Eschweger Seifen usw. wird es gewöhnlich gemeinsam mit talgartigen Fetten und pflanzlichen Leimfetten versotten. Auch bei der Fabrikation gelb oder rötlich gefärbter Harzseifen wird es mitverwandt, da es diesen eine größere Festigkeit verleiht, während seine eigene Seife durch den Harzgehalt ein besseres Schaumvermögen erhält.

Zur Fabrikation glatter Schmierseifen läßt sich das Palmöl natürlicherweise nicht verwenden, da seine Kaliseife halbfest und durchscheinend kristallinisch ist. Zur Herstellung von Naturkornseifen oder Silberseifen kann es aber mit herangezogen werden und dient insonderheit bei ersteren in ungebleichtem Zustande als färbender Zusatz zur Erzielung einer feurigeren Grundfarbe. Seine Hauptverwendung liegt aber auch hier auf dem Gebiete der Textilseifen, für deren Verwendung Konsistenz und Aussehen weniger von Bedeutung sind.

**Kokosöl.** Das Kokosöl ist das aus dem zuerst milchigen, später mandelkernartigen Inhalt der Kokosnüsse durch Auskochen oder Auspressen gewonnene Fett. Die Kokosnüsse sind die Früchte der Kokospalme (Cocos nucifera), die fast in allen Tropenländern vorkommt. Diese Palme wird bis 30 m hoch und blüht fast das ganze Jahr, so daß zu allen Jahreszeiten Blüten, unreife und reife Früchte rund herum unter der Krone hängen. Von der Blütezeit bis zum Abfallen der Frucht vergeht ein Jahr. Die Kokospalme trägt vom achten bis zum hundertsten Jahre Früchte, am reichlichsten zwischen dem zwanzigsten und dreißigsten, und zwar jährlich 200—300 Stück. Diese Früchte, Steinfrüchte, sind fast so groß wie ein Menschenkopf, eiförmig, etwas dreikantig, glatt, rötlich, grünlich oder bleigrau; unter dem dicken, schwammigen, faserigen Gewebe liegt die Steinschale, welche am Grunde drei Vertiefungen hat und schwärzlich-braun, rauh, holzig und steinhart ist. In ihr befindet sich vor der Reife der Kokosnuß eine wasserhelle, süßliche

Flüssigkeit, die sogenannte Kokosmilch; bei der Reife verschwindet diese jedoch allmählich, indem sie sich zu einem weichen, eßbaren Kern bildet, der später sehr hart, fast hornartig wird. Diese Samenkerne, Koprah genannt, sind länglich rund, haben einen Durchmesser von 10—12 cm und enthalten getrocknet 60—70 % Fett.

Um das Öl zu gewinnen, wird der Samenkern aus der Schale herausgenommen, einige Zeit in Wasser gekocht, dann zerkleinert und gepreßt. Die durch das Pressen erhaltene, milchige Masse wird in großen Kesseln erwärmt und das obenauf schwimmende Fett abgeschöpft. Die besten Einrichtungen zur Darstellung des Kokosöls befinden sich auf Ceylon und auf Malabar (Cochin). Dort ist die Hauptkultur der Kokospalme, und von dort kommt das meiste Öl nach Europa. Seit einigen Jahrzehnten wird die Koprah auch nach Europa gebracht und durch Auspressen oder Extraktion auf Öl verarbeitet. Man unterscheidet dabei die einzelnen Handelsqualitäten der Koprah als „sundried" (an der Sonne getrocknet) und „kilndried" (auf der Darre getrocknet).

Das Kokosöl hat frisch eine schöne weiße Farbe, einen milden Geschmack und einen eigentümlichen, nicht unangenehmen Geruch; es wird aber leicht ranzig und nimmt dann einen weniger angenehmen, stechenden Geruch und kratzenden Geschmack an. Der Schmelzpunkt des ganz frischen Öles soll bei 20° C liegen; das gewöhnliche Ceylon- und Cochinöl des Handels zeigt jedoch einen Schmelzpunkt von ungefähr 24° C. Das spezifische Gewicht des Öles beträgt bei 40° C 0,9115, die Verseifungszahl ist 246—260, die Jodzahl 8—9,5. Der Erstarrungspunkt der Fettsäuren liegt bei 22,5—25,2° C.

Das Kokosöl enthält hauptsächlich die Glyzeride der Laurin- und Myristinsäure, daneben kleine Mengen von Palmitin, Stearin, Oleïn und Glyzeriden flüchtiger Fettsäuren (Capron-, Capryl- und Caprinsäure).

Wie aus den obigen Angaben hervorgeht, besitzt das Öl unter allen bis jetzt untersuchten Fetten die höchste Verseifungszahl, ein Umstand, durch welchen es von allen anderen Fetten, mit Ausnahme des ihm diesbezüglich nahestehenden Palmkernöls, leicht unterschieden werden kann. Der Grund hierfür ist in seinem Gehalt an den genannten niederen Fettsäureglyzeriden zu suchen.

Infolge seines hohen Gehaltes an Trilaurin zeigt das Kokosöl bei der Verseifung ein von den meisten übrigen Fetten abweichendes Verhalten: es verseift sich sehr leicht und sehr schnell selbst in der Kälte und mit konzentrierten Laugen von 30—36° Bé. (Verseifung auf kaltem Wege.) Die Natronseife ist weiß oder schmutzigweiß, undurchsichtig, sehr hart und von eigentümlich scharfem Geruch. Die durch Aussalzen gewonnenen Kernseifen sind spröde und haben einen sehr geringen Wassergehalt. Auf Leimniederschlag bilden sie in der Hitze einen dicken, undurchsichtigen Kern, der bereits bei etwa 70° erstarrt. Derselbe enthält 59,5 % Fettsäuren, entsprechend 65,75 % Reinseife (Merklen). Die Grenzlaugenkonzentration liegt bei Siedetemperatur für Natronlauge oberhalb 23° Bé, für Kochsalzlösung oberhalb 19° Bé. Die mit diesen Lösungen erhaltenen Unterlaugen sind jedoch immer noch seifenhaltig, so daß es in der Praxis beinahe unmöglich ist, eine quantitative Aussalzung der Kokosseife herbeiführen. Die „kaltgerührten" Seifen haben die Eigenschaft, eine große Menge Wasser oder Salzlauge aufzunehmen, ohne an Festigkeit und Ansehen zu verlieren (hochgefüllte Seifen). Sie sind ferner leicht löslich in Wasser und schäumen dabei stark; doch ist der Schaum bei weitem nicht so nachhaltig wie der von Talgseifen. Seifen aus reinem Kokosöl haben ferner, auch wenn kein Überschuß an Alkali vorhanden ist, die unangenehme Eigenschaft, daß sie bei empfindlicher Haut brennen und Röte erzeugen, auch neigen sie leichter zum Ranzigwerden und werden dann übelriechend und unansehnlich.

Im Handel unterscheidet man je nach dem Ort und der Art ihrer Herstellung hauptsächlich drei Sorten Kokosöl: Cochinöl, Ceylonöl und gewöhnliches Koprahöl. Von diesen ist das Cochinöl das beste und reinste in der Farbe. Zum Verseifen auf kaltem Wege ist es am geeignetsten, sofern es nicht zu alt ist. Bei altem Öl, welches schon einen ziemlichen Grad von Ranzidität hat, tritt beim Zusammenrühren mit starker Lauge ein zu schnelles Dickwerden der Masse und Körnerbildung in der fertigen Seife ein. Das Ceylonöl ist gewöhnlich ziemlich ranzig, auch haben seine Seifen den Fehler, daß sie nicht rein weiß, sondern leicht grau gefärbt sind. Das Koprahöl ist jedoch meist weniger ranzig und deshalb auf kaltem Wege gut verseifbar; es liefert aber ebenfalls nicht rein weiße Seifen und ist deshalb ohne weiteres nicht zur Fabrikation von Feinseifen geeignet. Der eben erwähnte Übelstand läßt sich aber durch folgende Läuterung beseitigen: 750 kg Koprahöl werden mit 15 kg Sodalauge von 6° Bé und 10 kg Wasser eine halbe Stunde gekocht und fleißig abgeschäumt. Hierauf setzt man $1^1/_2$ kg Salz hinzu, schäumt von neuem ab und läßt eine weitere halbe Stunde kochen. Alsdann wird das Öl, gegebenenfalls nach nochmaliger Wiederholung des Prozesses, über Nacht stehen gelassen und ist dann in der Regel verwendungsfähig.

Von der Herstellung kalt gerührter Feinseifen abgesehen, für die man ein rein weißes, möglichst neutrales Öl mit höchstens 2—3 % freien Fettsäuren benötigt, verwendet man das Kokosöl für die Fabrikation glattweißer Kernseifen auf Leimniederschlag, ferner für die Herstellung von Eschweger Seifen und von Leimseifen. Bei der Herstellung von Kernseifen auf Unterlauge sieht man meist jedoch von seiner Mitverwendung ab, da es auf Grund seiner schweren Aussalzbarkeit auch bei Anwendung hoher Salzkonzentrationen stets eine unbefriedigende Ausbeute gibt. In der Regel wird es zu glattweißen Kernseifen gemeinsam mit flüssigen pflanzlichen Ölen versotten und gestattet hier bei entsprechenden Ansatzverhältnissen eine mehr oder weniger weitgehende Füllung des Fertigfabrikates; bei der Fabrikation von Eschweger Seife bildet es meist die Hälfte des Ansatzes, während die zweite Hälfte aus pflanzlichen Ölen, talgartigen Fetten oder gebleichtem Palmöl besteht. In der Schmierseifenfabrikation wird Kokosöl nicht verwendet.

Da das Kokosöl in immer steigendem Maße auch von der Speisefettindustrie absorbiert wird, ist seine Beschaffung für die Zwecke der Seifenindustrie immer schwieriger geworden. Diese ist heute zu einem großen Teil auf die Raffinationsrückstände angewiesen, welche entweder in Form von Natronseifen oder als Fettsäuren und „abfallendes Kokosöl" bei der Kunstbutterfabrikation als Nebenprodukte auftreten. Diese verhalten sich bei der Verseifung ungefähr wie das Koprahöl, sind meist aber stark gefärbt und sollten in der Regel nur nach Analyse und mit garantiertem Gehalt an verseifbarer Fettsäure gekauft werden.

**Palmkernöl.** Das Palmkernöl, gewöhnlich kurz als Kernöl bezeichnet, wird, wie schon erwähnt, meist nicht in den Produktionsländern, sondern erst in Europa in der vorbeschriebenen Weise teils durch Auspressen, teils durch Extraktion mit Benzin oder anderen Lösungsmitteln gewonnen.

Der Ölgehalt der Palmfruchtkerne ist sehr verschieden. Meist schwankt er zwischen 45 und 50 %; doch sollen auch Kerne vorkommen, die 60 % und darüber enthalten.

Das Palmkernöl ist bei gewöhnlicher Temperatur fest, weiß bis leicht hellgelb gefärbt und besitzt einen angenehmen Nußgeschmack und aromatischen Geruch. Es besteht ebenso wie das Kokosöl hauptsächlich aus den Glyzeriden der Laurinsäure, enthält daneben in geringerer Menge die Glyzeride der Myristin-, Stearin-, Palmitin- und Ölsäure und schließlich ganz geringe Mengen von Tricaprin, Tricaprylin und Tricaproin.

Palmkernöl schmilzt bei 25—26° C, bei altem, ranzigem Öl liegt der Schmelzpunkt meist jedoch etwas höher. Die Verseifungszahl beträgt 242—250, ist also relativ hoch. Die Jodzahl wurde zu 13,0—14,0 ermittelt, der Erstarrungspunkt der Fettsäuren liegt bei 20,5—25,5° C.

Das Palmkernöl verhält sich bei der Verseifung ähnlich dem Kokosöl, was unzweifelhaft seinen Grund hat in dem hohen Gehalt an Trilaurin, der beide Fette charakterisiert; doch ist das Verhalten beider nicht vollkommen gleich, da das Palmkernöl meist einen hohen Prozentsatz an freien Fettsäuren enthält (5—15 %). Es verlangt ebenfalls starke, ätzende Laugen und verseift sich am leichtesten mit einer Anfangslauge von 26—30° Bé. Auch in ihrem Verhalten zu Salz sind sich die Seifen aus Palmkern- und Kokosöl nur ähnlich, nicht gleich, indem die Seifen aus Palmkernöl nicht ganz so schwer aussalzbar sind wie die Seifen aus Kokosöl. Während ferner bei letzteren eine Vermehrung bis 1200 % Ausbeute durch Salzwasser möglich ist, ohne daß die Festigkeit der Seife leidet, läßt sich die Ausbeute bei den Palmkernölseifen in der gleichen Weise auf höchstens 600—700 % steigern.

Die Natronseife ist sehr fest und scharf riechend. Auf Unterlauge gesotten ist sie weißlich und sehr hart, auf Leimniederschlag nach dem Erstarren bei 65—70° cremegelb und undurchsichtig. Ihr Fettsäuregehalt beträgt dann 59,5—60 %, entsprechend 66 % Reinseife, so daß sich die Ausbeute also auf etwa 160 % errechnet. Wie die Kokosseife ist sie in Wasser leicht löslich und gibt einen reichlichen, beständigen Schaum. Die Grenzlauge ist bei Siedetemperatur gleich einer Natronlauge von 19° Bé oder einer Kochsalzlösung von 16,5° Bé (Bontoux). Die Kaliseife ist gelb gefärbt, undurchsichtig und halbfest. Palmkernöl dient im allgemeinen zur Herstellung von Riegelseifen, indem man es zu $^1/_3$—$^1/_2$ des Ansatzes mit pflanzlichen Ölen gemischt verwendet. Auch zur Herstellung von Eschweger Seifen wird es gemeinsam mit pflanzlichen Ölen und schmalzartigen Fetten verarbeitet und kann, wie schon erwähnt, schließlich auch für die Fabrikation hochgefüllter, gegebenenfalls kaltgerührter Leimseifen benutzt werden. In der Schmierseifenfabrikation läßt es sich ohne weitere Zusätze nicht verwenden, gibt aber im Gemisch mit flüssigen Ölen (Maisöl, Kottonöl usw.) außerordentlich schöne Silberseifen. Die Raffinationsrückstände der Kunstbutterfabrikation, die ebenfalls große Mengen von Palmkernöl aufnimmt, sind im großen und ganzen den analogen Kokosölrückständen ähnlich und verhalten sich ungefähr ebenso wie das rohe Palmkernöl selbst. Sie enthalten jedoch meist die gesamten Farbstoffe des Rohöles gelöst, sind also ohne weiteres für weiße Seifen nicht verwendbar. Auch sind die Seifen in der Regel weniger fest und lassen sich demzufolge auch weniger hoch füllen als die Seifen aus Palmkernöl selbst, anscheinend weil diese Rückstände bei ihrer Herstellung eine Anreicherung an Oleïn erfahren.

**Sheabutter.** Die Sheabutter, auch Karitébutter genannt, wird aus dem Samen einer Bassiaart in Indien und an der Westküste Afrikas gewonnen. Es sind mehrere Spezies der Gattung Bassia, welche Fett liefern, und angeblich sind die Galam-, Mawah-, Choorie- und Phalawarabutter, das Illipe-, Djave- und Noungonöl sämtlich Bassiafett [1]). Die Frucht, von der die Sheabutter stammt, hat die Größe eines Taubeneies. Unter einer dünnen Schale findet sich ein Fleisch von ausgezeichnetem Geschmack, das wieder einen Kern bedeckt, aus dem die Butter gewonnen wird.

Dieselbe besitzt bei gewöhnlicher Temperatur Butterkonsistenz, ist grauweiß oder grünlichweiß, von einer zähen, klebrigen Beschaffenheit, und zeigt einen eigentümlichen, aromatischen Geruch. Sie hält sich sehr lange, ohne ranzig zu werden, und wird deshalb von den Eingeborenen als Speisefett sehr geschätzt.

Die Sheabutter enthält 35 % Stearin und gegen 60 % Oleïn, daneben meist größere Mengen unverseifbarer Bestandteile, deren Betrag zwischen 3,5 und 8 % liegt. Das spezifische Gewicht beträgt 0,9175 bei 15° C, der Erstarrunsgpunkt der Fettsäuren liegt bei 52° C.

Für sich allein versotten, verbindet sich die Sheabutter am besten mit einer 10—12grädigen Lauge und gibt damit, wenn leicht abgerichtet,

[1]) Wiesner, Die Rohstoffe des Pflanzenreiches, Leipzig 1873, S. 211.

einen ziemlich klaren Leim. Der Verband ist aber nur ein sehr loser, indem schon eine verhältnismäßig geringe Mehrzugabe von Lauge genügt, um ihn sofort auseinander zu reißen. Die Grenzlauge ist bei Siedetemperatur gleich einer Natronlauge von 6° Bé und einer Kochsalzlösung von 4,5° Bé. Die Seife selbst ist sehr hart, wenig wasserlöslich und schlecht schäumend. Auch wird sie leicht ranzig und mißfarbig. Die Ausbeute beträgt nur 136 %. Am besten versiedet man die Sheabutter zusammen mit Palmkernöl, Kokosöl, flüssigen Pflanzenölen und Harz, wobei man sie bis zu einem Drittel des gesamten Fettansatzes verwenden kann.

**Illipebutter.** Die Illipebutter, auch Mahwabutter genannt, ist das Fett aus den Samen von Bassia longifolia, einer Sapotacee, welche vornehmlich in Indien und auf den Malayischen Inseln gedeiht. Der Samen enthält 50—55 % Fett. Die Illipebutter des Handels ist meist jedoch nicht rein, sondern mit den Fetten anderer Bassiaarten, insonderheit der sogenannten Mowrahbutter vermischt. Die Illipebutter ist gelb, geschmolzen gelb bis orange und wird an der Luft leicht gebleicht. Sie hat einen bitteren, aromatischen Geschmack und einen charakteristischen Geruch, der an Kakaobohnen erinnert.

In der Regel enthält sie 20—30 % freie Fettsäuren. Die Verseifung der Illipebutter geschieht am besten mit schwachen Laugen von 10 bis 12° Bé. Die Natronseife ist fest und besitzt angenehmen Geruch und gelbe Farbe. Die Grenzlauge ist eine Natronlauge von 7° Bé und eine Kochsalzlösung von 5° Bé.

**Kakaobutter.** Die Kakaobutter wird durch warmes Auspressen der Kakaobohnen aus den Früchten des Kakaobaumes (Theobroma Cacao L.) in den Schokoladenfabriken als Nebenprodukt gewonnen. Der Fettgehalt der Bohnen beträgt 35—50 %. Die Kakaobutter ist in frischem und reinem Zustande gelblich, wird aber mit zunehmendem Alter fast weiß. Sie riecht wie geröstete Kakaobohne und hält sich, sorgfältig aufbewahrt, ohne ranzig zu werden. Ihr Schmelzpunkt liegt nur wenig unter Körpertemperatur, weshalb sie vielfach zu kosmetischen Präparaten und auch in der Pharmazie Verwendung findet. Das spezifische Gewicht des frischen Fettes ist bei 15° C 0,950—0,960, das des alten 0,947—0,950. Die Verseifungszahl ist 192—200, die Jodzahl 34—37. Der Erstarrungspunkt der abgeschiedenen Fettsäuren liegt bei 42—49° C.

Die Güte der Kakaobutter ergibt sich zum Teil aus Geschmack, Geruch und Konsistenz. Infolge ihres hohen Preises wird sie häufig mit Palmkern- und Kokosstearin, sowie mit Dikafett und Rindertalg verfälscht.

Die Verseifung geschieht ebenfalls mit schwachen Laugen von 10—12° Bé, die Natronseife ist fest, gelblich gefärbt und besitzt einen angenehm aromatischen Geruch.

**Dikafett.** Das Dikafett wird aus den Mandeln von Mangifera gabonensis, eines an der afrikanischen Westküste heimischen Baumes gewonnen. Es ist frisch rein weiß, von mildem, kakaoähnlichem Geruch und Geschmack, wird aber nach längerem Liegen gelb und ranzig. Wie das Palmkern- und Kokosöl enthält es die Glyzeride der Laurin- und Myristinsäure und wahrscheinlich auch der Ölsäure und ist sehr leicht verseifbar. Die Verseifungszahl beträgt 244,5, die Jodzahl 30,9—31,3. Die Seifen sind in bezug auf ihre Eigenschaften mit den Seifen des Palmkern- und Kokosöls vergleichbar.

**Muskatnußbutter.** Die Muskatnußbutter, auch Muskatnußöl genannt, wird in Ostindien aus Muskatnüssen, den Samenkernen von Myristicon officinalis gewonnen, welche 38—40 % Fett enthalten. Sie hat Talgkonsistenz, ist von weißlicher Farbe und besitzt Geruch und Geschmack der Nüsse. Die Verseifungszahl beträgt 172,2—178,6, die Jodzahl 40,1—52,0. Die Muskatnußbutter enthält 44—45 % Trimyristin und daneben interessanterweise 4—10 % eines unverseifbaren ätherischen Öles, der Rest besteht aus flüssigem Neutralfett und freien Fettsäuren. Die Verseifung der Muskatnußbutter geht leicht von statten, die Natronseife ist gelb gefärbt, besitzt den Geruch des Ausgangsstoffes und erinnert im übrigen ebenfalls an den Charakter einer Palmkern- oder Kokosölseife.

Weiterhin sind als feste Pflanzenfette zu erwähnen der Pineytalg, der chinesische Talg, das Lorbeerfett u. a., welche aber ebenso wie die vier letztbesprochenen Fette für die Seifenindustrie so gut wie keine Bedeutung besitzen.

## Pflanzliche Öle.

**Leinöl.** Das Leinöl wird aus dem Samen von Linum usitatissimum L., dem Lein oder Flachs, gewonnen. Der Flachs wird in Nordeuropa vorwiegend als Gespinstpflanze gebaut; Rußland, Argentinien, Indien und die Vereinigten Staaten von Nordamerika kultivieren dieses Gewächs jedoch hauptsächlich seiner ölreichen Samen wegen. Die käuflichen Leinsamen unterscheidet man je nach ihrem Verwendungszweck als Leinsaat, wenn sie als Saatgut für den Flachsbau bestimmt sind und als Schlagsaat, wenn sie ausschließlich der Ölgewinnung dienen sollen. Vorwiegend erscheinen im Handel als Schlagsaat unausgereifte Leinsamen, die man gewissermaßen als Nebenprodukt der Flachsgewinnung erhält. Die Flachspflanzen liefern nämlich nur dann eine brauchbare Faser, wenn ihre Einerntung vor der Samenreife erfolgte. Die sich hierbei ergebenden Samen sind daher nur zur Ölgewinnung, nicht aber mehr für die Aussaat tauglich. Für technische Zwecke kommt im allgemeinen lediglich die Schlagsaat in Betracht, da frische Leinsaat nur in jenen Gegenden auf Öl verarbeitet wird, wo Leinöl auch als Speiseöl Verwendung findet.

Im Handel kennt man zwei Arten russischer Saat, die je nach ihrem Ursprung Baltische und Asowsche oder „Schwarze Meer"-Saat genannt werden. Die daraus gewonnenen Öle werden entsprechend als baltisches oder südrussisches Leinöl bezeichnet. Das aus indischer Saat (Bombaysaat) gepreßte Öl wird als indisches gehandelt, das aus argentinischer oder „La Platasaat" gepreßte entsprechend als argentinisches oder La Plataöl.

Die Leinsamen enthalten je nach Herkunft 32—42 % Öl, die gewöhnliche Schlagsaat des Handels jedoch durchschnittlich nur etwa 30 %. Kalt gepreßtes Leinöl ist fast farblos; warm gepreßtes ist von goldgelber Farbe, die aber bei längerem Lagern ins Braune übergeht. Das Öl aus frischem Samen ist schleimig, unklar und trübe; gewöhnlich wird daher zum Ölschlagen 2—6 Monate alter Samen genommen. Das Leinöl besitzt einen eigentümlichen Geruch und wird an der Luft unter Sauerstoffaufnahme bald ranzig und dickflüssig; in dünner Schicht trocknet es zu einem neutralen, in Äther unlöslichen Körper, dem Linoxyn aus. Es hat ein spezifisches Gewicht von 0,9315—0,9345 bei 15° C, und wird erst weit unter 0° fest (nach Saussure bei — 27,5° C). Der Erstarrungspunkt der aus dem Leinöl abgeschiedenen Fettsäuren liegt bei 19,4—20,6°, die Verseifungszahl ist 192—195, die Jodzahl 171—201. Das Leinöl enthält nur etwa 10 % an Glyzeriden fester Fettsäuren, Palmitin und Myristin, während der ca. 90 % betragende flüssige Anteil vornehmlich aus den Glyzeriden der Linolsäure, Linolensäure und Isolinolensäure besteht.

Die Hauptverwendung findet das Leinöl infolge seiner leichten Oxydierbarkeit als sogenanntes trocknendes Öl in der Firnisfabrikation. Ferner kommt es für die Herstellung von Farben, Lacken und Linoleum, und in geringen Mengen auch als Speiseöl in Betracht. In der Seifenindustrie wird es speziell für die Erzeugung transparenter Schmierseifen verwendet, die besonders dann eine schöne, honiggelbe Farbe besitzen, wenn das Leinöl zuvor durch Verrühren mit einem kleinen Quantum starker Kalilauge raffiniert (gebleicht) und auf diese Weise von seinem Gehalt an Farb- und Schleimstoffen befreit wird.

Leinöl verseift sich leicht mit schwachen Laugen von 12—15° Bé, und zwar verarbeitet man möglichst kaustische Laugen, da das Leinöl im allgemeinen einen nur geringen Säuregehalt besitzt. Wenn die Verleimung erreicht ist, können für die Beendigung des Prozesses stärkere Laugen bis zu 25° Bé Verwendung finden.

Die Natronseife ist gelb oder gelbbraun, relativ weich und in Wasser leicht löslich und stark schäumend. Die Grenzlauge ist in der Siedehitze eine Ätznatronlauge von 9° Bé oder eine Kochsalzlösung von 6° Bé. Auf Leimniederschlag gesotten enthält sie 59—59,5 % Fettsäuren, oder 64 % Reinseife, was einer Ausbeute von 160 % entspricht (Merklen). Zur Fabrikation von Riegelseifen, Eschweger Seifen usw. ist das Leinöl jedoch nicht verwendbar, da diese Seifen, von ihrer weichen Beschaffenheit ganz abgesehen, anscheinend auf Grund oxydativer Vorgänge beim Lagern einen unangenehmen Geruch annehmen und dunkle Flecken bekommen. Auch bei der Mitverwendung von Leinöl in nur geringer Menge des Fettansatzes (bis zu 20 %) leidet in der Regel die Festigkeit der Seife, die im Laufe der Zeit ebenfalls fleckig und ranzig wird [1]).

Die Kaliseife, der Typus der eigentlichen Schmierseifen, ist eine transparente, salbenartige Masse von feuriger, braungelber bis grüngelber Farbe und charakteristischem Geruch. Ihre Konsistenz ist, unabhängig von der Außentemperatur, eine ziemlich gleichmäßige, im Sommer wird sie nicht besonders weich, im Winter „erfriert" sie nicht. In Wasser ist sie, wie die Natronseife, leicht löslich und stark schaumbildend. Durch Salzlösungen (Pottasche oder Kaliumchlorid), die sie in großen Mengen aufzunehmen vermag, kann sie weitgehend verlängert werden, außerdem verwendet man zur Füllung aber auch fast regelmäßig Kartoffelmehl oder Pflanzenschleim. Reines, gebleichtes Leinöl ergibt bei Verwendung reiner Kalilauge eine Ausbeute von 235—240 %. Vielfach wird im Sommer aber ein gewisser Teil der Kalilauge durch Natronlauge ersetzt, um eine größere Festigkeit der Seife zu erreichen (Härten der Schmierseife); hierdurch geht jedoch die Transparenz der Kaliseife entsprechend zurück, sie wird trübe und schließlich undurchsichtig. Auch die Ausbeute wird nicht unwesentlich geringer, da die Natronseife im homogenen Leimseifenzustand nur 190 % Ausbeute ergibt, ein Umstand, der nicht immer die genügende Beachtung findet.

**Hanföl.** Das Hanföl wird aus dem Hanf, dem Samen von Cannabis sativa L., geschlagen. Die Pflanze ist diöcisch, so daß also nur die weibliche Pflanze Samen trägt. Mit dem Hanf verhält es sich ähnlich wie mit dem Flachs; auch er wird vorwiegend als Gespinstpflanze gebaut, und die Pflanzen müssen vor der vollständigen Samenreife geerntet werden, wenn die Faser gut sein soll. Zur Ölgewinnung dient deshalb auch hier hauptsächlich der nicht vollkommen ausgereifte Samen, während vollständig reifer Samen meist nur als Saatgut verwandt wird. Hanf wird fast in der ganzen gemäßigten Zone gebaut, der Samen enthält 30 bis 36 % Öl.

Das Hanföl besitzt einen ziemlich starken Geruch und mild faden Geschmack; frisch ist es hellgrün oder grünlichgelb, wird aber mit der Zeit braungelb. Sein spezifisches Gewicht ist 0,925—0,928 bei 15° C, bei — 15° C wird es dick und bei — 27° C fest. Der Erstarrungspunkt der abgeschiedenen Fettsäuren liegt nach Lewkowitsch bei 15,6—16,6°, die Verseifungszahl des Öles ist 190—191,1, die Jodzahl nach Hübl 148—157,5. Das Hanföl gehört zu den stark trocknenden Ölen. Es enthält neben wenig Stearin und Palmitin hauptsächlich das Glyzerid der Leinölsäure neben den Glyzeriden der Öl-, Linolen- und Isolinolensäure. Es verseift sich leicht mit schwachen Laugen. Die Natronseife ist weich und grüngelb, die Kaliseife eine leuchtend grüne, transparente Salbenmasse. Besonders in früheren Jahren wurde das Hanföl vielfach

[1]) Vgl. Seifenfabrikant, 1904, S. 779.

in der deutschen Schmierseifensiederei, namentlich zu Winterseifen verwendet, welche Frost aushalten sollten. Die heutigen grünen Schmierseifen des Handels werden meist jedoch aus anderen Ölen hergestellt und mit Indigkarmin künstlich gefärbt.

**Mohnöl.** Das aus den Samen des Mohns (Papaver somniferum) geschlagene Mohnöl besitzt einen schwachen Geruch und milden Geschmack, es ist beinahe farblos oder auch lichtgelb und klar; das Nachschlagöl ist dunkler. Das Mohnöl hat ein spezifisches Gewicht von 0,9255—0,9268 bei 15° C und wird bei — 18° C fest. Der Erstarrungspunkt der ausgeschiedenen Fettsäuren liegt bei 15,4—16,2° C. Die Verseifungszahl ist 189,0—196,8, die Jodzahl 132,6—136,0.

Das Mohnöl dient bei uns hauptsächlich als Speiseöl; jedoch wird es auch seiner stark trocknenden Eigenschaften wegen in der Ölmalerei benutzt. Für die Herstellung von Seifen wird es wegen seines hohen Preises weniger herangezogen, und nur die dicken Satzöle finden unter Umständen bei der Fabrikation von Schmierseifen Verwendung, die den Leinölschmierseifen ähnlich ausfallen.

**Sonnenblumenöl.** Die Sonnenblume, Helianthus annuus L., deren ursprüngliche Heimat Mexiko ist, wird im südlichen Rußland, Ungarn, Indien und China, seit Kriegsausbruch auch in Deutschland als Nutzpflanze gebaut. Die ungarische Saat enthält 36—45 % Öl, von denen 28—30 % gewonnen werden. Das Sonnenblumenöl ist klar, hellgelb und besitzt, wenn kalt geschlagen, einen angenehmen Geruch und milden Geschmack. Es hat ein spezifisches Gewicht von 0,924—0,926 und erstarrt bei — 16° C. Der Erstarrungspunkt der ausgeschiedenen Fettsäuren liegt bei 17° C. Die Verseifungszahl ist 193—194, die Jodzahl 122,5—133,3. Das Trocknungsvermögen ist geringer als bei den anderen vorbesprochenen Ölen.

Das kalt gepreßte Öl wird heute zum größten Teile als Speiseöl, das heiß gepreßte bei der Firnisfabrikation und namentlich in der Seifensiederei verwendet. Die Natronseife ist blaßgelb, fest und homogen, in Wasser leicht löslich und stark schäumend, doch ist die Härte der Seife nicht befriedigend. Infolgedessen läßt sich das Sonnenblumenöl nur im Gemisch mit festen, talgartigen Fetten für die Herstellung von Riegelseifen verwenden, deren Geschmeidigkeit es wesentlich erhöht. Die Grenzlauge der Seife ist bei Siedetemperatur eine Natronlauge von 7° Bé und eine Kochsalzlösung von 5° Bé.

Die Kaliseife ist auf Grund des hohen Linolsäuregehaltes, den das Sonnenblumenöl aufweist, der Leinölschmierseife ähnlich, sie ist wie diese letztere gelb bis gelbbraun gefärbt und besitzt Glanz und transparentes Aussehen. Temperatureinflüssen gegenüber ist sie ziemlich widerstandsfähig. Die Ausbeute beträgt 235—238 %, doch bleibt zu beachten, daß sich das Sonnenblumenöl nur schwer verseift, und daß daher für die Herstellung der Natronseife sowohl wie die der Kaliseife zunächst sehr schwache Laugen in Anwendung kommen müssen.

**Baumwollsaatöl.** Das Baumwollsaatöl, auch Cottonöl genannt, wird aus dem Samen des Baumwollstrauches (Gossypium) gewonnen, der in den heißeren Zonen, und zwar am besten in der Nähe des Meeres auf feuchtem, den Seewinden zugänglichem Terrain gedeiht. Man kann ungefähr annehmen, daß sein Anbau auf der südlichen Halbkugel bis zum dreißigsten Grade südlicher, auf der nördlichen Halbkugel bis zum vierzigsten, in einigen Gegenden bis zum fünfundvierzigsten Grade nördlicher Breite reicht und mit Erfolg bis zu Höhen von 1550 m über dem Meeresspiegel empor ausgeführt werden kann.

Die Samenkörner sind kleine, mehr oder weniger elliptische Körner von ungefähr 8 mm Länge, welche, in reifem Zustande braun gefärbt, mit einer großen Menge meist weißer Haare (Baumwolle) bedeckt sind und je nach ihrem Herkommen 18—24 % Öl enthalten.

Die Gewinnung des Öles geschieht vornehmlich in Amerika, wo die Saat gewöhnlich in geschältem Zustand gepreßt wird, und in Deutschland, England und Frankreich, wo man die importierte ägyptische, indische und levantinische Saat meist ungeschält der Pressung unterwirft. 1000 kg Saat geben, je nach Beschaffenheit, 150—200 kg Öl.

Das rohe Baumwollsaatöl ist je nach Alter und Herkunft der Saat rötlich bis schwarz gefärbt. In der Regel wird es mit Ätzalkalien raffiniert (gebleicht), wobei die färbenden Substanzen zugleich mit der durch die Neutralisation des Öles gebildeten Seife zu Boden gehen. Das so raffinierte Öl ist neutral und von hellgelber Farbe. Der Raffinationsrückstand wird unter dem Namen „soapstock" gehandelt und entweder zur Seifenfabrikation direkt verwendet oder nach Behandlung mit Mineralsäuren der Destillation unterworfen, wobei man schließlich Oleïn und Cottonstearin erhält. Vielfach wird das Rohöl auch mit Oxydationsmitteln gebleicht. Das so gebleichte Öl ist in der Regel heller gefärbt und zeigt meist eine leichte Fluoreszenz.

Das rohe Baumwollsaatöl ist dickflüssig und hat ein spezifisches Gewicht von 0,922—0,930 bei 15° C. Das raffinierte Öl hat eine strohgelbe Farbe und bei 15° C ein spezifisches Gewicht von 0,923—0,928. Während das rohe Öl im Geschmack und Geruch dem Leinöl ähnlich ist, hat das raffinierte Öl einen rein nußartigen Geschmack. Das Baumwollsaatöl besteht hauptsächlich aus Oleïn (45—50 %), dem Glyzerid der Linolsäure (25—30 %) und enthält außerdem 20—25 % an Glyzeriden fester Fettsäuren. Die Menge der im Cottonöl stets vorhandenen unverseifbaren Bestandteile beträgt nach Allen und Thomson 1,64 %.

Die Verseifungszahl des Baumwollsaatöls ist 191—196,5, die Jodzahl 100,9—116,9. Die abgeschiedenen Fettsäuren erstarren bei 35,6 bis 37,6° C.

Das rohe Baumwollsaatöl dient in Amerika zu Schmierzwecken, zur Firnisfabrikation als Ersatz für Leinöl und zur Seifenfabrikation; das raffinierte Öl wird zur Seifenfabrikation, als Speiseöl, aber auch zur Verfälschung anderer Öle verwandt. Es sollen Olivenöle vorkommen, die zur Hälfte aus Baumwollsaatöl bestehen.

Das rohe und ebenso das mit Oxydationsmitteln gebleichte Öl ist weit leichter verseifbar als das alkalisch raffinierte, da es freie Fettsäuren enthält, während letzteres infolge der Laugenbehandlung neutral ist. Das raffinierte Öl verseift sich allein mit stärkeren Laugen nur sehr schwer, dagegen leicht in Gemeinschaft mit leicht verseifbaren Fetten wie Palmkernöl, Kokosöl usw. Allein kann man es nur allmählich mit schwachen Laugen zur vollständigen Verseifung bringen; eine auf diese Weise erhaltene Seife läßt sich aber nur schwer aussalzen und gibt selbst bei großem Salzzusatz das überschüssige Wasser nicht vollständig ab.

Die in frischem Zustand weiche, nach dem Austrocknen gelbe Seife ist daher relativ weich und stellt keine wirkliche Kernseife dar. Aus alkalisch raffinierten Ölen hergestellt bleicht sie bei Licht- und Luftzutritt nach, während die Seifen aus oxydativ gebleichten Ölen allmählich einen unangenehmen Geruch annehmen und bei gleichzeitigem Nachdunkeln fleckig werden.

Die Natronseife ist in Wasser schwer löslich und schlecht schäumend. Die Grenzlauge ist in der Siedehitze eine Natronlauge von $8^0$ Bé und eine Kochsalzlösung von $5{,}5^0$ Bé. Auf Leimniederschlag gesotten enthält sie 59—59,5 $^0/_0$ Fettsäure, d. h. 64 $^0/_0$ Reinseife, was einer Ausbeute von 160 $^0/_0$ entspricht (Merklen).

Zu harten Seifen findet das Cottonöl insbesondere in Verbindung mit Palmkern- und Kokosöl Verwendung, da es die Seifen aus letzteren zart und geschmeidig macht. Eine Zeitlang war es auch für glattweiße Kernseifen außerordentlich beliebt, aber die oben erwähnten Übelstände sind seiner Allgemeinanwendung hier sehr hinderlich. Außerdem findet das Baumwollsaatöl noch bei der Herstellung glattgelber und Eschweger Seife Verwendung. In Frankreich und Italien wird es in Gemeinschaft mit Erdnußöl sogar in bedeutender Menge zu Marseiller Seifen verarbeitet, doch nicht zum Vorteil des Produktes.

Die Kaliseife ist eine trübe, undurchsichtige Schmierseife von hellgelber Farbe, die in der Wärme gut beständig ist (Sommerseife), in der Kälte aber im Gegensatz zur Leinölseife gefriert. In der Schmierseifenfabrikation verwendet man daher das Cottonöl im Sommer bei der Herstellung transparenter Leinölseifen, die durch diesen Zusatz auch ohne Natronlauge an Festigkeit gewinnen, ferner für undurchsichtige glattgelbe oder glattweiße Schmierseifen, Silberseifen, Salmiakschmierseifen u. dgl.

Auch zu Naturkornseife findet das Baumwollsaatöl Verwendung; doch ist hierbei große Vorsicht erforderlich, da das Korn leicht auswächst. Vor allem ist jeder Natronzusatz zu vermeiden, wenn man den Charakter als Schmierseife nicht gefährden will.

Die Eigenschaft des Baumwollsaatöls, einige Grade über $0^0$ Palmitin auszuscheiden, hat man in Amerika benutzt, um ein an Palmitin armes Öl zu gewinnen. Das abgeschiedene, schmalzartige Fett kommt unter der Bezeichnung, „Cottonstearin“ oder „vegetabilisches Stearin“ in den Handel.

Aber auch dies zeigt bei der Verseifung die üblen Eigenschaften des Baumwollsaatöles, daß weiße Seifen daraus beim Lagern gelbe Flecken bekommen und einen unangenehmen Geruch annehmen.

**Sesamöl.** Die Sesamsaat des Handels besteht aus den Samen zweier Bignoniaceen, Sesamum indicum L. und Sesamum orientale L., als deren Heimat das südliche und östliche Asien gilt. Gegenwärtig wird die Pflanze, und zwar in beiden Formen, wegen des hohen Ölgehalts der Samen (42—48 %) in den meisten tropischen und wärmeren Ländern gebaut, so in Indien, Kleinasien, Griechenland, Ägypten, Algier, Zanzibar, Natal, in den französischen Kolonien an der Westküste Afrikas, Brasilien, Westindien und in neuester Zeit stark in den Südstaaten Nordamerikas. Die Billigkeit des Rohmaterials und der Reichtum der Samen an gutem Öl sind die Ursache, daß der Sesam heute zu den wichtigsten Rohstoffen der Ölgewinnung zählt und namentlich in Frankreich und England, in neuerer Zeit aber auch in Deutschland und Österreich zur Ölpressung genommen wird.

Die Sesamsaat wird meist dreimal gepreßt; die beiden ersten Pressungen erfolgen kalt, die dritte warm. Die kalt gepreßten Öle dienen als Speiseöle, die warm gepreßten hauptsächlich zur Seifenfabrikation. Der Geschmack der Speiseöle ist milde, doch nicht so angenehm wie der des Olivenöls.

Das Sesamöl besitzt eine schöne hellgelbe Farbe und besteht hauptsächlich aus Oleïn (60 %), neben dem es die Glyzeride der Linolsäure (25 %), der Stearin- und Palmitinsäure (12—15 %) enthält. Die Verseifungszahl des Öles ist 188—192, die Jodzahl 106—114,5. Der Erstarrungspunkt der abgeschiedenen Fettsäuren liegt bei 22,9—23,8°.

Das Sesamöl gibt mit Zucker und Salzsäure eine karmoisinrote Farbe, die es ermöglicht, dasselbe im Gemisch mit anderen Ölen sicher zu entdecken. Diese Probe, welche man gewöhnlich als die Baudouinsche Farbenreaktion bezeichnet, wird nach Villavecchia und Fabris [1]) in folgender Weise ausgeführt: Man löst 0,1 g Rohrzucker in 10 ccm Salzsäure vom spezifischen Gewicht 1,19, setzt 20 ccm des zu untersuchenden Öles zu, schüttelt kurze Zeit und läßt die Probe stehen. In Gegenwart selbst der geringsten Menge Sesamöl ist die abgeschiedene wässerige Lösung karmoisinrot gefärbt.

Die besten Sorten Sesamöl dienen vielfach zum Verschneiden von Olivenöl, während es selbst häufig mit Erdnußöl verfälscht wird. Zur Seifenfabrikation finden nur die Nachschlagöle oder die aus schlechtem Samen gepreßten oder aus den Preßkuchen mit Schwefelkohlenstoff extrahierten Öle (Sesamsulfuröl) Verwendung. Zu Riegelseifen kann man

[1]) Zeitschr. f. angew. Chemie 1892, S. 509.

nur die dicken, fast weißen, viel Stearin oder Palmitin enthaltenden Satzöle verwenden, welche sich beim Lagern des Öls absetzen. Die flüssigen Öle können aber als Zusatzöle zu Palmkernöl, Kokosöl, Talg und Palmöl bis zu 30 % genommen werden und ergeben dann ebenfalls gute Seifen, welche fest vom Schnitt sind.

Infolge seines Säuregehaltes läßt sich das technische Sesamöl mit schwachen Laugen (12—15° Bé) leicht verseifen. Die Natronseife ist rötlichweiß bis braungelb, fest und homogen. In Wasser ist sie relativ leicht löslich und von gutem Schaumvermögen. Die Grenzlauge ist bei Siedetemperatur eine Natronlauge von 8° Bé und eine Kochsalzlösung von 5,5° Bé. Auf Leimniederschlag gesotten enthält sie 58 % Fettsäure oder 62,5 % Reinseife, entsprechend einer Ausbeute von 164 % (Merklen). Die so gewonnene Seife ist jedoch weich und feucht und setzt unter Umständen sogar Lauge ab. In Mischung mit talgartigen Fetten macht das Sesamöl daher die Seife weicher und geschmeidiger, färbt sie aber gleichzeitig rötlich.

Die Kaliseife ist eine glänzende, transparente Schmierseife von hellbrauner Farbe. Temperatureinflüssen gegenüber ist sie ziemlich widerstandsfähig. Trotzdem wird das Sesamöl nur selten zur Schmierseifenfabrikation verwandt, da die technischen Qualitäten desselben infolge der Vervollkommnung, welche die Raffinationsverfahren in den letzten Jahrzehnten erfahren haben, nur noch in geringen Mengen angeboten werden, früher aber die Hauptverwendung des Sesamöles auf Marseille beschränkt war, wo Schmierseifen nicht oder nur selten fabriziert werden.

**Maisöl.** Der Mais, der Samen der Maispflanze (Zea Mays L.), enthält 6—9 % Öl und ist somit die ölreichste Getreideart. Das meiste Öl ist in den Keimen enthalten, welche man bei der Stärke-, Glukose- und Alkoholgewinnung aus Mais als Nebenprodukt erhält. Sie enthalten in trockenem Zustand ca. 50 % Öl, das durch Pressung gewonnen wird. Die Hauptproduktionsländer sind Amerika und Argentinien.

Das Maisöl ist ziemlich dickflüssig, von hellgelber bis goldgelber Farbe und angenehmem Geruch und Geschmack. Es hat ein spezifisches Gewicht von 0,9215—0,9255 bei 15° C und erstarrt bei — 10° bis — 15° C zu einer ziemlich festen, weißen Masse. Die Verseifungszahl des Öles ist 189,7—191,9, die Jodzahl 111,2—112,6, der Erstarrungspunkt der Fettsäuren liegt bei 14—16° C. Das Öl zeigt keine Sauerstoffaufnahme und enthält 1,35—1,55 % Unverseifbares.

Die verseifbaren Bestandteile bestehen vornehmlich aus Oleïn und Linoleïn neben 5—8 % an Glyzeriden fester Fettsäuren.

Maisöl verseift sich mit schwachen Laugen ziemlich leicht. Die Grenzlauge ist in der Siedehitze eine Natronlauge von 7° Bé und eine Kochsalzlösung von 5° Bé. Die Natronseife ist hellgelb, fest, aber relativ weich, in Wasser schwer löslich und schlecht schäumend. Ohne den Zusatz talgartiger Fette oder fester Pflanzenfette ist das Maisöl daher nicht zur Fabrikation harter Seifen verwendbar. Mit den genannten Fetten vermischt ergibt es aber schöne, hellgelbe Seifen von homogener, geschmeidiger Beschaffenheit und guter Konsistenz.

Die Kaliseife ist eine feurig-durchsichtige Schmierseife von gelber oder rötlicher Farbe, die gegen Temperatureinflüsse wenig empfindlich ist. Das Maisöl bildet daher bei der Schmierseifenfabrikation einen vorzüglichen Ersatz für das Leinöl. Die Ausbeute beträgt 238—240 %.

**Leindotteröl.** Das Leindotteröl, auch Dotteröl genannt, wird aus dem Leindotter, dem Samen von Camelina sativa L. (Myagrum sativum Crz.), einer Crucifere, geschlagen. Der Samen ist klein, länglich, von gelber Farbe und enthält 32—35 % Öl. Das Leindotteröl ist goldgelb, schwach trocknend und von schwachem, aber eigentümlichem Geruch und Geschmack; es hat ein spezifisches Gewicht von 0,9252 bis 0,9260 bei 15° C und wird bei — 18° C fest. Die Verseifungszahl des Öles ist 188, die Jodzahl 135,3—142,4. Der Erstarrungspunkt der bei gewöhnlicher Temperatur flüssigen Fettsäuren liegt bei 13—14°. Das Leindotteröl wird in verhältnismäßig geringer Menge produziert und hat daher keine große Bedeutung. In der Seifenfabrikation findet es lediglich mit Leinöl vermischt zur Herstellung von Schmierseifen Verwendung. Da diese auch bei größter Kälte nicht erfrieren, nimmt man das Öl im Winter gern zu Naturkornseifen. Im Sommer sind dagegen die Faßseifen aus Leindotteröl nicht zu halten, sie schmelzen schon unter 20° C und haben einen unangenehmen Geruch.

**Sojabohnenöl.** Das Sojabohnenöl wird aus dem Samen einer Leguminose, der Soja hispida Silb. und Zuc. gewonnen, die vornehmlich in China und Japan in großem Maßstabe für Nahrungszwecke angebaut wird. Die Mandschurei produziert allein jährlich bis zu $1^1/_2$ Millionen Tonnen Sojabohnen.

Die Bohne selbst enthält 17—22 % Öl, das durch Pressung und Extraktion teils am Produktionsort, teils auch in Europa erst (England) gewonnen wird. Es ist gelblichweiß gefärbt, besitzt angenehmen Geruch und Geschmack und besteht vornehmlich aus Oleïn und Linoleïn. Daneben enthält es etwa 12 % an Glyzeriden fester Fettsäuren und etwa 0,2 % Unverseifbares (Sojasterol). Das spezifische Gewicht beträgt bei 15° C 0,924—0,927, die Verseifungszahl ist 190,6—192,9, die Jodzahl 122,2—124,0. Der Erstarrungspunkt der Fettsäuren liegt bei 24,1—25,0°.

Das Sojabohnenöl eignet sich in hervorragender Weise zur Seifenfabrikation und gleicht in seinem Verhalten teils dem Maisöl, teils dem Cottonöl. Die Verseifung läßt sich mit schwachen Laugen von 10—12° Bé erreichen, muß aber sorgfältig durchgeführt werden, damit die fertige Seife infolge unvollkommener Verseifung nicht fleckig oder ranzig wird.

Die Natronseife ist goldgelb, fest, aber relativ weich, in Wasser wenig löslich und schlecht schäumend. Die Grenzlauge ist in der Siedehitze eine Natronlauge von 8,5° Bé und eine Kochsalzlösung von 6° Bé. Für sich allein ist das Sojabohnenöl nicht auf Kernseifen zu verarbeiten, doch kann es zu 20—30 % mit talgartigen Fetten oder Palmkern- und Kokosöl versotten das Erdnuß- oder Cottonöl voll ersetzen.

Die Kaliseife ist feurig-durchsichtig, dunkelgoldgelb und Temperatureinflüssen gegenüber genügend beständig. Das Sojaöl läßt sich daher zur Schmierseifenfabrikation in der gleichen Weise verwenden wie das vorbesprochene Mais- und Cottonöl. Im Sommer versiedet man es am besten mit Leinöl gemischt zu 50—60 % des Fettansatzes, während man im Winter nicht über 30 % herausgehen soll. Für die Herstellung von Silberseifen ist es aber nicht in demselben Maße geeignet als Cottonöl, da es weniger feste Fettsäuren enthält, als dieses und daher einen höheren Natrongehalt erfordert. Auch die Farbe läßt, wenn das Öl vor der Verseifung nicht wiederholt gebleicht wurde, zu wünschen übrig, da sie stets einen leicht gelbgrünen Stich besitzt und nicht genügend reinweiß erscheint.

**Rüböl.** Mit dem Namen Rüböl bezeichnet man die Öle der verschiedenen Brassicaarten und unterscheidet je nach der verarbeiteten Saat das Kohlsaatöl, Rübsenöl und Rapsöl. Die Eigenschaften dieser Öle stimmen in allen Hauptpunkten überein. Das spezifische Gewicht schwankt zwischen 0,914 und 0,917 bei 15° C. Der Erstarrungspunkt liegt zwischen — 2° und — 10° C. Die ausgeschiedenen Fettsäuren erstarren bei ungefähr 12° C. Die Verseifungszahl ist 167,7—176,5, die Jodzahl 94,1—104,8. Die Rüböle bestehen hauptsächlich aus den Glyzeriden der Ölsäure, Erukasäure, Rapinsäure, Linol- und Linolensäure und enthalten etwa 1 % unverseifbare Substanz. Der Gehalt an Erukasäure ist die Ursache des sehr niedrigen Verseifungswertes. Die Farbe der Rüböle ist heller oder dunkler braungelb, das Produkt des Vorschlags immer etwas heller als das des Nachschlags. Frisch sind die Rüböle fast geruchlos; das abgelagerte Öl zeigt aber einen eigentümlichen Geruch. Der Geschmack ist kratzend, von flüchtigen Beimengungen herrührend, die besonders in den Ölen des Nachschlags vorhanden zu sein scheinen.

Vor Einführung der Erdöldestillate war das Rüböl in Deutschland das hauptsächlichste Beleuchtungsmaterial; heute dient es vornehmlich als Schmieröl. In der Seifenfabrikation findet es nur selten Anwendung; zuweilen werden aber die dicken Satzöle auf geringwertige, schwarze Schmierseife verarbeitet. Das Rüböl verseift sich auch mit schwachen Laugen schwer, und die daraus dargestellten Schmierseifen sind gegen Temperaturschwankungen sehr empfindlich. Mit Natronlauge gibt das Rüböl eine schlechte, krümelige Seife, die in Wasser nur schwer löslich und Salzlösungen gegenüber sehr empfindlich ist, da die Grenzlauge durch eine Natronlauge von nur 5,5° Bé oder eine Kochsalzlösung von nur 3,5° Bé dargestellt wird.

**Olivenöl.** Das Olivenöl ist unter allen Ölen das am längsten bekannte. Die Kultur des Ölbaumes (Olea europaea sativa L.) ist seit

Jahrtausenden bekannt und wird vornehmlich in den Mittelmeerländern, in Spanien, Portugal, Südfrankreich, Italien, Istrien, Dalmatien, Griechenland, an der marokkanischen Küste, ferner in der Krim und in Palästina betrieben. Seit einigen Jahrhunderten findet man Ölbaumpflanzungen auch in Amerika, besonders in Peru und Mexico, wo stattliche Olivenhaine selbst im sterilen Boden der Küstengegenden anzutreffen sind.

Die völlig reife Olive hat eine dunkelviolette bis schwarze Farbe. Um den ölreichen Kern lagert ein im Reifestadium schlaffes Fruchtfleisch, dessen Parenchymzellen mit einer wässerigen Flüssigkeit gefüllt sind, in der Fetttröpfchen und feine, oft massenweise verbundene, überaus kleine Körnchen suspendiert sind. Das Fruchtfleisch wird von einer Fruchthaut umschlossen, die aus derbwandigen, mit einer violetten Farbstofflösung erfüllten Zellen besteht. Der Ölgehalt der Oliven ist sehr verschieden, er schwankt zwischen 20 und 60 $^0/_0$ und ist abhängig von der Art, der Größe und der Reife der Früchte.

Je nach Art der Gewinnung unterscheidet man verschiedene Handelsqualitäten des Olivenöls, nämlich 1. das durch gelinde, kalte Pressung erhaltene feinste Speiseöl, das den Namen „Jungfernöl" führt, 2. das durch abermalige kalte Pressung der verbleibenden Kuchen erhaltene gewöhnliche Speiseöl, 3. das durch dritte Pressung der nunmehrigen Rückstände gewonnene Fabrikolivenöl (Brennöl), 4. das Nachmühlenöl, das aus den Rückständen eines nach kurzer Selbstgärung der Oliven gewonnenen Öles erhalten wird, 5. das Höllenöl oder Klärgrubenöl, das aus den Waschwässern und Rückständen des Nachmühlenöls erhalten wird und schließlich 6. das durch Extraktion der Preßkuchen mit Schwefelkohlenstoff gewonnene Sulfurolivenöl. Die letztgenannten vier Qualitäten werden ausschließlich zu technischen Zwecken, vornehmlich zur Seifenfabrikation, verwendet, da sie in der Regel einen mehr oder weniger großen Gehalt an freien Fettsäuren aufweisen und durch Oxydation (Bildung von Oxyfettsäuren und Laktonen) eine oft weitgehende Änderung ihrer Eigenschaften erfahren haben.

In den südlicheren Gegenden wird bei der Verarbeitung der Oliven auch der Kern mit zerkleinert und der ganze so erhaltene Brei der Pressung unterworfen; in den nördlicheren Ländern dagegen, wo der Ölbaum zwar noch gedeiht, aber nicht mehr auf einen regelmäßigen Ertrag zu rechnen ist, wird nur das zerquetschte Fruchtfleisch gepreßt, während die Kerne an Extraktionsfabriken geliefert werden. Das daraus gewonnene Öl kommt gewöhnlich unter dem Namen „Olivenkernöl" in den Handel. Es ist dunkelgrün und dickflüssig, enthält größere Mengen freier Fettsäure und setzt leicht und in erheblichem Maße festes Fett ab. Das durch Kaltpressen aus frischen Olivenkernen erhaltene Öl hat eine goldgelbe Farbe und enthält nur geringe Mengen freier Fettsäuren.

Das reine Olivenöl ist von hellgelber bis grünlichgelber Farbe und mildem, angenehmem Geschmack. Die kalt gepreßten Öle enthalten etwa 80 $^0/_0$ Öl, das im wesentlichen Trioleïn ist, während die festen Anteile vornehmlich aus Palmitin und geringen Mengen Arachin bestehen. Das Unverseifbare im Olivenöl ist Phytosterin. Die heißgepreßten Öle sind reicher an Palmitin. Das spezifische Gewicht der kalt gepreßten Öle schwankt bei 15° C zwischen 0,915 und 0,918, während das spezifische Gewicht der heiß gepreßten Öle bis auf 0,925 steigt. Letztere setzen oft schon bei 10° C körnige Ausscheidungen ab und erstarren bei 0°, während ganz feine, kalt gepreßte Öle zuweilen erst bei 2° C anfangen sich zu trüben und bei — 6° C das Palmitin ausscheiden. Die aus dem Olivenöl abgeschiedenen Säuren erstarren bei 16,9—26,4° C. Die Verseifungszahl des Olivenöls ist 185 bis 196, die Jodzahl 77,3—94,7.

In der Regel dient das Fabrikolivenöl zur Herstellung weißer Olivenölseifen, das Nachmühlen- und Höllenöl für marmorierte Marseiller Seifen und das Sulfuröl auch zur Herstellung grüner Textilseifen. Ihrem verschiedenen chemischen Charakter entsprechend zeigen die genannten Öle aber bei und nach der Verseifung wesentliche Unterschiede in ihrem Verhalten. Während sich neutrales Olivenöl nur schwer verseift und einer schwachen, höchstens 10° Bé starken Lauge für die Einleitung der Verseifung benötigt, vollzieht sich die Verseifung der oben genannten technischen Öle ihrem jeweiligen Gehalt an freien Fettsäuren entsprechend mehr oder weniger leicht. Die Natronseifen sind fest, hart, in der Regel von angenehmem Geruch und je nach der Farbe des verseiften Öles weiß, cremefarbig, gelbgrün oder rein grün gefärbt. Die auf Leimniederschlag gesottenen Produkte erstarren in der Regel langsamer als die auf Unterlauge gesottenen, werden aber ebenfalls beim Lagern ziemlich hart. In Wasser sind sie leicht löslich und geben einen feinen beständigen Schaum. Die aus Nachmühlensatzölen gesottenen Seifen zeigen, besonders wenn sie auf Leimniederschlag hergestellt sind, Marmorierung und enthalten infolge ihres hohen Gehaltes an oxyfettsauren Salzen gewöhnlich viel Wasser gebunden. Eine von Merklen aus einem Ölsatz mit 10 % Laktonen hergestellte Seife enthielt beispielsweise 50,5 % Fettsäuren, d. h. also nur 54 % Reinseife. Im Gegensatz hierzu besitzt aber die Seife aus dem Sulfuröl ebenso wie die Seife aus neutralem Öl einen relativ geringen Wassergehalt, da die in flüchtigen Lösungsmitteln praktisch unlöslichen Laktone im Sulfuröl nur in geringem Maße enthalten sind und die daraus hergestellten Seifen demzufolge auch nur ein geringes Bindungsvermögen für Wasser besitzen können. Nach Merklen enthält eine Seife aus Sulfuröl 60,9 % Fettsäuren, d. h. 65,5 % Reinseife, eine Angabe, die mit den praktischen Erfahrungen gut übereinstimmt, da man gewöhnlich mit 157—160 % Ausbeute rechnet. Die gleiche Ausbeute wird auch bei der Verwendung neutralen Olivenöls erreicht.

Die Grenzlauge der Olivenölseifen ist ebenfalls je nach der Qualität der Öle eine verschiedene. Für Seifen aus neutralem Öl wird sie bei Siedetemperatur durch eine Natronlauge von 7° Bé und eine Kochsalzlösung von 5,5° Bé dargestellt. Mit dem Gehalt des Öles an Oxyfettsäuren und Laktonen erfährt die Grenzlaugenkonzentration indessen eine entsprechende Änderung, da die Seifen der Oxyfettsäuren in Laugen und Salzlösungen leichter löslich sind als die unveränderten fettsauren Salze. Für die Seifen aus Nachmühlenöl ist die Grenzlauge daher bereits eine 8° Bé starke Natronlauge und eine 6° Bé starke Kochsalzlösung, für solche aus Nachmühlensatzölen oder Höllenöl eine Natronlauge von 9° Bé und eine Kochsalzlösung von über 6° Bé. Seifen aus Sulfurolivenöl endlich sind in der Siedehitze in einer Natronlauge von 11° Bé und einer Kochsalzlösung von ebenfalls 6° Bé unlöslich. Im großen und ganzen werden also die Olivenölseifen, unabhängig von der Art des Öles, durch die gleiche Kochsalzkonzentration leicht ausgesalzen, während die Aussalzung durch Ätznatron abhängig ist von der chemischen Zusammensetzung des Öles und zwar derart, daß die stark oxydierten Öle eine höhere Konzentration der Lauge erfordern als die reinen und unveränderten Produkte.

Die Kaliseife des Olivenöls ist eine hellgelbe, je nach Art des Öles mehr oder weniger klare Schmierseife, die in Wasser leicht löslich ist und ein gutes Schaumvermögen besitzt. Olivenöl wird jedoch zur Schmierseifenfabrikation nur selten benutzt.

**Erdnußöl.** Das Erdnußöl wird aus den Samen der Erdnuß (Arachis hypogaea), einer Leguminose, gewonnen, welche außerordentlich verbreitet ist und besonders an der Westküste Afrikas und in Indien, außerdem aber auch im Innern Afrikas, in Ostafrika, auf Java und Sumatra, in Südamerika und den südlichen Teilen von Nordamerika, sowie in Südeuropa kultiviert wird. Je nach ihrem Ursprungsort stellen die Erdnüsse verschiedene Varietäten dar. Die afrikanischen, meist in der Schale importierten Nüsse geben bei zweimaliger Kaltpressung ein feines Speiseöl, während die indischen Nüsse entschält importiert werden und bei der Kaltpressung (Bombaynüsse) ebenfalls ein Speiseöl, bei der Heißpressung (Coromandelnüsse) ein besonders für die Seifenfabrikation verwandtes, technisches Öl ergeben. Der Ölgehalt der Nüsse schwankt je nach Herkunft zwischen 42 und 51 %, wovon in der Regel der Preßart entsprechend 30—38 % gewonnen werden.

Das Erdnußöl ist etwas dünnflüssiger als Olivenöl und enthält vornehmlich die Glyzeride der Ölsäure, Linolsäure und Hypogaeasäure, daneben 5—10 % feste Glyzeride, die hauptsächlich aus Arachin und Lignozerin bestehen. Der Gehalt an Unverseifbarem beträgt 0,54—0,94 %. Das kalt gepreßte Öl hat ein spezifisches Gewicht von 0,916 bei 15° C; das spezifische Gewicht der warm gepreßten Öle ist höher und steigt bis 0,920. Das Erdnußöl gehört zu den nicht trocknenden Ölen, ist ziemlich haltbar und wird nicht leicht ranzig. In der Kälte gerinnt es, wie das Olivenöl, etwas über 0°, erstarrt bei — 3 bis — 4° C und wird erst bei — 7° C ganz fest.

Die Verseifungszahl des Erdnußöles wurde zu 185,6—194,8 gefunden, die Jodzahl zu 92,4—100,8. Der Erstarrungspunkt der abgeschiedenen Fettsäuren liegt bei 28,1—29,2.

Das kalt gepreßte Erdnußöl ist farb- und geruchlos, während die technischen Öle mehr oder weniger gefärbt sind und einen unangenehmen Geruch besitzen. In der Regel sind sie auch stark sauer und enthalten häufig 20 % und mehr freie Fettsäure.

In der Seifenfabrikation findet das Erdnußöl Verwendung bei der Herstellung von Kernseifen, Eschweger Seifen und Schmierseifen. Zur Verseifung verwendet man Laugen von 15—18° Bé. Die Natronseife ist fest, auf Unterlauge gesotten grauweiß und ziemlich hart, auf Leimniederschlag weich und schmutziggelb bis hellbraun gefärbt. In Wasser ist sie schwer löslich und schlecht schäumend. Die Grenzlauge ist in der Siedehitze eine über 7,5° Bé starke Natronlauge und eine über 5,5° Bé starke Kochsalzlösung. Die auf Leimniederschlag erhaltene Seife enthält 59 % Fettsäuren, d. h. 63,5 % Reinseife, was einer Ausbeute von 162 % entspricht (Merklen).

Das Erdnußöl hat in mancher Beziehung Ähnlichkeit mit dem Baumwollsaatöl, ohne dessen Nachteile (Fleckigwerden der Seifen) zu besitzen. Zwei Teile Erdnußöl und drei Teile Palmkernöl geben mit Ätznatronlaugen beim direkten Sieden eine tadellose weiße Wachskernseife. Ebenso erhält man aus 70 % Palmkernöl und 30 % Erdnußöl mit Natronlauge sehr schöne, weißgrundige Eschweger Seifen. Dabei verfährt man am zweckmäßigsten in der Weise, daß man mit reiner Ätzlauge von ca. 24° Bé verseift und erst nachher zur Reduzierung der Kaustizität Soda- oder Salzlösung anwendet. Für marmorierte Kernseifen ist das Erdnußöl indessen nicht empfehlenswert, da es im Gegensatz zum Sesamöl einen weniger weißen Grund gibt, der allmählich sogar gelblich wird.

Eine vorteilhafte Verwendung findet das Erdnußöl aber bei der Herstellung kalt gerührter Seifen, vorausgesetzt allerdings, daß der Gehalt an freien Fettsäuren ein nur geringer ist. Eine Seife z. B. aus 70 kg Kokosöl, 30 kg Erdnußöl und 53 kg Ätznatronlauge von 36° Bé übertrifft im Ansehen eine Seife, zu welcher an Stelle von Erdnußöl Talg genommen wurde. Bei transparenten Glyzerinseifen ersetzt es aber den Talg nicht, da die Seifen damit zu weich werden.

Die Kaliseife ist eine hellgelbe, undurchsichtige Schmierseife, die in der Wärme gut beständig ist, in der Kälte aber leicht erfriert. Das Erdnußöl eignet sich daher für die Herstellung von Naturkornseifen, Silberseifen und von Salmiakterpentinseifen und ist für diese Zwecke dem Baumwollsaatöl vorzuziehen, da es insonderheit auch besser als dieses die Mitverwendung von Soda verträgt. Bei der Fabrikation von Glyzerinschmierseife und glatter Ölseife lassen sich im Sommer bis zu 25 % des Ansatzes an Erdnußöl verwenden. Da das Erdnußöl in der Regel aber teurer als das Leinöl ist, wird man es nur ausnahmsweise für diesen Zweck benutzen. Die Verseifung erfolgt gleichzeitig mit dem übrigen Fettansatz in bekannter Weise auf 18—25grädiger Kalilauge.

**Mandelöl.** Das Mandelöl wird aus den Samen der bitteren und süßen Mandel (Prunus amygdalus) in Marokko, auf den Kanarischen Inseln, in Syrien, Persien und Südeuropa gewonnen. Die süßen Mandeln enthalten 45—55 %, die bitteren 35—45 % Öl, das vornehmlich durch Kaltpressung gewonnen wird. Das Mandelöl des Handels ist in der Regel jedoch nicht einheitlich, sondern mit Pfirsichkern- und Aprikosenkernöl vermischt.

Das Mandelöl ist klar, dünnflüssig, schwach gelblich, fast geruchlos und von angenehmem, mildem Geschmack und gehört zu den nicht trocknenden Ölen. Es besteht vornehmlich aus den Glyzeriden der Ölsäure und Linolsäure, enthält von der letzteren jedoch nur etwa 6—10 %. Das spezifische Gewicht des Mandelöles beträgt bei 15° C 0,915—0,920, es erstarrt bei — 20° C und darunter, während das Pfirsichkernöl bei — 18° C und das Aprikosenkernöl bei — 14° C fest werden. Die Verseifungszahl des Mandelöles ist 189,5—191,7, die Jodzahl 93—95,4, der Erstarrungspunkt der Fettsäuren liegt bei 9,5—11,8°.

Die feinsten Sorten Mandelöl finden in der Medizin, andere noch gut und rein schmeckende Öle zum Verschneiden von Speiseölen Verwendung. Die geringeren Sorten sind für technische Zwecke, namentlich für die Herstellung besserer Feinseifen begehrt. Das Mandelöl läßt sich auf kaltem Wege mit konzentrierten Laugen verseifen und bildet dann harte, homogene Natronseifen, die ein gutes Schaumvermögen besitzen und in ihrem Charakter an eine Olivenölseife erinnern.

**Rizinusöl.** Das Rizinusöl wird aus den Samen der Rizinusstaude (Ricinus communis L.) gewonnen, einer Pflanze, die ursprünglich in Ostindien heimisch ist, jetzt aber auch in Algier, Ägypten, Griechenland, Italien und Amerika kultiviert wird. Der entschälte Samen enthält bis zu 50 und 60 % Öl, das teils durch Pressung, teils durch Extraktion erhalten wird.

Im Handel kommen hauptsächlich drei Arten von Rizinussaat vor: amerikanische, indische (Bombay-Saat) und italienische. Diese Saaten zeigen sowohl in der Form, wie in der Farbe einige Abweichungen. Die indische Saat ist durchschnittlich die kleinste, auch in ihrer lichtbraun gesprenkelten Farbe die hellste. Sie gibt beim Pressen das wenigste Öl, da es nicht zu den Seltenheiten gehört, daß sie ca. 20 % taube Samen enthält.

Das Öl aus erster Pressung dient fast ausschließlich pharmazeutischen Zwecken, während die Öle zweiter und dritter Pressung ebenso wie das Extraktionsöl technische Verwendung finden.

Das Rizinusöl ist farblos oder schwach gelblichgrün, von anfangs mildem, hinterher etwas kratzendem Geschmack und sehr schwachem, aber nicht angenehmem Geruch. Es ist sehr zähflüssig und verdickt sich an der Luft weiter, ohne aber selbst in dünnen Schichten vollständig einzutrocknen. Seinen Hauptbestandteil bildet das Glyzerid der hydroxylierten Rizinusölsäure (80—82 %), außerdem enthält es kleine Mengen von Stearin und Dioxystearin. Das spezifische Gewicht des Rizinusöles schwankt zwischen 0,959 und 0,967 bei 15° C. In der Kälte unter 0° setzt das Öl ein weißes, stearinähnliches Fett ab und erstarrt zwischen — 10 und — 12° C zu einer gelblichen, durchscheinenden Masse.

Reines Rizinusöl ist im Gegensatz zu anderen fetten Ölen mit absolutem Alkohol und Eisessig in jedem Verhältnis mischbar. Es löst sich ferner bei 15° C in 2 Teilen 90 %igem und in 4 Teilen 84 %igem Alkohol; dagegen ist es fast unlöslich in Paraffinöl, Petroleum und Petroläther. Mit konzentrierter Schwefelsäure bildet es eine Sulfosäure (Türkischrotöl).

Die Verseifungszahl des Rizinusöles ist sehr niedrig, sie liegt zwischen 176,7 und 183,5. Die Jodzahl des Öles beträgt 81,4—90,6, die Azetylzahl 149,9—150,5. Der Erstarrungspunkt der Fettsäuren liegt bei 3° C.

Reines Rizinusöl hält sich lange Zeit, ohne ranzig zu werden, was nach Lewkowitsch darauf beruht, daß bei der Raffination des Öles mit heißem Wasser das etwa in das Öl gelangte Rizinusferment zerstört wird.

Bei der Verseifung verhält sich das Rizinusöl ähnlich dem Kokosöl. Es läßt sich selbst in der Kälte leicht durch Zusammenrühren mit starker Natronlauge verseifen. Die so erhaltene Seife ist weiß oder grünlichweiß, amorph und durchscheinend und besitzt eine ziemliche Härte. In Wasser ist sie leicht und klar löslich, ebenso selbst in konzentrierten Alkali- oder Salzlösungen. Die Aussalzung ist daher sehr schwierig und nur mit stark konzentrierten Laugen oder Kochsalzlösungen durchführbar. Die Seife scheidet sich alsdann plötzlich in derben Körnern aus, die schnell erstarren und große Mengen von Lauge festhalten. Die Ausbeute ist dementsprechend groß, Merklen erhielt beispielsweise auf einer Unterlauge von 27° Bé eine Seife mit 51,9 % Fettsäure (56,36 % Reinseife), was einer Ausbeute von 185 % entspricht.

Das Schaumvermögen der neutralen Rizinusseife ist ein schlechtes, wird aber weitgehend verbessert, wenn die Seife mit freier Rizinusölsäure leicht angesäuert wird. Auch das Schaumvermögen anderer Seifen, die insonderheit aus talgartigen Fetten hergestellt sind, läßt sich durch die Hinzunahme von etwa 10 % Rizinusöl zum Fettansatz bzw. durch Ansäuern der Seife selbst mit freier Rizinusölsäure bedeutend erhöhen, wobei besonders zu beachten ist, daß diese sauren Seifen weder ranzig werden, noch sonst Eigenschaften besitzen, die ihrer Verwendung hinderlich wären. In der Regel genügt ein Zusatz von 2—5 % freier Säure, um neben anderen Vorteilen den in dieser Richtung günstigsten Effekt zu erzielen [1]).

---

[1]) Seifensiederztg. 1914, 991; 1915, 24.

Das Rizinusöl verleiht den damit hergestellten Seifen ein transparentes Aussehen und wird deshalb vielfach zur Fabrikation solcher kalt gerührten Feinseifen verwandt, welche als Ersatzprodukte für Glyzerinseifen dienen sollen. Bei der Herstellung von Kernseifen ist es jedoch nicht empfehlenswert, mehr als 10 % des Öles zum Fettansatz zu verwenden, da Seifen mit einem höheren Gehalt an Rizinusöl viel Wasser aufnehmen und dadurch an Härte verlieren. Beim Eintrocknen werden diese letzteren allerdings ebenfalls hart, beschlagen aber in der Regel infolge des hohen Salzgehaltes, den sie aufweisen.

Bei der Verseifung mit Kalilauge gibt das Rizinusöl eine klare, hellgelbe Schmierseife, die in Wasser bzw. Salzlösungen ebenfalls leicht löslich ist. Das Öl wird jedoch nur selten zur Schmierseifenfabrikation herangezogen, da es diese Seifen lang und konsistenzlos macht und eine Ausschleifung nicht verträgt.

Neben den bisher besprochenen, natürlich vorkommenden Fetten und Ölen werden der Seifenindustrie aber auch Rohstoffe zugeführt, welche entweder durch eine chemische Umwandlung dieser reinen Naturprodukte oder als Abfall- bzw. Nebenerzeugnisse anderer Industriezweige gewonnen werden. Unter den erstgenannten sind besonders die gehärteten Fette hervorzuheben, welche, von Spezialfabriken in großem Maßstabe hergestellt, für die Fabrikation von Seifen ohne weiteres geeignet sind, während sich die letztgenannten Produkte, die gewöhnlich kurz als Abfallfette bezeichnet werden, ohne eine tiefgehende, chemische Vorbehandlung für die Herstellung von Seifen nur ausnahmsweise verwenden lassen. Die hierbei angewandten Reinigungsverfahren sind der Seifenindustrie selbst allerdings nur zu einem kleinen Teil geläufig, da sie gewöhnlich besonders ausgebildete Spezialapparaturen erfordern, die mit der Erzeugung von Seife an sich wenig zu tun haben. Gerade auf diesem Gebiete ist aber eine große Anzahl reizvoller Probleme geboten, deren intensive Bearbeitung infolge der durch den gegenwärtigen Krieg geschaffenen Lage nicht dringend genug empfohlen werden kann. Will die Seifenindustrie der veränderten Sachlage Rechnung tragen, so wird sie sich, losgelöst von aller Empirie und handwerksmäßigen Routine, diese neuen Verfahren sogar schon bald zu eigen machen müssen, da bei voraussichtlich verringerter Einfuhr die vorbesprochenen Edelfette künftighin in erster Linie für Ernährungszwecke bereitgestellt werden dürften.

**Die gehärteten Fette.** Die Fetthärtung, d. h. die Überführung flüssiger Öle in feste, talgartige Fette ist von großer technischer Bedeutung, weil die Natur im Gegensatz zu den letztgenannten fette Öle in mehr als genügender Menge produziert. Der Weg, der diese Umwandlung in wirtschaftlicher Weise ermöglicht, ist aber erst seit kurzem mit Erfolg beschritten, obwohl die theoretische Erkenntnis dieser Umwandlungsmöglichkeit fast 100 Jahre alt ist. Denn während, wie schon eingangs betont ist, die festen Fette vornehmlich aus den Glyzeriden gesättigter Fettsäuren bestehen, deren Aufnahmefähigkeit für Wasserstoff ihre Grenze gefunden hat, bestehen die Öle vornehmlich aus den Glyzeriden ungesättigter Fettsäuren, die den gesättigten gegenüber einen Mindergehalt an Wasserstoff von 2, 4, 6 und 8 Atomen aufweisen.

Bei Gegenwart sogenannter Katalysatoren, d. h. solcher Substanzen, welche durch ihre Anwesenheit sonst nur träge und unvollkommen verlaufende Reaktionen beschleunigen oder überhaupt erst ermöglichen, nehmen indessen die ungesättigten Fettsäuren, bzw. Öle Wasserstoff auf, um in die entsprechenden gesättigten Verbindungen überzugehen. Aus Trioleïn vom Schmelzpunkt — 6° und der Dichte 0,900 wird beispielsweise durch die Aufnahme von 6 Wasserstoffatomen Tristearin vom Schmelzpunkt 72° und der Dichte 1,010.

Als Katalysatoren (Wasserstoffüberträger) werden heute in erster Linie fein verteilte Metalle, insonderheit Nickel verwandt, das auf Ton, Bimsstein, Kieselgur u. dgl. niedergeschlagen ist. Die Hydrogenisation (Wasserstoffaufnahme) selbst findet gewöhnlich in mit Dampf beheizten Autoklaven statt, in denen das zu härtende Öl mit 1—5 % des Katalysators innig vermischt und nunmehr durch intensive Rührung, Umpumpen u. dgl. mit dem zugeleiteten Wasserstoff in möglichst nahe Berührung gebracht wird. Das Verfahren selbst, das zuerst von W. Normann für die Herforder Maschinenfett- und Ölfabrik Leprince & Sieveke in Herford ausgearbeitet wurde, ist durch das DRP. 141 029 geschützt, neben dem jedoch eine große Anzahl weiterer Patente existiert, die Abänderungen dieses Ursprungsverfahrens, Apparatekonstruktionen, die Herstellung besonders wirksamer Katalysatoren usw. zum Gegenstand haben.

Als Rohmaterial für die Herstellung der gehärteten Fette dienen in erster Linie Fischöle und Trane, insonderheit die guten Qualitäten des Walfischtrans, die vor Ausbruch des Krieges hinreichend billig am Markte waren, daneben aber auch Leinöl, Rizinusöl, wie überhaupt alle fetten Öle, welche ihrer Preislage nach eine Hydrogenisation noch als wirtschaftlich erscheinen lassen. Entsprechend der Wasserstoffmenge, die man mit diesen Ölen in Reaktion bringt, entstehen fast geruchlose, schmalzartige bzw. mehr oder weniger talgartige Produkte von weißer Farbe, die sich durch ihre physikalischen und chemischen Eigenschaften wesentlich voneinander unterscheiden. Die Germaniawerke in Emmerich, welche nach dem ursprünglichen Verfahren von Normann arbeiten und vor Ausbruch des Krieges wöchentlich über 1000 t gehärtete Fette herstellten, brachten beispielsweise folgende Qualitäten in den Handel:

| | Schmelz-punkt | Säure-zahl | Jodzahl | Ver-seifungs-zahl | Er-starrungs-punkt der Fett-säuren |
|---|---|---|---|---|---|
| Talgol (aus Waltran) | 25—37° | 3,5—4,5 | 65—70 | ca. 192 | 35—36° |
| Talgol extra (aus Waltran) | 42—45° | 3,5—4,5 | 45—55 | „ 192 | ca. 43° |
| Candelite (aus Waltran) | 48—50° | 3,5—4,5 | 15—20 | „ 192 | 47,5—50° |
| Candelite extra (aus Waltran) | 50—52° | 3,5—4,5 | 5—10 | „ 192 | ca. 50,5° |
| Coryphol aus Rizinusöl. . . | 80—81° | 3,5 | 5—10 | 180—183 | 68° |

Außerdem als Linolith und Linolith extra ein gehärtetes Leinöl von einem Schmelzpunkt nicht unter 45° bzw. 55°, als Durutol ein gehärtetes Kokosfett vom Schmelzpunkt 60° und als Krutolin einen gehärteten Waltran von schmalzartiger Konsistenz. Die Bremen-Besigheimer Ölfabriken brachten das Brebesol, die Schichtwerke in Aussig a. E. Talgit aus Tran und Linit aus Leinöl, die Hydrogenwerke, welche nach dem Erdmann-Bedford-Williams-Verfahren arbeiten, die entsprechenden Produkte als Tallogen und Linsogen.

Die Preise bewegten sich Mitte 1914 für diese Erzeugnisse zwischen 69 und 74 Mk., d. h. etwa 6 Mk. unter den jeweiligen Talgpreisen und müssen selbst bei relativ billigen Tran- und Leinölpreisen in Anbetracht der hohen Kosten, welche durch den Wasserstoffverbrauch (1 cbm Wasserstoff kostet je nach dem Herstellungsverfahren und der Produktionsmenge 10—15 Pfg.), den Katalysator, die Verzinsung und Amortisation der Fabrikationsanlagen bedingt sind, als durchaus angemessen bezeichnet werden.

Es ist selbstverständlich, daß die chemische Zusammensetzung der gehärteten Fette derjenigen ihrer Ausgangsprodukte entspricht. In den aus Walfischtran hergestellten Erzeugnissen werden also beispielsweise neben den an sich schon darin enthaltenen gesättigten Glyzeriden (Palmitin) die Umwandlungsprodukte aller ungesättigten Glyzeride, insonderheit also der Ölsäure $C_{18}H_{34}O_2$, Gadoleinsäure $C_{20}H_{38}O_2$, Erukasäure $C_{22}H_{42}O_2$, sowie von Säuren der Reihe $C_nH_{2n-8}O_2$ und $C_nH_{2n-10}O_2$ enthalten sein [1]), d. h. einerseits die Glyzeride hoch schmelzender gesättigter Fettsäuren — Stearinsäure $C_{18}H_{36}O_2$ vom Schmelzpunkt 69°, Arachinsäure $C_{20}H_{40}O_2$ vom Schmelzpunkt 77°, Behensäure $C_{22}H_{44}O_2$ vom Schmelzpunkt 83—84° —, andererseits aber infolge einer unvollständigen Absättigung ihrer Doppelbildungen auch mehr oder weniger dünnflüssige Öle. Die gehärteten Fette sind demnach kompliziert zusammengesetzte Gemische gesättigter und ungesättigter Glyzeride, über deren chemische Konstitution noch wenig bekannt ist. Beispielsweise enthält das Talgol 56—61 %, das Talgol extra etwa 50 % ungesättigte Fettsäuren.

---

[1]) Vgl. Benedikt-Ulzer, Analyse d. Fette u. Öle. Berlin 1908, S. 919.

Im allgemeinen können die gehärteten Fette bei der Fabrikation von Kernseifen, Eschweger Seifen und weißen Schmier- oder Silberseifen ohne weiteres an Stelle von Talg bzw. Schmalz (Krutolin) verwendet werden. Sie verseifen sich wie diese nur mit schwachen Laugen, die im Höchstfalle 8—10° Bé haben, emulgieren und verleimen sich mit diesen aber leicht. Die Natronseifen sind gewöhnlich grauweiß, sehr hart, spröde und undurchsichtig, wenn sie auf Unterlauge gesotten, weiß bis cremegelb, aber ebenfalls sehr hart und spröde, wenn sie auf Leimniederschlag hergestellt wurden. Die Ausbeute beträgt in der Regel 158 bis 160%. In Wasser sind die Natronseifen sehr schwer löslich, im allgemeinen sogar schwerer löslich als Talgseifen, und zwar in um so stärkerem Maße, je vollkommener die Hydrogenisation d. h. je kleiner die Jodzahl der verseiften Fette ist. Das Schaumvermögen dieser Seifen ist daher ein geringes, kann aber durch zweckentsprechende Zusätze [1]) nicht unwesentlich gesteigert werden. Die Natronseifen sind weiter leicht aussalzbar, und zwar ist die für die Aussalzung notwendige Salzmenge wieder um so geringer, je vollständiger die verseiften Fette hydriert waren. Im allgemeinen verhalten sich die aus Waltran hergestellten Produkte mit einer Jodzahl zwischen 65 und 70 ebenso wie tierischer Talg, während Fette mit geringerer Jodzahl noch weniger Salz benötigen. Der Geruch der Seifen, welcher früher vielfach bemängelt wurde, ist als gut zu bezeichnen, da mit fortschreitender Entwicklung der Härtungsmethoden auch Mittel und Wege gefunden wurden, die früher während des Härtungsprozesses spurenweis auftretende Zersetzung zu vermeiden, auf welche im wesentlichen der anfangs beobachtete „muffige“ oder „eigenartig brenzliche“ Geruch der gehärteten Fette zurückzuführen war. In der Praxis wird der Talg bei der Fabrikation von Seifen bisher aber nur in seltenen Fällen quantitativ durch gehärtete Fette ersetzt, da man die letzteren im allgemeinen nur bis zu 40% des Fettansatzes mitversiedet.

Die Verhältnisse nach dem Kriege werden aber auch hier eine Korrektur der bisherigen Fabrikationsrezepte erfordern, insonderheit da an sich kein Grund für die Annahme besteht, daß die Herstellung von Seifen lediglich aus gehärteten Fetten unmöglich sei.

Auch Kaliseifen allein aus gehärteten Fetten herzustellen ist durchaus denkbar, zumal der Geruchsträger des Trans, die Clupanodonsäure, bei der Behandlung mit Wasserstoff anscheinend zuerst angegriffen und in eine geruchlose Fettsäure übergeführt wird. Je weiter sich die behandelten Öle mit fortschreitender Hydrogenisation dem Talgcharakter nähern, um so weniger werden sie allerdings als solche für die Schmierseifenfabrikation verwendbar, Produkte vom Talgolcharakter können aber noch immer an Stelle von Talg, beispielsweise in Verbindung mit

---

[1]) s. S. 91 und 126.

Cottonöl, zur Fabrikation von Terpentin-Salmiakschmierseifen u. dgl. verwendet werden.

**Die Abfallfette.** Die bei der Wiedergewinnung bzw. Aufarbeitung industrieller Abfälle und Rückstände gewonnenen Abfallfette unterscheidet man nach ihrem Herkommen als Kadaverfette, Leimfett, Gerberfett, Lederextraktionsfett, Abwässerfett, Walkfett und Wollfett (Wollwachs). Ihnen schließen sich die naturellen Ölrückstände der Speiseölfabriken, der sogenannte soapstock, sowie die aus ihnen erhaltenen Destillate an.

Unter den genannten Produkten für die Seifenfabrikation am wertvollsten sind vornehmlich die Kadaver- und die Leimfette, da sie fast vollkommen frei von unverseifbaren Bestandteilen eine außergewöhnliche Vorreinigung kaum benötigen. Die Kadaverfette werden bei der Vernichtung und Verarbeitung von Tierkadavern und Schlachthausabfällen auf Futtermehl oder Düngemittel als Nebenprodukt erhalten. Zu diesem Zweck werden die Kadaver in geschlossenen Druckgefäßen mit gespanntem Dampf gekocht. Die entstandene Leimbrühe und das Fett werden abgezogen und das letztere durch Umschmelzen und Waschen gereinigt. Die Ausbeute beträgt in der Regel 11 %.

Die Leimfette oder besser Leimsiedereifette, bilden ein Nebenprodukt bei der Verarbeitung von Leimleder, d. h. von ungegerbten Hautabfällen, die entweder in grünem, nicht gekalktem Zustand oder nach einer längeren Behandlung mit Kalk auf Leim verkocht werden. Im erstgenannten Fall wird das auf der heißen Leimbrühe schwimmende Fett durch Abschöpfen als sogenanntes „Abschöpffett“ gewonnen, im zweiten Fall hinterbleibt nach Entfernung der Leimbrühe ein Rückstand, in dem auch das Fett zum größten Teil als Kalkseife enthalten ist. Durch Verkochen mit etwa 10 %iger Schwefelsäure, Zentrifugieren der aufgeschlossenen Masse und gegebenenfalls durch Extraktion der verbleibenden Rückstände erhält man schließlich das aus einer Mischung von Neutralfett und Fettsäuren bestehende „Aufschließfett“.

Das Aussehen und die Eigenschaften der Kadaverfette sind naturgemäß durch die Art der verarbeiteten Kadaver bedingt, in der Regel sind sie schmalz- oder talgartig, weiß bis hellbraun gefärbt und ergeben, gegebenenfalls nach vorheriger Bleichung, feste geschmeidige Natronseifen. Dagegen sind die Leimsiedereifette in bezug auf ihre Farbe und physikalischen wie chemischen Eigenschaften am ehesten dem Knochenfett vergleichbar und finden vornehmlich für die Herstellung von Textilseifen Verwendung.

Die übrigen, oben genannten Abfallfette stellen in der Regel salbenartige oder dickflüssig-ölige Produkte dar, die durch einen mehr oder weniger unangenehmen Geruch, dunkelbraune bis tiefschwarze Farbe, stets wechselnde Zusammensetzung und vor allem durch einen nicht unbeträchtlichen Gehalt an unverseifbaren Bestandteilen charakterisiert sind. Die Gerberfette, die aus gegerbtem Leder entweder durch Abkratzen oder durch Einlegen des Leders in heißes Wasser gewonnen werden, können bisweilen allerdings durch Umschmelzen auf Wasser noch gereinigt werden, im allgemeinen aber ist, wie schon oben erwähnt, die Anwendung der üblichen Reinigungsverfahren zwecklos, da auch die mehr oder weniger vorgereinigten Produkte infolge ihres meist hohen Gehaltes an Unverseifbarem zur Herstellung von Seifen ohne weiteres nicht geeignet sind.

Auch die Lederfette, die durch Extraktion von gegerbten Lederabfällen der Gerbereien und Schuhfabriken, Wollabfällen der Tuchfabriken u. dgl. gewonnen werden, enthalten meist 20—30 % Kohlenwasserstoffe, da zum Einfetten von Leder und Wolle neben tierischen und pflanzlichen Fetten und Ölen auch Mineralöle zur Verwendung kommen. Das Gleiche gilt für die Abwässerfette, die aus Kanal- oder Klärbeckenschlamm, Fäkalien usw. erhalten werden, indem bei der Extraktion des Klärschlammes zugleich mit den fettartigen Bestandteilen auch die unverseifbaren Öle isoliert werden, die in Form von Schmierölen usw. in die Kanalisation gelangen. Die im Handel bisweilen als „Yorkshire grease“ bezeichneten Walkfette endlich, die man aus den seifenhaltigen Waschwässern der Spinnereien und Tuchfabriken durch Schwefelsäure zur Abscheidung bringt, enthalten ebenfalls neben den so gewonnenen Fettsäuren all die Mineralöle, die als Spicköl, Wollöl u. dgl. zum Einfetten der Wolle gedient haben.

Eine zweckentsprechende Reinigung all dieser Produkte wird nun am ehesten durch eine Destillation der Fettsäuren erzielt, nachdem man zuvor die beigemischten Mineralöle durch Destillation[1]) oder Extraktion von den entsprechenden Natron- oder Kalkseifen abgetrennt hat. Zu diesem Zweck verfährt man am besten wie folgt:

Das in Betracht kommende Abfallfett wird in einem Siedekessel oder besser in einem Autoklaven zu einer möglichst trockenen Kalk- oder Natronseife verseift. Je mehr die hierbei nötige Temperatur gesteigert wird, um so sicherer ist das Ergebnis der gegebenenfalls nachfolgenden Extraktion, da — ein gewisser Alkaliüberschuß vorausgesetzt — die Alkali- und Erdalkalisalze ungesättigter Fettsäuren in der Alkalischmelze bei etwa 240° in die Alkali- bzw. Erdalkalisalze gesättigter Fettsäuren übergehen, die im Gegensatz zu den erstgenannten in organischen Lösungsmitteln nicht löslich sind. Nach etwa 6stündiger Erhitzung wird die erhaltene Seife in flache Behälter abgelassen, nach dem Erkalten zerkleinert und in der üblichen Weise mit Benzol, Trichloräthylen u. dgl. extrahiert. Die hinterbleibenden, von Mineralölen nunmehr befreiten Seifen werden durch Salz- oder Schwefelsäure zersetzt und die abgeschiedenen Fettsäuren nunmehr im Vakuum einer Destillation mit überhitztem Wasserdampf unterworfen.

---

[1]) Vergl. DRP. 293167.

Die hierfür üblichen Destillationsapparate sind nach Form und Fassungsraum mancherlei Variationen unterworfen. Sie werden entweder aus Kupfer oder, weniger vorteilhaft, aus Gußeisen für eine Füllung bis zu 5000 kg hergestellt und besitzen kugelige, zylindrische oder ellipsoidische Form. Die bei 120⁰ vorgetrockneten Fettsäuren werden in der Regel durch Vakuum eingesogen oder mittels Montejus eingefüllt. Im Innern der Destillationsblase befinden sich zwecks Zuführung des Dampfes zwei in Brausen auslaufende Rohre, die mit der Dampfleitung verbunden sind und vor Eintritt in den Kessel einen Überhitzer passieren. Der

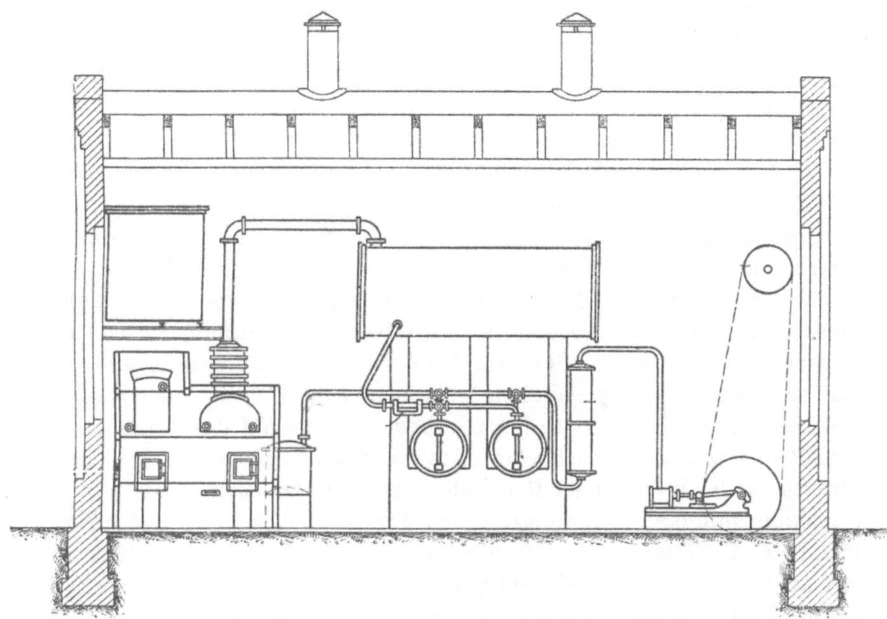

Fig. 5. Schema einer Destillationsanlage.

Kessel selbst trägt einen Helm und Rüsselrohr, das mit einem Kühler verbunden ist. In diesem kondensiert sich das Destillat, das alsdann durch Fettabscheider vom Wasser getrennt und in Sammelbehältern aufgefangen wird.

Die Destillation wird in großen Apparaten gewöhnlich intermittierend betrieben, während kleinere Apparate meist kontinuierlich verwendet werden. Die Nachfüllung der Fettsäuren erfolgt hier durch Ansaugen während der Destillation, und zwar in dem Maße, wie diese selbst fortschreitet. Sie beginnt in der Regel bei 260⁰. Nach einem kurzen Vorlauf sind die bis 280⁰ übergehenden Produkte völlig farblos, darüber hinaus destillieren in der Regel aber nur gelblich bis hellbraun gefärbte Produkte. Nach Beendigung der Destillation hinterbleibt in der Blase ein teeriger Rückstand, Goudron oder Stearinpech genannt, der unter besonderer Vorsicht abgezogen wird und bei entsprechender Konsistenz mancherlei technische Verwendung, beispielsweise als Isolierungsmasse, findet.

Wie schon oben erwähnt, ist es jedoch auch möglich, die durch Verseifung der genannten Abfallfette erhaltene Seifenmasse selbst in der beschriebenen Weise einer Vakuumdestillation zu unterwerfen. Die beigemischten Mineralöle gehen alsdann im Wasserdampfstrom über, während die Seifen, frei von unverseifbaren Bestandteilen als Rückstand hinterbleiben. Nach Zersetzung derselben mit Mineralsäure werden die abgeschiedenen Fettsäuren alsdann erneut dem Destillationsverfahren unterworfen.

Die auf diese Weise aus den obengenannten Abfallfetten erhaltenen Fettsäuren sind ohne weiteres zur Seifenfabrikation verwendbar. Wie das Oleïn verseifen sie sich leicht auf 25—50grädiger Lauge und geben in der Regel schöne, feste Kernseifen von silberglänzendem Aussehen und durchaus einwandfreiem Geruch.

Im Gegensatz zu den bisher besprochenen Fetten und Fettprodukten unterscheidet sich das aus der rohen Schafwolle gewonnene Wollfett durch seine chemische Zusammensetzung wesentlich von den gewöhnlichen Fettstoffen, da die in ihm enthaltenen Fettsäuren nicht an das dreiwertige Glyzerin, sondern an Cholesterin, Isocholesterin und einwertige hochmolekulare Alkohole gebunden sind, die sich in bezug auf ihre Eigenschaften und zwar insonderheit in bezug auf ihre Löslichkeitsverhältnisse sehr wesentlich vom Glyzerin unterscheiden. Da jedoch die Entfettung der Wolle in der Regel nicht durch Extraktion, sondern durch Waschung mit besonders hergestellten Textilseifen geschieht, so enthält das aus den Seifenwässern durch Mineralsäuren abgeschiedene Rohwollfett auch die diesen Seifen entsprechenden, meist ungesättigten Fettsäuren, noch unzersetzte Seifen, Schmutz- und Farbstoffe, und vor allem auch einen nicht unbedeutenden vielfach 40—50 % betragenden Wassergehalt.

Eine Verseifung des Wollfettes ist unter den üblichen Verhältnissen, jedoch nur insoweit möglich, als ihm freie Fettsäuren beigemischt sind, da sich die Fettsäure-Cholesterinester im Gegensatz zu den Fettsäureglyzeriden nur bei Temperaturen über 100° und unter erhöhtem Druck voll verseifen lassen. Bei einer Verseifung im offenen Siedekessel bleibt also das eigentliche Wollfett unverändert und verteilt sich in der durch Neutralisation der vorhandenen Fettsäuren gebildeten Seife. Auf Grund dieser Beständigkeit äußeren Einflüssen gegenüber findet das nach besonderem Verfahren gereinigte, von den Seifenfettsäuren des Waschwassers getrennte Wollfett bekanntlich auch als Lanolin zum Überfetten von Feinseifen vielfache Verwendung.

Eine Verwertung des Rohwollfettes für die Seifenfabrikation selbst wird sich nach dem Obigen also nur ermöglichen lassen, wenn nach völliger Verseifung der wachsartigen Bestandteile im Autoklaven die unverseifbaren Alkohole von den frei gewordenen Fettsäuren nach einer der vorbesprochenen Methoden getrennt und diese letzteren durch Destillation gereinigt werden [1]). Die Extraktion der Natron- oder Kalkseifen mit organischen Lösungsmitteln stößt allerdings auf Schwierigkeiten, die sich nur durch völlige Entfernung der im Rohwollfett enthaltenen ungesättigten Fettsäuren vermeiden lassen. Die vorherige Hydrogenisierung des in geeigneter Weise vorgereinigten Wollfettes, bzw. die Alkalischmelze geben aber ohne weiteres die Möglichkeit zur Umwandlung dieser letzteren in gesättigte Fettsäuren, deren Natron- oder Kalkseifen, wie bereits erwähnt, in den üblichen Extraktionsmitteln völlig unlöslich sind [2]).

Neben den vorbesprochenen Produkten werden häufig auch unter der Bezeichnung „Seifenfett", „Butterfett" u. dgl. Abfallfette angeboten, die als Ölrückstände der Speiseölfabrikation bzw. Raffinationsrückstände der Kunstbutterfabrikation gewonnen werden. Der Hauptvertreter dieser Klasse ist der sogenannte „soapstock", eine bei der Reinigung des Baumwollsaatöles erhaltene, meist dunkel gefärbte Fettmasse, die neben mehr oder weniger Neutralöl im wesentlichen die durch Neutralisation der im Rohöl enthaltenen Fettsäuren gebildete Natronseife und sämtliche Farbstoffe des Rohöles enthält. Der Gesamtfettsäuregehalt des soapstock beträgt in der Regel 40—65 $^0/_0$ teils an Alkali, teils an Glyzerin gebunden.

Die Verarbeitung des soapstock wie überhaupt aller ähnlichen Raffinationsrückstände geschieht in der Regel durch wiederholtes Aussalzen nach voraufgegangener völliger Verseifung mit Natronlauge und durch eine nachfolgende Behandlung mit oxydierend wirkenden Bleichmitteln. Hierdurch wird eine völlige Abtrennung der mechanischen Verunreinigungen und vielfach auch eine weitgehende Entfärbung bewirkt. Je nach Herkunft des Produktes läßt sich aber auch hier häufig eine Reinigung kaum anders bewirken, als durch Destillation der aus den vollverseiften Rückständen mit stärkeren Säuren in Freiheit gesetzten Fettsäuren (soapstock europäischer Herkunft).

Die aus soapstock hergestellten Seifen sind ziemlich weich und enthalten in der Regel 63—66 $^0/_0$ Fettsäure. Ihre Verwertung geschieht am vorteilhaftesten in der Seifenpulverfabrikation, doch ist es selbstverständlich, daß insonderheit die destillierten Fettsäuren das Cottonöl auch bei der Herstellung von Kernseifen usw. ersetzen können.

Für den Einkauf dieser und aller ähnlichen Abfallfette ist als Basis lediglich der Gehalt an „verseifbarem Gesamtfett" anzuerkennen, da

---

[1]) s. DRP. 287741.

[2]) s. Schrauth. Die zweckmäßige Verwendung des Rohwollfettes in der Seifenindustrie. Seifensiederzeitung 1916, **43**, 437.

der Begriff „Gesamtfett“ auch die unverseifbaren, fettähnlichen Körper einbezieht, der Käufer aber nur auf Grund der verseifbaren Bestandteile ein Urteil über den Wert dieser Produkte erhalten kann. In oberflächlicher Weise läßt sich ein solches gewinnen, wenn man das Fett in einem Kölbchen mit graduiertem Halse durch Erwärmen mit verdünnter Schwefelsäure zersetzt, die abgeschiedene Fettsubstanz durch Auffüllen des Kölbchens mit Wasser in den Hals treibt, und dortselbst ihr Volumen zur Ablesung bringt. Auch für die wahre Farbe des Produktes bietet diese Methode einen Anhaltspunkt.

Die oben erwähnten Ölrückstände kommen vielfach aber nicht nur in Form von Seifenpasten, sondern von vornherein als destillierte Fettsäuren (black grease) in den Handel und werden häufig noch durch Pressen in Stearin und Oleïn geschieden. Bei geringem Gehalt an unverseifbaren Bestandteilen können auch diese Produkte selbstverständlicherweise ebenfalls in der Seifenfabrikation Verwendung finden. Ihre Verarbeitung geschieht in der nachbeschriebenen, für die Verseifung von Fettsäuren allgemein üblichen Weise.

## Fettsäuren, Harze und Naphthensäuren.

Seitdem die Spaltung der Fette nach den vorbeschriebenen Methoden auch in der Seifenfabrikation Boden gewonnen hat, kommen neben den Fetten selbst in erheblichem Maße als Rohmaterial auch die Fettsäuren in Betracht, deren Verseifung sich nicht nur durch Ätzalkalien, sondern auch durch Alkalikarbonate ermöglichen läßt, so daß sich, von der vollständigeren Gewinnung des Glyzerins in einer an sich wertvolleren Form ganz abgesehen, auch hier wieder aus der Fettspaltung eine nicht unwesentliche Verbilligung des gesamten Fabrikationsprozesses ergibt.

In früheren Jahren wurde der Seifenindustrie allerdings allein das flüssige Oleïn der Stearinfabrikation angeboten, ein im wesentlichen aus Ölsäure und wechselnden Mengen von darin gelöster fester Fettsäure (Stearin- und Palmitinsäure) bestehendes Gemisch, das als Abfallprodukt bei der Herstellung des Stearins durch Preßarbeit gewonnen wird[1]).

Im Handel unterscheidet man gewöhnlich das dunklere „Saponifikat-Oleïn“ und das helle „Destillat-Oleïn“, je nachdem das Produkt durch Saponifikation, d. h. durch Verseifung der Fette im Autoklaven mit Kalk, Magnesia oder Zink oder durch Spaltung der Fette mit Schwefelsäure (Azidifikation) und nachfolgende Destillation gewonnen ist. Da aber heute in der Regel in den Stearinfabriken nach dem sogenannten

[1]) Der Name des Produktes ist ebenso wie die Bezeichnung „Stearin“ für die gleichzeitig gewonnenen festen Anteile vom wissenschaftlichen Standpunkt aus als unrichtig zu bezeichnen, da der Chemiker mit Oleïn den flüssigen, mit Stearin den festen Anteil der Neutralfette bezeichnen müßte, die hier in Frage stehenden Produkte Glyzerin aber nicht mehr enthalten.

gemischten Verfahren gearbeitet wird, das durch Einschaltung eines Säuerungsprozesses zwischen Autoklavenspaltung und Destillation Fettsäuren von einwandfreier Beschaffenheit in wirtschaftlicher Weise erzielen läßt, so sind die am häufigsten angebotenen Oleïne korrekterweise als „Destillat-Oleïne" zu bezeichnen.

Die Oleïne des Handels sind gelb bis dunkelbraun gefärbte, mehr oder weniger klare Flüssigkeiten, deren Erstarrungspunkt, Jod- und Säurezahl mit der jeweiligen Zusammensetzung wechselt. Außer Ölsäure enthalten sie Palmitin- und Stearinsäure, Isoölsäure und Laktone, bisweilen auch stärker ungesättigte Fettsäuren, wie Linolsäure u. a. Die Saponifikatoleïne enthalten außerdem in der Regel 3—11 % ungespaltenes Neutralfett, die Destillatoleïne häufig Kohlenwasserstoffe, die sich bei der Fettsäuredestillation durch Zersetzung bilden können, doch soll bei sachgemäß geleiteter Destillation der Gehalt an diesen 2—3 % nicht überschreiten. Die Jodzahl der Saponifikatoleïne liegt gewöhnlich zwischen 78 und 82, die der Destillatoleïne meist etwas höher, etwa bei 86, der Gehalt an freien Fettsäuren (Ölsäure) beträgt bei den ersteren 87—95 %, bei den letzteren 93—98 %.

Die Verseifungszahl liegt in der Regel zwischen 198 und 208, die Neutralisationszahl zwischen 170 und 190. Der Erstarrungspunkt der Oleïne wird zwischen 8 und 12° C gefunden, das spezifische Gewicht beträgt bei 15° C 0,897—0,902.

Die Verleimung des Oleïns geschieht am besten mit 24—25grädiger Ätzlauge oder besser, wie schon oben erwähnt, mit Natriumkarbonatlösungen von etwa 30° Bé bzw. Pottaschelösungen von 20—22° Bé.

Für die Herstellung von Natronseifen, die für gewöhnlich relativ weich ausfallen, ist ein möglichst hoher Gehalt an festen Fettsäuren vorteilhaft, weil sich damit die Mitverwendung fester Fette beim Fettansatz mehr oder weniger einschränken läßt. Für die Herstellung glatter Schmierseifen aber ist im Gegensatz hierzu ein möglichst tief schmelzendes Oleïn vorzuziehen, um den bekannten Kristallisationserscheinungen in der Seifenmasse vorzubeugen. In beiden Fällen ist jedoch die Alleinverwendung von Destillatoleïn wenig empfehlenswert, da es eine schlechte Ausbeute ergibt, die erhaltenen Seifen keinen Verband besitzen und eine Füllung kaum vertragen. Natronseifen aus Saponifikatoleïn dagegen sind fest, homogen und besitzen einen eigenartigen, nicht unangenehmen Geruch. Auf Unterlauge gesotten sind sie schmutziggelb, auf Leimniederschlag rötlichgelb bis braun gefärbt, geschmeidig und von gutem Schaum- und Waschvermögen. Die Grenzlauge ist bei Siedetemperatur eine Natronlauge von ungefähr 9° Bé und eine Kochsalzlösung von ungefähr 7° Bé, der Prozentgehalt an Fettsäure beträgt 60,5—61 % entsprechend 65—66 % Reinseife oder eine Ausbeute von 165 %.

Die Kaliseife des Saponifikatoleïns ist eine braune, klar durchscheinende Schmierseife von guter Konsistenz und Temperatureinflüssen gegenüber von genügender Beständigkeit. Da sie ziemlich bedeutende Mengen von Neutralsalzen aufzunehmen vermag, läßt sich die Ausbeute vielfach bis auf 240 und 245 % steigern.

Vornehmlich wird das Oleïn aber für die Herstellung von Textilseifen verwandt, bei denen die äußeren Eigenschaften, vor allem die Konsistenz eine geringere Bedeutung besitzen. In großen Mengen wird es daneben aber auch für die Herstellung von Wasch- und Seifenpulvern benutzt. In Verbindung mit Talg, Knochenfett, gebleichtem Palmöl u. dgl. dient es dann weiter zur Herstellung gewöhnlicher Kernseifen, deren Schaumvermögen und Waschkraft eine sehr befriedigende ist.

Neben dem Oleïn kommen heute aber auch eine große Anzahl anderer Fettsäuren in den Handel, zunächst unter den Namen „Talgfettsäuren", „animalische Fettsäuren", „festes weißes Oleïn" u. dgl. Produkte, welche aus den vorbesprochenen Abfallfetten hergestellt sind und in der Regel einen mehr oder weniger hohen Gehalt an unverseifbaren Bestandteilen aufweisen. In all diesen Fällen sollte der Käufer eine Garantie für den Ursprung der Ware verlangen und beim Einkauf besonders, wie schon oben erwähnt, den Gehalt an „verseifbarem Gesamtfett" als Basis zugrunde legen.

Aber auch die nach den verschiedenen Spaltungsmethoden gewonnenen Fettsäuren werden heute direkt gehandelt. Die Möglichkeiten ihrer Verwendung ergeben sich aus der Verwendungsweise der Neutralfette, aus denen sie erhalten sind. Für ihre praktische Verarbeitung, wie überhaupt für die Verarbeitung von Fettsäuren aller Art, ist jedoch die Tatsache von Bedeutung, daß die aus Fettsäuren hergestellten Seifen vielfach nachdunkeln, leicht fleckig werden und häufig überhaupt nicht rein weiß zu erhalten sind. Es beruht dies darauf, daß Fettsäuren infolge der vielfachen Berührung mit Eisen sowohl bei ihrer Herstellung wie insbesondere auch beim Lagern in eisernen Tanks, Fässern usw. nicht unbedeutende Eisenmengen in Lösung bringen, die zu den erwähnten Übelständen den Anlaß geben. Vor Verarbeitung solcher Fettsäuren ist daher eine sorgfältige Waschung mit verdünnter Salzsäure in der Wärme sehr empfehlenswert, da durch die so erfolgende Entfernung des Eisens einerseits eine wesentliche Aufhellung der Fettsäuren selbst bedingt, andererseits aber auch die Herstellung rein weißer Seifen ermöglicht wird.

**Die Verarbeitung der Fettsäuren.** Die Verwendung der Fettsäuren zur Seifenfabrikation beruht auf einem relativ einfachen chemischen Prozeß, indem die Fettsäuren auf Grund ihres stärkeren Säurecharakters die Fähigkeit besitzen, aus den Alkalikarbonaten die Kohlensäure auszutreiben und sich selbst mit dem Alkali unter Austritt von Wasser zu fettsauren Alkalien zu vereinigen. Die Neutralisation der Fettsäuren verläuft also nach dem durch die folgende Gleichung ausgedrückten einfachen Reaktionsschema:

$$\underset{\text{Fettsäure}}{2\,R.COOH} + \underset{\text{Natrium-karbonat}}{Na_2CO_3} = \underset{\text{Seife}}{2\,R.COONa} + \underset{\text{Wasser}}{H_2O} + \underset{\text{Kohlensäure}}{CO_2}.$$

Die Verarbeitung der Fettsäuren auf diesem Wege, die sogenannte Karbonatverseifung, begegnete anfangs aber einem starken Vorurteil, da man zunächst nicht imstande war, die durch das Entweichen der Kohlensäure gegebenen technischen Schwierigkeiten zu überwinden und außerdem die Ansicht vertrat, daß diese Arbeitsweise schlecht aussehende Ware liefere. Mit der Zeit ist dieses Vorurteil aber völlig geschwunden, zumal sich das Verfahren selbst ohne weiteres durchführen läßt, wenn man im Gegensatz zu der bei der Verseifung von Neutralfetten üblichen Arbeitsweise die Fettsäure allmählich zur Lauge gibt. Die Ansätze zur Karbonatverseifung dürfen allerdings höchstens zwei Drittel so groß sein, als beim Sieden mit kaustischer Lauge, weil beim Entweichen der Kohlensäure ein nicht unbedeutender Steigeraum im Kessel vorhanden sein muß. Des weiteren ist zu beachten, daß die technischen Fettsäuren je nach dem Spaltungsverlauf einen mehr oder weniger großen Prozentsatz an Neutralfett aufweisen, dessen Verseifung naturgemäß nach voraufgegangener Neutralisation der Fettsäuren selbst nur durch Ätzalkalien bewirkt werden kann.

Die Karbonatverseifung wird daher in der folgenden Weise ausgeführt. Die vorher genau berechnete Menge von kohlensauren Alkalien, ganz gleich, ob kalzinierte Soda oder Pottasche, wird in etwa der doppelten Menge Wasser aufgelöst und nach Zusatz von etwa 10—15 $^0/_0$ Kochsalz im Siedekessel bis zum Kochen erhitzt. Hierauf läßt man die vorher flüssig gemachte Fettsäure zufließen, während man die Karbonatlösung in beständigem Sieden erhält. Die zufließende Fettsäure verbindet sich sofort mit dem Alkali, wobei Kohlensäure frei wird und unter starkem Schäumen und Steigen der Seifenmasse entweicht. Man hat daher den Fettsäurezufluß so zu regeln, daß ein Übersteigen der Seife nicht erfolgen kann, was vermieden wird, wenn die Fettsäure nur so stark zuläuft, daß sie sofort von der durchstoßenden Karbonatlösung in Seife übergeführt wird. In besonders kritischen Momenten stellt man den Fettsäurezufluß so lange ab, bis alle im Kessel befindlichen Teile verseift sind. Am leichtesten tritt ein Überschäumen ein, wenn der letzte Rest der Fettsäure zur Verseifung gelangt, so daß man also dann besonders auf ihren langsamen Zufluß zu achten hat. Des weiteren ist es zweckmäßig, sich bei der Karbonatverseifung einer Wehrmaschine zu bedienen, mit deren Hilfe man sich ungleich leichter vor dem Übersteigen der Seife schützen kann, als beim Gebrauche des Handspatels. Sobald die letzte Fettsäure Verseifung eingegangen ist, läßt das Steigen der Seife merklich nach, dessen ungeachtet ist es indessen nötig, das Sieden noch längere Zeit fortzusetzen, damit der frei gewordenen Kohlensäure Gelegenheit zum völligen Entweichen gegeben wird. Die Seife wird währenddessen immer schwerer und fängt allmählich an zu fallen. Liegt sie endlich im Kessel, ohne sich wieder heben zu können, so ist anzunehmen, daß die Kohlensäureaustreibung beendet ist, und das weitere Sieden kann in der Weise fortgesetzt werden, daß man die für das in der Fettsäure noch enthalten gewesene Neutralfett nötige Ätzlauge einbringt. Nach deren Zugabe tritt sofort wieder ein normales Sieden ein, die vorher schwerfällige und trübe Seife wird dunkel, leimig und schließlich leichtflüssig. Sie kann nun abgerichtet und wie eine aus Neutralfetten gesottene Seife regelrecht fertig gemacht, verschliffen, bzw. ausgesalzen werden. Die Laugenabrichtung ist immer etwas kräftig zu halten, weil alle Seifen aus Fettsäuren etwas nachgreifen, so daß sich ein anfänglicher Alkaliüberschuß nach einiger Zeit wieder verliert.

Für die Berechnung der für die Durchführung des Verfahrens erforderlichen Karbonatmengen ist es zu beachten, daß mit Ausnahme der Palmkern- und Kokosölfettsäuren, deren Neutralisationszahl bei etwa 250—265 liegt, 100 kg einer 100 $^0/_0$igen Fettsäure etwa 20 kg Ammoniaksoda benötigen, und daß sich diese Menge entsprechend dem analytisch zu ermittelnden Neutralfettgehalt für je 5 $^0/_0$ Neutralfett um etwa 1 kg verringert. Die erforderliche Menge Ätzlauge ergibt sich dann ebenfalls ohne weiteres auf Grund der Analyse.

Für die Herstellung von Schmierseifen aus Fettsäuren ist die Anwendung der Karbonatverseifung im allgemeinen nicht empfehlenswert. Bei dieser Arbeitsweise würde sich nämlich eine Verteuerung des Prozesses herausstellen, da sich die elektrolytische Kalilauge billiger stellt als kalzinierte Pottasche.

Man verfährt deshalb beim Sieden von Schmierseifen aus Fettsäuren in der folgenden Weise:

Auf je 100 kg Fettsäure berechnet man 40 kg elektrolytische Ätzkalilauge von 50$^0$ Bé und, je nach der Jahreszeit, bei glatten Schmierseifen 5—6 kg, bei Naturkornseife 10—12 kg kalzinierter Pottasche. Die Ätzlauge wird mitsamt der darin gelösten Pottasche auf 28—30$^0$ Bé gestellt, wenn man mit direktem Dampf arbeitet, auf 26—27$^0$ Bé dagegen, wenn nur Freifeuerung vorhanden ist. Nachdem man die Lauge bis zum Sieden erhitzt hat, läßt man die Fettsäure zufließen, wobei zwar ebenfalls sofortige Verseifung, jedoch kein heftiges Steigen eintritt. Allmählich geht die anfangs stark übertriebene Seife Verband ein und liegt schließlich, wenn das Laugen- und Wasserverhältnis gut getroffen ist, als eine fertig abgerichtete und eingedampfte Seife im Kessel, die sich nachträglich wie eine Seife aus Neutralfetten schleifen oder füllen läßt.

**Die Harze.** Neben den vorbesprochenen Fetten und Fettsäuren kommen für die Seifenfabrikation auch die dem jungen Holze und der Rinde von Fichten und Tannen entfließenden, gewöhnlich als Fichtenharz bezeichneten Produkte in Betracht, die besonders in Frankreich und Amerika in großem Maßstabe gesammelt werden. Durch trockene Destillation der Rohharze wird das Terpentinöl von dem als klar schmelzender Rückstand verbleibenden Kolophonium abgetrennt, das nach einer Klärung und Filtration in der Kälte zu einer glasglänzenden, spröden und pulverisierbaren Masse von rötlichgelber bis dunkelbrauner Farbe erstarrt. Das spezifische Gewicht des Kolophoniums liegt bei 15° zwischen 1,045 und 1,085, der Schmelzpunkt je nach Herkunft und Qualität zwischen 70 und 100°, bisweilen aber auch erst bei 120—130°. In Wasser ist das Kolophonium unlöslich, leicht löslich dagegen in fast allen organischen Lösungsmitteln. Seinem chemischen Charakter nach besteht es, von 15—20 % unverseifbaren Bestandteilen abgesehen, hauptsächlich aus freien Säuren (Abietinsäure und Pimarsäure), die in bezug auf ihre Konstitution jedoch mit den Fettsäuren nicht identisch sind, trotzdem sie wie diese in Wasser leicht lösliche Alkalisalze bilden, die sich wie echte Seifen verhalten. Die Verseifungszahl des Kolophoniums liegt in der Regel zwischen 145 und 195, doch sollte man aus Zweckmäßigkeitsgründen Harze mit einer Verseifungszahl unter 150 zur Seifenfabrikation nicht verwenden.

Das Kolophonium verseift sich am besten mit schwachen Laugen von 10—15° Bé, mit denen es beim Sieden leicht in Lösung geht. Die gebildeten Seifen sind weich und schmierig, stark schäumend und besitzen ein gutes Reinigungsvermögen. Durch Kochsalz werden sie in konzentrierter Lösung, aber auch dann nur unvollkommen, ausgesalzen. Auf Grund dieser Eigenschaften wird das Harz in der Seifenfabrikation daher lediglich als billiger Zusatzstoff bei der Herstellung von Fettseifen verwendet, deren Aussehen und Schaumvermögen eine Verbesserung erfahren sollen. Seine Mitverwendung ist durchaus statthaft und keineswegs als Füllung oder Fälschung anzusehen. Es findet daher vornehmlich bei der Herstellung von Hausseifen, und zwar insonderheit der sogenannten Oranienburger Kernseifen, Verwendung, während Zusätze zu glattweißer Kernseife seltener sind. Auch zum Aussieden (Ausstechen) des Leimniederschlages wird es viel benutzt, wobei gleichzeitig durch Verbleiben der Farbstoffe in der Unterlauge eine Reinigung des Produktes erzielt wird. Bei der Herstellung brauner Harzkernseifen beträgt seine Menge oft 50—60 % des Fettansatzes; gewöhnlich wird es mit minderwertigen Fetten gemischt verarbeitet, deren Geruch es durch seinen aromatischen Eigengeruch verdecken soll.

Für die Verseifung selbst wird das Harz gewöhnlich in den gleichzeitig verwandten Fetten geschmolzen, es ist jedoch nicht immer nötig, dasselbe gemeinsam mit den Fettstoffen zu verleimen, da es auf Grund seines sauren Charakters auch während oder nach Beendigung des Durchsiedens in den Kessel gebracht werden kann. Bei gleichzeitiger Verwendung von Fettsäuren wird die Verseifung am besten durch Karbonat bewirkt.

Die Harze sind sowohl in dunklen als in hellen Qualitäten im Handel, und insonderheit die amerikanischen Harze, werden nach ihrer Farbe, Verseifungszahl und Reinheitsgrad mit Buchstaben derart bezeichnet, daß die Anfangsbuchstaben des Alphabets die dunkelsten Sorten, die späteren Buchstaben die helleren Qualitäten bezeichnen. Die Marken W. W. G. (Window-Glass) und W. W. (Water White) sind die hellsten, doch werden für die Seifenfabrikation meist nur die Marken G. und J. verwendet.

Man hat sich vielfach bemüht, neben den natürlichen tierischen oder pflanzlichen Fetten und Ölen, auch die Erdöldestillate für die Herstellung von Seifen nutzbar zu machen. Die Oxydation der Petroleumkohlenwasserstoffe zu den ihnen entsprechenden Karbonsäuren ist theoretisch ohne weiteres denkbar und auch praktisch in kleinerem Maßstabe durchgeführt worden[1]). Eine technisch-wirtschaftliche „Verseifung" dieser Naturprodukte ist jedoch bisher nicht möglich gewesen.

Die bei der Erdölraffination abfallenden Naphthensäuren bieten aber ein für die Seifenfabrikation beachtenswertes Rohmaterial, das besonders in den Produktionsländern als Seifensurrogat viel benutzt, neuerdings aber auch in Deutschland in größeren Mengen angeboten wird.

Die Naphthensäuren werden in Form ihrer Alkalisalze bei der Raffination insonderheit des kaukasischen Erdöls mittels Ätzlauge als schmierige, unangenehm riechende Masse von brauner Farbe und weicher Konsistenz erhalten, die in Rußland als „Myloin", in Deutschland vielfach als „Mineralseife" bezeichnet wird. Ihre Zusammensetzung schwankt in weiten Grenzen, in der Regel enthalten sie gegen 50 % Naphthensäuren neben 18—20 % Gesamtalkali und ca. 30 % Wasser. Durch Behandlung mit Mineralsäure und nachfolgende Destillation lassen sich die Naphthensäuren als ein hellfarbiges Produkt mit der ungefähren Säurezahl 255 gewinnen, dessen Allgemeinverwendung lediglich durch den schon oben erwähnten, unangenehm penetranten Geruch erschwert ist. Nach dem DRP. 179 564 lassen sich die Geruchsbildner jedoch durch Oxydation, insonderheit mit Kaliumpermanganat, zerstören und ebenso findet auch in der Alkalischmelze, der man am besten sogleich das rohe Myloin unterwirft, ähnlich wie in den vorbesprochenen analogen Fällen eine Desodorisierung statt.

Die durch Neutralisation der Naphthensäuren mit Natronlauge erhaltenen, in Wasser leicht löslichen und gut schäumenden, seifenähnlichen Produkte sind relativ weich und auch durch Härtung mittels Salz oder Lauge nicht in fester Form zu erhalten. Im Gegenteil verträgt der Seifenleim viel Salz, ohne daß eine eigentliche Aussalzung eintritt. Am besten werden die Naphthensäuren daher gemeinsam mit härteren Fetten, wie Talg, gehärteten Fetten, gegebenenfalls unter gleichzeitigem Zusatz von Palmkern- oder Kokosöl verseift. Auch ihre Verwendung als

---

[1]) S. z. B. Zelinski, Seifensiederzeitung **30**, 273, DRP. 151 880.

Oleïnersatz bei der Fabrikation von Seifenpulvern u. dgl. ist durchaus empfehlenswert.

Die Kaliseife der Naphthensäuren ist eine gelbbraun bis rotbraun gefärbte Schmierseife, die Transparenz, Glanz und in wässeriger Lösung eine gute Schaumfähigkeit besitzt. Temperaturschwankungen gegenüber ist sie genügend widerstandsfähig, so daß die Naphthensäuren, insonderheit nach erfolgter Desodorisierung, auch zur Schmierseifenfabrikation sowohl für sich allein, als mit anderen geeigneten Ölen vermischt, anstandslos verwendbar sind.

## Die Alkalien.

Mit dem Namen Alkalien bezeichnet man die Oxyde einer kleinen Gruppe von Metallen, welche sich dadurch auszeichnen, daß sie leichter sind als Wasser, sich an der Luft sehr leicht oxydieren und schon bei gewöhnlicher Temperatur das Wasser unter Entwicklung von Wasserstoff zersetzen. Die Oxyde dieser Metalle sind die stärksten Basen, welche man kennt; sie verbinden sich mit Wasser zu Hydraten, den sogenannten kaustischen Alkalien. Diese haben einen ätzenden, laugenartigen Geschmack, zerstören die Haut und alle organischen Gewebe und sind im Wasser leicht löslich. Ihre Lösungen färben gerötete Lackmustinktur blau und Curcumalösung braun; sie reagieren, wie man sagt, alkalisch. Aus der Luft ziehen sie Wasser und Kohlensäure an.

Von den Alkalihydraten finden zwei eine ausgedehnte technische Verwendung: das Kaliumhydrat (KOH) oder Ätzkali und das Natriumhydrat (NaOH) oder Ätznatron. Zu ihrer Darstellung dient das betreffende kohlensaure Alkali, also das kohlensaure Kalium ($K_2CO_3$) oder Pottasche und das kohlensaure Natrium ($Na_2CO_3$) oder Soda. Das gewöhnliche Mittel zur Verwandlung der kohlensauren Alkalien in die Alkalihydrate ist der gelöschte Kalk, das Kalkhydrat (Kalziumoxydhydrat) $Ca(OH)_2$. Werden Lösungen von kohlensauren Alkalien mit Kalkhydrat zusammengebracht, so findet eine Umsetzung in der Weise statt, daß die Kohlensäure der Alkalien sich mit dem Kalziumoxyd zu kohlensaurem Kalk verbindet, der, in Wasser unlöslich, zu Boden fällt, während das Alkali mit dem Hydratwasser des Kalkes als Alkalihydrat gelöst bleibt, entsprechend den Gleichungen:

$$\underset{\text{Soda}}{Na_2CO_3} + \underset{\text{Kalkhydrat}}{Ca(OH)_2} = \underset{\text{kohlens. Kalk}}{CaCO_3} + \underset{\text{Ätznatron}}{2\,NaOH}$$

$$\underset{\text{Pottasche}}{K_2CO_3} + \underset{\text{Kalkhydrat}}{Ca(OH)_2} = \underset{\text{kohlens. Kalk}}{CaCO_3} + \underset{\text{Ätzkali.}}{2\,KOH}$$

Neben den Ätzalkalien sind also auch die Alkalikarbonate, Soda und Pottasche, für die Seifenfabrikation von großer technischer Bedeutung. Ihre Herstellung sowie die Eigenschaften der wichtigsten Handelsqualitäten sollen daher zunächst im folgenden behandelt werden.

## Die Soda.

Die Soda kommt in den Handel nach ihrer Abstammung 1. als natürliche Soda in sehr geringer Menge und 2. als künstliche Soda in größtem Umfange.

**Natürliche Soda.** Kohlensaures Natron findet sich in der Natur weit verbreitet als Bestandteil vieler Mineralien und aufgelöst in vielen natürlichen Wässern, so in den Natronseen von Ungarn, Ägypten, Zentralafrika, in den Steppen zwischen dem Schwarzen und Kaspischen Meere, in der großen nordamerikanischen Ebene zwischen den Alleghanis und Rocky Mountains, in Mexiko, Südamerika usw., ferner auch als Auswitterung an vielen Orten, namentlich in der Nähe solcher Natronseen.

In der Nachbarschaft von Solquellen, in Salzsteppen, vorzugsweise aber am Meeresstrande, wachsen des weiteren Pflanzen, welche organische Natronsalze (oxalsaures und weinsaures Natron) enthalten. Aus der Asche dieser Strandpflanzen wurde bis zu Ende des 18. Jahrhunderts der größte Teil der Handelssoda hergestellt, die in dieser Weise heute aber lediglich an den schottischen und irischen Küsten, am Mittelmeer in Sizilien und Sardinien, an der spanischen Küste, namentlich in der Provinz Valencia, in Marokko, auf Teneriffa, sowie in den Steppen von Südrußland und Armenien gewonnen wird.

Da die Pflanzensoda nur eine gesinterte, nicht durch Auslaugen gereinigte Pflanzenasche ist, so enthält sie naturgemäß auch die sämtlichen anorganischen Bestandteile der Pflanzen selbst. Bei Behandlung mit Wasser bleibt daher stets ein bedeutender Rückstand von Kalk-, Aluminium-, Eisenoxyd u. dgl., während der in Wasser lösliche Teil neben kohlensaurem Natron (und kohlensaurem Kali) stets auch Alkalichloride und -sulfate enthält. Es ist daher verständlich, daß die natürliche Soda fast überall durch die künstliche verdrängt worden ist und fast nur noch in den Ländern Anwendung findet, in denen sie produziert wird.

**Künstliche Soda.** Bis zur französischen Revolution war die durch Veraschung von Holz gewonnene Pottasche ungleich wichtiger als die relativ schwer erhältliche Soda. Als aber mit der Entwicklung der Baumwollindustrie und vieler anderer Industriezweige die Nachfrage nach Alkalikarbonaten nicht mehr befriedigt werden konnte, war es natürlich, daß man sich bemühte, für die stetig im Preise steigende Pottasche einen Ersatz aus dem überall zugänglichen Kochsalz herzustellen. Einen bedeutenden Antrieb gab diesen Bestrebungen der schon erwähnte Preis von 2400 Livres, welchen die französische Akademie der Wissenschaften 1775 für die beste Methode zur Umwandlung des Kochsalzes in Soda ausgesetzt hatte.

Die ersten Bewerber um diesen Preis waren der Benediktinerpater Malherbe (1778), Guyton de Morveau und Carny (1782) und de la Métherie. Die von diesen empfohlenen Verfahren vermochten sich jedoch nicht lange zu halten, da das nach denselben dargestellte Produkt weder im Preise, noch in der Qualität mit der aus Spanien kommenden Pflanzensoda konkurrieren konnte. Erst Nicolas Leblanc hat das nach ihm benannte Verfahren der Sodagewinnung mit solcher Vollkommenheit hingestellt, daß es auch heute noch technische Bedeutung besitzt.

Das Leblanc-Verfahren besteht darin, daß man ein Gemenge von kalziniertem schwefelsauren Natron (Glaubersalz), kohlensaurem Kalk und Kohle erhitzt; es entsteht alsdann kohlensaures Natron unter gleichzeitiger Bildung von Schwefelkalzium und Kohlensäure.

Das schwefelsaure Natron (in der Sodaindustrie kurz als Sulfat bezeichnet) wird durch Behandlung von Kochsalz mit konzentrierter Schwefelsäure bei hoher Temperatur gewonnen; es resultieren dann schwefelsaures Natrium und Salzsäure, entsprechend der Gleichung:

$$\underset{\text{Kochsalz}}{2\,NaCl} + \underset{\text{Schwefelsäure}}{H_2SO_4} = \underset{\text{Salzsäure}}{2\,HCl} + \underset{\text{schwefels. Natrium}}{Na_2SO_4}$$

Der kohlensaure Kalk wird sowohl als Kalkstein, wie als Kreide angewandt. Als Kohle dient meist Steinkohle, in manchen Gegenden auch Braunkohle, während Leblanc selbst Holzkohle empfohlen hatte. Seine Mischung bestand aus 100 Teilen kalziniertem Sulfat, 100 Teilen Kreide und 50 Teilen Holzkohle. Die Schmelzung der Sodamischung findet in Flammenöfen bzw. in drehbaren Zylinderöfen statt.

Die so erhaltene Rohsoda besteht im wesentlichen aus 36—40 % kohlensaurem Natron und ca. 30 % Schwefelkalzium, Ätzkalk, kohlensaurem Kalk und 1—3 % NaOH. Auch geringe Mengen Chlornatrium, schwefelsaures sowie kieselsaures Natrium, ferner ½—1 % Schwefelnatrium sind in der Schmelze enthalten. Infolgedessen wird sie in der Regel einem Auslaugeprozeß unterworfen, der zu einem Produkt von größerer Reinheit und Haltbarkeit führt.

Das Auslaugen der Rohsoda erfolgt systematisch in sogenannten Shanksschen Apparaten, um mit möglichst wenig Kosten eine konzentrierte Lösung zu erreichen. Die erhaltene Rohsodalauge wird alsdann durch Eindampfen konzentriert. Das sich dabei abscheidende Salz wird mit durchlöcherten Schaufeln herausgenommen und in einen Trichter geworfen, aus welchem die Mutterlauge in die Eindampfpfanne zurückläuft. Das verdampfte Lösungswasser wird durch Rohsodalauge ersetzt, bis die Mutterlauge das sich ausscheidende Salz zu sehr verunreinigt und alsdann für sich getrennt aufgearbeitet wird.

Nunmehr wird die gewonnene Soda in Flammenöfen kalziniert, wobei man je nach den Umständen ein Produkt mit einem Reinsodagehalt von 90—97 % erhält. Die so gewonnene Soda wird alsdann entweder gemahlen oder für manche Zwecke noch einmal raffiniert. Eine gute kalzinierte Soda (Sekunda-Soda), wie sie nach der Beschreibung erhalten wird, soll weiß, nicht gelb oder gar rötlich sein. Häufig ist die Farbe bläulich, was von mangansaurem Natron herrühren kann, welches sich schon in der Rohsoda bildet, neuerdings aber auch zuweilen absichtlich zugesetzt wird. Ist die Soda grau, so enthält sie in der Regel viel Ätznatron und Schwefelverbindungen.

Für manche Zwecke ist die gewöhnliche kalzinierte Soda aber, wie gesagt, nicht rein genug. Das Ätznatron, sowie die in Wasser unlöslichen Beimengungen sind besonders da störend, wo die Soda, wie in der Glasfabrikation, ohne vorheriges Auflösen und Absetzen angewandt werden muß. Deshalb wird für die feinsten Glassorten und für einige andere Zwecke eine raffinierte Soda verlangt, die durch Wiederauflösen des oben besprochenen Produktes in Wasser, Klären der so erhaltenen wässerigen Lösung, Eindampfen und Kalzinieren gewonnen wird.

Der größte Teil der in den Handel gehenden Soda wird zuvor gemahlen, da sie in diesem Zustande einerseits ein viel besseres Aussehen hat und für die Konsumenten leichter zu behandeln ist, andererseits die Kosten des Mahlens viel weniger betragen, als die Extrakosten der Verpackung bei ungemahlener Soda, welche etwa 50 % mehr Raum beansprucht.

Das Leblancverfahren ist in neuerer Zeit fast ganz durch den Ammoniaksodaprozeß verdrängt worden. Letzterer gründet sich darauf, daß beim Zusammenbringen einer konzentrierten Lösung von doppeltkohlensaurem Ammoniak mit einer gesättigten Kochsalzlösung doppeltkohlensaures Natron ausfällt, während Salmiak in Lösung bleibt, entsprechend der Gleichung:

$$\underset{\text{Kochsalz}}{NaCl} + \underset{\text{doppeltkohlens. Ammoniak}}{NH_4HCO_3} = \underset{\text{Salmiak}}{NH_4Cl} + \underset{\text{doppeltkohlens. Natron}}{NaHCO_3}$$

Das doppeltkohlensaure Natron gibt geglüht die Hälfte seiner Kohlensäure ab, die wieder nutzbar gemacht wird, während aus dem Salmiak durch Behandlung mit Kalk oder Magnesia das Ammoniak wieder gewonnen wird. Die ganze Reaktion ist so einfach und im Laboratorium so leicht zu bewerkstelligen, daß es nicht wundernimmt, wenn man schon frühzeitig die industrielle Verwertung derselben versucht hat. H. D. Dyar und J. Hemming waren die ersten, welche ein Patent in dieser Hinsicht nahmen. Das Verdienst, das Verfahren zur praktischen Ausführung gebracht zu haben, gebührt jedoch Th. Schloesing und E. Rolland, welche 1855 in Puteaux bei Paris eine Fabrik errichteten, die nach kurzem Bestehen aber wieder einging. Die weitere Entwicklung des Ammoniaksodaprozesses knüpft sich dann hauptsächlich an den Namen von Ernst Solvay in Couiller bei Charleroi (Belgien).

Solvays Verfahren besteht in folgendem: Eine gesättigte Kochsalzlösung wird zunächst mit Ammoniak und dann mit Kohlensäure gesättigt. Es bildet sich doppeltkohlensaures Ammoniak, welches sich mit dem Kochsalz in Ammoniumchlorid (Salmiak) und doppeltkohlensaures Natron umsetzt. Durch Erhitzen wird das letztere alsdann in einfachkohlensaures Natron und Kohlensäure zerlegt. Die hierbei erzeugte

Kohlensäure wird von neuem zur Bildung von doppeltkohlensaurem Ammoniak verwandt, während man aus der zu Anfang des Prozesses gewonnenen Salmiaklösung durch Erhitzen mit Kalk das Ammoniak wieder gewinnt. Das Verfahren bildet somit einen fortwährenden Kreislauf, in welchen, von Verlusten abgesehen, nur Kochsalz und ein Teil der Kohlensäure eingeführt werden und nur der zur Regenerierung des Ammoniaks erforderliche Kalk, sowie das Chlor aus dem Kochsalz verloren gehen.

Das ganze Verfahren erfordert jedoch, obwohl es hier als relativ einfach erscheinen mag, sehr komplizierte Apparate, so daß die Anlagekosten einer Ammoniaksodafabrik sehr bedeutende sind.

Die nach dem beschriebenen Verfahren hergestellte Soda ist sehr rein; sie ist absolut frei von Ätznatron, Schwefelverbindungen, Eisen u. dgl. und enthält gewöhnlich 98—99 % Reinsoda. Neben den vorbesprochenen Qualitäten ist des weiteren, wenn sie auch heute jede Bedeutung verloren hat, die Kryolithsoda zu erwähnen. Sie wird bei Verarbeitung des auf Grönland vorkommenden Kryoliths gewonnen, der im wesentlichen aus Fluornatrium und Fluoraluminium besteht. Die Verarbeitung dieses Minerals erfolgt in der Weise, daß man es, fein gepulvert, mit der anderthalbfachen Menge Kreide auf Rotglut erhitzt; dabei bilden sich unter Entwicklung von Kohlensäure Fluorkalzium und Natriumaluminat. Die geglühte Masse wird ausgelaugt; es bleibt Fluorkalzium zurück, während Natriumaluminat in Lösung geht, das durch Kohlensäure wieder in Aluminiumoxyd und kohlensaures Natron verwandelt wird. Die von dem Oxyd abgetrennte Sodalösung wird durch Eindampfen konzentriert und zur Kristallisation gebracht, während die abgeschiedene Tonerde meist auf Alaun verarbeitet wird.

Schließlich soll nicht unerwähnt bleiben, daß Soda auch ähnlich wie Pottasche auf elektrolytischem Wege gewonnen wird.

**Kristallisierte Soda.** Trotz der großen Wassermenge, welche man in der kristallisierten Soda verfrachten muß (100 Teile Kristallsoda bestehen aus 37,08 Teilen kohlensaurem Natron und 62,92 Teilen Wasser), ist die Fabrikation derselben eine ganz bedeutende, und zwar nicht allein in den Sodafabriken selbst, sondern auch in einer ganzen Anzahl von Spezialfabriken, welche kalzinierte Soda ankaufen, um sie in Kristallsoda zu verwandeln. Daß dieses Produkt die erhöhten Fracht-, Fastage- und Fabrikationskosten zu tragen vermag, ist in seiner Reinheit begründet, da es insonderheit in der Wäscherei von größter Wichtigkeit ist, daß die angewandten Waschmittel absolut frei von Ätznatron und anderen, die Gewebe angreifenden Verbindungen sind. Die Kristallsoda läßt sich ferner viel leichter zerteilen und handhaben als das pulverförmige, beim Liegen an der Luft zusammenbackende „Sodasalz"; auch löst sie sich leichter in Wasser als die kalzinierte Soda, die in den Waschbottichen vielfach in Form fester Klumpen ungelöst zurückbleibt.

Obwohl für die meisten Anwendungsarten eine schwach gelbliche, von organischen Substanzen herrührende Farbe der Kristallsoda nicht schaden würde, verlangt man doch im Handel eine möglichst farblose Ware, da nur diese den Konsumenten eine Garantie für das völlige Freisein von Eisen bietet. Man ist daher, trotz ungemein zahlreicher Bemühungen, nicht imstande, verkäufliche Kristallsoda direkt aus den Rohlaugen der Leblanc-Sodafabriken durch eine einzige Kristallisation zu erzeugen und fabriziert dieselbe so gut wie ausschließlich aus kalzinierter Soda, die man in der Wärme auflöst und in eisernen Gefäßen zur Kristallisation bringt.

Die Fabrikation geschieht am besten in der Weise, daß man in einem Siedekessel (Seifenkessel) unter Rühren eine bei 40° C gesättigte Sodalösung herstellt, die auch heiß eine Dichte von 36° Bé besitzt. In diesem Zustand überläßt man die Lösung der Nachtruhe, damit sich alle färbenden und unreinen Bestandteile zu Boden setzen. Am anderen Morgen wird die nunmehr wasserklare Lösung aus dem Kessel in die Kristallisiergefäße abgelassen, worin sie sich, je nach deren Größe, in kürzerer oder längerer Zeit in Kristalle umbildet. Um das Abfüllen der Lösung zu erleichtern, ist es zweckmäßig, den Auflösekessel so hoch aufzustellen, daß sein Boden sich in gleicher Höhe mit dem oberen Rande der Kristallisiergefäße befindet. Man bringt dann 30—40 cm über dem Kesselboden einen Ablaßhahn an und hat es nun leicht, dem Kessel nur die klaren Lösungen zu entnehmen, die durch bewegliche Rohrleitungen nach allen Gefäßen verteilt werden können.

Die Kristallisiergefäße können von beliebiger Größe sein. Kleinere, bis zu 50 kg Inhalt, sind gewöhnlich verzinnt und lassen sich leicht entleeren, wenn man sie äußerlich mit heißem Wasser übergießt, wobei der Sodablock herausfällt. Die großen Gefäße bis zu 5000 kg Inhalt müssen in der Regel mit Hammer und Meißel entleert werden, ergeben aber immer ein reineres Produkt als die kleinen Gefäße. In der Regel haben diese großen Gefäße eine länglich-viereckige Form, sind mehr breit als hoch und besitzen einen von den beiden Kopfseiten nach der Mitte zu schräg verlaufenden Boden. An der tiefsten Stelle desselben befindet sich eine verschließbare Öffnung, durch welche die nach vollendeter Kristallisation verbleibende Mutterlauge entfernt wird. Zweckmäßigerweise werden die Innenwandungen der Kristallisiergefäße mit einer Wasserglaslösung und nachfolgend mit Kalkmilch überstrichen. Durch Umsetzung beider Lösungen bildet sich kieselsaurer Kalk, der das Ansetzen der Soda an die Gefäßwandung verhindert und somit ein leichtes Herausbringen der Kristallmasse ermöglicht.

Die Kristallisation erfordert, wie schon oben gesagt, je nach der Größe der Gefäße verschieden lange Zeit. Daneben ist aber auch die Lufttemperatur von großem Einfluß auf die Zeitdauer der Kristallbildung. In den heißen Sommermonaten geht die letztere nur unvollkommen vor sich, während im Winter, je nach der herrschenden Kälte, auch in Gefäßen bis zu 5000 kg Inhalt die Kristallisation in 10—14 Tagen vollendet ist. Durch künstliche Kühlung läßt sich aber in entsprechend konstruierten Apparaten auch im Sommer eine beschleunigte und quantitative Kristallbildung erwirken.

Die reine, 98—100 %ige Ammoniaksoda liefert in der Regel lose, leicht zerfallende und zerbröckelnde Kristalle. Es hat sich daher als nützlich erwiesen, beim Auflösen der Soda Glaubersalz in kleinen Mengen zuzusetzen, um die gewünschte Härte und feste Beschaffenheit der Kristalle zu erzielen. Es ist jedoch ratsam, diesen Zusatz auf das absolut notwendige Maß zu beschränken, da Glaubersalz auf metallisches Eisen lösend wirkt und auf diese Weise eine rotbraune Färbung der Kristallsoda veranlassen kann. Für die ersten Auflösungen genügen 2—3 % des Salzes, die man weiter auf 2—1 % reduziert, wenn die ersten Mutterlaugen wieder mit zur Verarbeitung gelangen, um schließlich ganz damit aufzuhören, wenn die Menge der Mutterlaugen größer wird. Um die Auflösung von Eisen zu verhindern, hat sich bis zu gewissen Grenzen auch die gleichzeitige Anwendung von Chlorkalk bewährt, den man, in Wasser verrührt, in Quantitäten von 50—60 g auf je 100 kg der aufzulösenden Soda zusetzt; doch darf man auch mit diesem Vorbeugungsmittel nicht anhaltend arbeiten, da die Soda sonst leicht einen Chlorgeruch annimmt, der ebenfalls beanstandet wird.

Die ausgebrachten Kristalle werden, ehe sie versandfertig verpackt werden, in Zentrifugen getrocknet, und zwar eignen sich hierzu am besten die Untenentleerungs-Zentrifugen. Der Großbetrieb kann ohne diese Behandlungsweise nicht auskommen, während im Kleinbetriebe unter Umständen auch ein Abtrocknen an der Luft genügen kann.

Die Kristallisationsmutterlaugen enthalten immer noch kohlensaures Natron, und zwar um so mehr, je höher die Temperatur während des Kristallisierens gewesen ist, außerdem das gesamte Ätznatron und den größten Teil des Chlornatriums und Sulfates, das meist nur zu geringen Teilen mit der Soda auskristallisiert. Diese Mutterlaugen werden in Pfannen zur Breikonsistenz eingedampft und in Flammenöfen kalziniert; sie geben meist ein sehr weißes, aber geringhaltiges Sodasalz, welches als Mutterlaugensalz in den Handel geht.

In neuerer Zeit ist eine aus ganz kleinen Kristallen bestehende Soda, die sogenannte Feinsoda, sehr in Aufnahme gekommen. Sie hat vor der gewöhnlichen Kristallsoda in Stücken den Vorzug, daß sie sich bedeutend leichter löst und besser verpacken läßt. Sie wird nach B. Cordes[1]) in folgender Weise fabriziert: In einem Kessel mit Rührwerk wird hochprozentige Ammoniaksoda zu einer Lauge von 36° Bé aufgelöst und die über Nacht gut abgesetzte Lösung in kleinen Partien in den Kristallisierkessel abgelassen.

Die Kristallisierkessel sind weite, flache, mit Rührwerk und unten verschließbaren Öffnungen versehene Kessel. Ein Exhaustor vermittelt die rasche Abkühlung, das Rührwerk verhindert die Bildung von großen

[1]) Seifenfabrikant, 1902, S. 865.

Kristallen. Ist sämtliche Lauge kristallisiert, so werden die Luken im Boden des Kessels geöffnet, die Kristalle durch das Rührwerk in ein unterhalb befindliches Reservoir befördert und von da aus in Zentrifugen mit Untenentleerung zur Trocknung gebracht. Das Zentrifugieren dauert 5 bis 10 Minuten, wonach die fertige Ware in Säcke versandfertig abgefüllt werden kann. Die unten abfließende Mutterlauge wird gesammelt und wieder in den Auflösekessel befördert, wo sie von neuem Verwendung findet.

Wasserfreie Soda (Natriumkarbonat) ist ein weißes Pulver, das bei etwa 850° schmilzt. Die gewöhnliche Kristallsoda enthält 10 Mol. Kristallwasser und besteht aus wasserhellen, monoklinen Kristallen, welche bei 32° in ein Heptahydrat der Formel $Na_2CO_3 \cdot 7\,H_2O$ übergehen, das bei 35° unter Abgabe von weiteren 6 Mol. Wasser in ein Monohydrat verwandelt wird. Das letzte Mol. Wasser wird erst oberhalb 100° entbunden. Die wässerige Lösung der Soda reagiert stark alkalisch. 100 Teile Wasser lösen bei 20° 21,4 Teile, bei 104° 45,47 Teile. Aus der folgenden Tabelle ist das Volumgewicht von Natriumkarbonatlösungen verschiedenen Prozentgehaltes ersichtlich.

| % $Na_2CO_3$ | Volumgew. bei 15° C | ° Bé | % $Na_2CO_3$ | Volumgew. bei 15° C | ° Bé |
|---|---|---|---|---|---|
| 0 | 1,000 | 0 | 11 | 1,117 | 15,2 |
| 1 | 1,011 | 1,6 | 12 | 1,128 | 16,4 |
| 2 | 1,021 | 3,0 | 13 | 1,140 | 17,7 |
| 3 | 1,031 | 4,4 | 14 | 1,151 | 18,9 |
| 4 | 1,042 | 5,8 | 15 | 1,162 | 20,1 |
| 5 | 1,052 | 7,1 | 16 | 1,173 | 21,3 |
| 6 | 1,063 | 8,5 | 17 | 1,185 | 22,5 |
| 7 | 1,074 | 9,9 | 18 | 1,197 | 23,7 |
| 8 | 1,084 | 11,2 | 19 | 1,208 | 24,8 |
| 9 | 1,095 | 12,6 | 20 | 1,220 | 26,0 |
| 10 | 1,106 | 13,9 | 21 | 1,232 | 27,2 |

**Kaustische Soda** (Ätznatron). Unter kaustischer Soda versteht man im Handel ein Produkt, welches ganz oder größtenteils aus Ätznatron besteht. Früher kam im Handel auch Natronlauge vor, welche in Ballons versandt wurde; aber aus leicht begreiflichen Gründen konnte sich dieser Artikel nie sehr ausbreiten, da die Verpackungskosten und die vermehrten Transportspesen schon in geringen Entfernungen den Preis der Ware stark erhöhen. Die Fabrikation der festen kaustischen Soda hat sich, obwohl ursprünglich von einem Deutschen, Weißenfeld, eingeführt (1844), ganz und gar in England entwickelt. Der eigentliche Beginn ihrer fabrikmäßigen Darstellung dürfte vom Jahre 1853 datieren, in welchem William Gossage ein Patent entnahm, welches, neben anderen Verbesserungen der Sodafabrikation, auch die Gewinnung von kaustischer Soda aus Sodarohlaugen durch Konzentration und ohne

Anwendung von Kalk behandelt. Die erste kaustische Soda, welche in den Handel kam, war verschiedenartig gefärbt; erst 1860 gelang es Ralston, weiße kaustische Soda zu erzeugen, indem er das Ätznatron auf eine Temperatur erhitzte, bei welcher sich unter Abscheidung von Eisenoxyd die Ätznatronschmelze klar absetzte.

Ein sehr wichtiger Schritt zur besseren Einführung der kaustischen Soda war des weiteren 1857 von Thompson ausgegangen, der die jetzt noch allgemein übliche Verpackung in Trommeln einführte. Vor ihm wurde die kaustische Soda auf eiserne Platten ausgegossen, nach dem Erstarren in Stücke zerschlagen und in Fässer verpackt, so daß sie infolge der langen Berührung mit der Luft stets Wasser und Kohlensäure anziehen konnte.

Zur Herstellung von kaustischer Soda behandelt man in der Regel die beim Auslaugen der Rohsoda gewonnene, gut geklärte Rohlauge mit Kalk, der von guter Beschaffenheit sein muß, da unreiner (toniger) Kalk schlecht klärende Laugen gibt. Man verdünnt die Rohlauge zunächst mit Wasser oder Waschwässern vom Kalkschlamm früherer Operationen auf 11—13° Bé, da sich konzentriertere Lösungen nicht vollständig kaustisch machen lassen; vielfach geht man sogar bis 15° Bé, wobei freilich nur etwa 92 % der Soda in Ätznatron übergehen, aber später an Kohlen zum Eindampfen gespart wird. Man bringt die Lauge durch direkten Dampf zum Kochen und gibt unter fortwährendem Umrühren den Kalk hinzu, und zwar stets ungelöscht, um die während des Löschens entwickelte Wärme auszunützen. Ein geübter Arbeiter vermag schon an der Art des Kochens, der Farbe der Flüssigkeit und anderen Anzeichen mit ziemlicher Sicherheit zu beurteilen, wenn hinreichend Kalk zugesetzt und die Lauge vollständig kaustisch geworden ist; man prüft aber außerdem, indem man zu einer klar filtrierten Probe etwas Schwefelsäure oder Salzsäure zusetzt, wobei kein Aufbrausen erfolgen darf. Man kann nun entweder die ganze Charge in ein besonderes Klärgefäß ablassen, oder läßt sie in der Operationspfanne selbst klären, wozu eine halbe Stunde etwa erforderlich ist. Die klare Lauge wird alsdann abgezogen und in die Klärgefäße gepumpt, wo sie vollständig absetzen muß. Gewöhnlich nimmt man in der Pfanne noch eine zweite Operation vor, ohne den Kalkschlamm zu entfernen, der alsdann erst, mit etwas reinem Wasser versetzt, zu einem dünnen Brei verrührt und auf besonders konstruierte Filter gebracht wird. Das Filtrat dient zum Verdünnen der Rohlauge; der zurückbleibende Kalkschlamm dagegen wird allgemein dazu verwandt, um bei einer frischen Sodamischung einen Teil des Kalksteins zu ersetzen, so daß das in ihm noch enthaltene Natron auf diese Weise zur Ausnutzung kommt.

Das Ätznatron ist, in angegebener Weise fertig gemacht, noch sehr verdünnt. Seine Konzentration ist eine sehr wichtige Aufgabe, bei der es darauf ankommt, mit möglichster Brennstoffersparnis zu arbeiten. Das Eindämpfen erfolgt in gußeisernen oder schmiedeeisernen Pfannen oder besser im Vakuum unter Benutzung von Mehrkörperapparaten. Hier dampft man die Lauge so weit ein, daß sie 37—38° Bé und eine Temperatur von 138° C besitzt, wenn man eine 60 %ige Ware erzeugen will. Um ein 70 %iges Ätznatron zu erzielen, konzentriert man in der Regel sogleich auf 42—44° Bé. Man läßt alsdann absitzen, zieht die klare Lösung in Klärgefäße ab und bringt die zurückbleibenden Salze mit durchlöcherten Schaufeln auf Salzfilter, aus denen sie nach dem Abtropfen zu den Sodaöfen zurückkommen. Die klare Lauge kommt zum Fertigmachen in gußeiserne Kessel, die meist so groß sind, daß sie ungefähr 10 Tonnen fassen. Hier wird sie auf 143—160° C erhitzt, wobei sich auf der Oberfläche des Kesselinhalts ein Schaum bildet, welcher zuweilen rot, vielfach aber auch schwarz aussieht. Nach dessen Entfernung wird weiter erhitzt. Bei 160° C läßt man noch einmal klären, damit sich die letzten Salzreste abscheiden und eine reinere Lauge erzielt wird, und fährt alsdann erst mit dem Kochen fort. Hat die Flüssigkeit eine Temperatur von 180° C erreicht, so enthält sie schon 53 % Natriumoxyd (beinahe gleich 70 % Ätznatron) und erstarrt beim Erkalten vollständig. Sie erscheint jetzt dunkel, von sirupartiger Konsistenz und hat große Neigung zum Übersteigen. Bei 205° hört das Kochen fast ganz auf, es entweicht nur noch wenig Dampf, obwohl noch immer fast 20 % Wasser vorhanden sind. Bei 238° C enthält die Masse fast genau 70 % Natriumoxyd = $77\frac{1}{2}$ % Ätznatron.

In diesem Stadium zeigt der Inhalt des Kessels fast gar keine Bewegung mehr; nur am Rande bemerkt man ein leichtes Aufwallen. Die Oberfläche bedeckt sich mit einem glänzenden Schaum von Graphit, während am Rande eine rötliche Ausscheidung von Salzen auftritt. Man deckt nun gut zu und feuert so stark wie möglich, um nach Zusatz von Natronsalpeter oder bei gleichzeitigem Einblasen von Luft eine vollständige Oxydation des noch in der Masse befindlichen Schwefelnatriums, sowie der niederen Oxydationsstufen des Schwefels zu erreichen.

Ist diese beendigt, so variiert die Farbe der Masse je nach der Art der Arbeit von hellbraun bis tiefrot. Man läßt jetzt die Schmelze im Kessel selbst 8—12 Stunden unter ständigem Erhitzen nochmals klären, um das gut abgesetzte Produkt alsdann in eiserne Trommeln abzuschöpfen. Ist dabei die Flüssigkeit nicht vollkommen durchsichtig und farblos, so wird auch nachher das feste Ätznatron nicht fehlerfrei sein. Der im Kessel verbleibende Bodensatz, welcher ungefähr θ—11 % der Masse beträgt, wird gewöhnlich in eiserne Kästen gegossen, nach dem Erstarren zerbrochen und wieder aufgelöst. Die Lösung wird auf 28° Bé gebracht und nach völligem Absitzen wieder den Rohlaugen zugesetzt, die zur Kaustizierung bereitstehen. Der meist aus Eisenoxyd bestehende Rückstand wird verworfen.

Kurz zusammengefaßt verläuft also der gesamte Prozeß in der Weise, daß man die kaustizierte Lauge eindampft, durch wiederholtes Absetzenlassen die fremden Salze nach Möglichkeit entfernt und das noch verbleibende Schwefelnatrium durch Oxydation beseitigt. Zweckmäßigerweise läßt sich das letztere aber auch schon aus den dünnen Rohlaugen durch ein geeignetes Metalloxyd, am besten Bleioxyd (Bleiglätte) entfernen.

Ein Teil des im Handel befindlichen Ätznatrons wird auch durch Elektrolyse des Natriumchlorids gewonnen, und zwar dient dazu in erster Linie das sogenannte Diaphragmaverfahren. Zu seiner Durchführung wird eine Natriumchloridlösung unter Anwendung einer porösen Zelle aus Ton, Zement oder Gips (Diaphragma) mit einer Kohle-, Platin- oder Eisenoxydulanode und einer Eisenkathode elektrolysiert. An der Anode entwickelt sich Chlor, das auf Chlorkalk oder Natriumchlorat verarbeitet wird, an der Kathode bildet sich unter gleichzeitiger Abscheidung von Wasserstoff Natronlauge, die durch einen am Boden des Apparates befindlichen Hahn von Zeit zu Zeit abgelassen wird. Das Verfahren ist in mannigfachster Weise variierbar, so können beispielsweise an Stelle der Eisenkathoden Quecksilberkathoden in Anwendung kommen (Amalgamverfahren von Castner-Keller). An Stelle der Natronlauge tritt alsdann Natriumamalgam als Reaktionsprodukt auf, das außerhalb der Elektrolysierzelle durch Wasser in Natriumhydroxyd, Quecksilber und Wasserstoff zerlegt wird. Auch ohne Diaphragma läßt sich nach dem sog. Glockenverfahren eine zweckentsprechende Elektrolyse ermöglichen, diesbezüglich sei jedoch hier lediglich auf die Spezialliteratur verwiesen.

Das Ätznatron ist eine weiße, kristallinische Masse vom spezifischen Gewicht 2,13, die bei Rotglut schmilzt und bei noch höherer Temperatur verdampft. Gegen 1500° zerfällt es in seine elementaren Bestandteile. An feuchter Luft zerfließt es leicht, in Wasser löst es sich unter Wärmeentwicklung zu Natronlauge hoher Konzentration (s. die folgende Tabelle), aus welcher Hydrate mit verschiedenem Wassergehalt isolierbar sind. Die Natronlauge selbst ist eine farblose, ätzend wirkende, stark alkalische Flüssigkeit, die mit Säuren Salzlösungen bildet.

Die Löslichkeit des Ätznatrons geht aus der folgenden Tabelle hervor.

| Temperatur | g NaOH in 100 g Wasser gelöst | Temperatur | g NaOH in 100 g Wasser gelöst |
|---|---|---|---|
| 0° | 42 | 50° | 145 |
| 10° | 51,5 | 60° | 174 |
| 20° | 109 | 80° | 313 |
| 30° | 119 | 110° | 365 |
| 40° | 129 | | |

Aus einer zweiten Tabelle ist das Volumgewicht von Ätznatronlösungen verschiedenen Prozentgehaltes ersichtlich.

Volumgewicht von Ätznatronlaugen bei 15° C.

| NaOH % | Volumgew. | NaOH % | Volumgew. | NaOH % | Volumgew. | NaOH % | Volumgew. |
|---|---|---|---|---|---|---|---|
| 0 | 1,000 | 13 | 1,146 | 26 | 1,290 | 39 | 1,424 |
| 1 | 1,012 | 14 | 1,157 | 27 | 1,301 | 40 | 1,434 |
| 2 | 1,023 | 15 | 1,168 | 28 | 1,312 | 41 | 1,444 |
| 3 | 1,034 | 16 | 1,179 | 29 | 1,322 | 42 | 1,454 |
| 4 | 1,045 | 17 | 1,190 | 30 | 1,333 | 43 | 1,464 |
| 5 | 1,057 | 18 | 1,202 | 31 | 1,343 | 44 | 1,473 |
| 6 | 1,068 | 19 | 1,213 | 32 | 1,353 | 45 | 1,483 |
| 7 | 1,079 | 20 | 1,224 | 33 | 1,363 | 46 | 1,492 |
| 8 | 1,090 | 21 | 1,235 | 34 | 1,374 | 47 | 1,502 |
| 9 | 1,101 | 22 | 1,246 | 35 | 1,384 | 48 | 1,511 |
| 10 | 1,113 | 23 | 1,257 | 36 | 1,394 | 49 | 1,521 |
| 11 | 1,124 | 24 | 1,268 | 37 | 1,404 | 50 | 1,530 |
| 12 | 1,135 | 25 | 1,279 | 38 | 1,414 | | |

**Handelsübliche Bewertung von Ätznatron (kommerzielle Grädigkeit der Soda).** Die Bewertung des Ätznatrons geschieht nach Handelsgraden, und zwar in Deutschland durch Berechnung des alkalimetrischen Titers als Natriumkarbonat, was zur Folge hat, daß die reinen Handelsqualitäten des Ätznatrons über 100 °, gewöhnlich 125—129° haben. Die sogenannten Gay-Lussac-Grade beziehen sich auf das „wirkliche" oder „nutzbare Natron" (Natriumoxyd), so daß reines Natriumkarbonat hiernach 58,49°, reines Ätznatron 77,5° besitzt. Die in der Praxis gebräuchlichen englischen Grade, welche im Prinzip mit den eben definierten Gay-Lussac-Graden identisch sind, weichen trotzdem ein wenig von ihnen ab, weil man bei Einführung dieser Bezeichnungsweise der Berechnung irrtümlicherweise ein falsches Äquivalentgewicht für Natriumoxyd (32 statt 31) zugrunde legte. Diefranzösischen Grade schließlich (Descroizilles-Grade) zeigen an, wie viele Gewichtsteile Schwefelsäure-Monohydrat durch 100 Gewichtsteile des betreffenden Alkalis neutralisiert werden. Da nun 40 Teilen Ätznatron 49 Teile Monohydrat entsprechen, so haben 100 Teile reines Ätznatron 122,5 Teile Schwefelsäure zu einer völligen Neutralisation notwendig, woraus sich für dasselbe 122,5 Descroizilles-Grade ergeben würden. Aus der folgenden Tabelle ist zu ersehen, in welcher Weise diese verschiedenen Handelsgrade einander entsprechen.

| Gay-Lussac-Grade | Deutsche Grade | Englische Grade | Descroizilles-Grade | Gay-Lussac-Grade | Deutsche Grade | Englische Grade | Descroizilles-Grade |
|---|---|---|---|---|---|---|---|
| 30 | 51,29 | 30,39 | 47,92 | 35 | 59,84 | 35,46 | 55,32 |
| 31 | 53,00 | 31,41 | 49,00 | 36 | 61,55 | 36,47 | 56,90 |
| 32 | 54,71 | 32,42 | 50,58 | 37 | 63,26 | 37,48 | 58,48 |
| 33 | 56,42 | 33,43 | 52,16 | 38 | 64,97 | 38,50 | 60,06 |
| 34 | 58,13 | 34,44 | 53,74 | 39 | 66,68 | 39,51 | 61,64 |

| Gay-Lussac-Grade | Deutsche Grade | Englische Grade | Descroizelles-Grade | Gay-Lussac-Grade | Deutsche Grade | Englische Grade | Descroizilles-Grade |
|---|---|---|---|---|---|---|---|
| 40 | 68,39 | 40,52 | 63,22 | 59 | 100,87 | 59,77 | 93,26 |
| 41 | 70,10 | 41,54 | 64,81 | 60 | 102,58 | 60,79 | 94,84 |
| 42 | 71,81 | 42,55 | 66,39 | 61 | 104,30 | 61,80 | 96,42 |
| 43 | 73,52 | 43,57 | 67,97 | 62 | 106,01 | 62,82 | 98,00 |
| 44 | 75,23 | 44,58 | 69,55 | 63 | 107,72 | 63,83 | 99,58 |
| 45 | 76,94 | 45,59 | 71,13 | 64 | 109,43 | 64,84 | 101,16 |
| 46 | 78,66 | 46,60 | 72,71 | 65 | 111,14 | 65,85 | 102,74 |
| 47 | 80,37 | 47,62 | 74,29 | 66 | 112,85 | 66,87 | 103,32 |
| 48 | 82,07 | 48,63 | 75,87 | 67 | 114,56 | 67,88 | 105,90 |
| 49 | 83,78 | 49,64 | 77,45 | 68 | 116,27 | 68,89 | 107,48 |
| 50 | 85,48 | 50,66 | 79,03 | 69 | 117,98 | 69,91 | 109,06 |
| 51 | 87,19 | 51,67 | 80,61 | 70 | 119,69 | 70,92 | 110,64 |
| 52 | 88,90 | 52,68 | 82,19 | 71 | 121,39 | 71,93 | 112,23 |
| 53 | 90,61 | 53,70 | 83,77 | 72 | 123,10 | 72,95 | 113,81 |
| 54 | 92,32 | 54,71 | 85,35 | 73 | 124,81 | 73,96 | 115,39 |
| 55 | 94,02 | 55,72 | 86,93 | 74 | 126,52 | 74,97 | 116,97 |
| 56 | 95,74 | 56,74 | 88,52 | 75 | 128,23 | 75,99 | 118,55 |
| 57 | 97,45 | 57,75 | 90,10 | 76 | 129,94 | 77,00 | 120,13 |
| 58 | 99,16 | 58,76 | 91,68 | 77 | 131,65 | 78,01 | 121,71 |

## Die Pottasche.

Die Pottasche des Handels bildet ein Salzgemenge, dessen wesentlichster Bestandteil kohlensaures Kalium ist. Sie ist kalziniert eine harte, aber leichte, porös-körnige Masse vom spezifischen Gewicht 2,3, deren weiße Farbe infolge gewisser Verunreinigungen vielfach ins perlgraue, gelbliche oder bläuliche spielt. An der Luft zieht sie leicht Feuchtigkeit an und zerfließt zu einer farblosen Flüssigkeit, die stark alkalisch reagiert.

Technisch wird die Pottasche aus Holzasche, Schlempekohle, Wollschweiß und Abraumsalzen hergestellt.

**Pottasche aus Holzasche.** Während sich aus Strandpflanzen, wie wir sahen, Natronsalze gewinnen lassen, enthalten die meisten übrigen Pflanzen in vorwiegender Menge organische Kaliumsalze und liefern deshalb bei ihrer Einäscherung rohe Pottasche. In der Regel wird die Pottasche allerdings nur aus dem Holz der Waldbäume hergestellt, und zwar vornehmlich in den weniger kultivierten und stark bewaldeten Gegenden Rußlands, sowie in Ungarn und in Kanada. Die so erhaltene Pottasche enthält 50—80 % Kaliumkarbonat, 5—20 % Kaliumsulfat und daneben kleine Mengen von Soda, Kaliumchlorid und andere Salze.

Die Gewinnung der Pottasche aus Pflanzenasche ist sehr einfach und zerfällt in vier Operationen: 1. das Einäschern der Pflanzen, 2. die Auslaugung der Asche, 3. die Verdampfung der Lauge, und 4. die Kalzination der rohen Pottasche.

Bei der Verbrennung der Pflanzen erhält man um so mehr Asche, je langsamer dieselbe vor sich geht. Am zweckmäßigsten erfolgt sie daher in Gruben, welche gegen Wind geschützt sind, so daß ein lebhafter Luftzug vermieden wird.

Das Auslaugen der so erhaltenen Asche erfolgt in der Regel durch heißes Wasser systematisch in mehreren Äschern, die zu einem System verbunden sind. Die gewonnene Lauge ist durch organische Substanzen braun gefärbt, der Rückstand wird als Düngemittel verwertet. Die Lauge selbst wird alsdann in gußeisernen Kesseln zu einem braunen, harten Salzkuchen eingedampft, der noch ungefähr 6 % Wasser enthält und zwecks Entfernung dieses letzteren und insonderheit zwecks Zerstörung der organischen Beimengungen in Flammenöfen kalziniert wird. Das so erhaltene Produkt zeigt alsdann die oben angegebene, ungefähre Zusammensetzung. Die geschilderte Fabrikation ist jedoch, wie leicht ersichtlich, unökonomisch und spielt daher heute nur noch eine untergeordnete Rolle.

**Pottasche aus Schlempekohle.** Mit dem Aufschwung, den die Zuckerfabrikation aus Rüben genommen hat, ist ein Abfallprodukt derselben, die Schlempekohle, für die Pottaschefabrikation von Bedeutung geworden. Bekanntlich fällt bei der Zuckerfabrikation eine bedeutende Menge von Melasse ab, eine dicke Flüssigkeit von schmutzig-brauner Farbe und widrig-süßem und zugleich salzigem Geschmack, die 40—44° Bé zeigt. Sie enthält ungefähr 50 % Zucker, über 30 % organische Substanzen und Salze und hinterläßt beim Verglühen ca. 11 % Asche, welche ungefähr zur Hälfte aus Kaliumsalzen besteht. Der große Salzgehalt und der widerliche Geschmack machen die Rübenmelasse als Nahrungsmittel unverwertbar, weshalb man sie früher allgemein zur Darstellung von Spiritus benutzte. Dabei bleibt eine Lösung von Verbindungen der anorganischen Basen, die sogenannte Schlempe, zurück, die nun ihrerseits wieder entweder als Dünger oder nach ihrer Veraschung zu Schlempekohle, zur Darstellung von Pottasche verwendet wird.

Die Zusammensetzung der Schlempekohle ist eine schwankende. In der Regel enthält sie 40—70 % kohlensaures Kalium neben Chlorkalium, Kaliumsulfat und insonderheit auch Natriumkarbonat, daneben aber auch unlösliche Substanzen, die vornehmlich aus Kohle, kohlensaurem und phosphorsaurem Kalk bestehen. Durch einen Reinigungsprozeß läßt sich aber daraus ein ziemlich reines Produkt gewinnen, das etwa 95 % Kaliumkarbonat enthält und lediglich durch etwa 3 % Natriumkarbonat, 1 % Kaliumchlorid und 1 % Kaliumsulfat verunreinigt ist. In den meisten Fällen wird die Raffination der Schlempekohle jedoch nicht so weit getrieben; die Haupthandelsqualitäten enthalten daher nur 80—85 % Kaliumkarbonat.

**Pottasche aus Wollschweiß.** Auch das Tierreich gibt eine Möglichkeit zur Pottaschegewinnung, da der aus der Schafwolle auswaschbare Wollschweiß ca. 20 % Kaliumsalze enthält, die für die Herstellung einer Rohpottasche verwendbar sind. Zu ihrer Herstellung werden die Wollwaschwässer zur Trockene verdampft, und der dabei erhaltene Rückstand in eisernen Retorten zum Glühen gebracht. Die dabei entwickelten Kohlenwasserstoffe sind für Beleuchtungszwecke brauchbar, nachdem ihnen das beigemischte Ammoniak in bekannter Weise entzogen ist. Der in der Retorte verbleibende Glührückstand enthält die alkalischen Salze, welche durch Auslaugen mit Wasser rein erhalten werden und aus etwa 75—80 % kohlensaurem Kalium, 5—6 % Chlorkalium, 3 % schwefelsaurem Kalium, etwa 5 % Natriumsulfat und einigen anderen unwesentlichen Beimengungen bestehen.

**Pottasche aus Abraumsalzen.** Während die bisher genannten Quellen nur eine beschränkte Gewinnung von Pottasche gestatten, hat die Fabrikation derselben aus mineralisch vorkommenden Kaliumsalzen, insonderheit aus den Staßfurter Abraumsalzen eine größere Bedeutung. Früher wurde vielfach das aus der Rohpottasche abgeschiedene Kaliumsulfat, versuchsweise auch Chlorkalium nach dem Leblanc-Sodaverfahren analog verarbeitet. Besser und rentabler erhält man jedoch eine sehr reine 99—100 %ige Pottasche nach dem Engel-Prechtschen Magnesiaverfahren, demzufolge man Kaliumchlorid mit Magnesiumkarbonat und Kohlensäure behandelt, wobei das in Wasser unlösliche Magnesiumkaliumhydrokarbonat gebildet wird. Dieses Doppelsalz wird alsdann bei vermindertem Druck oberhalb 115° zersetzt. Als Endprodukte werden Kaliumkarbonat und unlösliches Magnesiumkarbonat erhalten, das für die erste Umsetzung wieder neu verwendet wird. Der gesamte Prozeß vollzieht sich demnach nach folgenden Gleichungen:

$$3\,MgCO_3 + 2\,KCl + CO_2 + H_2O = 2\,MgKH\,(CO_3)_2 + MgCl_2$$
$$2\,MgKH\,(CO_3)_2 = 2\,MgCO_3 + K_2CO_3 + CO_2 + H_2O.$$

Eine sehr gute, etwa 98 %ige Pottasche wird des weiteren durch Karbonisieren des elektrolytisch erzeugten Ätzkalis gewonnen. Dieselbe ist unter dem Namen „Elektronpottasche" besonders auch in der Seifenindustrie weitverbreitet und ist die für die Herstellung von Naturkornseifen bevorzugte Handelsmarke.

Aus der nachfolgenden, von Lunge berechneten Tabelle ist der Prozentgehalt verschieden starker Pottaschelaugen bei 15° C zu ersehen.

| Spez. Gew. | ° Baumé | % $K_2CO_3$ | Spez. Gew. | ° Baumé | % $K_2CO_3$ |
|---|---|---|---|---|---|
| 1,007 | 1 | 0,7 | 1,231 | 27 | 23,5 |
| 1,022 | 3 | 2,3 | 1,252 | 29 | 25,5 |
| 1,037 | 5 | 4,0 | 1,274 | 31 | 27,5 |
| 1,052 | 7 | 5,7 | 1,297 | 33 | 29,6 |
| 1,067 | 9 | 7,3 | 1,320 | 35 | 31,6 |
| 1,083 | 11 | 9,0 | 1,345 | 37 | 33,8 |
| 1,100 | 13 | 10,7 | 1,370 | 39 | 35,9 |
| 1,116 | 15 | 12,4 | 1,397 | 41 | 38,2 |
| 1,134 | 17 | 14,2 | 1,424 | 43 | 40,5 |
| 1,152 | 19 | 16,0 | 1,453 | 45 | 42,8 |
| 1,172 | 21 | 18.0 | 1,483 | 47 | 45,2 |
| 1,190 | 23 | 19,7 | 1,514 | 49 | 47,7 |
| 1,210 | 25 | 21,6 | 1,546 | 51 | 50,1 |

**Kaustische Pottasche** (Ätzkali). Die Selbstherstellung von Ätzkalilaugen durch Kaustizieren von Pottaschelösungen hat sich in der Kaliseifenfabrikation länger erhalten als in der Natronseifenfabrikation. Der Grund hierfür lag in den Preisverhältnissen, indem der für das Ätzkali geforderte Handelspreis so hoch war, daß seine Verwendung nicht rentabel erscheinen konnte. Durch Elektrolyse des Chlorkaliums ist es heute jedoch möglich, eine 50grädige Ätzkalilauge herzustellen, deren Preis geringer ist als der für die äquivalente Menge Pottasche zu erlegende. Infolgedessen hat die elektrolytische Ätzkalilauge, die insonderheit durch die chemische Fabrik Griesheim-Elektron, die chemische Fabrik Magdeburg-Buckau, sowie vom österreichischen Verein in Aussig in den Handel gebracht wird, die selbsteingestellte Lauge aus der Schmierseifenfabrikation fast ganz verdrängt. Diese Ätzkalilauge von 50° Bé enthält in der Regel 48,4% Kaliumhydrat, 1,4% kohlensaures Kalium und Spuren von Chlorkalium und anderen Verunreinigungen. Sie wird gewöhnlich in eisernen Fässern von ca. 600 kg Inhalt zum Versand gebracht.

## Die chemische Untersuchung der Alkalikarbonate und Ätzalkalien.

Der Wert der Alkalikarbonate und Ätzalkalien ist abhängig von ihrem Gehalt an reiner wirksamer Substanz, deren Menge, wie erwähnt, in den verschiedenen Handelsqualitäten wechselt. Die anzuwendenden Untersuchungsmethoden sind demzufolge derart auszugestalten, daß sie die exakte Bestimmung des jeweiligen Hauptbestandteils einwandfrei ermöglichen. Insonderheit muß bei ihrer Ausführung auf etwa vorhandene Nebenbestandteile Rücksicht genommen werden, die den Gang der Analyse in unerwünschter Weise beeinflussen können und infolgedessen entfernt werden müssen, ehe man die eigentliche Hauptbestimmung ausführt.

Für die Wertbestimmung von kalzinierter oder kristallisierter Soda genügt in der Regel eine Bestimmung des kohlensauren Natrons auf alkalimetrischem Wege. Anders gestaltet sich aber die Sache bei der Analyse der kaustischen Soda. Hier will man vor allen Dingen wissen, wieviel Ätznatron neben etwaigem Natriumkarbonat vorhanden ist. Es ist daher notwendig, dieses Karbonat und gegebenenfalls auch Sulfate und Silikate durch eine 10%ige Lösung von Baryumchlorid zu entfernen, ehe man das vorhandene Alkalihydroxyd in dem klaren Filtrat durch Titration ermittelt.

Auch bei der Pottasche gibt eine bloße alkalimetrische Bestimmung niemals ein richtiges Resultat, da das kohlensaure Natron, welches auch in der besten Pottasche niemals fehlt, ebenfalls als kohlensaures Kalium mitbestimmt würde. Der auf diese Weise entstehende Fehler fällt um so schwerer ins Gewicht, weil das kohlensaure Natron ein niedrigeres Äquivalentgewicht besitzt als das kohlensaure Kalium und infolgedessen eine größere Menge Säure zur Sättigung erfordert als das letztere. Zur Wertbestimmung der Pottasche ist daher in der Regel eine ausführliche Analyse erforderlich, während für die Wertbestimmung der Ätzkalilauge lediglich die für die Analyse der Ätznatronlauge notwendigen Maßnahmen berücksichtigt werden müssen.

In bezug auf die im allgemeinen als bekannt vorausgesetzten Untersuchungsmethoden selbst sei im übrigen hier wieder auf die vom Verband der Seifenfabrikanten Deutschlands herausgegebenen „Einheitsmethoden zur Untersuchung von Fetten, Ölen, Seifen und Glyzerinen" verwiesen, die alle für die diesbezügliche Untersuchung notwendigen Angaben in knapper Form enthalten.

# Die Hilfsrohstoffe der Seifenfabrikation.

## Das Wasser.

Das reine Wasser ($H_2O$) ist geruch- und geschmacklos, in dünneren Schichten erscheint es ungefärbt, in dickeren Schichten hat es nach Bunsen eine blaue Farbe. Unter gewöhnlichen Umständen gefriert es bei 0° C; bei sehr ruhigem Stehen kann es aber auch bei — 17° C noch flüssig sein, um jedoch bei der geringsten Bewegung unter gleichzeitiger Temperatursteigerung bis auf 0° C plötzlich zu erstarren. Eis kann nie über 0° C erwärmt werden, ohne zu schmelzen. Daher ist der Schmelzpunkt des Eises ein Fundamentalpunkt für die Thermometerskala.

Merkwürdigerweise hat das Wasser bei + 4° C seine größte Dichte. Diese Anomalie erklärt, warum das Eis einen größeren Raum einnimmt als Wasser und warum verschlossene, mit Wasser vollkommen gefüllte Gefäße springen, wenn die Temperatur bis zum Gefrierpunkt sinkt. Dementsprechend ist Eis auch leichter als Wasser, setzt man das spezifische Gewicht des Wassers = 1, so ist das des Eises = 0,94.

Bei 760 mm Barometerstand kann das Wasser nur unter 100° C tropfbar flüssig bleiben; wird es bis zu dieser Temperatur erhitzt, so siedet es und verwandelt sich in Wasserdampf. Man hat bekanntlich die Temperatur, bei welcher das Wasser unter dem angegebenen Drucke siedet, als zweiten Fundamentalpunkt der Thermometerskala angenommen. Bei einem geringeren Luftdrucke beginnt das Wasser bereits unter 100° C zu sieden, und zwar erniedrigt sich der Siedepunkt mit Abnahme des Luftdruckes in einem bestimmten Verhältnisse. Auf dem Montblanc beispielsweise siedet das Wasser bei einem Luftdruck von 423,7 mm bereits bei 84,4° C.

Das in der Natur vorkommende Wasser ist niemals chemisch rein, sondern enthält teils in schwebendem, teils in gelöstem Zustand wechselnde

Mengen derjenigen Stoffe, mit denen es in Berührung kam. Fluß- und Quellwasser enthält in 10 000 Teilen etwa 1—20 Teile feste Stoffe gelöst, welche zum großen Teil aus Kalk- und Magnesiasalzen bestehen. Ihr Prozentgehalt bestimmt die „Härte“ des Wassers, dem sie u. a. die Fähigkeit nehmen, Hülsenfrüchte weich zu kochen und Seife aufzulösen. Beim Sieden harten Wassers schlagen sich kohlensaurer Kalk und — namentlich bei stattfindender Verdampfung — auch schwefelsaurer Kalk (Gips) nieder und erzeugen so in den Kochgefäßen und insonderheit an den Wänden der Dampfkessel eine erdige Inkrustation, den sogenannten Kesselstein. Letzterer kann durch seine Dicke die Wärmeleitung vom Feuer zum Wasser so erschweren, daß der dadurch verursachte Brennmaterialverlust bis zu 40 % beträgt und die metallenen Kesselwände, durch diese die Wärme schlecht leitenden Absätze vom Wasser vollständig getrennt, sogar glühend werden können. Durch eine entsprechende chemische Vorbehandlung des Kesselspeisewassers läßt sich jedoch die Kesselsteinbildung fast vollständig vermeiden.

Um den Härtegrad eines Wassers zu erfahren, bedient man sich einer Seifenlösung von bestimmtem Gehalt, und zwar wird die Härte des Wassers bestimmt durch die Menge Seifenlösung, welche erforderlich ist, die im Wasser gelösten Salze der Erdkalimetalle in unlösliche fettsaure Salze überzuführen.

Für die Seifenfabrikation besitzt das Wasser selbstverständlich eine große Bedeutung, da man während des Verseifungsprozesses ausschließlich mit wässerigen Lösungen arbeitet. Die Zusammensetzung desselben ist jedoch ohne Einfluß auf die erzeugten Fabrikate, da die oben erwähnten Erdalkalien bei der Herstellung von Kernseifen als Karbonate in die Unterlauge gehen und bei der Herstellung von Leimseifen kaum störend in Erscheinung treten, obwohl sie in der Seifenmasse selbst als unlösliche Karbonate verteilt bleiben. Eine Vorreinigung des zum Sieden benutzten Wassers nach Art der für das Kesselspeisewasser angewendeten Verfahren erscheint daher unter gewöhnlichen Verhältnissen überflüssig, kann jedoch unter Umständen nützlich sein, wenn große Mengen von Eisen- und Mangansalzen die Farbe der erzeugten Seife ungünstig beeinflussen.

Für die Verwendung der Seife zu Waschzwecken ist jedoch die Beschaffenheit des Wassers von größerer Bedeutung, da insonderheit die die Härte des Wassers bedingenden Kalksalze einen äquivalenten Teil der Seife in unlösliche Form überführen und somit seiner Bestimmung entziehen. Durch einen zweckentsprechenden Zusatz von Soda zum Waschwasser oder auch zur Seife selbst kann der genannte Übelstand aber auch hier vermieden werden. Auch ein etwaiger Salzgehalt des Waschwassers (Meerwasser) spielt naturgemäß eine große Rolle, wenn leicht aussalzbare Seifen zur Verwendung gelangen. Die sogenannten „Meerwasserseifen“ müssen daher aus solchen Fetten oder Fettsäuren hergestellt werden, deren Seifen gegenüber Salzlösungen stabil sind, also vornehmlich Leimfettsäuren enthalten.

## Der Kalk.

Der durch die Kalkbrennereien gelieferte gebrannte Kalk (CaO) ist das Oxyd des Metalles Kalzium. Weder das Metall, noch sein Oxyd besitzen ein natürliches Vorkommen; die Verbindungen dieses Metalles mit Säuren gehören jedoch zu den in größter Menge und in größter Verbreitung vorkommenden Stoffen. Im Mineralreiche findet sich der Kalk hauptsächlich an Kohlensäure und Schwefelsäure gebunden und in vielen Silikaten. Die Mineralien Kalkspat, Marmor, Kreide, Kalkstein, ferner der Kalksinter und die Tropfsteine sind im wesentlichen kohlensaurer Kalk; auch der Mergel und der Dolomit enthalten dieses Salz, und es gibt keine Ackerkrume, in welcher Kalk in dieser Form nicht vorhanden ist. Der Gips ist schwefelsaurer Kalk.

Das im Innern der Erde mit Kalksalzen zusammentreffende kohlensäurehaltige Wasser nimmt kohlensauren und schwefelsauren Kalk auf und wird dadurch zu hartem Wasser. Aus dem Wasser gelangen Kalkverbindungen in die Pflanzen, aus diesen und dem Wasser in den tierischen Organismus. Die Asche der Pflanzen enthält kohlensauren, phosphorsauren und schwefelsauren Kalk; die Eierschalen, die Schalen der Austern und Muscheln bestehen fast ganz aus Kalziumkarbonat, und auch die tierischen Knochen enthalten über die Hälfte ihres Gewichtes phosphorsauren und kohlensauren Kalk.

Wird kohlensaurer Kalk ($CaCO_3$) auf 600—800° C erhitzt, so entweicht die Kohlensäure und Kalziumoxyd bleibt als eine poröse Masse zurück.

Im völlig reinen Zustande ist das Kalziumoxyd weiß; der gewöhnliche gebrannte Kalk aus Kalkstein hat meistens jedoch eine graugelbliche Farbe und enthält immer etwas Ton, Eisen- und Aluminiumoxyd. Kommt gebrannter Kalk mit Wasser in Berührung, so zieht sich dasselbe in die poröse Masse hinein, es erfolgt eine chemische Reaktion, der Kalk zerfällt zu Kalkhydrat $Ca(OH)_2$, einer pulverförmigen Masse. Diese Umwandlung des Kalkes in das Hydrat wird als „Löschen des Kalkes" bezeichnet.

Kalk, der sich rasch und unter bedeutender Wärmeentwicklung und Volumvergrößerung löscht, indem er gleichzeitig zu einem zarten, feinen, unfühlbaren Pulver zerfällt, das mit Wasser wieder einen fetten, schlüpfrigen, sich zähe anfühlenden Brei liefert, heißt fetter Kalk, solcher, der umgekehrt ein rauhes, körniges Kalkmehl und einen sogenannten kurzen Brei ergibt, magerer Kalk. Letzterer ist infolge seines Gehaltes an Oxyden und Silikaten, die seinen Charakter bedingen, zur Laugenbereitung nicht empfehlenswert.

Zur Kaustizierung muß der Kalk, da er durch Aufnahme von Wasser und Kohlensäure an der Luft unwirksam wird, möglichst frisch verwandt werden. Will man ihn länger aufbewahren, so ist es am besten, ihn mit Wasser zu einem steifen Brei zu löschen und diesen in eine ausgemauerte Grube zu bringen, in der er sich monatelang hält, da nur die oberste Schicht Kohlensäure aus der Luft aufnimmt. Diese obere Schicht ist natürlich zu entfernen, wenn der Grube längere Zeit hindurch Kalk nicht entnommen war.

Die Wertbestimmung des Kalkes geschieht alkalimetrisch durch Titration mit Normalsäure. Nähere Angaben hierzu finden sich ebenfalls in den schon wiederholt zitierten „Einheitsmethoden".

## Das Kochsalz.

Das Kochsalz oder Chlornatrium (NaCl) ist sowohl als solches als auch in Form seiner Umwandlungsprodukte für die gesamte Industrie von der größten Bedeutung. Es ist die Quelle für alle technisch wertvollen Natronsalze, ferner für Chlor, Salzsäure, Chlorkalk und alle sonstigen chlorhaltigen Erzeugnisse.

In der Natur kommt das Kochsalz in unermeßlicher Menge vor. Im Meerwasser ist es zu etwa 2,7 % vorhanden, als Steinsalz bildet es äußerst mächtige Lager, die sich beispielsweise in den preußischen Provinzen Brandenburg, Sachsen (Staßfurt und Schönebeck), Posen und Schleswig-Holstein, in Bayern (Berchtesgaden), Steiermark und Tirol (Hall, Hallein, Ischl), in Galizien (Wieliczka) und Siebenbürgen, Spanien (Katalonien) und Amerika befinden; am ärmsten an Steinsalz ist Rußland.

Die Methoden, welche zur Gewinnung des Kochsalzes angewandt werden, sind wegen der mannigfachen Verhältnisse seines Vorkommens sehr verschieden. Die Gewinnung von Salz aus Meerwasser wird besonders am Atlantischen, Mittelländischen und Adriatischen Meere bis zu 48° nördlicher Breite betrieben. Man gewinnt es durch freiwillige Verdunstung des Meerwassers in sogenannten Salzgärten, die aus einem System flacher Teiche bestehen, in welchen das Meerwasser zwecks Verdunstung der Luft und den Sonnenstrahlen ausgesetzt wird (Seesalz).

Das Steinsalz wird, wenn die Lager mächtig und rein genug sind, bergmännisch gewonnen. Ist das Salz durch eingesprengten Ton, Gips, Mergel u. dgl. verunreinigt, so werden in den Stöcken vielfach auch Höhlungen (Kammern) ausgearbeitet, die durch zugeleitetes Tagewasser gefüllt werden. Die so erhaltene Lösung des Salzes, die Sole, kommt alsdann in sogenannten Salinenbetrieben zum Versieden (Siedesalz).

Das technisch verwandte Kochsalz ist in der Regel ziemlich rein und enthält nur solche fremden Bestandteile, die in den meisten Fällen unschädlich sind. Es wird deshalb größtenteils ohne weitere Reinigung verbraucht.

Das reine Kochsalz ist farblos, durchsichtig und glasglänzend, schmeckt rein salzig und ist geruchlos. Es schmilzt in schwacher Rotglühhitze und verdampft bei noch höherer Temperatur. In Wasser ist es leicht löslich, doch wird diese Löslichkeit durch Veränderung der Lösungstemperatur wenig beeinflußt, indem 100 Teile Wasser bei 0° 35,52, bei 25° 36,13 und bei 110° C 40,35 Teile Kochsalz zur Lösung bringen. Aus Wasser kristallisiert das Kochsalz bei Temperaturen über 0° ohne Kristallwasser in Würfeln, deren Lamellen bei rascher Kristallisation eine geringe Menge der Mutterlauge einschließen, und die infolge dessen verknistern, wenn man sie bis auf 250° C erhitzt.

Die folgende Tabelle zeigt das spezifische Gewicht der Kochsalzlösungen von verschiedenem Gehalt:

| Spez. Gewicht | Prozente | Spez. Gewicht | Prozente | Spez. Gewicht | Prozente |
|---|---|---|---|---|---|
| 1,00725 | 1 | 1,07335 | 10 | 1,14315 | 19 |
| 1,01450 | 2 | 1,08097 | 11 | 1,15107 | 20 |
| 1,02174 | 3 | 1,08859 | 12 | 1,15931 | 21 |
| 1,02899 | 4 | 1,09622 | 13 | 1,16755 | 22 |
| 1,03624 | 5 | 1,10384 | 14 | 1,17580 | 23 |
| 1,04366 | 6 | 1,11146 | 15 | 1,18404 | 24 |
| 1,05108 | 7 | 1,11938 | 16 | 1,19228 | 25 |
| 1,05851 | 8 | 1,12730 | 17 | 1,20098 | 26 |
| 1,06593 | 9 | 1,13523 | 18 | 1,20433 | 26,395 |

In der Seifenfabrikation findet das Kochsalz Verwendung für das Aussalzen der Seife, d. h. für die Trennung derselben vom Glyzerin, überschüssigem Wasser und etwaigen Verunreinigungen, ferner zum Härten und Füllen von Leimseifen, sowie zur Läuterung und Vorreinigung der zu verarbeitenden Rohfette, und zwar wird es in denaturierter Form verarbeitet, da das für Speisezwecke bestimmte Salz einer Steuerkontrolle unterliegt, das für Industriezwecke bestimmte Salz aber von Abgaben befreit ist. Die Denaturierung des Salzes richtet sich nach dem jeweiligen Verwendungszweck. Für den speziellen Gebrauch der Seifenfabriken wird als Denaturierungsmittel in der Regel Petroleum gewählt, daneben dürften aber auch Soda und Seifenpulver in Betracht kommen.

## Das Chlorkalium.

Das fast ausschließlich aus den Staßfurter Abraumsalzen hergestellte Chlorkalium findet in der Seifenindustrie zum Ausschleifen der Schmierseifen vielfache Verwendung. In bezug auf seine Eigenschaften zeigt es eine gewisse Ähnlichkeit mit dem Chlornatrium, von dem es aber auf Grund seiner geringeren Wasserlöslichkeit leicht getrennt werden kann. Für seine Verwendung schädlich ist insonderheit ein größerer Gehalt an Magnesiumsalzen, die bei der Schmierseifenfabrikation als Karbonat oder Magnesiaseifen im Endprodukt verbleiben und dessen Wirkungswert herabsetzen. Eine analytische Kontrolle des jeweils verwendeten Salzes ist daher empfehlenswert.

## Das Wasserglas.

Das Wasserglas besteht aus Silikaten des Natriums und Kaliums Das Kalium-Wasserglas wird nur bei der Schmierseifenfabrikation verwendet. Das Natrium-Wasserglas hingegen in ausgedehntester Weise auch zum Füllen von Riegelseifen.

Das Wasserglas wird durch Verschmelzen von Kieselsäure mit Natriumsulfat oder Natriumkarbonat unter Kohlezusatz erhalten. Als Ausgangsmaterial dient Quarzsand oder Infusorienerde. Die Schmelzung geschieht in offenen Öfen, in Muffeln oder in Tiegeln.

Die Zusammensetzung des Wasserglases ist nicht einheitlich, weshalb die Handelssorten auch verschiedene Mengen von Kieselsäure enthalten. An sich ist es amorph und durchsichtig wie Glas, von muscheligem Bruch und in Wasser leicht löslich. Die Auflösung des festen Produktes erfolgt am besten in einer horizontal gelagerten, rotierenden Trommel, in welcher der Inhalt unter Dampfdruck erhitzt wird. Gewöhnlich stellt man die Lösung des Wasserglases in einer Stärke von 36—38$^0$ Bé oder von 38—40$^0$ Bé her. Die Lösungen sind jedoch fast immer trüb und müssen durch Absitzen oder Filtrieren gereinigt werden. Der Bequemlichkeit halber werden sie von den meisten Seifenfabriken fertig bezogen.

Die Lösungen des Wasserglases verhalten sich wie kolloidale Lösungen, sie werden durch Kochsalz amorph ausgesalzen und trocknen zu einer klebrigen Gallerte ein. Vor dem Vermischen mit Kern- oder Schmierseifen werden sie abgerichtet, d. h. alkalisch gemacht, da auf diese Weise eine leichtere Verteilung in der Seife erzielt wird. Gewöhnlich nimmt man auf 100 kg Wasserglaslösung von 38$^0$ Bé 5—7,5 kg Natronlauge der gleichen Stärke.

## Talkum und andere Beschwerungsmittel.

Talkum ist ein wasserhaltiges Magnesiumsilikat, das in gemahlenem Zustande als Füllmittel für Seifen verwendet wird. Es wirkt jedoch nur beschwerend, da es in Wasser nicht löslich ist und keinerlei Waschwirkung besitzt. Neben dem Talkum werden des weiteren auch Kieselgur, Kaolin, Schwerspat, Kreide usw. als Beschwerungsmittel verwendet, deren nähere Besprechung sich jedoch erübrigen dürfte, obwohl insonderheit das Kaolin während des gegenwärtigen Krieges als Streckungsmittel für Seifen (K.A. Seifen) eine ganz besondere Bedeutung gewonnen hat.

# Die maschinellen Hilfsmittel der Seifenfabrikation.

## Die Äscher.

Die Laugenbereitung erfolgt heute vornehmlich durch Auflösen von festem Ätznatron (kaustische Soda) in Wasser, sofern nicht von vornherein Laugen von $50^0$ Bé in Kesselwagen bezogen werden. Nur selten noch und meist in technisch rückständigen Fabriken wird Ätznatronlauge wie in früheren Zeiten durch Kaustizieren von Natriumkarbonatlösungen mit Kalk im Eigenbetriebe hergestellt. Ätzkali wird, wie bereits erwähnt, heute ausschließlich als 50 $^0/_0$ige Elektrolytlauge bezogen.

Für die Auflösung des Ätznatrons sind keine besonderen Einrichtungen erforderlich; doch ist das Herausschlagen der kaustischen Soda aus den zum Transport benutzten Trommeln eine sehr lästige Arbeit. Man findet daher jetzt größtenteils Vorrichtungen, welche gestatten, die noch in den Trommeln befindliche Soda aufzulösen, indem man die Sodatrommeln nach Entfernung der Stirnwände auf einen im Lösekessel befindlichen erhöhten Rost legt, Wasser darüber bringt und dieses anwärmt. Nach einigen Stunden hat sich das Ätznatron gelöst; die leere Hülse wird herausgenommen und die Ätznatronlösung in gewünschter Weise eingestellt.

Eine zweckmäßige Vorrichtung zum Auflösen der Trommelsoda ist u. a. die in Fig. 6 abgebildete. Über der Mitte des Auflösekessels A ist eine Eisenschiene S in entsprechender Höhe eingemauert, auf welcher ein fahrbarer Flaschenzug F befestigt ist. An dem unteren Ende des letzteren befindet sich ein starker Haken, an dem mit Hilfe eines ca. 5 cm dicken, horizontal hängenden Eisenstabes die Sodatrommel T mit Ketten befestigt werden kann; durch zweckentsprechende Benutzung des Apparates ist es ohne weiteres möglich, die nach den obigen Angaben vorbereitete Trommel in den Auflösekessel zu bringen.

Die Auflösung erfolgt unter starker Wärmeentwicklung in relativ kurzer Zeit. Die entstehende, spezifisch schwere Lösung sinkt nach unten, so daß immer neue Mengen von Wasser mit dem Ätznatron in Berührung kommen. Durch wiederholtes Krücken ist dann schließlich für eine gleichmäßige Stärke der Lauge zu sorgen.

Wird die Lauge durch Selbstkaustizierung bereitet, so sind mehr Gerätschaften erforderlich. Ist Dampf vorhanden, so wird die Umsetzung am besten in den Äschern selbst (Laugenreservoiren) bewirkt. Es sind dies große, meist rechteckige Gefäße aus Gußeisen oder ca. 4 mm starkem Schmiedeeisen von etwa 2—2,5 m Länge, 1,2—1,5 m

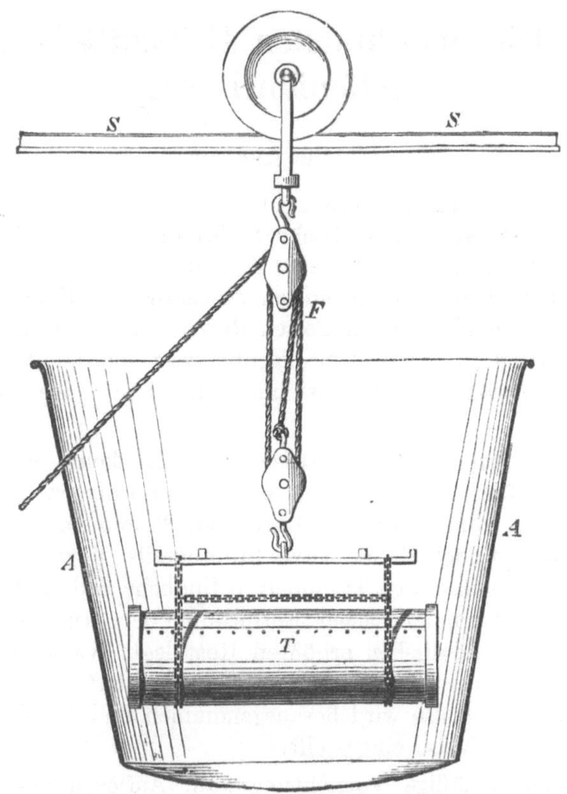


Fig. 6. Auflösekessel für Trommelsoda.

Breite und etwa 1 m Höhe, in denen sich in etwa 10 cm Abstand vom Boden ein offenes Dampfrohr oder besser ein Dampfstrahl-Rührgebläse der Firma Gebr. Körting A. G. in Hannover befindet.

In den Äschern wird die eingebrachte Soda heiß gelöst und alsdann durch Krücken bzw. mit Hilfe des Rührgebläses mit dem notwendigen Kalk in möglichst innige Berührung gebracht. Vorteilhafterweise wird der letztere mit Hilfe eines eisernen, zylindrischen oder rechteckigen, siebartig mit Löchern versehenen Kastens in den Äscher eingehängt, so daß eine Verunreinigung der entstehenden Ätzlauge nach Möglichkeit vermieden wird.

Ist kein Dampf zur Verfügung, so empfiehlt es sich, die Einstellungslauge in einem besonderen Kessel zum Sieden zu erhitzen und dieselbe erst dann auf das im Äscher befindliche kohlensaure Natron zu bringen. Nach vollständiger Lösung gibt man den erforderlichen Kalk hinzu, durch dessen Löschung ein abermaliges Sieden veranlaßt wird.

Die Überleitung der fertigen Ätzlaugen aus den Äschern in die Laugenbehälter geschieht am besten durch Heber, währerd man für die Beförderung der Laugen aus den Behältern in die Siedekessel oder in die darüber befindlichen Gefäße zweckmäßig Pumpen verwendet.

## Die Siedekessel mit Zubehör.

Zum Sieden der Seifen bedient man sich tiefer Kessel, die meistens aus Schmiedeeisen hergestellt sind. Diese Siedekessel haben gewöhnlich eine etwas konische Form, können aber auch zylindrisch, halbzylindrisch

Fig. 7. Halbzylindrischer Siedekessel.

oder rechteckig sein. Ihre Größe ist sehr verschieden, von 500—10 000, ja bis 20 000 kg und mehr Sudgröße. In der Regel richten sich Form und Größe nach dem persönlichen Geschmack und den lokalen Verhältnissen; doch sind größere Kessel, besonders solche von 5000 kg Sudgröße die gebräuchlicheren, und die halbzylindrische (Figur 7) oder Kegelform (Fig. 8), bei welcher der obere Durchmesser ziemlich gleich der Höhe und der untere Durchmesser etwa gleich zwei

Dritteilen des oberen ist, die gewöhnliche. Die Kessel haben einen eingesetzten, gewölbten Boden und werden meist so eingemauert, daß ihr oberer Teil 100—110 cm über der Sohle des Siederaumes hervorragt. Der über den Fußboden herausragende Teil, der sogenannte „Sturz" wird in der Regel mit Holz oder Mauerwerk (Zement) umkleidet.

Vielfach werden auch geteilte, zum Zusammenschrauben eingerichtete Kessel verwendet (Fig. 9). In diesem Falle sind Vertikalverschraubungen zu vermeiden und möglichst nur Horizontalverschraubungen zu verwenden. Als Dichtungsmaterial dient am besten 1 cm starke Asbestschnur.

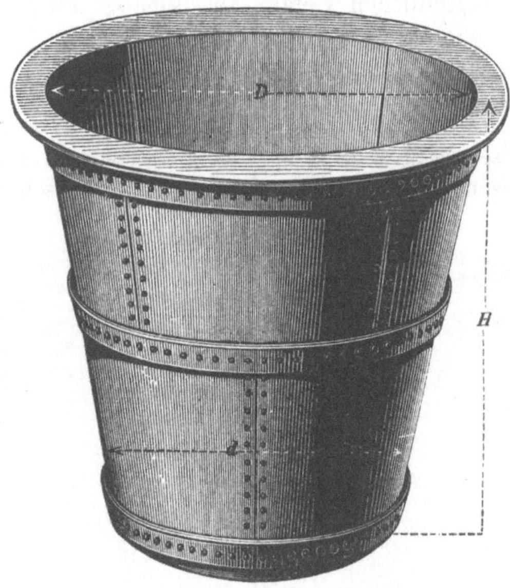


Fig. 8. Kegelförmiger Siedekessel.

Das Sieden selbst geschieht entweder mit Dampf oder mit direktem Feuer.

Bei Verwendung von offenem Feuer pflegt man die Anordnung so zu treffen, daß man die Heizgase unter den Kesselboden treten läßt, von dort nach oben und rund um den Kessel herum leitet und schließlich zum Schornsteinzug hinausführt. Bei der hohen Temperatur der bei der Verbrennung der Kohle sich bildenden Heizgase und der geringen Wärmekapazität der Seifenmasse ist es erklärlich, daß der Kesselboden, wenn man ihn, wie häufig geschieht, unmittelbar über der Rostfläche anbringt, durch die „Stichflamme" ganz bedeutend angegriffen wird und ein Anbrennen der Seife nur bei vorsichtigster Behandlung des Feuers und fleißigem Durcharbeiten der Seife mit der Rührstange vermieden werden kann.

Durch rationelle Anordnung der Feuerungsanlage ist jedoch der schädliche Einfluß der Stichflamme zu beseitigen, wie aus den Fig. 10 bis 13 hervorgeht, die eine Kesseleinmauerungs- und Feuerungsanlage zeigen.

Das Charakteristische dieser Anlage ist die Anbringung eines schützenden Gewölbes zwischen dem Kesselboden und der Rostfläche, so daß die Flamme, unter dem Gewölbe hinstreichend, ihre schärfste Hitze abgibt, ehe sie den Kesselboden trifft.

Die auf dem Roste a, unter dem sich der Aschenfall b befindet, entwickelten Heizgase treten über die Feuerbrücke c in den mit einem feuerfesten Gewölbe d überwölbten Kanal e, steigen am Ende des-

Fig. 9. Geteilter Siedekessel.

selben in dem Vertikalkanale f nach oben und gelangen jetzt erst durch den Zug g unter den Kesselboden; sie ziehen unter dem Kesselboden hin, treten durch den aufsteigenden Kanal h nach oben in den rings um den Kessel laufenden Seitenzug i und gehen bei k in den Schornsteinkanal. Die in den Zug eingesetzte Mauerwerkszunge l bewirkt eine gleichmäßige Verteilung der Heizgase. Zum Besteigen der Züge behufs ihrer Reinigung dient ein luftdicht geschlossenes und gut verstrichenes Mauerloch m.

Für die Dimensionierung der Kanäle ist zu bemerken, daß für je 100 kg Sudgröße des Kessels ungefähr $^1/_{10}$ qm Heizfläche und $^1/_{150}$ qm Rostfläche notwendig sind, so daß beispielsweise für einen Kessel von

6000 kg Sudgröße (entsprechend einem Rauminhalt von etwa 9000 kg) eine Totalheizfläche von 6 qm und eine Totalrostfläche von $^2/_5$ qm

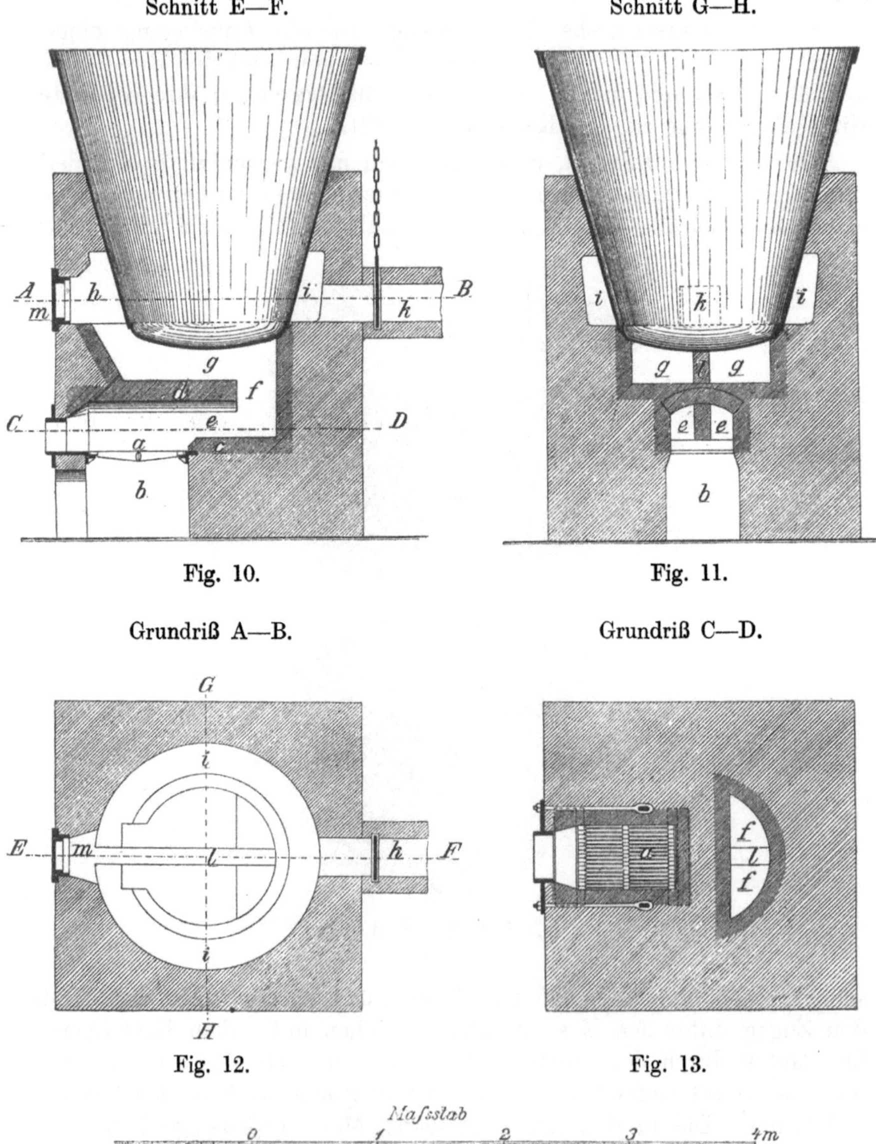


Figg. 10—13. Kesseleinmauerungs- und Feuerungsanlage.

vorzusehen wäre. Der Querschnitt der Kanäle muß mindestens gleich einem Drittel der Totalrostfläche und auf alle Fälle so groß gewählt sein, daß sie leicht befahren werden können.

Für die Berechnung des Schornsteins kann man sich der Formel bedienen

$$Q = \frac{R}{\sqrt{H}},$$

in welcher Q in Quadratmetern den Querschnitt des Schornsteins oben an der Austrittstelle, H in Metern die Schornsteinhöhe und R in Quadratmetern die Totalrostfläche bedeutet. Ist also beispielsweise H (die Schornsteinhöhe) zu 16 m angenommen, so ist der Schornsteinquerschnitt

$$Q = \frac{R}{\sqrt{16}} = \frac{R}{4},$$

also gleich dem vierten Teile der Totalrostfläche. Aus dem Schornsteinquerschnitt Q berechnet sich dann die lichte Weite in bekannter Weise: für runde Schornsteine ist der Durchmesser

$$D = 1{,}13\sqrt{Q}$$

und für viereckige Schornsteine die Seitenlänge des Vierecks

$$S = \sqrt{Q}$$

Der Verwendung offenen Feuers gegenüber gewährt das Sieden mit Dampf viele Annehmlichkeiten, die Kessel werden weniger angegriffen, der Verseifungsprozeß geht rasch und gleichmäßig vonstatten, und insonderheit die Farbe der erzielten Fabrikate ist eine durchaus befriedigende.

In der Regel arbeitet man zugleich mit direktem und indirektem Dampf, der vorteilhafterweise bis auf etwa 300° C überhitzt wird. Fig. 14 zeigt eine solche Einrichtung. G ist der Kessel aus Schmiedeeisen, HHHH eine 5 cm starke als Isolierung dienende Holzbekleidung; A ist der Verschlußhahn des Hauptdampfrohres, B und C ebenfalls Verschlußhähne der jeweils mit der direkten und indirekten Schlange verbundenen Leitungen, D ein Sicherheitshahn, E der Regulierungshahn für das in der Dampfschlange sich kondensierende Wasser, I der Laugenbehälter, F das Abzugsrohr für die Unterlauge, J schließlich ein Verschlußhahn, der das Zurücksteigen von Lauge oder Seife nach beendigter Operation in das Dampfrohr K verhindert.

Die lichte Weite der angewandten Rohre richtet sich nach der Größe des Kessels; gewöhnlich verwendet man Rohre von 4 cm lichter Weite und verlegt die Schlange für den direkten Dampf etwa 10 cm, die für den indirekten Dampf etwa 15 cm oberhalb des Kesselbodens. Die direkte Schlange wird vielfach als geschlossener Ring ausgeführt, dessen Durchmesser etwa zwei Drittel des Kesselbodendurchmessers beträgt, die indirekte Schlange dagegen meist als ein im Zickzack gebogenes Rohr, dessen Form der bei der Erwärmung auftretenden Ausdehnung Rechnung trägt.

Die Durchmischung der während der Verseifung in Reaktion tretenden Stoffe und ebenso die Einverleibung von Zusätzen in die Seifenmasse (Riechstoffe, Füllmittel usw.) geschieht mit Hilfe besonderer Instrumente, die man als Krücken bezeichnet. In kleineren Fabriken geschieht das Krücken auch heute noch vielfach von Hand, meist, indem

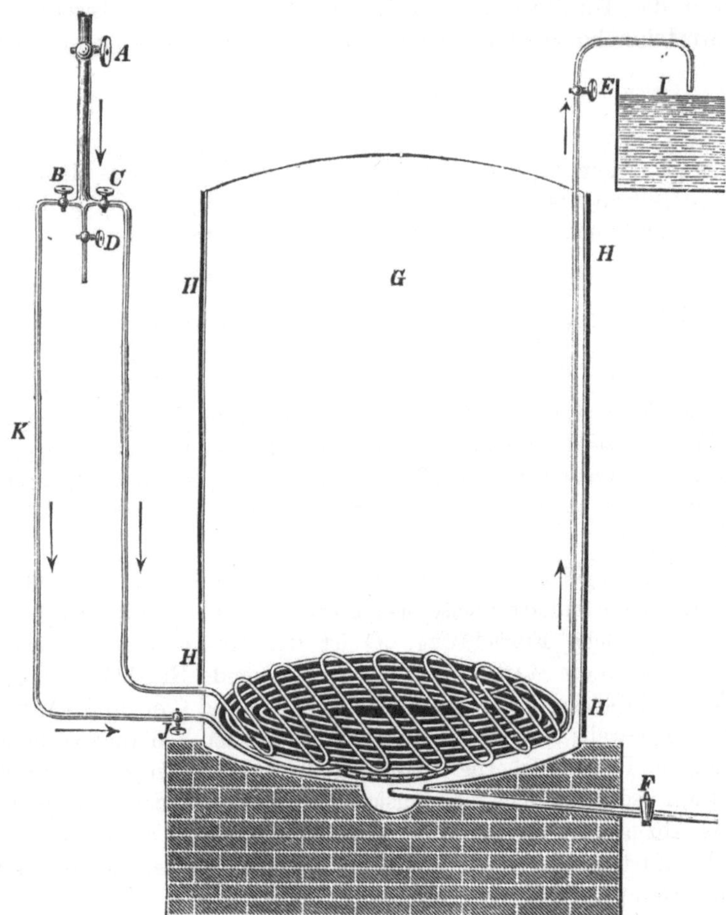


Fig. 14. Siedekessel mit Dampfbeheizung.

man sich diese mühsame Arbeit dadurch erleichtert, daß man die Krücken an einem über eine Rolle laufenden Seile zur Aufhängung bringt. Mittels einer losen Querschraube oder Gabelung ist in den Krückenstiel weiter eine Führungsstange eingeschaltet, mit deren Hilfe man die Krücke nach jeder Richtung dirigieren kann. Der Teller der Krücke hat ca. 60 cm Durchmesser und ist fest oder in Scharnieren beweglich.

Ein oder zwei Arbeiter ziehen die Krücke mittels des Taues in die Höhe, während einer die Leitung der Krücke besorgt (s. Fig. 15).

Die Methode ist aber naturgemäß ziemlich umständlich, zeitraubend und beschwerlich, weshalb man Krückwerke oder Krückmaschinen konstruiert hat, die für Kraftbetrieb eingerichtet und sehr leistungsfähig sind.

Fig. 16 zeigt ein solches Krückwerk von Louis Brocks in Leipzig-Lindenau, das, wie aus Fig. 17 ersichtlich ist, für den Gebrauch auf dem

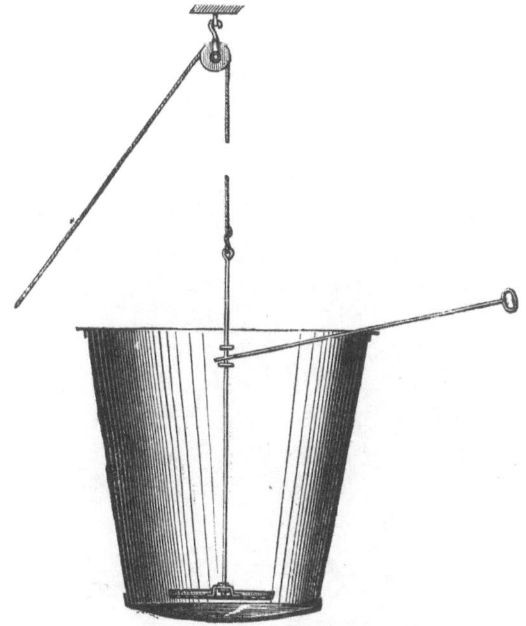

Fig. 15. Krückwerk für Handbetrieb.

oberen Rande des Kessels befestigt wird. Die wesentlichen Teile desselben sind die folgenden: die beiden Böcke A tragen eine horizontale, durch eine Riemenscheibe angetriebene Welle, die in eine Kurbel K ausläuft und die an dieser befestigte Krückenstange C in schwingende Bewegung setzt. Die Krückenstange trägt an ihrem unteren Ende S einen Krückenteller T. Um das etwaige Aufschlagen dieses Tellers auf die Seifenoberfläche zu vermeiden, ist eine die Bewegung entsprechend verlangsamende Bremsvorrichtung D vorgesehen. Außerdem ist mit dem Apparat eine Wehrvorrichtung W verbunden, welche aus einer mit vier Wehrflügeln versehenen Welle besteht. Der Apparat macht ca 35 Touren pro Minute und arbeitet sehr energisch, erfordert aber ziem lich viel Kraft. Er wird je nach der Tiefe des Kessels für 1600, 1500 1200, 1000, 900, 800 und 600 mm Hub gebaut; die letzten beiden Größen werden für Handbetrieb hergestellt, während die mittleren sowohl für Hand- als auch für Kraftbetrieb gebaut werden.

Besondere Beachtung verdient auch das durch Fig. 18 dargestellte,

Fig. 16. Krückmaschine.

von Aug. Krull in Helmstedt konstruierte Krückwerk [1]). Dasselbe ist auf einem starken Gestellringe A montiert, dessen Durchmesser dem

[1]) DRP. Nr. 161 682.

Durchmesser des betreffenden Siedekesselrandes entspricht und der auf diesem durch 3 Schrauben befestigt wird. In der wagerechten Mittelachse des Gestellringes ist eine Welle B gelagert, die ihre Bewegung

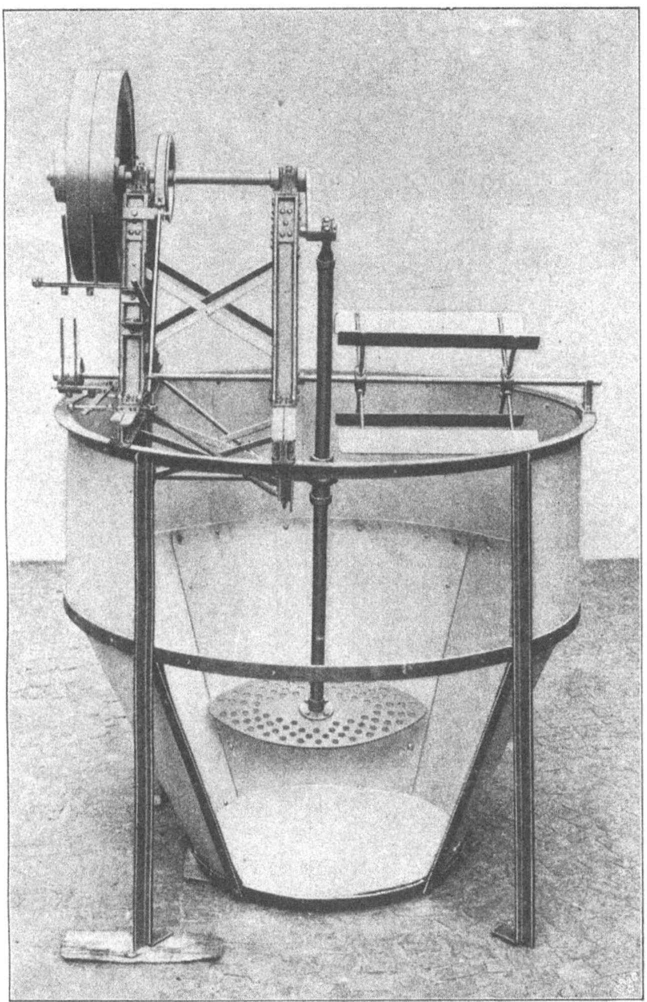

Fig. 17. Siedekessel mit Krückmaschine.

mittels des Rädergetriebes C und D durch die Riemenscheibe E erhält. Dieselbe ist weiter mit 4 Kurbeln a, b, c, d versehen, von denen je zwei um $180^0$ gegeneinander versetzt sind. An den Kurbeln sind die Hohlstangen F befestigt, welche die Krückteller G tragen; diese letzteren sind in ihren Abmessungen und in ihrer Gestaltung der jeweiligen Form des

Siedekessels angepaßt. Bei Drehung der Welle gleiten die Hohlstangen F auf den unten um ein Rundeisen H bei e schwingenden Führungsstangen i auf- und abwärts. Das Rundeisen H ist in der Mitte durch

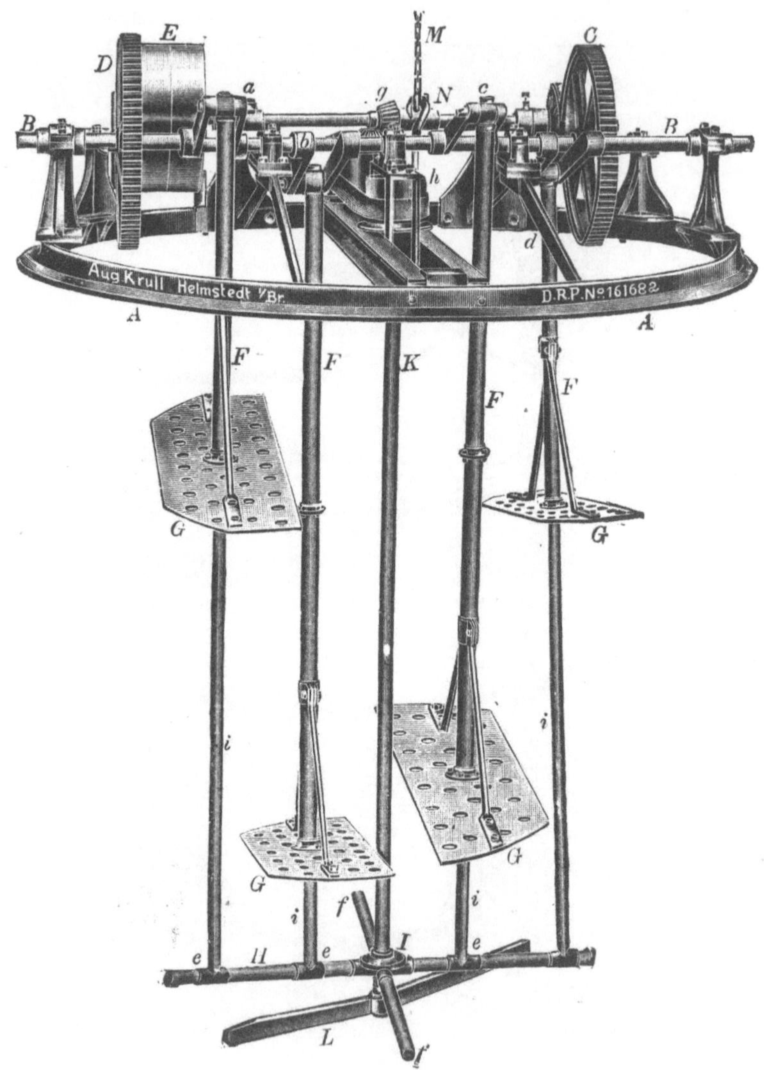


Fig. 18. Krückwerk von Aug. Krull.

eine entsprechende Verstärkung I so ausgebildet, daß durch Einschrauben der beiden Enden f ein Kreuz von vier gleich langen Armen entsteht. Mittels dieses Kreuzes liegt die untere Partie des Krückwerkes auf dem Kesselboden derart auf, daß seitliche Verschiebungen unmöglich sind. In der Mitte des Gestellringes A ist ferner eine senkrechte Welle K gelagert, welche ihren Antrieb von der horizontalen Welle N aus durch die konischen Räder g erhält. Das untere, in der Verstärkung I nochmals gelagerte Ende der Welle K trägt einen dicht über dem Kesselboden befindlichen Doppelrührarm L, welcher sich, durch Rotation der Welle in Bewegung gesetzt, über den Kesselboden bewegt und so eine innige Durchmischung der sich hier ansammelnden Massen bewirkt.

Diese Kombination eines horizontal wirkenden Rührapparates mit einem vertikal arbeitenden Krückwerke ist durchaus praktisch, da sie die bestmögliche Durchmischung des Kesselinhaltes gewährleistet. Je nach Wunsch läßt sich aber auch das Rührwerk oder Krückwerk allein in Tätigkeit setzen, so daß die Arbeitsweise dem Ermessen des Einzelnen überlassen bleibt.

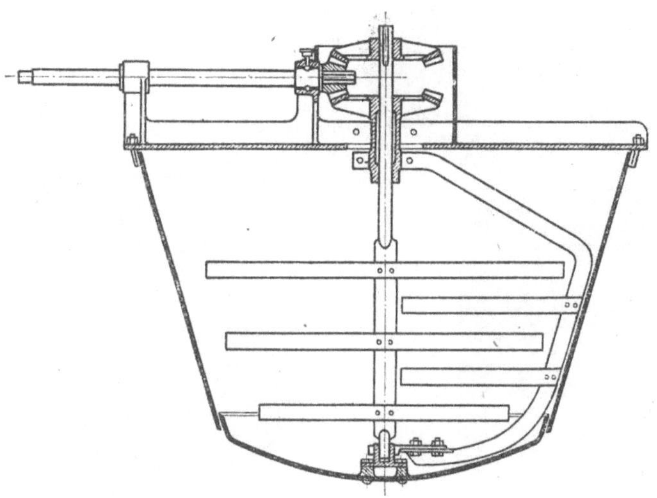

Fig. 19. Rührwerk mit gegenläufiger Bewegung der inneren und äußeren Flügel.

Im übrigen ist das Krückwerk so montiert, daß es mittels einer oberhalb des Kessels befindlichen Aufzugvorrichtung an der Kette M bzw. dem Haken N leicht aus dem Kessel herausgehoben werden kann, so daß es möglich ist, das gleiche Krückwerk für mehrere Siedekessel der gleichen Größe zu benutzen, wenn man durch eine entsprechend hergerichtete Laufkatze für die notwendige Transportmöglichkeit sorgt.

Neben den vorbesprochenen Krückwerken sind vielfach auch Rührapparate im Gebrauch, die besonders dann in Anwendung kommen, wenn es sich um die Durchmischung von Substanzen handelt, die ein annähernd gleiches spezifisches Gewicht besitzen.

Von einfachen Flügelrührwerken abgesehen, sind hier besonders die von C. E. Rost & Co. in Dresden gebauten Rührwerke hervorzuheben, bei denen sich innen konzentrisch laufende Flügel in gegenläufiger Bewegung zu entsprechend angeordneten äußeren Flügeln befinden (s. Fig. 19).

Der Antrieb dieser Apparate erfolgt entweder durch Riemen von der Transmission aus oder direkt durch einen mit dem Apparat selbst verbundenen Elektromotor.

Neben anderen Modellen ist sodann insonderheit für die Herstellung kalt gerührter Seifen das Schneckenrührwerk von Aug. Krull in Helmstedt geeignet, dessen Konstruktion sich ohne weiteres aus der Fig. 20 ergibt.

Schließlich sei dann der Vollständigkeit halber noch auf die Dampfstrahl-Rührgebläse der Gebr. Körting in Körtingsdorf bei Hannover

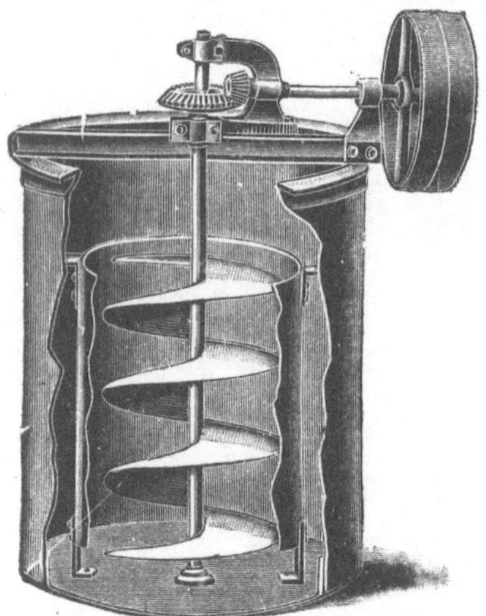

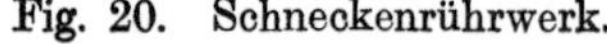

Fig. 20. Schneckenrührwerk.

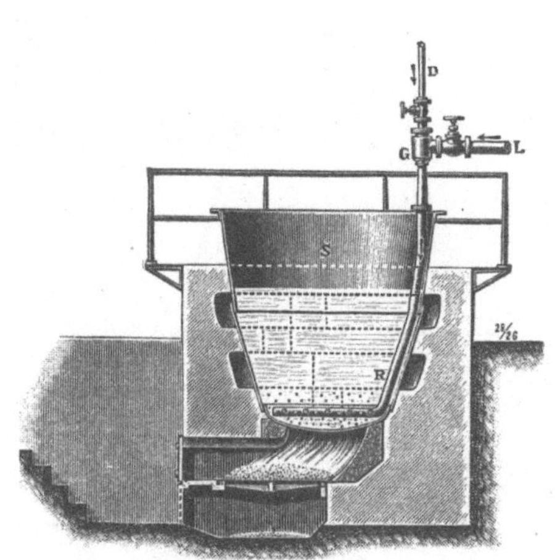


Fig. 21. Siedekessel mit Luftstrahlrührung.

hingewiesen, bei denen mittels eines Dampfstrahles Luft angesaugt und in das zu bewegende Flüssigkeitsgemisch gedrückt wird. Wie aus Fig. 21 ersichtlich ist, tritt die durch das Rohr L angesaugte Luft gleichzeitig mit dem durch das Rohr D zuströmenden Dampf aus einem etwa 10 cm über dem Kesselboden befindlichen Verteilungsrohr aus, das mit einer großen Anzahl von etwa 4 mm weiten, schräg nach unten gerichteten Löchern versehen ist.

Der Apparat hat sich vor allem bei der Karbonatverseifung von Fettsäuren zum Austreiben der Kohlensäure bewährt, sowie bei allen Arbeiten, die durch den gleichzeitigen Dampfzutritt nicht nachteilig beeinflußt werden (Kaustizierung von Sodalaugen).

Um das Überfließen der im Kessel während des Verseifungsprozesses oft aufsteigenden Seifenmasse zu verhindern, bedient man sich sogenannter Wehrvorrichtungen, indem man entweder die steigende Seife mit breiten, kurzstieligen Holzschaufeln in die Höhe wirft, um sie zu verteilen und abzukühlen oder durch mechanische Wehrvorrichtungen (Aug. Krull in Helmstedt), deren Konstruktion aus Fig. 16 und 17 ersichtlich ist, dafür sorgt, daß die Oberfläche des Kesselinhalts in dauernder Bewegung bleibt.

Aus dem Siedekessel wird die fertige Seife endlich ausgebracht entweder durch Schöpfer, die aus Stahlblech möglichst nahtlos hergestellt sind oder in größeren Betrieben mit Hilfe von Kolben- bzw. Rotationspumpen, von denen die ersteren meist für Handbetrieb eingerichtet sind und in den Kessel eingestellt werden, die letzteren außerhalb desselben ihren Antrieb durch Riemenscheiben erhalten.

Um eine selbsttätige Entleerung des Kessels zu bewirken, ist es empfehlenswert, denselben mit einer Syphoneinrichtung zu versehen und den Syphonstutzen außen mit einem abwärts gebogenen Ablaufrohr zu verbinden, dessen untere Öffnung wenigstens 50 cm unter dem tiefsten Punkt des Kesselbodens liegt, so daß diese Einrichtung als Heber wirken kann. Die durch ihren eigenen Druck abfließende Seifenmasse läßt sich dann entweder in die in unmittelbarer Nähe aufgestellten Seifenformen oder Kühlmaschinen direkt abfüllen oder mittels einer an die genannte Vorrichtung angeschlossenen, als Druckpumpe wirkenden Rotationspumpe weiter befördern.

## Die Behälter zur Aufnahme der fertigen Seife.

**Die Seifenformen.** Die Kühlkasten, in denen die harten Seifen zum Erstarren gebracht werden, die sogenannten Formen, müssen so eingerichtet sein, daß sie einen dichten Verschluß für die warme, flüssige Seife bilden, aber auch gestatten, die erkaltete, feste Seife leicht herauszunehmen. Man verwendet daher meist Formen, die auseinandergenommen, d. h. in einen Boden und vier Seitenteile zerlegt werden können.

Als Material für diese Formen, die bis zu einer Größe von 5000 kg Inhalt hergestellt werden, wurde früher allgemein Holz verwendet; Wände und Boden bestanden aus starken, zusammengefügten Bohlen, die mit dünnem Eisenblech beschlagen waren und durch geeignete Verstrebungen den nötigen Halt erhielten. Durch Ausstopfen mit Werg und Verstreichen mit Ton u. dgl. wurde die erforderliche Dichtigkeit erzielt.

Heute werden diese Formen jedoch fast ausschließlich aus Schmiedeeisen gefertigt, und zwar noch immer in fast der gleichen, zweckmäßigen und praktischen Ausführung, wie sie im Jahre 1876 durch die Firma Aug. Krull in Helmstedt zuerst in Anwendung kam.

Fig. 22 gibt die Darstellung einer solchen eisernen Seifenform von ca. 4000 kg Inhalt, deren Hauptvorzug in der Beschaffenheit des durch Nut und Feder gebildeten Verschlusses liegt. Derselbe ist absolut dicht und bleibt auch auf die Dauer vollkommen intakt, so daß ein Lecken der Form unmöglich ist. Einen wichtigen Bestandteil dieser schmiedeeisernen Seifenformen bildet weiter die gleichfalls von Aug. Krull eingeführte Umhüllung derselben mit Matratzen, die mit Werg

Fig. 22. Seifenform mit Mutterschraubenverschluß.

gefüllt sind; dieselben werden durch einfaches Aufhängen am oberen Formrande befestigt und können jederzeit ganz oder teilweise abgenommen werden. Sie haben den Zweck, die in der Form befindliche Seife beispielsweise zur Flußbildung einige Zeit warm zu halten. Fig. 23 zeigt eine Form mit dieser Umhüllung bekleidet.

Die Formen selbst werden zerlegt in einen Boden und vier Seitenwände. Gewöhnlich werden aber zu einer Form zwei Böden geliefert, damit die vier Wände für die Zusammenstellung einer neuen Form bereits benutzt werden können, wenn der in der ersten Form befindliche Seifenblock zwar schon erstarrt, aber noch nicht schnittreif ist. Wände und Böden werden aus bestem, ca. 4 mm starkem Eisenblech hergestellt, und durch Flacheisen, Winkeleisen und T-Eisen entsprechend armiert, so daß eine Deformation der Form unmöglich ist.

Die Ränder und Kanten der Einzelteile sind in der für den Nutenverschluß geeigneten Weise bearbeitet und genauest gehobelt. Mehrere

Fig. 23. Seifenform mit Matratzenumhüllung.

lange, oben über die Form hingehende Schraubbolzen halten die Wände in dem richtigen Abstande voneinander, so daß der in einer solchen Form gebildete Seifenblock genau eben und rechtwinklig ist. Die Verbindung der Wände untereinander und mit dem Boden geschieht durch Verschraubung und wurde ursprünglich durch kurze Mutterschrauben von ca. 70 mm Länge bewirkt, welche in einem Abstande von ca. 270 bis 300 mm voneinander angeordnet waren, wie auf Fig. 22 ersichtlich ist.

Im Jahre 1889 hat die Firma Aug. Krull aber eine Vervollkommnung dadurch geschaffen, daß sie an Stelle dieser Mutterschrauben Schraubzwingen in Anwendung brachte, die an jeder beliebigen Stelle sofort anzubringen sind. Fig. 24 zeigt eine solche, aus Stahl her-

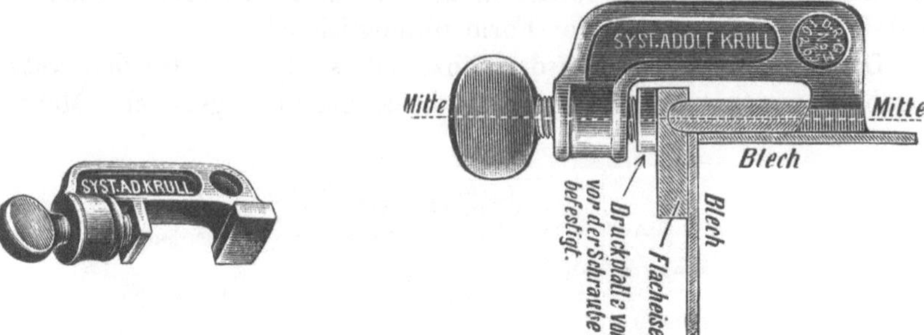


Fig. 24. Schraubzwinge.

Fig. 25. Wirkungsweise des Schraubzwingverschlusses.

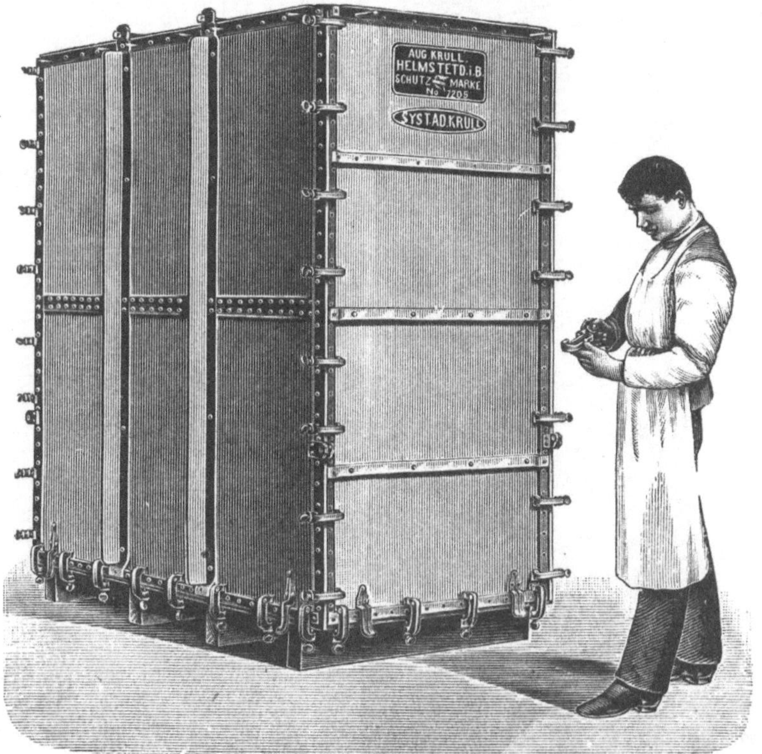


Fig. 26. Seifenform mit Schraubzwingenverschluß.

gestellte Schraubzwinge, durch deren Einführung die eisernen Formen eine wesentliche Verbesserung erfahren haben. Aus Fig. 25 ist die Wirkungsweise derselben ersichtlich.

Nach ihrem Erfinder sind diese neuen Seifenformen mit Schraubzwingenverschluß, wie sie Fig. 26 zeigt, als „System Adolf Krull“ bezeichnet worden. Die Böden derselben sind erhaben gearbeitet und

Fig. 27. Fußboden mit Laugenablaßvorrichtung.

zwar derart, daß die ringsherum laufende Nute so tief liegt, daß der Seifenblock vom Boden glattweg abgeschoben werden kann. Der

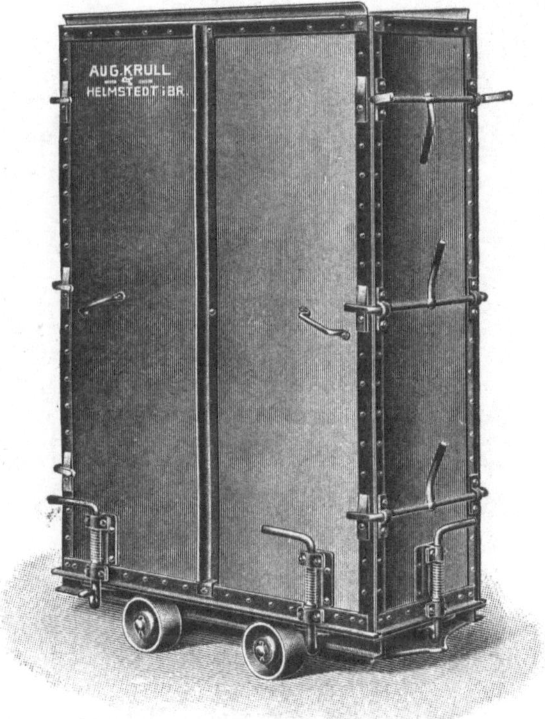


Fig. 28. Seifenform mit Momenthebelverschluß (Aug. Krull) geschlossen.

eigentliche eiserne Boden ist auf einem hölzernen Boden (ca. 25 mm dick) befestigt, der von hölzernen Schwellen getragen wird.

Die Formen können weiter mit einer Vorrichtung zum Ablassen der Unterlauge versehen werden, und zwar entweder unten an einer

Seitenwand oder am Boden (Fig. 27); die letztere Art der Ausführung ist die gebräuchlichere. Ferner kann am Boden eine einfache Vorrichtung angebracht werden, die dazu dient, beim Fällen des Seifenblockes die Ausführung der senkrechten Schnitte zu erleichtern. Diese Vorrichtung besteht darin, daß einander gegenüber zwei kleine Stifte am Boden angebracht werden, die zum Einlegen der Schnüre für das Durchziehen von Schneidedrähten dienen.

Neben diesem Typ hat die Firma Aug. Krull jedoch neuerdings

Fig. 29. Seifenform mit Momenthebelverschluß (Aug. Krull) geöffnet.

ein Modell herausgebracht, das mit einem Hebelverschluß (Momentverschluß) ausgestattet ist, dessen Wirkungsweise aus den Fig. 28 und 29 ohne weiteres ersichtlich ist. Infolge ihrer einfachen Handhabung können diese Seifenformen durchaus empfohlen werden.

Die schmiedeeisernen Seifenformen werden in jeder gewünschten Größe und nach beliebigen Maßen geliefert. Fig. 30 zeigt beispielsweise eine schmale Form, wie sie für Mottledseifen meist verwendet wird. Die Formen können ebenso wie ihre Einzelteile auch mit Rollrädern, fahr- und lenkbar, versehen werden; die am meisten gängigen Anordnungen sind durch Fig. 31 und 32 dargestellt.

Für viele Zwecke, beispielsweise für Oberschalseife werden auch

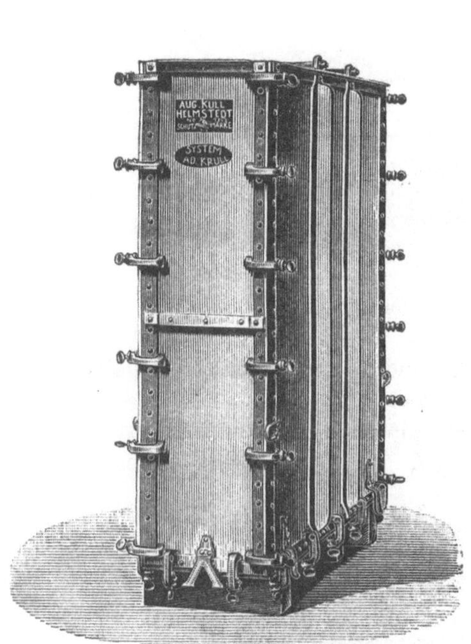


Fig. 30. Schmale Seifenform mit Schraubzwingenverschluß.

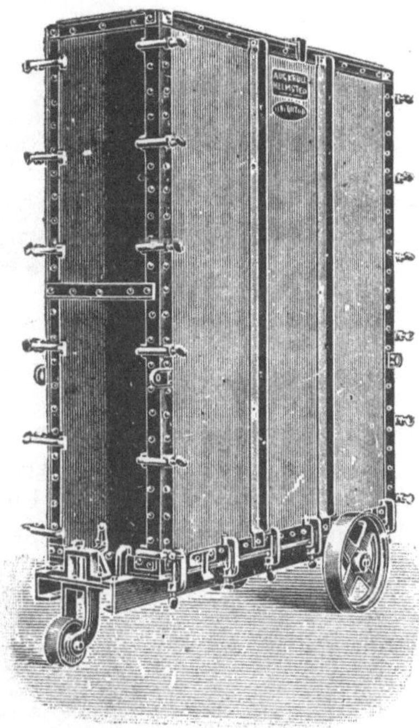

Fig. 31. Fahrbare Seifenform mit Schraubzwingenverschluß.

Fig. 32. Fahrbare Seifenform mit Schraubzwingenverschluß.

flache Seifenkasten verwendet, die aus einem Boden mit abnehmbarem Rahmen bestehen und zweckmäßig ebenfalls aus Schmiedeeisen hergestellt werden. Der Seitenrahmen ist in den Boden genau eingepaßt und kann, wie aus Fig. 33 ersichtlich ist, leicht aus diesem herausgehoben werden.

**Die Standgefäße für Schmierseife.** Als Standgefäße für Schmierseife dienten früher meist hölzerne Behälter, Palmölfässer u. dgl. Neuerdings hat man jedoch für diesen Zweck eiserne Gefäße eingeführt,

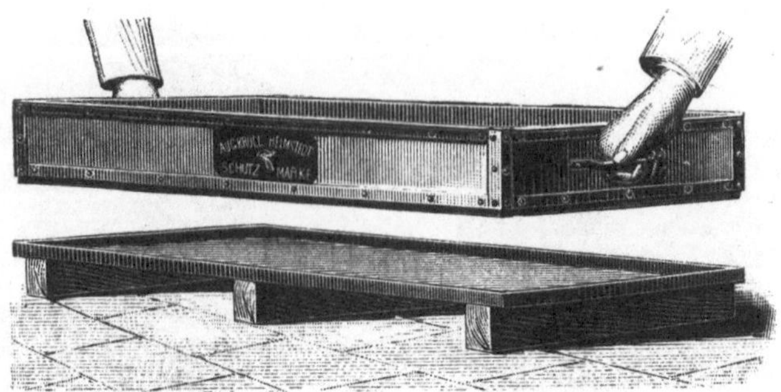

Fig. 33. Flacher Seifenformkasten.

die den Vorteil der Raumersparnis und der größeren Dauerhaftigkeit den hölzernen Behältern gegenüber bieten.

In einem Gefäß, das 1 m hoch, 1 m lang und 1 m breit ist, lassen sich 1000 kg Schmierseife unterbringen. Fig. 34 zeigt ein solches Stand-

Fig. 34. Standgefäß für Schmierseife.

gefäß aus Schmiedeeisen. Das Gewicht desselben beträgt bei 5 mm Wandstärke und 6 mm Bodenstärke ungefähr 250—260 kg.

Bei der Herstellung solcher eisernen Behälter ist darauf zu achten, daß die Nieten innen glatt versenkt sind, damit sich die Lauge, welche der Schmierseife etwa noch zugegeben werden muß, nicht festsetzen kann. Die Größe dieser Behälter wird sich natürlich im allgemeinen nach dem vorhandenen Raum richten; doch ist eine Breite von über 120 cm nicht zu empfehlen, damit man, falls nur eine Seite zugängig ist, beim Krücken nicht behindert ist.

## Vorrichtungen zum Schneiden von harten Seifen.

Das Schneiden der Seifen geschieht entweder von Hand oder mittels geeigneter Maschinen; in beiden Fällen verwendet man Stahldraht zähester Beschaffenheit (sogenannten Klaviersaitendraht). Das Handschneiden, früher allgemein üblich, ist heute nur noch selten in Anwendung, zumal es viel Geschicklichkeit erfordert und eine sehr umständliche und ziemlich beschwerliche Arbeit ist.

In richtiger Erkenntnis des großen Nutzens, den zweckentsprechend eingerichtete Schneidemaschinen mit sich bringen würden, hat man daher schon in den sechziger Jahren des vorigen Jahrhunderts angefangen, derartige Apparate zu bauen, die dann im Laufe der Zeit wesentlich verbessert wurden und heute allen berechtigten Ansprüchen Rechnung tragen.

**Das Zerteilen (Fällen) des Seifenblockes (Formblockes).** Um den auf dem Boden der Seifenform stehenden, erstarrten Seifenblock in die für die Schneidemaschinen passenden, sogenannten Fällstücke zu zerlegen, bedient man sich des nebenstehend abgebildeten Fällapparates (Fig. 35). Er besteht aus einem breiten, hölzernen Winkel a b, welcher die eigentliche Schneidevorrichtung trägt, nämlich eine in dem Gehäuse d gelagerte und mit einem Zahnkranze versehene Rolle c, auf die sich der Schneidedraht f aufwickelt, und die durch die Kurbel e angetrieben wird. Das eine Ende des Schneidedrahtes ist an der Rolle c befestigt, das andere ist zu einer Öse gedreht und kann beim Gebrauch an dem Stift g befestigt werden. Vermittels der drei Schieber h wird der ganze Apparat an dem zu zerschneidenden Seifenblocke befestigt.

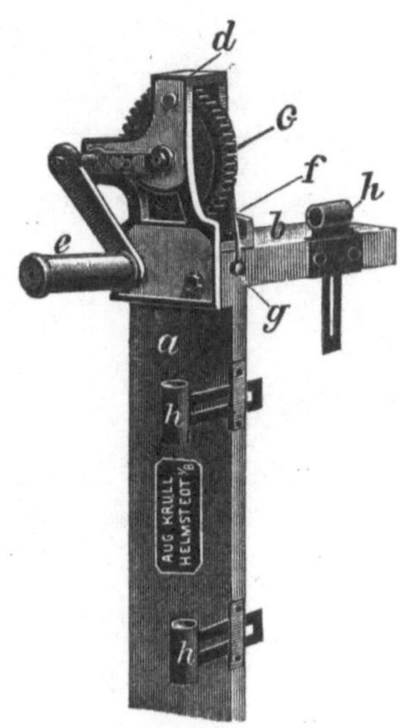

Fig. 35. Fällapparat.

Die Handhabung dieses Fällapparates geschieht folgendermaßen: Nachdem an den vier Kanten des Seifenblocks die Stellen, wo die Schnitte geführt werden sollen, angezeichnet sind, wird der Apparat mittels der Schieber h am Seifenblock befestigt, der Schneidedraht um denselben herumgelegt und das freie, zu einer Öse gedrehte Ende über den Stift g gehakt. Indem man nun die Kurbel e dreht, wickelt sich der Draht f auf der Rolle c auf, wodurch sich die gebildete Schlinge verkleinert, bis schließlich der Schnitt ausgeführt ist.

Die Anwendungsweise ist aus Fig. 36 ersichtlich. Anordnung A zeigt die Ausführung von Horizontalschnitten in einer Höhe von wenigstens 200 mm über dem Formboden, Anordnung B die Ausführung des gleichen Schnittes unmittelbar über dem Formboden. (Bei dieser

Anordnung wird, wie ersichtlich, der Apparat einfach umgekehrt, so daß sich die beim Schnitt A oben befindliche Kante jetzt unten befindet.) Anordnung C zeigt die Anwendung des Apparates für Vertikalschnitte. Hierbei wird der Block entweder mittels eines angespitzten Eisens, einer sogenannten Harpune, unten durchstoßen und der Schneidedraht nachgezogen, oder der Draht wird an einen Bindfaden geknüpft, den man vor Füllung der Form in geeigneter Weise auf dem Formboden

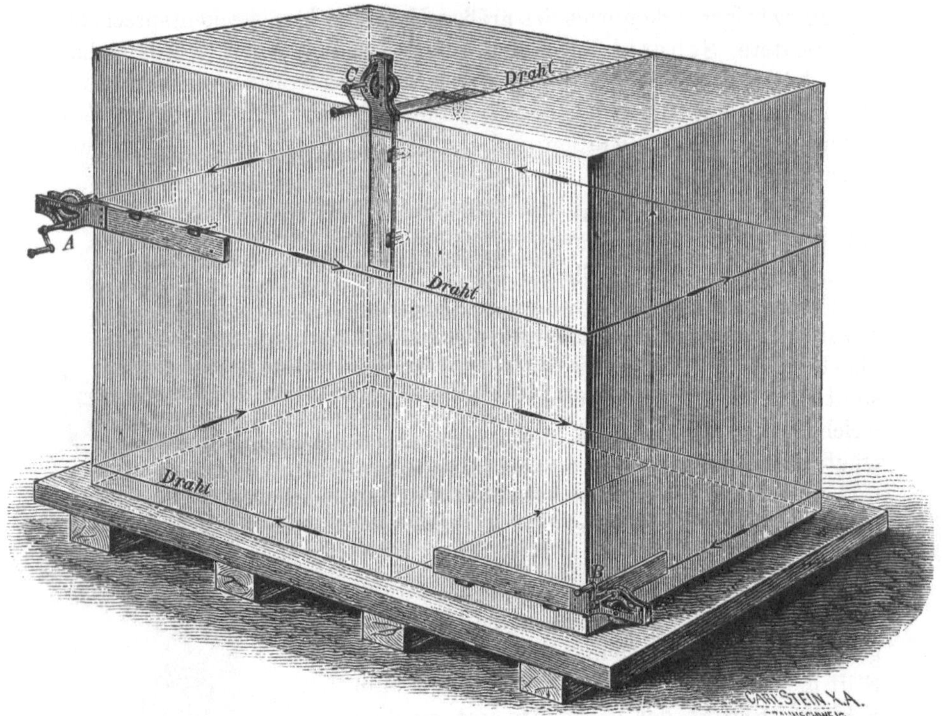


Fig. 36. Zerteilung eines Formblocks mit dem Fällapparat.

befestigt und mit dessen Hilfe der Schneidedraht unter dem Formblock hindurchgezogen wird.

Nach der Größe des Formblockes und nach den Maßen, die das einzelne Fällstück erhalten soll, richtet sich die Anzahl und die Art der durch den Formblock gelegten Schnitte. Hat man eine Schneidemaschine zur Verfügung, so sind selbstverständlich diejenigen Abmessungen maßgebend, die eine volle Ausnutzung der Maschine gewährleisten.

Im Folgenden mögen nun zunächst einige Hilfsmaschinen Erwähnung finden, die dazu dienen, die Hantierung mit den Fällstücken, deren größere immerhin ein Gewicht von ca. 125—175 kg haben, zu erleichtern.

Um die schweren Seifenplatten, die sich durch Horizontalschnitt ergeben, in der Längsrichtung der Form zu verschieben und somit die Möglichkeit zu gewinnen, das Fällstück selbst von dieser Platte ab-

Fig. 37. Plattenvorschiebeapparat.

zuschneiden, benutzt man den in Fig. 37 abgebildeten Plattenvorschiebeapparat, dessen Wirkungsweise aus Fig. 38 ersichtlich ist.

Der Apparat besteht aus zwei genügend kräftigen Holzplatten a und b, die auf der nach innen gekehrten Fläche mit einigen spitzen

Fig. 38. Vorschieben einer Seifenplatte.

Stiften c versehen sind und sich an die beiden Kopfseiten des Seifenblockes derart anlegen lassen, daß sich das Brett b unterhalb der Schnittfläche der vorzuschiebenden Seifenplatte, das Brett a oberhalb derselben, aber an der gegenüberliegenden Seite befindet. Mit dem Brett a ist weiter ein Windeapparat verbunden, der im wesentlichen aus einer durch eine Handkurbel f beweglichen Welle d besteht, an deren Enden sich je eine Rolle e befindet. Auf den Rollen ist je ein stählernes Zugseil befestigt, dessen Enden an dem Brette b vermittels der Haken g befestigt sind. Durch Drehen der Kurbel werden die Seile auf den Rollen aufgewickelt und auf einfachste Weise das Fortbewegen der Seifenplatte ermöglicht. Die Sperrkegelvorrichtung h verhindert ein Zurückgehen der Welle beim Loslassen der Handkurbel.

Sobald die Seifenplatte genügend vorgeschoben ist, kann das Fällstück von Hand durch einen Vertikalschnitt abgetrennt werden. Um die hierbei auftretenden Schwierigkeiten zu beheben, bedient man sich sogenannter Senk- und Transportbühnen, die das Herabnehmen der

Fig. 39. Senkbühne gehoben.

abgeschnittenen Fällstücke, sowie deren Transport zur Verwendungsstelle (Schneidemaschine) erleichtern sollen.

Der Apparat, durch Fig. 39 und 40 veranschaulicht, besteht aus einem fahrbaren Gestell, das aus der Bodenplatte a, vier darauf befestigten, aus Rohren gebildeten Füßen b und der Platte c zusammengesetzt ist. Die Bühnenplatte f kann durch eine kräftige Spindel g mittels einer durch die Kegelräder k bewegten Mutter in vier teleskopartigen Führungen d e, die sich in den Rohren b befinden, gehoben und gesenkt werden. Das Gestell läuft auf drei Rädern, von denen das eine m als Lenkrad ausgebildet ist. Die Lagerung desselben ist an der vertikalen Achse n befestigt, die mittels des Griffes o gedreht und durch die Klemmschraube p festgestellt werden kann. Beim Fortbewegen des Apparates bedient man sich der Griffe q.

Die Anwendungsweise ist die folgende: Die Bühne f wird soweit hochgeschraubt, daß ihre obere Fläche mit der Unterkante des abzuhebenden Fällstückes bündig steht. Um einer etwaigen Verschiebung des Apparates vorzubeugen, wird das Lenkrad m quer gestellt und in dieser Stellung arretiert (vgl. Fig. 39). Dann schneidet man mit

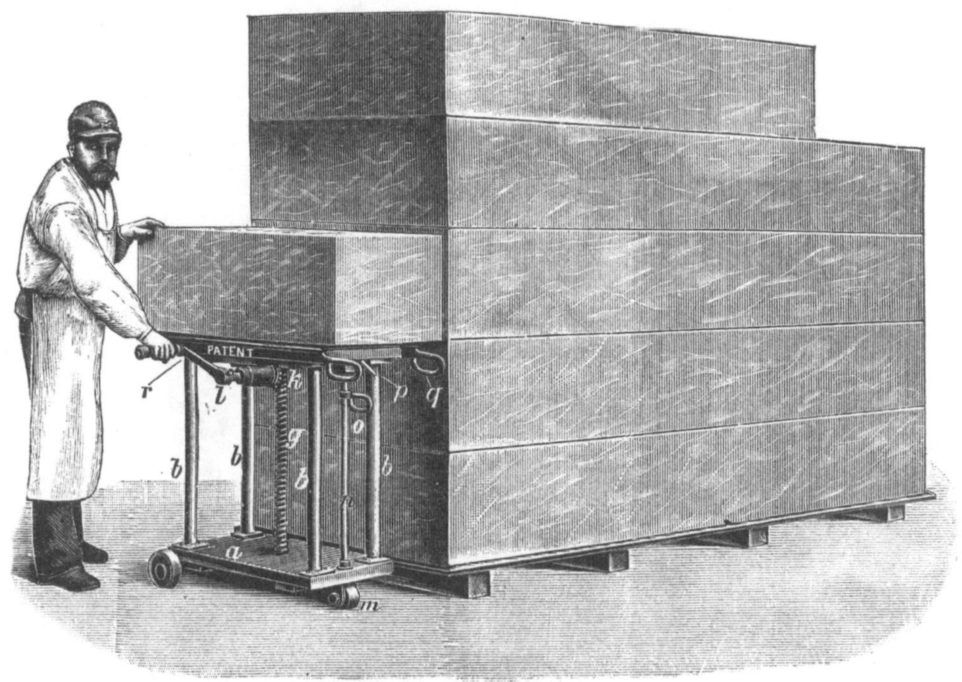


Fig. 40. Senkbühne gesenkt.

der Hand das vorgeschobene Fällstück von der Seifenplatte ab (wie durch punktierte Linie angedeutet ist), so daß es frei auf der Bühnenplatte aufliegt. Durch Zurückdrehen der Kurbel wird alsdann der Block auf einfachste Weise nach unten befördert.

Zum Heben und Transportieren von zu ebener Erde stehenden Fällstücken hat man schließlich besondere Transportkarren konstruiert (DRP. 138 204), deren Anwendungsweise sich ohne weiteres aus Fig. 41 ergibt. Das fahr- und lenkbare Untergestell A von etwa 800 mm Höhe trägt den Tisch B, der zur Aufnahme des Fällstückes C dient und dessen Fläche etwa 1000 × 400 mm ist.

Der Tisch, in den Augen a drehbar gelagert, hat auf dem einen Ende zwei lange kräftige Handgriffe b und auf dem anderen Ende eine kleine, abnehmbare Stützwand c, die unter den Seifenblock geschoben wird und diesem als Stütze dient. Der Tisch trägt ferner ein nach unten gehendes kräftiges Trittbrett D, mit dessen Hilfe er aus einer schräg vertikalen in eine horizontale Lage gebracht werden kann.

Fig. 41. Transportkarren für Fällstücke.

**Das Zerschneiden der Fällstücke in Riegel.** Das Zerschneiden der Fällstücke in Tafeln und Riegel erfolgt durch sogenannte *Riegelschneidemaschinen* und wird bewirkt, indem das Fällstück durch einen Schneiderahmen hindurchgeschoben wird. Dieser mit den Schneidedrähten bespannte Rahmen ist der wesentlichste Teil der Schneidemaschinen, seine Konstruktion ist für die Brauchbarkeit von höchster Bedeutung. Insonderheit darf die freie Spannlänge der Drähte für gewöhnlich nicht mehr als 380—400 mm betragen, weil sonst die Anspannung zu groß wird und die Drähte bei festen, harten Seifen leicht reißen, bei weichen leicht laufen würden. Zweckmäßiger Weise wird ferner die natürliche Elastizität der Schneidedrähte durch eine entsprechende Anordnung von Spiralfedern, mit denen sie in geeigneter Weise in Verbindung gebracht sind, gesteigert.

Man unterscheidet zwei Arten von Riegelschneidemaschinen: bei der einen ist der Schneiderahmen mit kreuzweise laufenden Drähten bespannt, bei der anderen sind die Drähte des Schneiderahmens nach ein- und derselben Richtung laufend angeordnet.

Die Schneidemaschinen der ersten Gattung (Fig. 42, Aug. Krull in Helmstedt) verarbeiten Fällstücke, die in der Höhe sowohl, wie in der Breite nicht länger als ca. 380 mm sein dürfen, da die kreuzweise laufenden Schneidedrähte eine größere Spannung nicht zulassen.

Die ganz aus Stahl, Schmiedeeisen und (in dem Triebwerke) aus Gußeisen hergestellte Maschine besteht aus einem zur Aufnahme der

Fig. 42. Riegelschneidemaschine mit kreuzweise laufenden Drähten.

Fällstücke bestimmten und auf vier Füßen montierten Tische M, der hinten den Vorschubmechanismus a, b, c, d, e und vorn den Schneiderahmen S trägt; dieser steht unten in einer Vertiefung und lehnt sich oben an zwei Stützen, die ihn mit zwei Schraubzwingen halten und ein Auswechseln ermöglichen. Die Drähte f sind in festen, unverrückbaren Abständen voneinander angebracht, so daß für jede besondere Riegelsorte ein anderer Rahmen nötig ist. Zu jedem Rahmen gehört ein vor der Druckplatte a befindlicher sogenannter Drückkopf b, ein starker Holzklotz, der kreuzweise mit Einschnitten versehen ist, die den Drähten des Rahmens entsprechen. Er hat den Zweck, das Fällstück gänzlich durch die Schneidedrähte des Rahmens hindurchzuschieben. Die einzelnen Drückköpfe werden, wie die Rahmen, gegeneinander ausgewechselt. Nach dem Schnitte liegen die fertigen Riegel auf dem Vordertische g.

Zu der gleichen Gattung der Riegelschneidemaschinen gehört die

Fig. 43. Riegelschneidemaschine mit kreuzweise laufenden Drähten.

durch Fig. 43 dargestellte, ebenfalls von Aug. Krull konstruierte Maschine. Auch diese schneidet Fällstücke einer zulässigen Größe bis 380 mm Höhe und 380 mm Breite bei beliebiger Länge in fertige

Riegel. Sie ist, wie die vorige, ganz aus Stahl, Schmiedeeisen und Gußeisen hergestellt und gleicht derselben auch im äußeren Aufbau. Der zur Aufnahme der Fällstücke bestimmte, auf vier Füßen montierte Tisch A trägt hinten den Vorschubmechanismus a, b, c, d, e und vorn den Schneiderahmen B. Während aber die vorbesprochene Maschine mit einzelnen Schneiderahmen versehen ist, bei denen die Drähte in unverrückbaren Abständen voneinander angebracht sind, hat diese nur einen Schneiderahmen, dessen sämtliche Drähte verschiebbar angeordnet sind, so daß sie auf jeden gewünschten Schnitt eingestellt werden können.

Fig. 44. Schneiderahmen gekippt.

Das Umstellen des Rahmens von einer Riegelsorte auf die andere ist rasch und bequem zu bewerkstelligen. Zunächst wird der Rahmen aus der aufrechten Stellung (Fig. 43) in eine geneigte gebracht (Fig. 44), so daß auch der unteren Partie desselben gut beizukommen ist. Es geschieht dies dadurch, daß die beiden Steckstifte h, durch welche der Rahmen B mit dem Maschinentische A verbunden ist, herausgezogen werden und der nunmehr von dem Tische losgelöste, in den beiden Zapfen k drehbar gelagerte Rahmen nach vorn übergekippt wird. Sodann werden die beim Schneiden straff angespannten Drähte derart entspannt, daß sie sämtlich schlaff und verschiebbar werden. Es geschieht dies mit Hilfe einer besonderen Vorrichtung [1]) dadurch, daß die mittels zweier Zapfen in dem Gestell des Rahmens schwingbare Schiene o einen Winkel n trägt, auf welchen die ebenfalls am Rahmengestell gelagerte und mit dem Handrad C versehene Spannschraube r wirkt.

Durch Zurückdrehen der Spannschraube wird die Schiene o entlastet und nach innen gelegt, so daß sich ihr Abstand von der gegenüberliegenden Schiene verringert. Dadurch werden aber gleichzeitig die sämtlichen Drähte f, die an den von der Schiene o getragenen Kloben i befestigt sind, entspannt, so daß jetzt die Kloben i auf der Schiene o seitlich verschiebbar werden. Die vierkantigen, hölzernen Maßstäbe p, auf denen die Drahtabstände in verschiedener Weise durch Einschnitte markiert sind, werden nunmehr so gekantet, daß die Einschnitte des gewünschten Riegelschnittes obenauf liegen und die einzelnen Drähte nach Verschiebung der Kloben i in diese Einschnitte hineingelegt werden können. Alsdann wird die Spannschraube r mittels des Handrades C wieder festgeschraubt, wobei die Schiene o und zugleich die Drähte f einfach und rasch wieder angespannt werden. Man verstellt auf diese Weise erst die eine Reihe der Drähte und dann die andere.

Wenn die Drähte beider Reihen, der horizontalen wie der vertikalen, eingestellt sind, wird der Schneiderahmen B wieder hochgekippt und mittels der Steckstifte h mit dem Maschinengestell verbunden. Die Maschine ist alsdann wieder betriebsfertig. Die geschilderten Manipulationen bewerkstelligen sich bequem und rasch, so daß bei einiger Übung höchstens 2—3 Minuten für die Umstellung des Rahmens von einem Riegelschnitt auf den anderen erforderlich sind. Selbstverständlich ist es möglich, die Drähte je nach Erfordernis straffer oder weniger straff anzuspannen, und zwar kann diese Regulierung der Spannung während des Betriebes, also auch beim Schneiden selber, geschehen. Es leuchtet ein, daß dies von großer praktischer Bedeutung ist, da die eine Seifensorte eine etwas straffere, die andere eine etwas schwächere Spannung verlangt.

Die Firma Aug. Krull bezeichnet diesen verstellbaren Schneiderahmen als „verstellbaren Universalrahmen mit Patent-Drahtspann-Vorrichtung". Wo also im Folgenden diese Bezeichnung gebraucht wird, handelt es sich immer um verstellbare Rahmen dieser besonderen Gattung.

Auch bei diesen Riegelschneidemaschinen mit verstellbarem Universalrahmen ist jedoch für jede Riegelsorte ein besonderer Drückkopf nötig, da es bis heute nicht gelungen ist, auch einen für alle Zwecke geeigneten, verstellbaren Drückkopf herzustellen. Der von Krull konstruierte Universal-Drückkopf [2]) kann jedenfalls nicht als zweckdienlich empfohlen werden, wenn auch zugegeben werden soll, daß

[1]) DRP. 89 245 u. 140 244.

[2]) DRP. 88 367. Österr. P. 46/1454.

er für Einzelfälle, insonderheit bei der Verarbeitung sehr harter Seifen wohl verwendbar ist. Seine Konstruktion ist im wesentlichen aus Fig. 45 ersichtlich.

Erwähnt sei schließlich, daß zu jeder Riegelschneidemaschine eine sogenannte „Garnitur Maßstäbe" gehört, welche alle Schnitteinteilungen von 20—100 mm, von Millimeter zu Millimeter steigend, enthält. Diese Maßstäbe dienen, wie schon früher gesagt, zur Markierung des richtigen Abstandes der Drähte voneinander und sind für diesen Zweck mit Einschnitten versehen, in welche die Drähte hineingelegt werden; sie sind vierkantig, aus Holz hergestellt und tragen auf jeder der vier Seiten eine andere Einteilung.

Die Schneidemaschinen mit kreuzweise laufenden Drähten, die also

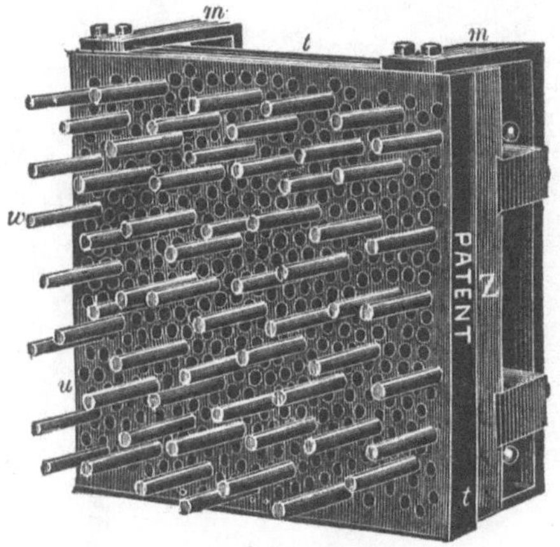


Fig. 45. Universal-Drückkopf von Aug. Krull.

mit einem Schnitt sofort fertige Riegel liefern, haben den Nachteil, daß sie ziemlich viel Abschnitt (Abfall) an guter Seife ergeben. Im Gegensatz hierzu zeigen die Riegelschneidemaschinen des zweiten Systems, bei welchen die Schneidedrähte in ein und derselben Richtung verlaufen, diesen Mangel nicht, da sie zunächst nur Platten schneiden und erst diese wieder in Riegel zerlegen. Die durch Fig. 46 dargestellte Riegelschneidemaschine (Aug. Krull) schneidet Fällstücke einer zulässigen Größe von 400 mm Höhe, bei beliebiger Breite bis 1000 mm (meist Formenbreite) und beliebiger Länge (Riegellänge). Sie arbeitet nach beiden Seiten und hat auf jeder Seite einen mit vertikal laufenden Drähten bespannten verstellbaren Universalrahmen mit Patent-Drahtspann-Vorrichtung. Der zur Aufnahme des Fällstückes dienende, auf vier starken Füßen montierte Tisch trägt in der Mitte den Vorschubmechanismus a, b, c, d, an welchem der Drückkopf angebracht ist. An der linken Seite des Tisches befindet sich der Universalrahmen A, an der rechten Seite der Universalrahmen B; h sind die Steckstifte, mit welchen die in den Zapfen k drehbaren Rahmen befestigt sind. Die Drähte f, an den Kloben i befindlich, sind auf der Schiene o

Fig. 46. Riegelschneidemaschine mit vertikal laufenden Drähten.

verschiebbar; r sind die Spannschrauben, n die Winkelhebel und C die Handräder für die Drahtspann-Vorrichtung.

Das zu schneidende Fällstück wird auf die linke Seite D des Maschinentisches vor den Drückkopf E gelegt und mit dem Vorschubmechanismus durch den links befindlichen Rahmen A geschoben. Auf diese Weise wird das Fällstück zunächst in Platten zerlegt, welche nach dem Schnitte hochkant nebeneinander auf dem Vordertische g stehen. Von hier werden sie weggenommen, um auf die nunmehr frei gewordene andere Seite F des Maschinentisches flach aufeinander vor den Drückkopf G, zu beiden Seiten des in der Mitte angebrachten Führungsbrettes, gelegt zu werden. In dieser Lage werden die Platten alsdann durch den rechts befindlichen Rahmen B geschoben, so daß sie nach dem Schnitte als Riegel auf dem Vordertische m liegen. Während dieses zweiten Schnittes ist die linke Seite D des Maschinentisches für die Aufnahme eines neuen Fällstückes wieder frei geworden.

Fig. 47 zeigt, wie die beiden Rahmen zwecks Umstellens der Drähte in der bereits geschilderten Weise in die geneigte Lage gebracht sind.

Bei diesem Maschinentyp ist nun die Möglichkeit gegeben, auch den Drückkopf (E bzw. G) in einfacher Weise verstellbar zu gestalten. Er besteht aus einer Anzahl eiserner Platten y, die an dem Vorschubschlitten d aufgehängt und seitlich verschiebbar sind, so daß sie in beliebige Entfernung voneinander gebracht und nach den Schneidedrähten eingestellt werden können; durch je eine Schraube z werden die Platten an der betreffenden Stelle festgeklemmt.

Vielfach werden die vorbeschriebenen Maschinen, die gewöhnlich durch eine Handkurbel betätigt werden, auch mit Riemenantrieb ausgestattet, wie aus Fig. 48 ersichtlich ist.

Die Anordnung des Riemenantriebes (durch 2 Festscheiben und 1 Losscheibe) ist dann in der Regel so getroffen, daß die Maschine selbsttätig eine zweimalige Ausrückung behufs Stillstehens ausführt, das eine Mal nach ausgeführtem Schnitte, das andere Mal nach stattgehabtem Rücklauf, daß jedoch die Einrückung der Maschine zum Arbeiten von Hand mit Hilfe des Hebels a geschehen muß. Als eine Verbesserung des Bestehenden ist diese Einrichtung jedoch nicht anzusprechen, da das Schneiden selbst keinen großen Kraftaufwand erfordert, die zeitraubende und anstrengende Arbeit des Ein- und Ablegens der Seife aber nicht vermindert wird.

Die letztbeschriebenen Maschinen sind naturgemäß auch zum Zerschneiden der Riegel in Stücke sehr gut geeignet, sofern die Riegel quer durch die Drähte geschoben werden; in neuerer Zeit werden daher vielfach die mit den sogenannten „Seifenkühlmaschinen“ hergestellten Riegelstränge auf diese Weise zu Stücken verarbeitet.

Eine gewisse Unvollkommenheit, die den vorbesprochenen Riegelschneidemaschinen anhaftet, besteht nun aber in dem Umstande, daß die durch den ersten Schnitt aus dem Fällstück gewonnenen Platten umgepackt werden müssen, um dann erst mittels des ergänzenden zweiten Schnittes weiter in Riegel zerlegt zu werden.

Fig. 47. Riegelschneidemaschine mit zwei Rahmen (heruntergekippt).

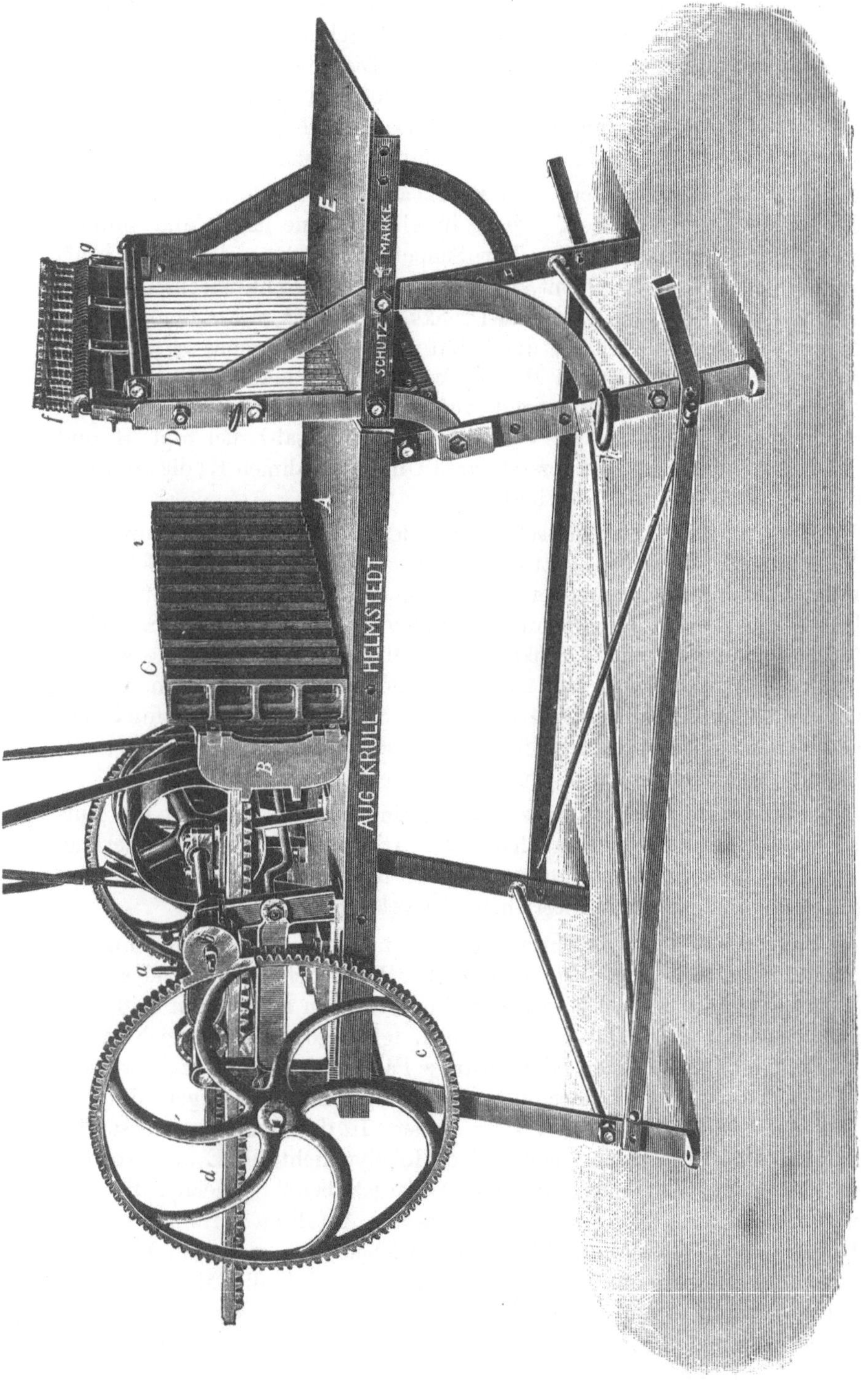

Fig. 48. Riegelschneidemaschine für Kraftbetrieb.

Diese Unvollkommenheit hat daher Veranlassung gegeben zur Konstruktion einer durch Fig. 49 dargestellten Schneidemaschine zur Herstellung von Riegeln ohne Umpacken. Dieselbe schneidet ebenfalls Fällstücke einer zulässigen Größe von 400 mm Höhe und beliebiger Breite bis 1000 mm (meist Formenbreite), die Riegellänge ist bei ihr jedoch auf ein Maximalmaß von 400 mm beschränkt.

Die Maschine besteht aus zwei, auf starken Füßen montierten Schneidetischen A und B, welche in einer Ebene liegen und miteinander fest verbunden sind. Der Schneidetisch A, welcher zur Aufnahme des Fällstückes dient, trägt links den Vorschubmechanismus C mit dem verstellbaren Universal-Drückkopf D und rechts den verstellbaren Universalrahmen E; die Drähte i dieses Rahmens laufen horizontal. Der Schneidetisch B ist im rechten Winkel zum Schneidetische A angeordnet und trägt auf der einen Seite den Vorschubmechanismus G mit dem verstellbaren Universal-Drückkopf H und auf der anderen Seite den verstellbaren Universalrahmen K; die Drähte o dieses Rahmens laufen vertikal.

Das auf dem Schneidetisch A liegende Fällstück wird nun durch den Vorschubmechanismus C mittels des Drückkopfes D durch den Schneiderahmen E hindurchgeschoben und durch die Drähte i in Platten zerlegt, die sich, nach dem Schnitte aufeinanderliegend, auf dem Schneidetische B quer vor dem Drückkopf H befinden. In dieser Lage werden die Platten, ohne auch nur mit der Hand berührt zu werden, mittels des Vorschubmechanismus G durch den Schneiderahmen K hindurchgeschoben und auf diese Weise durch die Drähte o in Riegel zerlegt, welche nach dem Schnitte auf dem Vordertische F liegen.

Der ganze Vorgang dauert 2—3 Minuten und stellt an die Aufmerksamkeit und Geschicklichkeit der Arbeiter keinerlei Anforderung. Die Maschine ist daher außerordentlich leistungsfähig und wird von größeren und mittleren Betrieben viel gekauft.

Die vorstehend beschriebenen Grundtypen der Riegelschneidemaschinen unterliegen selbstverständlicher Weise vielfachen Abänderungen besonders dann, wenn sie speziellen Verhältnissen anzupassen sind. Bei der Verarbeitung von Oberschalseifen u. dgl., also da, wo es sich darum handelt, einzelne Platten oder niedrige Fällstücke vertikal zu zerteilen, werden beispielsweise Maschinen mit entsprechend niedrigen Rahmen verwendet, wie aus Fig. 50 ersichtlich ist. In der Regel sind diese Maschinen auch mit einer horizontalen Hobelvorrichtung E ausgestattet, die den Zweck hat, einerseits dem Fällstück beim Schneiden die notwendige Führung zu geben, andererseits den Abfall zu vermindern. Der Hobelapparat selbst besteht im wesentlichen aus vier, ein Rechteck bildenden Messern und ist so eingerichtet, daß die Messer mittels Schraubenspindel auf das genaueste nach der Fällstückgröße eingestellt werden können.

Fig. 49. Schneidemaschine zur Herstellung von Riegeln ohne Umpacken.

Auch die durch Fig. 51 dargestellte, für Kraftbetrieb (Riemenbetrieb) eingerichtete Seifenschneidemaschine verarbeitet Platten einer

Fig. 50. Riegelschneidemaschine mit Hobelapparat für niedrige Fällstücke.

einer Maximalgröße von nur 100 mm Höhe bei 600 mm Breite und 400 mm Länge. Der mit vertikal laufenden Drähten bespannte Rahmen A ist zum Herausnehmen eingerichtet, die Drähte sind verstellbar. Die Seife wird auf den Tisch B vor den Vorschubkörper C gelegt und durch den mittels Kurbelwelle D in Bewegung gesetzten Hebel E vorangeschoben. Ihrer großen Leistungsfähigkeit wegen ist die Maschine namentlich größeren Fabriken zu empfehlen.

Schließlich möge noch eine, gleichfalls für größere Betriebe konstruierte Schneidemaschine Erwähnung finden, die durch Fig. 52 dargestellt ist. Diese vermag einen ganzen, auf dem Boden der Seifen-

Fig. 51. Riegelschneidemaschine für Kraftbetrieb.

form stehenden Formblock mit einem Schnitt in horizontale Platten zu zerlegen. Die Formblöcke sind in der Regel bei einem Gewicht von 500—600 kg 1000—1200 mm hoch, 320—360 mm breit und 1200 bis 1500 mm lang; die Maschine ist daher in Anbetracht dieser Größenverhältnisse so konstruiert, daß sie an den Formblock herangefahren werden kann, ohne daß dieser selbst bewegt wird. Sie besteht aus einem auf vier Rädern laufenden, starken, eisernen Gestelle A, an dem ein Führungsrahmen B mittels vier Klammern rasch und einfach derart befestigt werden kann, daß er den ganzen Formblock einschließt. Auf der gegenüberliegenden Seite ruht dieser Rahmen auf dem Fuße C, der als Stellschraube ausgebildet ist, und je nach der Höhe des Formbodens D höher oder niedriger gestellt werden kann Der Führungsrahmen selbst dient zur Aufnahme des eigentlichen Schneiderahmens E, der als Universalrahmen ausgebildet und mit horizontal laufenden Drähten i bespannt ist.

Dieser Schneiderahmen ist so eingerichtet, daß er auf dem Führungsrahmen B mit Hilfe der in entsprechender Weise angeordneten Ketten c über den ganzen Seifenblock vorangezogen werden kann. Die Ketten wickeln sich alsdann auf beiden Seiten gleichmäßig auf zwei Rollen e auf, die durch die Handkurbel d mittels Zahnradübersetzung in Bewegung gesetzt werden.

Während nun der Schneiderahmen auf diese Weise auf dem Führungsrahmen entlang läuft, durchschneiden die Drähte den Formblock und

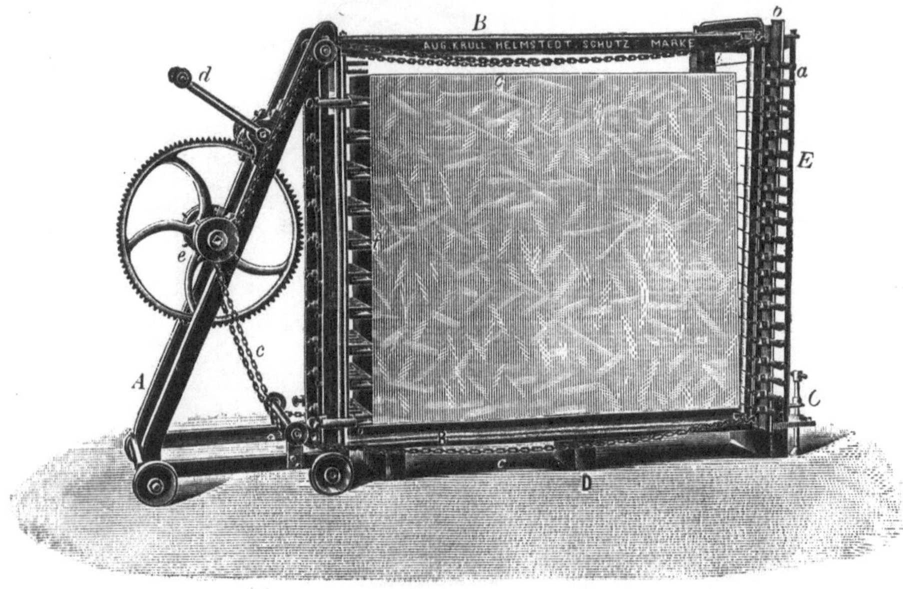


Fig. 52. Formblock-Schneidemaschine.

zerlegen ihn in Platten, deren Stärke den jeweiligen Zwischenräumen der Schneidedrähte entspricht. Nach vollzogenem Schnitte wird die Maschine in ihre drei Hauptbestandteile A, B und E zerlegt und auf diese Weise von dem Formblock wieder abgenommen.

In ähnlicher Weise arbeitet auch die in Fig. 53 dargestellte Blockschneidemaschine der Firma Aug. Krull in Helmstedt, die besonders da empfohlen werden kann, wo eine Seifenkühlmaschine nicht vorhanden ist, bzw. wo viel Eschweger- oder Mottled-Seifen hergestellt werden, für die sich Kühlmaschinen nur schlecht verwenden lassen. Die in jeder Größe ausgeführte Maschine arbeitet in ähnlicher Weise, wie die vorbeschriebene, ist jedoch bequemer zu handhaben, da der zu bearbeitende Seifenblock in dieselbe hinein- und nach dem Schnitt wieder hinausgeschoben wird, so daß sich also eine jeweilige Zerlegung der für Kraftbetrieb eingerichteten Maschine in ihre Einzelteile erübrigt.

Zunächst werden lediglich die verstellbaren Drähte des Schneiderahmens und ihnen entsprechend die in der Tür befindlichen Druck-

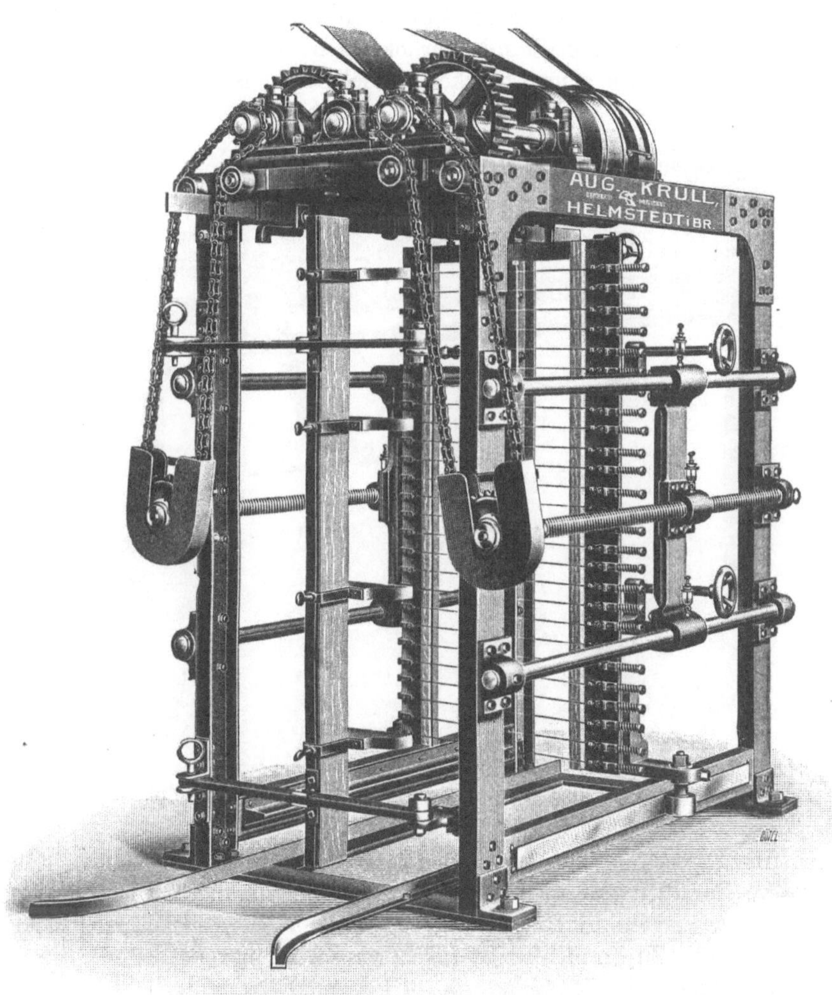


Fig. 53. Blockschneidemaschine.

köpfe auf das gewünschte Maß eingestellt. Alsdann wird die Tür der Maschine geöffnet und der nach Fortnahme der Seiten- und Kopfteile der Formen auf dem fahrbaren Formboden befindliche Formblock in die Maschine hineingefahren. Die Tür wird geschlossen und das Triebwerk in Gang gesetzt. Der Schnitt erfolgt durch Kraftübertragung auf die beiderseits gelagerten Spindeln, die den Vorschub des Schneiderahmens bewerkstelligen.

Ist der Block der ganzen Länge nach durchschnitten, so rückt die Maschine selbständig aus, so daß der in Platten zerlegte Seifenblock wieder hinausgefahren und in gewohnter Weise weiter in Riegel bzw. Stücke zerschnitten werden kann. Alsdann läßt man den Rahmen bis zum ursprünglichen Stande zurücklaufen, worauf der Apparat für die Zerlegung eines neuen Blockes betriebsfertig ist.

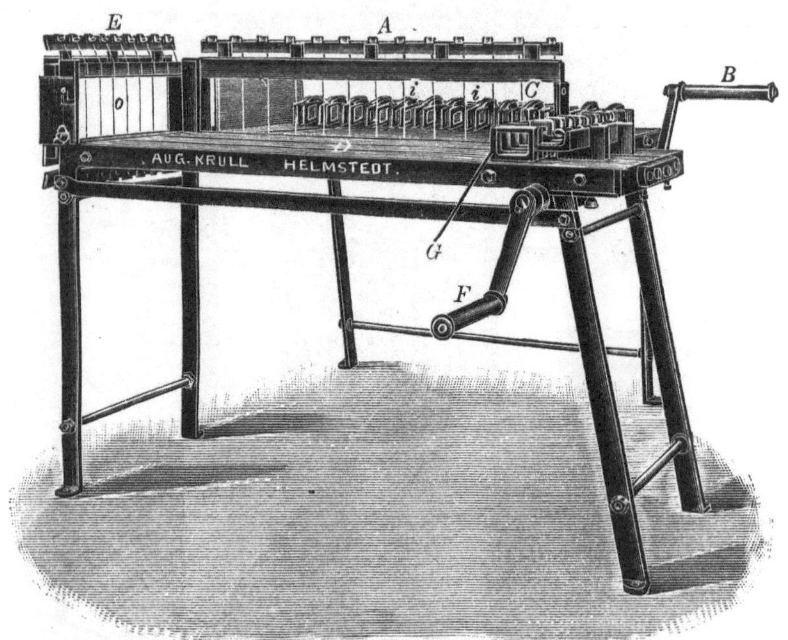


**Fig. 54. Schneidemaschine zur Verarbeitung von Einzelplatten.**

Als Ergänzung zu den beiden letztbesprochenen Maschinen muß selbstverständlich eine zweite Maschine zur Verfügung stehen, die die erhaltenen Platten in Riegel, gegebenenfalls auch sogleich in Stücke zerschneidet. Zu empfehlen ist für diesen Zweck insonderheit die durch Fig. 54 dargestellte Maschine, die in folgender Weise bedient wird.

Die Seifenplatten werden der Länge nach quer vor den ersten Rahmen A gelegt, der mit senkrechten Drähten i bespannt ist, und mittels des durch Kurbel B angetriebenen Vorschubmechanismus (mit Drückkopf C davor) durch die Drähte geschoben. Die Platten liegen nunmehr in Riegel zerschnitten auf dem Tische D, und zwar vor dem zweiten Rahmen E. Auch dieser ist mit senkrechten Drähten o bespannt, die die mittels des durch Kurbel F angetriebenen Vorschubes (mit Drückkopf G davor) durch den Rahmen E hindurchgeschobenen Riegel ihrerseits in fertige Stücke zerteilen. Diese letzteren laufen alsdann auf einen in der Verlängerung des Maschinentisches D befindlichen, auf der Figur nicht angebrachten Tisch auf, von dem aus sie zur Weiterverarbeitung abgenommen werden.

Die Schnittgröße ist 1200—1500 mm Länge bei 320—360 mm Breite, der Plattengröße entsprechend, die Höhe meist 80—100 mm, selten mehr, da für gewöhnlich immer nur eine Platte zur Verarbeitung gelangt.

**Das Zerschneiden der Riegel in Stücke.** Um die Riegel in Stücke (Waschstücke) zu zerlegen, bedient man sich der Stückenschneidemaschinen, deren Schneiderahmen zum Unterschied von den Riegelschneidemaschinen nur vertikal gespannte Drähte hat, wie aus Fig. 55 ersichtlich ist.

Die Riegel werden in entsprechender Anzahl neben- und aufeinander der Quere nach auf den Maschinentisch a gegen die Rückwand b gelegt; die Breite des Tisches ist der Länge der Riegel angepaßt (für gewöhnlich 600 mm), während die Länge 800 mm und die Schnitthöhe 400 mm beträgt. Es kann also eine ziemlich große Anzahl von Riegeln auf einmal eingelegt und verarbeitet werden. Mittels des Vorschubmechanismus B werden die Riegel durch den Rahmen A, der die Drähte i trägt, hindurchgeschoben, so daß nach dem Schnitte die Riegel als fertige Stücke auf dem Vordertische g liegen.

Der Rahmen ist ein verstellbarer Universalrahmen mit Drahtspann-Vorrichtung; s sind die Kloben für die Drähte, d die Handräder und e die Winkelhebel; f sind die Stifte zum Befestigen des Rahmens, der in den Zapfen c drehbar gelagert ist. Auch der Drückkopf C ist beliebig verstellbar, o sind die einzelnen Druckplatten. Die Maschine kann mit Hilfe des Universalmaßstabes für jede beliebige Stückenlänge eingestellt werden. Die Rückwand b schließlich ist ebenfalls verschiebbar angeordnet, so daß auf diese Weise der Abschnitt vor dem Kopf der Riegel reguliert werden kann.

In Fabriken, die über die später behandelten Plattenkühlmaschinen verfügen, findet man vielfach auch Schneidemaschinen, die die erzeugten Platten zunächst in Riegel und diese dann sofort wieder in Stücke zerteilen. Wie aus Fig. 56 ersichtlich ist, beruhen diese Maschinen auf demselben Prinzip, das auch für die Konstruktion der durch Fig. 49 dargestellten Maschine maßgebend war.

Der Tisch A dient zur Aufnahme der bis zu einer Höhe von 400 mm übereinander geschichteten Platten, die gut an der Rückwand B anliegen müssen. Die Breite und Länge des Tisches sind den entsprechenden Plattendimensionen angepaßt. Der Vorschubschlitten C mit dem verstellbaren Drückkopfe D schiebt die Platten durch den Rahmen E hindurch, der jedoch nur wenige vertikal verlaufende Drähte a trägt.

Fig. 55. Stückenschneidemaschine zur Verarbeitung von Riegeln.

Fig. 56. Stückenschneidemaschine zur Verarbeitung von Platten.

Auf diese Weise entstehen aus den breiten Platten Riegel, die nunmehr quer durch die senkrecht verlaufenden Drähte e des Universalrahmens H hindurchgeschoben werden. Nach dem Passieren desselben liegen dann die zu fertigen Stücken aufgeteilten Platten zur Abnahme bereit.

Beide Rahmen sowohl wie beide Druckköpfe können beliebig eingestellt werden. Außerdem sind diese Maschinen meist mit Hobel-

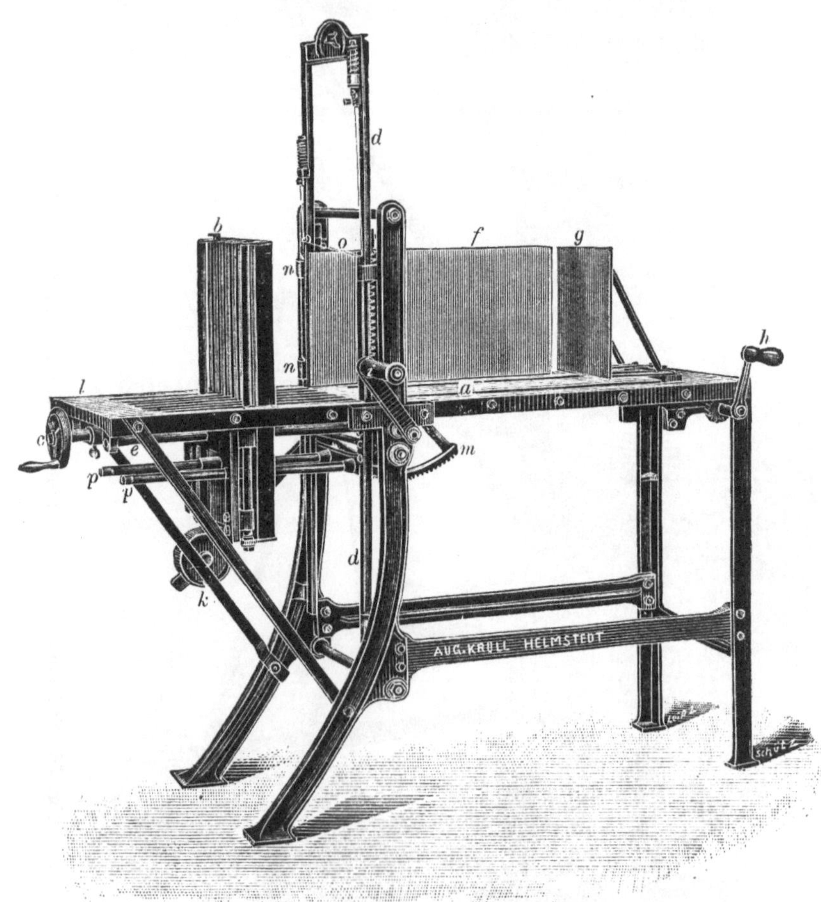


Fig. 57. Stückenschneidemaschine vor dem Schnitt.

messern b und c ausgestattet, die mit Hilfe einer Spindel durch das Handrad d seitlich verstellbar sind und dazu dienen, die Seiten- bzw. Kopfflächen der zur Bearbeitung kommenden Platten zu egalisieren.

Für mittlere bzw. kleinere Fabriken sind jedoch diese vornehmlich für eine Massenproduktion eingerichteten Maschinen weniger geeignet. Hier empfiehlt sich vielmehr eine Maschine, wie sie etwa in Fig. 57 und 58 dargestellt ist.

Sie besteht aus einem zur Aufnahme der Seifenriegel bestimmten und mit Rückwand f versehenen Tische a, welcher mit einer Anzahl Riegel, etwa 50 kg, der Länge nach vollgepackt wird. Vor dem Tische befindet sich ein eiserner Rahmen d, der durch ein Triebwerk mittels der Kurbel i in den Führungen n vertikal beweglich ist und einen horizontalen Schneidedraht o trägt. Unter diesem werden bei gehobener

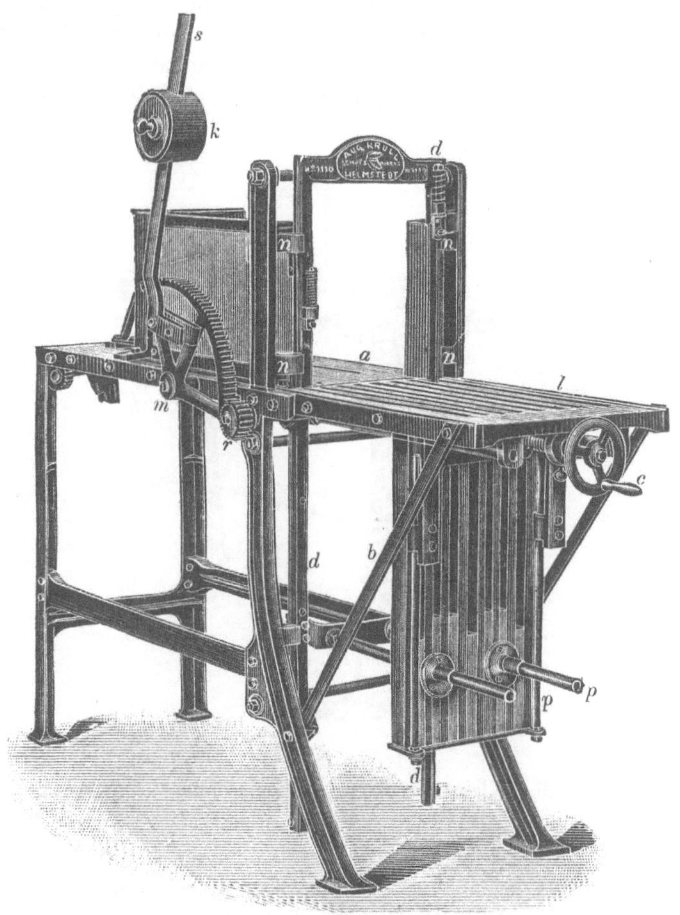


Fig. 58. Stückenschneidemaschine nach dem Schnitt.

Stellung des Schneiderahmens d mit Hilfe der durch Kurbel h betätigten Druckplatte g die auf dem Tische a liegenden Riegel in gewünschter Länge vorgeschoben. Dann wird durch Kurbel i der Rahmen abwärts bewegt und der Schneidedraht o auf diese Weise durch die Riegel gezogen, so daß die Köpfe derselben als Stücke abgeschnitten werden. Diese werden fortgenommen, der Rahmen wieder aufwärts bewegt und die Riegel um die entsprechende Länge vorgeschoben, worauf wiederum ein Schnitt erfolgt.

Um für die Stückenlänge eine durchaus sichere, aber auch absolut genaue und beliebig einstellbare Markierung zu haben, ist vor dem Rahmen das sogenannte Maßbrett b angebracht. Dieses ist eine ebene, mit einer Anzahl Zinken versehene eiserne Platte, die sich gleichzeitig mit dem Schneiderahmen durch die Mitnehmer p auf- und abwärts bewegt und den Seifenriegeln einen genauen Anschlag bietet, ohne jedoch die Abnahme der Stücke selbst vom Tische zu hindern, da sie nach dem Durchschneiden der Seifenriegel ebenfalls unter die Oberfläche des Vordertisches zurückgeht (Fig. 58 zeigt die Maschine nach dem Schnitte,

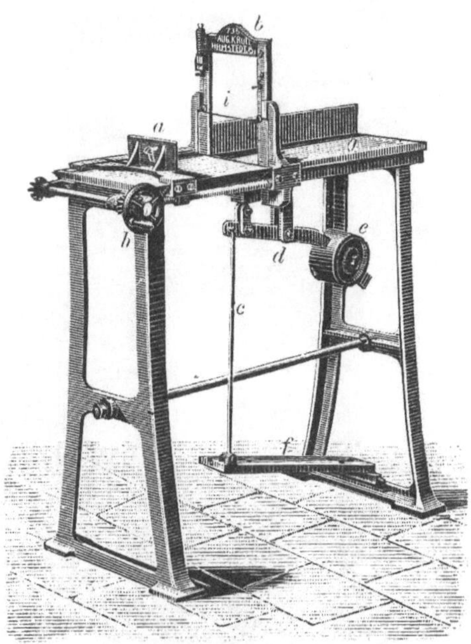


Fig. 59. Kleine Stückenschneidemaschine für Fußbetrieb.

das Maßbrett ist nach unten getreten). Dieses Maßbrett ist außerdem durch die mittels des Kurbelrades c bewegte Spindel e horizontal verschiebbar, so daß seine Entfernung vom Schneiderahmen d, und damit die Stückenlänge, absolut genau eingestellt werden kann. Um das Hindurchtreten der Maßbrettzinken zu gestatten, ist der Vordertisch l der Maschine durchbrochen. Durch einen aus dem Trieb r, dem Zahnradsegment m und dem Hebelarme s, auf welchem das Gewicht k angebracht ist, bestehenden Hebel schließlich ist das Gewicht des Rahmens d und des Maßbrettes b so entlastet, daß die Handhabung der Handkurbel i nur geringe Kraft erfordert.

Die Maschine ist sehr leistungsfähig, liefert vollkommen genaue

Stücke und ist eingerichtet auf eine Schnittgröße von 270 mm Breite und 300 mm Höhe bei beliebiger Riegellänge.

Fig. 59 und 60 zeigen noch zwei kleinere Schneidemaschinen, von denen die erstere für Fußbetrieb, aber nach dem Prinzip der vorbesprochenen Maschine konstruiert ist. Sie ist eingerichtet auf eine Schnittgröße von 160 mm Breite und 105 mm Höhe bei beliebiger Riegellänge. Der Schneiderahmen b mit Schneidedraht i wird durch die Stange c nach unten gezogen und durch das an dem Ende des Hebels d befestigte Gewicht e nach dem Schnitte wieder nach oben gehoben; f ist das Trittbrett, g der Tisch zur Aufnahme der Riegel. Der Anschlag (Maßbrett)

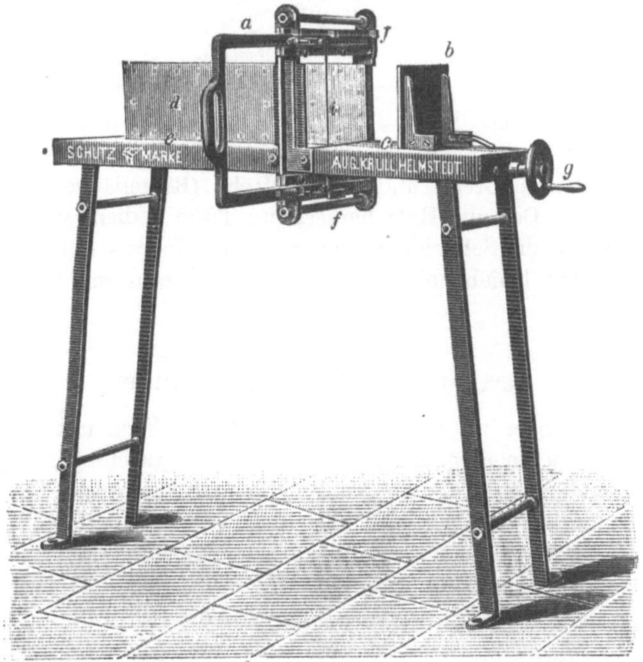


Fig. 60. Kleine Stückenschneidemaschine für Handbetrieb.

a kann mittels eines Spindelmechanismus durch das Handrad h in jede gewünschte Entfernung vom Schneidedrahte gebracht werden, verbleibt jedoch auch nach dem Schnitte auf seinem Platze.

Bei der durch Fig. 60 dargestellten Schneidemaschine ist im Gegensatz zu der vorigen der Schneidedraht i an dem Rahmen a vertikal befestigt. Sie ist daher nicht nur für die Herstellung von Gebrauchsstücken, sondern auch zum Schneiden von Tafeln aus Fällstücken bzw. von Riegeln aus Tafeln geeignet. Der Schnitt wird dadurch ausgeführt, daß der in den Führungen f genau geführte Rahmen in horizontaler Richtung über die Seife fortgezogen oder auch geschoben wird.

Die Maschine ist für eine Schnittgröße von 270 mm Breite und 190 mm Höhe bei beliebiger Riegellänge eingerichtet.

Schließlich möge der Vollständigkeit halber noch die nachfolgende, durch Fig. 61 dargestellte, kleine Maschine Erwähnung finden, die vielfach beim Handverkauf verwandt und gewöhnlich für eine Schnitt-

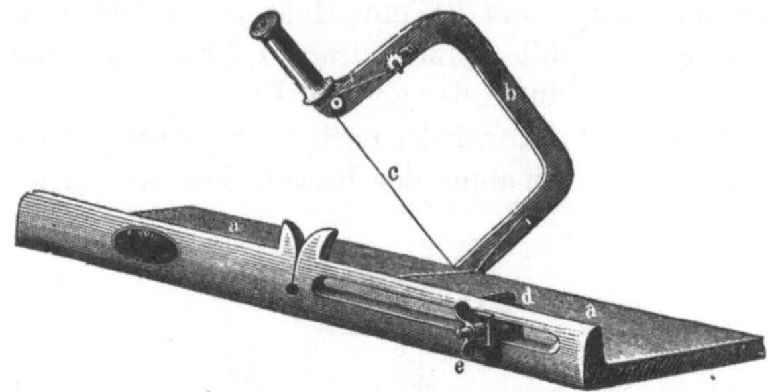


Fig. 61. Kleine Stückenschneidemaschine für den Handverkauf.

größe von 80 mm Breite und 60 mm Höhe (Riegellänge beliebig) angefertigt wird. Der aus Holz hergestellte Tisch a dient zur Aufnahme der Riegel, b ist der Schneiderahmen mit Schneidedraht c; d der in einem Schlitz geführte, beliebig einstellbare Anschlag, der durch die Schraube e befestigt wird.

## Egalisier- und Hobelmaschinen.

Ungleiche oder zu starke Riegel werden vielfach mit Hilfe besonderer Hobelmaschinen egalisiert. Hierdurch wird gleichzeitig ein besseres Aussehen erzielt, indem der „Fluß" kräftiger hervortritt, andererseits wird die Oberfläche der Riegel eine dichtere, so daß dieselben infolge einer verminderten Wasserverdunstung beim Lagern weniger an Gewicht verlieren als unbehandelte Riegel.

Die einfachsten Apparate dieser Art sind die Horizontal- oder Hand-

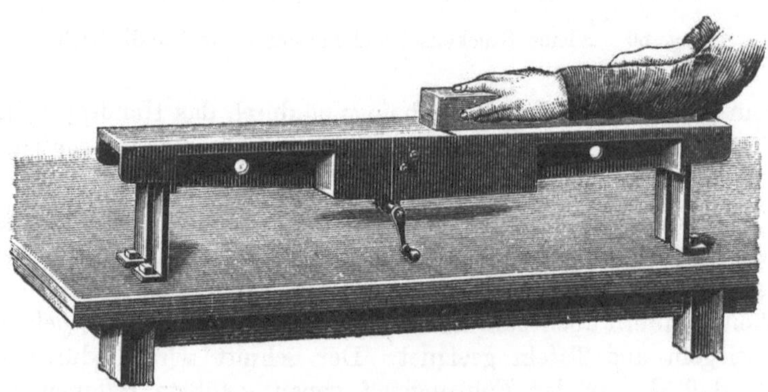

Fig. 62. Handhobel.

hobel, deren Konstruktion und Handhabung aus Fig. 62 ersichtlich ist. Sie bestehen im wesentlichen aus einem etwa 1 m langen und 150 mm breiten, festliegenden Hobel, dessen ebene Bahn nach oben gekehrt

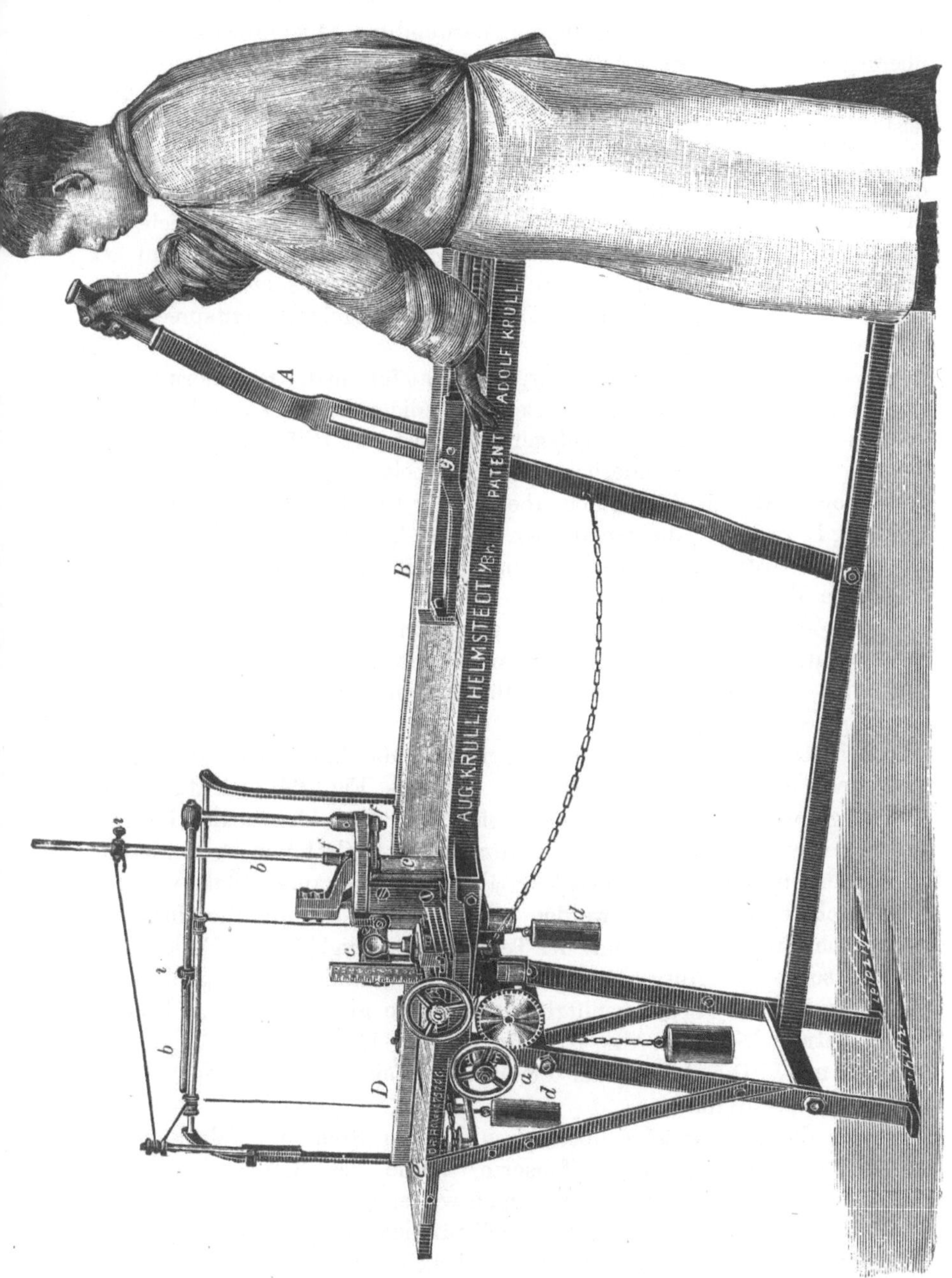


Fig. 63. Riegelhobelmaschine.

und dessen Messer der Stärke des abzuhobelnden Spanes entsprechend eingestellt wird. Es gehört jedoch eine gewisse Übung und Geschicklichkeit dazu, mit diesen Apparaten eine genaue Hobelfläche zu erzielen. Auch ist es kaum möglich, jeweils genau gleich starke Riegel stets gleicher Dimensionen zu erhalten. Da diese Handhobel zudem wenig leistungsfähig sind, ist man zu der Verwendung von Hobelmaschinen übergegangen, die bei großer Leistungsfähigkeit für die Herstellung eines stets gleichmäßigen Fabrikates jedweder Riegeldimension Gewähr leisten.

Die Riegelhobelmaschinen sind im wesentlichen so eingerichtet, daß der ungehobelte Riegel durch vier Messer, welche ein Rechteck bilden, hindurchgeschoben und so auf allen vier Flächen zugleich gehobelt und rechtwinklig bearbeitet wird; die Messer selbst sind so angeordnet, daß sie durch einen Spindelmechanismus zu jedem beliebigen Rechteck, der in Betracht kommenden Riegelgröße entsprechend, formiert werden können.

Wie aus Fig. 63 ersichtlich ist, geschieht ferner die Regulierung des für die genaue Führung des Riegels notwendigen Druckes durch Druckrollen c, die in Kniehebeln f gelagert sind und mit Hilfe einer einfachen Vorrichtung eine veränderliche Gewichtsbelastung erhalten können. Außerdem sind diese Maschinen aber in der Regel noch mit einer Vorrichtung D versehen, die den aus den Messern herauskommenden, fertigen Riegel selbsttätig zur Seite legt und somit die Bahn für den nachfolgenden Riegel frei macht.

Die Maschine verarbeitet alle vorkommenden Riegelseifen frisch vom Schnitt sowohl, als auch in getrocknetem Zustand und jede Riegellänge bis 500 mm bei einer Riegelbreite von 40—100 mm und einer Riegelhöhe von 20—100 mm.

Zeitweilig findet man die beschriebene Maschine auch kombiniert mit einer Stückenschneidemaschine, wie aus Fig. 64 ersichtlich ist. Die Riegel werden hier nach dem Passieren der Hobelmesser durch einen mit den verstellbaren Drähten c versehenen Teilrahmen A hindurchgeschoben und können dann sogleich als fertige Gebrauchsstücke von der Tischfläche e abgenommen werden. Je nach Wunsch kann die Maschine aber auch durch Ausschaltung des Teilrahmens lediglich zum Hobeln der Riegel, sowie bei Ausschaltung des Hobelmechanismus lediglich zum Zerschneiden der Riegel benutzt werden. Die größte zulässige Riegellänge beträgt 500 mm, die Riegelbreite 40—110 mm, die Riegelhöhe 20—110 mm. Die Länge der erzielbaren Teilstücke ist nach unten mit 50 mm begrenzt.

Um die Seifenstücke obenauf mit einem Stempel (Fabrikmarke, Firma, Bezeichnung der Seifensorte, Name des Kunden usw.) zu versehen, hat man die vorige Maschine weiter durch einen automatisch funktionierenden Prägeapparat vervollständigt, der die mühselige und ungenaue Stempelung von Hand entbehrlich macht.

Fig. 65 veranschaulicht eine solche Maschine zum gleichzeitigen Hobeln, Teilen und Prägen der Riegel, die also eine Kombination aus drei einzelnen Maschinen, einem Hobelapparate, einem Teilapparate und einem Prägeapparate darstellt.

Dieselbe verarbeitet jeweils nur einen Riegel zu gehobelten und geprägten Stücken von beliebiger Größe und genau gleichem Gewichte.

Fig. 64. Riegelhobelmaschine mit Stückenschneidemaschine kombiniert.

Der Antrieb erfolgt bei Kraftbetrieb durch Riemenscheibe f, bei Handbetrieb durch Schwungrad E. Der zur Verarbeitung kommende Riegel wird auf den Tisch a der Maschine gelegt und hier zunächst mittels eines Einlegers (Mechanismus F) bis gegen die Anschlagrückwand und von hier aus der Länge nach durch den Hobelapparat geschoben. Alsdann wird der Riegel von dem durch den Mechanismus B bewegten Teiler K erfaßt, der ihn der Quere nach durch den Schneiderahmen hindurchschiebt und die zerteilten Stücke gleichzeitig unter den Stempelbalken C bringt. Letzterer wird mitsamt den an seiner unteren Fläche befindlichen, einzelnen Stempelplatten durch den Stempelmechanismus D auf- und abwärts bewegt und bewirkt somit eine Stempelung der Stückenoberfläche. Die fertig geprägten Stücke werden alsdann auf dem Tische e, der sich auch in geeigneter Weise verlängern läßt, durch die stetig nachfolgenden weitergeschoben, bis sie zur Abnahme gelangen.

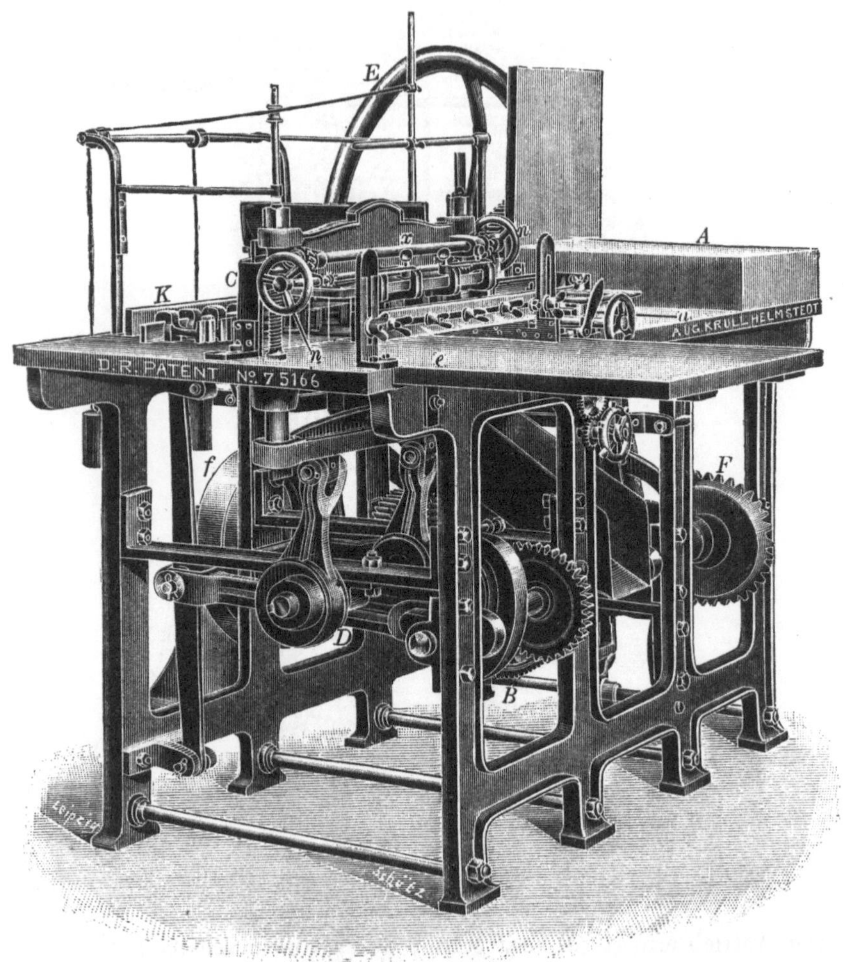


Fig. 65. Maschine zum Hobeln, Teilen und Prägen von Seifenriegeln.

Die größte zulässige Riegellänge ist auch bei dieser Maschine 500 mm. Der Hobelapparat sowie der Prägeapparat verarbeiten eine Riegelbreite von 40—110 mm und eine Riegelstärke von 20—110 mm; der Teilrahmen ist zum Herausnehmen eingerichtet und beliebig verstellbar bis herab auf eine Stückenlänge von 50 mm. Jede der drei Funktionen

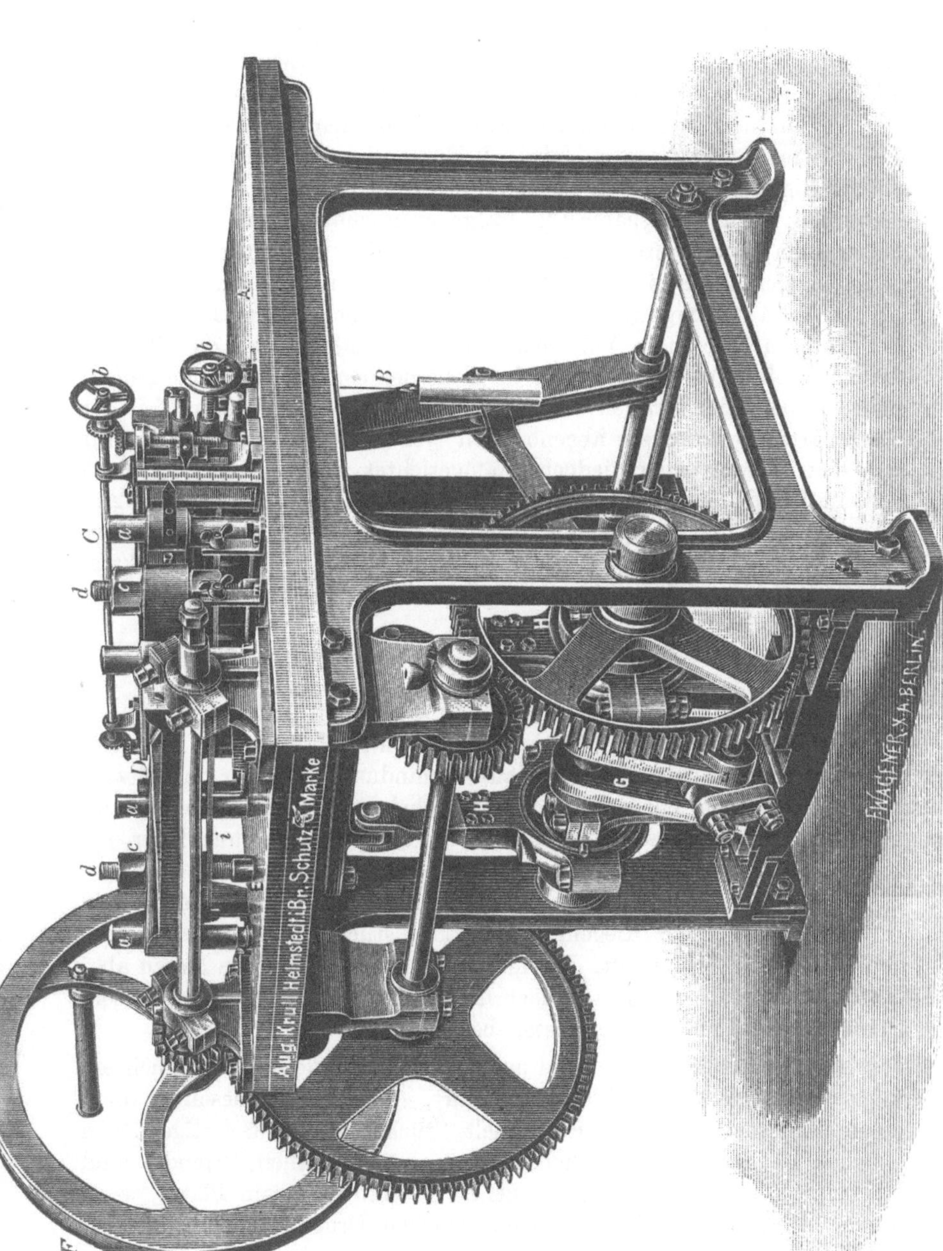


**Fig. 66. Maschine zum Hobeln, Teilen und Prägen von Seifenplatten.**

kann nach Belieben ein- oder ausgeschaltet werden, so daß die Maschine in jeder Weise verändert und ganz nach Belieben verwendet werden kann.

In ähnlicher Weise, wie die vorbeschriebene Maschine Riegel verarbeitet, gelangen auf der folgenden, durch Figur 66 dargestellten Maschine Platten zur Verarbeitung, die auf allen vier Seiten gehobelt und in eine Anzahl beliebig geprägter Riegel zerlegt werden.

Die zu verarbeitende Seifenplatte wird von dem hinteren Teil A der Tischplatte vermittels des Hebels B durch den Hobelapparat C und gleichzeitig durch den mit senkrechten Drähten versehenen (auf der Abbildung nicht sichtbaren) Teilrahmen geschoben, der unmittelbar hinter dem Hobelapparate angebracht ist. Die so erhaltenen Riegel befinden sich alsdann unter dem Stempelkörper D, dessen Stempelplatten beim Niedergang die Prägung der sämtlichen Riegel auf einmal herbeiführen; geeignete Vorrichtungen i verhindern, daß die Stempel die Seife beim Hochgehen mit in die Höhe nehmen. Die folgende Seifenplatte schiebt die fertigen Riegel alsdann auf den vorderen Teil der Tischplatte, von wo sie abgenommen werden. Die Maschine ist für Kraftbetrieb konstruiert, jedoch so eingerichtet, daß sie auch von Hand bedient werden kann; in letzterer Ausführung ist sie durch die Abbildung dargestellt. Sie ist eingerichtet für eine Plattengröße von ungefähr 500 mm Breite, 350 mm Länge und 50—100 mm Stärke, kann jedoch auch für andere Dimensionen gebaut werden.

## Die Pressen.

Obwohl es bei der Herstellung von Feinseifen seit langem üblich ist, die Einzelstücke durch Pressung mit einer Prägung zu versehen, hat sich dieser Brauch in der Hausseifenindustrie erst in den letzten zwei Jahrzehnten entwickelt, hauptsächlich aus dem Bestreben der Fabrikanten heraus, sich durch die besondere Aufmachung ihrer Erzeugnisse als Markenartikel einen festen Konsumentenkreis zu schaffen. Es werden daher heute teilweise mit Hilfe der vorbesprochenen Maschinen Hausseifen sowohl in Riegeln als in Einzelstücken in gepreßter bzw. geprägter Form hergestellt. Die meisten Fabriken benutzen hierzu aber besondere Pressen, die man je nach ihrer Arbeitsweise als Schlagpressen, Spindelpressen und Kurbelpressen bezeichnet.

Mit den Schlagpressen wird auf die zu pressende Seife lediglich ein kurzer aber kräftiger Schlag ausgeführt, so daß sich dieselben dann empfehlen, wenn es sich darum handelt, Stücke von bereits fertiger Form lediglich mit einer oberflächlichen Prägung zu versehen. Spindel- und Kurbelpressen sind jedoch im Gegensatz hierzu dann am Platze, wenn durch einen allmählich wirkenden, starken Druck zugleich mit der Prägung auch eine Formveränderung bewirkt werden soll, und wenn insonderheit ausgetrocknete, harte Seifen mit feinen oder tiefen Gravierungen zu versehen sind.

Die **Schlagpressen** sind ihrem Wesen entsprechend nur für Hand- bzw. Fußbetrieb eingerichtet, wie aus den Figuren 67 und 68 zu ersehen ist.

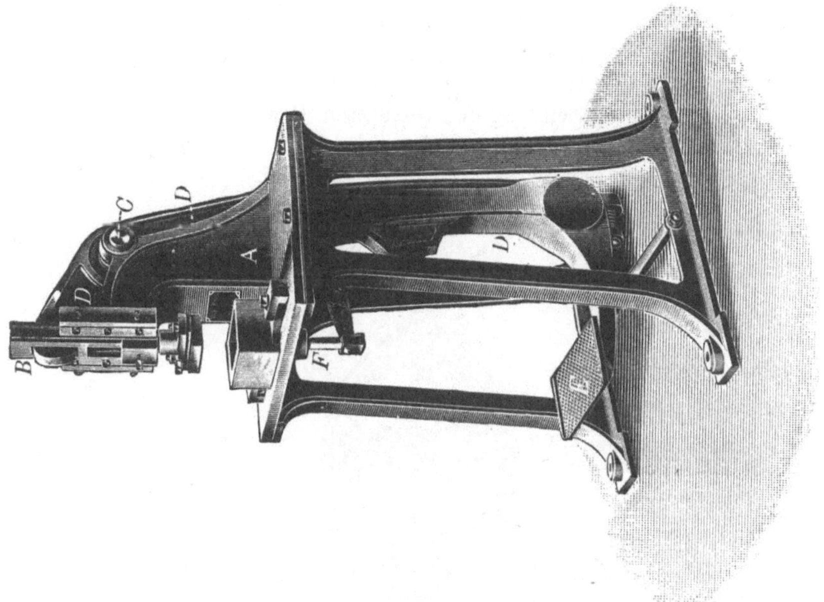


Fig. 68. Pendel-Schlagpresse.

Fig. 67. Exzenter-Schlagpresse.

Insonderheit die in Fig. 68 dargestellte Pendel-Schlagpresse ist außerordentlich leistungsfähig, da beide Hände des Pressers für das Einlegen und Fortnehmen der Preßstücke frei bleiben. Die Presse selbst besteht in der Hauptsache aus dem auf eisernen Füßen ruhenden Preßkörper A, an dem sich, zwischen Prismaleisten geführt, der Preßstempel B auf und ab bewegt. Auf einem im Preßkörper A gelagerten Bolzen C ist ein schweres, eisernes Pendel D schwingend aufgehängt, dessen oberer, kurzer Arm in dem Oberstempel B steckt, während der untere, lange Arm mit einem Trittbrett E für die Füße des Pressers versehen ist. Durch Druck auf dies Trittbrett wird der untere Pendelarm nach hinten bewegt, während der obere Arm den Preßstempel B nach unten drückt. Die Prägung des jeweils bearbeiteten Seifenstückes erfolgt somit durch die lebendige Kraft des in Schwingung versetzten Pendels und nicht etwa durch den Presser selbst, der mit Hilfe seiner Füße das Pendel lediglich

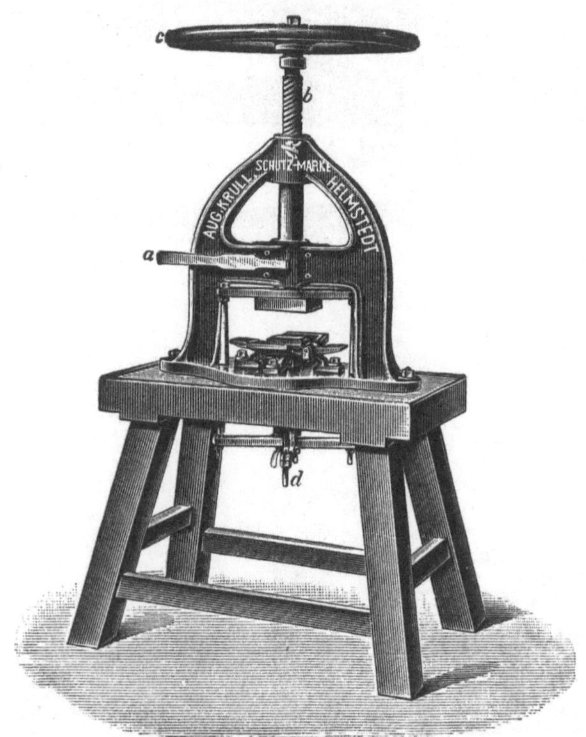


Fig. 69. Handspindelpresse.

in Schwingung zu versetzen hat. Das Ausheben der fertig gepreßten Seifenstücke, die dem jeweiligen Gewicht des Pendels entsprechend bis 500 g schwer sein dürfen, geschieht durch einen Ausheberbolzen F, der mit dem schwingenden Pendel verbunden ist und selbsttätig arbeitet.

Die Spindelpressen sind sowohl für Hand- als auch für Kraftbetrieb geeignet. Fig. 69 stellt eine Handspindelpresse dar, während Fig. 70 eine für Kraftbetrieb eingerichtete Friktionsspindelpresse wiedergibt. Bei der letzteren geschieht der Friktionsantrieb in folgender Weise:

Die Antriebswelle A trägt zwei Friktionsscheiben B, deren Innenkanten einige Millimeter weiter von einander entfernt sind, als der Durchmesser des Schwungrades C beträgt. Durch Treten auf den Fußhebel D vermittels eines Gestänges E wird die Antriebswelle A in ihrer Längsrichtung um so weit verschoben, daß die eine der rotierenden Friktionsscheiben B den mit Leder überzogenen Kranz des Schwungrades C be-

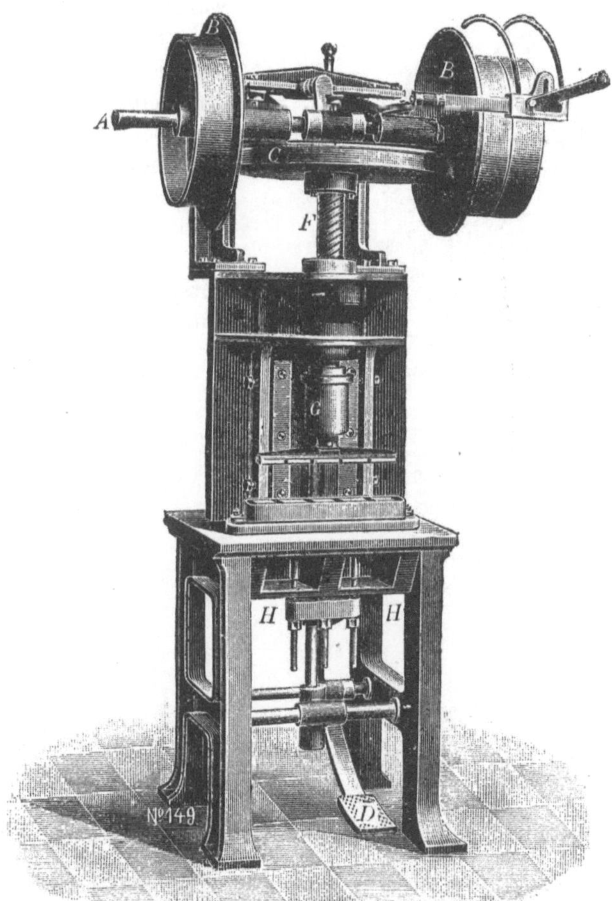


Fig. 70. Friktionsspindelpresse für Kraftbetrieb.

rührt und durch die Reibung zwischen Scheibe und Schwungradkranz die Drehung des Schwungrades und damit das Heruntergehen der Spindel F und des Preßstempels G veranlaßt. Ist der Preßstempel in der tiefsten Lage angekommen, so wird durch eine geeignete, aus Anschlag und Spiralfeder bestehende Vorrichtung das Wiederhinaufgehen des Preßstempels G selbsttätig in gleicher Weise veranlaßt. Das Ausheben der Seifenstücke aus der Form geschieht auch hier durch Ausheberbolzen H, die sich gleichzeitig mit dem Preßstempel heben und senken.

Die Kurbelpressen sind nur für Kraftbetrieb eingerichtet. Bei der in Fig. 71 dargestellten Presse geschieht die Bewegung des Preßstempels A durch die Kurbel B, die durch Einrückung einer Kuppelung in einmalige Umdrehung versetzt wird, so daß also der Oberstempel, einmal abwärts und aufwärts bewegt, in der höchsten Stellung stehen bleibt. Das Einrücken der Kuppelung selbst erfolgt durch zwei in Schulterhöhe sitzende Handhebel D und E, so daß der Presser während der Stempelbewegung mit beiden Händen beschäftigt und dementsprechend gegen Verletzungen geschützt ist.

Fig. 71. Kurbelpresse.

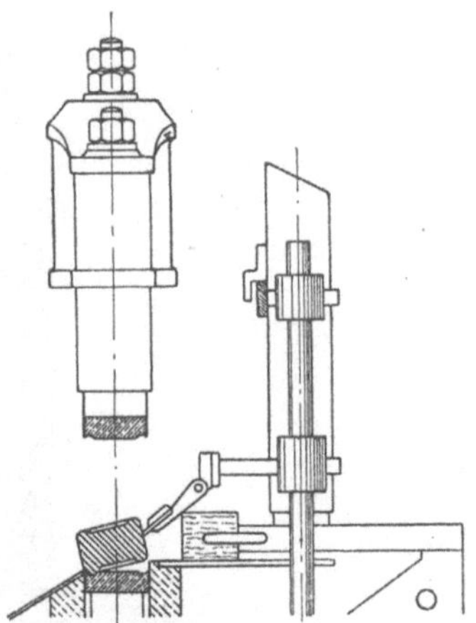

Fig. 72. Ausstoßvorrichtung der Autopresse von Rost & Co.

Zu den Kurbelpressen gehören auch die heute vielfach benutzten automatischen Pressen, bei denen sowohl die Einführung der zu pressenden Stücke in die Stanze als auch die Entfernung der gepreßten Stücke aus der Stanze selbsttätig erfolgt, so daß die Gefahr einer Fingerverletzung für das Bedienungspersonal nicht besteht. Die auch als Preßautomaten oder Autopressen bezeichneten Maschinen arbeiten in folgender Weise:

Durch einen Vorschieber wird von den in einem schachtartigen

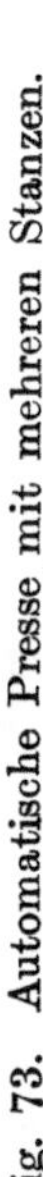

Fig. 73. Automatische Presse mit mehreren Stanzen.

Magazin übereinanderliegenden Seifenstücken jeweils das unterste herausgeschoben und über eine etwas abgeschrägte Fläche unter den Preßstempel gebracht. Gleichzeitig wird beispielsweise durch die in Fig. 72 abgebildete Vorrichtung (Abwerfer) das zuvor gepreßte Stück aus der Form gehoben, bei dem Vorrücken des nachfolgenden aus der Stanze herausgestoßen und über eine schiefe Ebene vollends nach unten auf ein Transportband gebracht. Die Auf- und Abbewegung des in Rundführungen geführten Preßbalkens erfolgt durch zwei Exzenter, die auf der Hauptwelle befestigt sind. Die Apparate liefern bei Benutzung nur eines Formkastens 1800—2500 Stück pro Stunde und eignen sich infolge ihrer bequemen und sicheren Handhabung, sowie ihres geringen Kraftbedarfes halber für die Pressung von Haus- und Feinseifen in allen Riegel- oder Stückenformaten. Wie aus Fig. 73 ersichtlich ist, werden die Apparate auch mit nebeneinander angeordneten Stanzen gebaut, so daß bei jedem Preßhube die gleichzeitige Pressung mehrerer Stücke ermöglicht wird.

## Die Stanzen.

Die aus mehreren beweglichen Teilen bestehenden Stanzen oder Formen bilden den für die Formbildung und Prägung des Preßgutes wesentlichsten Bestandteil der Pressen. Man unterscheidet die in Fig. 74 dargestellten Muldenstanzen (Quetsch- oder Stiftformen), welche lediglich

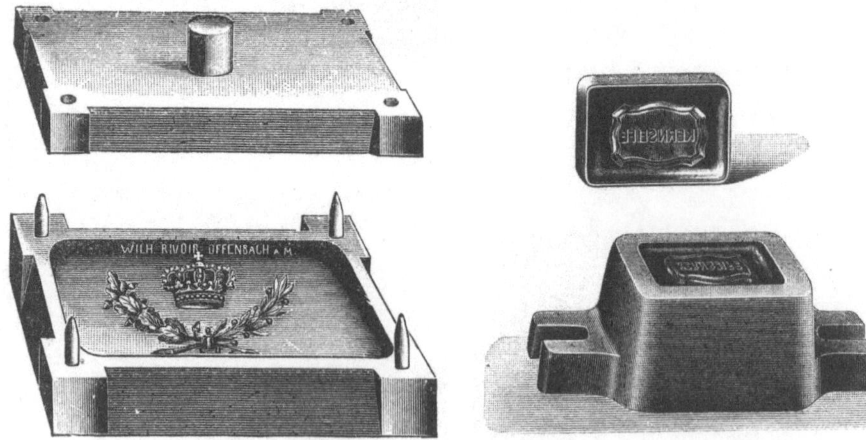


Fig. 74. Muldenstanze. Fig. 75. Kastenstanze.

aus einem festen Unterteil und einem beweglichen Oberteil bestehen, von den sogenannten in Fig. 75 dargestellten Kastenstanzen, welche außer einem beweglichen Ober- und Unterteil feste Seitenwände besitzen. Das Unterteil ist in der Form selbst geführt und wird durch die bei Besprechung der Pressen erwähnten, stiftartigen „Ausheber“ auf- und abwärts bewegt, während das Oberteil am Preßbalken befestigt und durch diesen betätigt wird.

Schließlich sind auch sogenannte Klappformen in Gebrauch, bei denen außer dem Ober- und Unterteil auch die Seitenwände von Hand oder automatisch beweglich sind (Scharnierformen). Wie aus Fig. 76

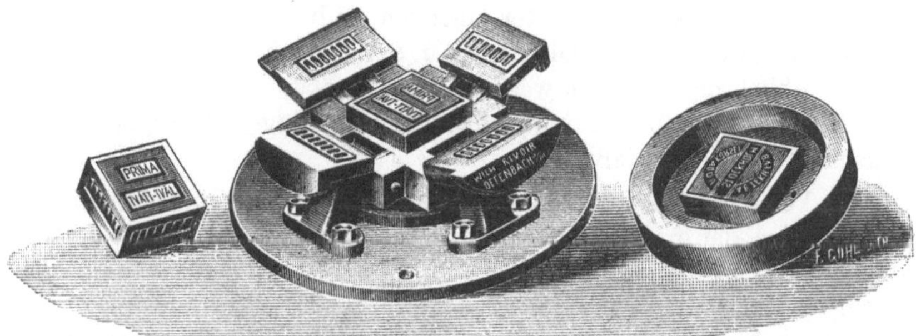


Fig. 76. Automatische, auf sechs Seiten prägende Klappform.

ersichtlich ist, läßt sich mit diesen Stanzen, die zum Pressen von Hausseifen vornehmlich auf Spindelpressen verwendet werden, eine Prägung auf allen sechs Seiten der Preßstücke erhalten.

## Die mechanischen Seifenkühl- und Preßverfahren.

Es erübrigt noch, das im Laufe der letzten fünfzehn Jahre eingeführte Seifenkühl- und Preßverfahren zu erwähnen, bei dem die im Kessel fertiggestellte Seife nicht in Formen geschöpft und dort einem langsamen Erstarrungsprozeß überlassen, sondern direkt vom Kessel weg zu versandfähiger Ware verarbeitet wird.

Die Vorteile, die eine derartige Arbeitsweise bietet, sind offenbar ganz bedeutende, da vor allem die vielen, teuren Formen, der für deren Bedienung nötige Zeit- und Arbeitsaufwand, sowie der für die Aufstellung der Formen notwendige Raum in Fortfall kommen. Ferner sind die Vorrichtungen und Maschinen zum Zerschneiden der Formblöcke entbehrlich und weiter entfallen die großen, nach Hunderten und oft nach Tausenden von Zentnern zählenden Lagerbestände und Vorräte an fertiger, aber noch nicht versandfähiger Seife nebst den dafür erforderlichen Lager- und Trockenräumen. Auch die vornehmlich durch das Schneiden entstehenden Abfälle an Seife sind nicht mehr vorhanden, weil die gesamte, im Kessel fertiggewordene Seifenmasse zu versandfähigen Riegeln verarbeitet werden kann. Da die gekühlte und gepreßte Seife nur noch wenig austrocknet, sind des weiteren die Trockenverluste nur gering. Ganz besonders wichtig ist es aber, daß jeder Auftrag sofort erledigt werden kann, selbst wenn kein Kilogramm der betreffenden Sorte am Lager ist. Das Verfahren gewährt also nicht nur bedeutende Vorteile betreffs des nötigen Anlage- und Betriebskapitals, des Kapitalumsatzes, des Raum- und Zeitbedarfs, der nötigen Arbeitskräfte, Lagerbestände usw., sondern bietet auch die größte Sicherheit gegen Fabrikationsverluste.

Aber auch in bezug auf die Qualität der erzeugten Fabrikate bedingt das Seifenkühl- und Preßverfahren wesentliche Vorteile, da die Seifen bedeutend heller und fester ausfallen als bei dem üblichen Erstarrungsprozeß. Auch flüssige Öle, Harze u. dgl. können in größerer Menge als sonst üblich mitversotten werden, da die größere Dichte der namentlich unter Druck gekühlten Seifen eine an sich geringere Festigkeit nicht in Erscheinung treten läßt.

Das Verfahren wird in der Weise ausgeführt, daß man immer nur kleine Mengen der im Kessel fertiggestellten Seifenmasse, gegebenenfalls unter Druck, in besonderen, von Kühlwasser umflossenen und den Platten- oder Riegeldimensionen entsprechenden Vorrichtungen abkühlt und somit von vornherein zu Platten oder Riegeln einer vorbestimmten Größe formt.

Die ersten, die die im Kessel fertiggesottene Seife durch künstliche Kühlung und Trocknung zu direkt versandfähiger Ware verarbeitet haben, waren A. & E. des Cressonières in Brüssel. Der von ihnen für die Herstellung pilierter Seifen angewandte, als „Broyeuse sécheuse continue" bezeichnete Apparat arbeitete in der Weise, daß die heißflüssige Seife über eine vertikal übereinander stehende Reihe horizontal angeordneter Walzen verteilt und von diesen in Form erstarrter Streifen durch ein Messer abgenommen wurde. Diese Streifen fielen dann auf ein rotierendes Drahtgewebe und wurden in einem erwärmten Gehäuse mittels Luftzuges getrocknet [1]).

Die Seife, welche als flüssige Masse in das eine Ende des Apparates eintritt, kommt also auf der entgegengesetzten Seite in Form getrockneter, gleichmäßiger Bänder wieder heraus, so daß es tatsächlich möglich ist, eine Fabrikationscharge, die heute gesotten wurde, schon morgen fein parfümiert und gefärbt dem Handel zu übergeben.

Ähnliche Ziele, und zwar besonders in bezug auf die Abkürzung des Fabrikationsverfahrens bei der Herstellung von Hausseifen, verfolgt das Klumppsche Seifenkühl- und Preßverfahren [2]). Hierbei werden durch hohen hydraulischen Druck und plötzliche Abkühlung der oberen und unteren Druckfläche quadratische Seifenplatten hergestellt, die dann mit einer Schneidemaschine in Riegel und Stücke zerlegt werden können.

Die Klumppsche Kühlpresse, die von der Firma Wegelin & Hübner, A.-G. in Halle a. Saale, gebaut wird, ist in Fig. 77 abgebildet und in Fig. 78 und 79 in Aufriß und Grundriß wiedergegeben. Die Anlage besteht aus einem als „Zubringer" bezeichneten Reservoir L, das mit der im Kessel fertiggestellten Seife gefüllt wird, einer oder

---

[1]) Vgl. dieses Handbuch, 2. Bd., 3. Aufl., S. 227.

[2]) DRP. Nr. 126 609 und 126 610.

mehreren Pressen, einem hydraulischen Pumpwerke K und einer Schneidemaschine. Das Reservoir ist ein doppelwandiger, viereckiger Behälter, der durch Dampf oder heißes Wasser beheizbar ist, so daß die

Fig. 77. Hydraulische Seifenkühlpresse von Klumpp.

eingefüllte Seife flüssig erhalten bleibt. Die Presse besteht aus vier kräftigen Säulen a, die oben und unten je eine starke, als hydraulischen Preßzylinder ausgebildete Traverse tragen. In diesen letzteren bewegt sich vertikal der Preßkolben, der als Kopf die in den vier Säulen a geführte Platte c trägt. Diese Platte c ist als ein flacher, oben offener Kasten ausgebildet, auf dessen Boden eine genau angepaßte, lose Platte h liegt, die die etwaigen Prägungen trägt und aus dem Kasten nach oben herausgestoßen werden kann. Der Kasten c, der für die Aufnahme der zur Verarbeitung kommenden, flüssigen Seife bestimmt ist, ist zwecks Aufnahme des Kühlwassers doppelwandig; darüber befindet sich eine starke, an der Spindel e befestigte, mit Hilfe des verstellbaren Anschlages f der Höhe nach einstellbare, horizontale Platte d, durch deren Einstellung die Stärke der erzielten Seifenplatte bedingt wird. Auch diese Platte d, die ebenfalls mit Prägungen versehen werden kann, ist hohl und für Kühlwasser zugänglich. Ihre Einstellung erfolgt nach der Skala g.

Die Arbeit mit der Presse geschieht nun in folgender Weise. Der

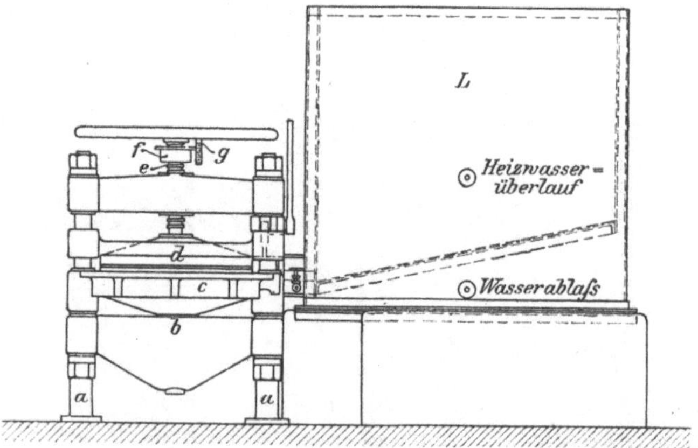


Fig. 78. Hydraulische Seifenkühlpresse von Klumpp (Aufriß).

Kasten c des Preßkolbens wird vom Reservoir aus durch Öffnen des Absperrschiebers bis nahezu an den Rand mit flüssiger Seife gefüllt. Alsdann wird von der Spindel aus die Oberplatte niedergelassen, bis der auf der Spindel sitzende, nach Wunsch eingestellte Anschlag f aufsetzt. Wird hierbei ein Widerstand bemerkt, so öffnet man abermals den Absperrschieber, um durch den Spindeldruck das Zuviel der im Preßkasten befindlichen Seifenmasse in das Reservoir zurückzudrücken. Mittels der hydraulischen Pumpe wird alsdann Druck, bis 250 Atm., auf den Preßkolben gebracht und gleichzeitig stark gekühlt. Nach einiger Zeit läßt man das Kühlwasser ablaufen, hebt durch Linksdrehen der Spindel die Oberplatte in die Höhe und treibt nun durch einige Pumpenstöße die auf dem Boden des Preßkastens liegende Metallplatte h mit der auf ihr befindlichen fertigen Seifenplatte aus dem Preßkasten heraus. Nach Abnahme der Seifenplatte wird das Pumpenventil geöffnet, worauf der Preßkolben von selbst zurückgeht und die Presse für eine neue Pressung bereit ist.

Die Leistungsfähigkeit des Apparates wird bei zehnstündiger Arbeitszeit und einer Kühlwassertemperatur von 10—12° C zu etwa 750 kg pro Tag angegeben, ist also relativ gering. In neuerer Zeit hat die Klumppsche Presse jedoch dadurch eine wesentliche Verbesserung erfahren, daß an Stelle der hydraulischen Druckpresse eine Druckspindel und an Stelle der bisherigen einen Druckkammer deren mehrere

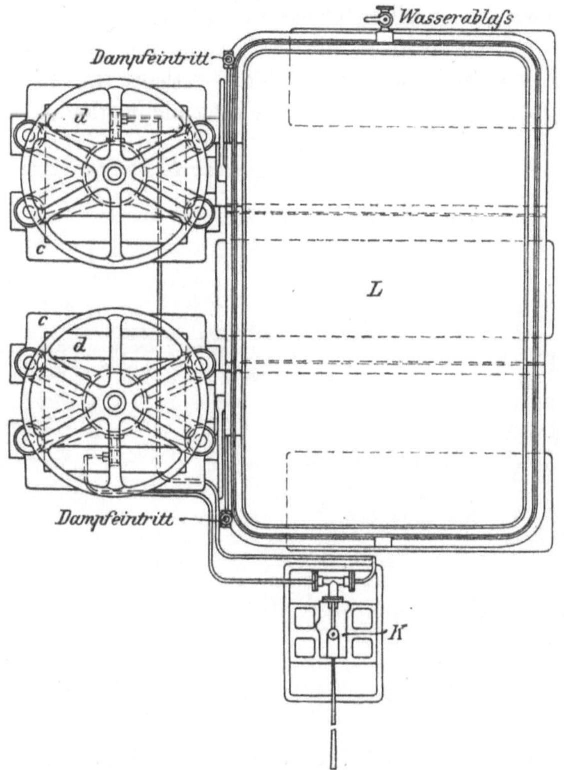


Fig. 79. Hydraulische Seifenkühlpresse von Klumpp (Grundriß).

verwendet werden[1]). In dieser Form ist der Apparat sehr leistungsfähig und überall mit gutem Nutzen anwendbar.

Das gleiche Prinzip, wenn auch in anderer Weise, verfolgt der Plattenkühlapparat von Franz Holoubek, Königl. Weinberge bei Prag. Die durch Fig. 80 dargestellte Maschine besteht aus einer Anzahl in einem horizontalen Gestell vereinigter, hölzerner Rahmen a und b von je 1 m Breite, 70 cm Höhe und 5 cm Stärke, von denen die eine Hälfte a offen und mit Blech ausgekleidet, zur Aufnahme der zu kühlenden Seife dient, während die andere Hälfte b auf den Flächen mit Zinkblech

[1]) DRP. Nr. 211 624.

beschlagen und zur Aufnahme des Kühlwassers bestimmt ist. Die Anordnung der Rahmen ist derartig getroffen, daß jeweils ein Formrahmen zwischen zwei Kühlrahmen aufgestellt ist. Durch gemeinsame Zuleitungsrohre werden nun einerseits sämtliche Formrahmen mit Seife und andererseits sämtliche Kühlkammern mit Kühlwasser gefüllt. Der Kühl- und Erstarrungsprozeß beansprucht in diesem Apparat etwa eine Stunde, die einmalige Gesamtleistung beträgt 800—1000 kg bei einem Gewicht der Einzelplatte von 35 kg.

Am besten arbeitet man mit zwei Apparaten, von denen der eine gekühlt wird, während man den anderen entleert und neu vorbereitet, so daß die Arbeit selbst eine Unterbrechung nicht erleidet. Die Platten-

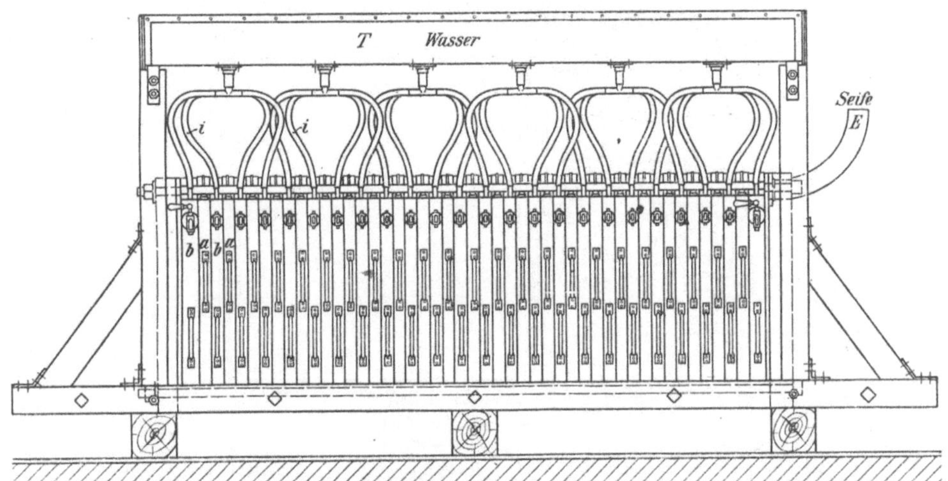


Fig. 80. Plattenkühlapparat von Holoubek.

dimensionen entsprechen selbstverständlich den Dimensionen der Formrahmen, doch beschränkt man sich der Kostspieligkeit halber meist auf nur eine Plattengröße. Der Wasserverbrauch ist ziemlich bedeutend, trotzdem aber dürfte der Apparat seiner großen Einfachheit und Billigkeit wegen größerer Beachtung empfohlen werden.

Die Seifenkühlpresse von Jacobi[1]), deren Anordnung sich aus Fig. 81 ergibt, ist in weiterer Vervollkommnung der vorbesprochenen Maschine nach Art einer Kammerfilterpresse konstruiert, deren einzelne Kammern abwechselnd aus Eisen und aus Holz bestehen. Die ersteren sind als Kühlkammern ausgebildet, während die zweiten zur Aufnahme der heißflüssigen Seife dienen. Diese letztere wird unter Druck von einem durch indirekten Dampf beheizten Kessel aus in die Formrahmen eingefüllt, nachdem die zwischen einer Kopf- und Schlußplatte liegenden

[1]) DRP. Nr. 209 234.

Kammern zuvor mit Hilfe von Zugspindeln, die in zweckentsprechender Weise bedient werden können, zusammengepreßt sind. Die Kühlkammern werden alsdann mit Kühlwasser beschickt.

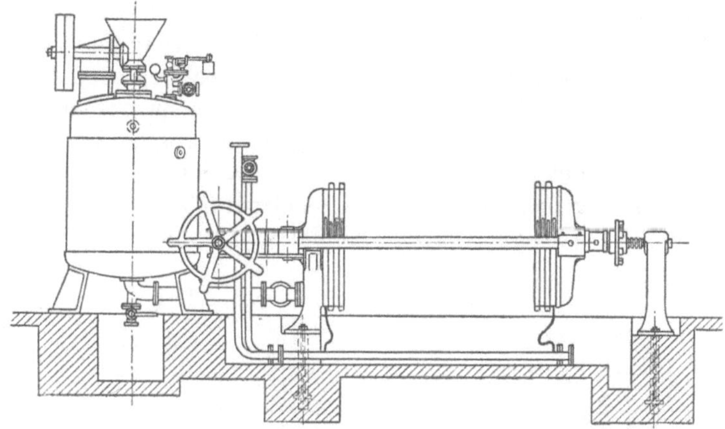

Fig. 81. Seifenkühlpresse von Jacobi.

Der Apparat zeichnet sich durch große Leistungsfähigkeit und Einfachheit aus und wird in Größen von 5—60 Seifenplatten und für

Fig. 82. Seifenplattenkühlmaschine von Heinr. Schrauth.

verschiedene Plattendimensionen gebaut. Der Wasserverbrauch ist ein relativ geringer, die Bedienung erfordert 1—2 Mann.

Die Seifenplattenkühlmaschine von Heinr. Schrauth, Frankfurt a. M., schließlich besteht aus einer Seifenplattenform- und Kühlmaschine, dem Seifendruckbehälter und dem Luftkompressor (Fig. 82). Die Form- und Kühlmaschine enthält in einem starken, schmiedeeisernen Gestell die aus Kühlplatten und Formrahmen gebildeten Kammern nebst Zubehör. Hinter der Schlußplatte befindet sich zentrisch gelagert eine mit 1200facher Übersetzung arbeitende Druckspindel, mit deren Hilfe es möglich ist, die Kammern in zweckentsprechender Weise zusammenzupressen. Durch eine einfache und praktische Vorrichtung ist es nach vollendeter Pressung möglich, die Kühlplatten und Formrahmen gleichzeitig mechanisch so auseinanderzuziehen, daß die Formrahmen auf beiden Seiten von den Kühlplatten losgelöst werden und,

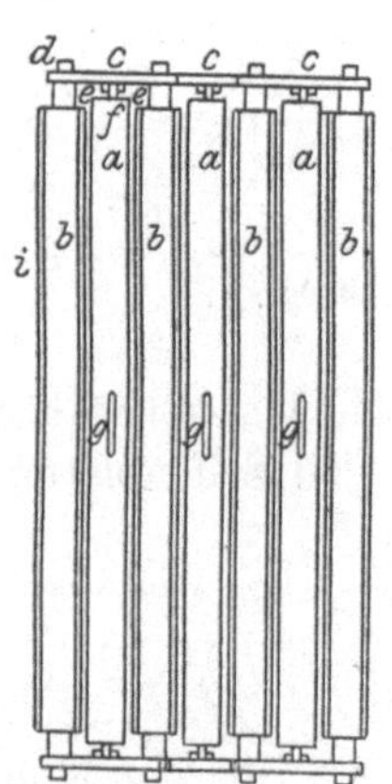


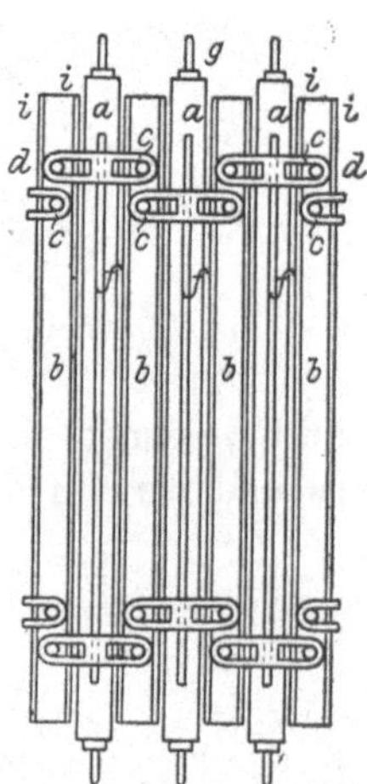


Fig. 83. a) Seitenansicht, b) Aufsicht der Kühlplatten der Schrauthschen Plattenkühlmaschine.

beiderseits gleichweit von diesen entfernt, frei werden. Wie aus Fig. 83 ersichtlich ist, sind zu diesem Zwecke die Kühlplatten a oben und unten beiderseitig mit den Zapfen d versehen, auf denen die Kettenglieder c leicht verschiebbar angebracht sind. Diese letzteren tragen nun in ihrer Mitte nach unten gerichtete Ansätze e, zwischen denen die auf der oberen und unteren Längsseite der Formrahmen angebrachten Führungsleisten so verlaufen, daß die Formrahmen b mit diesen ihren Führungsleisten in den Ansätzen e der Kettenglieder c liegen. Beim Auseinanderziehen der Kühlplatten müssen also auch alle Formrahmen gleichzeitig und gleichmäßig auseinandergezogen und von den Kühlplatten abgelöst werden, so daß ihre Entnahme aus dem Apparat leicht ermöglicht wird, was bei den vorbesprochenen Maschinen nicht immer der Fall ist.

Die Schrauthsche Plattenkühlmaschine wird in verschiedenen Größen von 5—40 Formrahmen gebaut, die größeren Typen als Doppelmaschinen, wodurch die Leistungsfähigkeit bedeutend erhöht wird. Die

Kühldauer und der Wasserverbrauch sind normal. Die Presse ist ausgezeichnet durch gute Übersichtlichkeit und leichte Zugänglichkeit aller Teile. Zur Bedienung ist nur ein Mann notwendig, so daß sie für alle Verhältnisse und Betriebe jeder Größe geeignet ist.

Außer den vorbesprochenen sind Plattenkühlmaschinen ähnlicher Art gebaut worden von Wilh. Rivoir, Offenbach a. Main, Gustav Steck in Sangerhausen, Leimdörfer in Budapest, C. E. Rost & Co. in Dresden, Johann Hauff in Berlin u. a. All diese nach dem Filter-

Fig. 84. Riegelgießmaschine von Roth.

pressensystem arbeitenden Apparate bieten kaum besonders bemerkenswerte Spezialkonstruktionen, trotzdem sie in den Einzelheiten teilweise nicht unerheblich voneinander abweichen. Im allgemeinen sind sie jedoch den oben beschriebenen Maschinen durchaus gleichwertig und nicht minder empfehlenswert als diese.

Einen anderen Weg zur Verarbeitung der im Kessel fertiggestellten Seife zu sofort versandfähiger Ware verfolgen aber das Rothsche und das Schnetzer-Schichtsche Verfahren, die einander ähnlich sind, da beide nach dem Prinzip der Kerzengießmaschine arbeiten.

Die Riegelgießmaschine von Roth[1]) besitzt die folgende, aus den Fig. 84, 85 und 86 ersichtliche Konstruktion:

In einem auf vier starken Füßen ruhenden Reservoir A von qua-

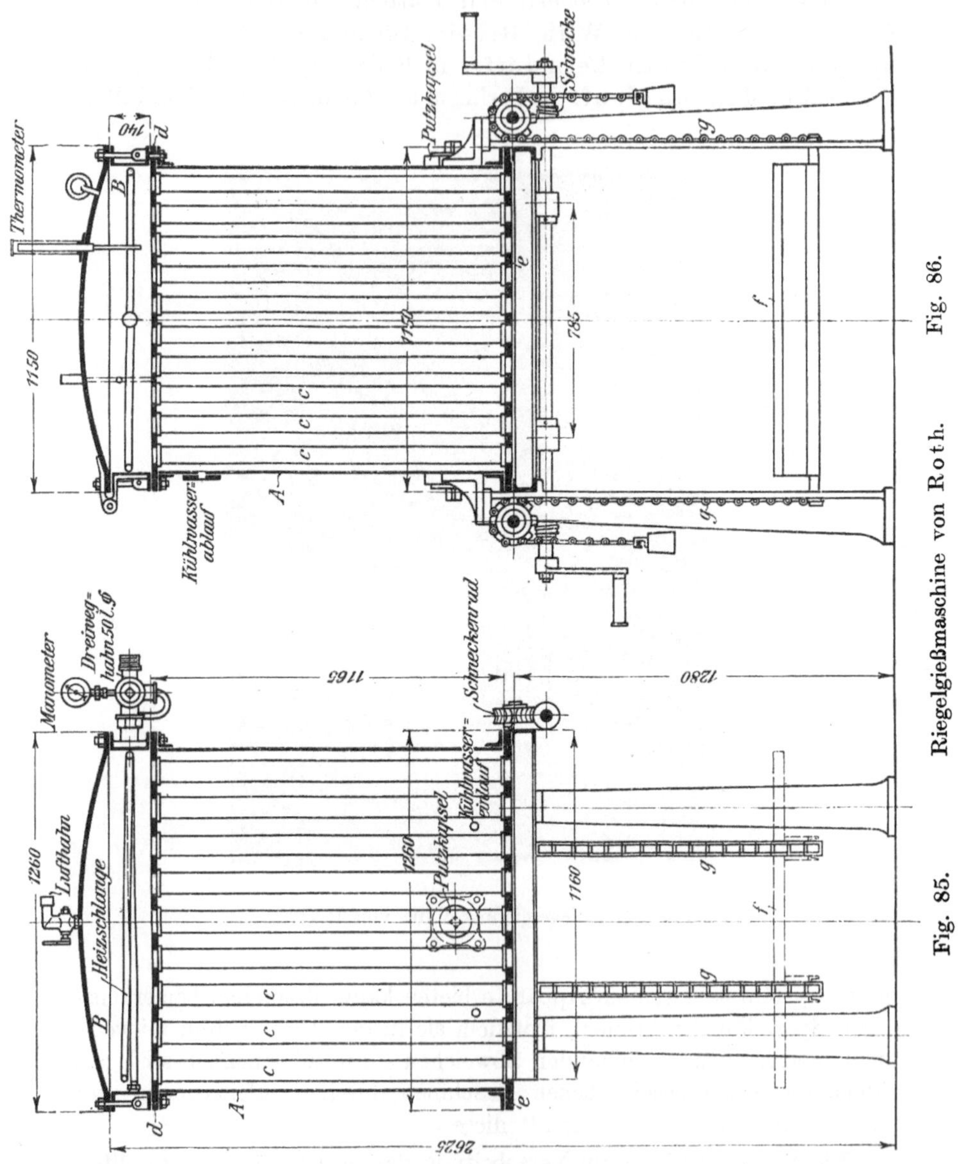


Fig. 85. Riegelgießmaschine von Roth. Fig. 86.

dratischer Grundfläche (etwa 1 m Seitenlänge und etwa 1,3 m Höhe) befindet sich in etwa 1 m Höhe über dem unteren Boden e ein zweiter

[1]) DRP. Nr. 172 655.

Boden d, der ebenso, wie der Boden des Reservoirs, eine Anzahl ziemlich nahe aneinander liegender, dem Riegelquerschnitt entsprechender Öffnungen besitzt, die mit den Öffnungen im Boden des Reservoirs genau korrespondieren. In die Öffnungen der beiden Böden sind rechteckige, zwischen den Böden liegende Röhren c mit ihren Enden eingesetzt und in den Öffnungen entsprechend abgedichtet. Das Reservoir ist oben durch einen Deckel geschlossen, und der so zwischen dem oberen Boden und dem Deckel entstehende, zur Aufnahme der flüssigen Seife bestimmte Raum mit einer Heizschlange versehen. Der Deckel ist mit Manometer, Thermometer und Lufthahn ausgerüstet. Durch eine besondere Verschluß- und Bremsplatte f können sämtliche Rohre unten gleichzeitig geöffnet oder geschlossen werden.

Läßt man nun bei unten geschlossenen Röhren in den oberen Raum Seife einlaufen, so füllt diese die zwischen den beiden Böden stehenden Röhren und wird in ihnen durch das die Röhren umspülende Kühlwasser zum Erstarren gebracht, wozu etwa 30—40 Minuten nötig sind. Alsdann wird die untere Verschlußplatte gelöst und gleichzeitig oben weitere flüssige Seife in den Apparat hineingepumpt. Die hineingepreßte Seife schiebt nun die in den Röhren erkalteten Riegel R nach unten heraus, wobei die erwähnte Verschluß und Bremsplatte als Unterlage dient. Sind die Riegel auf 80—90 cm Länge herausgeschoben, so werden sie oben horizontal abgeschnitten, von einem zweckmäßig konstruierten Transportwagen aufgenommen und zur Verbrauchsstelle transportiert. Währenddessen wird auch die in die Röhren nachgefüllte Seife gekühlt, so daß sich der Vorgang ohne Unterbrechung in derselben Weise fortsetzt. Ist die Seife nicht mehr flüssig genug, um die Röhren gleichmäßig dicht auszufüllen, so wird sie durch die Heizschlange erwärmt. Die Leistung beträgt bei 12stündiger Arbeitszeit etwa 2200—2500 kg pro Tag.

Wie ersichtlich ist, arbeitet die Maschine ohne alle mechanischen Hilfsmittel — die zum Einbringen der Seife benutzte Pumpe ist eine gewöhnliche Seifenpumpe — und gebraucht nur Kühlwasser und gegebenenfalls etwas Dampf zum Anwärmen der etwa dickflüssig gewordenen Seife. Eine Preßvorrichtung ist nicht vorhanden, da das Hinausschieben der fertigen Riegel durch den Druck der nachgepumpten Seife veranlaßt wird. Die erzeugten Riegel werden daher vorteilhafterweise einer nachträglichen Pressung unterzogen, ohne die sie sich meist beim Eintrocknen konkav durchbiegen. Des weiteren besitzt der Apparat den Mangel, daß jede Riegeldimension einen besonderen Apparat mit den dieser Riegelsorte entsprechenden Röhren verlangt, da diese letzteren nicht ausgewechselt und durch anders dimensionierte ersetzt werden können. Dadurch wird die Verwendbarkeit der Maschine auf solche Betriebe beschränkt, die ihre Seife nur in wenigen Formaten herstellen und die einmal gewählten Dimensionen dauernd beibehalten.

Dem Rothschen Apparate ähnlich ist der Schnetzer-Schichtsche Kühlapparat, bei dem das Prinzip und die Arbeitsweise der Kerzengießmaschine so vollkommen nachgeahmt ist, daß die Schnetzer-Schichtsche Seifengießmaschine vorhanden wäre, wenn man die Formen einer Kerzengießmaschine durch rechteckige Formen ersetzen würde.

Die Einrichtung der Maschine [1]) ist aus Fig. 87, die einen Vertikal-

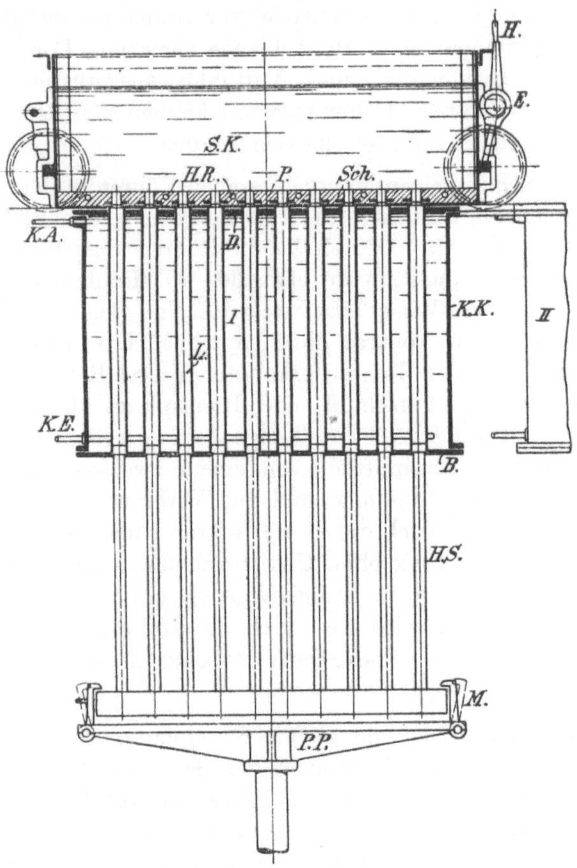


Fig. 87. Riegelkühlmaschine von Schnetzer-Schicht.

schnitt darstellt, ersichtlich. In einem Kühlwasserbehälter KK sind die als Formen dienenden Rohre L senkrecht und vollkommen dicht eingesetzt. Der Zufluß des Kühlwassers erfolgt nahe dem Boden bei KE, der Austritt oben bei KA. In die Formen treten von unten hölzerne Stäbe, die den Rohrquerschnitt genau ausfüllende Köpfe besitzen und an ihrem unteren Ende derart miteinander verbunden sind, daß sie

[1]) DRP. Nr. 144 108.

in den Formen durch einen geeigneten Mechanismus auf- und abbewegt werden können. Hierbei ist aber die Bewegung nach aufwärts und nach abwärts begrenzt, so daß die Köpfe der Stäbe immer innerhalb der Form verbleiben. Die Aufwärtsbewegung dieser Stempel HS selbst erfolgt hydraulisch (z. B. durch Druckwasser von ca. 12 Atm.) unter Verwendung einer mit dem hydraulischen Kolben in Verbindung stehenden gußeisernen Platte PP, während die an den Seiten angebrachten Mitnehmer M beim Abwärtsgehen von PP in Wirksamkeit treten.

Zur Zuführung der Seife dient ein Füllwagen SK, der sich mit Hilfe von Laufrädern leicht über die Oberfläche des Kühlkastens hin- und herbewegen läßt. Mit dem Handhebel H werden die Exzenter E in Bewegung gesetzt, mit deren Hilfe der ganze Füllbehälter auf seinen Rädern so gehoben oder gesenkt werden kann, daß sich sein Boden genau auf die Oberfläche des Kühlwasserbehälters aufsetzt. Dieser aus einer starken Eisenplatte bestehende Boden ist von einer Rohrschlange HR durchzogen, welche von Dampf oder Heißwasser durchströmt wird, um ein vorzeitiges Erstarren der Seife zu verhindern.

Entsprechend der Anordnung der Formen L ist diese Platte mit durchgehenden Bohrungen versehen, welche genau mit den Löchern des Kühlwasserbehälters übereinstimmen und sich sämtlich mit Hilfe der Schieber Sch durch einen Hebel auf einmal öffnen oder schließen lassen. Zur Erreichung eines kontinuierlichen Betriebes bzw. der vollständigen Ausnutzung der Einrichtung werden zwei bis drei derartige Formenbehälter derart nebeneinander aufgestellt, daß sowohl der Füllwagen SK als auch der untere Hubmechanismus PP abwechselnd in Anwendung gebracht werden kann.

Der Arbeitsgang gestaltet sich nun wie folgt: Im Kühlkasten I befinden sich sämtliche Stempel in der oberen Endstellung. Der mit flüssiger Seife gefüllte Wagen wird über den Kasten geschoben und mit Hilfe des Hebels H auf den Rand desselben niedergelassen. Alsdann werden die Schieber Sch geöffnet und die Stempel hierauf gemeinschaftlich nach unten bewegt, wodurch die Seife in die Formen L eingesaugt wird. Sobald diese soweit gekühlt ist, daß sie zu erstarren beginnt, werden die Schieber geschlossen, der Füllwagen angelüftet und nun der Kühlkasten II und gegebenenfalls noch ein dritter Apparat in der gleichen Weise bedient.

Ist der letzte Behälter gefüllt, so ist die Seife im ersten so weit erkaltet, daß sie durch den oben erwähnten Mechanismus PP aus den Formen nach oben ausgestoßen und von dem bedienenden Arbeiter abgenommen werden kann. Hierauf wird der Behälter von neuem gefüllt, und der Betrieb geht auf diese Art regelmäßig weiter.

Die Maschinen besitzen gewöhnlich je 3 Kühlkasten, von denen jeder 100 Formen enthält, die die bisher üblichen Riegel von je 1,5 kg liefern. Für dieses Riegelformat ist, eine Anfangstemperatur der zufließenden

Seife von 80° vorausgesetzt, eine Kühldauer von ca. 30 Minuten erforderlich, so daß sich die Leistung einer Maschine bei zehnstündiger Arbeitszeit auf täglich 9000 kg stellt.

Der Verbrauch an Kühlwasser beträgt ca. 0,5 cbm für 100 kg fertiger Seife, Platz- und Kraftbedarf sind gering. Am besten geschieht die Aufstellung der Maschinen derart, daß die Bedienung des Füllwagens und die Abnahme der Riegel direkt vom Fußboden des Arbeitssaales aus erfolgt, während sich der ganze Mechanismus zur Bew gung der Stempel unterhalb des Fußbodens befindet.

Das Schnetzer-Schichtsche Verfahren unterscheidet sich von dem Rothschen dadurch, daß bei Roth die Riegel nach unten herausgestoßen werden, und zwar durch den Druck der nachgepumpten Seife, bei Schicht dagegen nach oben durch besondere Stempel. Bei dem Rothschen Apparat besitzt ferner jedes Reservoir seinen besonderen Füllapparat, während bei Schicht mehrere Kühlbehälter durch einen gemeinsamen Füllwagen gefüllt werden.

Fig. 88. Riegelkühl- und Komprimiermaschine von Schrauth.

Eine in mancher Beziehung von dem beschriebenen Verfahren abweichende Methode wendet Heinr. Schrauth in Frankfurt a. M. bei seinem Apparate an.

Die Schrauthsche Riegelkühl- und Komprimiermaschine[1]) besteht aus einem Seifendruckkessel A mit Rührwerk und Kompressor-Vorrichtung, den Riegelkühl- und Komprimierröhren c und der Ab-

[1]) DRP. Nr. 144805.

schneidevorrichtung f, wie aus Fig. 88 zu ersehen ist. Der Apparat liefert ein gutes Fabrikat, seine nähere Beschreibung erübrigt sich aber, da er heute kaum noch gebaut wird und durch die vorbeschriebene Plattenkühlmaschine von Schrauth ersetzt ist.

Im allgemeinen besitzen die Riegelkühlmaschinen, die vornehmlich der Vollständigkeit halber hier nicht unerwähnt geblieben sind, nur noch ein historisches Interesse, da, wie erwähnt, die mit ihnen erzeugten Fabrikate weniger befriedigen als die in Plattenkühlmaschinen erhaltenen. Wo es jedoch möglich ist, die erzeugten Riegel einer nachträglichen Pressung zu unterziehen, um die beim Eintrocknen entstehenden konkaven Flächen zu beseitigen, darf ihre Verwendung in der obigen Weise auch heute noch empfohlen werden.

# Die spezielle Technologie der Seifen.

Bearbeitet von Otto Spangenberg, Chemnitz.

Nach dem Vorstehenden unterscheidet man harte oder Natronseifen und weiche oder Kaliseifen. Erstere zerfallen in Kernseifen, Halbkernseifen und Leimseifen. Die Kernseifen werden hergestellt, indem man entweder das fettsaure Alkali durch Aussalzen von dem überschüssigen Wasser und dem Glyzerin befreit, oder indem man die Seifen nicht vollständig aussalzt, sondern nur soviel Salz zusetzt bzw. Lauge im Überschuß anwendet, daß sich in der Ruhe ein Leimniederschlag ausscheidet. Wie bereits ausgeführt, können die zuletzt genannten Kernseifen nur bei Mitanwendung von Kokosöl, Palmkernöl oder deren Fettsäuren hergestellt werden und führen den Namen „Kernseifen auf Leimniederschlag", „abgesetzte Kernseifen" oder „geschliffene Kernseifen", während die ersteren als „Kernseifen auf Unterlauge" bezeichnet werden.

Die Leimseifen erhält man durch einfaches Erstarren des Seifenleims. Sie enthalten alles in den zur Verseifung gelangten Fetten — vornehmlich Palmkern- und Kokosöl — vorhanden gewesene Glyzerin, haben einen ziemlich hohen Wassergehalt und sind entweder glatt oder haben geringe Kern- und Flußbildung. Letztere läßt man häufig zwecks Herstellung marmorierter Seifen durch einen Zusatz färbender Substanzen — Frankfurter Schwarz, Ultramarin, englisch Rot, Bolus — stärker hervortreten.

Die Halbkernseifen oder Eschwegerseifen werden ebenfalls nur unter Mitverwendung von Kokosöl, Palmkernöl oder deren Fettsäuren angefertigt; sie zeigen etwas Kern- und Flußbildung, die man ebenfalls bisweilen durch Zugeben färbender Substanzen stärker hervortreten läßt. Das Sieden dieser Halbkernseifen wird auf zwei verschiedenen Wegen ausgeführt, einem direkten und einem indirekten. Bei dem ersten Verfahren werden Kokosöl oder Palmkernöl mit anderen Fetten — Talg, gebleichtem Palmöl, Knochenfett usw. — gemeinschaftlich versotten; bei dem zweiten wird aus einem oder mehreren der letztgenannten Fette eine Kernseife hergestellt und diese dann einer aus Kokosöl oder Palmkernöl gesottenen Leimseife zugegeben. Kommen Fettsäuren zur Verwendung, so kann die Seife auch mittels Karbonatverseifung hergestellt werden, ein Verfahren, das später noch genauer beschrieben werden soll.

Von Kali- oder Schmierseifen hat man im wesentlichen drei Arten zu unterscheiden: 1. eine glatt-transparente, die in verschiedenen Färbungen und unter verschiedenen Bezeichnungen, wie Ölseife, grüne Seife, schwarze Seife, Glyzerinschmierseife usw. im Handel vorkommt, 2. eine Seife, die im transparenten Grunde körnige Ausscheidungen zeigt, sogenannte Naturkornseife oder gekörnte Schmierseife, und 3. eine undurchsichtige Seife von weißer oder gelblichweißer Farbe, die als glatte Elaïnseife, Silberseife, Schälseife usw. bezeichnet wird.

## Das Sieden der Seifen.

Die Verseifung der Fette wird in den meisten Fällen durch Kochen bewirkt, doch können Neutralfette, namentlich Palmkernöl und Kokosöl, sowie Leinöl, Bohnenöl und andere mit Ätzlauge auch unterhalb der Siedetemperatur verseift werden, ein Verfahren, das man als „Verseifung auf halbwarmem Wege“ bezeichnet. Die Verseifung der Fettsäuren mit kohlensauren Alkalien aber kann in der Praxis, wo es sich doch immer um größere Mengen handelt, nur durch Kochen bewirkt werden, da nur so die freiwerdende Kohlensäure ausgetrieben werden kann.

Der Anfänger verwechselt oft die zunächst in den alkalischen Lösungen eintretende Emulgierung der Fette mit der wirklichen Verseifung, doch lehrt die Erfahrung sehr bald richtig zu beurteilen, ob die wirkliche Verbindung zwischen Fett und Alkali erfolgt ist, oder ob nur eine Emulsion, d. h. eine einfache Mischung vorliegt, welche sich bei längerer Ruhe wieder trennt.

Im allgemeinen wird der Verseifungsprozeß, der Erwartung entgegen, durch Kochen nicht beschleunigt. Das Fett bindet zwar sehr bald einen Teil des Alkalis, bildet aber eine vollständige Seife erst durch allmähliche Aufnahme auf dem Wege einer fortgesetzten Sättigung. Wenn es sich um die Verseifung von Neutralfetten handelt, so ist auch die Stärke der angewandten Lauge von größter Bedeutung für das Gelingen, da sich die meisten Fette nur dann durch Kochen leicht verseifen lassen, wenn man mit schwachen Laugen beginnt und allmählich zu stärkeren übergeht.

## Das Sieden mit Dampf.

In den meisten Seifenfabriken, namentlich in allen größeren Betrieben, wird heute mit Dampf gearbeitet. Einige haben zwar neben der Dampfeinrichtung auch Kessel mit direkter Feuerung vorgesehen, je mehr aber die Verarbeitung von Fettsäuren an Stelle von Neutralfetten in Aufnahme kommt, um so mehr wird auch das Arbeiten mit Dampf zur Notwendigkeit.

Man benutzt den Dampf zum Sieden der Seifen teils direkt, teils indirekt. Siedet man mit direktem Dampf, so muß mit stärkeren Laugen gearbeitet werden, weil durch die Kondensation des Dampfes der Wassergehalt der Seife zunimmt. Je nachdem man mit hoch oder niedrig gespanntem Dampf, mit Sattdampf oder Heißdampf arbeitet, wird mehr oder weniger Wasser in die Seife kommen, so daß die Laugen den Dampfverhältnissen entsprechend eingestellt werden müssen. Indirekter Dampf findet nur in kleineren Kesseln Verwendung, weil in großen Kesseln auf diese Weise ein richtiges Sieden nicht zustande kommt. In großen Doppelkesseln siedet nämlich die Seife nur in der Nähe der Kesselwände und bei Beheizung mit Dampfschlangen nur in der Nähe der Dampfrohre. Zur Erzeugung von Feinseifen, Seifen auf halbwarmem Wege und Leimseifen in kleineren Doppelkesseln bewährt sich aber der indirekte Dampf sehr gut.

In neuerer Zeit geht man auch vielfach dazu über, den Dampf durch Überhitzer, die in die Feuerungszüge des Dampfkessels eingebaut sind, auf eine höhere Temperatur zu bringen. Diese Maßnahme bewährt sich besonders dann, wenn der Dampf lange Rohrleitungen zu passieren hat, ehe er zur Verwendungsstelle kommt, oder wenn es schwer wird, mit dem vorhandenen Dampfkessel die für den Betrieb notwendige Menge Dampf zu erzeugen. Solcher Heißdampf kondensiert naturgemäß weniger stark und bringt durch seine höhere Temperatur die Masse schneller zum Sieden. Auf diese Weise wird auch eine erhebliche Menge Dampf und damit wieder Feuerungsmaterial gespart, da das Überhitzen nur durch die sonst unausgenützt durch den Schornstein gehenden Feuerungsgase bewirkt wird.

Soll direkter Dampf verwendet werden, so läßt man diesen durch eine offene Rohrleitung in den Kessel eintreten. Es gehört Erfahrung dazu, eine solche Dampfrohrleitung richtig montieren zu lassen. Für kleinere Siedekessel, in denen ca. 5000 kg Seife hergestellt werden können, genügt es, wenn die Rohrleitung in einen mit spiralförmig angeordneten Löchern versehenen Kranz am Kesselboden ausmündet, so daß der Dampf nach allen Seiten ausströmen kann. Die Gesamtfläche dieser Ausströmlöcher darf jedoch nicht größer sein als die Fläche des inneren Querschnittes des Dampfzuleitungsrohres. In größeren Siedekesseln bringt man vorteilhafterweise mehrere Dampfleitungen an, deren Ausmündungen in größeren Abständen übereinander montiert sind. Sehr gut bewährt hat sich auch das Anbringen eines einfachen, unten ganz offenen Rohres, welches bis auf den Kesselboden führt und mit dessen Hilfe es dem Sieder jederzeit möglich ist, den ganzen Kesselinhalt ordentlich aufwallen zu lassen, ohne daß die Seife dabei ins Steigen kommt. Auch beim Schleifen oder Aussalzen der Kernseifen ist eine solche direkte Rohrleitung besonders empfehlenswert.

Für größere Betriebe bietet das Arbeiten mit Dampf ganz wesentliche Vorteile. Alkali und Fette gehen leichter und schneller in Verband.

Die Masse kommt sehr bald zum Sieden, so daß viel größere Mengen in verhältnismäßig kurzer Zeit verseift werden können, als ohne Dampfbeheizung. Außerdem wird der Dampf noch zu vielen anderen Zwecken benutzt, zum Betrieb der Dampfmaschine, der Transmissionen, Pumpen, Aufzüge, Autopressen, Seifenpulvermühlen usw., zum Ausblasen der Ölfässer, zum Transport der Laugen und Fette mittels Elevatoren oder Montejus u. dgl.

Eine größere Seifenfabrik mit Fettspaltungsanlage, in welcher dann naturgemäß die Fettsäuren mit kohlensauren Alkalien verseift werden, ist ohne Dampf kaum in der Lage, gewinnbringend zu arbeiten.

# Die Herstellung der harten Seifen.

## Die Kernseifen.

**Kernseifen auf Unterlauge.** Kernseifen auf Unterlauge werden heute nur noch wenig hergestellt. Sie sind verdrängt worden durch die Kernseifen auf Leimniederschlag, welche ein besseres Lösungsvermögen haben, schneller schäumen und dadurch rasch beliebt wurden. Den Seifensiedern steht auch heute kaum noch das Rohmaterial zur Verfügung, das zur Erzeugung einer guten Kernseife auf Unterlauge notwendig ist. Wenn trotzdem die Herstellungsweise einer solchen Seife nach altem Verfahren kurz besprochen wird, so geschieht dies, weil das Sieden dieser Seifen von großem historischen und theoretischen Interesse ist.

**Altdeutsche Kernseife.** In den Siedekessel wird der Talg gebracht, dazu einige Töpfe 8grädiger Kalilauge gegeben und dann Feuer gemacht. Sobald der Talg geschmolzen und die Lauge erwärmt ist, bildet sich beim Krücken eine milchähnliche Flüssigkeit (Emulsion); nach weiterem Feuern zeigt sich eine klare, mit Fettpünktchen gemischte Seifenlösung und bald der eingetretene Verband zwischen Fett und Alkali.

Daß die Verbindung eingetreten ist, erkennt man daran, daß die gelbbraune Masse unter allmählichem Höhersteigen ruhig siedet. Was am eingetauchten und wieder herausgezogenen Spatel hängen bleibt, hat ein gallertartiges, grauweißes Aussehen und sondert keine Lauge ab. Die Masse im Kessel ist jedoch noch keine Seife, sie enthält noch zuviel unverseiftes Fett. Würde man sie in diesem Zustande eindampfen, so würde sie zu einer grauen, dicken Schmiere werden, die nur durch Zusatz von Lauge wieder aufgelöst werden könnte. Es erfolgt deshalb jetzt weiterer Zusatz von Lauge, während die Masse ruhig weiter kocht, und zwar kommen ungefähr $^2/_3$ 8grädige und $^1/_3$ 20grädige Lauge zur Verwendung. Mit dem Zugeben wird fortgefahren, bis sich eine dickflüssige, gleichartige, helle Masse im Kessel zeigt, die vom Spatel in zusammenhängenden, langen, durchsichtigen Strähnen abläuft, bis die Seife also, wie der technische Ausdruck lautet, im Leim siedet.

Am Aussehen des Leims erkennt man, ob eine vollständige Verseifung stattgefunden hat und ob das Verhältnis des Alkalis zu den Fettsäuren richtig eingehalten ist. Wird etwas Seife auf ein Glas getröpfelt, so bleibt die Probe einige Zeit klar und trübt sich erst beim Erkalten, wenn der Seifenleim die richtige Beschaffenheit besitzt; trübt sich die Probe dagegen schnell, so ist entweder noch unverseiftes Fett vorhanden und kleine Teilchen desselben in dem Leim verteilt, oder es ist zuviel Lauge verwandt worden und dadurch eine Ausscheidung von fester Seife bewirkt. Zeigt die Probe sogleich einen grauen Rand, so ist unverseiftes Fett vorhanden; beim Überschuß von Alkali überzieht sich die Glasprobe schnell mit einer weißlichen Haut. Durch Zusatz von Lauge oder Talg werden solche Fehler leicht beseitigt. Hat der Leim jedoch die erforderliche Klarheit und verursacht eine Probe, an die Zunge gehalten, auch nur ein schwaches Brennen, „Stich“, so wird der Leim noch so lange lebhaft gesotten, bis er infolge Abgabe seines überschüssigen Wassergehaltes beim Herausnehmen vom Spatel in Fäden abläuft, eine Erscheinung, die man das „Spinnen der Seife“ nennt. Nach dem Eintritt des „Spinnens“ wird alsdann die Seife aus ihrer wässerigen Lösung mittels Kochsalz ausgesalzen, wobei gleichzeitig eine Umwandlung der Kaliseife in Natronseife stattfindet, wenn, wie oben erwähnt, Kalilauge bei der Verseifung zur Mitverwendung kam.

Das Salz setzt man dem Leim nach und nach in kleinen Portionen zu und läßt dabei leicht durchsieden. Schon der erste Zusatz bewirkt ein Flüssigwerden des Leims; nach weiteren Zusätzen tritt ein Gerinnen der Seife ein, die schließlich als dicke Masse an die Oberfläche kommt. In der von der Seife getrennten Flüssigkeit, der sogenannten „Unterlauge“, sind außer dem zugesetzten Kochsalz noch das bei der Umsetzung der Kaliseife gebildete Chlorkalium, sowie das bei der Verseifung frei gewordene Glyzerin enthalten.

Dem Aussalzen der Seife wird mit Recht die größte Aufmerksamkeit geschenkt, da bei ungenügendem Salzzusatz ein Teil der Seife in der Unterlauge gelöst bleibt, bei zu hohem Zusatz aber eine zu schnelle Abscheidung der Seife erfolgt. Infolgedessen bilden sich leicht kleine Klumpen, die sich schwer miteinander vereinigen und daher Unterlauge aufnehmen. Eine richtig ausgesalzene Seife muß in Platten sieden und heiß auf den Spatel genommen, in weichen Flocken hängen bleiben. Mit dem Daumen im Handteller zerdrückt, darf sie nicht schmieren, sondern muß sich als fester, trockener Span ablösen, d. h. sie muß „Druck haben“. Die Unterlauge soll keinen stechenden, sondern lediglich einen salzig-süßlichen Geschmack zeigen.

Ist das Aussalzen beendet, so wird entweder nach dem Herausziehen des Feuers die gut abgesetzte Unterlauge mittels eines am Kessel befindlichen Ablaßhahns entfernt oder der ganze Inhalt des Kessels in die Kühlbütte geschöpft und dort der Ruhe überlassen, damit sich die Unterlauge gut absetzen kann. In den leeren Kessel kommen einige

Töpfe ganz schwacher Lauge und außerdem die in der Kühlbütte befindliche, vorsichtig von der Unterlauge abgeschöpfte Seife zurück, die sich nunmehr bei wenig Feuer in der schwachen Lauge zu einem klaren Leim auflöst. Der so erhaltene Seifenleim wird alsdann nochmals mit wenig Salz vorsichtig ausgesalzen.

Hierauf schreitet man zur nächsten Operation, dem „Klarsieden", das bezweckt, der Seife das überschüssige Wasser zu entziehen, die letzten Fettanteile zu verseifen und die Seife selbst zu einer festen, schaumfreien Masse zu gestalten. Man läßt daher die Masse erst bei offenem, dann bei halbgedecktem Kessel hochsieden, bis sie nicht mehr steigen will und sich nur noch ein großblasiger Schaum bildet, der immer schnell wieder in sich zusammensinkt. Die Seife bildet nun eine gleichmäßige, kompakte Masse; das Klarsieden ist damit beendet. Nachdem das Feuer entfernt ist, wird die Seife nunmehr zwecks guten Absetzens der Unterlauge einige Stunden der Ruhe überlassen und dann in die Form geschöpft. Um die hier unter Umständen entstehende Marmorbildung schärfer hervortreten zu lassen, kann man noch etwas abgeschlämmten Bolus, Braunstein usw. beimischen. Wünscht man dagegen eine glatte Seife, so verschleift man den strotzigen Kern mit heißem Wasser, wodurch die Seife flüssiger wird und die ihr anhaftenden Unreinigkeiten in die Unterlauge gehen. Durch das Schleifen wird die Ausbeute etwas erhöht. Aus 100 kg Talg erhält man 150 kg ungeschliffene Kernseife, während sich durch nachträgliches Schleifen eine Ausbeute bis ca. 160 kg erzielen läßt. Die mit Kalilauge hergestellten Kernseifen zeigen sich beim Gebrauch zwar zarter und geschmeidiger als die reinen Natronseifen, da sich die Kaliseife teilweise der Zersetzung durch das Kochsalz entzieht und in die Kernseife übergeht, stellen sich aber auch wesentlich höher im Preise, weil die Kalilauge nicht nur erheblich teurer ist als gleichprozentige Natronlauge, sondern auch von letzterer zur Verseifung eines gleich großen Fettansatzes eine geringere Menge erforderlich ist als von der ersteren.

Angenommen man hat beide Stoffe in chemisch reinem Zustande zur Verfügung, so sind zur Verseifung von 100 kg Talg ca. 19,5 kg Kaliumhydrat (Ätzkali) oder ca. 14 kg Natronhydrat (Ätznatron) erforderlich. Es erklärt sich aus dem Gesagten, daß die Verwendung von Kalilauge in der Hartseifenfabrikation heute auf ein Minimum beschränkt ist und fast nur noch bei der Herstellung von Rasierseifen in Anwendung kommt.

**Talgkernseife.** Unter diesem Namen findet man noch ab und zu eine auf Unterlauge klargesottene Seife, die sich von der vorerwähnten alten deutschen Kernseife lediglich dadurch unterscheidet, daß sie mit Ätznatronlauge hergestellt wird. Die Arbeitsweise ist sonst dieselbe, nur wird die Seife meist allein auf einem Wasser gesotten, da mit der heutigen Ätzlauge eine vollkommene Verseifung leicht zu erzielen ist.

Wenn jedoch geringer, stark riechender Talg verarbeitet wird, empfiehlt es sich trotzdem auf mehreren Wassern zu sieden, um ein reines, möglichst geruchfreies Produkt zu erhalten.

Das Siedeverfahren ist das folgende. Der Talgansatz wird in den Kessel gebracht und dazu ungefähr der fünfte Teil der Lauge, der zur Verseifung des ganzen Ansatzes erforderlich ist, in Stärke von 12° Bé. Sobald Verband eingetreten ist, gibt man die weitere Lauge portionsweise hinzu, und zwar kann dieselbe jetzt etwas stärker genommen werden, jedoch nicht über 20° Bé. Sollte der Fall vorkommen, daß man zu rasch vorgegangen ist oder zu starke Lauge angewendet hat, so muß man unter schwachem Sieden etwas Wasser zusetzen oder die Seife einige Zeit der Ruhe überlassen, bis der Verband wieder eintritt. Wird der Seifenleim zu dick und zähe, so setzt man vorsichtig etwas 20grädiges Salzwasser hinzu. Besonders gern und schnell tritt dieses Dickwerden der Seife ein, wenn der Talg nicht frisch war, also viel freie Fettsäuren enthielt.

Wenn die zur Verseifung erforderliche Lauge im Kessel ist, wird noch eine Zeitlang durchgesotten und dann die Abrichtung geprüft. Die Verseifung ist als vollendet anzusehen, sobald eine auf Glasplatte gesetzte Probe des erhaltenen Seifenleims sogleich einen kleinen, weißen Rand, „Laugenring", zeigt, sich einige Zeit klar hält, erst beim Erstarren trübe wird und, an die Zunge gehalten, Stich besitzt.

Das nun folgende Aussalzen geschieht am besten unter schwachem Sieden der Seife. Richtig ausgesalzen muß dieselbe in Platten sieden, sich, auf den Spatel genommen, in weichen Flocken zeigen und Druck haben; die Unterlauge muß an dem Spatel klar ablaufen und darf keinen stechenden, sondern einen salzig-süßlichen Geschmack besitzen. Es sei hier gleichzeitig noch erwähnt, daß zum Aussalzen eines unter Anwendung von Natronlauge hergestellten Seifenleims weniger Salz nötig ist, als wenn nur Kalilauge verwandt wird, da das zur Umsetzung der Kaliseife mehr erforderliche Salz hier wegfällt.

Wenn die Seife ausgesalzen ist und sich nach einstweiligem Entfernen des Feuers etwas beruhigt hat, pumpt man einen Teil der Unterlauge aus und beginnt mit dem Kern- oder Klarsieden. Letzteres wird noch vielfach in der Weise ausgeführt, daß man den Kessel mit Brettern bedeckt und die Seife bei zuerst schwachem Feuer hochsieden läßt, wie es schon vorher bei der altdeutschen Kernseife beschrieben wurde. Auch hier ist das Klarsieden beendet, wenn der Schaum großblasig wird und die Seife dann als ein schöner, geschlossener Kern im Kessel liegt.

Manche Seifensieder stellen ihre Kernseife auch her, ohne sie auf Unterlauge „klar" zu sieden. Es wird dann nur der Seifenleim klar und schaumfrei gesotten und dann vorsichtig, ohne daß Schaum entsteht, mit Salz oder starkem Salzwasser getrennt. So hergestellte

Kernseifen geben in der Regel eine höhere Ausbeute, bleiben aber stets leicht löslich und trocknen, in Riegel geschnitten, oft krumm.

**Das Marmorieren der Talgkernseife.** Wenn das Klarsieden der Seife beendet ist, entfernt man das Feuer und läßt die Unterlauge gut absetzen. Wünscht man die Seife marmoriert, so schöpft man den strotzigen Kern als solchen in die Form oder verflüssigt ihn auch vorher noch durch Zukrücken von etwas heißem Wasser oder schwacher Lauge, wobei man aber beachten muß, daß keine Unterlauge mit in die Seifenmasse gelangt. Alsdann krückt man die Seife kurz mit dem Rührscheid durch, bedeckt die gefüllte Form mit Brettern und läßt sie dann ruhig stehen. Während des Erkaltens tritt nun eine Kristallisation ein, indem sich „Kern und Fluß" bilden. Der Kern ist der kristallinische Teil der Seife, der den nichtkristallinischen, den Fluß, einschließt; in den „Fluß" gehen alle in der Seife befindlichen, vom Talg, der Lauge usw. herrührenden Unreinigkeiten und Farbstoffe. Solche Seife zeigt dann beim Schneiden ein mehr oder weniger bemerkbares, marmorähnliches Aussehen, weshalb man sie auch marmorierte Kernseife nennt. Um den in der Seife spontan gebildeten Marmor noch etwas schärfer hervortreten zu lassen, färbt man vielfach die noch flüssige Seifenmasse mit in schwacher Lauge abgeschlämmtem Bolus, Braunstein, Frankfurter Schwarz, Ultramarin usw., Farbstoffe, die sich dann ebenfalls in dem Fluß ablagern.

Früher war es allgemein Gebrauch, dem Marmor durch künstliches Bearbeiten mit einem Eisenstab eine bestimmte Zeichnung zu geben, die Seife wurde, nach damaliger Ausdrucksweise, auf Mandeln oder Blumen gerührt, eine Maßnahme, die heute wohl nirgends mehr üblich ist.

Naturgemäß kann man den Marmor in der Kernseife nur erzielen, wenn sie genügend heiß ist; in einer zu kalt ausgeschöpften Seife kann sich keine Kristallisation mehr vollziehen, da der Erstarrungsprozeß zu schnell eintritt. Zur Herstellung schön marmorierter Seife ist ein gemischter Fettansatz am vorteilhaftesten. Es werden deshalb auch außer Talg zu einer marmorierten Kernseife meistens noch Talgfett, Knochenfett, gebleichtes Palmöl und etwas Palmkernöl verarbeitet.

Wünscht man keine marmorierte, sondern eine glatte, weiße Kernseife, so erreicht man dies entweder dadurch, daß man die flüssige Seifenmasse ohne jeglichen Farbzusatz in der Form so lange krückt, bis sich ein baldiges Erstarren erkennen läßt. Hierdurch wird die Kristallisation der Seife verhindert, und die geringen, in ihr befindlichen Unreinigkeiten bleiben unbemerkbar in der ganzen Masse verteilt. Andererseits läßt sich dasselbe Ergebnis erzielen, wenn man den im Kessel befindlichen strotzigen Kern genügend verschleift.

**Das Schleifen der Seife** bezweckt erstens das Verhindern jeder Marmorbildung, zweitens die etwa nötig erscheinende Reinigung des

Seifenkörpers und drittens die Erhöhung der Ausbeute durch Aufnahme von Wasser.

Gewöhnlich wird das Schleifen so vorgenommen, daß man nach Entfernung der Unterlauge dem strotzigen, leicht siedenden Seifenkern im Kessel so viel heißes Wasser oder schwache Lauge zukrückt, bis er genügend gelöst und flüssig geworden ist.

**Die Unterlauge.** Die Unterlauge der Kernseifen enthält Kochsalz, die im Überschuß angewandten Alkalien, das in den Fetten gebunden gewesene Glyzerin, häufig auch mehr oder weniger Seife und die Unreinigkeiten aus den Fetten und Laugen. Es trägt wesentlich zur Rentabilität der Seifenfabrikation bei, wenn streng darauf geachtet wird, daß mit der Unterlauge keine wertvollen Stoffe verloren gehen. Wenn Neutralfette versotten werden, so ist es selbstverständlich, daß die Unterlauge aufgefangen und zur Gewinnung des darin enthaltenen Glyzerins weiterverarbeitet oder an Glyzerinfabriken abgegeben wird. Das Glyzerin ist heute ein so wertvolles Produkt, daß es sich sogar noch verlohnt, Unterlaugen mit nur 3 % Glyzerin auf dieses zu verarbeiten. Für Seifenfabriken, welche noch keine Fettspaltung eingerichtet haben und überwiegend Neutralfette versieden, ist daher der Gewinn, der sich durch den Verkauf dieser Unterlaugen erzielen läßt, ein für die Rentabilität des Betriebes sehr ins Gewicht fallender Faktor.

Die Unterlaugen sind aber um so wertvoller, je weniger freies Alkali und Seife sie enthalten. Der Seifensieder hat demnach ein doppeltes Interesse daran, seine Unterlaugen von diesen Stoffen freizuhalten, einerseits um sich vor dem direkten Verlust zu schützen, und andererseits um einen besseren Preis für seine Lauge zu erzielen. Die Glyzerinfabriken müssen nämlich, ehe sie das Glyzerin aus den Unterlaugen gewinnen können, das darin enthaltene Alkali mit Säure neutralisieren und die Seife ausscheiden, was natürlich die Unkosten bei der Glyzeringewinnung bedeutend erhöht. Reagiert daher eine Unterlauge noch kräftig auf Lackmus oder Phenolphthaleïnlösung, so muß sie mit Fettsäure oder Harz „ausgestochen", d. h. neutralisiert werden, bis die Reaktion nur noch schwach hervortritt. In der Regel sollen die Unterlaugen nicht mehr als 0,2 % freies Alkali enthalten; eine völlige Neutralisation ist jedoch nicht zu empfehlen und auch nicht gut angängig, da man alsdann Fettsäure oder Harz im Überschuß anwenden müßte. Handelt es sich um Unterlaugen von geschliffenen oder auf Leimniederschlag gesottenen Seifen, so wird man die zum Ausstechen nötige Fettsäure oder das Harz schon vor dem Aussalzen in den Leim geben. Infolge der gleichzeitig bewirkten Konzentration der Unterlauge ist alsdann für das Aussalzen des so erhaltenen, neutralen Seifenleims eine wesentlich geringere Kochsalzmenge als zuvor erforderlich.

Das Eindampfen der Unterlaugen bis zu einer gewissen Konzentration, gewöhnlich bis 30° Bé, ist in manchen Fabriken eingeführt, um einen höheren Preis für die Laugen zu bekommen. Liegt eine Seifenfabrik weit von der Glyzerinfabrik entfernt, so fällt ja schon die ersparte Fracht für das durch das Eindampfen ausgeschiedene Wasser und Salz ins Gewicht. Da die Glyzerinfabriken außerdem aber entsprechend weniger Wasser zu verdampfen haben, können sie für solche konzentrierten Laugen auch einen besseren Preis bewilligen.

Die Fabriken, welche ihre Unterlaugen eindampfen, sind gewöhnlich besonders darauf eingerichtet. Wenn der Abdampf der Maschine oder die abziehenden Feuerungsgase der Kessel dazu benutzt werden können, so entstehen durch das Eindampfen auch keine besonderen Unkosten, ganz abgesehen davon, daß das gleichzeitig wiedergewonnene Salz zum Aussalzen anderer Seifen verwendet werden kann. Um einen größeren Glyzeringehalt der Unterlaugen zu erzielen, werden diese vielfach auch selbst zum wiederholten Aussalzen frischer Seifen verwendet, wodurch gleichzeitig auch an Salz gespart wird.

Unterlaugen, die viel freies Alkali aufweisen, werden nach dem Erkalten dick und gallertartig, da sie alsdann auch noch erhebliche Mengen an Seife enthalten. Diese Tatsache hat früher dazu geführt, die Unterlaugen zu Walkextrakten einzudampfen, eine Verwertungsmöglichkeit, von der man heute jedoch ganz absieht, da die Glyzerinfabriken für die Laugen auskömmliche Preise bewilligen. Übrigens enthält nicht jede dicke, gallertartige Unterlauge größere Mengen Seife, da z. B. bei der Verarbeitung von Knochenfett u. dgl. Leimsubstanzen und Eiweißstoffe mit in die Unterlauge gehen und eine Gelatinierung veranlassen können.

**Marseillerseife.** Mit dem Namen Marseillerseife bezeichnet man eine aus minderwertigen Baumölen, insonderheit Olivenölen, die sich zu Genußzwecken nicht mehr eignen, hergestellte, verschliffene Kernseife. Der Konsistenz und Farbe dieser Öle entsprechend fallen auch die daraus gefertigten Seifen aus. So gibt es z. B. schneeweiße, gelbe, grünlichweiße bis ziemlich grüne Marseillerseifen, wobei die eine Gattung für sich bildenden, grasgrünen Sulfurölseifen ganz unberücksichtigt bleiben. Am meisten geschätzt und am besten bezahlt werden auch hier die am wenigsten gefärbten Seifen.

Die aus den flüssigeren Ölen hergestellten Seifen dieser Gattung zeigen die Eigenschaft großer Dünnflüssigkeit und tagelangen Warmbleibens, selbst wenn sie vorher lange im Kern eingesotten waren. Man kann sie durch starkes Ausschleifen beinahe wasserflüssig machen und bis zu acht Tagen und länger in diesem Zustande in der Form erhalten. Es liegt deshalb wohl in der Natur der Sache, daß solche Seifen sehr rein und neutral werden, weil sie lange Zeit haben, alle Unreinigkeiten und den größten Teil der überschüssigen Alkalien auszuscheiden, im Gegensatz zu den aus harten Fetten hergestellten Kernseifen, die schon am zweiten Tage anfangen, an den Rändern der Formen zu erstarren.

Ziemlich sicherem Vermuten nach sind die Marseiller Seifen wohl diejenigen, die zuerst fabrikmäßig in größeren Quantitäten hergestellt und von Marseille, ihrem Hauptproduktionsorte, aus in alle Weltgegenden versandt wurden. Daher rührt wohl auch der allgemein verbreitete Name als Bezeichnung für diese Seifensorte, der später jedem Produkte beigelegt wurde, das aus gleichen Materialien und auf gleiche Weise hergestellt wurde.

Da sich die Marseiller Seifen im Laufe der Zeit einen wohlverdienten Ruf erworben haben, hat man sich bemüht, nicht allein die Zusammensetzung des Ansatzes, sondern auch die Siedeweise der alten Marseiller Seifenfabriken, insonderheit das häufige Klarsieden und nachfolgende Ausschleifen der Seife nachzuahmen. Die Qualität der heutigen Alkalien ermöglicht es jedoch, auf weniger umständliche und zeitraubende Art Marseiller Seifen gleicher Güte anzufertigen, wie weiter unten dargelegt werden soll.

Was die Öle betrifft, die zur Verseifung gelangen, so sind sie durch altes Herkommen derart fest bestimmt, daß es wohl niemandem einfallen wird, Marseiller Seifen ohne Verwendung von Baumölen herzustellen. Gute Ausbeuten und in den meisten Fällen auch ziemlich weiße Seifen geben insonderheit die sogenannten Satzöle, die sich, meist stearin- und palmitinhaltig, bei längerem Lagern an den Böden der Lagerbassins absetzen und in der Seifenfabrikation Verwendung finden, während das obenaufstehende, klare Öl vornehmlich Nahrungszwecken dient. Es ist jedoch ganz ohne Nachteil, wenn man den Baumölansatz der Marseiller Seifen teilweise durch andere Öle und Fette zu ersetzen sucht. Ganz besonders gut eignet sich hier in erster Linie helles Oleïn, weil erwiesenermaßen die aus diesem hergestellten Seifen den aus Baumöl gesottenen durchaus gleich und ebenbürtig sind. Auch Erdnußöl läßt sich sehr gut bis zur Hälfte des Ansatzes als Ersatz für das Baumöl verwenden. Weniger gut, aber bis zu einem Viertel des Ansatzes noch verwendbar, zeigt sich Rinder- oder Hammeltalg, während die Mitverwendung von Baumwollsaatöl seiner trocknenden Eigenschaften wegen nicht empfehlenswert ist. Die damit hergestellten Seifen sind zwar vom Schnitt weg schön und tadellos; aber bei längerem Lagern läßt sich die Eigenschaft dieses Öles, in der Seife stark nachzufärben, trotz sorgfältiger Bleichung und regelrechter Verseifung nicht unterdrücken.

Das Sieden der Seife selbst ist ziemlich einfach, wenn man mit Ätznatron arbeitet, ganz gleich, ob man nur Baumöl oder andere Öle und Fette mitverwendet. Die Stärke der notwendigen Laugen richtet sich nach der Zusammenstellung des Ansatzes, ihre Menge wird durch Berechnung ermittelt.

100 kg 126—128 %iges Ätznatron ergeben bekanntlich 300 kg Lauge von 38° Bé, die ihrerseits zur Verseifung von 600 kg Öl oder Fett genügen. 1 kg Fett gebraucht demnach zur Verseifung $^1/_6$ kg Ätznatron, 100 kg Fett $^{100}/_6 = 16^2/_3$ kg Ätznatron. Kleine Unterschiede ergeben sich allerdings für diese Berechnung insofern, als der Verseifungswert der verschiedenen Fette nicht gleich ist; es genügen jedoch immerhin kleine Korrekturen, um das Verhältnis richtig zu stellen.

Die Verseifung selbst wird am besten mit 24 grädiger Lauge durchgeführt, wenn mit Dampf gesotten wird, doch befördert es die Verbandbildung sehr, wenn man im Anfang gleich einige Töpfe Wasser mit in den Kessel gibt. Einem Dickwerden oder Zusammenfahren der Seife muß man natürlich durch Zugeben von Lauge begegnen. Wird der salzhaltige Leimkern vom vorhergehenden Sude mit verarbeitet, so ist ein Dickwerden der Seife weniger zu befürchten, ist dies nicht der Fall, so kann man der Masse während des Siedens etwas Salz zusetzen. Ist die ganze, für den Ansatz berechnete Lauge verarbeitet, so muß ein schöner, klarer Seifenleim im Kessel liegen, der schon guten Druck zeigt. Stich darf er nicht besitzen, widrigenfalls das Sieden fortzusetzen und, wenn nötig, kleine Fettmengen nachzugeben sind. Alsdann wird der Leim soweit abgesalzen, daß ein schöner, flotter Kern erhalten wird, der dem Marseiller Fabrikat entsprechend gegen Phenolphthaleïn vollkommen neutral ist. Die diesbezügliche Probe wird in der folgenden Weise ausgeführt: Von einer dem Kesselinhalt entnommenen, erkalteten Seifenprobe werden dünne Spänchen geschnitten, die in einer kleinen Probierflasche bzw. -kolben mit reinem 50 %igen Alkohol überschüttet und so lange geschüttelt werden, bis sich die Seife gelöst hat. Hierbei ist zu beachten, daß sich zum Auflösen der Seife der vorgeschriebene Alkohol nicht durch Wasser ersetzen läßt, weil sich die Seifen im Wasser in saures, fettsaures Alkali und Alkalihydrat zersetzen und letzteres dann auf das Phenolphthaleïn einwirkt[1]). In die alkoholische Seifenlösung wird alsdann etwas Phenolphthaleïnlösung eingetropft. Färbt sich die Seifenlösung rot, so ist die Seife noch alkalisch und in der oben erwähnten Weise so lange zu neutralisieren, bis die Rotfärbung verschwindet. Nun wird der Kessel gut zugedeckt, und die Seife einen oder auch mehrere Tage der Ruhe überlassen. Wenn sie dann schön dünnflüssig und blank im Kessel liegt, wird sie geformt. Ein Ausschleifen des Kerns würde nur dann nötig sein, wenn derselbe zu salzhaltig und infolgedessen zu stramm wäre. Soll die Seife in Formen erkalten, so verwendet man vorteilhaft flache Behälter, wie beispielsweise niedrige Aufsätze, die man auf einen zementierten Boden auflegt.

Oben wurde schon erwähnt, daß sich gutes Talgoleïn ebenfalls bis zu einem gewissen Teile als Ersatz des Baumöls mit verarbeiten läßt. Ein solcher Ansatz wäre z. B.

---

[1]) Vgl. S. 45.

500 kg Baumöl,
250 „ Erdnußöl,
250 „ Talgoleïn,
$166^2/_3$ „ Ätznatron.

Bei der Mitverarbeitung von Oleïn bringt man vorteilhafterweise zunächst die Hälfte der zum Ansatz nötigen Lauge in den Kessel, läßt sie heiß werden und vermischt sie alsdann lediglich mit dem zur Verseifung bestimmten Oleïn. Erst wenn dieses vollkommen verseift ist und als kompakter Kern im Kessel liegt, bringt man allmählich die anderen Öle hinzu. Die Seife geht dann schon von selbst wieder in Leim, und man beendet das Sieden, wie oben beschrieben; nur hüte man sich, etwaiges Neutralisieren von überschüssigem Alkali mit Oleïn bewirken zu wollen, da dasselbe nach dem Zugeben sofort in fein zerteiltem, halbverseiften und schwammigen Zustande an die Oberfläche der Seife kommt, und ein oft stundenlanges Sieden nötig ist, um diese schwammigen Klumpen mit der übrigen Seife gleichmäßig zu verbinden.

In verschiedenen Seifenfabriken, in welchen Marseiller Seife in großen Mengen hergestellt wird, ist man dazu übergegangen, auch diese Seifen, wie alle anderen Kernseifen, aus Fettsäuren durch Karbonatverseifung herzustellen. Es handelt sich hierbei hauptsächlich um die grünen Marseiller Seifen, welche aus Sulfuröl erhalten werden und in der Textilindustrie in bedeutendem Umfang Verwendung finden. Da die Sulfuröle aber sehr oft einen großen Prozentsatz freier Fettsäuren enthalten, so ist es notwendig, jede Sendung auf ihren Gehalt an Neutralfett zu untersuchen und nach dem Ergebnis der Analyse zu berechnen, ob eine Spaltung des Öles noch lohnend ist. Werden die Unkosten der Spaltung durch den Glyzeringewinn gedeckt, so ist die Spaltung selbst noch zu empfehlen, denn es bleibt dann immer der Vorteil, der sich entgegen der Verseifung des ungespaltenen Öles mit Ätznatron durch die Verseifung der Fettsäure mit Ammoniaksoda ergibt. Eine Verseifung der vorhandenen Fettsäuren mit Ammoniaksoda für sich ist aber nicht empfehlenswert, da das gleichzeitig vorhandene Neutralfett die Verseifung und namentlich das Entweichen der frei werdenden Kohlensäure erschwert. Da man nun zur Verseifung von 100 kg Öl $16^2/_3$ kg Ätznatron benötigt, dagegen zur Verseifung von 95 kg Fettsäure (gleich 100 kg Neutralfett) 21 kg Ammoniaksoda, so ist die bei der Karbonatverseifung erzielte Ersparnis gleich der Preisdifferenz zwischen $16^2/_3$ kg Ätznatron und 21 kg Ammoniaksoda. Um ein Geringes verschiebt sich diese Preisdifferenz allerdings noch zu Ungunsten der Karbonatverseifung, weil auch hierbei die Schlußabrichtung mit Ätzlauge ausgeführt werden muß, damit das in der Fettsäure stets noch vorhandene Neutralfett ebenfalls verseift wird.

Sollen die Fettsäuren mit Ammoniaksoda verseift werden, so ist das folgende Siedeverfahren anzuwenden. Der Ansatz soll aus 3000 kg

Fettsäure bestehen und diese Fettsäure noch 5 % Neutralfett enthalten. Zur Verseifung der 2850 kg Fettsäure würden daher 598,5 kg hochgrädige Ammoniaksoda und zur Verseifung der 150 kg Neutralfett 25 kg Ätznatron benötigt werden. In der Praxis läßt sich aber die vollkommene Verseifung der vorhandenen Fettsäure mit Ammoniaksoda nicht gut durchführen, auch würde man dabei leicht Gefahr laufen, daß freies kohlensaures Alkali in der Seife verbliebe, was dann wieder die Schlußabrichtung erschweren würde. Man berechnet deshalb die Ammoniaksoda nur auf 90 % Fettsäure, bei 3000 kg Ansatz also auf 2700 kg Fettsäure, welche zu ihrer Verseifung 567 kg hochgrädige Ammoniaksoda benötigen. Diese wird direkt im Siedekessel aufgelöst und die Lösung auf 30° Bé eingestellt. Wenn kein hochgespannter Dampf vorhanden ist, ist es besser, die Lösung etwas stärker einzustellen, weil durch schwachen Dampf viel Wasser in den Kessel kommt. Sobald die Sodalösung am Kochen ist, läßt man die Fettsäure von Anfang an in ziemlich dickem Strahl zulaufen. Dieselbe verseift sich sofort; wenn guter Dampf vorhanden ist, der die Masse stets kräftig im Sieden erhält, kann die Fettsäure ununterbrochen zufließen, bis die ganze Menge im Kessel ist. Wenn kein Leimkern mitverarbeitet wird, so empfiehlt es sich außerdem, beim Sieden 2—3 % Salz mit zu verwenden; es bildet sich dann sogleich ein Kern, und die freiwerdende Kohlensäure kann leichter entweichen, so daß die Seife nur wenig steigt. Notwendig ist dieser Salzzusatz indessen nicht, ja es gibt sogar Seifensieder, welche die Ansicht vertreten, daß jeder Salzzusatz der Verseifung hinderlich wäre.

Ist der ganze Ansatz im Kessel, so muß solange gekocht werden, bis alles Alkali verseift und sämtliche Kohlensäure frei geworden und ausgetrieben ist. Die Prüfung der Seife erfolgt wiederum mit Phenolphthaleïnlösung. Die Kohlensäure gilt als ausgetrieben, wenn die Masse nicht mehr steigt und die Bildung von Bläschen nicht mehr in Erscheinung tritt. Nunmehr kann die zur Verseifung der noch verbliebenen 300 kg Fett nötige, am besten 25° Bé starke Lauge hinzugegeben werden. Die Seife erhält darauf ein ganz anderes Aussehen, sie verliert das Kernige, siedet normal in Platten, wie eine mit Ätzlaugen gesottene Seife aus Neutralfetten und wird dann ebenso abgerichtet, wie vorher beschrieben wurde. Man läßt nun entweder die Seife über Nacht im Leim stehen, um am anderen Morgen die Abrichtung nochmals nachprüfen zu können, oder man salzt aus und läßt die Unterlauge bis zum anderen Tage gut absetzen. Nach 24 Stunden wird die Unterlauge abgelassen und der Kern mit heißem Wasser oder schwachem Salzwasser verschliffen, bis eine schöne, schliffige Kernseife im Kessel liegt. Im weiteren wird dann die Seife genau ebenso behandelt, als ob sie nur mit Ätzlauge gesotten wäre.

**Palmölseifen.** Das in der Seifenfabrikation beliebteste Pflanzenfett ist wohl das Palmöl, welches wegen seiner talgähnlichen Beschaffenheit, seiner leichten Zersetzung und seines angenehmen Geruches halber schon seit langen Jahren eine sehr bedeutende Verwendung gefunden hat und auch heute noch viel und mit besonderer Vorliebe zu Seifen verarbeitet wird.

Wie schon eingangs erwähnt[1]), kommt das Palmöl in verschiedenen Sorten in den Handel, seine Farbe variiert von tieforange bis gelbbraun, ebenso ist es von größerer oder geringerer Reinheit; die besten Sorten sind das Lagos-, Old Calabar- und das gereinigte Cameroonöl. Das Öl wird aber verhältnismäßig wenig in rohem Zustande verarbeitet, sondern vor seinem Gebrauche gewöhnlich einer Bleiche unterworfen, um Farbstoff und andere Unreinigkeiten zu beseitigen. Das Palmöl findet wegen seines hohen Gehaltes an Palmitin und seiner leichten Verseifbarkeit halber zu Kernseifen allein, meistens aber in Gemeinschaft mit anderen Fetten, wie Talg, Knochenfett, Oleïn, Kammfett, Palmkernöl usw., die vorteilhafteste Verwendung. Seifen, zu denen Palmöl mitverwandt wurde, erfreuen sich daher in verschiedenen Zweigen der Textilindustrie, sowie im Haushalt großer Beliebtheit und bedeutenden Verbrauchs.

Reine Palmölkernseife wird in derselben Weise hergestellt wie Talgkernseife. Wird mit direktem Feuer gearbeitet, so nimmt man 14grädige Lauge zur Verseifung, beim Sieden mit Dampf dagegen 18—20grädige Lauge. Wenn alles Öl verseift ist, muß ein schöner, klarer Seifenleim im Kessel liegen. Hält sich eine Probe dieses Seifenleims, auf die Glasplatte genommen, bis zum Erkalten recht klar und zeigt, an die Zunge gehalten, leichten Stich, so kann die Sättigung des Leimes mit Alkali als vollendet angesehen werden. Man siedet nun den Leim entweder noch ganz schaumfrei und trennt dann vorsichtig, damit kein Schaum entsteht, durch Salz oder 24grädiges Salzwasser oder man siedet den Leim nicht völlig schaumfrei, sondern salzt ihn aus, sobald er gut spinnt, und siedet den Kern klar, nachdem man einen Teil der Unterlauge entfernt hat.

Wünscht man eine marmorierte Seife, so gibt man den etwas angeschliffenen und gefärbten Kern in die Form, krückt mit dem Rührscheit durch und deckt gut zu. Soll eine glatte Seife hergestellt werden, so verschleift man den Kern mit heißem Wasser, bis er genügend flüssig ist, so daß alle in der Seife enthaltenen Unreinigkeiten in die Unterlauge gehen können. Eine aus Palmöl hergestellte Seife entwickelt bald einen angenehmen Veilchengeruch und gibt beim Gebrauch einen schönen, fetten Schaum. Da aber solche aus reinem Palmöl hergestellte Seife stets etwas spröde und hart ist, verarbeitet man das Öl meistens mit einem Zusatz weicherer Fette oder auch mit 15—20 % Harz.

**Stettiner Palmöl-Hausseife.** 800 kg gebleichtes Palmöl, 200 kg Knochenfett und 150 kg helles Harz werden wie vorher beschrieben

[1]) Siehe S. 101.

verseift. Nach vollendeter Abrichtung, d. h. wenn der Harzseifenleim klar ist und leichten Stich zeigt, wird ausgesalzen und klargesotten. Nach mehrstündigem Stehen im bedeckten Kessel und gutem Absetzen der Unterlauge wird der strotzige Kern in kleine, niedrige Formen geschöpft, damit er schnell erkaltet. Die Seife wird in längliche, viereckige Stücke geschnitten und auf allen vier Seiten gepreßt.

**Palmöl-Harzseife.** Die Palmöl-Harzseife hat ein schönes, wachsähnliches Ansehen, ist durch den Harzzusatz leicht löslich und zeigt in der Wäsche ein gutes Schaum- und Reinigungsvermögen, weshalb sie im Haushalt gern und viel Verwendung findet. Ein guter Ansatz zu dieser Seife würde bestehen aus 850 kg gebleichtem Palmöl, 75 kg rohem Palmöl und 300 kg Harz, doch kann ein Teil des gebleichten Palmöls auch durch ein anderes Fett ersetzt werden. Das Öl wird mit 18—20 grädiger Lauge verseift, dann ausgesalzen und darauf das Harz hinzugegeben, welches wieder mit 20 grädiger Ätznatronlauge verseift wird. Allerdings kann man das Harz auch schon vor dem Aussalzen in den Seifenleim geben, doch geht es dann weniger leicht in Lösung. Zur Verseifung der 300 kg Harz sind nochmals 300 kg 20 grädige Lauge erforderlich. Der Seifenleim soll nur ganz leichten Stich haben und die Glasprobe soll „rutschen", d. h. sich auf dem Glase schieben lassen und etwas Feuchtigkeit zeigen. Wenn ausgesalzen ist, muß ein schaumfreier Kern im Kessel liegen, andernfalls müßte noch klargesotten werden. Wird eine marmorierte Seife gewünscht, so wird der dicke Kern, nach gutem Absetzen der Unterlauge, in die Form geschöpft und gut bedeckt, will man dagegen eine glatte, silberstrahlige Seife erhalten, so muß man den klargesottenen Kern erst schleifen. Man entfernt zu diesem Zweck den größten Teil der Unterlauge und schleift den Kern durch heißes Wasser soweit aus, daß die Unterlauge anfängt dick zu werden, und der Kern vollständig gelöst und blank im Kessel liegt. Eine herausgenommene Probe muß sich dann genügend fest zeigen und darf keinen Stich besitzen. Das Schleifen erfordert jedoch eine gewisse Vorsicht, damit die Seife nicht zu leimig wird, Leim absetzt und zu weich bleibt.

**Palmitinseife.** Unter dem Namen „Palmitinseife" wird eine Seife in den Handel gebracht, welche hauptsächlich aus Palmölfettsäure und einem geringeren Teil anderer Fette hergestellt wird. Ein passender Ansatz hierzu würde bestehen aus 3 Teilen Palmölfettsäure und 1 Teil hellem Oleïn. Es ist jedoch nicht leicht, helle Palmölfettsäuren zu erhalten, denn das gebleichte Palmöl dunkelt beim Spalten wieder nach, und aus rohem Palmöl hergestellte Fettsäuren sind sehr dunkel und nur durch nachfolgende Destillation rein weiß zu gewinnen. Ein Ansatz, der nur aus Fettsäure besteht, wird natürlich am zweckmäßigsten mit kohlensaurem Alkali verseift. Man hat daher zunächst den Prozentgehalt der Fettsäure festzustellen und danach den Verbrauch an kalzinierter

Soda zu berechnen, indem man auf je 100 kg Fettsäure 21 kg kalzinierte Soda ansetzt. Angenommen, man hat einen Gehalt von 90 % freier Fettsäure ermittelt, so sind bei einem Ansatz von 1000 kg 9 × 21 = 189 kg kalzinierter Soda erforderlich. Diese löst man in Wasser auf 30—33° Bé, läßt aufkochen und alsdann die Fettsäure langsam zufließen. 1—2 % Salz, während des Siedeprozesses beigegeben, hält die Masse hübsch locker und verhindert allzustarkes Steigen. Ist alle Fettsäure im Kessel, so wird das Sieden fortgesetzt, bis die Masse nicht mehr steigt und keine Kohlensäurebläschen mehr durchstoßen; dann wird mit Phenolphthaleïn geprüft, ob auch alles kohlensaure Alkali gebunden ist, und wenn dies der Fall ist, mit Ätzlauge abgerichtet, wozu noch ca. 100 kg 25 grädige Lauge gebraucht werden. Die Seife wird dann ausgesalzen und der Kern nach Entfernung der Unterlauge verschliffen, bis sich Leim absetzt. Nach 24 stündiger Ruhe im warm bedeckten Kessel wird die Seife in die gut geschützte Form gebracht. Beim Anschneiden zeigt sie ein silberstrahliges Aussehen und besitzt einen angenehmen Geruch.

**Oberschalseife.** Die Verbreitung der Oberschalseifen ist nur eine beschränkte geblieben; als Hauptabsatzgebiet dürfte Berlin zu bezeichnen sein, wo diese Seifen gewissermaßen als Spezialität hergestellt werden. Die Fabrikation dieser Seifen ist auf ein altes Vorurteil zurückzuführen, demzufolge man die oberste Schale einer Form Seife, sowie die Randstücke für besonders gut hielt, weil sie relativ trocken sind und den höchsten Fettgehalt besitzen. Da nach diesen Stücken große Nachfrage war, kam man auf den Gedanken, dieselben direkt nach einem besonderen Verfahren anzufertigen.

Das Sieden der Oberschalseife wird nach Art der Talgkernseife ausgeführt, jedoch mit dem Unterschiede, daß die Oberschalseife ein glattes, flußfreies Aussehen erhalten muß und deshalb in ganz niedrigen Kasten geformt wird. Es werden mehrere Sorten von Oberschalseifen hergestellt, die nach ihrer Qualität verschieden sind und zu abweichenden Preisen in den Handel kommen. Die beste und teuerste Seife dieser Art ist die reine Palmöl-Oberschalseife.

Wie schon der Name besagt, wird sie nur aus Palmöl bester Qualität angefertigt, das zuvor mit Hitze und Luft gebleicht wird. Das Bleichen mit Säure ist hier nicht zu empfehlen, weil bei diesem Verfahren der schöne Geruch des Palmöls verloren geht und auch in der fertigen Seife nicht wieder in Erscheinung tritt. Da das Aussehen der Palmöl-Oberschalseife gelblich sein soll, verwendet man weiter bei dem Ansatz etwas rohes Palmöl zum Färben, je nach dem Ausfall der Bleiche und dem Geschmack der Konsumenten entsprechend. Ein Ansatz aus 2000 kg gebleichtem und 20 kg rohem Palmöl gibt eine schöne, hellgelbe Färbung. Zum Sieden wird eine Durchschnittslauge von 20° Bé verwendet. Wird mit freiem Feuer gearbeitet, so nimmt man eine schwächere, 10—12 grädige Lauge, um den Verband einzuleiten, und arbeitet dann mit 20grädiger Lauge weiter; bei Anwendung von direktem Dampf kann man aber gleich von Anfang an 20grädige Lauge verwenden. Um ein Dickwerden der Masse zu verhüten, gibt man, sobald guter Verband eingetreten ist, nach und nach ca. 2 % Salz in Form von starkem Salzwasser hinzu und fährt auch mit der Laugenzugabe fort, bis der Seifenleim einen guten, aber nicht zu scharfen Stich aufweist. Sollte während des Siedens durch zu schnelles Zugeben von Lauge eine Trennung des Leimes stattgefunden haben, obwohl noch ein größerer Teil derselben zur vollständigen Sättigung erforderlich ist, so überläßt man die Masse eine Zeitlang der Ruhe oder setzt topfweise bei langsamem Durchsieden reines Wasser hinzu, bis die Seife wieder gut verbunden ist. Erst dann fährt man mit dem weiteren Zugeben der Lauge fort, bis die Seife völlig klar geworden ist. Beim Ablaufen vom Probespatel zeigt sich dann ein sehr transparenter, spinnender Leim, der jedoch wieder trübe und kurz abbrechend wird, sobald man die letzte, zur Abrichtung notwendige Lauge zugegeben hat. Wenn man in diesem Stadium den reinen Probespatel in die schaumfrei durchstoßende Seife eintaucht und schnell wieder heraushebt, so wird sich an den Seiten der anhaftenden Seife sofort ein weißer Rand bilden, der sich nach kurzer Zeit über die ganze, mit Seife bedeckte Spatelfläche ausdehnt. Dieser sogenannte Laugenrand, das Trübwerden des vorher klaren Seifenleims, das kürzere Abbrechen, sowie das kurz spinnende, mehr tropfenartig sich gestaltende Ablaufen vom Probespatel sind die sichtbaren Zeichen, daß die Seife genügend mit Lauge gesättigt ist. Auf das Sieden eines gut verbundenen Leims hat man, wie bei allen Seifen, auch bei den Oberschalseifen besonderen Wert zu legen. Eine mangelhaft verseifte, noch freies Fett enthaltende reine Palmöl-Oberschalseife würde nach längerem Lager nicht den verlangten, veilchenartigen Geruch besitzen, sondern infolge des unverseift gebliebenen Fettes unangenehm ranzig riechen.

Bei Verwendung reiner Ätzlauge würden zur Verseifung des obigen Ansatzes und zur Abrichtung auf guten Stich 2500 kg 20grädiger Lauge erforderlich sein. Mit dem Urteil über die genügend erfolgte Laugenabrichtung des Leims darf man jedoch nie zu voreilig sein, da sich die zugegebene Lauge mit dem Öl erst allmählich verbindet, und eine zu frühe Prüfung des Stiches leicht zu einem Irrtum Veranlassung geben könnte.

Genügt die Abrichtung des Leims den berechtigten Ansprüchen, so wird die Seife ausgesalzen. Auf obigen Ansatz von 2020 kg werden zum Trennen ungefähr 150 kg Salz erforderlich sein. Die Unterlauge muß sich danach goldklar abscheiden und vom Probespatel nicht mühsam tropfenweise, sondern stark fließend ablaufen. Während des Aussalzens ist das Feuer bzw. der Dampf nur schwach zu halten, starkes Sieden befördert die Trennung nicht; auch muß man dem Salz Zeit lassen, sich zu lösen. Sobald aber ein Teil des Salzes der Seifenmasse soviel Wasser entzogen hat, daß sich Brühe bildet, geht der weitere Trennungsprozeß schnell von statten. Sind Abfälle vorhanden, so kommen sie gleich nach dem Aussalzen in den Kessel, worauf man einen Teil der Unterlauge durch Auspumpen entfernt und nur soviel davon im Kessel beläßt, als zum Weitersieden nötig ist. Auf knapper Unterlauge siedet die Seife leichter und schneller zu einem strammen Kern, sie braucht außerdem auch weniger Salz zur Fertigstellung. Bei kleineren Ansätzen und vielen Abfällen ist ein Ablassen der Unterlauge nicht nötig; es ist dann selten zuviel davon im Kessel, weil die Abschnitte einen Teil der Feuchtigkeit aufnehmen. Vielfach wird die Unterlauge auch vollständig entfernt und durch frisches Salzwasser ersetzt. Man bezweckt damit eine größere Reinigung der Seife, die besonders dann notwendig ist, wenn andere schmutzige, leimhaltige Fette mit versotten werden. Die Unterlauge reiner Palmölseifen ist jedoch so klar, daß man ohne Bedenken auf einem Wasser fertigsieden kann.

Die zum Aussalzen verwandte Menge Salz ist aber nicht genügend, um der fertigen Seife diejenige Beschaffenheit zu geben, die von einer Oberschalseife verlangt wird. Diese muß nämlich frisch vom Schnitt ein glattes, flußfreies Aussehen zeigen, dabei aber Geschmeidigkeit genug besitzen, um auf dem Lager nicht aufzureißen. Zu obigem Ansatz werden daher noch ca. 100 kg Salz, unter Umständen noch mehr, nachzugeben sein.

Um sich von der Beschaffenheit der Seife zu überzeugen, nimmt man aus der Mitte des Kessels mit einem unten fein durchlöcherten Schöpfer den schaumfreien Kern heraus, läßt ihn mehrere Minuten stehen, damit die Lauge abzieht, und setzt dann nach vorherigem Umrühren größere Posten der Seife gehäufelt auf besonders dazu angefertigte Holzspatel auf. Wenn nach ungefähr zehn Minuten die obere Kruste der Seife erkaltet ist, kann man durch Entfernen derselben an der inneren Seifemasse erkennen, ob sie noch zu flüssig ist oder nicht. Bleiben diese Proben so lange liegen, bis sie durch und durch abgekühlt sind und eine schnittfähige Seife liefern, was nach Verlauf etwa einer Stunde der Fall ist, so läßt sich nach dem horizontalen Durchschneiden der Probe noch besser beurteilen, ob die Seife die richtige Beschaffenheit besitzt. Zeigen sich nämlich in der Mitte nur wenige, aber deutlich sichtbare Flußadern, so fehlt noch Salz, erscheint die durchschnittene Probe stark mit Flußadern bis zum Rande hin durchzogen, so daß die Probe ein buntes Aussehen erhält, so ist ebenfalls noch eine weitere Menge Salz hinzuzugeben. Zeigt die Schnittfläche der Proben ein ganz glattes Aussehen, ohne jede Spur einer Flußbildung, und hat die Seife soviel Geschmeidigkeit, daß sie sich, in längere, ganz dünne Streifen geschnitten, leicht zusammenrollt, so kann die Oberschalseife als gut getroffen bezeichnet werden. Das etwa nachzugebende Salz muß fein zerstoßen sein, damit nicht ungelöste Stücke in der Seife verbleiben, die sonst ein späteres Aufreißen veranlassen würden.

Wenn sich die erkaltete Probe kurz und bröcklig zeigt, so ist schon zuviel Salz zur Anwendung gekommen. In diesem Falle gibt man reines Wasser in den Kessel, läßt kurze Zeit hochsieden, um eine gleichmäßige Verteilung zu erzielen, und stellt danach wieder an neuen Proben fest, ob die Seife nunmehr die eben beschriebene, richtige Beschaffenheit besitzt. Sobald die Proben dies anzeigen, wird das Feuer entfernt, ganz gleich, ob noch viel oder wenig Schaum auf der Seife vorhanden ist. Um während des Ausschöpfens ein Durchstoßen der Unterlauge zu vermeiden, läßt man die Seife alsdann vor dem Ausschöpfen mehrere Stunden oder über Nacht absetzen, indem man gleichzeitig für gute Kühlung sorgt.

Die Oberschalseife wird am zweckmäßigsten in größeren Holzkübeln ausgetragen, eiserne Gefäße kühlen zu sehr ab und geben kalte Stücke, wodurch die Seife sich schlechter bearbeitet und unansehnlicher wird. Als Formen benutzt man flache Holzkasten von ca. 15 m Länge, 0,67 m Breite und 0,13 m Höhe, die man nur so weit anfüllt, als es die Stärke der Riegel erfordert. Nach dem Ausgießen wird die Oberfläche der Seife im Kasten glatt gestrichen und mit einem kleinen, spitzen Holzstabe geblumt.

Die aus reinem Palmöl angefertigte Oberschalseife hat einen sehr angenehmen Geruch, ist vom Schnitt weg sehr fest, trocknet aber muldenartig ein. Die Ausbeute beträgt ca. 155 $^0/_0$.

In Bezug auf die Qualität kommt der vorbeschriebenen Seife am nächsten die Palmöl-Oberschalseife I. Sie wird zum größten Teil aus Palmöl mit Zusätzen von Talg und Schmalz angefertigt. Als Anhalt diene folgender Ansatz:

1000 kg gebleichtes Palmöl,
15 „ rohes Palmöl,
300 „ Talg,
200 „ helles, geruchfreies Schmalz.

Bei hohen Talgpreisen läßt man diesen gänzlich weg und ersetzt ihn durch andere gute, aber preiswertere Fette, gehärtete Öle u. dgl. Wenn Palmöl in gebleichtem Zustande, d. h. unter Berücksichtigung des beim Bleichen entstehenden Gewichtsverlustes, erheblich teurer zu stehen kommt, als andere gleichwertige Fette, so kann auch dieses bis auf die Hälfte des Gesamtansatzes reduziert werden. Bedingung ist aber, daß sowohl die frische, wie die trockene Seife den charakteristischen Palmölgeruch aufweist. Im übrigen wird aber auch diese Oberschalseife genau in derselben Weise angefertigt wie die vorige.

Die gangbarste Seife der genannten Art ist jedoch die Palmöl-Oberschalseife II. Der Ansatz hierzu ist ein sehr verschiedenartiger, je nach der Konjunktur der Fette und den Ansprüchen, die von der Kundschaft an den Lieferanten gestellt werden. Zur Orientierung dienen folgende Ansätze.

| | |
|---|---|
| 1000 kg Listerfett [1]), | 250 kg gebleichtes Palmöl, |
| 500 „ Naturknochenfett, | 15 „ rohes Palmöl, |
| 100 „ Palmkernöl, | 500 „ Listerfett I, |
| 15 „ rohes Palmöl. | 500 „ Listerfett II, |
| | 350 „ helles Schlächterfett. |

| | |
|---|---|
| 300 kg gebleichtes Palmöl, | 450 kg gebleichtes Palmöl, |
| 20 „ rohes Palmöl, | 200 „ Kottonöl, |
| 150 „ Palmkernöl, | 450 „ Listerfett II, |
| 200 „ Benzinknochenfett, | 300 „ Darmfett, |
| 300 „ Darmfett, | 350 „ Kammfett, |
| 150 „ Kammfett, | 25 „ rohes Palmöl. |
| 500 „ Schlächterfett. | |

Eines der geeignetsten Fette für sekunda Oberschalseifen ist das Listerfett. Es ist in Konsistenz, Farbe, Geruch und Ausbeute sehr passend und ergibt eine schöne, geschmeidige und bei verhältnismäßig wenig Salzverwendung flußfreie Seife. Bei Verarbeitung von viel Kottonöl erhält man jedoch eine schwammige, leicht lösliche Seife, die auch beim Lagern ungleichmäßig eintrocknet. Wird neben Kottonöl gleichzeitig Palmkernöl verwandt, so verbessert sich dadurch wohl die Festigkeit, nicht aber die Qualität, welche in erster Linie nach der Widerstandsfähigkeit der Seife beurteilt wird. Dem Aussehen nach kann eine Oberschalseife, die Kottonöl und Palmkernöl enthält, nicht beanstandet werden, da dasselbe frisch vom Schnitt ein sehr gutes zu nennen ist. Benzinknochenfett überträgt seinen unangenehmen Eigengeruch auch auf die Seife, weshalb die Mitverwendung dieses Fettes nicht überall angängig sein wird. Das Gleiche gilt für Darmfett; dieses hat ebenfalls einen schlechten Geruch, so daß der Zusatz solchen Fettes am besten unterbleibt. Reines Kammfett dagegen ist in dieser Hinsicht nicht zu beanstanden und gibt der Seife ein gutes Aussehen und mehr Geschmeidigkeit.

Das Sieden der sekunda Oberschalseife wird im übrigen in der gleichen Weise ausgeführt, wie es bei der reinen Palmöl-Oberschalseife beschrieben ist.

Eine weitere Seife der gleichen Art wird unter dem Namen Talgoberschalseife in den Handel gebracht. Der Ansatz besteht lediglich aus reinem, weißen Talg von bester Qualität. Der Hauptwert wird bei dieser Seife auf die möglichst weiße Farbe gelegt, weshalb die größte Sauberkeit bei ihrer Anfertigung geboten ist. Falls der Talg nicht von ganz reiner Beschaffenheit ist, muß er vorher auf schwachem Salzwasser geläutert werden.

Die Anfertigung dieser Seife erfolgt in der gleichen Weise wie die der Palmöl-Oberschalseifen. Bei sehr hartem, stearinhaltigen Talg

[1]) „Listerfett“ ist amerikanisches Knochenfett; man unterscheidet 3 Qualitäten, die man als Listerfett I, II und III bezeichnet.

muß man aber mit der Salzzugabe sehr vorsichtig sein, da oft schon 30 kg Salz für einen Ansatz von 750 kg Fett genügen, um eine glatte, flußfreie Seife herzustellen. Am besten ist es auch hier, die Seife so mit Salz abzurichten, daß beim Anschnitt noch vereinzelte Flußadern wahrzunehmen sind. Eine Talg-Oberschalseife, die sich frisch vom Schnitt gänzlich frei von Fluß zeigt, neigt, wenn sehr harter Talg verarbeitet wurde, leicht dazu, auf dem Lager aufzureißen. Wird auf die weiße Farbe der Seife weniger Gewicht gelegt, so verwendet man neben Talg auch helle Knochen- oder Schmalzfette.

Um der Nachfrage nach billigen, weißen Oberschalseifen genügen zu können, fertigt man vielfach auch eine Oberschalseife III an. Diese wird meistens in der Weise hergestellt, daß eine sekunda Palmöl-Oberschalseife durch eine Palmkernöl-Leimseife zu einer höheren Ausbeute gebracht wird.

Eine Vorschrift ist folgende:

200 kg Grundseife oder Abschnitte II. Qualität,
98 „ Palmkernöl,
2 „ rohes Palmöl,
10 „ Natronwasserglas,
135 „ Ätznatronlauge von 25° Bé.

Das Wasserglas mischt man mit der Lauge im Kessel und gibt dann die Grundseife oder die Abschnitte hinzu. Sobald alles zergangen ist, wird das Palmkern- und Palmöl bei leichtem Feuer hinzugegeben und der Verband, möglichst ohne Aufkochen, durch Krücken herbeigeführt. Falls die Verbindung trotz längeren Durchkrückens nicht vor sich gehen will, ist Wassermangel vorhanden. Man gibt dann kleinere Portionen Wasser hinzu, bis der Verband eintritt. Die gut verbundene, gleichmäßig durchgekrückte Seife muß einen guten, mittleren Stich aufweisen, andernfalls noch etwas Lauge nachzugeben ist. Beim Formen ist darauf zu achten, daß die Seife nicht zu heiß in die Oberschalkasten kommt, da sonst leicht ein Absetzen von Unterlauge erfolgt. Man krückt die Seife zweckmäßig so lange, bis sie sich netzartig durchzieht, eine Erscheinung, die den Beginn des Erstarrungsprozesses anzeigt. Die Ausbeute dieser Oberschalseife III beträgt ca. 190 %.

**Oleïnkernseife.** Wie bereits eingangs erwähnt, erhält man bei der Stearinfabrikation als Nebenprodukt das Oleïn, das seit langen Jahren als vorzüglicher Rohstoff in der Seifenfabrikation Verwendung gefunden hat. Die daraus hergestellten Seifen werden namentlich in der Textilindustrie, aber auch im Haushalt mit Vorliebe verwandt. Da das Saponifikat-Oleïn meistens noch einen gewissen Prozentsatz an Stearinsäure enthält, gibt es ziemlich feste Seifen und auf 100 kg Ansatz ca. 150 kg Ausbeute (Kernseife), während man aus dem Destillatoleïn, bei oft geringerer Ausbeute, in der Regel ein weicheres Fabrikat erhält. Das letztere findet daher gewöhnlich nur in Gemeinschaft mit Palmkernöl bei der Herstellung glatter Kernseifen Verwendung.

Am vorteilhaftesten und einfachsten erfolgt die Herstellung der Oleïnkernseife durch Karbonatverseifung, wie sie bereits bei Besprechung der Marseiller-Seife beschrieben ist. Nach erfolgter Abrichtung wird der Seife Salz zugegeben, bis ein schaumfreier Kern entsteht. Die Unterlauge wird, nachdem sie sich gut abgesetzt hat, ausgepumpt oder abgelassen und durch etliche Töpfe schwacher Lauge ersetzt. Mit letzterer läßt man den Kern noch einige Zeit sieden, damit er sich vollständig mit Alkali sättigen kann. Alsdann wird die Seife mit Wasser soweit verschliffen, daß die Unterlauge leicht zu leimen beginnt, und nunmehr gut bedeckt einer 12—18stündigen Ruhe überlassen. Schließlich wird sie vorsichtig von dem geringen Niederschlag abgeschöpft oder abgepumpt. Die Formen werden gut bedeckt.

Eine so hergestellte Seife zeigt beim Schneiden ein schönes, silberstrahliges Aussehen, auch ist sie zart und ziemlich fest. Soll die Oleïnkernseife aber in Form einzelner Waschstücke gepreßt oder gestempelt werden, so läßt man sie 24—36 Stunden im Kessel stehen und krückt sie dann in der Form bis zum Erkalten, um auf diese Weise ein ganz glattes Fabrikat zu erzielen. Will man ferner die Festigkeit einer Oleïnkernseife durch den Zusatz von gebleichtem Palmöl u. dgl. erhöhen, so ist zunächst das Oleïn für sich zu verseifen und erst dann, wenn ein Überschuß an kohlensaurem Alkali nicht mehr vorhanden ist, das Zusatzfett selbst und die für seine Verseifung nötige Menge Ätzlauge zuzusetzen.

Die Oleïnkernseife wird auch noch unter verschiedenen anderen Namen in den Handel gebracht, die Herstellungsweise ist jedoch stets dieselbe.

Reine Oleïnkernseife ist frisch ziemlich weich, von hellbrauner Farbe und besitzt einen angenehmen, süßlichen Geruch; beim Eintrocknen erhärtet sie jedoch und ist bei einem Trockenverlust von ca. 12—15 % von genügender Festigkeit. Bei längerem Liegen bleicht sie gut aus und nimmt eine wachsgelbe bis blonde Farbe an.

**Walkfett-Kernseife.** Diese Seife, welche größtenteils aus Walkfett hergestellt wird, findet wegen ihres teilweise hohen Fettgehaltes in der Tuchindustrie, sowie im Haushalte als gute Vorwasch- oder Küchenseife Verwendung, sofern man sich an Farbe und Geruch nicht stößt.

Wie bereits erwähnt, wird das Walkfett aus dem Seifenwasser der Tuchfabriken gewonnen und ist in der Regel nach verschiedenen, damit vorgenommenen Operationen[1]) ein hell- bis dunkelbraunes Produkt von unangenehmem Geruch. Der Wert des Walkfettes ist ein sehr verschiedener, je nachdem in den Tuchfabriken, aus denen es stammt, beste oder geringere Seifensorten verwandt wurden. In der Regel enthält das Walkfett auch eine mehr oder weniger große Menge Unreinigkeiten

[1]) Vgl. S. 132.

oder Unverseifbares; die Farbe des Fettes bedingt zudem gewöhnlich ein Sieden auf mehreren Wassern, ohne daß hierdurch das Aussehen der Seife ein voll befriedigendes wird. Viele Fabriken sind daher dazu übergegangen, das Walkfett zu destillieren und bringen es dann als festes, weißes Oleïn in den Handel. Als reine Fettsäure läßt sich das Walkfett leicht in ähnlicher Weise wie das Oleïn selbst verseifen, und man kann unter Umständen eine recht gute Kernseife daraus erhalten. Meist wird es aber mit mehr oder weniger großen Mengen anderer Hartfette versotten, wodurch die Seifen einen besseren Griff und mehr Ansehen erhalten.

Die vorteilhafteste Art der Verseifung für dieses Fett ist naturgemäß die Karbonatverseifung, die in der schon beschriebenen Weise ausgeführt wird. Auf 100 kg Walkfett werden 21 kg kalzinierte Soda benötigt, die in Wasser zu einer 30grädigen Lauge aufgelöst wird. Die Lösung wird zum Sieden gebracht und nun das flüssige Walkfett hinzugegeben; während des Siedeprozesses setzt man weiter 2—3 % Salz hinzu, wodurch ein zu starkes Steigen der Masse verhindert wird. Ist alle Fettsäure im Kessel, so wird die Kohlensäure vollständig ausgetrieben und dann mit 25 grädiger Ätzlauge auf leichten Stich abgerichtet. Sollen noch andere Fette, z. B. Knochenfett, Abfallfett oder auch Harz mitverarbeitet werden, so können diese, nebst der dazu nötigen Menge Lauge nunmehr hinzugegeben werden, vorausgesetzt, daß das Walkfett nicht zu dunkel oder zu stark verunreinigt war. Letzterenfalls ist es besser, die Walkfettseife auszusalzen, nach genügendem Absetzen die Unterlauge zu entfernen und dann erst die für den weiteren Fettansatz erforderliche Lauge beizugeben und fertig zu sieden. Die Seife wird dann in gewohnter Weise abgerichtet, ausgesalzen und nach Entfernung der Unterlauge mit heißem Wasser, schwacher Lauge oder 4—5grädigem Salzwasser leicht verschliffen. Ein Klarsieden des Seifenkerns vor dem Ausschleifen ist nicht nötig.

Harz wird übrigens nur solchen Seifen zugesetzt, welche als Haus seifen Verwendung finden, zu Walkseifen aber nicht mitverarbeitet, da seine Seifen ein Verfilzen der Tuche hervorrufen.

Soll aus irgend einem Grunde die Herstellung der Seife nicht durch Karbonatverseifung erfolgen, so wird ohne Abänderung des Siedeverfahrens selbst an Stelle der Sodalösung eine 25grädige Ätznatronlauge verwandt, und zwar auf 100 kg Walkfett 100 kg Lauge.

**Wollfettseife.** Unter dem Namen „Wollfett" kommt ein braunes, klebriges, ziemlich festes Fett in den Handel, das aus der rohen Schafwolle dadurch gewonnen wird, daß man die aus der Wollwäsche resultierenden, seifenhaltigen Waschwässer durch Säuren zersetzt[1]). Auf Grund seiner chemischen Zusammensetzung gibt das Wollfett für sich allein in der üblichen Weise versotten aber keine brauchbare Seife,

[1]) Vgl. S. 134.

weshalb es in der Seifenfabrikation auch nur geringe Verwendung, meist nur als Zusatzfett zu den sogenannten Ökonomieseifen oder zu gewöhnlichen, dunklen Harzseifen findet.

Ein passender Ansatz für eine solche Harzkernseife würde bestehen aus

| | | |
|---|---|---|
| 250 | kg | Knochenfett, |
| 50 | ,, | Palmöl, |
| 200 | ,, | Wollfett, |
| 50 | ,, | Harz. |

Knochenfett und Palmöl werden zuerst verseift, dann das Wollfett und das Harz nebst der erforderlichen Lauge zugegeben; nach beendeter Verseifung wird auf leichten Stich abgerichtet und ausgesalzen. Nach Entfernung der Unterlauge wird der Kern alsdann auf ein paar Töpfen heller Unterlauge oder Salzwasser schaumfrei gesotten und schließlich nach kurzer Ruhe in die Form gebracht, mit einem Stabe durchzogen und gut bedeckt.

Gleich dem Walkfett kann auch das Wollfett, insonderheit nach vorheriger Verseifung unter Druck, durch Destillation mit überhitztem Wasserdampf gebleicht und gereinigt werden. Einige der so erzielten Produkte (Kernweiß) werden als hochwertige Fettsäuren allen berechtigten Anforderungen gerecht, andere aber, die beispielsweise als ,,weißes Seifenfett“ u. dgl. gehandelt werden, enthalten vielfach größere Mengen Wasser und Unverseifbares, weshalb beim Einkauf und der Verarbeitung stets Vorsicht geboten ist.

**Harzkernseifen.** Das Harz erfreut sich auf Grund seiner vorzüglichen Eigenschaften, insonderheit seiner leichten Verseifbarkeit, sowie der guten Löslichkeit und Schaumfähigkeit der daraus hergestellten Seifen halber, seit Jahren einer großen Beliebtheit in der Seifenfabrikation, so daß es heute in großen Mengen eingeführt und verarbeitet wird. Eine bedeutende Verwendung findet es vornehmlich bei der Herstellung von Kernseifen, die, je nach der Farbe und Reinheit des verwandten Harzes, ein helleres oder dunkleres Aussehen besitzen und nach den verschiedensten Methoden hergestellt werden. Nachstehend sollen einige Fabrikationsverfahren beschrieben werden.

Passende Ansätze für Harzkernseifen mit 30—50 $^0/_0$ Harz sind folgende:

| 1. | | | 2. | | | 3. | | |
|---|---|---|---|---|---|---|---|---|
| 1000 | kg | Talg, | 500 | kg | Knochenfett, | 900 | kg | Talg, |
| 150 | ,, | rohes Palmöl, | 400 | ,, | Talg, | 100 | ,, | rohes Palmöl, |
| 350 | ,, | Harz. | 100 | ,, | rohes Palmöl, | 500 | ,, | Harz. |
| | | | 400 | ,, | Harz. | | | |

Der Fettansatz wird mit 15—20grädiger Lauge, der Siedeweise mit Feuer oder mit Dampf entsprechend, verseift, und wenn ein schöner klarer Seifenleim entstanden ist, ausgesalzen. Nach Entfernung der Unterlauge wird die für das Harz nötige Ätznatronlauge in Stärke von

$20^0$ Bé in den Kessel gegeben, und nachdem die Masse wieder zum Sieden gebracht ist, auch das Harz, gut zerkleinert, portionsweise beigemischt. Auf 100 kg Harz rechnet man 100 kg 20grädige Lauge. Nachdem das Harz vollkommen verseift ist, wird auf leichten Stich abgerichtet und mit Wasser oder schwachem, 3grädigem Salzwasser ein wenig verschliffen. Nach ca. 12stündiger Ruhe wird die Seife geformt und, falls eine glatte Seife erwünscht ist, in der Form noch kalt gekrückt.

Man kann die Seife aber auch in der Weise herstellen, daß man das Harz gleich von vornherein mitversiedet, die Seife etwas kräftiger abrichtet, dann schaumfrei eindampft und, ohne auszusalzen, nach kurzer Ruhe in die Formen bringt. Solche Seifen haben nur wenig Leimniederschlag und zeigen beim Anschnitt ein silberstrahliges Aussehen, lassen sich aber nur schwer zu gleichartigen Riegeln verarbeiten. Weiter können Harzkernseifen auch durch Karbonatverseifung hergestellt werden, wenn statt Neutralfett Fettsäure verarbeitet wird, das Herstellungsverfahren ist dann das schon mehrfach beschriebene.

Harzkernseife aus 100 Teilen Fett und 80 Teilen Harz. 1000 kg Talg und 800 kg Harz werden mit 20—25grädiger Lauge zu einem klaren Leim versotten, der auf Stich abgerichtet wird. Hierauf salzt man den Leim soweit aus, daß eine klare Unterlauge beim Probenehmen vom Spatel abläuft, und siedet noch so lange, bis ein klarer Kern vorhanden ist. Nun läßt man die Seife gut bedeckt 24 Stunden zum Absetzen im Kessel stehen, entfernt alsdann die Unterlauge und schleift die Seife bis zum genügenden Flüssigsein mit heißem Wasser aus. Dieser Grundseife wird nunmehr zwecks Erhöhung der Festigkeit und der Sparsamkeit beim Verbrauch noch ca. 35 % Natronwasserglas eingekrückt; bei richtiger Beschaffenheit muß sie sich hierbei netzartig zeigen und darf nicht absetzen.

Harzkernseife aus 100 Teilen Fett und 100 Teilen Harz. 900 kg Talg und 100 kg rohes Palmöl werden mit 20—25grädiger Lauge verseift, zu einem klaren, schaumfreien Leim versotten, auf leichten Stich abgerichtet und dann ausgesalzen. Ist die gut abgesetzte Unterlauge entfernt, gibt man 900 kg 25grädige Ätznatronlauge und nach und nach 1000 kg zerkleinertes Harz zu dem Kesselinhalt, läßt bis zur völligen Verseifung des Harzes einige Zeit sieden und richtet mit 25grädiger Lauge auf guten Stich ab. Die so erhaltene, ziemlich feste Seife wird alsdann nochmals von der Unterlauge getrennt, mit heißem Wasser gut ausgeschliffen und nochmals abgerichtet. Alsdann überläßt man sie warm bedeckt einer 24—36stündigen Ruhe. Die Seife wird dann in die Form geschöpft und in dieser mit einer starken, ca. 36grädigen Lösung von Kristallsoda (5—6 kg auf 100 kg Seife) durchgekrückt, um eine größere Festigkeit zu erzielen. Hiernach krückt man die Seife kalt. Vielfach mischt man der Kristallsodalösung auch 1—2 kg Natronwasserglas zu, das ein Auswittern der Soda verhindert und so für das Aussehen der Seife von Vorteil ist.

Harzkernseife mit 100—120 % Harz. Der Ansatz für solche Seife besteht gewöhnlich aus Knochenfett. Man gibt, je nach der Größe des Ansatzes, einige Töpfe Unterlauge in den Kessel, dazu einige Töpfe 25grädige Ätznatronlauge und bringt etwaige Abfälle dazu. Ist ein Teil derselben gelöst, so kommen auch das Fett und Harz in den Kessel. Man hält nun die Masse stets so, daß sie einer dicksiedenden Seife ähnlich sieht und gibt deshalb stets 25 grädige Ätznatronlauge nach, wenn die Fette dies verlangen. Auf 100 kg Fett werden 100 kg 25grädige Lauge und auf 100 kg Harz ca. 80 kg Lauge benötigt. Siedet die Seife auffällig dick, so kann auch noch Unterlauge nachgegeben werden. Die fertige Seife muß einem dicken, braunen Teig ähnlich sein. Nimmt man ein Muster auf den Holzspatel, so läßt sich die Seife häufeln, ist ungewöhnlich heiß und bleibt erkaltet gleich dick, ohne Flußstreifen zu bilden. Die fertige Seife stößt keine Lauge, aber doch große Rosen durch, an denen man einige Spuren von Lauge wahrnehmen kann. Nach Fertigstellung deckt man den Kessel fest zu und formt am nächsten Morgen in langen, mehr breiten als hohen Formen.

Transparente Harzkernseife. 520 kg Talg, 80 kg rohes Palmöl und 400 kg helles Harz werden zusammengeschmolzen und einige Abschnitte darin gelöst. Hierauf werden 1000 kg 20grädige Lauge zugekrückt und, wenn ein guter, leimiger Verband vorhanden ist, weiter 28grädige Lauge hinzugesetzt, bis man an der herausgenommenen Glasprobe das Absetzen von Leim erkennen kann. Zu beachten ist, daß die Seife bei diesem Verfahren nicht zu heiß werden darf, da sie sonst schaumig wird, und daß sie nicht zu weit getrennt werden soll, wenn man ein transparentes Aussehen erzielen will. Wenn die genommenen Glasproben messerrückenstark auflegen und erkaltet kleine, grauschwarze Punkte zeigen, muß man mit dem Trennen aufhören. Die Seife wird alsdann dauernd gekrückt, nach dem Fertigsein fest im Kessel bedeckt und nach einiger Ruhe geformt.

Schwarze Harzkernseife. Diese Seife, die auch unter dem Namen „Bergmannsseife", „Mansfelder Seife" usw. vorkommt, wird in folgender Weise hergestellt: 270 kg Palmkernöl, 30 kg Talg, 60 kg Harz werden mit 360 kg 25grädiger Ätznatronlauge zu einem klaren Leim versotten, den man nach Zusatz von 15—18 kg Goudron (Destillationsrückstand der Stearinfabriken) gut abrichtet und schaumfrei siedet, worauf mit Salz getrennt wird. Nach gutem Absetzen wird die Unterlauge entfernt, der Kern unter Krücken mit etwas heißem Wasser verschliffen, und die fertige Seife alsdann in die Form geschöpft und kalt gekrückt. — In ähnlicher Weise kann diese Seife auch aus Walkfett, Knochenfett, dunklem Talg, Palmkernöl, Kottonölsatz und dunklem Harz mit 25grädiger Ätznatronlauge, gegebenenfalls unter Zusatz von 5 % Goudron als Kernseife hergestellt werden.

**Terpentinseife.** Die einfachste Art, eine sogenannte Terpentinseife anzufertigen, besteht darin, daß man einer Harzkernseife nachträglich einige Kilo Terpentinöl zukrückt. Eine gewöhnliche Harzkernseife wird in eine kleine Form von etwa 10 Zentner Inhalt geschöpft und 12,5 kg in wenig Wasser gelöste Kristallsoda dazu gekrückt. Wenn alles gut verrührt ist, werden noch 2,5—3 kg Terpentinöl beigegeben. Die Form bleibt unbedeckt stehen.

**Russische Sattelseife.** Die echte russische Sattelseife, die in der Regel nicht in Stangen, sondern in Dosen verkauft wird, ist eine Talgharzseife, die zur Hälfte aus russischem Talg, zur Hälfte aus Harz hergestellt ist. Man verseift diesen aus Fett und Harz bestehenden Ansatz mit halb Pottasche und halb Sodalauge von 24° Bé, läßt den Leim absetzen und verschleift den Kern mit etwas warmem Wasser. Die klare, weiche Seife wird in Dosen oder Fässer gefüllt. Eine gute Sattelseife in Stangen wird dadurch erhalten, daß man 10 Teile Talg, 5 Teile rohes Palmöl und 3 1/2 Teile helles Harz zu einem Kern versiedet und nach Entfernung der Unterlauge ca. 7 Teile 27grädige Ätznatronlauge und hierauf 7 Teile Palmkernöl hinzugibt, auf leichten Stich abrichtet und nochmals mit Salzwasser soweit trennt, daß die Seife flattert und die Fingerprobe näßt.

## Kernseifen auf Leimniederschlag.

Die Herstellung der handelsüblichen, glatten Kernseifen beruht im wesentlichen auf zwei verschiedenen Siedemethoden, von denen jede unter Berücksichtigung der jeweils zur Verarbeitung kommenden Fette ihre Berechtigung hat. Beide haben den Zweck, alle in dem Kern etwa vorhandenen Unreinigkeiten mit dem überschüssigen Wasser und Alkali aus der Seife auszuscheiden und sonach eine vollkommen reine Seife zu erzielen. Das eine Verfahren ist gekennzeichnet durch das Ausschleifen des auf Unterlauge gesottenen Kernes mittels Wasser bis zur Leimbildung und wird bei allen aus tierischen Fetten, Olivenöl und Palmöl gesottenen Seifen angewandt. Das zweite beruht auf der Bildung eines Leimniederschlags, der dadurch hervorgerufen wird, daß man die fertig abgerichtete Seife mit Salzwasser soweit trennt, daß eine Leimabscheidung erfolgt. Dieses Verfahren ist, wie eingangs auseinandergesetzt, nur bei Mitverarbeitung von Kokosöl oder Palmkernöl möglich und wird teils auf direktem, teils auf indirektem Wege ausgeführt.

Werden größere Mengen dieser letztgenannten Fette mitverarbeitet, so wird der ganze Ansatz mit 25—30 grädiger Ätznatronlauge verseift, auf schwachen Stich abgerichtet und mit starkem Salzwasser leicht getrennt. Von der mehr oder weniger sorgfältigen Beobachtung dieser Punkte hängt es ab, ob schaum- und flockenfreie Seifen mit möglichst wenig Leimniederschlag erhalten werden oder nicht. Sollen hingegen dunkle Fette und Harze mitverarbeitet werden, so ist es richtiger, diese vorzusieden und als ausgesalzenen Kern, schon teilweise gereinigt und entfärbt, der Seife zuzuführen. Auch ein etwa vorhandener Leimkern kann bei solchem Vorsud mit eingeschmolzen werden, da sein Aussehen auf diese Weise nur gewinnen kann.

Es ist gewiß nicht leicht, bei der so häufig wechselnden Konjunktur im Öl- und Fetthandel ein immer gleichmäßig schönes Fabrikat zu erzielen, um so mehr muß daher der Seifensieder bedacht sein, die Eigenschaften und die besten Verseifungsmethoden aller jeweilig zur Verwendung kommenden Fette und Öle kennen zu lernen, um sie naturgemäß zu behandeln und ihnen sozusagen die beste Seite abzugewinnen.

Es ist deshalb ganz besonders notwendig, die in den früheren Abschnitten dieses Handbuches enthaltene Beschreibung der in der Seifenfabrikation angewandten Fette, fetten Öle, Fettsäuren und Harze eingehend zu studieren und sich mit ihren Eigenschaften vertraut zu machen. Auf Grund der dadurch erlangten Kenntnisse wird es jedem Praktiker, besonders aber dem Anfänger, leichter werden, einerseits etwaige, bisher noch nicht verarbeitete Fettstoffe ihrer Eigenart gemäß, vorteilhaft und nutzbringend zu verarbeiten, und andererseits zu beurteilen, welche Fette bzw. Öle sich trotz etwaiger billiger Preise nicht zur Herstellung einwandfreier Seifen verwenden lassen.

Alle abgesetzten Seifen müssen schmutzfrei und glänzend sein. Niemand wird eine tot oder schmutzig aussehende Seife als gut befinden, selbst wenn der Fettsäuregehalt einer solchen höher sein sollte, als der einer klaren, blanken Seife. Man wählt daher zum Ansatz von vornherein schmutzfreie Fette oder Fettsäuren von möglichst heller Farbe, die gegebenenfalls noch durch Aufkochen mit Salzwasser geklärt werden. Falls auch dies nicht genügt, läßt sich durch das oben schon erwähnte Kernvorsieden eine weitere Verbesserung erzielen. Die gebräuchlichste Siedeweise ist jedoch das direkte Sieden unter Verwendung von Neutralfetten und Ätzlaugen, wobei aber vor allem darauf geachtet werden muß, daß die Verseifung eine vollständige ist und unverseifte Fettreste in der Seifenmasse nicht zurückbleiben.

Der ganze Siedevorgang ist, um das noch einmal zu betonen, ein chemischer Prozeß, der sich um so vollkommener vollzieht, je mehr man ihm Zeit zur vollständigen Entwicklung läßt. Selten wohl sind diejenigen Seifen die schönsten, die am schnellsten fertig gemacht sind, und ganz unzweifelhaft ist das Vorkommen so vieler Seifen, die nach verhältnismäßig kurzer Zeit besonders an der Oberfläche ungebundene Fettsäuren aufweisen, mit auf Rechnung einer allzu schnellen Fabrikationsweise zu setzen. Wenn Palmkernöl und Kokosöl hoch im Preise stehen, so daß ihre Mitverarbeitung in größeren Mengen nicht mehr lohnend ist, und andere Fette, wie Kammfett, Knochenfett, Erdnußöl, Kottonöl, gehärtete Fette u. dgl. an ihrer Stelle überwiegend im Ansatz vertreten sind, so ist es unbedingt richtiger, zum Teil sogar notwendig, solche Fette vorzusieden, damit man nicht allein helle, sondern auch feste Seifen erhält.

So gesottene Seifen halten sich außerdem besser auf Lager und bleichen nach.

Je nach der Art der betreffenden Zusatzfette lassen sich größere oder kleinere Mengen derselben beim Ansatz mitverwenden, da einerseits die Festigkeit der Seife, andererseits die Schaumfähigkeit durch den Charakter des Fettansatzes weitgehend beeinflußt wird. So lassen sich z. B. aus gutem Rindertalg bei einem Zusatz von nur 10—12 % Kernöl sehr schöne, feste und gut aussehende Seifen anfertigen; in Konsumentenkreisen sind aber solche Seifen trotz ihres sparsamen Verbrauchs nicht beliebt, weil sie zu wenig schäumen. Sollen oder dürfen die Seifen Harz enthalten, wie z. B. Oranienburger Seife, hellgelbe Kernseife oder Sparkernseife, so lassen sich aus vorwiegend talgartigen Fetten bei einem Harzzusatz von 15—20 % auch ohne Kernöl noch ziemlich gut schäumende Seifen anfertigen; aber das, was der deutsche Verbraucher in bezug auf leichtes Schäumen verlangt, ergeben solche Zusammenstellungen nicht. Man wird daher gut tun, Ansätze mit weniger als 25 % Kernöl nicht zu versieden und die etwaigen Harzzusätze ganz außer Betracht zu lassen. Ferner ist es bei stärkerer Mitverwendung von Talg oder talgartigen Fetten ratsam, diese zunächst in Kern zu sieden, um eine bessere Verseifung und, was namentlich bei Anwesenheit auch von weicheren Fetten sehr in Betracht zu ziehen ist, eine festere Seife zu erzielen.

Scheint es des billigeren Preises wegen geboten, Kottonöl, Erdnußöl oder Leinöl mit zu verarbeiten, so verwende man mit Rücksicht auf die Festigkeit der Seifen nicht mehr als 33 % davon; bei gleichzeitigem Harzzusatz empfiehlt es sich sogar, mit dem Zusatz der genannten Öle nicht über 25 % hinauszugehen.

Kottonöl und Leinöl sind trocknende Öle, ganz besonders das letztere. Seifen mit solchen Zusätzen unterliegen daher der Gefahr, nach kürzerem oder längerem Lager erst gelb- und später braunfleckig zu werden. Vielfach ist die Meinung verbreitet, daß man sich durch kräftige Abrichtung der Seifen gegen dieses Gelb- oder Braunfleckigwerden schützen könnte; diese Anschauung ist jedoch vollkommen irrig, da sich gerade die mäßig bis schwach abgerichteten Seifen am längsten halten, während eine kräftigere Abrichtung die Fleckenbildung in besonderer Weise zu begünstigen scheint. Von den vorgenannten beiden Ölen ist das Leinöl das in dieser Beziehung empfindlichere, während das Kottonöl, das jetzt in zweckmäßigerer Weise als früher gewonnen wird, die genannten Mängel nur mäßig in Erscheinung treten läßt. Es lassen sich daher die besseren Marken desselben, und zwar vorzugsweise die aus entschälter Saat gewonnenen Öle, in beschränktem Maße mit zur Anfertigung abgesetzter, weißer Kernseifen heranziehen, indem sie zunächst mit den anderen zur Verwendung kommenden, talgartigen Fetten zu Kern vorgesotten werden. Nach Entfernung der Unterlauge ist alsdann die zur Verleimung des Kernöls nötige Ätzlauge hinzuzugeben und anzusieden. Befindet sich das Ganze im Kochen, so fügt man allmählich das Kernöl so hinzu, daß die Verseifung der jeweiligen Einzelmengen vollzogen ist, ehe man ein weiteres Quantum hinzufließen läßt. Man vermeidet auf diese Weise die gleichzeitige, plötzlich eintretende und heftig verlaufende Verseifung der gesamten Kernölmenge und das damit verbundene starke Steigen der im Kessel befindlichen Seifenmasse. Nach beendeter Zugabe muß eine ruhig siedende Seife im Kessel liegen, die guten Druck, genügende Festigkeit und nur einen mäßigen Stich besitzt. Trennt man jetzt die Seife mit starkem, 24grädigem Salzwasser vorsichtig so weit ab, daß man die Abscheidung des Leimes vom Kern eben bemerken kann, so muß von der Oberfläche bis auf den Leimboden eine schöne, reine, gut abgesetzte und fleckenlose Seife vorhanden sein.

Schaumige und schmutzfleckige Seifen sind immer ein Beweis dafür, daß zu kräftig abgerichtet wurde, und daß eine stärkere Trennung mit Salzwasser notwendig ist. Es ist daher besonders zu beachten, daß vollständig kaustisch gesottene Seifen eines als Stich bemerkbaren Überschusses an Alkali nicht bedürfen, und daß um so weniger Salzwasser zur Erzielung einer schaum- und schmutzfreien Seife erforderlich ist, je genauer man in Bezug auf den Alkaligehalt das Richtige trifft.

Alle kräftig und auf Stich abgerichteten Seifen entbehren, wenn rein kaustisch gesotten, der Flüssigkeit und Beweglichkeit. Sie sind zäh und leimig und lassen aus diesem Grunde Schmutz und färbende Teile nicht oder nur ungenügend nach unten sinken. Aus diesem Grunde sind sie auch besonders dann sehr schmutz- und buntfleckig, wenn zum Trennen viel Salzwasser verbraucht wurde.

Im Folgenden soll nun die Herstellung einer abgesetzten Kernseife aus den vorgenannten Materialien näher beschrieben werden.

**Wachskernseife oder weiße Kernseife.** Angenommen, es soll ein Ansatz von 5000 kg Neutralfett zu glattweißer Kernseife verarbeitet werden. Der Siedekessel ist mit Dampfleitung versehen und besitzt am Boden einen Ablaßhahn zum Ablassen der Unterlauge. Der Ansatz soll bestehen aus

1250 kg Talg, talgartigem oder gehärtetem Fett (Talgol),
1250 „ Kottonöl oder hellem Erdnußöl,
2500 „ Kernöl oder Abfallkokosöl.

Talg, Talgfett oder Talgol nebst Kottonöl oder Erdnußöl kommen zuerst in den Kessel und werden mit 20grädiger Lauge verseift. Zur vollständigen Verseifung von 2500 kg Fett würden ungefähr 3000 kg 20grädiger Ätznatronlauge nötig sein, die man praktischerweise aus einem hochstehenden, mit einem Flüssigkeitsmesser versehenen Laugenbehälter direkt in den Siedekessel einfließen läßt. Man läßt also zunächst etwa 200 kg Lauge zulaufen und dann Dampf einströmen. Der Verband bildet sich sehr schnell, worauf man langsam, unter ruhigem, gleichmäßigen Sieden weiter Lauge zulaufen läßt, immer darauf achtend, daß der Verband nicht gestört wird. Je mehr Lauge in den Kessel kommt, um so dicker wird der Seifenleim, so daß es sich empfiehlt, starkes Salzwasser bereit zu halten, um mit seiner Hilfe einem vollständigen Dickwerden der Masse vorzubeugen. Da das Salz aber trennend wirkt und somit den Verband stört, muß gegebenenfalls mit der Zugabe von Salzwasser vorsichtig verfahren werden, 1 % Salz, auf den Ölansatz gerechnet, genügt gewöhnlich, um den Seifenleim hinreichend flüssig zu halten. Wenn die Lauge bis auf einen Rest von 100—150 kg in dem Kessel ist, wird die Seife auf dem Probespatel einer genaueren Prüfung unterzogen. Bei einiger Übung ist leicht zu erkennen, ob sie mit Alkali gesättigt ist, oder noch eines größeren Laugenquantums bedarf. Stich soll die Seife nicht haben, es genügt vollständig, wenn sie sich beim Auftropfen einer Phenolphthaleïnlösung leicht rötet. Sollte es aber einmal vorkommen, daß das Laugenquantum zu reichlich bemessen wurde, so ist der vorhandene Stich durch Nachgabe von etwas Fett oder Öl wieder aufzuheben. Ist die Seife richtig getroffen, so wird sie allmählich mit Salz überstreut. Während sich die Unterlauge ausscheidet, beginnt die Seife allmählich zu reißen. Die Unterlauge selbst muß vollständig klar bleiben und darf sich nicht trüben oder beim Erkalten gallertartig werden. Ist letzteres der Fall, so ist dies ein Beweis dafür, daß sich noch ungebundenes Alkali in der Seife befindet, das durch weiteren Zusatz von Fett oder Öl, oder besser etwas Fettsäure zu neutralisieren ist.

Die Seife bleibt nun einige Stunden ruhig stehen, damit sich die Unterlauge gut absetzen und schließlich abgelassen werden kann. Alsdann wird die zur Verseifung des Palmkernöls nötige Lauge, nicht ganz 1600 kg einer 30grädigen Ätznatronlauge, in den Kessel gebracht und das oben erwähnte Palmkernöl allmählich hinzugegeben. Ist auch dieses im Kessel, und hat man eine ruhig siedende, dem Anschein nach fertige Seife erhalten, so prüft man die Abrichtung. Ein geübter und erfahrener Seifensieder wird schon am Griff und Fingerdruck einer abgekühlten Probe beurteilen können, ob die Seife genügend abgerichtet ist oder nicht. Der Anfänger wird aber zunächst noch die Zunge zu Hilfe nehmen müssen, um festzustellen, ob und wieviel Abrichtung vorhanden ist. Auf Grund des Befundes ist das erhaltene Produkt gegebenenfalls zu korrigieren, indem man entweder noch Lauge nachgibt oder den vorhandenen Alkaliüberschuß mit Öl oder Fett aussticht. Spürt man deutlichen Zungenstich, so sind zur Neutralisation wenigstens 100—150 kg Öl notwendig, nach deren Verseifung weiter probiert werden muß, bis jeder Stich verschwunden ist.

Nun nimmt man zu den weiteren Proben Phenolphthaleïnlösung zu Hilfe. Läßt man einen Tropfen derselben auf die Oberfläche einer zu untersuchenden Seife fallen, so färbt sich diese bei einem etwaigen Alkaliüberschuß blutrot, bleibt aber farblos, wenn noch Abrichtung fehlt. Man kann also mit diesem Reagens leicht und genau feststellen, ob alles Fett mit Alkali gesättigt, oder ob von letzterem schon ein Überschuß vorhanden ist [1]). Man läßt nun die Seife noch eine Zeitlang sieden, um an Hand weiterer Proben festzustellen, daß sich der vorhandene, geringe Laugenüberschuß nicht wieder verliert. Bleibt das Ergebnis unverändert dasselbe, d. h. zeigt die Seife beim Auftröpfeln der Phenolphthaleïnlösung eine schwache Rötung, so wird sie mit 20grädigem Salzwasser getrennt. Da die Seife aber nur geringen Alkaliüberschuß besitzt, so geht sie mit schon geringen Mengen der Salzlösung (250—300 kg) leicht aus dem Verband und setzt den Leim ab. Wenn der ausgesalzene Kern, mit dem Spatel geworfen, flattert, bei der Druckprobe leicht näßt, und wenn sich beim Ablaufen vom Spatel trockene Stellen zeigen, so ist die Seife genügend getrennt und fertig. Nach 36stündiger Ruhe im gut bedeckten Kessel wird sie nunmehr in die Formen geschöpft oder mittels Rotationspumpe entweder ebenfalls in Formen oder in den Behälter der Kühlmaschine abgepumpt. Der im Kessel verbleibende Leim wird mit 200—300 kg Fett oder besser Fettsäure ausgestochen, wobei sich gleichzeitig ohne weiteren Salzzusatz eine klare Unterlauge ergibt, die sehr rein ist und gewöhnlich, dem Glyzeringehalt der verarbeiteten Öle und Fette entsprechend, 7—8 % Glyzerin enthält.

Das Sieden aller Seifen auf Leimniederschlag, welche Harz enthalten, wird ebenfalls wie vorbeschrieben ausgeführt. Das Harz wird mit im Kern versotten, wodurch es bereits weitgehend entfärbt und vom Schmutz befreit wird. Arbeitet man jedoch von vornherein mit reinen Fetten oder Ölen, so kann man den ganzen Ansatz direkt versieden und fertig machen; man verwendet dann eine nur 30grädige Ätzlauge, behandelt aber das Abrichten und Trennen der Seife wie oben beschrieben.

Um eine besonders schöne, weiße Seife zu erzielen, kann man, falls genügend Zeit zur Verfügung steht, auch so arbeiten, daß der Talg und das Öl zuerst verseift und ausgesalzen werden. Nach Entfernung der Unterlauge kommt alsdann das Kernöl und die Lauge in den Kessel, nach deren Verseifung nochmals ausgesalzen und die Unterlauge abgelassen wird.

Zu dem ausgesalzenen Kern bringt man nun soviel Wasser, daß er sich verleimt und als dünne, stark verschliffene Seife hochsiedet. Wenn richtig abgerichtet, ergibt sich alsdann bei genügend langem Absitzen eine sehr reine, weiße Seife.

Kommen Fettsäuren zur Verarbeitung, so werden dieselben natürlich mit Ammoniaksoda verseift. Handelt es sich um einen frischen Ansatz, so wird die Sodalösung, welche zur Verseifung des ganzen Ansatzes gebraucht wird, gleich in dem Siedekessel bereitet. Soll der Ansatz aus 5000 kg Fettsäure bestehen, die 90—95 % freie Fettsäure enthält, so sind 90 % vom ganzen Ansatz, d. h. 4500 kg reiner Fettsäure mit $45 \times 21 = 945$ kg Ammoniaksoda zu verseifen. Die Sodalösung selbst wird auf

[1]) Diese Probe ist jedoch nur zuverlässig, wenn freies kohlensaures Alkali, das ebenfalls Rotfärbung veranlaßt, nicht vorhanden ist.

$30^0$ eingestellt. Sobald sie am Kochen ist, läßt man die Fettsäure zulaufen. Erfolgt der Dampfzutritt den Verhältnissen entsprechend, so braucht der Zulauf nicht unterbrochen zu werden, bis der ganze Ansatz im Kessel ist. Entweder gleich von Anfang an oder auch beim Zulaufen der Fettsäure gibt man 2—3 % Salz in den Kessel, die Seife wird dann nicht so dick, die Kohlensäure kann leichter entweichen und die Masse kommt nicht allzu sehr zum Steigen. Es wird nun gekocht, bis alle Soda gebunden und die Kohlensäure ausgetrieben ist, und in der gleichen Weise weiter gearbeitet, wie bei Besprechung der „Marseiller-Seife" bereits eingehend beschrieben wurde.

Es muß hier jedoch bemerkt werden, daß es noch nicht gelungen ist, aus reiner Fettsäure ebenso schöne, helle und weiße Kernseifen zu erhalten, wie aus Neutralfetten. Wenn trotzdem mit Fettsäuren gearbeitet werden muß, so hilft man sich durch nachträgliches Bleichen der Seife, wozu verschiedene Bleichmittel zur Verfügung stehen, die der fertigen Masse beim Ausschleifen oder vorher schon beim Aussalzen zugegeben werden (Blankit). Sollen Talg oder Erdnußöl mit verarbeitet werden, so ist es besser, diese als Neutralfett zu verseifen, das wesentlich schönere Seifen ergibt, als wenn nur Fettsäuren verarbeitet werden. Die Arbeitsweise ist dann so, daß zuerst die Fettsäure mit Ammoniaksodalösung verseift wird, und erst, wenn die Kohlensäure vollständig ausgetrieben ist, die Lauge für das Neutralfett zugegeben wird. Hierauf läßt man aufsieden und das Neutralfett hinzufließen. Besser verseift man allerdings das Neutralfett besonders in einem zweiten Kessel, salzt aus und schöpft oder pumpt den Kern zu der Seife aus Fettsäure. Das Fertigsieden geschieht dann in derselben Weise, wie vorher beschrieben wurde.

Fast dieselbe Arbeitsweise wie bei der Verseifung von Fettsäuren ergibt sich, wenn nach dem Krebitz-Verfahren gearbeitet wird. Sobald die Sodalösung, der sogleich 5 % Salz zugesetzt wird, am Kochen ist, beginnt man mit dem Eintragen bzw. Einstreuen der Kalkseife. Während man das Ganze in lebhaftem Sieden erhält, schreitet die Umsetzung gleichmäßig, ohne stürmische Reaktion fort und ist meistens 2—3 Stunden nach Einbringung der letzten Kalkseife beendet. Man hat hier zu beobachten, daß in der kochenden Seifenmasse Kalkseifenteilchen nicht sichtbar bleiben, da erst nach deren völligem Verschwinden der Verseifungsprozeß beendet ist. Die Masse wird nun vorsichtig ausgesalzen. Sobald sich eine milchige Unterlauge zu zeigen beginnt, und die Seife beim Werfen mit dem Spatel größere Blasen nicht mehr bildet, ist die Trennung nahe. Die Seife soll nun ganz gelinde sieden, damit sie Zeit hat, die Lauge abzusetzen. Der Kern muß großfleckig nach oben kommen und die milchige Unterlauge von unten durchstoßen. Beim Werfen mit dem Spatel muß der Kern schwer sein und darf nur kleine dünne Blasen in Erscheinung treten lassen. Sind alle diese Anzeichen vorhanden, so kann man annehmen, daß die Unterlauge keine Seife mehr gelöst enthält.

Die Seife soll dann nochmals $^1/_2$—1 Stunde schwach durchsieden, worauf sie einer ca. 12stündigen Ruhe überlassen wird. Nach Ablauf dieser Zeit hat sich die Unterlauge und der Kalkschlamm abgesetzt; der letztere wird am besten in einen besonderen Behälter abgelassen oder ausgepumpt, während die dünnere, gelbliche Unterlauge getrennt aufgefangen wird. Der Kalkschlamm wird alsdann sofort mit heißem Wasser übersprengt und soweit verdünnt, daß sich die darin befindliche Natronseife zu einem dünnen, nicht zu zähen Seifenleim auflöst und die Kalkmilch selbst dünn von der Krücke tropft. Je mehr Leimfett (Kokosöl oder Palmkernöl) im Ansatz ist, desto höher dürfen die Baumégrade der oben ausgeschiedenen Lösung sein, und umgekehrt, je mehr Kernfette vorwiegen, desto schwieriger löst sich die Seife in der salzhaltigen Flüssigkeit, die alsdann mit Wasser weitgehend zu verdünnen ist. Niemals darf aber, selbst bei einem hohen Prozentsatz an talgartigen Fetten, die klare Lösung schwächer als 3° Bé sein, da sich sonst die Seifenlösung trübt und der Kalkrückstand schlecht abzupressen ist.

Die aus der Filterpresse ablaufende Seifenlösung wird zum Ausschleifen des Seifenkerns benutzt, während der Rest zweckmäßigerweise mit der Unterlauge auf 24° Bé eingedampft und zum Auflösen der für den nächsten Sud benötigten Sodamenge wieder benutzt wird. Die Salzlauge kann nämlich zu mehreren Suden immer wieder Verwendung finden, da der Kalk ein nicht zu unterschätzendes Entfärbungsvermögen besitzt. Bei Wiederverwendung ist jedoch auf den Sodagehalt Rücksicht zu nehmen, der in der Regel gerade den Überschuß über die äquivalente Menge bildet.

Das Ausschleifen des Kerns im Seifenkessel geschieht in der üblichen Weise wie bei den anderen, vorbeschriebenen Verfahren. Es ist nur darauf zu achten, daß bei einer gleichzeitigen Verarbeitung von Ausstichkern auch die entsprechende Menge Ätznatronlauge zugesetzt wird. Eine gewisse Menge derselben ist aber auch beim Ausschleifen an sich notwendig, auch wenn die Seifenmasse selbst vollkommen verseift ist. Die jeweils erforderliche Menge hängt dabei von der nötigen Ausschleifflüssigkeit ab, für deren Herstellung sich, wie erwähnt, am besten die von der Filterpresse ablaufende Seifenlösung eignet. Diese Seifenlösung enthält schon etwas Soda und Salz, es fehlt demnach nur noch etwas Ätznatron, dessen Konzentration am besten mit ca. 1 % bemessen wird. Auf den Kern von je 100 kg Fettansatz sind meistens 20 kg Seifenlösung erforderlich, vor deren Zugabe aber der Kern mit direktem Dampf etwa eine halbe Stunde tüchtig durchgekocht werden soll. Wenn Ausstich vorhanden ist, gibt man auch diesen gleichzeitig mit der notwendigen Menge 38grädiger Ätzlauge hinzu.

Der so erhaltene Kern muß schön flüssig sein und beim Werfen mit dem Spatel Blasen geben, die aber nicht zu groß sein dürfen. Die Seife wird dann im zugedecktem Kessel einer 36—48stündigen Ruhe überlassen, worauf sie in die Formen geschöpft oder in den Vorratsbehälter der Kühlmaschine gepumpt wird.

Der abgesetzte Leimniederschlag wird nicht ausgesalzen, sondern mit der alten Salzlauge vermischt und nach Zugabe der berechneten Menge Soda für den nächsten Sud verwendet.

Die erhaltenen Seifen sind durch helle Farbe, Reinheit und angenehmen Geruch besonders gekennzeichnet.

**Oranienburger-, Hellgelbe-, Sparkern-** oder **Oleïnseife.** Unter diesen Namen wird eine glatte Harzkernseife von gelblich heller, wachsartiger Farbe in den Handel gebracht, die gern und viel gekauft wird und in manchen Gegenden fast alle anderen harten, insonderheit auch die Eschweger Seifen fast ganz verdrängt hat. Zu ihrer Herstellung sind besonders gute, hellfarbige Fette und schönes, helles Harz notwendig. Es sind daher in erster Linie Palmkernöl, Kokosabfallöl, Talg, helles Knochenfett, Schmalz oder schmalzartige Fette, weißes Oleïn und helles Harz zum Ansatz zu verwenden. Die schönsten Seifen erhält man, wenn der Ansatz aus 66 Teilen Palmkernöl, 33 Teilen Talg und 15 Teilen hellem Harz besteht. Das für diese Seifen erforderliche Siedeverfahren ist genau das vorbeschriebene, ob direkt oder indirekt, mit Karbonatverseifung oder nach dem Krebitzverfahren gearbeitet wird. Allein das Harz sollte bei diesen Seifen stets vorgesotten werden, da dasselbe stets Schmutz und Farbteile enthält. Wenn nicht ein alleiniges Versieden vorgezogen wird, wird es daher gewöhnlich in dem Leimkern des vorhergehenden Sudes vorgesotten.

Da alle, mit einem größeren Prozentsatz Harz gesottenen Seifen leicht zum Absetzen neigen, so kann neben den vorbesprochenen Methoden aber eine weitere Siedeweise eingehalten werden, die bei Seifen ohne Harz nicht angängig ist. Zu diesem Zweck kommen Leimkern und Abfälle in den Kessel, dazu die Hälfte der für den ganzen Ansatz nötigen Lauge, die beim Arbeiten auf freiem Feuer 29—30° Bé stark, beim Arbeiten mit Dampf 35—36° stark sein soll. Sind Kern und Abfälle zergangen, so wird mit Hilfe des Palmkernöls der Verband herbeigeführt und schließlich auch das Harz nach und nach gleichzeitig mit der noch fehlenden Lauge zugegeben. Ist der ganze Ansatz im Kessel, so soll, gegebenenfalls nach Zusatz von etwas Salzwasser, eine nicht übermäßig dicke, leicht und locker siedende Seife resultieren. Dieselbe bleibt dann einige Stunden der Ruhe überlassen und wird noch heiß geformt. Die Formen bleiben zwei Tage gut zugedeckt stehen, damit sich der Leim gut absetzen kann. Auf diese Weise bleibt im Kessel kaum ein Schöpfer tief Leim, der, mit etwas Fettsäure oder Harz ausgesotten und dann ausgesalzen, sehr wenig Unterlauge abgibt. Je zäher und fester ein solcher Leimniederschlag ist — was man besonders dann erreicht, wenn man Salz möglichst vermeidet und nicht stark abrichtet —, desto mehr kann man auf gutes Absetzen in der Form rechnen. Die Seifen haben eine schöne, glänzende Kernfaserbildung, lassen sich aber nur mit gut konstruierten Schneidemaschinen regelmäßig zerteilen.

**Harzkernseifen.** Mit dem Namen „Harzkernseifen" bezeichnet man häufig Produkte, die ebenso wie die Oranienburger Seifen angefertigt werden, in der Regel aber bis zu 30 % Harz enthalten und mit rohem Palmöl gefärbt werden. Meistens betrachtet man diese Seifen als Objekte, die es gestatten, dunklere Fette, sowie Leimböden und allerhand Abfälle mit unterzubringen, da die Farbe des Palmöls vieles verdeckt. Man darf jedoch mit der Verwendung solcher dunklen Fette und Abfälle nicht allzu weit gehen, da man sonst eine dunkelbraune Seife erhält, während in Konsumentenkreisen auch hierbei Wert auf möglichst reinrote Färbung gelegt wird.

## Die Vermehrung der Kernseifen.

Eine erhöhte Ausbeute wird bei den Kernseifen bekanntlich schon durch das Schleifen erhalten, da die Seife bei dieser Operation eine gewisse Menge Wasser aufnimmt. Diese darf jedoch eine bestimmte Grenze nicht überschreiten, wenn die Seife nicht zu leimig und weich werden soll.

Soll eine Kernseife höher vermehrt werden, so geschieht dies durch Einkrücken verschiedener Surrogate. Als passende Vermehrungsmittel, die besonders die Eigenschaft besitzen, das Aussehen der Seife nicht allzu stark zu schädigen, haben sich Wasserglas, Sodalösung und Talk bewährt, die einzeln oder am besten gemeinschaftlich Verwendung finden. Wasserglas, allein angewandt, hat zwar die Eigenschaft, einer damit vermehrten Seife im frischen Zustande ein gutes Aussehen zu verleihen und sie vor zu schnellem Austrocknen zu bewahren; nach dem Eintrocknen aber werden diese Seifen unansehnlich und steinhart. Im Gegensatz hierzu trocknet eine nur durch Sodalösung vermehrte Kernseife stark aus, während Talk wieder, gut verteilt, ein zu starkes Austrocknen und Hartwerden verhindert, aber ein trüberes Aussehen der Seife veranlaßt. Gemeinschaftlich verwandt ergänzen sich die genannten Stoffe aber gegenseitig, so daß eine vorteilhafte, für alle Kernseifen geeignete Füllungskomposition aus Wasserglas, Sodalösung und Talk bestehen muß. Am besten verrührt man 100 kg Talk in 150 kg kochendem Wasser, setzt 30 kg Kristallsoda und schließlich unter lebhaftem Krücken portionsweise 140 kg Natronwasserglas hinzu.

Die für eine Vermehrung in Betracht kommenden Kernseifen, zu deren Herstellung am besten recht stearinhaltige Fette Verwendung finden, müssen in der früher angegebenen Weise zunächst mit entsprechenden Laugen verleimt, ausgesalzen und dann zu einem schaumfreien, strotzigen Kern eingedampft werden, der dann mit Wasser gut verschliffen wird. Eine gute Verseifung der verarbeiteten Fette ist unbedingt nötig, da sich die Seife, wenn sie irgend welche Mängel zeigt, nur schwach oder gar nicht füllen läßt. Wenn der Kern genügend ausgeschliffen und gelöst ist, sich blank und fest im Druck zeigt, die Unterlauge aber klar bleibt, so bedeckt man den Kessel und läßt längere Zeit zum Absetzen stehen. Nach dem vollständigen Entfernen der Unterlauge werden alsdann der auf etwa 75—80° C abgekühlten Seife von der oben erwähnten Füllung 30—40 kg auf 100 kg Fettansatz zugekrückt. Da jedoch die Grundseife verschieden ausfallen und deshalb auch mehr oder weniger Füllung aufnehmen kann, so gebietet die Vorsicht, erst bei kleinen Mengen Seife ihre Aufnahmefähigkeit für die Füllung zu probieren, um nicht etwa den ganzen Sud zu gefährden.

Beim Füllen selbst ist vieles zu beobachten, und man hat gewöhnlich mit einigen Mißerfolgen zu kämpfen, ehe man bei genügender Aufmerksamkeit und Erfahrung mit stets guten Erfolgen rechnen kann. Manche Seifen füllen sich leichter und besser, wenn die Füllung warm angewandt wird, während andere wieder eine kalte Füllung besser aufnehmen. Auf alle Fälle aber soll die Seife nach dem Zukrücken der Füllung dick und blank aussehen und einer gerippten Eschweger gleichen. Das Füllen selbst kann sowohl im Kessel, nach völliger Entfernung der Unterlauge, wie auch in einem anderen, passenden Behälter ausgeführt werden. Von den eingangs erwähnten Maschinenfabriken werden auch besonders konstruierte Mischkessel hergestellt, welche sich zur Vermehrung der Kernseifen ganz vorzüglich eignen. Diese Kessel, welche einen Fassungsraum für 1000—1500 kg Seife haben, sind doppelwandig, durch Dampf beheizbar, innen mit einer starken Schnecke für Vor- und Rücklauf und unten mit einem weiten Ablaßventil ausgerüstet, durch das auch dicke Seifen noch gut ablaufen können. Sobald die Füllung gut verrührt ist, was bei der intensiv arbeitenden Schnecke ziemlich schnell der Fall ist, wird die Seife am besten in eine darunter aufgestellte Form abgelassen.

In der gleichen Weise wie die weißen Kernseifen können auch die aus gleichem Material mit 30 % Harz hergestellten Harzkernseifen behandelt werden, da sich auch hier eine Füllung bis zu 30 % einkrücken läßt.

Zweckmäßigerweise werden die gefüllten Seifen in kleinen Formen zum Erstarren gebracht, in denen sie gleichmäßig rasch erkalten. Noch schöner werden sie aber in der Kühlmaschine, durch deren plötzliche und gleichmäßige Kühlung sie einen besseren Griff und ein glänzendes Aussehen erhalten. Auch sind sie sofort nach dem Schneiden versandfähig, während die in Formen erkalteten Seifen nach dem Schneiden einige Zeit zum Trocknen aufgestellt werden müssen, damit sie an Festigkeit gewinnen.

Auch die auf Leimniederschlag mit und ohne Harzzusatz gesottenen Kernseifen können gefüllt werden, und zwar besonders gut, wenn neben dem Palmkern- und Kokosöl ein größerer Prozentsatz Talg oder Palmöl mitversotten wurde. Hauptsache ist jedoch, daß die zur Vermehrung bestimmten Seifen recht rein und blank im Kessel liegen, keine Laugenschärfe zeigen und genügend fest sind.

Zum Vermehren der abgesetzten Kernseifen verwendet man entweder ebenfalls die oben erwähnte Füllung aus Wasserglas, Sodalösung und Talk oder eine durch Lösen von 1 Teil Kristallsoda in 2—3 Teilen Natronwasserglas bereitete Füllung. Auch Wasserglas, mit 20grädiger Lauge auf $28^0$ Bé gestellt, sowie eine Füllungskomposition aus 103 Teilen Wasserglas, 19 Teilen 22grädiger Sodalauge, 2 Teilen 10grädiger Pottaschelauge, 7 Teilen Chlorkalium und 5 Teilen Kristallsoda finden vielfache Verwendung. Eine weitere Füllung besteht aus gleichen Teilen Pottasche, kalzinierter Soda und Salz, die in Wasser zu einer Lösung von $24^0$ Bé vereinigt sind, und schließlich ist auch noch das sogenannte kaustische Wasserglas zu erwähnen, das, aus 100 Teilen Wasserglas, $12^1/_2$ Teilen 40grädiger Ätznatronlauge und 50 Teilen frischem Kalkwasser (aus 1 Teil Kalk und 5 Teilen Wasser) hergestellt und auf $45^0$ Bé eingedampft, als besonders gutes Vermehrungsmittel empfohlen wird.

## Eschweger Seifen.

Die Herstellung der Eschweger Seifen hat in den beiden letzten Jahrzehnten ebenso wie die der Kernseifen eine Änderung erfahren, da man heute auch hier fast ausschließlich mit Dampf arbeitet und größtenteils Fettsäuren durch kohlensaure Alkalien verseift.

Bei der Verseifung selbst findet je nach dem zur Verarbeitung kommenden Fettmaterial sowohl die direkte wie die indirekte Siedeweise Anwendung. Was die Zusammenstellung des Fettansatzes betrifft, so geht man am sichersten, wenn man zur Hälfte Palmkernöl und zur Hälfte tierische Fette verarbeitet, doch läßt sich auch mit 35 $^0/_0$ Palmkernöl und 65 $^0/_0$ tierischen Fetten eine schöne Seife erzielen. Ist Kokosöl zur Verfügung, so werden gewöhnlich 30 $^0/_0$ desselben mit 70 $^0/_0$ stearinhaltigen Fetten gemischt als Ansatz genommen. Auch Kottonöl kann in bescheidenen Grenzen mitverarbeitet werden, Leinöl aber ist von den Eschweger Seifen fernzuhalten, da es schlechte Ausbeuten ergibt und die Seifen, die mit der Zeit einen unangenehmen Geruch annehmen, sehr rasch nachdunkeln läßt.

Die Fette, die man demnach für die Herstellung von Eschweger Seifen empfehlen kann, sind also Palmkernöl, billiges Kokosöl oder Kokosabfallöl, Talg, Knochenfett, Kammfett, schmalzartige Fette, gebleichtes Palmöl, Erdnußöl und Kottonöl. In neuerer Zeit sind dazu noch die gehärteten Fette gekommen, die sich ebenfalls recht gut zu diesen Seifen verarbeiten lassen.

Bei Verwendung von Kernöl und Kottonöl bleibt die Seife sehr lange flüssig, weshalb sie kälter geformt werden muß als andere Seifen, zu denen mehr tierische Fette verarbeitet wurden. Am besten ist es daher, wenn man solche Seifen über Nacht im Kessel stehen läßt, am andern Morgen nochmals gut durchkrückt und dann erst ausschöpft. Kottonöl ergibt übrigens bei der Eschweger Seife eine geringere Ausbeute als tierische Fette, was stets mit in Betracht gezogen werden muß. Weißer Grund und schöne Marmorbildung bilden einen Maßstab für die Güte der Eschweger Seife; es genügt daher nicht, die geeigneten Fette in richtiger Zusammenstellung zu verarbeiten und sachgemäß zu versieden, zum guten Gelingen gehört auch das richtige Kaustizitätsverhältnis der Seife, ohne dessen Beachtung man leicht Mißerfolge erleben kann.

Die Frage, welche Siedemethode, die direkte oder die indirekte, bei Eschweger Seifen vorzuziehen ist und bei welcher eine höhere Ausbeute erzielt wird, läßt sich nicht ohne weiteres beantworten; es hat vielmehr jede Siedemethode ihre Berechtigung, da sie im wesentlichen durch den Fettansatz bedingt wird. Im allgemeinen kann man aber sagen, daß beide Siedemethoden die gleiche Ware und die gleiche Ausbeute ergeben, und daß es lediglich darauf ankommt, welche Methode der Sieder am meisten beherrscht. Wer schnell arbeiten will, wird die direkte, weil kürzere Siedeweise wählen, vorausgesetzt allerdings, daß die zur Verarbeitung kommenden Fette rein sind. Schmutzige Fette müssen stets vorgesotten oder, wenn man doch direkt sieden will, vorher gereinigt werden.

Was die Anfertigung der Eschweger Seife mit Dampf allein betrifft, so gehört ziemlich viel Übung dazu, um den richtigen Wassergehalt und die richtige Kürzung der Seife zu erkennen. Ebenso ist bei der Verarbeitung von Fettsäure durch Karbonatverseifung viel Aufmerksamkeit und Erfahrung notwendig, um eine Seife mit schönem Marmor und klarem Grunde herzustellen.

Die Vermehrung der Eschweger Seifen betreffend ist vor allem zu sagen, daß diese Seifen zu ihrer Bildung an sich schon gewisse Salze, kohlensaure oder kieselsaure Alkalien, Chloralkalien u. dgl., verlangen, weshalb sich auch nicht immer eine strenge Grenze ziehen läßt, wo die notwendigen Zusätze aufhören und die künstliche Vermehrung anfängt.

Besteht eine Seife vorwiegend aus Kernöl, gegebenenfalls mit etwas Kottonöl oder anderen flüssigen oder halbflüssigen Fetten vermischt, so wird sie nur bei Anwendung sehr kaustischer Lauge einen merklichen Zusatz an Wasserglas aufnehmen, dagegen leicht eine bedeutende Menge von Soda und Pottasche. Die Folge davon ist, daß bei dem gleichen Fettansatz eine mit Wasserglas behandelte Seife weniger Ausbeute ergibt und ein schlechteres Aussehen besitzt, als eine mit anderen Salzen gekürzte. Nur einen Vorzug könnte man jener einräumen; sie schlägt nicht so leicht aus und trocknet nicht so viel ein. Die besten Resultate wird man aber immer erzielen, wenn man nur einen Teil Wasserglas nimmt und die weitere Kürzung resp. Füllung mit anderen Salzen ausführt.

Die Ursache dieser Erscheinung liegt in der Natur des Fettansatzes begründet. Die erhaltenen Seifen sind zu dünn und können schwere Zusätze ohne störenden Einfluß auf die Marmorbildung nicht aufnehmen.

Viel weniger Schwierigkeiten bietet jedoch die Behandlung mit Wasserglas, wenn man stearinhaltige Fette, Knochenfett usw. mitversiedet. Bei einem Ansatz von halb Kernöl und halb Knochenfett oder anderen talgartigen Fetten bietet eine Füllung mit Wasserglas bis zu 20 % nicht die geringsten Schwierigkeiten. Allerdings ist es trotzdem noch nötig, die Kürzung selbst mit anderen Salzen, wie Soda, Pottasche oder Salzlösung zu vervollständigen. Auch einige Prozente Talk lassen sich hierbei mitverwenden, ohne daß die Marmorbildung besonders erschwert wird.

Die mäßig mit Wasserglas vermehrten Seifen bieten einen wesentlichen Vorteil dadurch, daß sie ein glatteres, gefälligeres Aussehen und mehr Griff besitzen, als die gleichen Seifen ohne Wasserglasfüllung. Es ist jedoch auch hier eine gewisse Grenze nicht zu überschreiten, da allzu stark gefüllte Seifen beim Lagern steinhart und mißfarbig werden.

Soll die Seife einen höheren Talkzusatz erhalten und dabei noch Wasserglas in größerem Prozentsatz Verwendung finden, so ist es Voraussetzung, daß eine gut gearbeitete Grundseife vorliegt. Viel höher wird übrigens die Ausbeute einer Eschweger Seife auch durch erhöhte Wasserglasfüllung nicht, doch sind die so vermehrten Seifen dem Austrocknen weniger unterworfen; die Seifen mit höherer Talkfüllung sehen meist tot und stumpf aus.

Im Folgenden sollen nun die verschiedenen Siedeweisen der Eschweger Seife zunächst an einem Ansatz aus Kernöl und talgartigen Fetten näher besprochen werden.

### Eschweger Seifen auf indirektem Wege.

| Ansatz: | 500 kg | Kernöl, |
|---|---|---|
| | 250 „ | Knochenfett, |
| | 250 „ | Pferdefett, |
| | 1000 „ | Ätznatronlauge 25° Bé, |
| | 200 „ | Wasserglas. |

Pferdefett und Knochenfett, zu deren Verseifung ca. 500 kg Ätznatronlauge von 25° Bé erforderlich sind, kommen zuerst in den Kessel. Um raschen Verband zu erzielen, gibt man alsdann zunächst 200 kg Lauge und 300 kg Wasser dazu und erhitzt die Masse durch Feuer oder direkten Dampf. Nachdem alles gut verbunden ist, setzt man nach und nach bei gutem Sieden die übrige Lauge, wenn nötig auch noch etwas Wasser hinzu, bis ein klarer, gut abgerichteter Leim im Kessel liegt. Nachdem man noch eine Zeitlang durchgesotten und einen mäßigen Zungenstich festgestellt hat, wird der Leim mit ungefähr 7—8 % Salz abgesalzen, bis die klare Lauge soeben abfließt und ein schöner Kern dunkelplattig im Kessel leicht hochsiedet. Es ist dies das beste Erkennungszeichen dafür, daß sich die Unterlauge gut und leicht absetzt. Hat man zu stark ausgesalzen und somit einen strotzigen Kern im Kessel erhalten, so setzt sich die Unterlauge schlecht ab, und es entstehen später beim Fertigsieden leicht Störungen. Man bedeckt nun den Kessel, am besten über Nacht, und läßt die Unterlauge gut absetzen. Unterdessen hat man in einem anderen Kessel auf den zweiten 500 kg Ätznatronlauge von 25° Bé, welche zur Verseifung der 500 kg Kernöl dienen sollen, die etwa vorhandenen Abschnitte geschmolzen und mit den oben genannten 200 kg Wasserglas und weiteren 200 kg Wasser vermischt. Zu dem Ganzen bringt man nun 450 kg Kernöl nach und nach in den Kessel und deckt nach eingetretener Verseifung ebenfalls gut zu; die übrigbleibenden 50 kg Kernöl behält man zur Abrichtung für den nächsten Tag zurück.

Am folgenden Morgen bringt man alsdann die Masse in leichtes Sieden und läßt den Kern überschöpfen. Sobald die mit Hilfe der Krücke oder durch direkten Dampf in Verband gebrachte Seife gut durchgesotten ist, wird sie schön und dick im Kessel hochsieden. Man kontrolliert die Abrichtung auf leichten Zungenstich. Ist dieselbe noch zu kräftig, so richtet man mit dem restierenden Kernöl ab. Nunmehr setzt man die Farblösung zu und kürzt, wenn notwendig, noch etwas mit 24grädigem Salzwasser. Wenn die Seife leicht hochsiedet, blank ist und über den ganzen Kessel Rosen bricht, so darf man annehmen, daß die Menge des angewandten Alkalis richtig getroffen ist. Wenn dann außerdem die entnommenen Proben blasenfrei aufliegen und sich in der Mitte in Fünfmarkstückgröße noch so lange flüssig halten, daß beim Eindrücken des Fingers flüssige Seife hervorquillt, so kann man die Seife als fertig bezeichnen. Sie fällt nun kurz vom Spatel, bildet kurze, gekrümmte Spitzen, die sofort erkalten, ist aber nicht hart wie eine Kernseife, sondern gewinnt erst allmählich eine genügende Festigkeit. Ist die Seife im Gegensatz hierzu noch zäh und lederartig, so ist sie zu kaustisch ausgefallen und muß mit Salzwasser vorsichtig soweit gekürzt werden, daß sie die angeführten Anzeichen des Fertigseins besitzt. Ist die Seife trotz normaler Abrichtung zu dünnflüssig, so enthält sie in der Regel zu viel Sodalösung bzw. Fülllauge, vorausgesetzt allerdings, daß die Seife nicht wasserarm ist. Man hilft sich in diesem Falle in der Weise, daß man 50—100 kg reine Ätznatronlauge von 25° Bé zugibt; die Seife stößt danach gebrochen durch, zieht sich aber schnell wieder zusammen. Die überschüssige Schärfe wird alsdann durch Zugabe von 50—100 kg Kernöl wieder fortgenommen, wonach die Seife im richtigen Kaustizitätsverhältnis stehen wird. Die fertige Seife bleibt noch einige Stunden im Kessel stehen und wird dann geformt.

**Eschweger Seife auf direktem Wege.** Das direkte Sieden vereinfacht die Anfertigung der Eschweger Seife ganz bedeutend. Legt man den vorher angeführten Ansatz zugrunde oder erfährt derselbe nur geringe Veränderungen, so ist die Arbeitsweise wie folgt zu empfehlen.

Angenommen es sollen zur Verseifung kommen:

500 kg Kernöl,
300 ,, Knochenfett,
100 ,, gebleichtes Palmöl,
100 ,, Kottonöl,
1000 ,, Ätznatronlauge von 25° Bé,
200 ,, Wasserglas,

so wird das Sieden in der Weise vorgenommen, daß man mit den 1000 kg Lauge etwaige Abschnitte verschmilzt, dann das Wasserglas zugibt und durchsieden läßt. Nunmehr kommt der Fettansatz nach und nach in den Kessel, indem man mit der Krücke nachhilft, um Verband zu bekommen. 50 kg Kernöl hält man auch hier für die spätere Abrichtung zurück. Ist mit der Krücke ein guter Verband hergestellt, so läßt man die Seife lebhafter durchsieden, richtet mit dem restierenden Kernöl auf mäßigen Zungenstich ab, färbt die Seife, wenn sie Rosen bricht und kürzt dann in derselben Weise wie bei der vorher beschriebenen, indirekten Siedemethode.

Will man einen höheren Prozentsatz Kottonöl oder nur Kernöl und Kottonöl verarbeiten, so läßt man am besten die Wasserglasfüllung fortfallen oder verwendet im Höchstfalle 5 % davon; überhaupt verträgt die oben beschriebene Seife keine starken Kürzungsmittel; man wendet daher am besten 15—18grädiges Salzwasser oder Sodalösung an. Die fertige Seife läßt man über Nacht im Kessel stehen und krückt am anderen Morgen vor dem Formen nochmals gut durch.

**Eschweger Seife mit hoher Wasserglas- und Talkfüllung.** Seifen, die mit höheren Prozentsätzen der genannten Surrogate vermehrt werden sollen, müssen wenigstens zur Hälfte aus guten, stearinhaltigen Fetten bestehen, wenn man eine sichere Garantie für das Gelingen der Seife haben will. Im übrigen weicht jedoch das Sieden dieser Seifen in keiner Weise von der oben beschriebenen Siedemethode ab, zumal da erst beim Fertigsieden die besonderen Merkmale zu beachten sind, die diese Seifen den oben beschriebenen gegenüber aufweisen. Soll ein Ansatz von

500 kg Kernöl,
250 ,, Talg,
250 ,, Knochenfett,
1000 ,, Ätznatronlauge von 25° Bé,
200 ,, Wasserglas,
150 ,, Talk,
150 ,, Wasser

zu Eschweger Seife versotten werden, so arbeitet man am sichersten mit der direkten Siedeweise. Man schmilzt auf den 1000 kg Lauge die etwaigen Abschnitte, gibt die 200 kg Wasserglas und alsdann den Fettansatz bis auf 50 kg Kernöl in den Kessel, bringt die Seife in Verband und richtet auf leichten Zungenstich ab. Ist eine schöne, dicke Seife entstanden, so gibt man nach und nach bei gutem Sieden und Umrühren den in Wasser aufgeschwemmten Talk hinzu. Wenn sich die Talkfüllung im Kessel befindet, wird die Seife ziemlich dünn und grau aussehen und, besonders wenn noch Kürzung fehlt, in breiten, dünnen, hautartig-weißen Lappen vom Spatel fließen. Man gibt nun vorsichtig bei weiterem guten Sieden 20—25 kg Salzwasser von 23—24° Bé hinzu und prüft den Stich, wenn alles gut versotten ist. Ist ein solcher stärker bemerkbar, so ist noch Kernöl nachzugeben, bis die gewünschte Abrichtung erreicht ist. Die Seife wird nun wieder dicker sieden, auch in dicken Streifen vom Spatel fallen und kurze Spitzen bilden, die ungefähr einen Zentimeter Länge besitzen sollen. Bildet die Seife noch längere Zapfen, so kann man mit kürzenden Mitteln, am besten trockener, kalzinierter Soda oder Kristallsoda, die man über die Seife streut, noch weiter eingreifen. Im Gegensatz zu den Eschweger Seifen ohne Talkfüllung, deren Proben 5—6 Minuten flüssig bleiben und nach 7 Minuten noch in der Mitte flüssige Seife enthalten, bleiben diese talkhaltigen Seifen höchstens 4 Minuten flüssig, obgleich sie dann ebenfalls noch warm und weich sind. Wer bei diesen, mit Talk gefüllten Eschweger Seifen so lange kürzen wollte, bis die Probe 5 Minuten flüssig bleibt, würde als Resultat eine vollständig dünne Seife im Kessel haben, die auch durch Krücken in der Form kaum noch marmorierfähig sein würde. Ist die Abrichtung gut, und sind die Eindampfungsflecke an der erkalteten Glasprobe sichtbar — es sind dies helle, kleine Flecke, die sich an der Unterseite des Glases da zeigen, wo die Seife aufliegt —, so gibt man die in schwacher Pottaschelösung gelöste Farbe über die Seife, läßt nochmals gut durchsieden und krückt alsdann während der nächsten 2 Stunden im Kessel, oder auch sogleich in der Form so lange, bis die Seife „das Netz stellt“. Schließlich läßt man in der Form bedeckt erkalten.

**Das Sieden der Eschweger Seifen mit Dampf.** Das Sieden der Eschweger Seifen mit Dampf ohne jedes Feuer ist nicht leicht, da man nicht mehr allzuviel Korrekturen anbringen kann, wenn die Seife fertig gesotten ist. Um die für Eschweger Seifen übliche Ausbeute von 210—220 % zu erzielen, verfährt man daher wie nachstehend beschrieben. Der Ansatz soll bestehen aus

500 kg Kernöl,
500 „ talgartigen Fetten,
800 „ Ätznatronlauge von 30° Bé,
200 „ Wasserglas,
60 „ Salzwasser von 24° Bé.

Die etwaigen Abschnitte werden mit Dampf auf den 800 kg Lauge von 30° Bé geschmolzen. Alsdann werden die 200 kg Wasserglas und bis auf 50 kg Kernöl, die man zur Abrichtung zurückbehält, der Fettansatz geschmolzen zugesetzt. Mit Hilfe der Krücke sorgt man für schnellen Verband. Die im Kessel hochsiedende, dicke, schwere Seife wird nunmehr mit dem restierenden Kernöl auf leichten Stich abgerichtet und das Salzwasser vorsichtig nach und nach hinzugegeben. Man prüft nun nochmals Abrichtung, Wassergehalt und Kürzung. Bei einer einwandfreien Seife sind die Merkmale des Fertigseins die folgenden: Die Seife darf, wie schon gesagt, nur einen ganz geringen Stich besitzen. An der unteren Fläche der erkalteten Glasprobe dürfen sich nur am Rande weiße Flecken bilden, wenn der Wassergehalt richtig getroffen ist. Überzieht sich die ganze untere Fläche mit weißen Flecken, so kann man der Seife noch etwas Wasser nachgeben, eine Maßnahme, die jedoch nur selten notwendig sein wird, wenn man wie angegeben verfährt, da mit dem Dampf noch ca. 10 % Wasser während der Dauer des Siedens hinzukommen. Auch mit dem Fingerdruck kann man den Wassergehalt beurteilen, indem die gut abgerichtete Seife erst allmählich einen festen Druck erhalten darf. Das richtige Kaustizitätsverhältnis erkennt man am besten daran, daß aus einer fünfmarkstückgroß aufgetragenen Glasprobe bei 5—6 Minuten langem Liegen aus der Mitte noch flüssige Seife beim Eindrücken des Fingers hervorquillt. Erkaltet die Seife rascher, so ist noch etwas Salzwasser nachzugeben.

Aus dem hier Gesagten ist schon ohne weiteres ersichtlich, daß beim Sieden der Eschweger Seifen nur mit Dampf schnell gearbeitet werden muß, damit nicht zu viel Wasser in die Seife kommt. Viel probieren und laborieren darf man hierbei nicht. Ist die Seife fertig im Kessel, so stellt man den Dampf ab und formt nach 2 Stunden in bekannter Weise.

**Die Herstellung der Eschweger Seifen durch Karbonatverseifung.** Wenn Fettsäuren zu Eschweger Seifen verarbeitet werden, so können sie, wie bei jeder anderen Seife, mit kohlensaurem Alkali, also hier mit kalzinierter Soda verseift werden. Wird nur ein Teil Fettsäure, der andere Teil Neutralfett verwendet, so wird die Fettsäure allein vorgesotten, und erst nach beendeter Karbonatverseifung die Ätzlauge mit dem Wasserglas und das Neutralfett beigegeben. Sind die Fettsäuren dunkel, so empfiehlt es sich, indirekt zu sieden, d. h. nach vollkommener Verseifung der Fettsäuren auszusalzen, die Unterlauge zu entfernen, und dann erst Lauge, Wasserglas und Neutralfett zuzusetzen, wie dies beim indirekten Sieden der Eschweger Seifen beschrieben wurde. Sollen aber Fettsäuren allein verarbeitet werden, so ist die folgende Siedeweise anzuwenden. Der Ansatz soll bestehen aus

500 kg Palmkernölfettsäure,
250 „ Talgfettsäure,
250 „ Knochenfettsäure,
210 „ kalz. Soda,
50 „ Ätznatronlauge 38° Bé,
200 „ Wasserglas.

Zur Verseifung von 100 kg Fettsäure sind 21 kg kalz. Soda und 5 kg Ätznatronlauge erforderlich, und zwar in der Voraussetzung, daß diese 100 kg Fettsäure nur 90 kg reine Fettsäure und 10 kg Neutralfett enthalten. Um Fehler zu vermeiden, ist es natürlich notwendig, den Spaltungsgrad der Fettsäuren zunächst genau festzustellen. In dem Siedekessel bringt man nunmehr 700 kg Wasser durch direkten Dampf zum Sieden, löst darin 210 kg kalz. Soda auf und läßt die Fettsäure einlaufen. Während des Siedens gibt man 30 kg Salz hinzu, damit die Masse im Kern siedet und nicht zu sehr ins Steigen kommt. Ist alle Fettsäure im Kessel, die Soda gebunden (Phenolphthaleïnprobe!) und die Kohlensäure ausgetrieben, so wird die Ätzlauge beigegeben und auf leichten Stich abgerichtet. Mit Zugabe der Ätzlauge geht eine Veränderung in der Seife vor. Es bildet sich jetzt erst ein richtiger Seifenleim, den man noch einige Zeit sieden läßt und nach nochmaliger Prüfung der Abrichtung aussalzt. Hierbei ist jedoch eine gewisse Vorsicht erforderlich, damit der Kern nicht zu strotzig wird und die Unterlauge gut absetzt. Am besten läßt man nun den Kern über Nacht im bedeckten Kessel stehen, entfernt am anderen Morgen die Unterlauge und setzt dem Kern die für eine Eschweger Seife erforderliche Flüssigkeitsmenge hinzu. Da der Kern eine Ausbeute von ca. 160 %, die Eschweger Seife aber eine solche von 220 % haben soll, so würden 600 kg Salzlösung erforderlich sein, um diese Ausbeute zu erreichen. Man bringt daher in einen mit direkter Dampfleitung versehenen Behälter 350 kg Wasser, 200 kg Wasserglas und 15 kg 38grädige Ätznatronlauge, mischt gut durch und wärmt mit direktem Dampf an. Alsdann gibt man die Wasserglaslösung schöpferweise in den siedenden Kern, der nun sehr bald in einen Leim übergeht und schließlich, wenn die ganze Mischung im Kessel ist, eine gutverbundene, aber schwerfällige Seife bildet. Falls man nicht sehr guten, trockenen Dampf zur Verfügung hat, ist es nunmehr zu empfehlen, die Seife mit direktem Feuer fertig zu machen. Wenn sie dann durchstößt und sich langsam hebt, so bietet sie dasselbe Bild wie jede andere Eschweger Seife. Auch die Schlußabrichtung und Prüfung auf das Fertigsein unterscheidet sich in nichts von den vorerwähnten Angaben. Hat man reine, helle Fettsäuren zu verarbeiten, so kann man auch direkt sieden und die Seife in einem Gang fertigmachen, Vorbedingung dazu ist aber guter Dampf, der nicht zuviel Wasser in den Kessel bringt. Da es sich jedoch nur schwer übersehen läßt, wieviel Kondenswasser gebildet wird, ist diese Siedeweise weniger empfehlenswert und die vorbeschriebene, indirekte Methode vorzuziehen.

**Eschweger Seife aus Grundseife.** Die Herstellung der Eschweger Seifen aus Grundseife ist in Deutschland wenig bekannt, und da diese Seifen in der Marmorierung nicht so schön ausfallen als andere Eschweger Seifen, so liegt auch kein Grund vor, diese Art der Herstellung über Gebühr zu empfehlen. Die besondere Arbeitsweise besteht darin, daß der ganze Fettansatz zu Kern versotten wird, wobei darauf zu achten ist, daß die Fette gut verseift werden und die erhaltene Seife vorsichtig soweit ausgesalzen wird, daß der schaumfreie Kern in großen, dunklen Platten leicht hochsiedet. Ein solcher Kern läßt alsdann die Unterlauge gut absetzen und behält nur wenig Salz zurück. Auch alle Schmutzteile senken sich schnell und leicht zu Boden. Man bedeckt daher den Kessel und läßt über Nacht zum Absetzen der Unterlauge stehen.

Am anderen Morgen kommt der Kern in einen Füllkessel und wird bei 75—80° C auf je 100 kg mit 40—60 kg Füllung verrührt. Die Füllung besteht aus 30—32° Bé starkem Wasserglas und Talk, der am besten mit 15grädiger Pottaschelösung angerührt wird, doch ist es notwendig, vorher festzustellen, ob diese Füllung ohne weiteres aufgenommen wird. Die nunmehr fertige Seife zeigt alle Merkmale einer gesottenen Eschweger Seife.

**Eschweger Seife auf halbwarmem Wege.** Die Anfertigung der Eschweger Seife auf halbwarmem Wege ist sehr einfach, doch müssen die Rohmaterialien peinlich genau eingewogen werden, da sich nachträgliche Korrekturen nur schwer anbringen lassen. Wenn der Ansatz beispielsweise aus:

500 kg Kernöl,
500 ,, reinem, hellen, talgartigen Fett,
850 ,, Ätznatronlauge von 30° Bé,
200 ,, Wasserglas,
60 ,, Salzwasser von 24° Bé,
50 ,, Wasser,
10 ,, Ätznatronlauge von 30° Bé,
2 ,, Ultramarin

besteht, so gibt man zunächst die etwaigen Abschnitte mit $^2/_3$ der Lauge und auf je 100 kg Abschnitte 15 kg Wasser in den Kessel und schmilzt bei leichtem Feuer. Alsdann schöpft man den unterdessen in einem anderen Kessel vorbereiteten Fettansatz über und bringt die Masse mit Hilfe der Krücke allmählich in Verband. Tritt dieser ein, so krückt man die Farblösung und das Wasserglas ein, entfernt das Feuer und gibt die noch übrige Lauge in die steigende Masse. Schließlich wird dann auch das Salzwasser eingekrückt. Die erhaltene Seife soll einen deutlichen Zungenstich haben. Zu schwacher Seife krückt man etwas Lauge, zu starker etwas flüssiges Kernöl nach. Die fertige Seife muß dunkel und schaumfrei im Kessel liegen; man bringt sie in die Form, sobald sie auf 85° C abgekühlt ist.

**Das Färben der Eschweger Seifen.** Die Eschweger Seifen werden grau, rot und blau gefärbt, und zwar verwendet man für die Graufärbung Frankfurter Schwarz oder Knochenkohlenstaub, für die Rotfärbung Bolus, Englischrot und besonders Eschweger Rot, für die Blaufärbung

Ultramarin allein oder mit Frankfurter Schwarz gemischt. Bei einer in der Provinz Posen gangbaren Eschweger Seife mit gelbem Grunde färbt man gewöhnlich mit 3 Teilen Frankfurter Schwarz und 1 Teil Eschweger Rot. Man rührt die Farben in warmem Wasser an, gibt etwas Lauge hinzu und färbt die fertigsiedende Seife, bis der Farbenton deutlich hervortritt.

## Leimseifen.

Mit dem Namen Leimseifen bezeichnet man Seifen, welche eine Ausbeute von 250 % und darüber ergeben, aber doch als feste Waschstücke oder Riegelseifen in den Handel kommen. Sie unterscheiden sich durch ihr Aussehen und ihre gänzlich andere Struktur von den Kernseifen sehr wesentlich und haben infolge ihres geringeren Fettgehaltes naturgemäß auch eine geringere Ergiebigkeit.

Trotzdem aber erfreuen sich die Leimseifen noch immer einer ziemlichen Beliebtheit und werden auch heute noch in großen Mengen angefertigt. Die Einführung dieser Seifen stammt aus der Zeit, da sich die von England aus zu uns gekommene Mottledseife so recht eingebürgert hatte. Der scheinbar billige Preis, die leichte Löslichkeit und das gute Aussehen dieser Seifen täuschte die Hausfrauen längere Zeit, und so kam es, daß der Konsum an Kernseifen zurückging, der Verbrauch an Leimseifen dagegen gewaltig zunahm. Allmählich aber erkannte man den richtigen Wert dieser Seifen und kam größtenteils wieder auf die alten, guten Kernseifen zurück, ein Teil des konsumierenden Publikums aber ist doch auch den Leimseifen treugeblieben und verwendet sie auch heute noch mit Vorliebe. Die Höhe der Ausbeute, in der diese Seifen hergestellt werden, ist außerordentlich verschieden, und das Mißtrauen vieler Hausfrauen solchen Seifen gegenüber beruht wohl hauptsächlich darauf, daß die Grenze, die innezuhalten ist, nicht immer beachtet wird. Mit einer Ausbeute von 300 % ist eine solche Seife aber noch als ein recht gutes Produkt zu bezeichnen, das allen berechtigten Anforderungen voll entspricht, und es ist wohl verständlich, daß jemand, der in kurzer Zeit viel Wäsche zu säubern hat, gern solche Leimseife verwendet, weil sie schnell schäumt und infolge des in allen diesen Seifen enthaltenen freien Alkalis gut reinigt. Werden die Ausbeuten aber auf mehr als 700 % gesteigert, so sinkt der praktische Wert dieser Produkte ganz erheblich, da diese Vermehrung fast nur durch salzhaltige Lösungen herbeigeführt wird, die keinen oder doch nur einen sehr geringen Reinigungswert besitzen.

Die Leimseifen sind, wenn nach guten Verfahren gearbeitet wird, leicht anzufertigen. Im wesentlichen sind sie nur Rezeptseifen, die nach der Vorschrift schablonenmäßig hergestellt werden können. Andererseits ist aber zu beachten, daß nicht stets das gleiche Material zu verarbeiten ist, der Ansatz muß geändert werden, die Abschnitte sind mehr oder weniger ausgetrocknet, auch die zur Verseifung dienende Lauge wird nicht immer die gleiche sein, so daß zur Anfertigung auch dieser einfachen Seifen eine gewisse Erfahrung gehört, um ein gutes, sich stets gleichbleibendes Ergebnis zu erzielen.

Alle Leimseifen lassen sich direkt herstellen, doch sollen zur Verseifung nicht zu starke Laugen Verwendung finden. Da nämlich die Leimseifen mehr oder weniger wasserhaltig sind, kann man schon die Laugen entsprechend verdünnen und dadurch die Erzielung des Verbandes erleichtern. Kochen ist zu vermeiden, da hierbei nur unnötig Wasser verdampft und es durchaus genügt, die Lösungen der heißen Seife einzukrücken.

Die Leimseifen haben nach dem Fertigsieden im heißen Zustande das Aussehen einer klaren Leimlösung und ergeben erkaltet eine mäßig feste Seife. Je wässeriger das Produkt, also je höher die Ausbeute ist, um so weicher sind die fertigen Seifen. Beim Krücken bildet sich stets etwas wässeriger Schaum; er ist ein Zeichen dafür, daß die Seife richtig gesotten ist. Ein dicker, kernartiger Schaum zeigt Wasserarmut oder schlechten Verband an. Werden Abschnitte mitverarbeitet, so muß der Seife von Anfang an stets ein dem Trocknungsgrade der Abschnitte entsprechendes Quantum Wasser zugesetzt werden. Beim Formen der Leimseifen ist geringe Schaumbildung unvermeidlich, schadet aber nichts, da der Schaum von selbst vergeht, wenn die gefüllten Formen eine Zeitlang bedeckt bleiben. In heißem Zustande reinigen sich alle diese Seifen dadurch, daß sich die schweren Schmutzteile zu Boden senken, die leichten Seifenteile an die Oberfläche steigen.

Ihrem Aussehen nach lassen sich die Leimseifen in zwei Gruppen einteilen, in glatte und in marmorierte Seifen. Hinsichtlich der sonstigen Beschaffenheit gibt es aber so viele Sorten, daß ihre Zahl nicht annähernd bestimmt werden kann. Die Verschiedenheiten sind einerseits durch die 250—1600 % betragenden Ausbeuten, andererseits durch die verarbeiteten Fette und durch die vielen Farbenunterschiede und Abstufungen der Fertigprodukte bedingt.

Künstliche Farben sollte man zum Färben der Leimseifen nicht verwenden, sofern man von dem geringen Zusatz absieht, den man zum Marmorieren der Seifen benötigt. Eine gelbe Färbung wird durch Mitverwendung von etwas rohem Palmöl und Harz erzielt. Ein hoher Prozentsatz dunklen Harzes liefert ein Braun, das man auch durch dunkles Walkfett erzielen kann.

Die Ausbeute wird im allgemeinen durch Soda, Pottasche, Wasserglas und Salzwasser, aber auch durch Zuckerlösungen erhöht. Die Anwendung von Mehl und Talk ist nicht zu empfehlen, da die so gefüllten Seifen stets unschön stumpf und tot ausfallen. Wie alle anderen Seifen können auch die Leimseifen sowohl aus Neutralfetten wie aus Fettsäuren angefertigt werden, doch sehen die aus Fetten hergestellten

Seifen besser aus, während die aus Fettsäure fabrizierten Seifen stets etwas grau und stumpf erscheinen.

**Leimseifen von 220—250 % Ausbeute.** Die Herstellungsart der Leimseifen mit geringer Ausbeute ist eine andere als die der Seifen mit höherer Ausbeute, da Leimseifen mit Ausbeuten bis 275 % noch kernseifenähnlich sein sollen. Wird diese Ähnlichkeit angestrebt, so müssen also die Haupteigenschaften der Kernseifen vorhanden sein, die entsprechenden Leimseifen dürfen also wenig eintrocknen und müssen sich sparsam verbrauchen, zwei Faktoren, die zumeist von den zur Anwendung kommenden Fetten und von der Füllung des Fertigproduktes abhängen. Im allgemeinen werden die Seifen in drei verschiedenen Sorten angefertigt: glattweiß, hellgelb und dunkelgelb, ähnlich den entsprechenden Kernseifen. Ansätze zu diesen Seifen sind die folgenden:

Weiße Seife mit 220 % Ausbeute.

| | | |
|---|---|---|
| 200 | kg | Kernöl oder Kokosöl, |
| 40 | ,, | Talg oder schmalzartiges Fett, |
| 205 | ,, | Ätznatronlauge von 30° Bé, |
| 65 | ,, | Wasserglas, |
| 10 | ,, | Wasser, |
| 9 | ,, | Salzwasser von 24° Bé. |

Hellgelbe Seife mit 250 % Ausbeute.

| | | |
|---|---|---|
| 200 | kg | Kernöl, |
| 40 | ,, | helles Harz, |
| 204 | ,, | Ätznatronlauge von 30 Bé, |
| 10 | ,, | Wasser, |
| 65 | ,, | Wasserglas, |
| 9 | ,, | Salzwasser von 24° Bé. |

Gelbe Seife mit 275 % Ausbeute.

| | | |
|---|---|---|
| 200 | kg | Kernöl, |
| 40 | ,, | Harz, |
| 204 | ,, | Ätznatronlauge von 30° Bé, |
| 10 | ,, | Wasser, |
| 110 | ,, | Wasserglas, |
| 9 | ,, | Salzwasser von 24° Bé. |

Die Fabrikationsweise ist in allen drei Fällen die gleiche. Man gibt das Fett bzw. das Fett und das zerkleinerte Harz gemeinsam in den Kessel und schmilzt unter regelmäßigem Umkrücken das Öl, ohne auf das Schmelzen des Harzes Rücksicht zu nehmen. Hat man ungefähr 75° C erreicht, so krückt man zwei Drittel der Ätznatronlauge hinzu, ohne daß man auf Verband arbeitet, und gibt alsdann das Wasser und zwei Drittel des Wasserglases hinein. Sind Abschnitte vorhanden, so trägt man sie jetzt ein, da hierdurch die spätere Verbandbildung sehr gefördert wird. Der Kessel wird nun eine halbe Stunde bei ganz schwachem Feuer gedeckt. Danach verstärkt man das Feuer und beginnt mit dem Zusammenkrücken der Seife. Allmählich verschwindet das vorhandene Fett immer mehr und geht Verband ein, bis die Seife zuletzt beim weiteren Krücken in ein Stadium kommt, in dem jeden Augenblick voller Verband zu erwarten ist. Das Feuer wird nun entfernt, und die übrige Lauge, das Wasserglas und zuletzt das Salzwasser sofort eingekrückt, wenn ein voller Verband erzielt ist. Ist die Herstellung gelungen, so liegt ein schöner, dunkler und klarer Leim vor, der guten Zungenstich und Fingerdruck besitzen muß. Zu starke Seife hat starken Stich und glasharten Druck; zu schwache Seife hat wenig oder gar keinen Stich bei großer Zähigkeit und wenig Fingerdruck. Im ersten Falle krückt man etwas Öl, im zweiten Falle etwas Lauge nach. Die Seife wird nun noch des öfteren umgekrückt, möglichst kalt in 2—12 Zentner haltende Formen geschöpft und auch hier noch wiederholt durchgekrückt. Je kleinere Formen in Anwendung kommen, desto schöner wird die Seife, da eine nicht genügend kalte Seife in größeren Formen leicht ein marmoriertes Aussehen erhält. Ist eine Kühlpresse vorhanden, so wird die Seife natürlich gekühlt.

Zu beachten ist noch, daß bei der Mitverwendung von Abschnitten auch Wasser beim Schmelzen zugesetzt werden muß, damit die Seife nicht wasserarm wird. Wasserarme Seifen setzen einen kernseifenähnlichen Schaum ab, der nur durch Wasserzusatz zum Verschwinden gebracht werden kann. Solche Seifen dürfen aber nicht zum Sieden kommen.

Bei Seifen, die in der genannten Ausbeute kernseifenähnlich werden sollen, muß Wasserglas als Füllung dienen und vorstehendes Verfahren innegehalten werden. Wird nur Pottaschelösung und Salzwasser für die Füllung benutzt, so werden die Seifen glatt und weniger kernseifenähnlich. Nachstehend folgen einige Vorschriften, die jedoch nur zu einem guten Ergebnis führen, wenn die erzielten Produkte nicht über 88° C heiß werden.

**Leimseifen mit 250—275 % Ausbeute mit glattem Aussehen.** Ansätze sind:

90 kg Kokosöl oder Kernöl,
10 „ Talg oder schmalzartiges Fett,
84 „ Ätznatronlauge von 30° Bé,
55 „ Pottaschelösung von 30° Bé,
36 „ Salzwasser von 24° Bé

85 kg Kokosöl,
15 „ Talg oder schmalzartiges Fett,
84 „ Ätznatronlauge von 30° Bé,
30 „ Pottaschelösung von 30° Bé,
30 „ Wasserglas,
20 „ Salzwasser von 23° Bé.

90 kg Kernöl,
10 „ Talg oder schmalzartiges Fett,
84 „ Ätznatronlauge von 30° Bé,
50 „ Pottaschelösung von 30° Bé,
35 „ Wasserglas.

Zunächst werden die Lauge und die Pottaschelösung zusammengemischt. Man füllt alsdann die Fette in den Kessel, schmilzt sie und krückt bei 75° C die Lauge ein. Ist ein guter Verband hergestellt, so krückt man die übrigen Füllungen nach, gibt aber das Salzwasser stets zuletzt hinzu. Die Seife wird, wenn größere Mengen angefertigt werden, im bedeckten Kessel über Nacht stehen gelassen. Am anderen Morgen schöpft man die etwa vorhandene, leichte Schaumhaut ab, krückt durch, parfümiert gegebenenfalls und formt bei 70—75° C.

**Leimseifen mit 300—350 % Ausbeute.** Ansätze sind:

| | | | |
|---|---|---|---|
| 100 kg | Kernöl oder Kokosöl, | 100 kg | Kernöl oder Kokosöl, |
| 84 „ | Ätznatronlauge von 30° Bé, | 84 „ | Ätznatronlauge von 30° Bé, |
| 100 „ | Pottaschelösung von 30° Bé, | 80 „ | Pottaschelösung von 30° Bé, |
| 46 „ | Salzwasser von 24° Bé, | 30 „ | Wasserglas, |
| | | 15 „ | Salzwasser von 21° Bé. |

Diese Seifen werden in der gleichen Weise angefertigt wie die vorher beschriebenen Leimseifen, nur läßt man die fertige, gut verbundene Seife zwei Stunden gut bedeckt im Kessel stehen, damit recht inniger Verband eintritt. Man entnimmt dann eine Probe von 50—100 g, die nach dem Erkalten fest sein muß. Ist dies nicht der Fall, so setzt man noch etwa 5—10 kg 24grädiges Salzwasser zur Härtung hinzu. Im Sommer kann man, wenn nur schwacher Stich vorhanden ist, auch mit Zugabe von etwas 20grädiger Ätznatronlauge härten; diese nachträgliche Härtung wird aber nur selten notwendig werden.

Wenn der Kessel nach 2 Stunden abgedeckt wird, muß unter einer dünnen Schaumdecke eine ganz klare Seife im Kessel liegen. Die entnommenen Proben müssen fest und trocken sein. Anderenfalls liegt ein mangelhafter Verband vor, ein Fehler, der durch Zugabe heißen Wassers zu beheben ist. Bei richtigem Arbeiten kann dieser Fehler aber garnicht unterlaufen, denn die Seife bindet sehr leicht, wenn nach Vorschrift verfahren wird und wenn insonderheit bei der Mitverarbeitung stark ausgetrockneter Abschnitte das für diese notwendige Wasser beim Ansatz mit berücksichtigt wird. Gewöhnlich erfordern wenig ausgetrocknete Abschnitte auf 100 kg 10 kg Wasser, stark ausgetrocknete Abschnitte aber 20—25 kg Wasser auf dieselbe Menge. Leimseifen trocknen eben stärker und schneller aus, je höher sie in der Ausbeute stehen und damit muß gerechnet werden.

**Leimseifen mit 400—800 % Ausbeute.** Geeignete Ansätze sind:

| | | | |
|---|---|---|---|
| 100 kg | Kokosöl, | 100 kg | Kokosöl, |
| 84 „ | Ätznatronlauge von 30° Bé, | 84 „ | Ätznatronlauge von 30° Bé, |
| 100 „ | Pottaschelösung von 30° Bé, | 300 „ | Pottaschelösung von 35° Bé, |
| 50 „ | Wasserglas, | 200 „ | Wasserglas, |
| 100 „ | Salzwasser von 22° Bé. | 100 „ | Salzwasser von 23° Bé, |
| | | 30 „ | Wasser. |

Die erste Seife mit 400 % Ausbeute wird wie die vorbeschriebenen Leimseifen angefertigt, während man bei Herstellung der Seife mit 800 % Ausbeute etwas anders arbeiten muß. Am besten verfährt man hier derart, daß man zunächst Natronlauge und Pottaschelösung mit dem Fett Verband eingehen läßt und alsdann vorsichtig das Salzwasser hinzukrückt. Nunmehr erwärmt man die Seife erst wieder auf 87⁰ C und erhält sie auch auf dieser Temperatur, während man das noch erforderliche Wasserglas hinzugibt. Sollte die Seife nicht fest genug sein, so härtet man mit 30grädiger Ätzlauge.

Wie bei der allgemeinen Übersicht über die Fabrikation der Leimseifen ausgeführt wurde, lassen sich diese Seifen auch aus Fettsäuren herstellen. Es ist jedoch nicht empfehlenswert, hierbei die Karbonatverseifung in Anwendung zu bringen, weil das Endergebnis alsdann zu unsicher wird. Wie schon gesagt, sind alle diese Leimseifen Rezeptseifen, Fett, Alkali, Salze und Wasser müssen in richtigem Verhältnis stehen. Bei der Karbonatverseifung könnte nun aber leicht mehr oder weniger Wasser in die Seife gelangen, je nachdem die Verseifung, d. h. die völlige Austreibung der Kohlensäure, kürzere oder längere Zeit in Anspruch nimmt, und je nach Überhitzung des Frischdampfes. Man verseift deshalb die Fettsäuren besser mit Ätzlauge. Die Arbeitsweise ist dann derart, daß man zuerst die ganze Lauge mit ca. 5 % Salzwasser in dem Kessel zum Sieden bringt, die flüssige Fettsäure hinzulaufen läßt und nach ihrer vollständigen Verseifung die Lösungen einkrückt.

Wenn es der Preis erlaubt und besonderer Wert auf eine schöne, beschlagfreie Seife gelegt wird, so ist die Anwendung einer Zuckerfüllung bei diesen Leimseifen sehr zu empfehlen. Man verwendet dann eine wässerige Lösung von gleichen Teilen Pottasche, Salz und Zucker, die auf 24⁰ Bé eingestellt wird. Die in den Ansätzen angegebenen Mengen Pottaschelösung und Salzwasser werden dann aber entsprechend reduziert und durch die Zuckerfüllung ersetzt.

Ein Ansatz für eine Seife mit stark 300 % Ausbeute würde dann in folgender Weise zusammenzustellen sein:

100 kg Kernöl,
12 „ Talg oder schmalzartiges Fett,
58 „ Ätznatronlauge von 38⁰ Bé,
63 „ Wasser,
42 „ Pottaschelösung von 30⁰ Bé,
42 „ Salzwasser von 23⁰ Bé,
35 „ Zuckerfüllung.

Die Arbeitsweise bleibt dieselbe wie bei den früher beschriebenen Seifen, nur muß bei allen Produkten, die eine Zuckerfüllung erhalten, sehr vorsichtig geheizt werden, da sich Zucker bei starker Erhitzung leicht bräunt.

**Wasserglasseifen zum Waschen in Seewasser.** Besitzt eine Seife sehr viel Wasserglas, so kann man selbst in Seewasser oder härtestem Brunnenwasser damit waschen. Solche Wasserglasseifen werden daher vielfach auf Seeschiffen verwendet. Eine Wasserglasseife mit 320 % Ausbeute beispielsweise wird erhalten aus

100 kg Kokosöl,
100 „ Ätznatronlauge von 30° Bé,
30 „ Pottaschelösung von 30° Bé,
100 „ Wasserglas,
25 „ Wasser.

Die Anfertigung dieser Seife geschieht in der Weise, daß man das Kokosöl mit der Pottaschelösung in den Kessel gibt und bei gutem Umkrücken schmilzt. Hat die Masse eine Temperatur von 87° C erreicht, so krückt man die Lauge hinzu. Sobald man guten Verband erzielt, und die Seife ebenfalls wieder eine Temperatur von 87° C erreicht hat, krückt man vorsichtig, schöpferweise das Wasserglas hinzu. Sollten hierbei Klumpen entstehen, so müßte noch etwas 30grädige Ätznatronlauge hinzugegeben werden. Man kann aber auch von vornherein so arbeiten, daß man dem Wasserglas 10 kg Ätzlauge beigibt, wodurch solche Klumpenbildung vermieden wird. Wenn das Wasserglas gut verkrückt ist, gibt man das Wasser nach und entfernt das Feuer.

Man läßt nun die Seife zwei Stunden ruhen oder besser über Nacht stehen. Nach dieser Zeit soll die Seife mäßigen Stich besitzen und schaumfrei im Kessel liegen. Hat sie noch starken Stich und glasharten Druck, so müssen noch einige Kilo heißes Öl mit Wasser gemischt hinzugegeben werden, bis man einen mäßigen Stich und guten Druck feststellen kann. Hat die Seife normalen Zungenstich und viel Schaum, so fehlt Wasser, ist sie zäh, so ist Lauge nachzugeben. Abschnitte, die man mitverarbeiten will, gibt man von vornherein mit der nötigen Wassermenge, ca. 10 Kilo Wasser auf 100 Kilo wenig getrocknete Abschnitte, in den Kessel, oder schmilzt sie, nachdem man das Wasserglas beigekrückt hat, auf leichtem Feuer bei öfterem Umkrücken. Sehr trockenen Abschnitten muß man auf 100 kg 20—25 kg Wasser zusetzen.

Die fertige, auf 75° C abgekühlte Seife schöpft man am besten in eiserne, 12—30 Zentner haltende Formen.

**Harzleimseifen.** Genau so wie die vorher angeführten Leimseifen ohne Harzzusatz dürfen auch diejenigen mit Harzzusatz mit nicht zu starken Ätzlaugen gesotten werden. Außerdem ist bei allen diesen Leimseifen auf einen besonders guten Verband zu achten, da nur dieser die Voraussetzungen für einen zweckentsprechenden Leim bildet. Bei Harzleimseifen ist weiter ganz besonders darauf zu sehen, daß gute kaustische Laugen zur Verwendung gelangen, damit die Seifen imstande sind, die Zusätze ohne Nachteil aufzunehmen.

Harzleimseifen, deren Herstellung allenthalben noch recht lebhaft ist, kommen hauptsächlich in gelber und brauner, aber auch teilweise in schwarzer Färbung auf den Markt. Es muß bei diesen Seifen, gleichviel welche Farbe sie besitzen, in Betracht gezogen werden, daß das

Harz die Seife weich macht. Es sind daher auch zahlreiche Vorschriften bekannt für die Gewichtsverhältnisse, in denen jenes neben vornehmlich gutem Fette, vor allem Kernöl, Kokosöl und rohem Palmöl mitversotten werden kann. Im allgemeinen lassen sich Harzleimseifen mit sehr hohem Harzgehalt herstellen, allerdings muß der Gehalt an Füllungsmaterial herabgesetzt werden. Ein brauchbarer Ansatz ist beispielsweise der folgende:

150 kg Kernöl,
60 ,, Talg,
40 ,, Knochenfett oder rohes Palmöl,
250 ,, helles Harz,
420 ,, Ätznatronlauge von 30° Bé,
50 ,, Wasserglas,
50 ,, Kristallsoda.

Kristallsoda und Wasserglas können im Ansatz auch fehlen, es entstehen trotzdem brauchbare Seifen; die Fertigprodukte werden aber durch diesen Zusatz glatter und im Griff trockener und fester. Die einfachste Art, solche Seifen herzustellen, ist die, daß man die Lauge dem Harzfett zukrückt und durch Nacherhitzen in guten Verband überführt.

Das Fett wird auf ca. 80—90° C erhitzt und das zerkleinerte Harz darin gelöst. Ist dies geschehen, so läßt man die Temperatur auf 75° C fallen und krückt die Lauge, in der sich das Wasserglas befindet, langsam hinzu, bis guter Verband entsteht. Etwas Feuer kann man zwar unterhalten, darf aber auf höchstens 88° C gehen. Man kann den Verband auch fördern, indem man die Lauge ebenfalls etwas anwärmt und die vorhandenen Abschnitte dem Harzfett zusetzt. Wenn guter Verband eingetreten ist, gibt man die Kristallsoda hinzu und schmilzt sie unter häufigem Umkrücken, entfernt dann das Feuer und überläßt die Seife zwei Stunden lang der Ruhe, damit recht innige Verbindung erfolgt. Dann krückt man nochmals gut durch und formt die Seife in 12—15 Zentner haltenden Formen.

**Harzleimseifen mit 300—400 % Ausbeute.**

I.

100 kg Kokosöl,
80 ,, Kernöl,
20 ,, rohes Palmöl,
30 ,, Harz,
193 ,, Ätznatronlauge von 30° Bé,
110 ,, Pottaschelösung von 30° Bé,
110 ,, Salzwasser von 22° Bé,
65 ,, Wasserglas.

II.

100 kg Kernöl oder Kokosöl,
5 ,, rohes Palmöl,
10 ,, Harz,
96 ,, Ätznatronlauge von 30° Bé,
55 ,, Pottaschelösung von 30° Bé,
40 ,, Salzwasser von 22° Bé,
15 ,, Wasserglas.

In dem Fettansatz wird das Harz gelöst, dann die Pottaschelösung und gleich danach die Ätznatronlauge ebenfalls eingekrückt.

Man erzielt so leicht Verband. Ist dies geschehen, so läßt man die Temperatur der Seife auf 88° C steigen und krückt das Salzwasser ein. Der Kessel bleibt, nachdem man das Feuer entfernt hat, eine Stunde der Ruhe überlassen, damit ein möglichst guter Verband erzielt wird; alsdann erst krückt man auch das Wasserglas hinzu. Jetzt zieht man Proben. Sind diese noch nicht fest genug, so härtet man durch Zusatz von einigen Kilo Kristallsoda, die man bis zum Schmelzen krückt. Wenn die Proben genügend Festigkeit zeigen, wird die Seife ausgeschöpft.

**Harzleimseife ohne Salzwasser.** Ein empfehlenswerter Ansatz ist:

100 kg Kokosöl,
10 „ rohes Palmöl,
25 „ helles Harz,
200 „ Ätznatronlauge von 20° Bé,
75 „ Wasserglas,
30 „ Kristallsoda.

Man erhält hiermit eine billige, schöne Harzleimseife, die sich infolge der niedrigen Laugengrade äußerst leicht anfertigen läßt. Man löst das Harz im Fett, krückt die Lauge nach und nach hinzu und erhitzt die Seife auf 88° C, dann krückt man das Wasserglas und gleich darauf die Kristallsoda hinzu. Nunmehr entfernt man das Feuer, krückt wiederholt durch, bis sich die Kristallsoda gelöst hat und schöpft schließlich in Formen. Hat man Abschnitte, so fügt man diese hinzu, nachdem die Lauge eingekrückt ist. Ist die Seife etwas zu weich ausgefallen, so härtet man durch Zusatz von 1—2 kg 36grädiger Ätznatronlauge.

**Transparent-Harzleimseife.** Eine schöne, transparente Leimseife erhält man auf einfachem und leichtem Wege aus folgendem Ansatz:

240 kg Kokosöl,
100 „ rohes Palmöl,
30 „ Harz,
190 „ Pottaschelauge von 26° Bé,
190 „ Ätznatronlauge von 26° Bé,
80 „ Pottaschelösung von 35° Bé,
208 „ Salzwasser von 22° Bé,
160 „ Wasserglas,
60 „ Kristallsoda.

Öl und Fett werden eingeschmolzen, das zerkleinerte Harz darin gelöst, hierauf die Pottaschelauge eingekrückt und nach eingetretenem Verband die Sodalauge und unmittelbar danach die Pottaschelösung hinzugegeben. Man erhitzt auf 88° C, krückt dann das Salzwasser und nach abermaligem Erhitzen auf 88° C auch das Wasserglas hinzu. Alsdann gibt man die vorhandenen Abschnitte und die Kristallsoda in die Masse und feuert langsam bis zur vollständigen Lösung weiter. Schließlich wird die Seife bei 75° C geformt.

**Schwarze Harzleimseife.** In Mitteldeutschland ist eine schwarze Harzleimseife gangbar, die hier noch kurz erwähnt sei. Der Ansatz besteht aus

525 kg Kokosöl,
225 ,, rohem Palmöl,
150 ,, Harz,
756 ,, Ätznatronlauge von 30° Bé,
375 ,, Wasserglas,
100 ,, Kristallsoda,
4 ,, Frankfurter Schwarz, in
10 ,, Wasser gelöst bzw. verrührt.

Das Harz wird in dem Fett wie üblich gelöst, während man in einem andern Kessel auf der Lauge die Abschnitte in Lösung bringt. Ist dies geschehen, so wird das Feuer entfernt. Das Harzfett wird nun unter gutem Krücken der Lauge zugegeben, wobei es sich sofort verseift. Sobald nahezu das ganze Harzfett im Kessel ist, kündet sich der volle Verband gewöhnlich durch starkes Steigen des Kesselinhaltes an. Man trägt nichtsdestoweniger aber unter regelmäßigem Verrühren den Rest des Harzfettes ein, wehrt, falls die Seife überzulaufen droht, mit dem Spatel und setzt nach und nach die Kristallsoda hinzu. Für Ungeübte empfiehlt es sich, 100 kg Lauge kalt zurückzuhalten, um dem Übersteigen durch Zugabe der kalten Flüssigkeit wirksam begegnen zu können. Ist die Kristallsoda durch häufiges Krücken gelöst, so bleibt die Masse 2 Stunden der Ruhe überlassen, damit inniger Verband eintritt. Man krückt dann durch und zieht eine Probe von 50—100 g. Ist dieselbe nach dem Erkalten noch nicht fest genug, so härtet man durch Zugabe von 10—20 kg Kristallsoda. Man deckt alsdann den Kessel bis zum nächsten Morgen zu, nimmt den Schaum ab und schöpft aus.

**Harzleimseife mit Talk.** Ein Ansatz ist:

250 kg Kokosöl,
200 ,, rohes Palmöl,
570 ,, Ätznatronlauge von 25° Bé,
100 ,, Harz.

Als Füllung verwendet man

270 kg Talk,
500 ,, Wasser,
100 ,, Wasserglas,
50 ,, Kristallsoda.

Aus Harz und Kokosöl siedet man mit Hilfe der Lauge einen Leim, setzt das Palmöl hinzu und läßt gut durchsieden. Man kann aber auch gleich den ganzen Fettansatz in den Kessel geben und mit der 25grädigen Lauge verseifen, muß dann aber darauf achten, daß die Seife nicht dick wird, ehe sie genügend abgerichtet ist. Unterdessen wird der Talk mit Wasser verrührt und die Mischung unter gutem Rühren der verseiften Masse zugesetzt, indem man darauf achtet, daß der Talk nicht anbrennt. Ist alles gut versotten, so fügt man die Kristallsoda und sobald auch diese einverleibt ist, das Wasserglas hinzu. Nachdem alles gleichmäßig eingebunden ist, prüft man die Abrichtung und die Festigkeit der Seife. Sie muß guten Zungenstich und Fingerdruck haben und eschwegerartig, schaumfrei im Kessel sieden. Besitzt sie keinen oder nur ganz geringen Zungenstich und Druck, so fehlt noch Lauge, die man bei leichtem Sieden so lange hinzufügt, bis der gewünschte Erfolg erreicht ist. Nun wird das Feuer entfernt und noch fleißig umgerührt, um ein Anbrennen zu verhüten. Hat sich das Schäumen der Seife gelegt, so krückt man noch des öfteren durch, läßt dann am besten über Nacht ruhig stehen und krückt am andern Morgen nochmals recht gut durch, bis wieder eine gleichmäßige Masse vorliegt, die am besten in kleinen Formen geformt wird. Auch hier krückt man die Seife noch so lange, bis sie nicht mehr absetzen kann.

**Tonnen- oder Scheuerseife.** Diese Seifen werden in manchen Gegenden in bedeutendem Umfange angefertigt und werden teilweise, wie z. B. in Hamburg, auch als weiße Schmierseifen gehandelt. Sie sind 8—12fache, mäßig feste, gallertartige Faß- und Riegelseifen, die gewöhnlich in Blechbüchsen verpackt werden. In der Regel sind es Erzeugnisse aus nur gebleichtem Palmöl und talgartigen Fetten oder auch nur aus Talg allein. Je härter das zur Herstellung verwandte Fett ist, um so mehr Wasser nimmt die Seife auf. Teilweise werden diesen Produkten auch Carbonatlösungen oder Wasserglas hinzugesetzt; dies ist aber wenig empfehlenswert, weil die fertige Seife dadurch nässend oder glitschig wird. Am besten läßt man daher derartige Füllungen fort und füllt nur mit Wasser, das besonders dann leicht aufgenommen wird, wenn man der Seifenmasse Agar-Agar, Tragant und andere Wasser bindende Pflanzenstoffe beimischt.

Die Fabrikation dieser Seifen kann direkt oder indirekt erfolgen. Indirekt ist sie etwas umständlicher; aber man erzielt beinahe schönere Seifen als bei der direkten Anfertigung. Beide Wege seien beschrieben:

Der Ansatz soll bestehen aus

| | | |
|---|---|---|
| 50 kg | Talg, | 8fach. |
| 50 ,, | Ätznatronlauge von 25° Bé, | |
| 250 ,, | Wasser, kochend, | |
| 250 g | Agar-Agar in | |
| 50 kg | Wasser gelöst, | |

Der Talg wird zunächst im Kessel mit der 25grädigen Lauge, die vorher mit dem notwendigen Wasser 12grädig eingestellt wird, zu einem klaren, gut abgerichteten Seifenleim verkocht, dem man unter leichtem Sieden das an den oben erwähnten 250 kg noch fehlende Wasser einkrückt, worauf man das Feuer entfernt. Unterdessen hat man 250 g Agar-Agar in den angeführten 50 kg Wasser gelöst. Krückt man diese Lösung der Seife im Kessel zu, so wird alles Wasser vorzüglich gebunden. Man entnimmt nun eine Probe. Ist dieselbe noch zu fest, so wird noch mehr Wasser eingekrückt.

Bei der indirekten Methode siedet man zuerst eine Kernseife, die man später in Wasser löst. Angenommen, es soll ein Ansatz von 300 kg Talg, 200 kg gebleichtem Palmöl und 150 kg Kammfett zu einer derartigen Seife umgewandelt werden, so verfährt man wie folgt:

Man gibt den Fettansatz in den Kessel und siedet mit 15grädiger Lauge einen klaren, gut abgerichteten Leim. Nachdem dieser noch eine Stunde mäßig durchgesotten ist, prüft man nochmals die Abrichtung und gibt, wenn noch genügend Stich vorhanden ist, nach und nach soviel 24grädiges Salzwasser hinzu, bis die Unterlauge ein wenig verleimt abfließt. Man bedeckt nunmehr den Kessel, läßt die Unterlauge einige Stunden absetzen, schöpft die Seife in die Form und salzt die zurückgebliebene Unterlauge vollständig aus. Das Ergebnis ist eine salzreine, gute Kernseife.

Die erkaltete Seife wird alsdann geschnitten und in der folgenden Weise auf Scheuerseife weiter verarbeitet:

75 kg der kleingeschnittenen Seife werden in 475 kg Wasser warm gelöst und des öfteren gekrückt. Nachdem alles ohne Sieden bei ca. 90° C gelöst ist, entfernt man das Feuer nnd setzt 500 g Agar-Agar hinzu, das zuvor in 50 kg kochendem Wasser gelöst ist. Die fertige Masse wird alsdann noch mehrfach durchgekrückt und, ziemlich erkaltet, in Blechbüchsen oder in Kübel von Tannenholz abgeschöpft. Buchenholz ist ungeeignet, weil sich das Präparat in solchen Kübeln braun färben würde.

**Wasserglaskompositionen.** Die Wasserglaskompositionen werden am zweckmäßigsten aus Kokosöl, gegebenenfalls aber auch aus Palmkernöl hergestellt. Das Wasserglas, kieselsaures Natron oder kieselsaures Kali, wird sowohl bei der Fabrikation von Schmierseifen als auch bei Kernseifen als Füllungsmittel angewandt, am stärksten aber bei diesen Wasserglaskompositionen, weil es von allen wässerigen Füllungsmitteln am wenigsten eintrocknet und auch ein gewisses Reinigungsvermögen besitzt. Es macht hartes Wasser weich und verhindert das Gerinnen der Seife während des Waschprozesses.

Empfehlenswerte Ansätze sind die folgenden:

100 kg Kokosöl,
100 „ Ätznatronlauge von 25° Bé, mit
70 „ Wasser gemischt,
120 „ Wasserglas, mit
10 „ Ätznatronlauge von 25° Bé gemischt.

Das Kokosöl wird mit der Ätznatronlauge bei ca. 90° C zusammengekrückt und in Verband gebracht; alsdann wird sofort das Wasserglas eingekrückt, womit die Seife fertig ist.

Eine andere Wasserglaskomposition wird wie folgt hergestellt:

100 kg Kokosöl,
100 ,, Ätznatronlauge von 25° Bé, mit
50 ,, Wasser gemischt,
150 ,, Wasserglas, mit
15 ,, Ätznatronlauge von 25° Bé gemischt,
50 ,, Pottaschelösung von 30° Bé.

Man verkocht das Öl im Kessel mit der Lauge und setzt sofort die Pottaschelösung hinzu. Alsdann entfernt man das Feuer und krückt das Wasserglas ein. Sollte es vorkommen, daß sich hierbei Klumpen bilden, so ist die Einflußgeschwindigkeit zu verlangsamen und gegebenenfalls noch etwas Feuer oder Dampf anzuwenden. Hat man Abfälle, so kann man sie von vornherein mit in den Kessel geben.

Solche Wasserglaskompositionen werden bis zu 20fachen Mischungen hergestellt, die dann freilich kaum noch etwas anderes sind als mit Ätznatron kristallisiertes Wasserglas, in dem die geringe Menge Seife nur dazu dient, der Masse ein seifenähnliches Aussehen zu geben. Damit sie genügend Festigkeit bekommen, müssen solche Kompositionen sehr stark abgerichtet sein. Ihre Anfertigung ist im übrigen aber nach den oben beschriebenen Vorschriften durchzuführen.

**Oberschalseife.** In einigen Gegenden ist die Kernoberschalseife eine der beliebtesten Waschmittel. Die Vorliebe für diese Seife wurde daher die Veranlassung, auch aus Leim- und Halbkernseifen Oberschalseifen herzustellen, zumal der Gedanke nahe lag, auch diese in niedrige Kasten zu gießen und ihre Oberfläche mit einem Stabe kraus zu ziehen. Man fing daher bald an, zartweiße Oberschalseifen nach Eschwegerart mit ca. 200—230 % Ausbeute aus Talg und Kokosöl herzustellen. Da die an Luft und Sonne getrockneten Fabrikate wirklich gut waren, erzielten sie auch gute Preise. Heute werden diese Leimseifen aber durchgängig schlechter fabriziert und einfach zusammengekrückte Leimseifen ebenfalls mit dem Stab kraus gezogen.

Der Ansatz zu der guten Oberschalseife nach Art einer Halbkernseife erlitt später auch Veränderungen, sodaß man diese Seifen heute meist nur noch aus halb Kernöl und halb talgartigen, hellen Fetten mit 20—25 % Wasserglas wie eine Eschweger direkt herstellt:

Der Ansatz ist gewöhnlich der folgende:

500 kg Kernöl,
500 ,, talgartige Fette,
250 ,, Wasserglas,
1000 ,, Ätznatronlauge von 25° Bé.

Man gibt die Lauge in den Kessel, macht Feuer und schmilzt die vorhandenen Abschnitte. Wenn dies erreicht ist, setzt man das Wasserglas hinzu und läßt alsdann unter schwachem Sieden den Fettansatz bis auf 100 kg Kernöl, die man zur endgültigen Abrichtung zurückbehält, hinzufließen. Wenn man mit Hilfe der Krücke guten Verband erzielt hat und eine gut verbundene, eschwegerartige Seife im Kessel siedet, prüft man und richtet mit dem zurückbehaltenen Palmkernöl auf mäßigen Stich ab. Sobald die Seife fertig ist, entfernt man das Feuer und krückt noch 50 kg 24grädiges Salzwasser hinzu. Man läßt alsdann bis zum nächsten Tag im Kessel stehen, krückt nochmals gut durch, formt in kleinen, flachen Kastenformen und zieht die Oberschale ein.

Neuerdings werden, wie schon angedeutet, derartige Oberschalseifen auch mit bedeutend höherer Ausbeute wie folgt angefertigt:

Der Ansatz besteht aus

| | | |
|---|---|---|
| 100 | kg | Kernöl, |
| 50 | ,, | Schmalzfett oder Kammfett, |
| 150 | ,, | Ätznatronlauge von 25° Bé, |
| 100 bis 125 | ,, | Wasserglas. |

Man gibt den Fettansatz in den Kessel und siedet einen klaren, schaumfreien, gut abgerichteten Leim, dem man das Wasserglas einkrückt. Sobald sich die Seife abgekühlt hat und im Kessel anlegt, bringt man sie in Oberschalkasten und rührt die Oberschale ein. Es empfiehlt sich jedoch, vor dem Ausschöpfen des öfteren durchzukrücken.

**Mottledseifen.** Die Mottledseifen, auch wohl Eschweger III genannt, können trotz ihres teilweise guten Aussehens und trotz ihrer großen Ähnlichkeit mit den Eschweger Seifen ihrer hohen Ausbeute wegen doch nur zu den Leimseifen gezählt werden. Die meisten Mottledseifen konnten früher überhaupt nicht unter 320 % Ausbeute angefertigt werden. Viel Bemühungen zielten daher daraufhin, diese Seifen soweit zu verbessern, daß sie wenigstens den Eschweger Seifen im Fettgehalt annähernd gleichkamen, meistens aber vergeblich. Die Versuche scheiterten stets an dem hohen Salzgehalt, den diese Seifen brauchen, um Marmor stellen zu können. Die besten Sorten ergeben daher frisch 320—340 %, die schlechteren 700 % Ausbeute. Die besseren Sorten werden beim Gebrauche widerstandsfähiger, wenn man sie in nicht zu großen Blöcken, am besten in Platten, einige Tage in trockenen Räumen aufstellt. Sie verlieren dann in unglaublich kurzer Zeit ca. 20 % an Gewicht, lassen allerdings auch infolge der zunehmenden Konzentration die inkorporierten Salze auskristallisieren, weshalb man sich meist mit einem geringeren Gewichtsverlust begnügt. Heute ist man auch imstande, Mottledseifen mit 250—260% Ausbeute anzufertigen, doch gehört eine gewisse Übung dazu, ein solches Produkt sachgemäß herzustellen.

Die Anfertigung dieser Seifen wird dem Sieder aber erleichtert, wenn er weiß, worauf die erforderliche Marmorbildung eigentlich beruht. Sie hängt im wesentlichen davon ab, daß das Wasserglas langsam mit der Farbe auskristallisiert. Ist die Grundseife in der Abrichtung zu schwach, so kristallisiert die Wasserglasfarbe zu rasch und geht zu Boden, ist sie zu stark, so kann die Farblösung wenig oder garnicht auskristallisieren. Das erste Erfordernis ist also, eine richtige Grundseife anzufertigen, die Anlage zur Marmorierung besitzen und den Marmor zu halten imstande sein soll. Die Art der Marmorbildung, ob großflammig oder klein, ist Übungssache. Aber noch ein zweiter Punkt verdient bei diesen Seifen eine große Beachtung, die Mottledseife darf niemals wasserarm sein; ist dies der Fall, so wird die Marmorierung stets klein und schlecht ausfallen. Bei allen Leimseifen ist Wasserarmut der allergrößte Fehler, der aber ganz besonders bei den marmorierten Leimseifen in Erscheinung tritt. Durch Wasserarmut werden die Salze frei, die dann stets trennend auf den Verband der Seife einwirken, sodaß sich niemals ein schöner Marmor bilden kann. Viele Sieder gehen hier zu ängstlich vor, weil sie fürchten, der Seife zuviel Wasser zuzuführen. Es sei deshalb besonders bemerkt, daß sich Wasserarmut bei diesen Seifen stets durch Aussetzen eines dicken, schweren, oft kernartigen Schaums zeigt, der um so dicker und schwerer ist, je weniger Wasser die Seife enthält. Es muß dann ohne Ängstlichkeit gearbeitet werden, selbst wenn die Menge des noch erforderlichen Wassers 100 Kilo und mehr erreicht, das Wasser fehlt, so lange die Seife diesen schweren Schaum besitzt. Besonders wenn Abschnitte mit zur Verarbeitung gelangen, fordert die Seife stets viel Wasser, dessen Menge erst richtig bemessen ist, wenn die Seife nur soviel wässerigen Schaum besitzt, als beim Krücken entsteht. Hier liegen die Garantien des erfolgreichen Arbeitens. Ob daher bei dem einen Rezept 20grädige oder 22grädige Ätznatronlauge vorgeschrieben ist, oder ob nach einem anderen Verfahren das Salzwasser und die Pottaschelösung eine etwas andere Grädigkeit aufweisen sollen, all dies ist unwesentlich. Man hat lediglich einen richtigen Leim, von genügender Festigkeit zu fabrizieren und dessen Abrichtung so zu regeln, daß die Wasserglasfarblösung kristallisieren kann.

Hauptfette für die Mottledseifen sind Kokosöl und Palmkernöl; letzteres findet zu diesen Seifen am meisten Verwendung und ist bei Ausbeuten bis zu 400 % geeigneter als Kokosöl. Erst zur Erzielung höherer Ausbeuten soll man das Kokosöl wegen seines höheren Verleimungsvermögens heranziehen. Als Zusatzfett ist etwas Talg empfehlenswert, der die Eigenschaft hat, die Seife in der Form nach guter Marmorstellung rascher erstarren zu lassen, so daß Marmorsenkungen vermieden werden.

Alles in allem soll man also die Seife bis zu 400 % Ausbeute stets nur aus Kernöl, eventuell mit etwas Talg oder irgend einem andern Fett gemischt anfertigen. Von 450—550 % Ausbeute an empfiehlt es sich aber, wenigstens die Hälfte des Ansatzes aus Kokosöl bestehen zu lassen, und geht man über 600 % Ausbeute, so ist es am richtigsten, das Kernöl ganz fortzulassen. Außerdem verwendet man bei den ganz hohen Ausbeuten von 500 % ab etwas weniger konzentrierte Füllungssalzlösungen als bei den niedrigen Ausbeuten.

Auf 100 kg Fettansatz rechnet man bei Mottledseife 115 kg 20° Bé starke Ätznatronlauge. Man gibt den Fettansatz in den Kessel, verseift mit der Lauge durch Zusammenkrücken und setzt dann sofort die Pottaschelösung hinzu, worauf man den Seifenleim auf eine Temperatur von 88° C bringt und das Salzwasser einkrückt. Vorteilhafterweise vermeidet man jegliches Sieden der fertigen Seife, da hierbei, namentlich wenn die Beheizung durch direktes Feuer erfolgt, viel Wasser verdampft, Schaum entsteht und die Seife nur schwer Verband eingeht. Das fertige Produkt muß Druck besitzen und eine gut spinnende Leimseife sein. Zu seiner Beurteilung nimmt man mit dem Spatel eine Probe heraus, wartet eine halbe Minute und läßt dann ablaufen, um den Vorgang des Spinnens zu beobachten. Als Füllung eignen sich am besten Pottaschelösung und Salzwasser, andere Füllungen sind weniger gut. Besonders Sodalösung ist zu vermeiden, da die damit hergestellten Seifen, besonders im Winter, leicht beschlagen. Überhaupt veranlassen alle zur Verwendung kommenden Salzlösungen bei unrichtiger Konzentration Störungen, sind sie zu schwach, so machen sie die Seife weich und lassen zu starke Verbindung zu, während zu starke Salzlösungen wieder kernartige Schaumbildung verursachen, ähnlich wie sie bei Wasserarmut auftritt. Ist die Grundseife richtig ausgefallen, so kann man zur Färbung der Seife übergehen, prüft aber zuerst, ob die Seife die Farblösung aufnimmt, ohne zu kristallisieren. Die Farblösung selbst läßt man am besten aus gleichen Teilen Wasser und Wasserglas bestehen.

**Mottled-Seife mit 260 % Ausbeute.** Wie schon vorher gesagt, ist die Herstellung einer Mottled-Seife in dieser niedrigen Ausbeute außerordentlich schwer, und es gehört große Übung dazu, dieselbe anzufertigen. Für die Fabrikation dient am besten der folgende Ansatz:

200 kg Kernöl
oder 180 kg Kernöl und
20 „ Talg,
230 „ Ätznatronlauge von 20° Bé,
40 „ Pottaschelösung von 35° Bé,
50 „ Salzlösung von 24° Bé.

Als Farblösung verwendet man:

1/2 kg Ultramarinblau, in
10 „ Wasser gelöst,
10 „ Wasserglas,
2 „ Ätznatronlauge

Die Schwierigkeit bei der Herstellung dieser Mottled-Seife mit niedriger Ausbeute liegt in der Erzielung einer richtigen Marmorbildung. Im übrigen ist die Fabrikation dieselbe, wie die der höher vermehrten Mottledseifen. Es ist aber zu bemerken, daß diese Seifen, da sie weniger Wasser enthalten, dicker sind, und demzufolge auch heißer ausgeschöpft und gut bedeckt werden müssen. Am besten ist es, bei 88° C auszuschöpfen und bis zur Marmorierung gut zuzudecken.

**Mottled-Seife mit 350 % Ausbeute.** Als Ansatz verwendet man:

| | | | |
|---|---|---|---|
| | 270 | kg | Kernöl, |
| | 30 | ,, | Talg, |
| | 345 | ,, | Ätznatronlauge von 20° Bé, |
| | 160 | ,, | Pottaschelösung von 35° Bé, |
| | 215 | ,, | Salzwasser von 24° Bé. |
| Als Farblösung: | 1/2 | ,, | Ultramarin, |
| | 10 | ,, | Wasser, |
| | 2 | ,, | Ätznatronlauge von 20° Bé, |
| | 10 | ,, | Wasserglas. |

**Mottled-Seife mit 450 % Ausbeute.** Als Ansatz verwendet man:

100 kg Kernöl,
115 ,, Ätznatronlauge von 20° Bé,
105 ,, Pottaschelösung von 33° Bé,
145 ,, Salzwasser von 22° Bé.

**Mottled-Seife mit 550 % Ausbeute.** Als Ansatz verwendet man:

70 kg Kernöl,
30 ,, Kokosöl,
115 ,, Ätznatronlauge von 20° Bé,
150 ,, Pottaschelösung von 30° Bé,
200 ,, Salzwasser von 21° Bé.

**Mottled-Seife mit 700 % Ausbeute.** Als Ansatz verwendet man:

90 kg Kokosöl,
10 ,, Talg,
115 ,, Ätznatronlauge von 20° Bé,
210 ,, Pottaschelösung von 30° Bé,
280 ,, Salzwasser von 22° Bé.

Die Farblösung für die letzten drei Seifen mit 450—700 % Ausbeute stellt man wie folgt zusammen:

1/4 kg Farbe,
6 ,, Wasser,
1 ,, Ätznatronlauge von 20° Bé,
6 ,, Wasserglas.

Die Fabrikation selbst vollzieht sich in der folgenden Weise. Zunächst kommt der gesamte Fettansatz in den Kessel und wird mit der angegebenen Laugenmenge verseift. Nach gutem Verband krückt man die Pottaschelösung hinzu, erhitzt auf 88° C, krückt das Salzwasser nach und erwärmt abermals auf 88° C. Hat man Abschnitte, so kann man sie nach dem Hinzukrücken des Salzwassers bei schwachem Feuer zusetzen; stets müssen dann aber, je nach der Austrocknung der Abschnitte, auch 10—20 % derselben an Wasser hinzugegeben werden. Alsdann entfernt man das Feuer und deckt die Seife eine halbe Stunde gut zu, damit einerseits noch innigerer Verband eintritt, andererseits der wässerige Schaum, der durch das Krücken entstanden ist, möglichst verschwindet. Den geringen, noch verbleibenden Schaum nimmt man ab. Die nunmehr fertige Grundseife wird alsdann der unerläßlichen Prüfung unterzogen, ist sie zu schwach, so krückt man noch 1—2 kg 20grädige Ätznatronlauge hinzu, ehe man die Seife färbt.

Die geformte Seife aufs Geratewohl zu färben ist immer etwas gewagt, denn ganz genau wird man die Zusammensetzung der Seife auch durch das genaueste Einwiegen der Zutaten nicht treffen. Man tut daher gut, dieselbe zunächst auf ihr Marmorbildungsvermögen hin zu untersuchen und arbeitet dabei zweckmäßigerweise mit kleineren Proben, die 80° C heiß sein sollen. Ist die Seife kälter, so erschwert sich die Marmorbildung in den kleinen Probiergefäßen. Läßt sich $^1/_4$ l Farblösung glatt mit 20 kg Seife verrühren oder kristallisiert sie nur in winzigen, einzelnen Pünktchen, so ist die Seife anscheinend richtig getroffen; kristallisiert die Farblösung hingegen in größeren Flocken sofort beim Einrühren, so ist die Grundseife noch zu schwach, und der Farblösung müssen alsdann noch 2—3 kg Lauge zugegeben werden. Man muß dann abermals Proben vornehmen, bis sich die Farblösung glatt einrühren läßt.

Wird die Farblösung von vornherein glatt aufgenommen, so kann die Seife richtig getroffen sein, es ist aber auch möglich, daß sie zu stark ist. Das Probegefäß wird daher gut bedeckt eine halbe Stunde der Ruhe überlassen. Bemerkt man nach dieser Zeit noch gar keinen Marmor, so ist die Grundseife zu stark; man krückt alsdann noch 2—3 kg Öl und 6—7 kg Wasser ein, worauf sich der Marmor bilden wird. Hat die Seife in dem Probegefäß nach einer halben Stunde eine leichte, wenn auch kaum sichtbare Marmorierung gebildet, so ist sie gut getroffen. Sie wird dann auch im Kessel gefärbt und bei 75° C in die Formen geschöpft, worauf man sie bis zur Marmorstellung leicht bedeckt. Sobald der Marmor genügend ausgebildet ist, wird die Form abgedeckt. Hat die Seife Neigung zum Senken des Marmors, so kann man sie ohne Bedenken nochmals durchkrücken und dann abermals bis zur Marmorbildung gut zudecken. Zur Marmorsenkung neigen in der Regel nur schwache Seifen, die gewöhnlich auch großflüssigen Marmor ergeben, während etwas kräftig abgerichtete Seifen kleinflüssiger im Marmor ausfallen und dann keine Neigung zum Senken desselben haben.

Kleine Sude können in der Regel morgens gesotten und nachmittags geformt werden; besser ist es aber, all diese Seifen nachmittags anzufertigen und am nächsten Tage auszuschöpfen, so daß sich die Marmorbildung über Nacht vollziehen kann. Vor dem Ausschöpfen muß nochmals gut durchgekrückt und die Temperatur nachgemessen werden.

## Hausseifen auf kaltem und halbwarmem Wege.

**Die Fette und Laugen für die Verseifung auf kaltem Wege.** Unter Verseifung auf kaltem Wege versteht man das Verfahren, durch bloßes Zusammenrühren von geschmolzenem Kokosöl oder Palmkernöl mit der zur Sättigung erforderlichen Laugenmenge Seifen, und zwar vornehmlich billigere Feinseifen, aber auch Hausseifen, herzustellen. Es beruht dies auf der Eigenschaft der genannten Öle, mit hochgrädigen Laugen bei niedriger Temperatur Verbindungen zu bilden, die durch nachträgliche Selbsterhitzung in der Form eine weiße, feste, besonders gut schäumende Seife ergeben. Das Verseifungsvermögen der genannten Öle ist dabei so groß, daß bei diesem Verfahren auch andere, schwerer verseifbare Fette und Öle mit in Verband gezogen werden. Man verwendet daher zu den Seifen dieser Gattung vielfach einen gewissen Prozentsatz Talg, Palmöl, Schmalz, Erdnußöl, Olivenöl, Rizinusöl und in neuerer Zeit auch die hydrierten Öle als Zusatzfette.

Ob Talg und andere Fette und Öle mitverarbeitet werden oder nicht, die Herstellungsweise der kalt gerührten Seifen bleibt immer die gleiche, und nur geringe Abweichungen in bezug auf Verseifungstemperatur und die Menge der zur Verseifung nötigen Lauge treten in Erscheinung. Hinsichtlich dieser beiden Punkte hat man immer zu berücksichtigen, daß Kokosöl unter den hier in Betracht kommenden Fetten und Ölen zu seiner vollständigen Verseifung der größten Laugenmenge bedarf. Nach diesem kommen Talg, Schmalz, Olivenöl u. dergl. Fette, die im Laugenverbrauch ungefähr als gleich zu betrachten sind. Am wenigsten Lauge erfordert Rizinusöl. Alle kalt verseifbaren Fette sollen möglichst frisch, rein und vor allen Dingen nicht ranzig sein, da sonst eine ungleichmäßige Verseifung eintritt und sich unschöne Produkte ergeben, die wieder leicht ranzig werden. Betreffs des zweiten Punktes gilt als Regel, daß die Verseifung bei um so höherer Temperatur durchgeführt werden muß, je höher der Schmelzpunkt des zur Verseifung kommenden Fettes liegt. So würde z. B. Talg, wenn man ihn überhaupt allein verarbeiten könnte, auf 60—65° C gehalten werden müssen, während bei Mitverwendung von $^1/_2$—$^2/_3$ Kokosöl eine Temperatur von 40—43° C bzw. 32—35° C genügt.

Die Lauge für kalt gerührte Seifen wird am besten aus hochgrädigem Ätznatron bereitet. Man nimmt auf 100 kg Ätznatron 200 kg Wasser und erhält so eine Lauge von ca. 40° Bé. Dieselbe wird in dicht geschlossenen Behältern bis zum Gebrauch aufbewahrt und gewöhnlich 36—38° Bé stark verarbeitet. Zur Verseifung von 1 kg Kokosöl rechnet man $^1/_2$ kg Ätznatronlauge von 38° Bé.

Um eine vom Schnitt feste Seife zu erzielen, ist ein genaues Abwiegen von Fett und Lauge unbedingt erforderlich; bei zu geringem Laugenzusatz wird die Seife weich und schwammig, bei zu hohem hart und spröde oder scheidet gar Leim oder Lauge ab.

Zur Vermehrung der auf kaltem Wege hergestellten Hausseifen finden vorzugsweise Wasserglas, Talk, Pottasche- und Salzlösung Verwendung. Da sich gefüllte Seifen in größeren Formen leicht zu stark erhitzen und dann in der Mitte Öl abscheiden, formt man für gewöhnlich in kleinen, flachen Formen von 30—60 kg Inhalt, in denen man das Produkt unbedeckt stehen läßt. Neuerdings werden Hausseifen auch vielfach auf sogenanntem halbwarmen Wege hergestellt, indem man die aus Fett und Lauge zusammengerührte Masse der Selbsterhitzung überläßt und die entstandene Leimkernseife formt, nachdem man ihr entweder vor oder erst nach dem Eintreten der Selbsterhitzung die Füllung zugesetzt hat.

Im allgemeinen finden zur Verarbeitung auf halbwarmem Wege die gleichen Fette und Laugen Verwendung, die bei der Verseifung auf kaltem Wege in Anwendung kommen.

### Vorschriften für Hausseifen auf kaltem und halbwarmem Wege.

Im Nachstehenden finden sich neben guten Vorschriften für Hausseifen auf kaltem Wege auch solche für Seifen auf halbwarmem Wege.

Ein Ansatz für prima weiße Hausseife ist:

20 kg Talg, } ca. 35° C
30 „ Kokos- oder Palmkernöl, } warm,
25 „ Ätznatronlauge von 38° Bé,
3 „ Pottaschelösung von 20° Bé,
2 „ Salzlösung von 20° Bé.

In das geschmolzene Fett wird die Lauge bei der obigen Temperatur eingerührt. Wenn die Masse anfängt aufzulegen, werden die Lösungen nacheinander unter Rühren zugesetzt, und das Ganze alsdann geformt.

Ansätze für billigere Hausseifen sind:

50 kg Kokosöl, } ca. 37° C
50 „ Palmkernöl, } warm,
125 „ Ätznatronlauge von 23° Bé,
25 „ Natronwasserglas von 36° Bé, 20—25° C warm,
250—300 g 96 %iger Spiritus.

50 kg Kokosöl, }
30 „ Palmkernöl, } ca. 40° C warm,
20 „ Erdnußöl, }
124 „ Ätznatronlauge von 23° Bé,
25 „ Natronwasserglas von 36° Bé, 20—25° C warm,
250—300 g 96 %iger Spiritus.

Das geschmolzene Fett wird bei der angegebenen Temperatur mit der Lauge zusammengerührt, und nach eingetretenem Verband das erwärmte Wasserglas hinzugekrückt. Sobald sich die Masse unter gutem Durchkrücken vollständig zerrissen zeigt, gießt man sie in eine recht dicht schließende Form und sprengt den 96 %igen Spiritus darüber, wodurch die Seife sofort zusammengezogen wird. Will man die Seife färben oder marmorieren, so muß man ziemlich flott arbeiten, da die Seife schnell erstarrt. Zum Marmorieren benutzt man in Wasser angerührtes Ultramarin oder Frankfurter Schwarz.

Nach ähnlichem Verfahren wird eine billige Seife aus nachstehendem Ansatz hergestellt:

40 kg Ceylon-Kokosöl,
40 „ Ätznatronlauge von 32° Bé,
40 „ Salzlösung von 18° Bé,
50 „ Natronwasserglas von 38° Bé.

Das geschmolzene Kokosöl wird bei ca. 37° C mit 25 kg Lauge angerührt, während die verbleibenden 15 kg Lauge mit dem Salzwasser gemischt nach und nach der Seifenmasse zugesetzt werden, wobei man allerdings darauf achten muß, daß letztere nicht aus dem Verbande kommt. Nunmehr wird das Wasserglas der Seife in dickem Strahle einverleibt, so daß sich diese vollständig trennt. Man krückt nun bis zu breiartiger Konsistenz und Klumpenfreiheit, sprengt alsdann 1 Liter 96 %igen Spiritus über die Seife, krückt durch und gießt schnell in die unbedeckt bleibende Form.

Folgende Ansätze werden mit Talk gearbeitet:

50 kg Ceylon-Kokosöl,
50 „ Schweinefett,
55 „ Ätznatronlauge von 36° Bé,
25 „ Talk.

65 kg Ceylon-Kokosöl,
35 „ Erdnußöl,
55 „ Ätznatronlauge von 35° Bé,
30 „ Talk.

In dem ca. 50° C heißen Fett wird der Talk verrührt und dann nach und nach die Lauge zugesetzt; wenn die Seife auflegt, wird sie in kleine Formen gegeben.

Eine weiße Seife auf halbwarmem Wege, mit 165—220 % Ausbeute, kann aus folgenden Ansätzen hergestellt werden:

85 kg Palmkernöl, } 45° C warm,
15 „ Talg, }
50 „ Ätznatronlauge von 38° Bé,
3 „ Wasser,
15 „ Pottaschelösung von 20° Bé.

60 kg Palmkernöl,
40 „ Talg,
55 „ Ätznatronlauge von 37° Bé,
25 „ einer wässerigen Lösung von 20° Bé aus gleichen Teilen Zucker, Salz und Pottasche.

90 kg Palmkernöl,
10 „ Talg,
85 „ Ätznatronlauge von 30° Bé,
15 „ Pottaschelösung von 20° Bé.

80 kg Palmkernöl,
20 „ Talg,
80 „ Ätznatronlauge von 33° Bé,
40 „ Wasserglas von 38° Bé.

90 kg Palmkernöl,
10 ,, Talg,
50 ,, Ätznatronlauge von 38° Bé,
3 ,, Wasser,
36 ,, Wasserglas von 38° Bé, gemischt mit
5 ,, Ätznatronlauge von 38° Bé und
6 ,, Pottaschelösung von 25° Bé.

50 kg Palmkernöl,
25 ,, Talg,
25 ,, Schweinefett,
15 ,, Knochenfett, } 65° C warm,
64 ,, Ätznatronlauge von 38° Bé,
48 ,, Wasserglas von 38° Bé,
17½ ,, Pottaschelösung von 15° Bé.

In das 45—65° C heiße Fett wird die Ätznatronlauge, gegebenen Falls mit Wasser gemischt, eingekrückt und dann die Füllung hinzugegeben. Hierauf wird die Mischung unter leichtem Erwärmen zeitweilig durchgekrückt, längere Zeit bedeckt, und wenn die Selbsterhitzung eingetreten ist, gut durchgerührt. Die erhaltene Seife zeigt sich rippig und in den Proben genügend fest, besitzt Stich und wird in kleine Formen gegeben. Man kann auch den Fettansatz mit der Lauge gut verseifen und der gut verbundenen, blanken Seife die vorher erwärmte Füllung einkrücken.

**Harzseifen.** Für nachstehende, mit Harz hergestellte Seifen sind hauptsächlich zwei Fabrikationsmethoden in Gebrauch. Die Lauge wird entweder dem Harzfett oder umgekehrt das Harzfett der heißen Lauge zugerührt. Die nach der ersten Methode angefertigte Seife zeigt sich oft etwas klebrig, weil die Verseifung keine so innige ist, wie nach der zweiten Fabrikationsmethode. Im übrigen finden zur Herstellung dieser Seifen ebenfalls die oben genannten Fette Verwendung, zur Vermehrung hauptsächlich Talk, Wasserglas, Pottaschelösung usw.

Ein Ansatz zu einer Harzseife mit Talk ist folgender:

42 kg Talg,
43 ,, Palmkernöl,
15 ,, helles Harz,
50 ,, Ätznatronlauge von 37° Bé,
5—7 kg Talk.

Talg und Öl werden geschmolzen, sodann das Harz darin zum Zergehen gebracht, der Talk eingerührt und alles durchgeseiht. Ist das Harzfett auf etwa 65° C abgekühlt, wird die Lauge auf bekannte Weise zugekrückt. Alsdann wird die gut verbundene Seife in kleine Formen gegeben.

Ein Ansatz zu einer Seife mit 50 % Harz besteht aus:

32 kg Ceylon-Kokosöl,
16 ,, Palmkernöl,
24 ,, hellem Harz,
36 ,, Ätznatronlauge von 37° Bé,
30 g Hausseifengelb, gelöst in
1600 ,, kochendem Wasser.

Man läßt das zerkleinerte Harz in dem geschmolzenen, heißen Öl zergehen. Ist das Harzfett auf ca. 60° C abgekühlt, so wird die Farblösung und dann unter gutem Rühren die Lauge zugegeben. Nach etwa 20 Minuten wird das Rührgefäß warm bedeckt, wobei die Masse unter leichtem Dampfen in guten Verband kommt. Die Seife wird nun in die Form gegeben, noch kurz durchgerührt und dann leicht bedeckt. Nach dem Schneiden läßt man die Einzelstücke kurze Zeit aufgestellt stehen, wodurch sie nicht nur fester, sondern auch an den Kanten transparenter werden.

Eine Harzseife mit 100 % Harz erhält man aus folgendem Ansatz:

35 kg Palmkernöl,
15 ,, Ceylon-Kokosöl,
50 ,, helles Harz,
50 ,, Ätznatronlauge von 37° Bé,
20 g Hausseifengelb, in
1 kg kochendem Wasser gelöst.

Das Harz wird in dem heißen Öl geschmolzen, dem auf ca. 75° C abgekühlten, durchgeseihten Harzfett die Farblösung zugesetzt und dann die Lauge eingerührt. Nach einigem Durchkrücken bildet sich ein ziemlich dicker Leim, der sofort in die Form gebracht wird und unbedeckt stehen bleibt.

Will man die Abschnitte von den auf vorstehende Weise hergestellten Seifen wieder verwenden, so werden dieselben in dem heißen Öle aufgelöst. Bei Verwendung sehr ausgetrockneter Abschnitte setzt man etwas Wasser hinzu.

Weiter lassen sich aus den folgenden Ansätzen schöne Harzseifen auf halbwarmem Wege herstellen:

80 kg Palmkernöl,
20 ,, Ceylon-Kokosöl,
14 ,, Harz,
58 ,, Ätznatronlauge von 37° Bé,
40 ,, Natronwasserglas von 38° Bé, gemischt mit
7 ,, Ätznatronlauge von 37° Bé.

90 kg Palmkernöl,
10 ,, Talg,
10 ,, Harz,
55 ,, Ätznatronlauge von 36° Bé,
30 ,, Natronwasserglas von 38° Bé, gemischt mit
4 ,, Ätznatronlauge von 36° Bé und
5 ,, Pottaschelösung von 30° Bé.

50 kg Palmkernöl,
10 ,, helles Harz,
40 ,, Ätznatronlauge von 30° Bé,
7½ ,, Pottaschelösung von 30° Bé.

90 kg Palmkernöl,
10 ,, helles Harz,
60 ,, Ätznatronlauge von 33° Bé,
40 ,, Natronwasserglas von 38° Bé, gemischt mit
3 ,, Ätznatronlauge von 33° Bé.

183 kg Palmkernöl,
33 ,, Harz,
119 ,, Ätznatronlauge von 37° Bé,
64 ,, Natronwasserglas von 38° Bé,
10 ,, Pottaschelösung von 30° Bé.

Öl und Harz werden bei leichtem Feuer zerlassen, und unter fortwährendem Rühren etwa vorhandene Abschnitte darin aufgelöst. Zu dem auf etwa 70° C abgekühlten Harzfett krückt man alsdann die vorher abgewogene Mischung aus Lauge, Wasserglas und Pottaschelösung. Nach kurzem Durchkrücken bedeckt man die Masse einige Zeit, wartet den Eintritt der Selbsterhitzung ab und füllt in die Formen, wenn die gezogenen Proben guten Druck und Stich zeigen. Etwa nötige Korrekturen lassen sich bei der Seife durch kleine Zusätze von erwärmter Lauge oder flüssigem Öl leicht vornehmen. — Will man leicht gelb färben, so löst man auf 100 kg Ansatz ca. 12—14 g Hausseifengelb in 1 kg kochendem Wasser und gibt die Lösung dem Harzfett vor Einrühren der Laugenmischung zu.

Eine transparente Harzseife wird aus folgendem Ansatz hergestellt:

50 kg Ceylon-Kokosöl,
$12^1/_2$ „ rohes Palmöl,
$37^1/_2$ „ helles Harz,
50 „ Ätznatronlauge von 38° Bé,
$2^1/_2$ „ Wasser,
200 g 96 %iger Spiritus.

Kokosöl und Harz werden bei leichtem Feuer geschmolzen, und das Palmöl hinzugegeben. Wenn das geschmolzene, durchgeseihte Harzfett ca. 80° C zeigt, läßt man die Lauge unter gutem Umrühren in feinem Strahl hinzufließen. Nach eingetretenem Verband wird der dicken Seifenmasse das zur Verflüssigung notwendige Wasser zugesetzt, der Spiritus eingekrückt und die Seife im gut bedeckten Kessel etwa 1 Stunde zwecks Erzielung eines innigen Verbandes der Ruhe überlassen. Die etwas dicke, transparente Seife wird dann in die Form gegeben, nochmals mit der Krücke durchgezogen und unbedeckt dem Erkalten überlassen.

Zu einer hellen Harzseife nimmt man folgenden Ansatz:

160 kg Ceylon-Kokosöl,
30 „ Talg,
10 „ Schweinefett,
50 „ helles Harz,
5 „ venet. Terpentinöl,
127 „ Ätznatronlauge von 36° Bé,
$12^1/_2$ „ Pottaschelösung von 30° Bé,
5 „ Natronwasserglas von 38° Bé.

In dem auf 82° C erwärmten Fettansatz läßt man das zerkleinerte Harz bei schwachem Feuer zergehen, seiht das Harzfett durch und wägt ab. Inzwischen bringt man die Lauge in den Kessel, läßt durchsieden, setzt, nachdem das Feuer herausgezogen ist, Pottaschelösung und Wasserglas hinzu und krückt in die etwa 82° C heiße Laugenmischung allmählich das etwa 70° C heiße Harzfett ein. Ist das letzte

Harzfett in die Lauge eingerührt, so entfernt man die Krücke, bedeckt den Rührkessel etwa 2 Stunden und bringt die Seifenmasse alsdann nach abermaligem Durchkrücken in flache Formen. Etwaige Abfälle läßt man in der siedenden Lauge zergehen.

Eine Harzseife mit 100 % Harz und Talk stellt man in folgender Weise her. Als Ansatz verwendet man:

50 kg Palmkernöl,
50 ,, Harz,
10 ,, Talk,
50 ,, Ätznatronlauge von 37° Bé.

Im großen und ganzen wird diese Seife in ähnlicher Weise wie die vorstehende gearbeitet. In der ca. 80° C heißen Lauge wird der Talk verrührt und dann das ca. 68° C heiße Harzfett zugekrückt. Nach etwa einstündiger Ruhe im gut bedeckten Rührkessel wird die jetzt gut verbundene Seifenmasse nochmals durchgemischt und in kleine Formen gegeben.

Als Ansatz für eine gelbe Harzseife ist der folgende zu empfehlen:

36 kg helles Knochenfett,
14 ,, Palmkernöl,
2 ,, rohes Palmöl,
50 ,, helles Harz,
52 ,, Ätznatronlauge von 36° Bé,
2½ ,, Natronwasserglas von 38° Bé,
2 ,, Pottaschelösung von 15° Bé,
1 ,, Salzlösung von 15° Bé.

In dem Fettansatz wird das Harz geschmolzen und das heiße Harzfett dann durch ein Sieb in ein Gefäß filtriert. Nun werden in dem gereinigten Kessel Lauge, Wasserglas, Pottaschelösung und Salzwasser zum Sieden erhitzt und zweckmäßig auch einige Abschnitte darin geschmolzen. Hat sich die Laugenmischung wieder auf 70° C und das Harzfett auf ca. 65° C abgekühlt, so wird letzteres nach und nach der Laugenmischung zugekrückt. Hierauf wird der Rührkessel eine Stunde bedeckt, die Masse dann durchgekrückt und geformt.

Eine rotgelbe Harzseife ergibt der folgende Ansatz:

150 kg Ceylon-Kokosöl,
40 ,, rohes Palmöl,
30 ,, helles Harz,
200 ,, Ätznatronlauge von 30° Bé,
75 ,, Natronwasserglas von 38° Bé,
40 ,, Wasser.

In einem recht geräumigen Kessel werden Lauge, Wasserglas und Wasser zum Sieden erhitzt; in einem zweiten erwärmt man das Öl, läßt das zerkleinerte Harz darin schmelzen und seiht durch. Bei schwachem Feuer wird alsdann das Harzfett nach und nach in die kochend heiße Wasserglaslaugenmischung eingekrückt; hierbei ist jedoch die größte Vorsicht geboten, da durch plötzlich eintretenden Verband die Seife schnell steigt. Ist der Verseifungsprozeß beendet, so müssen die jetzt genommenen Glasproben fest sein und auch Druck zeigen. Sollte die Seife noch nicht genügende Festigkeit besitzen, so härtet man sie durch 35grädige Sodalösung oder Kristallsoda. Während der kalten Jahreszeit ist die Härtung jedoch vorsichtig auszuführen, da ein größerer Zusatz Sodalösung leicht ein Beschlagen der fertigen Seife veranlaßt.

Eine helle Harzseife (sogenannte Sparseife) wird des weiteren hergestellt aus:

317 kg Palmkernöl,
42 ,, Talg,
2 ,, Palmöl,
63 ,, Harz,
252 ,, Ätznatronlauge von 34° Bé,
84 ,, 38grädiges Natronwasserglás,
6 ,, Salzlösung von 24° Bé.

Auch die Herstellungsweise dieser Seife ist dieselbe wie die der rotgelben Harzseife. Auch hier werden in einem Kessel Lauge, Wasserglas und Salzlösung bis zum Sieden erhitzt, worauf man das in einem zweiten Kessel geschmolzene und durchgeseihte, ca. 85° C heiße Harzfett der Wasserglaslaugenmischung nach und nach unter starkem Steigen der Masse unterkrückt. Sobald ein guter Verband erreicht ist, wird das nun ziemlich dicke Endprodukt in die Form gebracht und kalt gekrückt.

**Eine braune Harzseife** erhält man aus:

125 kg dunklem Harz,
90 ,, Palmkernöl,
35 ,, Wollfett,
119 ,, Ätznatronlauge von 39° Bé und etwa
15 ,, Wasser.

Diese Seife wird in ähnlicher Weise hergestellt, wie die beiden vorstehenden Produkte. Mitunter wird aber auch so verfahren, daß Harzfett und Lauge getrennt auf ca. 90° C erwärmt werden und diese letztere dann jenem zugekrückt wird. Schließlich gibt man auch hier gegebenen Falls noch 20—25 kg durch Lauge gesättigtes Wasserglas hinzu und füllt in Formen ab.

**Stettiner Palmöl-Hausseife.** Die Stettiner Palmöl-Hausseife wird zuweilen auch auf kaltem Wege hergestellt. Zu diesem Zwecke werden 50 kg gebleichtes Palmöl und 7 kg helles Harz im Kessel geschmolzen, auf ca. 44° C abgekühlt und unter Rühren mit 10 kg 38—40grädiger Ätznatronlauge verleimt. Alsdann fügt man 20 kg 38grädiges Natronwasserglas, gemischt mit 20 kg 38—40 grädiger Ätznatronlauge, unter tüchtigem Durchrühren hinzu und gibt die gut verbundene Seifenmasse in die Form. Würde man, anstatt nach dieser Vorschrift zu verfahren, sogleich den größten Teil der Lauge mit dem Öl in Verbindung bringen und sodann das Wasserglas mit wenigen Kilo Lauge hinzugeben, so würde die Masse dick werden und schwer in die Form zu bringen sein, eine Erscheinung, die durch Zugabe von gleichteilig gemischter Lauge und Wasserglas verhindert wird. Die Seife zeigt nach einigem Lagern einen angenehmen Veilchengeruch.

**Elfenbeinseife.** Unter dem Namen „Elfenbeinseife" wurde früher eine vorzügliche Kernseife aus Ia. gebleichtem Lagos-Palmöl auf den Markt gebracht; die heute im Handel vorkommenden, sogenannten Elfenbeinseifen sind jedoch meist auf kaltem Wege hergestellte Leimseifen. Ein Ansatz besteht z. B. aus:

100 kg Palmkernöl,
50 „ Ätznatronlauge von 38° Bé,
10—15 „ Lösung von 25° Bé.

Das Palmkernöl wird auf 32° C erwärmt und alsdann die Lauge und schließlich die Füllung eingerührt. Diese letztere besteht aus einer kochenden Lösung von 4 kg Chlorkalium, 4 kg Pottasche und 5 kg Zucker in 36 kg Wasser und wird mit kaltem Wasser auf 25° Bé gestellt. Zur Füllung wird jedoch nur die klare Lösung verwandt. An Stelle des in dem obigen Ansatz angegebenen Palmkernöls kann ein Teil Talg genommen werden, auch kann man die Seife noch höher vermehren.

In Fabriken, die viel Seifen dieser Art herstellen, arbeitet man gewöhnlich nach folgender Art. Ein größerer Posten Kernöl wird geschmolzen und dann wieder auf 30—32° C abgekühlt. Alsdann werden 100 kg davon abgewogen, mit der Lauge und Füllung verrührt und die Seifenmasse in eine 600—800 kg haltende Form gegeben. Währenddessen hat man schon wieder 100 kg Öl durchgeseiht und abgewogen, die nun sofort wieder mit Lauge und Füllung verrührt werden. Die Masse kommt auf die erste, bereits geformte Seife und dies wiederholt sich bis die Form vollgefüllt ist. Wird dabei mit der nötigen Sorgfalt gearbeitet, d. h. hat das Öl genau die richtige Temperatur, wird gut durchgeseiht, sind Lauge und Füllung rein, vollkommen klar, und besitzen beide auch die richtige Grädigkeit, so bekommt man eine vorzügliche Seife, die außerordentlich gut schäumt und eine klare, reinweiße Farbe aufweist. Gewöhnlich werden diese Seifen noch leicht parfümiert.

**Sinclair- oder Kaltwasserseife.** Auch diese Seifen werden vielfach auf kaltem Wege hergestellt. Ansätze hierzu sind die folgenden:

| | | | | |
|---|---|---|---|---|
| 150 kg Kokosöl, | | | 160 kg Kokosöl, | |
| 20 „ Talg, | | | 30 „ Talg, | |
| 5 „ rohes Palmöl, | | | 10 „ Schweinefett, | |
| 75 „ helles Harz, | | | 5 „ venet. Terpentinöl, | |
| 125 „ Ätznatronlauge von 36° Bé, | | | 50 „ helles Harz, | |
| 10 „ Pottaschelösung von 20° Bé, | | | 127 „ Ätznatronlauge von 36° Bé, | |
| $7^1/_2$ „ Natronwasserglas von 38° Bé. | | | $12^1/_2$ „ Pottaschelösung von 30° Bé, | |
| | | | 5 „ Natronwasserglas von 38° Bé. | |

55 kg Kokos- oder Palmkernöl,
10 „ Talg,
10 „ rohes Palmöl,
75 „ helles Harz,
76 „ Ätznatronlauge von 36° Bé,
$7^1/_2$ „ Pottaschelösung von 25° Bé,
5 „ Natronwasserglas von 38° Bé.

In dem auf 80° C erwärmten Fettansatz wird das zerkleinerte Harz bei schwachem Feuer gelöst, das Harzfett durchgeseiht und abgewogen. Inzwischen bringt man die Lauge in den Kessel, läßt durchsieden und setzt alsdann die Pottaschelösung und das Wasserglas hinzu. In die 80° C heiße Laugenmischung krückt man nun allmählich das etwa 75° C heiße Harzfett ein. Obwohl sich die Masse zuletzt sehr dick zeigt, ist ein starkes Krücken nicht nötig. Sobald sich das letzte Harzfett in der Lauge befindet, entfernt man daher die Krücke, deckt den Rührkessel etwa zwei Stunden ab und mischt die Seifenmasse nochmals durch, ehe man sie in flache, mit Eisenblech beschlagene Formen bringt. Um der fertigen Seife ein besseres Aussehen zu verschaffen, wird sie nach dem Schneiden noch einige Zeit aufgestellt. Die Abfälle werden am besten in der siedenden Lauge gelöst.

**Oberschalseife auf kaltem Wege.** In manchen Gegenden der Provinzen Sachsen und Brandenburg findet sich eine Oberschalseife im Handel, die mit der echten Oberschalseife allerdings nur den Namen gemein hat. Es ist dies eine auf kaltem Wege zusammengerührte Seife, deren Qualität je nach den dafür angelegten Preisen wechselt. Obwohl diese Seife also nach ihrer Gewinnungsweise als Leimkernseife oder als glattweiß u. dgl. bezeichnet werden sollte, hat sich die Bezeichnung als Oberschalseife soweit eingebürgert, daß niemand an derselben Anstoß nimmt.

Während nun bei der Oberschalseife die Farbe immer grau oder gelblich-grau ausfällt, wird eine Ware der letztgenannten Qualität recht weiß verlangt. Die Anfertigung selbst ist sehr einfach, zumal die Seife nur in kleinen Posten hergestellt wird. Brauchbare Ansätze sind die folgenden:

50 kg Talg oder schmalzartiges Fett,
50 „ Palmkernöl,
50 „ Ätznatronlauge von 37° Bé.

100 kg Palmkernöl,
50 „ Ätznatronlauge von 38° Bé.

100 kg Palmkernöl,
50 „ Ätznatronlauge von 38° Bé,
20 „ Natronwasserglas, abgerichtet mit
3 „ Ätznatronlauge von 38° Bé.

50 kg Talg oder schmalzartiges Fett,
50 „ Palmkernöl,
50 „ Ätznatronlauge von 38° Bé,
10 „ Natronwasserglas, abgerichtet mit
$1^1/_2$ „ Ätznatronlauge von 38° Bé.

Man schmilzt zunächst die Fette bzw. Öle und seiht sie durch Leinen oder ein Gazesieb in einen dazu geeigneten Rührkessel. Bei Mitverwendung von Talg oder schmalzartigen Fetten erhält man das Fettgemisch auf einer Temperatur von 37—40° C; bei Palmkernöl allein erwärmt man dagegen nicht über 30° C. In dünnem Strahl wird alsdann die abgewogene Lauge hinzugegossen und dabei so lange gut durchgerührt, bis die Seife aufzulegen beginnt, wenn man den Rührstock ablaufen läßt. Nunmehr gibt man gegebenenfalls das Wasserglas hinzu und schöpft danach in flache Kasten bzw. Rahmen aus, deren Höhe der Dicke des später zu schneidenden Riegels entspricht. Es wird mit einem kleinen, runden Rührstabe geblumt und bisweilen auch noch mit einem billigen Riechstoff parfümiert.

---

# Die Schmierseifen.

Unter Schmierseife versteht man eine hauptsächlich aus Kalilauge und Öl hergestellte Seife von weicher, salbenartiger Konsistenz, die im Gegensatz zu den Hartseifen mehr Wasser gebunden enthält. Da neutrales, ölsaures Kali aber ein zähes, gummiartiges und undurchsichtiges Produkt ergibt, so ist es erforderlich, durch den Zusatz von kaustischem und kohlensaurem Alkali die Eigenschaften zu erzielen, welche den Charakter der bekannten, transparenten Schmierseife des Handels bedingen. Die in entsprechendem Verhältnis zugesetzten Stoffe heben die Zähigkeit der Seife auf und verwandeln sie in eine geschmeidige Masse, die gleichzeitig die Fähigkeit erlangt, inkorporiertes Wasser zu binden.

Die Schmierseifenfabrikation hat ihren Ursprung in den Küstenländern der Ostsee, wo man zuerst aus Tran und Holzaschenlauge eine weiche Seife herstellte, die dann später durch die Schiffahrt Verbreitung in den Küstenländern der Nordsee fand, wo ebenfalls Tran in großer Menge und billig zu Gebote stand.

Mit der weiteren Vervollkommnung der Fabrikation wurden dann auch andere Öle, namentlich das in früheren Zeiten billige Hanföl, für die Herstellung solcher Seifen benutzt; die Holzaschenlauge wurde durch Pottasche, und zwar in Sonderheit die kalzinierte, russische und amerikanische Steinasche ersetzt. Um die Seife gegen Wärme widerstandsfähiger zu machen, wurde dann später auch Talg mitversotten und so das Verfahren zur Herstellung der Naturkornseife gefunden. Als der Talg dann mehr und mehr von der Stearinfabrikation beansprucht wurde, kamen eine Reihe von Seifensiedern auf den Gedanken, durch Einkrücken von Kalkkorn ihrem Fabrikat ein der Naturkornseife ähnliches Aussehen zu verleihen, die ihrer größeren Waschkraft halber viele Käufer gefunden hatte. Auf diese Weise kam die Kunstkornseife in den Handel.

Von den deutschen Küstenländern aus trat die Schmierseife dann allmählich ihre Wanderung nach dem Binnenlande an, wo sie sich wegen ihrer leichten und bequemen Verwendbarkeit ebenfalls schnell in Industrie und Haushalt einführte. Weitere, schnelle Verbreitung fand die Schmierseifenfabrikation aber erst, als die Pottasche, die bisher noch knapp und teuer gewesen war, nach dem Auffinden der Staßfurter Abraumsalze stark im Preise sank.

Heute findet das Hanföl zur Schmierseifenfabrikation nur noch geringe Verwendung, an seine Stelle sind das Leinöl, Dotteröl, Rüböl, Baumwollsaatöl, Erdnußöl, Bohnenöl, Maisöl und Sesamöl getreten, auch Oleïn, Talg, Palmöl, Schweinefett und Kammfett werden heute mehr oder weniger zu Schmierseifen verarbeitet. Namentlich das Leinöl wird wegen seiner guten Eigenschaften gern verwendet und ebenso wie das ihm ähnliche Dotteröl vornehmlich zu Winterseifen versotten, da es erst bei etwa $-20^0$ C gefriert. Wenn Leinöl jedoch sehr hoch im Preise steht, so wird es trotz seiner guten Eigenschaften zeitweilig ganz ausgeschaltet und namentlich durch das Bohnenöl, das Maisöl und in neuerer Zeit wieder durch den Tran ersetzt. Besonders der letztere wird seit Einführung der Fettspaltung wieder mehr zur Seifenfabrikation verwendet, da er bei der Spaltung viel von seinem unangenehmen Geruch verliert. Da der letztere trotzdem aber in den Fertigprodukten immer wieder zum Vorschein kommt, ist es zweckmäßig, vor Verarbeitung des Tranes die Geruchsbildner nach einer der eingangs besprochenen Methoden völlig zu entfernen[1]).

Die Herstellung der Schmierseifen hat sich durch die Fettspaltung und die Einführung der auf elektrolytischem Wege hergestellten, hochgrädigen Ätzkalilauge sehr vereinfacht. Die letztere wird mit einem bestimmten, der Jahreszeit entsprechenden und dem Fettansatz angepaßten Prozent-

[1]) Vgl. S. 99 ff.

satz Pottasche, Soda oder Chlorkalium reduziert und mit Wasser auf die gewünschte Stärke eingestellt.

Zum Verseifen von 100 kg Fettsäure gebraucht man ungefähr 100 kg 30grädiger, reduzierter Kalilauge oder 100 kg 25grädiger Natronlauge; soll eine Schmierseife gefüllt werden, so bedarf man zur Abrichtung der Füllung ebenfalls noch eine entsprechende Menge Lauge.

Die Herstellungsweise der verschiedenen, im Handel vorkommenden Schmierseifen ist durchweg die gleiche und erfolgt nach denselben Regeln; dem Aussehen nach entstehen Unterschiede lediglich durch das bei der Verseifung verwandte Fettmaterial und den Charakter der zum Sieden benutzten Laugen. Die am meisten verbreitete Schmierseife ist eine glatte, transparente Seife, die man wieder mit oder ohne Mehlfüllung herstellen kann. Dann kommen die gekörnten Schmierseifen und schließlich die weißen Schmier- oder Silberseifen. All diese Sorten verlangen, um gleiches Aussehen und gleiche Konsistenz beizubehalten, in den verschiedenen Jahreszeiten eine andere Behandlung. Insonderheit ist für jede Jahreszeit ein besonderer Fettansatz zu wählen, sowie dem richtigen Kaustizitätsverhältnis der Laugen, dem Feuchtigkeitsgehalt und der Abrichtung der Seifen die erforderliche Beachtung zu schenken.

## Glatte, transparente Schmierseifen.

Zu den glatten, transparenten, hellgelb, braun oder grün gefärbten Schmierseifen verwendet man in der kalten Jahreszeit meistens Lein- oder Dotteröl, Bohnenöl, Maisöl, Hanföl, Tran oder deren Fettsäuren, d. h. Öle, die wenig zum Erstarren neigen. In der warmen Jahreszeit verarbeitet man neben den genannten Ölen vielfach noch eine größere Menge Baumwollsaatöl, Sesamöl, Erdnußöl, Rüböl oder deren Fettsäuren, um auf diese Weise den Seifen eine bessere Konsistenz und Haltbarkeit zu verleihen. Will man die glatten Schmierseifen auch im Sommer nur aus den weniger stearinreichen Ölen herstellen, so versiedet man unter Zusatz einer gewissen Menge Sodalauge, um eine genügende Konsistenz zu erzielen. Im heißen Sommer verwendet man in der Regel $^1/_4$—$^1/_3$ Sodalauge und reduziert den Zusatz um so mehr, je näher die Außentemperatur dem Gefrierpunkte liegt. Bei eintretendem Frost wird meist nur noch Kalilauge verwendet. Eine Schmierseife, zu deren Herstellung bei niedriger Temperatur zu viel Sodalauge verwandt wurde, wird kurz und bröckelig, scheidet Lauge aus und erhält ein trübes, schlechtes Aussehen. Des weiteren wird die Ausbeute geringer, da eine normal abgedampfte, aus reiner Pottaschelauge gesottene Schmierseife ca. 235 kg, eine reine Sodaseife aber nur 190 kg Ausbeute ergibt.

Vielfach werden der glatten, transparenten Schmierseife auch 5 bis 15 kg Harz auf 100 kg Ölansatz zugesetzt, wodurch sich einerseits die Seife billiger stellt, andererseits ein leichteres Schäumen bedingt wird.

Das Harz wird entweder gleich mit dem Öl in den Kessel gegeben und so mit diesem gemeinsam verseift, oder es wird der fertig aufsiedenden Seife nebst der erforderlichen Lauge (ca. 92 kg von 30° Bé auf 100 kg Harz) zugesetzt und unter Krücken in Verband gebracht. Durch Mitversieden des Harzes wird die Seife in der Regel etwas dunkler, auch ist die Ausbeute etwas geringer, da eine harzhaltige Seife stets etwas weicher ausfällt und infolgedessen einen entsprechenden Zusatz an Sodalauge benötigt. Dieser Zusatz muß um so größer sein, je höher die Außentemperatur liegt.

Schmierseifen, die mit Chlorbleichlauge (unterchlorigsaurem Natron) gebleicht werden sollen, dürfen kein Harz enthalten.

Es sei nun zunächst die Herstellung einer glatten Schmierseife aus 1000 kg Neutralöl, ohne Dampfeinrichtung, beschrieben. Die zur Verseifung notwendige Ätzkalilauge wird mit 15 Teilen Pottasche auf 100 Teile 50grädige Ätzkalilauge reduziert und, wenn mit direktem Feuer gearbeitet wird, auf 25° Bé eingestellt.

Um die Beschreibung der Fabrikation zu vereinfachen, seien zunächst einige Ansätze angeführt, die der Jahreszeit und dem jeweiligen Preis der Öle entsprechend verarbeitet werden können. Das Siedeverfahren selbst bleibt dann stets dasselbe.

Für das Frühjahr und für den Herbst sind zu verarbeiten:

1000 kg Leinöl,
150 „ Wasser,
950 „ Pottaschelauge von 25° Bé,
250 „ Sodalauge von 25° Bé.

1000 kg Bohnenöl oder Maisöl,
150 „ Wasser,
1000 „ Pottaschelauge von 25° Bé,
200 „ Sodalauge von 25° Bé.

500 kg Dotteröl,
500 „ Erdnuß- oder Kottonöl,
150 „ Harz,
150 „ Wasser,
1100 „ Pottaschelauge von 25° Bé,
200 „ Sodalauge von 25° Bé.

400 kg Bohnenöl,
300 „ Sesamöl,
300 „ Rüböl,
150 „ Harz,
150 „ Wasser,
1100 „ Pottaschelauge von 25° Bé,
200 „ Sodalauge von 25° Bé.

Für den Sommer sind die folgenden Ansätze zu empfehlen:

1000 kg Leinöl,
150 „ Wasser,
850 „ Pottaschelauge von 25° Bé,
350 „ Sodalauge von 25° Bé.

1000 kg Bohnen- oder Maisöl,
150 „ Wasser,
900 „ Pottaschelauge von 25° Bé,
300 „ Sodalauge von 25° Bé.

300 kg Dotteröl,
200 „ Sesamöl,
500 „ Erdnuß- oder Kottonöl,
150 „ Harz,
150 „ Wasser,
1000 „ Pottaschelauge von 25° Bé,
300 „ Sodalauge von 25° Bé.

500 kg Bohnen-, Mais- oder Dotteröl,
500 „ Rüböl,
150 „ Harz,
150 „ Wasser,
1000 „ Pottaschelauge von 25° Bé,
300 „ Sodalauge von 25° Bé.

Für den Winter kommen als Ansätze in Betracht:

1000 kg Leinöl,
150 „ Wasser,
1100 „ Pottaschelauge von 25° Bé,
100 „ Sodalauge von 25° Bé.

1000 kg Bohnen- oder Maisöl,
150 „ Wasser,
1200 „ Pottaschelauge von 25° Bé.

1000 kg Bohnen- oder Maisöl,
100 „ Harz,
150 „ Wasser,
1200 „ Pottaschelauge von 25° Bé,
80 „ Sodalauge von 25° Bé.

400 kg Bohnen- oder Maisöl,
300 „ Sesamöl,
300 „ Dotteröl,
150 „ Harz,
150 „ Wasser,
1200 „ Pottaschelauge von 25° Bé,
120 „ Sodalauge von 25° Bé.

Der ganze Ölansatz und gegebenenfalls auch das Harz wird in den Siedekessel gebracht, das Wasser und ungefähr der fünfte Teil der erforderlichen Siedelauge hinzugegeben, angeheizt und ab und zu durchgekrückt. Sobald die Masse genügend heiß ist, bildet sich eine Emulsion, und die Massen beginnen sich etwas zu heben und durcheinanderzuschieben, während der Verband eintritt. Letzteres erkennt man daran, daß eine herausgenommene Probe keine Lauge mehr abtropfen läßt, sondern als dicke, gleichmäßige Schmiere vom Spatel läuft. Sobald guter Verband eingetreten ist, muß weitere Lauge hinzugegeben werden, damit die Masse infolge Laugenmangels nicht dick wird. Die neu hinzugegebene Lauge muß jedoch immer erst gut mit der Masse verbunden sein, bevor man die nächstfolgende Menge dazubringt, da die Seife sonst leicht wieder aus dem Verband kommen kann. Ist sämtliche Lauge im Kessel, so muß ein schönes, dick und wollig siedendes Produkt vorliegen. Wenn die Seife schaumfrei siedet, und eine aufgenommene Glasprobe, leicht gehäufelt, ohne Schaumperlen oder Luftbläschen auf dem Glase liegt, so ist sie auch genügend eingedampft und lediglich noch auf ihre Abrichtung hin zu prüfen.

War die zur Verseifung verwandte Laugenmenge ausreichend, die Abrichtung der genügend eingedampften Seife also richtig getroffen, so wird eine auf Glas gesetzte Probe völlig klar sein und, gegen einen dunklen Untergrund gehalten, „Blume" haben, d. h. kleine Laugenadern aufweisen, die beim Überschuß von etwas Alkali als flockige Trübungen auf der Oberfläche der Probe, besonders aber in ihren Erhöhungen und Riefen, sichtbar werden. Außerdem soll ein kleiner „Laugenring", d. h. ein haarfeiner, weißer Rand, rings um die Probe herum in die Erscheinung treten. Hat die Seife schon etwas zuviel Lauge, so überläuft die Probe, um bei bedeutendem Überschuß schnell trübe und auf dem Glase verschiebbar zu werden. Man muß alsdann nach und nach der siedenden Seife Öl zusetzen, bis eine aufgenommene Glasprobe die obigen Zeichen einer guten Abrichtung erkennen läßt. Sollte die Glasprobe anfangs klar, aber ohne „Blume" sein, so fehlt noch etwas Lauge, die allmählich nachzugeben ist.

Die für die Prüfung der Abrichtung aufgenommenen Glasproben legt man gewöhnlich in den Keller, in dem die Seife später gelagert werden soll, da hier in der Regel eine ziemlich gleichmäßige Temperatur, meist zwischen 10 und 15° C, herrscht. Man legt hier Seifen, die für die wärmere Jahreszeit bestimmt sind, möglichst hoch, die für die kältere Jahreszeit bestimmten aber direkt auf den Boden. Die ersteren müssen mild, kurz, fest und klar auf kleine „Blume" abgerichtet sein, während Winterseifen eine etwas kräftigere „Blume" zeigen, und an Hand der auf dem Steinboden des Kellers erkalteten Probe einen ziemlichen Laugenrand aufweisen sollen. Ist eine im Keller erkaltete Probe dagegen von außen herum klar, zeigt aber in der Mitte noch das trübe, sogenannte „Fettgrau", so ist die Seife zu matt. Man gibt daher zu der siedenden Masse so lange Alkali in kleinen Portionen hinzu, bis die erkaltete Glasprobe völlig klar bleibt.

Im Folgenden sollen nun einige Unregelmäßigkeiten Erwähnung finden, die sich beim Sieden von Schmierseifen leicht ergeben können.

Ein zu hohes oder zu niedriges „Kalkverhältnis", wie es früher bei Verwendung der selbst eingestellten Aschenlauge vorkommen konnte, ist ja heute so gut wie ausgeschlossen, da die Ätzkalilauge in stets gleichmäßiger Qualität fertig geliefert wird. Würde sie viel kohlensaure Salze enthalten, so würden diese bei der hohen Konzentration von 50° Bé unbedingt auskristallisieren. Es kann also nur bei falscher Zusammenstellung der Siedelauge vorkommen, daß eine Seife einen Mangel oder Überschuß an freien Salzen aufweist. Fehlen einer Seife solche Salze, d. h. ist sie zu kaustisch, oder wie der alte Ausdruck lautet, steht sie zu hoch im Kalk, so erkennt man dies daran, daß sie schwerfällig, weiter unten im Kessel siedet und in breiten, zähen Streifen vom Spatel abläuft; eine aufgenommene Glasprobe wird dann hoch auflegen und auch nach dem Erkalten noch trübe und gummiartig sein. In solchem Falle ist es nötig, durch langsamen Zusatz von starker Pottaschelösung ein normales Sieden der Seife herbeizuführen und auf diese Weise darauf hinzuwirken, daß die aufgenommenen Glasproben kurz, fest, klar und geschmeidig werden. Sind während des Siedeprozesses Laugen mit zu hohem Karbonatgehalt verwandt, so siedet die Seife leicht hoch und weist ein dünnflüssiges, wässeriges Aussehen auf. Die entnommene Glasprobe läuft dann breit auseinander. Dieser Fehler kann naturgemäß nur durch den Zusatz reiner Ätzlauge und eine gleichzeitige Vergrößerung des Ölansatzes korrigiert werden. Ratsam bleibt es aber stets, solche Verbesserungen erst dann vorzunehmen, wenn man sich von ihrer unbedingten Notwendigkeit überzeugt hat, zumal die Proben von noch sehr wasserhaltigen oder nicht genügend Lauge enthaltenden Seifen in dieser Beziehung leicht zu Täuschungen den Anlaß geben können.

Ein Dickwerden der Seifenmasse tritt leicht ein, wenn ungefähr ein Drittel der gesamten Siedelauge im Kessel ist und sich Verband gebildet hat. Läßt man alsdann mit dieser ungenügenden Laugenmenge weiter sieden, ohne rechtzeitig Lauge nachzugeben, so klumpt der Kesselinhalt zu einer äußerst zähen Masse zusammen, die sich nur sehr schwer, und zwar lediglich durch Zugabe von mehr Lauge, als zur Verseifung des im Kessel befindlichen Fettansatzes nötig ist, wieder in Lösung bringen läßt. Es erfordert viel Zeit und Arbeit, bis eine solche dickgewordene Seife wieder normal siedet, weshalb man der rechtzeitigen Laugenzugabe volle Aufmerksamkeit schenken soll.

Des weiteren ist der richtige Wassergehalt der Schmierseifen für deren Haltbarkeit von großer Bedeutung. Eine zu wasserhaltige Seife wird beim Lagern trübe und dünn; Schmierseifen sollen daher stets schaumfrei abgedampft werden und als Glasproben keine Schaumperlen mehr zeigen.

Auch die Abrichtung der Seife ist von größter Wichtigkeit für deren späteres Verhalten. Ein zu schwach abgerichtetes Produkt wird nach einiger Zeit in den Fässern trübe, weich und flüssig. Eine zu stark abgerichtete Seife wird später kurz, bröckelig und scheidet Lauge aus. Von wesentlicher Bedeutung ist des weiteren die Temperatur, bei der die Seife zum Verkauf gelangt. In kalter Jahreszeit führt man daher die Schlußabrichtung bei einer glatten Schmierseife möglichst mit starker, 30grädiger Pottaschelösung aus, sodaß die Glasproben kräftige Blume und Laugenring zeigen. Während der warmen Jahreszeit richtet man dagegen nur milde ab, die Glasprobe soll nur leichte Blume zeigen und nach dem Erkalten vollständig klar sein.

**Glyzerinschmierseife.** Unter dem Namen „transparente Glyzerinschmierseife" wird ein Erzeugnis in den Handel gebracht, das sich durch seine helle Farbe von der gewöhnlichen glatten Schmierseife unterscheidet, sonst aber keine besonderen Bestandteile enthält, die den Namen „Glyzerinschmierseife" rechtfertigen könnten. Infolge seines guten Aussehens hat sich das Produkt aber schnell überall Eingang verschafft und wird in den Haushaltungen mit Vorliebe verwandt. Die Verbraucher gehen dabei wohl von der nicht unberechtigten Ansicht aus, daß die helle Farbe und die hohe Transparenz der Seife eine gewisse Garantie für die gute Qualität bieten, da dunkle oder unreine Fette und Öle, sowie die Transparenz schädigende Füllungsmittel bei ihrer Herstellung nicht verwendet werden dürfen.

Um ein recht helles Produkt zu erhalten, ist es notwendig, entweder die zu verseifenden Öle als solche zu bleichen oder die fertige Seife einer späteren Bleichung zu unterwerfen. Kommt Leinöl oder Kottonöl zur Verwendung, so genügt eine einfache Vorbehandlung des Öles mit starker Lauge. Zu diesem Zweck wird entweder das Öl auf 50° C erwärmt und dann 3% 30grädige Pottaschelauge eingekrückt, bis sich große Flocken bilden, oder man erhitzt die Lauge und krückt diese dann in das nicht angewärmte Öl. Nach einigen Stunden der Ruhe haben sich die Flocken als Bleichsatz zu Boden gesetzt, sodaß das klare Öl oben abgeschöpft oder abgezogen werden kann. Da jedoch durch die Behandlung alle freien Fettsäuren aus dem Öl entfernt sind, läßt sich bei dem Verseifungsprozeß der Verband schwerer erreichen, als mit ungebleichten Ölen, weshalb man zunächst mit einer kleineren Menge Lauge vorsiedet. Man muß alsdann aber mit stärkerer Lauge zur Hand sein, da die alkaliarme Masse, wie oben erwähnt, außerordentlich leicht zusammenfährt und dick wird.

Im übrigen ist die Arbeitsweise genau dieselbe, wie bei der vorher beschriebenen, glatten Schmierseife. Legt man auf eine helle Farbe der Seife weniger Wert, so kann auch etwas hellfarbiges Harz mitverarbeitet werden, das, ähnlich wie das Öl, vorher mit starker Lauge gebleicht wird.

In neuerer Zeit ist man jedoch von dem vorherigen Bleichen des Öles immer mehr abgekommen, namentlich, weil man in vielen Fabriken für den Bleichsatz keine genügende Verwendung hatte. Dazu kommt noch, daß das nachträgliche Bleichen der fertig gesottenen Seifen einfacher ist und hellere Seifen ergibt. Am meisten hat sich die Bleichung mit unterchlorigsaurem Alkali eingeführt, die bei richtiger Durchführung ganz besonders helle Fabrikate ergibt. Dieselben zeigen jedoch häufig einen mehr oder weniger hervortretenden Chlorgeruch, weshalb diese Art der Bleichung nicht immer zu empfehlen ist.

Eine zweckentsprechende Chlorbleichlösung wird nach folgendem Verfahren hergestellt: In 130 kg heißem Wasser werden 33,5 kg kalz. Soda aufgelöst und unter tüchtigem Umrühren 50 kg Chlorkalk hinzugegeben. Die so erhaltene Lösung wird alsdann mit weiteren 150 kg kaltem Wasser verdünnt.

Die Bleichung wird in der Weise ausgeführt, daß der nicht zu stark abgerichteten, normal eingedampften Seife 10—15 % der klar filtrierten Bleichlösung eingekrückt werden. Die Seifen dürfen aber kein Harz enthalten und müssen bis auf 55° C abgekühlt sein, wofern die Lösung gut wirken soll.

Neben der Chlorbleichlösung haben sich im Laufe des letzten Jahrzehntes aber noch einige weitere Bleichmittel, in Sonderheit auch das Blankit eingeführt, dessen Eigenschaften und Anwendungsweise eingangs bereits ausführlich besprochen sind [1]).

**Transeife.** Neben den vorgenannten, glatten, transparenten Ölseifen kommt auch noch eine glatte Transeife im Handel vor, die mit reiner Pottaschelauge gesotten wird und vorzugsweise in Kammgarn- und Zwirnspinnereien Verwendung findet. Da diese Seife, von anderen, guten Eigenschaften abgesehen, vor allem dem Garn eine besonders leuchtende Farbe gibt, wird sie von manchen Textilfabrikanten jeder anderen Seife vorgezogen.

**Hanfölseife.** Verhältnismäßig selten wird auch noch die grüne Hanfölseife fabriziert, die heute jedoch vornehmlich pharmazeutischen Zwecken dient. Ihre Herstellungsweise ist die gleiche, wie die der vorbesprochenen, glatten Schmierseifen.

## Naturkornseifen.

Wohl die beliebteste und schönste Schmierseife ist die Naturkornseife, die zuerst vor langen Jahren in den Provinzen Pommern, Ost- und Westpreußen hergestellt wurde und sich von dort aus wegen ihrer vorzüglichen Eigenschaften und äußerst vorteilhaften Verwendung im

---

[1]) s. S. 72.

Haushalt und in der Textilindustrie schnell auch in anderen Gegenden Eingang verschaffte, so daß man jetzt nicht nur in vielen Fabriken Deutschlands, sondern auch in Österreich, Dänemark und Skandinavien Naturkornseife fabriziert. Die Naturkornseife ist aber nicht nur die schönste, sondern auch diejenige Schmierseife, die die größten Schwierigkeiten bei der Fabrikation verursacht, sodaß längere Übung und aufmerksame Beobachtung beim Sieden dazu gehört, um die für ihre Herstellung notwendigen Kenntnisse zu erwerben.

Zur Fabrikation der Naturkornseife bedient man sich sowohl harter, stearinhaltiger, wie auch weicher Fette bzw. Öle; aus ersteren wird das „Korn", aus letzteren die klare Grundseife erhalten.

Zur Erzielung eines einwandfreien Produktes sind vor allem gute Rohmaterialien erforderlich. Der Talg, der zu dieser Seife versotten wird, muß frisch, schmutz- und säurefrei sein. Kammfett, Schweinefett und Knochenfett, die namentlich im Sommer Mitverwendung finden können, damit die Seife konsistenter und höheren Temperaturen gegenüber widerstandsfähiger wird, sollten vor dem Gebrauch geläutert werden, wenn sie schon alt und unrein sind.

Helles Leinöl oder Dotteröl, im Sommer gegebenenfalls mit gut raffiniertem Baumwollsaatöl gemischt, ergeben bei gleichzeitiger Verwendung von etwas Talg die schönsten Naturkornseifen. Aber auch Bohnenöl und Maisöl können zu diesen Seifen versotten werden, während Oleïn, das sonst ebenfalls vorteilhaft zu Naturkornseifen verarbeitet wird, dunkel gefärbte Produkte ergibt.

Durch die allgemeine Einführung der 50grädigen Ätzkalilauge ist auch die Herstellung der Naturkornseifen sehr erleichtert worden, weil es dadurch möglich ist, eine stets gleichmäßige Siedelauge vorrätig zu halten. Die zur Reduzierung notwendige Pottasche muß möglichst sodafrei sein, da eine Siedelauge, die mehr als 2—3 % Natron enthält, ein kleines, fedriges, in der Sonnenwärme unbeständiges Korn bedingen und die Seife selbst blind und silberstrahlig machen würde.

Die Menge der zur Reduzierung nötigen Pottasche selbst richtet sich nach der Jahreszeit, dem Fettansatz und nach der Art und Menge der etwaigen Füllungszusätze. In der Regel verwendet man 15—30 % Pottasche auf 100 kg 50grädige Ätzkalilauge. Wird mit direktem Feuer gearbeitet, so stellt man die Lauge auf 25° Bé, wenn mit Dampf gesotten wird auf 30° Bé.

Der Fettansatz schwankt sehr und ist einerseits von der Jahreszeit abhängig, andererseits den Wünschen der Fabrikanten entsprechend variabel. Insonderheit richtet sich die Größe des „Korns" bei normal gesottenen Seifen, deren Wassergehalt und Abrichtung richtig getroffen sind, ganz nach dem vorgesehenen Fettansatz. Je stearinreicher derselbe ist, desto mehr Korn erzielt man in der Seife. Es bleibt jedoch zu beachten, daß auch das Korn entsprechend dichter und kleiner ausfällt, wenn ihm ein größerer Entwickelungsraum nicht geboten wird.

Nachstehend folgen nun einige, für die verschiedenen Verhältnisse passende Fettansätze:

1. Zu hellgelben Seifen mit reisförmigem Korn.

| Im Sommer: | Im Winter: |
|---|---|
| 35 % Talg, | 35 % Talg, |
| 3 ,, rohes Palmöl, | 2 ,, rohes Palmöl, |
| 16 ,, helles Kamm- oder Schweinefett, | 15 ,, Baumwollsaatöl. |
| 16 ,, Baumwollsaatöl, | 58 ,, helles Leinöl. |
| 30 ,, helles Leinöl. | |

2. Zu dunkelgelben Seifen mit reisförmigem Korn.

| Im Sommer: | Im Winter: |
|---|---|
| 36 % Talg, | 35 % Talg, |
| 2 ,, rohes Palmöl, | 3 ,, rohes Palmöl, |
| 20 ,, Kammfett, | 62 ,, Leinöl, Bohnenöl oder Maisöl. |
| 42 ,, Leinöl oder Bohnenöl. | |

3. Zu hellen Seifen mit kleinem, roggenartigen Korn.

| Im Sommer: | Im Winter: |
|---|---|
| 48 % Talg, | 40 % Talg, |
| 2 ,, rohes Palmöl, | 1 ,, rohes Palmöl, |
| 15 ,, Baumwollsaatöl, | 10 ,, Kamm- oder Schweinefett, |
| 35 ,, helles Leinöl. | 55 ,, helles Leinöl. |

4. Zu dunklen Seifen mit kleinem, roggenartigen Korn.

| Im Sommer: | Im Winter: |
|---|---|
| 45 % Talg, | 40 % Talg, |
| 5 ,, rohes Palmöl, | 5 ,, rohes Palmöl, |
| 50 ,, Lein-, Dotter-, Bohnen- oder Maisöl. | 55 ,, Lein-, Dotter-, Bohnen- oder Maisöl. |

5. Zu Seifen mit schönem Mittelkorn.

| Im Sommer: | Im Winter: |
|---|---|
| 40 % Talg, | 40 % Talg, |
| 25 ,, Baumwollsaatöl, | 58 ,, Leinöl, |
| 33 ,, Leinöl, | 2 ,, rohes Palmöl. |
| 2 ,, rohes Palmöl. | |

6. Zu Seifen für Walkzwecke.

| Im Sommer: | Im Winter: |
|---|---|
| 34 % Talg, | 30 % Talg, |
| 6 ,, rohes Palmöl, | 5 ,, rohes Palmöl, |
| 40 ,, Oleïn, | 30 ,, Oleïn, |
| 20 ,, Baumwollsaatöl. | 35 ,, Leinöl, Bohnen- oder Maisöl. |

Bevor jedoch die Siedeweise der Naturkornseife beschrieben wird, sollen noch kurz die Bedingungen erwähnt werden, unter deren genauester Beachtung allein ein gutes, tadelloses Fabrikat erzielt werden kann. Wie schon erwähnt, ist bei der Herstellung in erster Linie dem Zusatz von kohlensaurem Kali zur Ätzlauge, dem Feuchtigkeitsgehalte, sowie der normalen Abrichtung die größte Aufmerksamkeit zu schenken.

Wie oben gesagt wurde, kann eine verkäufliche Schmierseife nicht mit reiner Ätzlauge hergestellt werden; es entsteht so stets nur eine zähe, gummiartige Masse, die allein durch den Zusatz einer genügenden Menge von kohlensaurem Kali die für eine Handelsseife notwendige Konsistenz und Geschmeidigkeit erhält. Dies gilt nun noch im erhöhten Maße für die Naturkornseife, zu deren Herstellung stets $^1/_3$—$^1/_2$ des Ansatzes an Talg und festen Fetten Verwendung findet. Um hier die nötige Bewegungs- und Entwicklungsfähigkeit des stearinsauren Kalis, d. h. also die Kristallisation oder Kornbildung zu ermöglichen, müssen naturgemäß in der Seife gelöste Kalisalze noch in größerer Menge vorhanden sein, als in der transparenten Ölseife, und darüber hinaus ist weiter zu folgern, daß die zur Verseifung dienenden Laugen um so mehr Pottasche (Kaliumkarbonat) enthalten müssen, je mehr hartes, stearinreiches Fett (Talg usw.) man im Ansatz verwendet.

Im Vorstehenden wurde über den Fehler gesprochen, der durch eine zu geringe Reduktion der Siedelauge entstehen kann. Je mehr Salze nun aber der Seifenmasse zugeführt werden, desto lockerer und weicher wird diese werden, sodaß bei weiterem, gesteigerten Zusatz an freien Salzen schließlich der Verband zerrissen, die Salze ausgeschieden und die Seife ausgesalzen wird. Die kohlensauren Salze dürfen also stets nur in einem bestimmten Verhältnis in der Seifenmasse enthalten sein, wofern diese nicht an Konsistenz verlieren soll.

Das Sieden einer Naturkornseife verläuft fast ebenso wie das einer glatten Schmierseife. Wird mit Neutralfett gearbeitet, so kommt der ganze Öl- und Fettansatz in den Kessel, sowie $^1/_5$—$^1/_4$ der gesamten Siedelauge, die mit einigen Töpfen Wasser verdünnt wird. Ist der Verband zwischen Fett und Lauge durch Krücken bei langsamem Feuer hergestellt, so wird unter lebhaftem Sieden die übrige Siedelauge nach und nach hinzugegeben. Auf 100 kg Fettansatz gebraucht man ungefähr 120 kg 24grädige Lauge. Ist die insgesamt benötigte Lauge fast vollständig im Kessel, so beginnt man mit der Probeentnahme und richtet schließlich die genügend eingedampfte Seife auf „schwache Blume“ ab.

Eine genügend eingedampfte Seife muß in größeren Platten sieden, soll hörbar „Rosen brechen“ und darf keinen Schaum mehr haben.

War die Siedelauge richtig getroffen, also genügend reduziert, so zeigt die Seife ein lockeres, gefälliges Sieden, läuft leicht in erhabenen Streifen vom Spatel und legt auf dem Glase etwas auf, so daß man auch beim Erkalten noch die gebildeten Ringe beobachten kann; beim Durchbrechen verhält sich die vollkommen erkaltete Probe kernseifenartig kurz. Etwa talergroße Glasproben der fertigen Seife sollen bei richtigem Kaustizitätsverhältnis nach ca. 5 Minuten langem Liegen in der Mitte noch etwas flüssig sein.

Eine Seife, die mit zu kaustischer Lauge gesotten wurde, der also kohlensaure Salze fehlen, wird, auch gut eingedampft, nach einigem Stehen stets zähe und gummiartig, bleibt trübe und bildet ein schlechtes Korn; eine zu kohlensauer gehaltene Seife kornt schnell, bildet aber ein kleineres, mehr rundes Korn; außerdem wird die transparente Grundseife, da ihr die nötige Bindung und Konsistenz fehlt, leicht weich und sirupähnlich.

Zeigt also die Naturkornseife kein normales Sieden, so muß man ihr, je nach Erfordernis, vorsichtig 28grädige Pottaschelösung oder 24grädige Ätzkalilauge zusetzen, bis sie die erforderlichen Eigenschaften erhält.

Wird über freiem Feuer gesotten, so muß auch dem Eindampfen die nötige Aufmerksamkeit gelten. Eine Naturkornseife, die zu stark eingedampft wurde und dementsprechend den notwendigen Feuchtigkeitsgehalt nicht mehr besitzt, körnt, weil sie zu fest ist, sehr schwer und langsam, mitunter auch gar nicht; dagegen erfolgt, wenn die Seife genügend Feuchtigkeit besitzt, die Abscheidung des stearinsauren Kalis (Korns) entsprechend schnell und normal. Beim Eindampfen der Seife muß man daher vor allem auch der Fettzusammensetzung genügend Rechnung tragen; je mehr hartes Fett verwandt wurde, um so mehr Wasser zu binden ist die fertig gesottene Seife befähigt. Nach dem Eindampfen richtet man auf „Blume" ab. Die genommenen Glasproben müssen sich erkaltet also klar, fest und nach längerem Liegen nicht mehr blank, sondern wie angehaucht zeigen. Die Abrichtung hat besonders vorsichtig zu geschehen, da zu stark abgerichtete Seifen infolge überreichlicher Kristallisation zu viel Korn bilden und auswachsen. Auch werden sie leicht glitschig und scheiden unter Umständen sogar Lauge ab. Zu schwach abgerichtete Seifen werden dagegen bei guter Kornbildung leicht weich und flüssig. Zu scharf ist die Seife dann, wenn eine aufgenommene Glasprobe sofort grau überläuft und sich nur schwer oder gar nicht klärt; im Gegensatz dazu ist sie zu schwach, wenn sich die erkaltete Glasprobe nicht ganz klar zeigt, sondern in ihrer Mitte ein trüber Punkt, das „Fettgrau", sichtbar ist. Etwa nötige Korrekturen lassen sich leicht durch den vorsichtigen Zusatz von Fett oder 24grädiger Lauge durchführen.

Will man die Seife färben, so gibt man gegen Ende des Siedens die entsprechende Menge rohen Palmöls nebst der erforderlichen Lauge in den Kessel, oder man setzt wohl auch in kochendem Wasser gelöstes Hausseifengelb (ca. 2 g auf 100 kg Seife) zu solchem Zwecke hinzu.

Die Ausbeute einer normal eingedampften Naturkornseife beträgt auf 100 kg Fettansatz 235—240 kg; durch Zukrücken einer 12grädigen Pottasche oder 10grädigen Chlorkaliumlösung kann dieselbe aber auf 248 kg erhöht werden.

Die in Fässer geschöpfte bzw. abgelassene oder gepumpte Seife wird in Kellerräume gebracht, in denen eine Temperatur von 12 bis 18° C innegehalten werden muß, um eine gute Kornbildung zu ermöglichen. Unter 12° C würden die Kristalle in der Seife zu schnell entstehen, über 18° C würden sie in ihr gelöst bleiben. Das Korn bildet sich je nach dem Talggehalt des Fettansatzes in 3—8 Wochen, und zwar benötigen Seifen, welche ein richtiges Kaustizitätsverhältnis und die nötige Feuchtigkeit besitzen, bei entsprechendem Talgverhältnis 3—4 Wochen, um genügend auszukornen und ein schönes Mittelkorn zu bilden, während solche Seifen, bei denen weniger, aber großes Korn gewünscht wird, bei entsprechend geringerem Talgzusatz stärker eingedampft werden müssen und dann ca. 6—8 Wochen für die Kornbildung erfordern. Ist diese erfolgt, so wird die Seife auch bald klar und kann zum Verkauf gestellt werden. Für den Kornungsprozeß selbst ist ein öfteres Umkellern vorteilhaft.

Schließlich sei noch erwähnt, daß man beim Sieden der Naturkornseife auch Rücksicht auf die Temperaturen der verschiedenen Jahreszeiten nehmen muß, da beispielsweise eine im Sommer gesottene Seife im Oktober mitunter schon trübe und naß wird. Eine stets und für alle Fälle brauchbare Siedemethode gibt es für Naturkornseifen eben nicht; vielmehr muß beim Sieden, Ansatz und Kaustizitätsverhältnis stets auf die gegebenen Verhältnisse entsprechende Rücksicht genommen werden.

**Alabaster-Naturkornseife.** Unter dem Namen „Alabaster-Naturkornseife" wird eine Seife in den Handel gebracht, die ein schneeweißes Korn in einer weißlichgelben, sehr transparenten Grundseife zeigt und eine Füllung in der Regel nicht enthält, da durch diese Aussehen und Kornbildung stark leiden würden.

Als Ansatz zu dieser Seife wird am besten 1 Teil prima inländischer oder australischer Hammeltalg und 2 Teile prima helles Baumwollsaatöl gewählt. Manche Sieder halten daneben einen kleinen Zusatz von hellem Erdnußöl für gut oder notwendig, um einer all zu starken Kornbildung entgegen zu arbeiten; denn die Seife soll zwar ein schönes, großes Korn, aber verhältnismäßig nur wenig davon enthalten. Zur Kaustizitätsverringerung der 50grädigen Ätzkalilauge sind ca. 20 % sodafreier, 98 %iger Pottasche auf 100 kg Ätzlauge erforderlich. Das Siedeverfahren ist genau das oben beschriebene, die Abrichtung darf jedoch nur leicht sein, da Seifen aus Talg und Kottonöl bei kräftiger Abrichtung leicht auswachsen und glitschig werden. Die aufgenommenen Glasproben sollen nur ganz leichte Blume zeigen und müssen dick aufliegend vollkommen klar und, wenn erkaltet, genügend fest sein.

Die fertige Seife wird sofort in die Versandfässer abgefüllt und zwar in einem Raume, in dem eine ständige Temperatur von 18—20° C herrscht. Diese Temperatur ist durchaus erforderlich, damit die Alabasterseife stets klar und transparent bleibt und der Kornungsprozeß sich langsam und normal vollzieht. In einem kälteren Raum lagernde Alabaster-Naturkornseifen wachsen aus und bekommen dadurch ein weniger schönes Aussehen.

## Kunstkornseifen.

Die große Beliebtheit, deren sich die Naturkornseife bei den Verbrauchern erfreut, hat Veranlassung dazu gegeben, ein ihr ähnliches Produkt auf billigere Weise herzustellen. Es ist dies die in einigen Gegenden Nord-Ostdeutschlands fabrizierte Kunstkornseife.

Die Kunstkornseife ist eine gewöhnliche, glatte Schmierseife, der man ein künstliches Korn zusetzt, um sie der Naturkornseife ähnlich zu machen. Während also zur Naturkornseife ein für die Kornbildung erforderlicher Teil harter, stearinreicher Fette mit verarbeitet werden muß, wird die Kunstkornseife lediglich aus Ölen, weichen Fetten, gegebenenfalls unter Zusatz von 10—15 % Harz hergestellt, die in der vorstehend beschriebenen Weise, im Sommer unter Mitverwendung von 20—25 % Sodalauge versotten werden.

Das zur Seife verwandte, künstliche Korn stellt man gewöhnlich aus Kreide oder gut gebranntem Kalk her. Das in verschiedener Größe im Handel vorkommende Kreidekorn ist hart, in Wasser schwer löslich, sinkt bei Benutzung der Seife im Waschfaß zu Boden und wird deshalb in den Wäschereien ungern gesehen. Das Kalkkorn zeigt diese unangenehmen Eigenschaften nicht, muß aber, da es käuflich nicht zu haben ist, kurz vor dem Gebrauch frisch hergestellt werden. Zu diesem Zweck wird der gut gebrannte Kalk zerstoßen, durch ein feines Drahtsieb geschlagen und dann mittels eines Haarsiebes von allem Kalkstaub befreit. Die im Haarsieb zurückbleibenden, kleinen, unregelmäßigen Stückchen, „das Korn“, schüttet man alsdann durch einen Trichter in eine große, trockene Vorratsflasche, die man gut verkorkt, damit das Kalkkorn nicht mit der Luft in Berührung kommt und durch deren Feuchtigkeit gelöscht wird. Von diesem Kalkkorn krückt man der etwas abgekühlten Seife später 100 bis 400 g auf 1000 kg zu; in der flüssigen, warmen Seife tritt dann sehr bald Löschung ein, so daß sich unter entsprechender Formveränderung ein schönes, weiches, dem Naturkorn sehr ähnliches Gebilde ergibt.

Für die Herstellung der Seife selbst gilt, wie gesagt, genau dasselbe, als für die Fabrikation einer glatten Schmierseife. Alles was über die Siedeweise, Eindampfung und Abrichtung dieser letzteren gesagt wurde, trifft auch für die Kunstkornseife zu. Eine helle, transparente Seife würde man also aus hellem, gebleichten Leinöl, Dotteröl, Bohnen- oder Maisöl, gegebenenfalls unter Zusatz von Baumwollsaatöl herstellen. Wünscht man eine goldgelbe Seife, so färbt man mit etwas rohem Palmöl oder auch mit dem bekannten Hausseifengelb, von dem 6—8 g auf 100 kg Ölansatz genügen.

Zur Erzielung einer grünen Seife färbt man mit 500—1000 g Ultramarinblau auf 1000 kg Ölansatz, doch ist es vorteilhaft, der Grundseife alsdann vorher noch durch Hausseifengelb oder rohes Palmöl einen gelblichen Farbton zu geben.

Der früher zum Färben der grünen Seifen benutzte Indigo dürfte heute wohl kaum noch benutzt werden, dagegen finden Chlorophyll (Blattgrün) und einige künstliche Grünfarben der bekannten Farbenfabriken häufiger Verwendung; auch durch Mitversieden von etwa 10 % Sulfurolivenöl kann man eine schöne, beständige, grüne Farbe erzielen. Neben der gelben und grünen kommt dann weiter eine braune Kunstkornseife im Handel vor, die man durch Versieden des Ölansatzes mit dunklem Harz und etwas Wollfett oder auch durch Färben mit Zuckerkouleur herstellt.

## Glatte weiße oder gelbe Schmierseifen von perlmutterartigem Aussehen.

Unter dem Namen Silber-, Schäl- oder glatte Elaïnseife kommt in verschiedenen Gegenden Deutschlands eine weiße oder gelbliche Schmierseife von silberglänzendem, perlmutterartigen Aussehen in den Handel, die sowohl im Haushalt, als auch in der Textilindustrie gern und viel gebraucht wird.

Die für ihre Herstellung verwandten Fettansätze sind sehr verschiedenartig und bestehen aus Fetten teils fester und halbfester, teils flüssiger Natur. Besonders bevorzugt werden Talg, Kammfett, Schweinefett, Knochenfett, Palmöl, Oleïn, gebleichtes Leinöl, Dotteröl, Erdnußöl und Baumwollsaatöl. Namentlich das letztere wird infolge seiner guten Eigenschaften viel verwandt. Palmöl findet im rohen Zustande zum Färben dort Verwendung, wo ein gelbliches Aussehen von den Verbrauchern gewünscht ist, wird aber auch nach vorangegangener Bleichung benutzt, um einen angenehmen Veilchengeruch zu bewirken. Auch die gehärteten Fette, Talgol, Candelite usw. eignen sich ganz vorzüglich als Zusatzfette für diese Seifen und vermögen Talg und talgartige Fette recht gut zu ersetzen.

Beim Sieden selbst muß eine entsprechende Menge Sodalauge mit verwendet werden, die das charakteristische, silberstrahlige Aussehen hervorruft, da die durch den Verseifungsprozeß gebildeten Natronsalze der in dem verarbeiteten Fett enthaltenen Stearin- und Palmitinsäure in der klaren Ölseife die Bildung weißer, silberglänzender Strahlen bewirken, die nach völligem Erkalten und einigem, mindestens 8—10 Tage währendem Lagern in Erscheinung treten. Die Ätzkalilauge wird in der Regel aber etwas stärker als für andere Schmierseifen reduziert; gewöhnlich nimmt man 25 kg Pottasche auf 100 kg 50grädige Ätzlauge.

Im übrigen ist der Fettansatz je nach der Jahreszeit und der jeweils herrschenden Temperatur entsprechend zusammenzustellen; einige diesbezügliche Vorschläge sind im Folgenden enthalten.

Als Fettansätze werden empfohlen:

Zu weißer Seife im Sommer:

I.

75 kg helles Baumwollsaatöl,
25 „ Talg oder Talgol.

II.

65 kg helles Baumwollsaatöl,
30 „ Talg oder Talgol,
5 „ Palmkernöl.

III.

60 kg helles Baumwollsaatöl,
35 „ helles Schweinefett,
5 „ gebleichtes Palmöl.

IV.

60 kg helles Baumwollsaatöl,
20 „ Talg oder Talgol,
20 „ Schweinefett.

V.

50 kg helles Baumwollsaatöl,
50 „ Kamm- oder Schweinefett.

Zu weißer Seife im Winter:

I.

80 kg helles Baumwollsaatöl,
20 „ helles Schweinefett.

II.

75 kg helles Baumwollsaatöl,
20 „ Schweinefett,
5 „ gebleichtes Palmöl.

III.

60 kg helles Baumwollsaatöl,
20 „ Erdnußöl,
20 „ helles Schweinefett.

IV.

75 kg helles Baumwollsaatöl,
15 „ Talg oder Talgol,
10 „ gebleichtes Palmöl.

V.

90 kg helles Baumwollsaatöl,
10 „ Talg oder Talgol.

Zu gelber Seife im Sommer:

I.

60 kg Baumwollsaatöl,
35 „ Talg oder Talgol,
5 „ rohes Palmöl.

II.

60 kg Baumwollsaatöl,
35 „ Kammfett,
5 „ rohes Palmöl.

Zu gelber Seife im Winter:

I.

55 kg Baumwollsaatöl,
20 „ Erdnußöl,
20 „ Talg oder Talgol,
5 „ rohes Palmöl.

II.

60 kg Baumwollsaatöl,
20 „ Erdnußöl,
15 „ Palmkernöl,
5 „ rohes Palmöl.

Zur Walkseife:

60 kg Baumwollsaatöl,
20 „ Talg,
20 „ gebleichtes Palmöl.

60 kg Baumwollsaatöl,
30 „ Kamm- oder Schweinefett,
10 „ Talg.

Wie schon vorher gesagt wurde, bedarf man zur Herstellung einer schönen, zarten und weißen Seife Laugen, die einen relativ hohen Pottaschegehalt aufweisen, da die Verwendung zu kaustischer Lauge die Seifen fest und dunkel ausfallen läßt. Besitzt die Seife richtige Kaustizität, so zeigen sich talergroße Glasproben von der normal eingesottenen und abgerichteten Seife leicht gehäufelt und nach 5 Minuten langem Liegen in der Mitte noch etwas flüssig.

Der Zusatz von Sodalauge zu dieser Seife schwankt je nach Fettansatz und Jahreszeit. Bei Verwendung von reichlich Talg darf nur wenig davon verarbeitet werden, während bei den vornehmlich aus Baumwollsaatöl und Schweine- oder Kammfett hergestellten Seifen bis zu $^1/_3$ Sodalauge benutzt werden kann. Für die Verseifung eines Ansatzes aus 90 Teilen Talg und 10 Teilen Palmkernöl verwendet man z. B. keine Sodalauge, hält dann die Seife aber etwas kohlensauer, um ein geschmeidiges, zartes Produkt zu erzielen.

Die Siedeweise selbst unterscheidet sich insofern von der sonst üblichen, als man den Verband mit nur wenig Lauge einleitet, weil Baumwollsaatöl und Talg mit größeren Mengen Lauge nur schwer binden. Während ferner Leinölseifen schon dick werden, wenn sich der dritte Teil der Gesamtlauge im Kessel befindet, tritt dieser kritische Punkt bei Verwendung von Baumwollsaatöl erst nach Zugabe von zwei Dritteln der ganzen Siedelauge ein. Die Einleitung des Verbandes muß also mit wenig schwacher Lauge geschehen und ihre langsame Zugabe so geregelt werden, daß eine wirklich gute Bindung erzielt wird. Der dann noch fehlende Rest wird rasch eingetragen.

Ganz besondere Aufmerksamkeit muß auch der Abrichtung dieser Seifen zugewandt werden. Die Glasprobe soll eine nur merkliche Blume zeigen, genügend klar, fest und kurz sein, erst nach einiger Zeit weiß werden und sich nicht vom Glase abschieben lassen, sondern fest daran haften. Eine zu stark abgerichtete Seife würde später kurz werden und Lauge ausscheiden, eine zu schwache auf dem Lager weich und lang werden.

Ist man gegen Ende des Siedeprozesses noch genötigt, Änderungen der Abrichtung vorzunehmen, so soll man zum Ausstechen etwa überschüssiger Lauge kein Baumwollsaatöl verwenden, das sich nur schwer der Seife einfügt; wie stets in solchen Fällen ist auch hier am ehesten Palmkernöl zu empfehlen.

**Weiße Silberseife.** Die Ansprüche, die an eine Silberseife gestellt werden, gehen vielfach so weit, daß es nur durch Verwendung des besten Rohmaterials möglich ist, ihnen gerecht zu werden. Für die Herstellung solcher Qualitätsprodukte am meisten geeignet sind dann helles, amerikanisches Baumwollsaatöl und guter, weißer Talg, die unter Zusatz von etwas Palmkernöl gemeinsam versotten werden. Leider gestatten es aber die Preisverhältnisse nicht immer, mit solchen Rohstoffen zu arbeiten, und es müssen dann eines Teils wohl oder übel die Ansprüche etwas herabgesetzt werden, anderen Teils kann man sich aber auch in der Weise helfen, daß man Öl und Talg vor der Verseifung läutert oder bleicht, oder daß man die fertige Seife mit einer Chlorbleichlösung behandelt. Da diese letztere jedoch Eisen angreift, darf man, um eine Rotfärbung der Seife zu vermeiden, hierbei lediglich im verbleiten Kessel oder Holzbottich arbeiten.

Auch Blankit kann zu gleichem Zwecke verwandt werden; um keine grünliche Verfärbung hervorzurufen, darf die angewandte Menge aber ein bestimmtes Maximum nicht überschreiten. Auf 1000 kg Seife genügen 100 g Blankit.

Im übrigen ist die Siedeweise auch dieser Seife die für die Herstellung der weißen Schmierseife vorbeschriebene, und zwar muß auch hier besonders das Abrichten sorgsam ausgeführt werden.

Das fertige Erzeugnis wird in reine, trockene Gefäße gegossen, in denen es sich nach längerem Lagern gut ausbildet und das weiße, silberglänzende Aussehen gewinnt.

**Weiße Schmierseife aus Talg und Palmkernöl.** Von einigen Seifenfabriken wird eine weiße Schmierseife aus nur Talg und Palmkernöl hergestellt. Für den üblichen, aus 90 Teilen Talg und 10 Teilen Palmkernöl bestehenden Ansatz darf nur Pottaschelauge Verwendung finden. Die Seife muß ferner viel Karbonat enthalten. Auf 1000 kg 50grädiger Ätzkalilauge verwendet man etwa 32—33 kg 96/98 $^0/_0$ige Pottasche zur Verringerung der Kaustizität. Die Seife selbst wird in üblicher Weise bis zum Rosenbrechen eingedampft und dann auf Blume abgerichtet. Eine leichte Mehlfüllung ist vorteilhaft (5 Teile Mehl, 10 Teile 12grädige Pottaschelösung, etwa 5 Teile 28grädige Kalilauge zur Abrichtung). Die so hergestellte Seife zeigt zwar ein besonders weißes, aber kein perlmutterähnliches Aussehen.

**Terpentin-Salmiak-Schmierseife.** Die unter vorstehendem Namen in den Handel gebrachte Schmierseife unterscheidet sich von den vorher beschriebenen weißen Schmierseifen nur durch den Zusatz von Terpentinöl und Salmiakgeist. Der Ansatz kann recht verschieden zusammengestellt werden, doch sind auch hier das Baumwollsaatöl, Talg, Kamm- oder Schweinefett in der früher angegebenen Zusammenstellung die am besten geeigneten Rohstoffe.

Die Abrichtung muß sehr mild sein, weil die Seife sonst nach Zugabe von Terpentin und Salmiakgeist leicht glitschig wird. Die Glasproben sollen jedoch vollkommen klar sein und erst nach einiger Zeit weiß werden.

Der genügend abgekühlten, gegebenenfalls vermehrten Seife krückt man auf 100 kg Ansatz ungefähr $2^1/_2$ kg Terpentinöl und $^3/_4$ kg Salmiakgeist zu und füllt in Fässer, die man gut bedeckt.

**Weiße Schmier- oder Bleichseife.** Unter dem Namen Bleichseife oder weiße Schmierseife wird in manchen Gegenden ein Produkt erzeugt, das nur dem Namen und der Konsistenz nach eine Schmierseife ist. Diese sogenannte Bleichseife wird meistens so hergestellt, daß man 100 kg Kokosöl mit ca. 200 kg 20—21grädiger Soda- und Pottaschelauge zu einem klaren, ziemlich schaumfreien Seifenleim versiedet, scharf abrichtet und dem Leim ca. 500—600 kg heiß gemachtes Natronwasserglas, das vorher mit 50—60 kg 20grädiger Lauge vermischt wurde, zukrückt. Die durch Mirbanöl parfümierte Masse wird schließlich kalt gerührt. Das hier verwandte Kokosöl läßt sich selbstverständlich teilweise auch durch Palmkernöl oder gebleichtes Palmöl ersetzen.

Auch in Süddeutschland stellt man hier und da eine sogenannte Talgschmierseife in der Weise her, daß man 100 kg Talg mit 250 kg 7grädiger Ätznatronlauge bei mäßigem Feuer so lange erhitzt, bis ein guter Verband eingetreten ist, alsdann weitere 250 kg 3grädiger Ätznatronlauge allmählich zusetzt und, ohne zu sieden, erwärmt, bis die Masse klar wird. Nach einiger Ruhe wird die Seife mit Mirbanöl parfümiert und in Fässer geschöpft.

**Das Sieden der Schmierseifen mit Dampf.** Seit der allgemeinen Einführung der 50grädigen Ätzkalilauge können sämtliche Schmierseifen mit direktem Dampf fertig gesotten werden, so daß man in den größeren Betrieben, die mit Dampfeinrichtung versehen sind, auch bei der Herstellung der Schmierseifen fast ausnahmslos zu dieser Siedeweise übergegangen ist. Wer längere Zeit mit Dampf gearbeitet hat, würde gewiß nur schwer zu der alten Siedemethode mit freiem Feuer zurückkehren, da die Annehmlichkeiten und Vorteile der Dampfsiederei recht groß sind. Sie ermöglicht eine große Arbeits- und Zeitersparnis, insonderheit, da auch das Rohmaterial, Öl, Fettsäure und Lauge stets durch Dampfdruck oder Pumpe in den Siedekessel befördert werden kann, so daß, wofern die Einrichtung sachgemäß angeordnet ist, rein maschinell in kurzer Zeit große Mengen Materials eingefüllt werden können.

Werden Neutralfette und Öle verarbeitet, so unterscheidet sich das eigentliche Sieden wenig von dem schon beschriebenen Verfahren über freiem Feuer. Der ganze Ansatz, dazu ein Teil der Siedelauge und etwas Wasser, kommen in den Kessel, in den dann Dampf gegeben wird. Da durch diesen aber der Masse Wasser zugeführt wird, muß die Siedelauge naturgemäß entsprechend stärker eingestellt werden. Je nach der Art des Dampfes, je nachdem er trocken oder naß zur Anwendung kommt, stellt man sie auf 27—30° Bé. Infolge des Aufwallens bilden Öl und Lauge eine Emulsion und binden schon nach kurzer Zeit. Nun läßt man in nicht zu starkem Strahl die zur Verseifung weiter benötigte Lauge zulaufen und gibt dabei soviel Dampf, daß die Masse gleichmäßig ruhig weiter siedet. Bei richtig geregeltem Zugang von Dampf und Lauge kann die für den ganzen Ansatz notwendige Menge Lauge ohne Unterbrechung zufließen, und der ganze

Verseifungsprozeß spielt sich ohne Störung in außerordentlich kurzer Zeit ab.

Das Fertigsieden mit Dampf unterscheidet sich jedoch wesentlich von der Feuersiederei, da bei ersterem das Eindampfen und damit auch manche Zeichen und Anhaltspunkte für den Sieder vollständig entfallen, an denen er sonst erkennt, daß die Seife sachgemäß hergestellt ist. Bei einiger Übung und Kenntnis der Dampfverhältnisse wird der Sieder aber bald gefunden haben, wie stark er die Siedelauge einzustellen hat und wieviel Wasser gleich bei Beginn des Siedens zur Einleitung des Verbandes zugegeben werden muß, um die normale Ausbeute zu erzielen. Trotzdem jedoch ist es hier notwendig, die Ausbeute durch eine Fettsäurebestimmung festzustellen, um sicher zu gehen und sich vor Schaden zu bewahren. Weiß man, wieviel Ölansatz im Kessel ist, so ist es leicht, die Ausbeute analytisch zu ermitteln und gegebenenfalls in bestimmter oder gewünschter Weise durch den Zusatz einer Pottasche- oder Chlorkaliumlösung zu verbessern.

Die Zeichen für die genügende Abrichtung sind die oben beschriebenen, so daß hier von einer Wiederholung abgesehen werden kann. Der Ungeübte wird zunächst vielleicht einige Schwierigkeiten zu überwinden haben, bis er zu beurteilen gelernt hat, ob genügend Wasser zugegen ist oder nicht. Fehlt viel Wasser, so sieht die Seife auf dem Glas wie übertrieben aus, ohne in Wirklichkeit zu stark zu sein, und siedet auch im Kessel dünn und grau, als ob sie schon zuviel Lauge enthielte. Es ist dies ein Punkt, wo der Anfänger leicht einer Täuschung anheimfallen kann. Würde man aber Öl nachgeben, so würde die Seife zwar sofort dicker sieden und auch die Glasprobe klarer sein, das Fehlen der Blume aber und die Dünnflüssigkeit könnten keinen Zweifel darüber lassen, daß Mangel an Wasser den Fehler bedingt. Nach dessen Zusatz nimmt daher die Seife auch noch die ihr fehlende Lauge auf, siedet dann normal und zeigt bei der Probenahme den gewünschten Charakter.

Soll Harz mit versotten werden, so wird dies von Anfang an mit in den Kessel gegeben. Diesen Zusatz erst bei Beendigung des Siedens zu machen, wie es häufig bei der Feuersiederei geschieht, ist hier nicht angebracht, da das Auflösen des Harzes zu viel Zeit erfordert.

**Schmierseifen aus Fettsäuren.** Selbstverständlicherweise können sämtliche Schmierseifen nicht nur aus Neutralöl, sondern auch aus Fettsäure hergestellt werden. Die Art, in der diese letztere gewonnen wurde, oder das Verfahren, nach dem die Neutralöle gespalten werden, hat auf das Sieden selbst keinen Einfluß. Die aus Fettsäure hergestellten Seifen fallen aber meist etwas dunkler aus als solche aus Neutralölen und werden deshalb dort, wo helle Seifen verlangt werden, nachträglich, am besten mit Chlorbleichlauge, gebleicht, eine Maßnahme, die besonders für helle Glyzerinschmierseifen und die weißen Schmierseifen durchaus zu empfehlen ist.

Das Sieden der Schmierseifen aus Fettsäuren unterscheidet sich nun aber insofern sehr wesentlich von der vorbeschriebenen Siedeweise, als hierbei nicht der Ölansatz, sondern die zur Verseifung des ganzen Ansatzes notwendige Menge Lauge zuerst in den Kessel kommt. Erst wenn diese zum Kochen gebracht ist, läßt man die Fettsäure derartig langsam zufließen, daß sie sich sofort verseifen kann, indem man gleichzeitig die gesamte Masse in gutem Sieden erhält, um Klumpenbildung zu vermeiden.

Eine Verseifung der Fettsäuren mit kohlensaurem Alkali ist bei der Schmierseifensiederei nicht üblich, weil eine Ersparnis dabei nicht erzielt würde. Die Preise der Ätzkalilauge und einer ihr gleichwertigen Pottaschelösung sind nämlich nahezu die gleichen, so daß man allgemein bei der Herstellung von Schmierseifen aus Fettsäuren mit den gleichen Laugen arbeitet, wie bei der Herstellung von Schmierseifen aus Neutralöl. Selbstverständlicher Weise wird die Ätzlauge, wie vorbeschrieben, auch je nach Art der zu siedenden Seife mit 15—25 % Pottasche oder auch mit Soda und Chlorkalium reduziert.

Die Verseifung verläuft, wenn die Masse gleichmäßig siedet und der Zufluß der Fettsäure richtig geregelt ist, glatt und ohne besonderes Steigen. Es empfiehlt sich aber, Lauge und Fettsäure so zu berechnen, daß ein kleiner Überschuß an Fettsäure zur Anwendung kommt, um die Abrichtung mit Lauge ausführen zu können. Die Korrektur einer alkalischen Seife mit Fettsäure vorzunehmen, ist jedenfalls nicht ratsam, weil sich diese letztere in der schon dicken Seife nicht schnell genug verteilen und mit der überschüssigen Lauge verbinden kann, so daß Klumpen entstehen, die sich nur langsam und erst durch längeres Sieden wieder lösen lassen. Sonst bietet aber die Herstellung von Schmierseifen aus Fettsäuren durchaus keine Schwierigkeiten und ist im Vergleich mit der Fabrikation von Schmierseifen aus Neutralölen als einfach und leicht zu bezeichnen. Die Zusammensetzung der Ansätze kann den vorgenannten Anweisungen entsprechend erfolgen.

## Das Füllen der Schmierseifen.

Nachdem im Vorstehenden die Fabrikation der Schmierseifen besprochen ist, soll nun auch das künstliche Vermehren oder, wie der technische Ausdruck lautet, das „Füllen“ derselben kurz betrachtet werden.

Obgleich es feststeht, daß ein gutes, reines Fabrikat sich leichter Eingang verschafft und besser verkäuflich ist, als ein künstlich vermehrtes bzw. gefülltes, und daß sowohl Erzeuger wie Verbraucher ihre Rechnung dabei besser finden dürften, so sind doch bei der stetig wachsenden Konkurrenz und der bedeutenden Überproduktion der letzten Jahre gefüllte Schmierseifen immer mehr in Aufnahme gekommen, so daß sich viele Seifenfabrikanten, die sonst entschiedene Gegner derartiger Operationen waren, durch die Verhältnisse gezwungen sahen, auch in ihren Fabriken gefüllte Seifen herzustellen. Trotzdem nun aber durch das Füllen bedeutend mehr Arbeit erwächst und manche gute Grundseife dadurch verdorben wird, ist der dabei erzielte Nutzen in der Regel nur ein verhältnismäßig geringer und verbleibt in der Hauptsache dem Wiederverkäufer.

Um eine Schmierseife über ihre gewöhnliche Ausbeute hinaus künstlich vermehren zu können, ist es vor allen Dingen nötig, daß sie richtig gesotten und abgerichtet ist, also eine vollständige Verseifung der Fette durch die Alkalien stattgefunden hat. Weiter muß sie genügend stark eingedampft, also der überschüssige Wassergehalt aus ihr entfernt sein, damit sie die Füllung besser aufnehmen und tragen kann. Da ferner die meisten, zur Verwendung kommenden Füllungsmittel kürzend wirken, muß beim Sieden etwas mehr ätzende Lauge Verwendung finden. Nur ein kompaktes, gesundes Grunderzeugnis (mit nicht zu hohem Harzgehalt) ist befähigt, eine passende Füllung aufzunehmen.

Um sicher zu gehen, welche Füllungsmenge eine Seife ohne Schaden für Konsistenz und Aussehen aufzunehmen vermag, empfiehlt es sich, durch vorherige Proben an kleineren Mengen des fertigen Produktes den zulässigen Prozentsatz festzustellen. Das Füllen findet gewöhnlich statt, sobald die Seife auf 75—80° C abgekühlt ist. Als Vermehrungsmittel finden namentlich Pottasche, Chlorkaliumlösung, Wasserglas, sowie von verschiedenen Fabriken in den Handel gebrachte Füllungskompositionen, wie Saponitin, Sapolit, Gelatine, Kalifüllung und, wo das Aussehen der Seife es erlaubt, auch Kartoffelmehl Verwendung.

Wohl am meisten wird zum Füllen dieser Seifen das Chlorkalium benutzt. Es wird in Wasser aufgelöst und die Lösung auf 10—13° Bé eingestellt. Von dieser Lösung krückt man der fertigen, auf etwa 75° C abgekühlten Seife soviel wie möglich zu; wenn notwendig, muß dann nochmals mit Lauge abgerichtet werden. Der Zusatz kann, je nachdem die Seife mehr oder weniger eingedampft ist, 10—25 % betragen. Wie oben angegeben, erleichtert hierbei die vorherige Bestimmung des Fettsäuregehaltes das Arbeiten ungemein, da man so einen Anhaltspunkt gewinnt, wieviel Lösung der Seife noch zugegeben werden kann, ohne daß eine überschliffene Seife entsteht. Im Winter erweisen sich mit Chlorkaliumlösung gefüllte Seifen sehr widerstandsfähig, wenn sie eine nicht zu starke Abrichtung erfahren haben.

An Stelle der Chlorkaliumlösung kann mit gleichem Erfolge auch eine Pottaschelösung verwendet werden, die aber wesentlich teurer ist als die erstere.

Kali- sowie Natronwasserglas finden ebenfalls vielfache Anwendung. Sie können sowohl mit Wasser verdünnt als auch konzentriert hinzugegeben werden. Es empfiehlt sich aber, dem Wasserglas vor seiner Verwendung etwas 30 %ige Lauge zuzukrücken (ca. 10 kg Lauge auf 100 kg Wasserglas), damit es von der Seife besser aufgenommen und eine nochmalige Abrichtung der Seife unnötig wird.

Durch Benutzung der von mehreren Fabriken unter den oben genannten Bezeichnungen in den Handel gebrachten Füllungsmittel ist kaum ein wirklicher Vorteil zu erzielen, da es sich hier zumeist um Mischungen oder Lösungen verschiedener Salze handelt, die im Verhältnis zu ihrem wirklichen Wert viel zu teuer sind.

Dasselbe gilt auch für die in manchen Seifenfabriken noch immer angewandten Füllungslaugen; denn es ist durchaus irrig, zu glauben, daß von einer solchen gallertartigen Seifenlösung mehr in eine Seife eingekrückt werden kann, als von einer klaren Lösung. Wenn die Schmierseife eine etwas größere Menge dieser Füllungslaugen aufnimmt, so beruht dies lediglich darauf, daß in der Lauge selbst ziemlich viel Seife enthalten ist, die doch als Füllung eigentlich gar nicht in Betracht kommt. Die Aufnahmefähigkeit für Lösungen ist eben eine begrenzte, will man über diese Grenze hinausgehen, so muß man Bindemittel anwenden, die ihrerseits wie eben diese Füllungslaugen zum Teil aus Seife bestehen, so daß das Fertigfabrikat durch diesen Zusatz also keinerlei Verbilligung erfährt.

Der Vollständigkeit halber seien nachstehend jedoch einige Vorschriften für solche Füllungslaugen mitgeteilt.

1. 50 kg Kokosöl werden mit 100 kg Sodalauge von 20° Bé verseift und der erhaltenen Seife eine Lösung von 200 kg Chlorkalium und 100 kg kalzinierter Soda in 2000 kg Wasser zugekrückt.

2. 100 kg Kernseife werden in 600 kg Wasser heiß aufgelöst und 100 kg Chlorkaliumlösung von 15° Bé, sowie 150 kg Natronwasserglas von 38° Bé zugekrückt.

Die weitaus größte Verwendung unter den genannten Vermehrungsmitteln findet aber das Kartoffelmehl. Es beruht dies darauf, daß dasselbe in kaltem Wasser wie in Alkalilösung nur wenig aufquillt und nur durch Ätzlauge in eine glatte, steife Gallerte verwandelt wird. Das Kartoffelmehl hat ferner die Eigenschaft, viel Feuchtigkeit zu binden, und macht die so vermehrte Seife kompakter und haltbarer. Da es daneben freilich auch eine Trübung des Fertigfabrikates bedingt, findet es in der Regel nur für geringere Sorten, bei denen eine hohe Ausbeute erwünscht ist, Verwendung.

Für die Zwecke der Füllung wird das Mehl in einem passenden, neben dem Kessel stehenden Gefäß in 2—3 Teile 10—12grädiger Pottasche- oder Chlorkaliumlösung eingerührt, dann mit einigen Schöpfern Seife versetzt, bis alles zu einer einheitlichen, sahnenähnlichen Masse geworden ist, die dann zu der Seife in den Kessel geschöpft und darin gut verkrückt wird. Wenn das Mehl mit 10—12grädiger Lösung angerührt wird, so muß die Seife nach der Füllung nochmals abgerichtet werden. Alsdann muß eine Probe auf dem Glase wieder gut aufliegen, die nötige Schärfe zeigen und nach dem Erkalten genügend fest und kurz sein. Um die so entstehende Mühe zu ersparen, ist es aber auch vielfach üblich, die ungefähr erforderliche Menge der Abrichtelauge der fertigen Seife im Kessel schon vor Zugabe der Mehlfüllung zuzusetzen.

Die Menge des anzuwendenden Mehles hängt ganz davon ab, welches Aussehen die Seife erhalten soll. Zu ganz klaren Seifen darf es nicht benutzt werden, da jeder Zusatz trübt. Wird hingegen eine klare Seife nicht verlangt, so kann der Zusatz ein sehr hoher sein; es gibt Produkte mit 50 und sogar 75 $^0/_0$ Mehlgehalt, auf 100 kg Ölansatz gerechnet, obwohl ein wesentlicher Nutzen durch hohe Füllungen kaum zu erzielen ist. Jedenfalls steht der erreichbare Vorteil in keinem Verhältnis zu dem ganz wesentlich verschlechterten Aussehen des Fertigproduktes.

Während es nach dem Obigen beim Füllen der glatten und gekörnten Schmierseifen fast allgemein üblich ist, das Mehl mit 10—12-grädiger Pottasche- oder Chlorkaliumlösung anzurühren und nach der Füllung mit starker Lauge abzurichten, verfährt man beim Füllen der glatten Elaïn-, Schäl- oder Silberseifen häufig so, daß man das Mehl in einer 17—20grädigen Lösung anrührt, die zuvor gut angewärmt wird. Eine nachträgliche Abrichtung wird alsdann entbehrlich.

## Einiges über die Fastage zu Schmierseifen.

Von großer Bedeutung für die Schmierseifenfabrikation ist stets die vorteilhafte Beschaffung zweckentsprechender Fastagen zur Aufnahme und zum Transport der Seife.

Gut brauchbare Seifenfässer lassen sich nur aus weichem Kiefern- oder Buchenholz herstellen, das wenig Gerbsäure enthält, so daß sich die eingegossene Schmierseife an den Stäben nicht rot bzw. braun verfärben kann. Vorzugsweise sind alle aus Eichenholz angefertigten Tonnen und Fässer, die bekanntlich besonders viel Gerbsäure enthalten, von einer Verwendung auszuschließen. Auch leere Schmalzfässer, Öl- und Petroleumbarrels sind, selbst gut gereinigt, zum Einfüllen von Schmierseifen wenig geeignet und höchstens zum Einschlagen kalter Seife benutzbar.

Für kleinere Mengen (von $12^1/_2$—50 kg) finden gewöhnlich Fässer in Tonnen- oder Kübelform Verwendung. Die letztere ist praktischer, weil sich die Seifen besser einfüllen und herausnehmen lassen. Buchenfässer sind in der Regel etwas teurer, aber auch haltbarer als Kiefernfässer, so daß sie am ehesten zur Anschaffung zu empfehlen sind. Auch Seifenkübel, Töpfe, Eimer und Wannen aus verzinntem Eisenblech mit verschließbarem Deckel dienen in verschiedener Größe vielfach dem gleichen Zweck.

Reichlich 100 kg Schmierseife können auch von Heringstonnen aufgenommen werden, die fest gebaut und deshalb für den Transport sehr geeignet und außerordentlich billig sind. Wenn man die Heringstonnen 2—3 mal gut mit kochend heißem Wasser ausbrüht und mit demselben jeweils einige Zeit stehen läßt, sind sie vollständig rein und getrocknet ohne jeden Nachteil zu verwenden.

Für größere Mengen Schmierseife kann man auch gut gereinigte, dichte Pottasche- und Sodafässer verwenden, um deren Bauch man des besseren Schutzes halber zwei starke Holzbänder legt; solche Fastage ist leicht und billig, hält aber in der Regel auch nicht mehr als einen Transport aus. In Fabriken, die einen Böttcher halten, werden vielfach die Stäbe zerschlagener Pottasche-, Soda- und Zuckerfässer zu Seifentonnen verschiedener Größe verarbeitet. Bei einiger Aufmerksamkeit ist hiergegen nichts einzuwenden, zu warnen ist aber vor der Verwendung ausgebrannter Fässer, z. B. leerer Zementtonnen, in denen die Seife schwarz und schmutzig wird.

Selbstverständlich müssen alle Füllgefäße bei ihrer Verwendung rein und trocken sein, da die heiße Seife jede in dem Faßholz vorhandene Feuchtigkeit anzieht und dadurch lang und dünn wird. Ist mit den Abnehmern die Zurücknahme der Leerfässer vereinbart, so ist es gut, darauf hinzuwirken, daß solche Gefäße nicht ausgewaschen, sondern lediglich gut ausgekratzt zurückgesandt werden.

Ferner empfiehlt es sich, die gefüllten Seifenfässer im Keller nicht direkt auf den Stein- bzw. Zementboden aufzustellen, sondern lange, durch Zwischenstücke verbundene, viereckige Hölzer als Unterlage derart zu benutzen, daß unter dem Boden der Fässer ein Hohlraum bestehen bleibt. In gleicher Weise ist dann schließlich zu vermeiden, daß die Fässer mit feuchten Kellerwänden in Berührung kommen.

Zum Lagern der Schmierseifen sollen möglichst kühle, trockene Räume benutzt werden. Im Winter würden die Schmierseifen in einem feuchten Lagerraum weich und lang werden, im Sommer, in einem der Wärme mehr zugänglichen Raume, durch Eintrocknen an Gewicht verlieren. Wie im Winter die Aufnahme von Feuchtigkeit, so ist im Sommer der Verlust des für die Konsistenz der Seife notwendigen Wassergehaltes für deren Haltbarkeit und Verkäuflichkeit von größtem Nachteil. Eine stark nachgetrocknete, reine Schmierseife verliert die erforderliche Konsistenz und wird infolge des Feuchtigkeitsverlustes dünn und schmierig, mit Kartoffelmehl vermehrte Seifen werden schließlich trocken, bröcklig und damit unverkäuflich. Am empfindlichsten gegen Feuchtigkeit und Wärme aber ist die Naturkornseife, deren Lagerung und Aufbewahrung daher ganz besondere Aufmerksamkeit und Sorgfalt erfordert.

# Seifen für die Textilindustrie.

Einen Industriezweig für sich bilden die Textilseifen, deren Verbrauch ein ganz bedeutender ist. Infolge der besonderen Anforderungen, die die Textilindustrie an die von ihr verarbeiteten Produkte stellt, ist gerade hier die Seife ein Vertrauensartikel, dessen Auswahl die größte Vorsicht und dessen Herstellung eine besondere Sorgfalt erfordert, eine Erfahrung, die schon mancher hat machen müssen, der in dieser Industrie alteingebürgerte, dem Äußern nach vielleicht unansehnliche Seifen durch etwas Besseres verdrängen zu können glaubte.

Die in der Textilindustrie angewandten Seifenfabrikate zerfallen in zwei Hauptgruppen: in Riegel- und in Faßseifen. Erstere sind fast ausschließlich Natron-, letztere fast ausschließlich reine Kaliseifen ohne jede Nachfüllung oder dergleichen.

Als Riegelseifen kommen meist nur bessere Qualitäten zum Verbrauch, und zwar hauptsächlich auf Leimniederschlag oder Unterlauge fertiggestellte Kernseifen, sowie hin und wieder auch Eschweger Seifen, während Leimseifen vom Verbrauche fast ausgeschlossen sind; allein von der Leinenindustrie wird zuweilen auch eine Wasserglasseife verwandt.

In der Textilindustrie fordert man im allgemeinen eine völlig neutrale Seife, doch gibt es auch einzelne Zweige, in denen man alkalische Seifen mit einem ganz bestimmten Fettgehalt benötigt. Hier verlangt man Riegelseifen, die nach ihrer Auflösung in gewöhnlich 8—9 Teilen Wasser eine gallertartige Seifenmasse ergeben, dort dagegen solche, die nach ihrer Auflösung ein halbfestes Schlichtepräparat bilden; an anderer Stelle wieder verlangt man Riegelseifen, die sich zu einem wasserdünnen Schlichtepräparat auflösen lassen. Man ersieht daraus, daß die Fabrikation von Textilseifen nicht nur eingehende Kenntnis der Seifensiederei, sondern auch besondere Erfahrungen auf dem Gebiet der Textilindustrie, insonderheit in bezug auf den Verwendungszweck der erforderlichen Seifenpräparate voraussetzt. Erst so kann man wissen, wie die Fettansätze zusammenzustellen sind und dementsprechend richtig liefern. Verarbeitet z. B. eine Textilfabrik eine dunkle Walkseife aus Oleïn, Knochenfett und Walkfett, so kann diese trotz ihrer äußeren Unansehnlichkeit ein vorzügliches, neutrales Erzeugnis sein und nach ihrer Auflösung in 8—9 Teilen Wasser das geforderte, dünne Schlichtepräparat ergeben. Wollte ein Seifenfabrikant, der von der Textilseifenherstellung nichts versteht, um ins Geschäft zu kommen, an ihrer Stelle eine helle, viel besser aussehende Talgkernseife oder dergl. liefern, so würde er einen vollständigen Mißerfolg haben, da diese Seife nach ihrer Auflösung eine dicke, gallertartige Schlichte ergeben würde, die für den in Betracht kommenden Zweck völlig unbrauchbar ist.

Für die Zusammenstellung der Fettansätze ist im wesentlichen das Folgende zu beachten: Wird eine Seife zu gallertartiger Schlichte gefordert, so dürfen nur tierische, stearinhaltige Fette verarbeitet werden; je stearinhaltiger der Fettansatz, um so fester wird das Auflösungspräparat sein. Wird neben Kernöl, Kokosöl, Kottonöl usw. nur ein Teil stearinhaltiger Fette mit verseift, so erhält man Produkte, die nach ihrer Auflösung halbdicke Schlichte ergeben. Verarbeitet man dagegen nur Kernöl oder Kokosöl mit Zusätzen von Oleïn, Kottonöl, Erdnußöl, Olivenöl und anderen flüssigen Ölen, so erhält man eine Seife, die sich zu einer dünnen Schlichtemasse auflösen läßt. Die Schmierseifen geben als Kaliseifen nach ihrer Auflösung überhaupt nur wasserdünne Schlichte, die auch beim Erkalten nicht dick wird.

In den verschiedenen Zweigen der Textilindustrie finden also sowohl harte Natronseifen als auch Schmierseifen Verwendung. Obgleich von Fabrikanten und Chemikern vielfach behauptet wird, daß das fettsaure Kali eine vorteilhaftere Wirkung auf Stoffe und Gewebe ausübe, als das fettsaure Natron, und obwohl Schmierseifen außerdem für viele Zwecke bequemer anzuwenden sind, werden doch gerade bei Stoffen mit empfindlichen Farben in der Regel nur neutrale Kernseifen, und zwar gewöhnlich solche verwandt, die nach ihrer Auflösung eine dünne Schlichte ergeben. Die von den Verbrauchern an derartige Seifen gestellten Anforderungen sind fast immer die gleichen: hoher Fettsäuregehalt, sowie möglichst neutrale Reaktion und Geruchlosigkeit, soweit letztere überhaupt möglich ist.

Um diese Bedingungen zu erfüllen, ist es notwendig, recht gehaltreiche Fette, und zwar vornehmlich Talg, Kokosöl, Kernöl, Oleïn und Olivenöl für die Fabrikation zu verwenden. Wenn völlig neutrale Produkte angefertigt werden müssen, sind diejenigen Fette zu bevorzugen, aus denen sich am leichtesten neutrale Seifen herstellen lassen, nämlich Olivenöl und Oleïn und als Zusatzfette Kottonöl, Erdnußöl, sowie Kernöl und Kokosöl. Olivenöl und Oleïn wird man aber stets als Hauptfette heranziehen, wenn eine Seife verlangt wird, die ein flüssiges Schlichtepräparat ergeben soll. Ist dies nicht der Fall, so können besonders für neutrale Olivenölseifen auch die stearinhaltigen Satzöle und die grünen Sulfurolivenöle Verwendung finden, da man ganz reine Olivenöle des Preises halber nur selten allein versiedet. An ihrer Stelle finden aber auch glatte, weiße, ziemlich neutrale Kernseifen aus Talg, Kernöl, Kottonöl u. dgl. Verwendung.

Die Fabrikation der wirklich neutralen Textilseifen ist nicht leicht und erfordert großes Verständnis und höchste Aufmerksamkeit bei ganz gewissenhaftem Arbeiten. Eine gewisse Schwierigkeit bietet insonderheit aber auch die Innehaltung eines vorbestimmten Fettsäuregehaltes, da es bei allen diesen Erzeugnissen mehr und mehr Sitte geworden ist, unter Garantie des Fettsäuregehaltes zu kaufen. Wer also unter dieser Bedingung Seifen anzufertigen hat, muß, um die Zufriedenheit des Käufers zu erlangen, die Praxis vollkommen beherrschen. Es gibt kein Merkmal, das beim Sieden anzeigt, wie hoch der Fettgehalt einer fertigen Seife sein wird, so daß man im wesentlichen auf spätere Korrekturen angewiesen ist, wenn während des Siedeprozesses Fehler unterlaufen.

Für neutrale Kernseifen setzt der Verbraucher in der Regel mindestens einen Fettgehalt von 62 % voraus; viele verlangen aber auch mehr, so daß die fertigen Seifen in solchem Falle zum Trocknen aufgestellt werden müssen.

Um neutrale Produkte zu erzielen, ist es vor allen Dingen notwendig, daß die Fette genau verseift werden. Durch nachträgliche Operationen ist andernfalls wenig zu helfen. Neutrale Reaktion heißt eben, daß die Fette so vollständig verseift sind, daß in dem fertigen Produkt weder freies Alkali noch unverseiftes Fett vorhanden ist.

Gewöhnlich werden die Textilseifen auf Leimniederschlag nach Art der abgesetzten Kernseifen angefertigt; man erzielt jedoch bei vorsichtigem Arbeiten ebenfalls neutrale Produkte, wenn man sie auf leicht verleimter Unterlauge fertig siedet.

## Riegelseifen.

**Neutrale Olivenölseife.** Eine neutrale Olivenölseife stellt man am besten aus reinem Olivenöl her. Wenn dem jedoch der Preis entgegensteht, so kann ein Teil des Ansatzes auch durch helles Oleïn, Erdnußöl oder Talg ersetzt werden. Bei der Zusammenstellung des Ansatzes muß natürlich die Verwendungsweise der Seife berücksichtigt werden. Sollen ihre Lösungen auch bei niedriger Temperatur noch flüssig und klar bleiben, so darf sie natürlich keinen Talg im Ansatz enthalten, der dann am besten durch etwas Kernöl zu ersetzen ist.

Die Siedeweise ist, wie schon gesagt, die für eine abgesetzte Kernseife übliche. Geht man von Neutralfetten aus, so kommt der ganze Ansatz in den Kessel. Mit einem Teil, etwa einem Sechstel der zur Verseifung notwendigen, 20—25° Bé starken Siedelauge leitet man den Verband ein und gibt dann nach und nach die übrige Lauge hinzu, bis sich ein schöner, klarer Leim im Kessel befindet. Kommt der Ansatz allein, ohne den Leimkern vom vorhergehenden Sude, zur Verseifung, so ist es notwendig, während des Siedens ungefähr 1—2 % Salz hinzuzugeben, um ein leichteres, normales Sieden zu bewirken. Der Laugenzusatz wird fortgesetzt, bis die Seife guten Druck und leichten Stich zeigt; alsdann läßt man noch eine Zeitlang sieden und überzeugt sich, ob der leichte Stich bestehen bleibt. Wenn dies der Fall ist, so darf man annehmen, daß alles Öl und Fett gut verseift ist, um ganz sicher zu gehen, kann man aber die Seife auch noch einige Zeit, am besten über Nacht, im Leim stehen lassen und dann die Abrichtung nochmals nachprüfen. Würde alsdann der Stich verschwunden sein, so müßte noch Lauge nachgegeben werden. Dieser Laugenüberschuß soll aber nur die Gewähr bieten, daß alles Fett vollkommen mit Lauge gesättigt ist, weshalb man später wieder zu seiner Neutralisation vorsichtig noch soviel Öl, am besten Kernöl, hinzugibt, bis der Stich wieder verschwindet. Nun macht man die Probe mit Phenolphthaleïnlösung, indem man einige Spänchen der erkalteten Seife in einem Reagenzgläschen mit reinem Alkohol zur Lösung bringt und prüft, ob Phenolphthaleïn in dieser Lösung eine nur ganz schwache Rosafärbung hervorruft. Diese leichte Färbung gibt die Gewißheit, daß noch ein, allerdings nur ganz geringer Überschuß an Alkali in der Seife vorhanden ist, der aber beim Aussalzen und Ausschleifen entfernt wird. Nun wird der Leim ausgesalzen, bis ein schöner, schaumfreier, runder Kern im Kessel siedet und die Unterlauge klar vom Spatel abläuft. Sind noch Abschnitte vorhanden, so können diese jetzt hinzugegeben werden.

Der Kern bleibt nun einige Stunden ruhig stehen. Alsdann wird er nach Entfernung der Unterlauge mit schwachem, etwa 3grädigem Salzwasser oder auch nur mit reinem, heißem Wasser verschliffen, bis die Seife, mit dem Spatel geworfen, flattert und leicht nässenden Fingerdruck besitzt.

Je nach der Größe des Sudes bleibt die Seife nunmehr 1—3 Tage im Kessel zum Absetzen stehen und wird erst abgepumpt oder abgeschöpft, wenn völlige Klärung erreicht ist. Alsdann muß sie sich in destilliertem Wasser vollkommen klar lösen, und die Lösung darf auch bei niederen Temperaturen bis 40° C nicht trübe werden. Ist dies der Fall und reagiert die alkoholische Lösung auf Phenolphthaleïnlösung völlig neutral, so darf das Fertigprodukt als einwandfrei gelten und wird allen Ansprüchen genügen.

**Weiße Wachskernseife.** In verschiedenen Zweigen der Textilindustrie wird eine gute, weiße Kernseife verlangt, die zwar auch die Bezeichnung „neutral" führt, aber selten wirklich neutral ist. Wenn sie Zwecken dienen soll, für die eine wasserdünne Schlichte notwendig ist, und trotzdem feste Konsistenz besitzen muß, so läßt sich die Verwendung von Palmkernöl im Ansatz kaum vermeiden. Palmkernölseifen sind aber sehr schwer vollkommen neutral zu machen, weil gerade sie die Eigenschaft besitzen, Salze bzw. Alkali festzuhalten. Richtet man aber zu schwach ab, so werden diese Seifen nach einiger Zeit gelb und nehmen einen ranzigen Geruch an, dessentwegen sie unbedingt zu beanstanden wären. Besser ist es deshalb, auf leichten Stich abzurichten. Der geringe Alkaliüberschuß, der vielleicht auch nach dem Ausschleifen verbleibt, schadet wenig, da solche Seifen in der Färberei, wo mitunter auch der geringste Alkaliüberschuß von Nachteil ist, keine Verwendung finden.

Ein Ansatz für eine weiße Wachskernseife könnte bestehen aus:

1000 kg Palmkernöl,
500 ,, Erdnußöl,
500 ,, Talg, talgartigen oder hydrierten Fetten;
oder aus
1000 kg Talg, talgartigen oder hydrierten Fetten (Linolit),
500 ,, Palmkernöl,
500 ,, Erdnußöl.

Die Siedeweise unterscheidet sich in nichts von der einer anderen Kernseife. Die Fette werden mit 25—30grädiger Ätznatronlauge verseift, wobei vorteilhafter Weise 1—3 % Salz mitverwendet wird, um ein flüssiges Produkt zu erhalten. Eine gute, vollkommene Verseifung ist hier, wie ja auch bei allen andern Textilseifen, unbedingt erforderlich. Man läßt deshalb möglichst lange im Leim sieden und sorgt dafür, daß stets ein leichter Stich vorhanden ist. Dann wird ausgesalzen und der Kern mit schwachem Salzwasser verschliffen, nachdem die gut abgesetzte Unterlauge entfernt ist. Dem Ausschleifen ist auch hier besondere Sorgfalt zuzuwenden, da hiervon die Beschaffenheit der fertigen Seife in weitem Maße abhängig ist. Wird zu starkes oder zu viel Salzwasser verwandt, so ergibt sich eine zu kernige oder auch fleckige Seife, die dann meistens auch mehr oder weniger alkalisch ist. Im Gegensatz hierzu wird ein mit zuviel Wasser ausgeschliffenes Produkt weich und liefert eine nur geringe Ausbeute und viel Leimniederschlag.

**Grüne Olivenölseife aus Sulfuröl.** In viel größeren Mengen als die aus Baumöl und gegebenenfalls Erdnußöl hergestellten, hellen Olivenölseifen finden in der Textilindustrie die grünen Seifen aus Sulfurolivenöl Verwendung. Die grünen Sulfurolivenöle, die durch Extraktion mit Schwefelkohlenstoff aus den Preßrückständen gewonnen werden, fallen sehr verschieden aus[1]). Es gibt helle, grasgrüne, aber auch tiefdunkle, viel Wasser und Schmutz enthaltende Öle im Handel. Im allgemeinen aber reinigen sich diese Öle bzw. die daraus hergestellten Seifen ziemlich leicht beim Ausschleifen, indem sich alle pflanzlichen und sonstigen Verunreinigungen leicht zu Boden setzen. Häufig bleibt allerdings noch ein Rest des Extraktionsmittels in dem verschliffenen Kern zurück, der den fertigen Seifen einen unangenehmen Geruch verleiht. In solchem Falle ist es daher notwendig, die Seife unter wiederholter Wasserzugabe fertig zu sieden und stark zu dämpfen. Ist Sulfuröl sehr teuer, so kann man es zum Teil durch Oleïn, Erdnußöl oder auch teilweise durch schmalzartige Fette ersetzen.

Was die Fabrikation dieser Seifen selbst betrifft, so macht man sie nicht wie die abgesetzten Kernseifen auf Leimniederschlag, sondern auf verleimter Unterlauge fertig, da man hierbei eine festere Seife erzielt.

---

[1]) Vgl. S. 120 ff.

Sulfurolivenöl enthält stets sehr große Mengen freier Fettsäure, und zwar meistens 40, vielfach aber 70 % und darüber. Die Arbeitsweise beim Sieden aus reinem Sulfuröl muß daher eine andere sein, als wenn man mit Neutralfetten arbeitet. Man gibt daher die ganze Siedelauge zuerst in den Kessel und läßt das Sulfuröl in die siedende Flüssigkeit einlaufen. Infolge des hohen Gehaltes an freier Fettsäure wird die Lauge sofort gebunden und auch das vorhandene Neutralöl mit in den Verband gezogen. Hat man einen ganz frischen Ansatz, also keinen Leimkern vom vorhergehenden Sud im Kessel, so setzt man der Lauge gleich von Anfang an 2—3 % Salz hinzu, um Klumpenbildung zu vermeiden. Wenn alles Öl im Kessel und eine gut verbundene Seife vorhanden ist, richtet man auf leichten Stich ab und läßt eine Zeitlang sieden. Wird die Seife völlig neutral verlangt, so muß ebenso gearbeitet werden, wie bei der schon beschriebenen, neutralen Olivenölseife. Wie gesagt, empfiehlt es sich aber, Sulfurölseifen auf mehreren Wässern zu sieden, um eine reine, ansehnliche Seife zu erhalten. Man salzt also den Seifenleim aus, läßt die Unterlauge absitzen und zieht nach deren Entfernung den Kern nochmals mit Wasser zusammen, um dann abermals auszusalzen. Nachdem auch diese zweite Unterlauge entfernt ist, wird mit heißem Wasser oder schwachem Salzwasser soweit zurückgeschliffen, bis eine leicht verleimte Unterlauge vom Spatel fließt. Beim Ablassen der Unterlauge bestreicht man vorteilhafter Weise mit der Rührstange den Boden des Kessels, damit der hier abgelagerte Schmutz mit der Lauge ablaufen kann.

Nachdem nunmehr auch etwa vorhandene Abschnitte zugegeben und zergangen sind, deckt man den Kessel und überläßt die Seife einer möglichst langen Ruhe. Geformt wird in niedrigen Formkästen oder kleineren, schmalen Eisenformen. In größeren bildet die Seife dunklen Fluß, wodurch sie ein unschönes Aussehen bekommt.

**Oleïnkernseife für Textilzwecke.** Eine sehr beliebte Textilseife ist die Oleïnkernseife. Sie wird entweder nur aus Oleïn oder auch in Verbindung mit diesem aus Knochenfett oder Kammfett hergestellt. Da heute nämlich, wie schon mehrfach betont, meistens Destillat-Oleïn verarbeitet wird und dieses weniger stearinhaltig ist, als das früher vornehmlich verwandte Saponifikat-Oleïn, so empfiehlt es sich stets, einen kleineren oder größeren Posten von den genannten Fetten mitzubenutzen.

Da Oleïn eine fast reine Fettsäure ist, kann es mit kohlensaurem Alkali verseift werden. Angenommen, es soll ein Ansatz von

1200 kg Oleïn und
300 „ Kammfett

verarbeitet werden und das Oleïn soll 95 % freie Fettsäure enthalten, während die übrigen 5 % aus Neutralfett und Unverseifbarem bestehen. Zur Verseifung von 95 kg Fettsäure werden 21 kg 98 %iger kalz. Soda gebraucht, zur Verseifung der in 1200 kg Oleïn enthaltenen 1170 kg Fettsäure also 252 kg. In den Siedekessel kommen nun 500 kg Wasser, in denen diese 252 kg kalz. Soda heiß aufgelöst werden. Sobald die etwa 30grädige Lösung kocht, wird das Oleïn nach und nach hinzugegeben und mit der Sodalösung in Verband gebracht. Hierbei ist darauf zu achten, daß das Oleïn entweder in gleichmäßigem Strahl zuläuft, oder wenn hierfür keine Einrichtung vorhanden ist, in kleinen Mengen zugegeben wird, deren jeweilige Verseifung sofort erfolgen kann. Dabei ist es gut, der Sodalösung von vornherein gleich etwas Salz zuzusetzen, damit die Masse flüssiger bleibt und nicht allzusehr steigt, wenn die bei der Verseifung frei werdende Kohlensäure aus der Masse entweicht. Je dicker und zäher diese aber ist, um so schwerer kann sich die Kohlensäure durcharbeiten. Durch Zugabe von 2—3 kg Salz, auf 100 kg Ansatz gerechnet, bleibt die Seifenmasse aber genügend flüssig, so daß man bei sachgemäßem Arbeiten ein starkes Steigen sehr gut vermeiden kann. Wenn alles Oleïn im Kessel ist, wird noch solange gesotten, bis alle Kohlensäure entwichen ist, d. h. also bis die Seife nicht mehr steigt und keine Bläschen mehr durchstoßen. Alsdann muß festgestellt werden, ob die Soda vollständig gebunden ist. Es geschieht dies am einfachsten wieder durch Phenolphthaleïnlösung, die man auf eine Spatelprobe tröpfelt, wobei eine Rotfärbung nicht auftreten darf. Ist noch freie Soda vorhanden, so muß dieselbe durch etwas Oleïn gebunden werden, da sie sonst mit in die Unterlauge geht.

Ist nun festgestellt, daß ungebundenes Alkali nicht mehr vorhanden ist, so gibt man die zur Verseifung der 300 kg Kammfett und des im Oleïn enthalten gewesenen Neutralfettes notwendigen, etwa 350 kg 25grädiger Ätznatronlauge in den Kessel, läßt gut durchsieden und gibt dann das Kammfett hinzu. Man erhält alsdann bald eine gut verbundene, dick siedende Seife, die auf normalen Stich abgerichtet wird. Es sei hier jedoch noch einmal besonders betont, daß es wichtig ist, vor Zugabe des Ätzalkalis die durch die Verseifung des Oleïns frei gewordene Kohlensäure quantitativ auszutreiben, da sich Kohlensäure und Ätzlaugen wieder zu kohlensauren Salzen verbinden, die für die Verseifung von Neutralfetten nicht in Betracht kommen und daher unausgenutzt in die Unterlauge gehen würden.

Die Seife wird nun ausgesalzen und einige Stunden oder über Nacht der Ruhe überlassen, damit sich die Unterlauge gut absetzen kann. Nachdem diese entfernt ist, wird mit ganz schwachem Salzwasser oder auch mit reinem, leicht angewärmtem Wasser soweit verschliffen, daß man einen ganz dünnen, stark flatternden Leim erhält. Man läßt dann möglichst lange zum Absitzen im Kessel stehen und formt in breiten, aber ganz niedrigen Kastenformen, da die in der obigen Weise hergestellten Seifen sehr lange flüssig bleiben und nur schwer fest werden.

**Walkfettkernseife.** Eine in der Textilindustrie zum Walken und Waschen ziemlich viel benutzte, billigere Seife wird vielfach mit einem Zusatz von Walkfett hergestellt.

Das Walkfett, das aus den Waschwässern der Tuchfabriken, Spinnereien, Färbereien usw. durch Zersetzen der darin enthaltenen Seife mit Schwefelsäure gewonnen wird, ist von recht verschiedener Zusammensetzung[1]). In der Regel ist es braun bis schwarz gefärbt, besitzt einen unangenehmen Geruch und ist häufig sehr schmutzig und wasserhaltig, so daß es vor seiner Verwendung unbedingt auf seinen Gehalt an Verseifbarem geprüft werden muß. Auch Mineralöl findet sich mitunter im Walkfett, da in den Spinnereien vielfach auch dieses verwendet wird und dann mit in die Waschwässer gelangt.

Dieser Eigenschaften und seiner ungleichmäßigen Beschaffenheit halber wird das Walkfett nie für sich allein, sondern stets in Verbindung mit anderen Fetten, wie Knochenfett, Kammfett usw. verarbeitet. In der Regel kann man jedoch die Hälfte bis zwei Drittel des Ansatzes aus Walkfett bestehen lassen, das man dann am besten allein vorsiedet, um eine möglichst reine Seife zu erhalten. Bei sehr unreinem Fett muß man auch hier auf mehreren Wassern sieden.

Da das Walkfett eine reine Fettsäure ist, kann es wie das Oleïn mit kohlensaurem Alkali verseift werden. Die Herstellung der Walkseife geschieht daher im großen und ganzen in derselben Weise wie die der oben beschriebenen Oleïnkernseife.

**Kernseifen für schwere Schlichte.** Die bisher beschriebenen Textilseifen waren sämtlich derart zusammengesetzt, daß sie nach ihrer Auflösung in kochendem Wasser eine wasserdünne Schlichte ergeben. Im Gegensatz hierzu erhält man durch Auflösung einer Talgkernseife eine schwere, gallertartige Schlichte, die ebenfalls für gewisse Spezialzwecke erwünscht erscheint. Derartige Seifen werden in der Hauptsache aus reinem Talg, zum Teil aber auch aus Talg und talgartigen Fetten oder nur aus talgartigen Fetten hergestellt. Daneben findet für die gleichen Zwecke aber auch eine Palmölkernseife Verwendung, die auf die gleiche Weise bereitet wird und daher mit den Talgkernseifen gemeinsam behandelt werden soll. Ansätze sind:

I. Talgkernseife, rein.
1500 kg Talg,
1800 „ Ätznatronlauge von 20° Bé.

II. Talgkernseife aus gemischtem Ansatz.
750 kg Talg,
750 „ Knochenfett oder Kammfett,
1800 „ Ätznatronlauge von 20° Bé.

III. Palmölkernseife.
750 kg gebleichtes Palmöl,
750 „ talgartige Fette,
1800 „ Ätznatronlauge von 20° Bé.

---

[1]) Vgl. S. 132.

Wird eine Seife für ganz schwere Schlichte gefordert, so kann sie nur aus reinem Talg angefertigt werden; wird dagegen eine leichtere Löslichkeit verlangt, so ist der gemischte Ansatz oder die Palmölkernseife vorzuziehen.

Die für die Textilindustrie bestimmten Talgkernseifen werden meistens marmoriert in den Handel gebracht und nur ganz selten noch auf Mandeln gerührt; auch das Sieden dieser Produkte ist ziemlich einfach. In erster Linie ist für gute und innige Verseifung zu sorgen, was bei Talg allerdings einige Aufmerksamkeit erfordert, in zweiter Linie kommt es darauf an, daß die Seife die richtige Beschaffenheit besitzt, um in der Form guten Fluß bilden zu können.

Angenommen, es befinde sich der zweite Ansatz im Kessel, so gibt man 100 kg Lauge und 200 kg Wasser dazu und bindet die Masse durch Sieden. Nachdem man guten Verband festgestellt hat, fährt man mit der Zugabe von Lauge und gegebenenfalls auch von etwas Wasser fort, indem man stets genau darauf achtet, daß die Masse in gutem Verbande bleibt. Die Vorsicht gebietet es, etwas starkes Salzwasser bereitzustellen, um einem etwaigen Dickwerden der Masse vorzubeugen und die Seife in gutem Sieden zu erhalten. Der größte Wert ist alsdann auf die Abrichtung zu legen, da sich Talg und talgartige Fette bekanntlich sehr schwer verseifen. Gar oft wird angenommen, die Seife habe genügend Abrichtung, während man bei längerem Sieden erkennen muß, daß sie noch viel zu schwach ist, da nur eilige Laugenzugabe ein Zusammenfahren und Dickwerden verhüten kann. Es ist daher stets notwendig, längere Zeit im Leim sieden zu lassen und erst auszusalzen, wenn man sich wirklich überzeugt hat, daß alles Fett verseift und genügende Abrichtung vorhanden ist. Zeigt aber der Leim eine gute Abrichtung, so salzt man aus, bis eine klare Unterlauge abfließt und ein fester, runder Kern im Kessel liegt. Sind Abschnitte vorhanden, so gibt man diese jetzt bei mäßigem Sieden hinzu. Läßt man alsdann die Masse eine halbe Stunde ruhig stehen, so muß sich oben eine fingerdicke, flüssige Kernseife gebildet haben und darunter der schwere Kern liegen. Ist bedeutend mehr flüssige Seife entstanden, so setzt man noch etwas Salz hinzu und siedet abermals durch. Ist die Seife zu stramm und hat sich gar keine flüssige Seife gebildet, so muß noch Wasser hinzugegeben werden. Die fertige Seife läßt man nunmehr zwei Stunden im Kessel absitzen, um sie alsdann in möglichst breite, nicht zu hohe, 40—60 Zentner haltende Formen abzuschöpfen.

Bevor man nun hier mit dem Einziehen der Mandeln beginnt, wird die Masse mit langen Rührscheiten durchgeschlagen, damit sie recht geschmeidig wird und die noch anhaftende Unterlauge besser zu Boden geht. Das Einziehen der Mandeln selbst wird in der Weise ausgeführt, daß man mit Hilfe eines eisernen Stabes, der bis zum Boden der Form reicht, parallel zur Längsseite in Zentimeterbreite durch die ganze Masse möglichst gerade Striche führt und die gleiche Operation parallel zur Querseite in denselben Zwischenräumen wiederholt. Wie schon gesagt, ist aber dies Einziehen der Mandeln nur noch wenig gebräuchlich, da man die Seife meistens gut zugedeckt sich selbst überläßt, so daß sich ein natürlicher Marmor bilden kann.

**Glattweiße Textilkernseife.** Als Ersatz für die soeben besprochenen, auf Mandeln gerührten oder marmorierten Kernseifen fertigt man vielfach auch eine billigere, glattweiße Sorte an. Die Verbilligung beruht auf dem Fettansatz, indem man geringeren Talg, Kammfett, helleres Knochenfett, gegebenenfalls auch etwas Benzinfett oder Leimfett mitverarbeitet. Ein guter Ansatz für ein solches Produkt ist der folgende:

300 kg Talg,
400 ,, Kammfett oder Knochenfett,
100 ,, Leimfett,
200 ,, Benzinfett,
1000 ,, Ätznatronlauge von 25° Bé.

Das Fett wird in der üblichen Weise verseift, so daß man einen klaren, gut abgerichteten Leim erhält, der alsdann ausgesalzen und mit etwa vorhandenen Abschnitten verschmolzen wird. Die erhaltene Seife wird alsdann zum Absetzen der Unterlauge einige Stunden der Ruhe überlassen. Nachdem die Unterlauge entfernt ist, gibt man 300—400 kg 3—4grädiger Ätznatronlauge hinzu und bewirkt durch Sieden Verband. Währenddessen wird noch soviel Wasser nachgegeben, daß die Masse ganz dünn siedet, worauf man vorsichtig soweit aussalzt, daß die Unterlauge etwas verleimt abfließen will. Hat man etwa zu weit getrennt, so zieht man die Seife durch Wasserzusatz wieder zusammen.

Die fertige Seife wird dann gut bedeckt und bleibt zum Absetzen der Unterlauge 24 Stunden im Kessel, aus dem man sie schließlich in kleine Kastenformen abschöpft.

**Ökonomieseife.** Unter dem Namen Ökonomieseifen werden Walkseifen in verschiedenen Farbenstufen in den Handel gebracht. Alle diese Produkte sind Kernseifen, die aus Oleïn, Walkfett, Knochenfett usw. angefertigt und je nach Art und Reinheit der dazu verarbeiteten Fette auf 2—3 Wassern fertiggesotten werden. Im übrigen ist die Herstellungsweise dieser Produkte aber genau die der vorher beschriebenen Textilkernseifen.

## Kaliseifen für die Textilindustrie.

Neben den Riegelseifen werden in der Textilindustrie auch ganz erhebliche Mengen Schmierseifen bzw. Kaliseifen verbraucht. Am beliebtesten sind die Naturkornseifen aus Oleïn und Talg, aber auch glatte Schmierseifen aus Oleïn und aus Sulfuröl, sowie weiße Schmier- oder Silberseifen sind im Gebrauch. Auch eine glatte, feste Kaliseife, die sogenannte Ökonomieseife nach Aachen-Eupener Art, findet besonders zum Waschen der Schafwolle vielfache Verwendung.

Alle diese Seifen werden fast ausschließlich aus Oleïn, Oleïn und Talg oder Sulfuröl hergestellt und unterscheiden sich infolgedessen kaum von den gewöhnlichen Schmierseifen, müssen aber sämtlich einen bestimmten, ziemlich hohen Fettgehalt aufweisen.

**Glatte Oleïnschmierseife.** Die glatten Schmierseifen aus Oleïn sind neben der Naturkornseife aus Oleïn und Talg die gangbarsten Textilschmierseifen. Bei ihrer Herstellung ist jedoch besonders auf die Qualität des Oleïns zu achten. Schlechte, unreine Oleïne, die unverseifbare Kohlenwasserstoffe in größeren Mengen enthalten, sind völlig ungeeignet, dagegen können Zusätze von Erdnußöl, Kottonöl, weichen Fetten usw. unbedenklich gemacht werden; Leinöl allerdings soll man von einer Mitverwendung gänzlich ausschließen, da es harzt und sich dann nur schlecht aus den behandelten Stoffen entfernen läßt.

Die Siedelauge muß der Jahreszeit entsprechend zusammengestellt sein. Für Sommerseifen reduziert man die Ätzlauge mit 15 %, für Winterseifen mit 18 % Pottasche, auf 100 kg 50grädiger Ätzkalilauge gerechnet. Die mitzuverarbeitende Sodamenge ist so zu regeln, daß man im Frühjahr und Herbst 5—15 %, im Hochsommer 25 % einer 25grädigen Sodalauge mitverarbeitet.

Ein Ansatz für Sommerseife würde der folgende sein:

1000 kg Oleïn,
200 ,, Erdnußölfettsäure oder weiches Talgfett,
300 ,, Sodalauge von 25° Bé,
900 ,, Pottaschelauge von 30° Bé.

Die ganze, zur Verseifung notwendige Lauge kommt in den Kessel und wird durch Dampf zum Sieden gebracht. Dann gibt man das Oleïn und die Erdnußölfettsäure hinzu, indem man den Zulauf derselben so regelt, daß die Fettsäure sofort verseift, also Klumpenbildung durch zu starken Zulauf der Ölsäure vermieden wird. Nach und nach geht das Ganze in Verband, so daß eine gut verbundene Seife vorliegt, wenn alle Ölsäure im Kessel ist. Hat man trockenen Dampf zur Verfügung, so wird es notwendig sein, entweder etwas schwächere Lauge (27—28° Bé) zu verwenden oder der Seife entsprechend Wasser zuzusetzen, um ein normales Produkt zu erzielen. Wasserarme Seifen mit einem zu hohen Fettsäuregehalt lassen sich schwer abrichten. Im allgemeinen bedürfen Oleïnschmierseifen aber einer kräftigeren Abrichtung als zum Beispiel Leinölseifen. Die frisch genommene Glasprobe muß wie bei einer übertriebenen Seife aufliegen, nach einiger Zeit aber völlig klar werden. Oleïnseifen mit ungenügend starker Abrichtung werden auf dem Lager in der Regel lang und unverkäuflich.

Textilschmierseifen werden, wie gesagt, meist mit einem garantierten Fettsäuregehalt gekauft, der zwischen 40 und 42 % schwankt. Wenn also die Grundseife fertig ist, die Glasproben eine genügende Abrichtung erkennen lassen, und wenn die erkaltete Seife schließlich den richtigen Griff besitzt, d. h. weder zu hart noch zu weich ist, muß eine Fettsäurebestimmung gemacht werden. In der Regel verfährt man beim Sieden so, daß die fertige Grundseife stets einen etwas höheren Fettsäuregehalt besitzt, als verlangt ist, und berechnet dann nach dem Ergebnis der Untersuchung, wieviel Lösung der Seife noch eingekrückt werden muß. Selbstverständlich ist es dabei aber erforderlich, daß man genau weiß, wieviel Ölsäure oder Fettansatz überhaupt in den Kessel gekommen ist. Wurden z. B. 1200 kg Ölansatz in den Kessel gegeben, und ergab die Untersuchung der fertigen Grundseife einen Fettsäuregehalt von 42 %, während die zu liefernde Seife nur 40 % Fettsäuregehalt haben sollte, so ist die folgende Rechnung aufzustellen: Ein Fettsäuregehalt von 42 % entspricht einer Ausbeute von 238 %, ein solcher von 40 % dagegen einer Ausbeute von 250 %, die Differenz beträgt demnach 12 kg auf je 100 kg Ansatz, so daß auf 1200 kg Ansatz noch 144 kg Lösung einzukrücken sind, um den gewünschten Fettsäuregehalt und die der Kalkulation zugrunde gelegte Ausbeute zu erhalten. Diese Lösung kann nun sowohl eine 10grädige Chlorkaliumlösung als auch eine 12grädige Pottaschelösung sein; nachdem sie gut verkrückt ist, muß aber die Abrichtung nochmals überprüft werden.

**Glatte grüne Sulfurölseife.** Auch diese Seife ist in einzelnen Zweigen der Textilindustrie begehrt und kann aus Sulfuröl allein oder gemeinsam mit anderen Fetten, wie Erdnußöl, Oleïn und insonderheit den stearinhaltigen, aus besserem Olivenöl herrührenden Satzölen hergestellt werden.

Da das grüne Sulfuröl oft sehr schmutzig und wasserhaltig ist, muß es vor der weiteren Verarbeitung auf kochendem Salzwasser gereinigt und geklärt werden, wobei auch sein unangenehmer Geruch in der Regel verschwindet. Auch Olivensatzöle werden zweckmäßig vor ihrer Verarbeitung mit Salzwasser aufgekocht, um die darin enthaltenen Farb- und Schmutzteile niederzuschlagen.

In den letzten Jahren vor Ausbruch des Krieges stand das Sulfuröl allerdings so hoch im Preise, daß reine Schmierseifen dieser Art fast gar nicht mehr angefertigt wurden und nur soviel von diesem Öl verwendet wurde, als notwendig war, um den Seifen die charakteristische Farbe und den Geruch der Sulfurölseifen zu verleihen, wozu $^1/_4$—$^1/_3$ des Ansatzes genügt.

Die für den Siedeprozeß benötigte Ätzkalilauge wird mit 15—20 % Pottasche reduziert. Im Frühjahr und Herbst sind 5—15 % und im Hochsommer 25—30 % Sodalauge mitzuverwenden. Die ganze, für den Fettansatz erforderliche Lauge kommt zuerst in den Kessel, wird zum Sieden gebracht und dann in der oben beschriebenen Weise mit dem Fettansatz vermischt. Es wird normal abgerichtet, der Fettsäuregehalt bestimmt und durch Zugeben bzw. Einkrücken der berechneten Menge Chlorkaliumlösung auf die gewünschte Ausbeute eingestellt.

Zu bemerken wäre noch, daß aus reinem Sulfuröl hergestellte Produkte im Sommer leicht dünnflüssig werden, so daß für Sommerseifen ein Zusatz von Kottonöl- oder Erdnußölfettsäure, von stearinhaltigem Olivenölsatzöl u. dgl. zu empfehlen ist; Winterseifen werden dagegen am besten unter Zusatz von etwas Maisölfettsäure hergestellt.

**Silberseife für die Textilindustrie.** Weniger als die vorher besprochenen, glatten Schmierseifen ist die Silberseife in der Textilindustrie im Gebrauch. Wo dies aber der Fall ist, verlangt man ein schönes, helles, geschmeidiges, weißes Erzeugnis. Aus diesen Gründen müssen hier bessere Fette Verwendung finden, und zwar insonderheit auch tierische, stearinhaltige Fette, da man allgemein eine Seife mit hohem Fettgehalt fordert. In der Regel verarbeitet man Ansätze aus $^2/_3$ Kottonöl und $^1/_3$ Talg oder schmalzartigem Fett. Kann man ein wenig Kernöl mitverwenden, so ist dies von besonderem Vorteil, da die Seife hierdurch einen besonders schönen Silberglanz erhält. Der Zusatz darf jedoch nicht mehr als höchstens 10 $^0/_0$ betragen, wenn das Produkt nicht lang werden soll. Das Kernöl wird, wie schon mehrfach betont, stets bis zum Schluß der Operation zurückgehalten, weil es für die Regulierung der Abrichtung von Wert ist. Hat man ein wenig zu viel Lauge gegeben, so ist es schwer, diesen Überschuß durch Kottonöl oder Talg zu binden, da diese beiden sich sehr langsam verseifen, während sich Kernöl dem Verbande sehr leicht einfügt. Andererseits ist es gut, die Seife vor der Kernölzugabe auf starke Blume abzurichten, um sicher zu sein, daß Kottonöl und Talg vollkommen verseift sind. Gewöhnlich braucht man dann auch keine Lauge mehr nachzugeben, wenn das Kernöl verseift ist, da die Silberseifen besonders dann eine nur schwache Abrichtung erhalten dürfen, wenn sie nachher noch mit Pottasche- oder Chlorkaliumlösung ausgeschliffen werden.

Um größtmögliche Geschmeidigkeit zu erzielen, wird die Ätzkalilauge für Silberseifen stärker reduziert als für andere Schmierseifen. Im Sommer setzt man auf 100 kg 50grädiger Ätzkalilauge 20 kg, im Winter bis zu 30 kg Pottasche hinzu. Auch die Menge der benötigten Sodalauge richtet sich hier ebenfalls nach der Jahreszeit. Während man im Hochsommer 25 $^0/_0$ anwendet, geht man im Winter bis auf 10 $^0/_0$ zurück. Winterseifen, welche zuviel Sodalauge enthalten, werden sehr leicht glitschig, während Seifen mit zu geringem Sodagehalte in der Regel dunkelstreifig durchwachsen und dadurch an Aussehen verlieren.

Ein guter Fettansatz für Textil-Silberseifen besteht aus:

1000 kg Kottonöl,
500 ,, Schmalzfett oder Talg,
125 ,, Kernöl.

Das Kottonöl und die tierischen Fette verseifen sich mit starker Lauge nur schwierig. Man beginnt daher mit wenig Lauge zu sieden und setzt von Anfang an etwas Wasser hinzu, um eine Ansiedelauge von 12—15° Bé zu erhalten. Mit dieser ist es dann leicht, den Verband einzuleiten, so daß man alsdann mit stärkerer Lauge weiterarbeiten kann. Siedet man mit Dampf, so kann nun eine 30grädige Lauge Verwendung finden, siedet man aber über freiem Feuer, so darf die Lauge nicht mehr als 25grädig sein. Bei der Zugabe der Siedelauge ist jedoch große Aufmerksamkeit notwendig, da Silberseifen auch dann noch leicht dick werden, wenn sich schon eine größere Menge Lauge im Kessel befindet. Wenn die Siedelauge vorzeitig oder zu rasch zugegeben wird, so trennt sich die Masse oftmals wieder und bedarf dann längerer Zeit, bis sie von neuem Verband eingeht. Am besten ist es dann, die Masse einige Zeit der Ruhe zu überlassen, bis der Verband von selbst wieder eintritt.

Silberseifen für die Textilindustrie werden fast ohne Ausnahme „garantiert rein", also ohne Mehlfüllung geliefert und bedürfen daher der größten Aufmerksamkeit bei der Abrichtung. Bei zu kräftiger Abrichtung werden sie gewöhnlich naß und glitschig, bei zu schwacher lang und unansehnlich. Da gerade Kottonölseifen aber bei der Abrichtung leicht täuschen, weil das etwa noch unverseifte Öl bei den Glasproben leicht den irrigen Eindruck hervorruft, daß schon genügend oder zu viel Lauge im Kessel wäre, ist hier eine ganz besondere Aufmerksamkeit erforderlich. Etwaige Fehler dieser Art kann der Sieder auch an dem späteren Aussehen der Seife erkennen, da ungenügend abgerichtete Seifen nach dem Erkalten immer zähe sind.

Schließlich ist noch zu bemerken, daß Silberseifen, die als „garantiert rein" verkauft werden sollen, nicht zu weit ausgeschliffen werden dürfen, wenn sie sich längere Zeit gut trocken halten sollen. Die äußerste Grenze ist ein Fettsäuregehalt von 40 %, entsprechend einer Ausbeute von knapp 240 %, auf Neutralfett gerechnet.

Wie jede andere Seife kann natürlich auch die Textil-Silberseife aus Fettsäure hergestellt werden, doch gelingt es nicht, aus Fettsäuren ebenso schöne Produkte zu erzielen, wie aus den Neutralfetten. Selbst bei sorgfältigstem Arbeiten und trotz Anwendung aller verfügbaren Bleichmittel lassen sich die Fettsäureseifen nicht so reinweiß erhalten wie die Neutralfettseifen. Die Siedeweise ist im übrigen die schon mehrfach besprochene, so daß sich hier nähere Ausführungen erübrigen.

**Naturkornseifen aus Oleïn und Talg.** Die am meisten für die Textilindustrie verlangten Schmierseifen sind die mit reiner Kalilauge gesottenen Naturkornseifen aus Oleïn und Talg. Die für diese Produkte notwendige Siedeweise ist im Sommer und Winter gleich, nur die Kaustizität und die Fettansätze sind verschieden. Für die Sommermonate nimmt man mehr Talg in den Ansatz als im Winter und reduziert die Ätzkalilaugen mit 15—20 kg, im Winter mit 25—30 kg Pottasche auf 100 kg Ätzkalilauge von 50° Bé.

Für die Herstellung einer schönen Naturkornseife für Textilzwecke ist in erster Linie ein gutes Oleïn erforderlich, das nicht mehr als höchstens 2 % unverseifbare Bestandteile enthält. Im Sommer ist dann der folgende Ansatz empfehlenswert:

| | | |
|---|---|---|
| 1200 | kg | Oleïn, |
| 700 | ,, | Talg, |
| 100 | ,, | rohes Palmöl, |
| 2000 | ,, | Lauge von 30° Bé. |

Als Winteransatz ist zu verwenden:

| | | |
|---|---|---|
| 1350 | kg | Oleïn, |
| 550 | ,, | Talg, |
| 100 | ,, | rohes Palmöl, |
| 2000 | ,, | Lauge von 30° Bé. |

An Stelle des Talges kann man auch bei diesen Naturkornseifen etwas talgartige Fette mitverarbeiten, das Korn wird dann aber nicht so schön und auch etwas weicher als bei Verarbeitung von gutem Talg.

Das Sieden der Seife wird wie folgt ausgeführt: die Lauge wird im Kessel zum Sieden erhitzt und das Oleïn alsdann in gleichmäßigem Strahl hinzugegeben. Wie stets bei solcher Arbeitsweise hat man den Zulauf des Oleïns so zu regeln, daß sich dasselbe sofort verseifen kann, also Klumpenbildung vermieden wird. Ist der Zulauf beendet und sind Klumpen nicht vorhanden, so wird der Talg hinzugesetzt und unter allmählicher Zugabe der notwendigen Lauge verseift. Schließlich gibt man das Palmöl nach, verseift auch dieses und richtet ab.

In Betrieben, die mit sehr gutem, trockenen Dampf arbeiten, muß die oben empfohlene 30grädige Lauge in der Regel noch etwas verdünnt werden, da sie ja durch Kondenswasser eine Verdünnung nicht erfährt. Auch beim Arbeiten mit direktem Feuer stellt man die Lauge sogleich auf 25° Bé ein, da sich eine wasserarme Seife nur sehr schwer abrichten läßt und bei der Glasprobe oftmals eine scheinbare Abrichtung zeigt, die sehr leicht zu Irrtümern führen kann.

Mehr noch als bei allen anderen Schmierseifen ist es bei der Oleïnkornseife notwendig, den Fettsäuregehalt zu bestimmen, da vornehmlich durch diesen die Haltbarkeit der Seife und die Kornbildung bedingt werden. Da für die Textilindustrie nur reine, ungefüllte Seifen in Betracht kommen und insbesondere Mehlfüllungen vermieden werden müssen, ist die Grenze, bis zu der man eine Naturkornseife ausschleifen kann, ohne ihre Haltbarkeit in Frage zu stellen, recht eng gezogen. Der Fettsäuregehalt soll infolgedessen nicht unter 40 % und nicht über 43 % betragen. Unter 40 % ist zu befürchten, daß die klare Seife dünn wird, sobald das Korn ausgebildet ist, über 43 %

bildet sich infolge mangelnder Feuchtigkeit das Korn nur schwer und unvollständig.

Die Schlußabrichtung muß bei einer Oleïn-Naturkornseife etwas kräftig gehalten sein, da sie andernfalls auf Lager leicht lang wird. Ein gut getroffenes Produkt mit richtiger Kohlensäurezahl und einem Fettsäuregehalt von 40—43 % soll, in einem trockenen, nicht dumpfigen, 12—18° C warmen Raum gelagert, in 3—4 Wochen vollständig ausgekornt sein.

Wie alle Naturkornseifen wird auch diese direkt in die Versandgefäße, Fässer und Kübel, abgefüllt, da ein Umschlagen der Seife aus größeren Standgefäßen in kleine Packungen das gute Aussehen der Seife sehr beeinträchtigen würde. Vielfach werden dann die Versandfässer nach dem Erkalten der eingefüllten Seife sogleich bis auf eines zugeschlagen, das man zur Beobachtung des Kornungsprozesses offen stehen läßt. Manche Seifensieder sind allerdings der Meinung, daß dieser Prozeß in offenen Fässern besser und schneller vor sich geht als in geschlossenen; in letzteren trocknet aber jedenfalls die Seife weniger aus. Auch das Lager kann besser ausgenutzt werden, weil man die geschlossenen Fässer leichter stapeln kann, die zudem stets versandfertig sind.

**Ökonomieseife nach Aachen-Eupener Art.** Außer den beschriebenen Schmierseifen werden in einigen Gegenden noch sogenannte Ökonomieseifen fabriziert, zu welchen neben stearinreichen, besten Fetten nur Kalilauge Verwendung findet. Am besten werden diese festen Kaliseifen aus Talg, Knochenfett und Palmöl hergestellt, vielfach wird aber auch Walkfett und Wollfett mitverarbeitet, so daß man dann dunklere Seifen erhält. Die Herstellungsweise dieser Ökonomieseifen ist eigenartig, da sie nach ihrer Abrichtung noch einen Zusatz von 15 bis 20 % 30grädiger Pottaschelösung erhalten, wodurch die Seife das Aussehen einer übertriebenen Schmierseife bekommt. Die Masse wird alsdann so lange eingedampft, bis eine Glasprobe der Seife nach zweistündigem Liegen völlig fest wird.

Die Ökonomieseife wird hauptsächlich zum Walken schwer wollener Stoffe aus Schafwolle verwendet. Da aber bei der Vorbehandlung der Schafwolle das darin enthaltene Wollfett nie ganz entfernt werden kann, hat sie in erster Linie die Aufgabe, die behandelten Stoffe von dem noch anhaftenden Fett zu befreien. Um nun hierbei eine erhöhte Wirkung zu erzielen, gibt man der Seife einen reichlichen Zusatz an Pottaschelösung, die beim Walken die noch anhaftenden Wollfetteilchen emulgiert und so aus den Stoffen entfernt.

Geeignete Ansätze für solche Seifen sind die folgenden:

500 kg Talg,
500 „ Knochenfett,
100 „ Palmöl,
1320 „ Ätzkalilauge von 25° Bé,
220 „ Pottaschelösung von 30° Bé.

oder:

200 kg Talg,
800 „ Knochenfett,
200 „ Walkfett oder Wollfett,
1440 „ Ätzkalilauge von 25° Bé,
240 „ Pottaschelösung von 30° Bé.

Die Siedelaugen werden in derselben Weise wie die für die Herstellung von Schmierseifen bestimmten Laugen hergestellt. Auf 100 kg Ätzkalilauge von 50° Bé verwendet man 25 kg in Wasser gelöste Pottasche und stellt die Lauge dann auf 25° Bé ein.

Auch die Siedeweise der Seifen selbst ist fast die gleiche wie die der Schmierseifen. Nachdem der ganze Fettansatz im Kessel ist, leitet man den Verband mit einem Teil der Lauge ein. Siedet man auf direktem Feuer, so gibt man einige Töpfe Wasser hinzu. Sobald der Verband eingetreten ist, gibt man weitere Lauge nach und fährt damit fort, bis die Seife ziemlich klar geworden ist und leichte Glasblume zeigt. Ist sie schaumfrei, so wird nach Zusatz der Pottaschelösung nochmals gut durchgesotten. Eine jetzt genommene Glasprobe liegt trübe auf und stirbt wie eine völlig übertriebene Schmierseife ab; nach etwa 2 Stunden aber wird die Seife wieder klar und auch genügend fest. Nur wenn dies nicht der Fall ist, muß noch so lange gedämpft werden, bis die gewünschte Festigkeit erreicht ist, und gegebenenfalls muß beim Sieden mit Dampf auch mit stärkerer, etwa 30grädiger Lauge gearbeitet werden.

Am nächsten Morgen wird dann noch einmal gut durchgekrückt und dann in Fässer oder Formen gefüllt.

Nach völligem Erkalten soll eine gute Ökonomieseife so fest sein, daß sie sich in Riegel schneiden läßt, doch findet man auch weichere Seifen im Handel, in der Regel Produkte, zu deren Herstellung weichere Fette benutzt wurden.

## Seifen mit Zusätzen von Kohlenwasserstoffen.

In neuerer Zeit werden von verschiedenen Fabriken Seifen auf den Markt gebracht, die mehr oder weniger große Zusätze an Kohlenwasserstoffen enthalten. Sie finden sowohl im Haushalt, wie in der Textilindustrie Verwendung und erfreuen sich infolge ihrer großen Reinigungskraft einer steigenden Beliebtheit.

Es ist ja eine längst bekannte Tatsache, daß Petroleum, Benzin, Terpentinöl usw. ein außerordentlich großes Fett- und Schmutzlösungsvermögen besitzen, und in manchen Ländern, z. B. in Nordamerika und im südlichen Rußland, werden schon seit langen Jahren Erdöl enthaltende Seifen in ausgedehntem Maße hergestellt. Auch in Deutschland hat sich schon seit langer Zeit das Bestreben geltend gemacht, die schmutzlösende Wirkung der Seifen noch durch besondere Zusätze zu erhöhen. Das beweisen z. B. die in den meisten Seifenfabriken hergestellten Salmiak-Terpentin-Seifen, die jedoch meist nur so geringe Zusätze der genannten Stoffe enthalten, daß eine besondere Wirkung von diesen Produkten nicht zu erwarten ist. Man machte sich daher vielfach die reinigende, fettlösende Eigenschaft des Petroleums oder Terpentinöls dadurch nutzbar, daß man beim Reinigen der Wäsche außer Seife und Soda auch Petroleum oder Terpentinöl benutzte. Allgemein eingeführt hat sich dieser Gebrauch aber nicht, weil eine Belästigung der Wäscherin durch die mit den flüchtigen Stoffen beladenen Wasserdämpfe nicht zu vermeiden ist, und weil sich die jeweils notwendige Menge nur schwer bemessen läßt. In den meisten Fällen wird mehr Petroleum od. dgl. zugesetzt als erforderlich ist, um die der Wäsche anhaftenden Fettstoffe zu lösen, so daß die Wäsche einen mehr oder minder starken Petroleumgeruch behält, der nicht gerade als angenehm bezeichnet werden kann. Es lag ja nun nahe, an Stelle des Petroleums ein anderes Produkt mit dem gleichen Lösungsvermögen, aber einem weniger unangenehmen Geruch in Anwendung zu bringen, und ebenso naheliegend war der Gedanke, ein solches Material der Seife homogen beizumischen, um der Hausfrau und auch der Textilindustrie ein Produkt zu bringen, das die guten Eigenschaften der Seife mit dem Lösungsvermögen der Kohlenwasserstoffe in sich vereinigt und diese letzteren in möglichst hohem Prozentsatz enthält.

Aber erst in den letzten Jahren ist es gelungen, wirklich brauchbare Seifen dieser Art herzustellen, die den gestellten Ansprüchen völlig genügen. Seit dieser Zeit finden diese Produkte aber immer mehr Beachtung und das starke Vorurteil, welches anfangs solchen, etwas kräftig riechenden Seifen entgegengebracht wurde, schwindet immer mehr, nachdem sich die Verbraucher von den guten Eigenschaften dieser Produkte überzeugt haben. Wie schon gesagt, besteht ihr praktischer Wert darin, daß sie neben den vorzüglichen Eigenschaften der Seife selbst ein besonderes Fettlösungsvermögen besitzen, das erst beim Lösen der Seife nach und nach in Erscheinung tritt, so daß vornehmlich auch jede Belästigung der mit der Wäsche beschäftigten Personen durch entweichende Dämpfe vermieden wird.

Bei all diesen Produkten, die unter den verschiedensten Benennungen in den Handel gebracht werden, kann es sich jedoch stets nur um Seifen handeln, denen die Kohlenwasserstoffe mechanisch beigemengt sind. Von einer wirklichen Verseifung dieser Stoffe ist dabei keine Rede, und Behauptungen dieser Art beruhen in der Regel auf Unkenntnis oder auf absichtlicher Irreführung.

Schon vor dem Kriege gab es bereits eine ziemliche Auswahl von Seifen dieser Art, die in den verschiedensten Formen und Qualitäten, sowohl als Kali- wie als Natronseifen auf den Markt kommen. Als Zusätze werden hauptsächlich Tetrachlorkohlenstoff, Trichloräthylen, Benzin, Terpentinöl, Petroleum und neuerdings auch die hydrierten Naphthaline, insonderheit das Tetrahydronaphthalin (Tetralin) verwendet. Die Menge der den einzelnen Handelsprodukten inkorporierten Kohlenwasserstoffe ist recht verschieden. Es gibt Präparate mit kaum nennenswerten Mengen, die doch als Benzinseifen oder unter ähnlichen Benennungen verkauft werden, und es gibt Produkte mit 15 % und mehr an Kohlenwasserstoffen. Wenn die Seifen nicht besonderen Zwecken dienen sollen, genügt gewöhnlich ein Zusatz von 7—10 %, um eine gute Wirkung zu erzielen, während geringere Zusätze ein augenfällig gutes Ergebnis nur selten erwarten lassen.

Die Fabrikation selbst ist ziemlich einfach. Den fertigen Seifen, mögen es nun reine, abgesetzte Kernseifen, Halbkernseifen, Leimseifen oder flüssige Kaliseifen sein, wird nach genügendem Abkühlen eine die Kohlenwasserstoffe enthaltende Emulsion beigemengt. Diese wird ihrerseits hergestellt, indem man einer Fettsäure, am besten Oleïn, Rizinusölfettsäure oder Türkischrotöl (Ricinusölsulfosäure), die Kohlenwasserstoffe beimischt und dann soviel Ätzlauge hinzufügt, als zur Verseifung der Fettsäure notwendig ist. Auf 100 Teile Kohlenwasserstoffe genügen 15—20 Teile Fettsäure, um eine gute, sich der Seife leicht einfügende Emulsion zu gewinnen.

Für eine sachgemäße Herstellung notwendig ist jedoch ein mit gut schließendem Deckel und kräftigem Rührwerk versehener Kessel, da die Seifen nach Zugabe der Mischung meistens sehr dick werden, und ein gleichmäßiges Durcharbeiten ohne Rührwerk kaum möglich erscheint.

## Seifen aus gehärteten Ölen und Fetten.

Bei der Beschreibung der verschiedenen Fabrikationsverfahren ist wiederholt darauf hingewiesen worden, daß die gehärteten Öle oder Kunstfette sehr gut dazu geeignet sind, andere harte Fette und Öle bei der Herstellung von Seifen ganz oder teilweise zu ersetzen. Bei der großen Bedeutung, die die hydrierten Fette schon heute besitzen, erscheint es nun angebracht, die Herstellung der verschiedenen Seifensorten aus Ansätzen, die einen größeren Prozentsatz solcher Kunstfette enthalten, besonders zu besprechen, zumal man annehmen darf, daß die gehärteten Trane nach Beendigung des Krieges ein Hauptrohmaterial für die Seifenfabrikation bilden werden.

Ihrem Charakter entsprechend verwendet man die gehärteten Fette zur Zeit in der Seifenfabrikation hauptsächlich zur Herstellung von harten Seifen, bei der Schmierseifenfabrikation aber vorläufig nur für weiße Schmier- oder Silberseifen.

Wie schon eingangs bemerkt[1]) befriedigten die ersten, aus hydrierten Fetten hergestellten Seifen nicht besonders. Sie zeigten einen etwas eigenartigen Geruch, fühlten sich sehr mager an, bekamen leicht Risse und waren anderen Seifen gegenüber, welche aus gewöhnlichen Fetten gewonnen wurden, zu schwer löslich, d. h. sie schäumten nicht genug; alles schwer ins Gewicht fallende Gründe, die eine ausgedehnte Verwendung dieser neuen Produkte in der Seifenfabrikation kaum als zulässig erscheinen ließen. Die Ursache für alle diese Mißerfolge war in erster Linie aber wohl darin zu suchen, daß von vornherein zu große Mengen dieser Kunstfette bei den Ansätzen mitverwendet und nicht mit der nötigen Aufmerksamkeit versotten wurden. Es gelang jedoch sehr bald, durch Zusammenstellung geeigneter Ansätze und sorgfältiges Arbeiten diese Fehler zu vermeiden, so daß das Mißtrauen gegen das neue Rohmaterial bald verschwand und die anfänglich erlebten Enttäuschungen bald vergessen waren. Heute sind die hydrierten Fette bereits ein recht geschätztes Rohmaterial für die Seifenfabrikation geworden, das trotz des von den Herstellern geforderten, hohen Preises bereits in großen Mengen verarbeitet wird. Ob es aber jemals gelingen kann, Seifen aus hydrierten Fetten allein herzustellen, die allen berechtigten Anforderungen voll entsprechen, steht vorläufig noch sehr in Frage, trotzdem in letzter Zeit verschiedene Verfahren bekannt geworden sind, nach denen es möglich ist, die Schaumfähigkeit von Seifen aus Hart- oder Kunstfetten bedeutend zu erhöhen.

Vor allem zu erwähnen ist hier ein Patent von Leimdörfer, Budapest, der sich ein Verfahren schützen ließ zur Herstellung von harten Kern-, Halbkern- und Leimseifen, dadurch gekennzeichnet, daß neben den gewöhnlichen Fetten und Fettsäuren oxydierte, polymerisierte, Halogen- oder Säureradikale enthaltende Fette, Fettsäuren oder deren Derivate, bzw. deren Gemenge unter Verwendung der der Bildung normaler, fettsaurer Salze und dem technisch gegebenenfalls erforderlichen Alkaliüberschuß entsprechenden Alkalimenge möglichst vollständig verseift werden[2]).

Durch einen entsprechenden Zusatz solcher Fette, Fettsäuren oder deren Derivate soll es nicht nur möglich sein, aus weichen Fetten und Ölen harte Seifen herzustellen, der Zusatz soll auch bewirken, daß Seifen aus Hartfetten, vegetabilischem Talg usw., die sonst wenig oder

---

[1]) Vgl. S. 127 ff.

[2]) D.R.P. 250164. Vgl. S. 50.

nur sehr schwer schäumen, ein fast ebenso gutes Schaumvermögen erhalten wie die Seifen aus Palmkern-oder Kokosöl bzw. deren Fettsäuren.

Weiter sei dann nochmals auf das schon mehrfach erwähnte Verfahren von Schrauth[1]) hingewiesen, nach welchem den fertigen Seifen 5 bis 15% Rizinusölfettsäure oder Rizinusölsulfosäure zugesetzt werden sollen, um die Schaumbildungsfähigkeit der Seifen ganz bedeutend zu erhöhen. Der Zusatz geschieht am besten direkt im Kessel nach Ablassen der Unterlauge, kann aber der Seife auch erst beim Formen und bei Feinseifen sogar erst auf der Piliermaschine beigemischt werden. Allen Befürchtungen gegenüber sei es nochmals betont, daß solche sauren Seifen auch bei jahrelanger Aufbewahrung nicht ranzig werden und ihr hohes Schaumvermögen dauernd beibehalten. Da außerdem die Ricinusölfettsäure den Grundseifenkörper außerordentlich geschmeidig macht, scheint die Verwendung von hydrierten Fetten zur Seifenfabrikation nach dem Kriege noch in viel ausgedehnterem Maße möglich als bisher, insonderheit, da auch zu erwarten steht, daß die Preise für diese Kunstfette in Zukunft ziemlich beträchtlich hinter denen der tierischen und pflanzlichen Hartfette zurückbleiben werden.

Nachstehend folgen einige Zusammenstellungen von Fettansätzen für die verschiedenen Seifensorten. Sie sind in der Praxis erprobt und ergeben bei sachgemäßem Arbeiten gute, einwandfreie Seifen:

Weiße Kernseife.

| I. | II. |
|---|---|
| 400 kg Candelite, | 500 kg Linolith, |
| 300 „ Kernöl, | 150 „ Palmkernöl, |
| 300 „ Erdnußöl. | 150 „ Kokosöl-Abfallfett, |
| | 200 „ Erdnußöl. |

Hellgelbe Kernseife.

| I. | II. |
|---|---|
| 500 kg Fettsäure aus Talgol extra, | 600 kg Linolith, |
| 300 „ Palmkernölfettsäure, | 400 „ Kokosölabfallfett, |
| 200 „ Pflanzenfettsäure, | 200 „ helles Harz. |
| 200 „ helles Harz. | |

Eschweger Seife.

| I. | II. |
|---|---|
| 250 kg Talgol, | 200 kg Linolith, |
| 200 „ Knochenfett, | 100 „ Talgol, |
| 300 „ Abfallkokosöl. | 150 „ Abdeckereifett, |
| | 300 „ Palmkernöl. |

Weiße Schmierseife.

| I. | II. |
|---|---|
| 500 kg Krutolin, | 600 kg Krutolin, |
| 500 „ Kottonöl. | 400 „ Talg. |

[1]) Seifensiederztg. 1914, S. 991. — 1915, S. 24.

Die Siedeweise selbst erfährt keinerlei Abänderung, wenn ein Teil des Ansatzes, wie vorstehend, aus hydrierten Fetten besteht. Zu empfehlen ist jedoch, die hydrierten Fette vorzusieden oder bei Herstellung der weißen und gelben Kernseifen den ganzen Ansatz auf 2 Wassern zu sieden, wenn man zu schönen, nicht unangenehm riechenden Seifen gelangen will.

Bei der Verarbeitung der hydrierten Fette zu Schmierseifen fällt natürlich das Vorsieden weg, auch hier wird, wie sonst üblich, der ganze Ansatz gleichmäßig verseift. Da man aber bei der Verseifung mit Kalilauge viel schaumkräftigere Endprodukte erhält, als bei der Verwendung von Natronlauge, können hydrierte Fette bei der Herstellung weißer Schmierseifen in höherem Maße zur Anwendung kommen, als bei der Fabrikation von Kernseifen.

Werden hydrierte Fette auf halbwarmem Wege verarbeitet, so ist besonders darauf zu achten, daß man die richtige Laugenmenge anwendet. Die Verseifungszahl der hydrierten Fette ist durchschnittlich 192, also nicht höher als die von Talg, Baumwollsaatöl usw., was besonders berücksichtigt werden muß, wenn Fette und Laugen genau in den Kessel gewogen werden. Nachstehend seien nun einige Ansätze mitgeteilt, die für die Herstellung von Hausseifen auf halbwarmem Wege mit einem größeren Prozentsatz hydrierter Fette geeignet sind:

Weiße Hausseife.

60 kg Palmkernöl,<br>40 ,, Candelite, } 60—65° C warm,<br>46 ,, Ätznatronlauge von 39° Bé,<br>10 ,, Pottaschelösung von 20° Bé.

oder

60 kg Palmkernöl,<br>40 ,, Candelite, } 60—65° C warm,<br>46 ,, Ätznatronlauge von 39° Bé,<br>25 ,, Lösung von 24° Bé aus gleichen Teilen Zucker, Pottasche und Salz in Wasser.

Gelbe Hausseife.

50 kg Palmkernöl,<br>50 ,, Candelite,<br>20 ,, helles Harz, } 65—70° C warm,<br>52 ,, Ätznatronlauge von 39° Bé,<br>10 ,, Pottaschelösung von 25° Bé,<br>5 ,, Salzwasser von 20° Bé.

oder

40 kg Palmkernöl,<br>60 ,, Candelite,<br>30 ,, helles Harz, } 65—70° C warm,

55 kg Ätznatronlauge von 39° Bé,
40 „ Natronwasserglas von 38° Bé, gemischt mit
4 „ Ätznatronlauge von 39° Bé.

Die hydrierten Fette verseifen sich auch auf halbwarmem Wege namentlich dann außerordentlich gut, wenn ein Teil Palmkernöl oder Kokosöl im Ansatz enthalten ist, es dürfen jedoch auch hier nur starke, reine Ätzlaugen verwendet und die Salzlösungen nicht eher zugegeben werden, als bis die Verseifung vollständig beendet ist. Das bei reinen Palmkernölansätzen vielfach übliche Verfahren, Lauge und Wasserglas oder Salzlösung gleichzeitig in den Kessel zu geben, ist hier nicht zu empfehlen, weil eine vollständige Verseifung der Fette dann viel schwerer zu erreichen ist. Da die aus Kunstfetten hergestellten Seifen außerdem sehr fest werden und ziemlich schwer schäumen, soll man bei Produkten der besprochenen Art möglichst wenig oder gar kein Salzwasser verarbeiten und sich nach Möglichkeit auf die Anwendung der Pottaschelösung beschränken.

## Seifenpulver und verwandte Waschmittel.

Die Fabrikation der Seifenpulver hat in den letzten Jahren einen ganz ungeahnten Aufschwung genommen, so daß es heute nur noch verhältnismäßig wenig Seifenfabriken gibt, die nicht auch Seifenpulver herstellen. Der erhöhte Verbrauch wurde in erster Linie veranlaßt durch den Erfolg der den besseren Seifenpulvern beigemischten Sauerstoffbleichmittel bzw. durch die große Reklame, die für solche „selbsttätigen Waschpulver" gemacht wurde. Über den Wert oder Unwert solcher Seifenpulver mit und ohne Sauerstoffbleichmittel ist schon viel geschrieben worden, und die alte Streitfrage soll hier nicht weiter erörtert werden, zumal auf jeden Fall mit der Tatsache gerechnet werden muß, daß das Seifenpulver heute ein bedeutender Verbrauchsartikel ist und als Waschmittel viel und gern benutzt wird.

Die im Handel vorkommenden Seifenpulver sind sehr verschieden zusammengesetzt, insonderheit schwankt der Gehalt an Fettsäuren ganz bedeutend. Die besten Produkte, wirklich gemahlene, trockene Kernseife, enthalten bis zu 80% Fettsäure, gute Fabrikate zwischen 40 und 30% bei 30 bis 35% Soda und 25 bis 35% Wasser. Die geringwertigen Sorten, die unter 5% Fettsäure enthalten, können eigentlich als Seifenpulver nicht mehr bezeichnet werden und sollten demnach auch nicht für die Wäsche, sondern lediglich zum Scheuern und Putzen Verwendung finden.

Seifenpulver können sowohl aus Neutralfett, wie auch aus Fettsäure hergestellt werden. Das Arbeiten mit Fettsäure ist jedoch bequemer und auch vorteilhafter, zumal das im Neutralfett enthaltene Glyzerin für das Seifenpulver ohne jeden Wert ist. Am beliebtesten sind heute die aus Palmkernölfettsäure oder Abfallkokosöl hergestellten Sorten, weil sie leicht löslich sind und gut schäumen; daneben werden aber auch Oleïn, Palmölfettsäure und Knochenfette verarbeitet, die dann schwerer lösliche und weniger gut schäumende Pulver ergeben.

Zur Fabrikation der geringwertigen Produkte mit sehr niedrigem Fettsäuregehalt wird außerdem auch Leinölfettsäure oder Harz verwandt, auch werden, um einen höheren Fettgehalt vorzutäuschen, anders geartete Zusätze gemacht; die zur Fabrikation benötigte Soda beispielsweise wird anstatt in Fett in einer Schmierseifenlösung verrührt oder mit Vaselin vermischt, damit sich das Pulver fettig anfühlen soll. Daß ein solcher Zusatz nicht den geringsten Waschwert besitzt und sogar direkt nachteilig wirken kann, dürfte bekannt sein.

Viele Seifenpulver enthalten auch mehr oder weniger Wasserglas, über dessen Wert als Waschmittel man sehr geteilter Ansicht ist. Während von einer Seite behauptet wird, daß es die Wäschefasern angreift, wird von anderer Seite lobend hervorgehoben, daß es die Bildung von Kalkseife wirksam verhindert. Ab und zu findet man auch parfümierte Seifenpulver im Handel, meistens Produkte mit einem wenig angenehmen Eigengeruch, der durch den Riechstoff verdeckt werden soll.

Ihren großen Erfolg verdanken die Seifenpulver im großen und ganzen aber ihrer bequemen Anwendungsform, sie lösen sich leicht in Wasser, lassen sich in jeder beliebigen Menge abteilen und bequem in Paketen aufbewahren. Da die meisten Verbraucher außerdem neben der Seife stets auch Soda zum Reinigen der Wäsche verwenden, muß der Gedanke einer fabrikmäßigen Herstellung fertiger Seifen- und Sodagemische als ein durchaus glücklicher bezeichnet werden.

## Die Herstellung der Seifenpulver.

**Reines Seifenpulver.** Ursprünglich wurden Seifenpulver durch Trocknen und Mahlen einer aus stearinhaltigen Fetten angefertigten Seife hergestellt. Man erhält so das eigentliche Seifenpulver mit 80% Fettgehalt. Im Handel findet man solche Produkte allerdings wenig, weil sie wegen ihres hohen Preises nur selten gekauft werden. Für Spezialzwecke werden sie jedoch mitunter in größeren Posten verlangt und angefertigt. Zu ihrer Herstellung eignet sich am besten Palmöl bzw. Palmölfettsäure, gegebenenfalls mit einem Zusatz von Palmkernölfettsäure; auch gutes Knochenfett kann mitverarbeitet werden. Palmöl gibt besonders kurze Seifen, die sich trocken leicht zu Pulver zerreiben lassen; ein Zusatz von Palmkernöl ist aber stets zu empfehlen, um ein leichter schäumendes Produkt zu erhalten. Ein Ansatz von:

| | | |
|---|---|---|
| 1000 kg gebleichtem Palmöl | | |
| 200 ,, Knochenfett, | } | oder deren Fettsäure |
| 300 ,, Palmkernöl, | | |

ergibt eine Seife, die sich gut zu einem stark schäumenden Pulver vermahlen läßt. Die Siedeweise ist die einer auf Unterlauge versottenen Kernseife. Neutralfette werden mit Ätznatronlauge von 20 bis 25° Bé verseift, während man bei der Verarbeitung von Fettsäure vorteilhaft die Karbonatverseifung anwendet. Der klare, gut abgerichtete Seifenleim wird stramm ausgesalzen, und der Kern mit Wasser so weit verschliffen, daß sich die Unterlauge klar und leicht absetzen kann. Nach dem Schleifen wird der Kessel 12—15 Stunden gut bedeckt stehen gelassen, worauf man die Seife in kleinen Formen erkalten läßt. Sie wird dann in Riegel geschnitten und, nachdem sie genügend getrocknet ist, in einer Reibmühle gemahlen.

Zum Zerreiben einer harten Seife ohne Sodazusatz ist eine besonders konstruierte Reibemaschine erforderlich, da die gewöhnlichen Seifenpulvermühlen hierfür nicht verwendbar sind. Zweckmäßige Konstruktionen liefert auch hier die Firma Aug. Krull in Helmstedt.

**Seifenpulver mit 10 bis 40% Fettsäuregehalt.** Die Herstellung von Seifenpulvern mit einem Fettsäuregehalt von 10 bis 40% ist sehr einfach, da es lediglich notwendig ist, einen Seifenleim mit der entsprechenden Menge kalzinierter Soda zu vermischen und das Gemisch nach dem Erkalten auf einer Mühle zu Pulver zu vermahlen. Sauerstoffbleichmittel werden gegebenenfalls erst dem fertig gemahlenen Pulver zugesetzt.

Die Fabrikation der im Handel vorkommenden Seifenpulver, Seifen- und Waschextrakte, Veilchenseifenpulver, Salmiak-Terpentin-Seifenpulver usw. ist also im Grunde genommen immer die gleiche; die Hauptunterschiede bestehen stets nur im Fettsäuregehalt und im Geruch. Werden sie aus fertiger Seife bzw. Abschnitten gewonnen, so schmilzt man das Ausgangsmaterial in Sodalösung mit Dampf oder Feuer und rührt dann die kalzinierte Soda und gegebenenfalls das Wasserglas hinzu, bis die Masse gleichmäßig geworden ist. Eine erkaltete Probe der fertigen Mischung soll sich ohne starkes Schmieren zwischen den Fingern zerreiben lassen, wenn der Sodagehalt richtig getroffen ist. Im ganzen hat man es hier aber ganz in der Hand, kleinere oder größere Mengen Soda, Wasserglas oder beide zusammen zuzusetzen, je nachdem man eine bessere oder geringere Qualität anfertigen will. Die fertige Masse wird dann in flache Kästen gegeben oder direkt auf dem Fußboden ausgebreitet, um nach vollständigem Erkalten zu Pulver gemahlen zu werden.

Geht man von einem frischem Ansatz aus, so stellt man zunächst eine Leimseife her und rührt die kalzinierte Soda so ein, daß eine möglichst innige Mischung erfolgt. Alsdann verfährt man genau so, als ob von fertiger Seife ausgegangen wäre. Folgende Ansätze sollen die Zusammensetzung der verschiedenen Seifenpulver-Qualitäten veranschaulichen:

Seifenpulver mit etwa 40% Fettsäuregehalt:

| | | | | | |
|---|---|---|---|---|---|
| 150 kg | weiße Kernseife, | oder | 100 kg | Palmkernölfettsäure, |
| 20 „ | kalzinierte Soda, gelöst in | | 50 „ | Ätznatronlauge von 40° Bé, |
| 40 „ | Wasser, | | 40 „ | Wasser, |
| 40 „ | kalzinierte Soda. | | 60 „ | kalzinierte Soda. |

Seifenpulver mit etwa 33% Fettsäuregehalt:

| | | | | |
|---|---|---|---|---|
| 100 kg | weiße Kernseife, | oder | 50 kg | Palmkernölfettsäure, |
| 50 „ | gelbe Kernseife, | | 47 „ | Oleïn, |
| 25 „ | kalzinierte Soda, gelöst in | | 3 „ | rohes Palmöl, |
| 60 „ | Wasser, | | 50 „ | Ätznatronlauge von 40° Bé, |
| 65 „ | kalzinierte Soda. | | 60 „ | Wasser, |
| | | | 90 „ | kalzinierte Soda. |

Seifenpulver mit etwa 20% Fettsäuregehalt:

| | | | | |
|---|---|---|---|---|
| 150 kg | gelbe Kernseife, | oder | 95 kg | Oleïn, |
| 75 „ | kalzinierte Soda, gelöst in | | 5 „ | rohes Palmöl, |
| 150 „ | Wasser, | | 50 „ | Ätznatronlauge von 40° Bé, |
| 125 „ | kalzinierte Soda. | | 150 „ | Wasser, |
| | | | 200 „ | kalzinierte Soda. |

Seifenpulver mit etwa 10% Fettsäuregehalt:

| | | | | |
|---|---|---|---|---|
| 150 kg | Harzkernseife, | oder | 50 kg | Palmkernölfettsäure, |
| 175 „ | kalzinierte Soda, gelöst in | | 50 „ | Palmölfettsäure, |
| 350 „ | Wasser, | | 50 „ | Ätznatronlauge von 40° Bé, |
| 350 „ | kalzinierte Soda. | | 350 „ | Wasser, |
| | | | 500 „ | kalzinierte Soda. |

Wenn nun auch nach dem obigen die Herstellung von Seifenpulver ziemlich einfach erscheint, so muß sie doch mit Aufmerksamkeit und Sachkenntnis ausgeführt werden, wenn ein gleichmäßig gutes Pulver entstehen soll. Wie bei der Fabrikation von Seifen ganz allgemein, so ist auch bei der Herstellung von Seifenpulver aus frischem Ansatz besonders darauf zu achten, daß einerseits die Fette vollständig verseift werden und andererseits kein nennenswerter Überschuß an Ätznatron vorhanden ist. Unverseiftes Fett ergibt schmierige Pulver und beeinträchtigt die Haltbarkeit und auch die Waschkraft. Freies Ätznatron greift nicht nur die Wäschefaser an, sondern bewirkt auch, daß die Hände der Wäscherinnen wund werden. Auch Wasserglas zeigt diese unangenehme Eigenschaft und sollte deshalb im Höchstfalle in Mengen von 4 bis 5% zugesetzt werden.

Ein Zusatz von Natriumperborat als Bleichmittel sollte nur bei besseren Seifenpulvern mit mehr als 30% Fettsäuregehalt gemacht werden, weil sich das Perborat in den geringeren Sorten ziemlich schnell zersetzt und völlig unwirksam wird. Der Fettansatz soll hier im wesentlichen aus gesättigten Fettsäuren, am besten Palmkernölfettsäure bestehen, die oxydativen Einflüssen gegenüber unempfindlich sind. Die

Vermischung des Perborats mit dem Seifenpulver darf nur in trockenem Zustande erfolgen, da beim Eintragen des Präparates in einen heißen Seifenleim unter Entbindung des aktiven Sauerstoffes ebenfalls Zersetzung eintritt. Auch die Lagerung der fertigen Pulver soll nur in durchaus kühlen und trockenen Räumen geschehen. Die meisten Perboratseifenpulver enthalten 10% Perborat, da sich dies Verhältnis in der Praxis am besten bewährt hat.

Die noch immer empfohlenen Vorschriften zur Herstellung von Seifenpulver mit Kristallsoda sind als durchaus unrationell zu bezeichnen. Die Verwendung von kalzinierter Soda ist nicht nur billiger, sondern ergibt auch bei gleicher Ausbeute trockenere Pulver. Im folgenden sollen jedoch auch einige Vorschriften zur Herstellung solcher Pulver erwähnt werden, damit ein jeder in der Lage ist, vergleichende Versuche anzustellen.

**Ammoniakseifenpulver.** Über den Wert des Zusatzes von Ammoniak (Salmiak), Terpentinöl u. dgl. zu Seifenpulvern ist seinerzeit viel gestritten worden; es ist jedoch durch häufige Untersuchungen solcher Präparate endgültig festgestellt, daß ein solcher Zusatz völlig wertlos ist, weil sich sowohl das aus den Ammonsalzen frei werdende Ammoniak als auch das Terpentinöl so leicht verflüchtigen, daß schon nach kurzer Zeit nichts mehr davon in den damit gemischten Pulvern nachzuweisen ist. Aber selbst wenn ein kleiner Prozentsatz Ammoniak oder dergleichen in dem Pulver verbliebe, wäre mit einer Erhöhung der Reinigungswirkung kaum zu rechnen, da das starke Fett- und Schmutzlösungsvermögen der stets in großem Überschuß vorhandenen Soda durch solche Zusätze kaum vermehrt werden dürfte. Viele Verbraucher halten trotzdem aber auch heute noch ein Salmiak-Terpentin-Seifenpulver für ganz besonders waschkräftig, so daß sich noch viele Produkte dieser Art im Handel befinden. Aus diesem Grunde soll auch hier die Herstellung solcher Erzeugnisse etwas eingehender besprochen werden.

Wie schon oben angedeutet, hat man vorgeschlagen, dem Seifenpulver das Ammoniak nicht als solches, sondern in gebundener Form, namentlich als Chlorammonium oder schwefelsaures Ammoniak zuzusetzen. Das Ammoniak soll dann erst frei werden bzw. zur Wirkung gelangen, wenn das Seifenpulver mit dem Waschwasser in Berührung kommt. Das bei der Hydrolyse der Seife frei werdende Alkalihydrat verbindet sich dann mit dem Chlor oder der Schwefelsäure des angewandten Ammoniaksalzes zu Alkalichlorid oder -sulfat, so daß das Ammoniakgas selbst frei wird. Außerdem setzt sich die vorhandene Soda mit dem Ammoniaksalz zu dem entsprechenden Natronsalz und dem sehr flüchtigen kohlensauren Ammoniak um, wie aus den nachfolgenden Gleichungen zu ersehen ist:

$$NH_4Cl + NaOH = NaCl + NH_3 + H_2O$$
Salmiak Ätznatron Kochsalz Ammoniak Wasser

$$2\,NH_4Cl + Na_2CO_3 = (NH_4)_2CO_3 + 2\,NaCl$$
Salmiak Soda Ammoniumkarbonat Kochsalz

$$(NH_4)_2SO_4 + 2\,NaOH = Na_2SO_4 + 2\,NH_3 + 2\,H_2O$$
Ammoniumsulfat Ätznatron Natriumsulfat Ammoniak Wasser

$$(NH_4)_2SO_4 + Na_2CO_3 = Na_2SO_4 + (NH_4)_2CO_3$$
Ammoniumsulfat Soda Natriumsulfat Ammoniumkarbonat.

Nach dem D.R.P. 89180 soll es vorteilhafter sein, das Seifenpulver mit einem Ammoniaksalz zu vermischen, dessen Säure ein kristallwasserhaltiges Natriumsalz bildet, wie z. B. schwefelsaures Ammoniak. Mischt man nämlich Seifenpulver mit Chlorammonium, so entsteht ein sofort wahrnehmbarer Geruch von Ammoniak, angeblich weil bei der doppelten Umsetzung von Kristallsoda und Salmiak das Kristallwasser der ersteren frei wird, da Kochsalz das Wasser nicht zu binden vermag. Es entsteht dadurch an den Berührungsstellen eine feuchte Zone, welche die Wechselwirkung so erhöht, daß wieder Wasser frei und dadurch die Umsetzung weiter beschleunigt und verstärkt wird. Verwendet man dagegen schwefelsaures Ammoniak, so findet zwar auch an den Berührungspunkten eine Ammoniakentwicklung statt, die aber bald aufhört, weil das frei werdende Kristallwasser des Natriumkarbonats sofort von dem neu entstehenden schwefelsauren Natron aufgenommen wird. Damit ist aber die Entstehung einer feuchten Zone unmöglich, so daß eine Begünstigung der weiteren Zersetzung ausgeschlossen erscheint. Einen besonderen Erfolg hat dies Verfahren jedoch ebenfalls nicht gehabt.

Im großen und ganzen ist aber auch das Chlorammonium in Seifenpulvern haltbar, die aus einem Gemisch von gepulverter Kernseife mit trockener Ammoniaksoda bestehen. Bei guter Verpackung und trockener Aufbewahrung wird Ammoniak hier nur spurenweise entbunden, und die eigentliche Umsetzung tritt erst ein, wenn das Pulver in das warme Waschwasser geschüttet wird. Nicht verwendbar ist das Chlorammonium aber bei stark wasserhaltigen Seifenpulvern, wie sie für gewöhnlich im Handel vorkommen; hier geht die Umsetzung sehr schnell vor sich, so daß bald weder Chlorammonium, noch Ammoniak oder kohlensaures Ammoniak vorhanden sind.

Das Verfahren, dem Seifenpulver das Salmiakpulver kurz vor dem Entleeren des Kessels zuzusetzen, ist natürlich in keiner Weise zu empfehlen. Die Umsetzung tritt hier, wie man an dem entwickelten, starken Ammoniakgeruch deutlich wahrnehmen kann, sofort ein.

Eine Vorschrift für ein beliebtes Salmiak-Terpentin-Seifenpulver ist die folgende:

100 kg Oleïn oder halb Kernöl und halb Oleïn und etwas Palmöl,
80 „ Ätznatronlauge von 30° Bé,
50 „ kalzinierte Soda,
10 „ Terpentinöl,
1—2 „ Salmiakpulver.

Das Terpentinöl wird kurz vor Entleerung des Kessels der fertigen Masse zugesetzt, das Salmiakpulver dagegen erst dem trockenen, gemahlenen Seifenpulver zugemischt.

**Das Parfümieren der Seifenpulver.** Das Parfümieren der Seifenpulver erfolgt am besten vor dem Einfüllen in die Einzelpakete, doch muß man darauf achten, daß sich hierbei keine Klümpchen bilden. Als billiges Parfüm kann man Safrol, Spiköl, Citronellöl, Mirbanöl, sowie verschiedene andere ätherische Öle empfehlen. Will man Veilchen-Seifenpulver anfertigen, so ist es vorteilhaft, gebleichtes Palmöl zu verwenden, das an sich schon einen veilchenähnlichen Geruch entwickelt, der auf Lager noch zunimmt. Durch Zusatz von Veilchenwurzelpulver und Moschustinktur kann man den Geruch auch verstärken, ihn auch ohne Verwendung von Palmöl erzeugen.

**Das Nässen des Seifenpulvers.** Über das Nässen des Seifenpulvers wird häufig geklagt; kommt es doch vielfach vor, daß die Pakete durch und durch naß werden. Diese Erscheinung, die bei minderwertigen Fabrikaten fast regelmäßig auftritt, wird auch bei guten Produkten durch schlechtes Lagern, einen zu hohen Gehalt an kristallisierter Soda oder anderen hygroskopischen Salzen hervorgerufen. Wird ein Seifenpulver ausschließlich aus Soda und Fett angefertigt, so muß neben der Kristallsoda stets so viel kalzinierte Soda mit verarbeitet werden, daß sich das fertige Pulver ganz trocken anfühlt. Wird es dann trocken und kühl auf Lager gehalten, so treten die beobachteten Mängel in der Regel nicht in die Erscheinung.

**Die Herstellung von Seifenpulver mit Hilfe maschineller Einrichtungen.** Zur rationellen Herstellung von Seifenpulver in größeren Mengen ist eine entsprechende maschinelle Einrichtung unbedingt erforderlich. Schon das Mischen des Seifenleims mit der Soda erfordert Maschinenkraft, wenn ein gleichmäßiges Produkt erzielt werden soll. Von den Spezial-Maschinenfabriken sind daher verschiedene Mischapparate gebaut worden, welche diesen ihren Zweck mehr oder weniger gut erfüllen. Es sind dies entweder feststehende Kessel und Kippkessel, die mit einem starken Flügelrührwerk ausgestattet sind, oder längliche Trommeln, die entweder selbst rotieren oder eine maschinell antreibbare Mischvorrichtung enthalten. Jeder dieser Mischapparate hat seine Vorzüge und auch seine Nachteile, doch kann immerhin gesagt werden, daß sich die geschlossenen Trommeln am besten bewähren.

Zum Mahlen des erkalteten Seifenpulvers sind ebenfalls besonders konstruierte Mühlen erforderlich, die gleichfalls in den verschiedensten

Ausführungen im Handel sind und nach dem Prinzip der Walzen- oder Schleudermühlen arbeiten. Die Walzenmühlen haben den Nachteil, daß das Seifenpulver nie ganz gleichmäßig ausfällt, da man stets feines und grobes Pulver neben einander erhält. Im Gegensatz hierzu liefern die Schleudermaschinen allerdings nach Wunsch ein gleichmäßig feines oder grobes Pulver, entwickeln aber viel Staub und verursachen viel Lärm. Für beide Arten empfiehlt es sich jedoch, einen Vorbrecher anzulegen, der die Seifenpulverbrocken entsprechend zerkleinert, ehe sie in die Mühle kommen; diese arbeitet dann viel gleichmäßiger und rationeller, wenn ihr die Brocken in gleichmäßiger Größe zugeführt werden. Bei größerer Produktion ist auch die Anlage eines Elevators zu empfehlen, durch den das fertige Pulver direkt in den Vorratsraum über den Füllmaschinen befördert wird. Zum Mischen der Seifenpulver mit Perborat, Riechstoffen u. dgl. bedient man sich in der Regel drehbarer Trommeln, die innen mit Widerständen versehen sind und eine verschließbare Klappe zum Einfüllen und Entleeren des Mischgutes besitzen. Kleinere Mengen lassen sich natürlich auch mit der Hand oder durch längeres Umschaufeln mischen.

Zum Einfüllen der fertigen Produkte in die Einzelpakete sind ebenfalls verschiedene Füllmaschinen, teils für Hand-, teils für Maschinenbetrieb, konstruiert worden, die sämtlich eine gute Leistungsfähigkeit besitzen. Bei Anschaffung derselben sind in erster Linie naturgemäß die Größe der Produktion und die räumlichen Verhältnisse in Betracht zu ziehen, ihre Verwendung ist jedoch immer zu empfehlen, sofern es sich nicht um sehr geringe Mengen handelt, deren Einfüllen in Pakete oder Beutel natürlich auch ohne Maschine von Hand aus geschehen kann.

**Seifenpulver ohne Mühle.** Kleinere Betriebe, die über eine Mühle nicht verfügen, können auch ohne diese, nach folgender Anweisung, Seifenpulver herstellen. Die dazu erforderlichen Geräte sind in jeder Seifenfabrik vorhanden und höchstens durch die Anschaffung eines Siebes zu vervollständigen.

Als Ansätze sind die folgenden empfehlenswert:

100 kg Kristallsoda,
50 „ Kernseife,
50 „ kalzinierte Soda

oder

100 kg Oleïn,
100 „ Sodalauge von $25^0$ Bé,
100 „ kalzinierte Soda.

Man gibt zunächst die 100 kg Kristallsoda in einen kleinen Kessel und schmilzt darin die 50 kg fein zerkleinerte Seife. Dann entfernt man das Feuer und rührt die kalzinierte Soda ein. Arbeitet man mit dem zweiten Ansatz, so wird erst die Sodalauge in dem Kessel zum

Sieden erhitzt und dann das Oleïn nach und nach dazugegeben. Ist alles gut verseift und ein schöner Seifenleim im Kessel vorhanden, so gibt man am besten sogleich 10 kg kalzinierte Soda hinzu, um Klumpenbildung zu verhüten. Dann wird das Feuer entfernt und die übrige kalzinierte Soda und bisweilen ein kleiner Prozentsatz Schmierseife eingerührt, der dazu dient, das Endprodukt zarter und leichter löslich zu machen. Unterdessen hat man in einem kühlen Raume mehrere Trommelbleche ausgebreitet, auf die man den Kesselinhalt ausschüttet und in dünner Schicht ausbreitet. In kurzen Zwischenräumen wird alsdann die Masse mittels einer Schaufel gewendet und dabei möglichst durch Reiben und Stechen zerkleinert. Wenn sie nicht mehr schmiert und sich in kleine Körner zerreiben läßt, reibt man sie durch ein Sieb in einen größeren Aufnahmebehälter.

Das fertige Produkt wird, je nachdem man ein feines oder grobes Sieb benutzt, fein- oder grobkörnig ausfallen. Auf alle Fälle ist es aber vorteilhaft, das Seifenpulver zweimal durch ein Sieb zu reiben, und zwar das erste Mal durch ein grobes, das zweite Mal durch ein feines Gewebe, um auf diese Weise ein gleichmäßiges, schönes Fabrikat zu erhalten.

Nachstehend sei noch eine etwas andere Arbeitsweise zur Herstellung von Wasch- oder Seifenpulver beschrieben, bei der ebenfalls ohne Mühle gearbeitet wird. Ansätze dazu sind:

I.

80 kg gepulverte Kristallsoda,
20 ,, Oleïn,
14 ,, kalzinierte Soda.

II.

88 kg gepulverte Kristallsoda,
12 ,, Oleïn,
10 ,, kalzinierte Soda.

III.

90 kg gepulverte Kristallsoda,
10 ,, Oleïn,
8 ,, kalzinierte Soda,
20 ,, Talk.

Man stellt zunächst zwei eiserne Kessel nebeneinander auf und gibt in den einen durch ein feines Sieb die gemahlene oder gepulverte Kristallsoda, die kalzinierte Soda und, wenn Talk als Füllung Mitverwendung finden soll, auch diesen hinzu und rührt durch. In dem anderen Kessel wird das Oleïn leicht angewärmt und gegebenenfalls mit etwa 10 % rohem Palmöl gemischt, wenn man ein gelbliches Endprodukt erhalten will.

Alsdann wird dem Fett langsam ein Teil der gemischten Soda mit einem größeren Rührscheit eingerührt. Ist das Ganze teigartig geworden, kann man die übrige Soda rasch nacheinander hinzugeben, indem man gleichzeitig die Masse gut durcharbeitet. Nunmehr wird das fertige, homogene Pulver sogleich durch ein Sieb in einen größeren Holzkasten gegeben, dessen Deckel alsdann geschlossen wird. Unter lebhafter Selbsterhitzung geht nun hier der Verseifungsprozeß vor sich. Das fertige Seifenpulver kann jedoch erst nach einigen Tagen abgefüllt werden, nachdem es wieder völlig abgekühlt ist.

Die Herstellungsweise dieses Seifenpulvers ist also, wie man leicht einsehen wird, außerordentlich einfach. Man hat hauptsächlich nur darauf zu achten, daß bei dem ersten Zugeben der Soda in das Oleïn keine Klumpen entstehen, die sich nur schwer wieder verarbeiten lassen, und daß sich dementsprechend lediglich ein Brei bildet, der bei der weiteren Zugabe von Soda endlich eine trockene, teigartige Masse liefert.

## Waschpulver ohne Seife.

Waschpulver, die gar keinen Fettgehalt oder höchstens einen solchen von 1 bis 4% aufweisen, sollten nicht als Seifenpulver bezeichnet werden, denn ein wirkliches Seifenpulver soll etwa dieselben Vorteile wie die Seife selbst bieten. Vorausgesetzt, daß sein Fettsäuregehalt dem Preise entspricht, wird es vielleicht sogar noch etwas ökonomischer wirken als gleichwertige Seifen, weil die im Waschwasser stets mehr oder weniger vorhandenen Kalk-, Tonerde-, Magnesia- und Eisensalze nicht auf Kosten des wirklichen Seifengehaltes als fettsaure Salze, sondern durch die vorhandene Soda in Form von kohlensauren Salzen ausgeschieden werden. Viele der sogenannten Waschpulver können jedoch noch nicht einmal diesen Vorzug aufweisen, weil sie zum Teil mit zur Wäsche ganz untauglichen Salzen vermischt sind und nicht einmal den Wert der gemahlenen Soda besitzen. Teilweise enthalten sie sogar Schwerspat, Talk und andere mineralische Bestandteile, die nicht mehr als Füllungen, sondern glatt als Fälschungen zu bezeichnen sind.

Beispielsweise wurde unter dem Namen „Ammonin“ ein Waschmittel in den Handel gebracht, bei dessen Verwendung angeblich 50% Seifenersparnis erzielt werden sollte. Es bestand aus Rückständen der Sodafabrikation und enthielt neben Kalk und Tonerdesilikat Soda und Kalziumsulfid.

Ein fast ebenso minderwertiges Produkt war das „Polysulfin“, das angeblich aus den Pentasulfiden des Kaliums und Natriums bestehen und zum Waschen sehr viel besser geeignet sein sollte als Soda usw. Nach Untersuchung von Dr. Alfred Rau[1]) enthielt das Polysulfin:

[1]) Seifenfabrikant 1894, S. 626.

| | |
|---|---|
| Wasser . . . . . . . . . . . . . . | 33,15 |
| Schwefel (nicht gebunden) . . . . . | 0,73 |
| Unterschwefligsaures Natron . . . . | 1,27 |
| Chlornatrium . . . . . . . . . . | 5,12 |
| Soda . . . . . . . . . . . . . . | 59,72 |
| | 99,99 |

war also im wesentlichen eine unreine Soda, die die ihrer guten Waschfähigkeit halber so viel gepriesenen Polysulfide überhaupt nicht enthielt.

Weiter kam unter dem Namen „Sodex" ein Wasch- und Reinigungspulver in den Handel, das die folgende Zusammensetzung hatte[1]):

| | |
|---|---|
| Kohlensaures Natron, wasserfrei ($Na_2CO_3$) . . | 75,60 % |
| Wasser bei 105 bis 110° C, direkt bestimmt . | 24,02 „ |
| Chlornatrium (NaCl) . . . . . . . . . . . | 0,40 „ |
| In Wasser unlösliche Stoffe, Sand usw. . . . | 0,04 „ |

Das Fabrikat bestand also aus ca. 75% wasserfreier Soda und ca. 25% Wasser mit den üblichen technischen Verunreinigungen, konnte also auch keine andere Wirkung besitzen, als eine Soda mit dem gefundenen Karbonatgehalt.

Unter der Bezeichnung „Bleichsoda" befindet sich eine ganze Anzahl von Produkten im Handel, die entweder nur aus niedriggrädiger, kalzinierter Soda oder aus Mischungen von kalzinierter Soda mit Kochsalz oder dergleichen bestehen. Es gibt darunter Produkte, welche mehr als die Hälfte für den Waschprozeß völlig wertlose Beimengungen enthalten und nur wenige Präparate, welche rationell zusammengesetzt sind und zu ihrem Werte entsprechenden Preisen gehandelt werden.

Schließlich sei noch ein Produkt erwähnt, das seiner Zeit unter der Bezeichnung „Lessive Phénix" mit viel Reklame vertrieben wurde. Nach den Angaben einer für die Herstellung des Präparates maßgeblichen, französischen Patentschrift enthält dasselbe neben hauptsächlich Soda und Wasserglas eine vornehmlich aus Pflanzenschleim bestehende Tangabkochung, die wohl etwas Waschkraft besitzt, bei der großen Menge Soda aber kaum zur Geltung kommen dürfte. Daß der Zusatz von Pflanzenschleim überflüssig ist, zeigt auch die folgende Vorschrift, die bei sachgemäßem Arbeiten aus

| | | | |
|---|---|---|---|
| 100 | kg | kalzinierter Soda, | |
| 8 | „ | kaustischer Soda, | oder 33 kg Ätznatronlauge von 27° Bé, |
| 25 | „ | Wasser, | |
| 5 | „ | hellem Harz, | |
| 1½ | „ | Oleïn, | |
| 25 | „ | Wasserglas. | |

ein in Farbe, Aussehen und Griff der Lessive Phénix durchaus gleichwertiges Produkt ergibt.

---

[1]) Seifenfabrikant 1905, S. 1004.

Wenn der Lessive Phénix und allen ähnlich zusammengesetzten Waschpulvern seinerzeit eine bedeutende Reinigungskraft nachgerühmt wurde, so ist diese lediglich auf den großen Gehalt an freier Soda, Wasserglas und Ätznatron zurückzuführen; der geringe Gehalt an Seife und Pflanzenschleim kommt dabei gar nicht in Betracht. Daß aber ein so zusammengestelltes Waschpulver die Wäschefaser stark angreifen muß, ist selbstverständlich, weshalb es wohl zum Reinigen der Fußböden u. dgl., aber niemals zur Wäsche verwendet werden sollte.

Um den Wert insonderheit des Wasserglases als Waschmittel wirksam zu beleuchten, seien diesbezüglich nachstehend noch einige maßgebende Urteile beigebracht.

So schreibt beispielsweise W. Kind[1]), daß „Wäschestücke, welche wegen zu schnellen Verschleißes zur Untersuchung gelangten, einen anormal hohen Gehalt an Kalksalzen oder Kieselsäure hatten". „Die meisten billigen Seifenpulver oder Waschpräparate enthalten geringere oder größere Mengen Wasserglas, das tatsächlich trotz gegenteiliger Behauptungen schädlich ist." Ferner: „Durch Wasserglas wird wohl an Seife gespart, da es die Kalk- und Magnesiaverbindungen aus dem Wasser fällt; die Behauptung jedoch, die Niederschläge seien leicht durch Spülen von der Faser zu entfernen, da die Kieselsäure das Ankleben verhüte, sind unzutreffend." „Bei den umfangreichen Versuchen des Verfassers ergaben die Aschenbestimmungen stets einen hohen Gehalt an Kalk und Kieselsäure und der in den Geweben gefundene Kalk war weniger an Fettsäure als an Kieselsäure gebunden." „Die bleichende Wirkung, welche den Silikaten zugeschrieben wird, beruht aber auf arger Selbsttäuschung; die Fasern werden nur oberflächlich durch die niedergeschlagenen Kalziumsilikate geweißt."

Auch an anderer Stelle[2]) wird dem Wasserglas und seiner schädigenden Wirkung auf das Waschgut die gebührende Beachtung geschenkt, indem darauf hingewiesen wird, daß man „die Wirkung, welche das Wasserglas infolge seines Alkaligehaltes ausübt, billiger durch Soda erzielen kann, die ja auch allgemein beim Waschen verwendet wird, zumal sie die Eigenschaft besitzt, das harte Wasser durch Niederschlagen des gelösten Kalkes in weiches Wasser zu verwandeln, wodurch eine nicht unbedeutende Ersparnis an Seife erzielt wird." „Die ausgeschiedene Kieselsäure wirkt beim Waschen der Stoffe mechanisch gleich einem Schleifmittel auf der Oberfläche der Gespinstfaser. Namentlich leiden Woll- und Seidenstoffe hierunter bedeutend, da die so beschädigte Faser der zerstörenden Wirkung des Alkalis besonders ausgesetzt ist. Die Pflanzenfaser, also Leinen und Baumwolle, leistet dem Alkali zwar einen größeren Widerstand, aber auch sie wird

---

[1]) Seifensiederztg. 1908, S. 1439.

[2]) Zeitschr. d. Zentralverbandes der Dampfwäschereien Deutschlands 1908, S. 27.

gleichsam mit Kieselsäure imprägniert, und es unterliegt keinem Zweifel, daß das Gewebe beim Verbrauch einem stärkeren Verschleiß unterliegt, weil die zwischen den einzelnen Fasern abgelagerte Kieselsäure durch ihre rauhe und harte Beschaffenheit die Faser bedeutend angreift. In dem Wasser, das zum Waschen und Spülen der Wäsche gedient hat, kann man mittels des Mikroskops sehr leicht nachweisen, wie schädlich die Kieselsäure auf die Faser gewirkt hat. Nicht allein, daß man darin die so charakteristischen Fäserchen von Baumwolle und Leinen in Menge erkennt, man sieht auch ganz deutlich, wie die Oberfläche der Faser rauh und uneben ist, ein deutlicher Beweis, wie durch das Reiben beim Waschen die Faser durch die harte und rauhe Kieselsäure angegriffen wurde."

Wenn demnach auch nicht bezweifelt werden kann, daß das Wasserglas ein relativ hohes Reinigungsvermögen besitzt, so kann auf Grund des Obigen doch nicht eindringlich genug vor seiner Verwendung gewarnt werden. Früher oder später werden die genannten Nachteile immer in Erscheinung treten, sofern man nicht von vornherein darauf verzichtet, die als Wasch- und Reinigungsmittel an erster Stelle bewährte Seife durch billigere Surrogate zu ersetzen.

# Die Kalkulation der Seifenfabrikation[1].

Neben der vollen Beherrschung aller rein technischen Aufgaben ist für die praktische Durchführung eines jeden Gewerbes das Verständnis für eine Kalkulation erforderlich, die allen in Betracht kommenden Faktoren entsprechende Rechnung trägt. Denn für die Erzielung eines Gewinnes ist der Verkaufspreis eines Produktes nicht nur zu den reinen Gestehungskosten in Proportion zu bringen, auch die sogenannten Handlungsunkosten einschließlich aller Verkaufs- und Frachtspesen, Versicherungsprämien, Bankzinsen, Steuern u. dgl. müssen genügend in Betracht gezogen werden, wenn man für später unerwartete Mißerfolge ausschließen will. Im folgenden sollen daher die für eine Kalkulation der Seifenfabrikation in Betracht kommenden Gesichtspunkte einer kurzen Allgemeinbesprechung unterzogen werden, wobei jedoch von vornherein betont sein mag, daß die gegebenen Richtlinien nur andeutungsweise die in jedem Einzelbetrieb vorhandenen, besonderen Verhältnisse erfassen können.

Bei einer sachgemäß aufgestellten Kalkulation sind vornehmlich drei Faktoren zu beachten: Die Materialkosten, die Fabrikationsspesen einschließlich der Verzinsung und Abschreibung des Anlagekapitals und schließlich die beim Verkauf entstehenden Handlungsunkosten.

Die Materialkosten werden am besten durch Bestimmung der Ausbeute ermittelt, die man unter Berücksichtigung der für den gesamten Herstellungsprozeß benötigten Chemikalien u. dgl. aus einem vorbestimmten Fettquantum erhält. Zu diesem Zwecke wird, falls eine regelmäßige chemische Betriebskontrolle an sich nicht besteht, das insgesamt benötigte Material auf das genaueste in einen kleineren Siedekessel eingewogen und das Gewicht des Fertigfabrikates ebenfalls genauestens bestimmt. Man erhält so eine Reihe von Daten, die man wenigstens annäherungsweise als Grundlage für die erforderliche Kalkulation benutzen kann, obwohl man sich darüber klar sein muß, daß die bei solchen Kalkulationssuden vorliegenden Arbeitsbedingungen in der

[1]) Vgl. Dr. O. Sachs, Kalkulationen im Seifenbetrieb. Seifensiederztg. 1908, S. 329 ff.

Regel nicht die gleichen sind als beim Arbeiten in dem gewöhnlich größeren Maßstabe.

Dieser relativ unsicheren Ausbeutebestimmung ist daher auch stets die Berechnung der Ausbeute an Hand einer chemischen Analyse vorzuziehen, die ohne weiteres Aufschluß über den Fettsäuregehalt und die vorhandenen Mengen der übrigen Seifenbestandteile (Alkali, Salze u. dgl.) gibt. Werden ausschließlich Neutralfette mit Ätzalkalien versotten, so lassen sich aus den analytisch gefundenen Alkaliwerten ohne weiteres die verbrauchten Laugenmengen errechnen, werden aber Fettsäuren durch Karbonatverseifung verarbeitet, so ist es notwendig, auch die Säure- und Verseifungszahl des Fettansatzes zu kennen, um den Verbrauch an Ätzalkalien und Karbonaten getrennt zu ermitteln. Die Multiplikation der Säurezahl des Ansatzes mit 0,09446 ergibt nämlich den Verbrauch an Ammoniaksoda in Prozenten des Ansatzgewichtes, während die Multiplikation der Ätherzahl des Ansatzes mit 0,07133 in gleicher Weise den Verbrauch an Ätznatron erkennen läßt. Da jedoch beim Ausstechen der Unterlauge das unverbrauchte Karbonat niemals vollständig zurückgewonnen wird, so ist es gut, für die Zwecke der Kalkulation den analytisch ermittelten Alkaligehalt um 0,2 bis 0,3 Gewichtsprozent der erhaltenen Unterlauge höher anzunehmen. Der Salzverbrauch wird am besten durch Messung und Analyse der gewonnenen Unterlauge ermittelt.

Die analytisch gefundene Fettsäuremenge eines Seifensudes stimmt nun aber in der Praxis niemals mit dem Gewicht des angewandten Fettsäureansatzes überein, da Saponifikatfettsäuren beispielsweise noch Neutralfett, Abfallfette, Nachschlagöle u. dgl. unverseifbare Verunreinigungen enthalten, die bei der Berechnung des Ansatzverhältnisses eine genaue Berücksichtigung erfordern. Es ist daher notwendig, zwecks Bestimmung der Seifenausbeute auch den seifebildenden Fettsäuregehalt der zur Verarbeitung kommenden Rohfette zu ermitteln und die Ausbeute selbst dann nach der Gleichung:

$$\text{Seifenausbeute} = \frac{\text{ausnutzbare Fettsäuren des Ansatzes in Proz.} \times 100}{\text{Fettsäurehydratgehalt der Seife in Proz.}}$$

zu bestimmen.

Würde also beispielsweise der Fettsäuregehalt einer Seife zu 62,75% ermittelt werden, so würde die Ausbeute 149,0 betragen, wenn der Ansatz 93,5% ausnutzbare Fettsäuren enthalten würde, und 151,4, wenn 96% verseifbare Fettsäuren vorhanden wären[1]). Selbstverständlich darf bei dieser Art der Ausbeutebestimmung aber nicht übersehen werden, daß sich die frisch aus dem Kessel ermittelte Ausbeute durch Eintrocknen, insonderheit auf dem Lager, noch um einen experimentell zu ermittelnden Betrag verringert, und daß es daher zweckmäßig ist,

[1]) Vgl. Seifensiederztg. 1906, S. 5 und 621. — 1909, S. 890.

die Bestimmung derselben an der verkaufsfertigen Ware nochmals nachzuprüfen, um Fehlschlüsse irgendwelcher Art nach Möglichkeit auszuschließen.

Bei Berechnung der Materialkosten darf dann selbstverständlicherweise nicht außer acht gelassen werden, daß einerseits die Rohmaterialien verzollt, franko Fabrik oder Bahnhof des Fabrikortes zu kalkulieren sind, daß Taraverluste (Palmöl oft 3 bis 4%!), Leckage- und Bleichverluste berücksichtigt werden müssen, andererseits aber der Wert der Transportgefäße von der Einstandskalkulation abzusetzen ist. (Für gut erhaltene Barrels sind in der Regel 3 bis 4 Mk. zu erzielen.)

Die Fabrikationsspesen umfassen in erster Linie die Arbeitslöhne, die Kosten für Feuerung und die Erzeugung von Dampf, Licht und Kraft, die Reparatur- und Unterhaltungskosten des Fabrikbetriebes, sowie die Verzinsung und Abschreibung des Anlagekapitals. Bei Herstellung verschiedenartiger Fabrikate ist natürlich eine sachgemäße Verteilung dieser Einzelkosten auf die verschiedenen Fabrikationszweige außerordentlich schwer, und in der Regel verfährt man daher in der Weise, daß man den ganz allgemein auf 100 kg Fabrikat entfallenden Anteil der jährlichen Gesamtkosten ermittelt und eine entsprechende Belastung vornimmt, trotzdem naturgemäß die Arbeitskosten bei der Herstellung von beispielsweise Kernseifen erheblich höher sind als bei der Fabrikation von Schmierseifen, die direkt vom Kessel in die Versandgefäße abgefüllt werden können. Die Herstellung verschiedenartiger Formate und Gewichte bringt es ferner bei der Fabrikation von Kernseifen mit sich, daß selbst hier der Unkostensatz für das Einheitsgewicht großen Schwankungen unterworfen ist. Es wird daher immer zu empfehlen sein, die bei der Herstellung von ständig fabrizierten Sonderfabrikaten entstehenden Unkosten, vornehmlich also die aufgewandten Arbeitsstunden, den Kraft- und Kohleverbrauch an sich zu ermitteln, indem man gegebenenfalls auch hier wieder kleinere Kalkulationssude als experimentelle Unterlage benutzt. Allerdings steigt der Kohleverbrauch nicht proportional mit der Größe des Sudes, da mit dem Anwachsen der Produktion der prozentuale Brennstoffbedarf nicht unerheblich abnimmt. Größere Betriebe mit Fettspaltung und Glyzerineindampfungsanlage benötigen in der Regel ungefähr 25 bis 35% der fabrizierten Seifenmenge an Kohle, einschließlich aller auch für Licht- und Krafterzeugung benötigten Mengen[1]).

Zu den Fabrikationsspesen gehören ferner noch die Verpackungskosten, d. h. also die für Kisten, Gebinde, Seifenpulverbeutel, Säcke, Packpapier, Bindfaden u. dgl. aufgewandten Ausgaben, sowie die Packlöhne und, falls mit Packmaschinen gearbeitet wird, auch die durch deren Betrieb, Abschreibung und Verzinsung entstehenden Unkosten.

---

[1]) Vgl. Seifensiederztg. 1911, S. 424.

Die Handlungsunkosten schließlich, d. h. also die Verkaufsspesen (Unterhaltung von Agenten und Reisenden), die Frachtspesen, sowie die unter den Begriff der Generalia fallenden Versicherungsprämien, Steuern, Bankzinsen u. dgl. bilden, wie gesagt, den dritten Hauptfaktor in der Kalkulationsrechnung. Soweit die Betriebs- und Unterhaltungskosten etwaiger Gleisanlagen, die Gespannkosten usw. nicht schon in die Einstandskosten des Rohmaterials einkalkuliert werden, sind sie neben den eigentlichen Frachten hier als Frachtspesen zu berücksichtigen. Des weiteren sind die der Kundschaft bewilligten Zahlungsbedingungen, Diskonte, Rabatte und häufig auch Zielüberschreitungen nicht außer Acht zu lassen, und schließlich darf auch das Reklamekonto nicht übersehen werden, das in vielen Betrieben häufig den wesentlichsten Teil der Handlungsunkosten ausmacht.

Vielfach ist es nun üblich, die Fabrikationsspesen und Handlungsunkosten durch einen mehr oder weniger erfahrungsgemäß festgestellten prozentuellen Aufschlag in die Kalkulation einzubeziehen. So wurde beispielsweise bei einem für Kernöl zugrunde gelegten Preise von Mk. 73.— für Fabrikationsspesen 6%, für Handlungsunkosten 17% des Einstandspreises in Vorschlag gebracht[1]). Eine solche Methode ist jedoch an sich wenig empfehlenswert, weil sie von dem Steigen und Fallen der Rohmaterialpreise nicht unabhängig ist und auch den Schwankungen nicht genügend Rechnung trägt, die durch die Größe der Einzelunternehmungen bedingt werden. Eine möglichst genaue Feststellung der wirklich erforderlichen Spesenzuschläge in der oben genannten Weise ist daher solchen mehr oder weniger spekulativen Maßnahmen unbedingt vorzuziehen.

---

1) Seifensiederztg. 1907, S. 1105.

# Analytische Untersuchung der Seifen und Waschmittel.

Neben einer Untersuchung der zur Verseifung kommenden Fette und Öle, deren Grundlagen bereits an anderer Stelle dieses Buches behandelt sind[1]), ist einerseits für die Zwecke der Betriebskontrolle, andererseits aber auch aus rein kaufmännischen Erwägungen heraus eine analytische Untersuchung der erzeugten Fertigfabrikate durchaus notwendig. Im folgenden sollen daher die wichtigsten Methoden der Seifenanalyse eingehender behandelt werden, und zwar wiederum in enger Anlehnung an die schon mehrfach genannten, vom Verbande der Seifenfabrikanten Deutschlands herausgegebenen Einheitsmethoden zur Untersuchung von Fetten, Ölen, Seifen und Glyzerinen[2]), die zum ersten Male die Möglichkeit für eine einheitliche Behandlung der Seifenanalyse bieten.

**Probenahme.** Zur Probenahme aus harten Stückseifen wird das zur Untersuchung kommende Stück durch einen Längs- und einen Querschnitt in vier gleiche Teile geteilt, von denen an der Schnittfläche dünne Lamellen abgetrennt, rasch zerkleinert und nach Durchmischung sofort zur Wägung gebracht werden. Bei Block- und Riegelseifen ist die zur Untersuchung bestimmte Probe aus der inneren Mitte des Seifenstückes zu entnehmen.

Von Schmierseifen soll, sofern ein inniges Vermischen mit Hilfe des Spatels nicht ausführbar ist, die Mitte des verfügbaren Musters zur Analyse verwendet werden, während Seifenpulver vor Vornahme der Untersuchung nochmals gut durchzumischen sind.

Das Abwägen der Proben soll möglichst schnell, erforderlichenfalls unter Zuhilfenahme von Wägegläschen erfolgen.

Die Art und Weise der Untersuchung muß sich im großen und ganzen nach den Erfordernissen des Einzelfalles richten. Gewöhnlich kommen aber in Betracht:

---

1) S. S. 73 bis S. 88.

2) Berlin 1910.

1. Bestimmung des Wassergehaltes;
2. Bestimmung des „Gesamtfett“-Gehaltes;
3. Bestimmung des Gesamtalkalis;

ferner bei ausführlicher Untersuchung:

4. Bestimmung des an Fettsäure gebundenen Alkalis;
5. Bestimmung des freien Ätzalkalis (eventuell auch Ammoniaks);
6. Bestimmung des kohlensauren Alkalis;
7. Bestimmung der freien Fettsäuren;
8. Bestimmung des unverseiften Neutralfettes;
9. Bestimmung der unverseifbaren, fettartigen Stoffe;
10. Bestimmung des Harzgehaltes;
11. Bestimmung des Glyzerins;
12. qualitativer und quantitativer Nachweis von organischen und anorganischen Zusatzstoffen;
13. Bestimmung von ätherischen Ölen und Kohlenwasserstoffen;
14. qualitativer und quantitativer Nachweis von sauerstoffentwickelnden Substanzen.

In allen Fällen hat man nun zwischen exakt wissenschaftlichen Methoden, Konventionsmethoden und Schnellmethoden zu unterscheiden, von denen im Zweifelsfalle jeweils die Konventionsmethoden als maßgebend anzusehen sind, falls anders lautende Abmachungen zwischen den beteiligten Parteien nicht getroffen wurden.

**1. Bestimmung des Wassergehaltes.** Einwandfreie Ermittelungen des Wassergehaltes einer Seife durch Trocknung und Bestimmung des Trockenverlustes sind nur dann möglich, wenn neben dem Wasser andere flüchtige Beimengungen, Kohlenwasserstoffe u. dgl., nicht vorhanden sind. Ist dieses der Fall, so ist es zu empfehlen, den Wassergehalt indirekt zu bestimmen, indem man alle übrigen Bestandteile der Seife ermittelt und das Wasser aus der Differenz berechnet.

Beim Trocknen sehr wasserhaltiger Seifen zeigt sich nun der Übelstand, daß dieselben bereits bei Temperaturen von etwa 100° schmelzen und sich mit einem Häutchen bekleiden, welches die Wasserdämpfe nicht durchläßt. Nach der Konventionsmethode trocknet man deshalb 5—8 g des gut zerkleinerten Prüfungsmaterials in einer flachen, mit mit tariertem Glasstab versehenen Schale (am besten Platinschale) unter gleichzeitigem Umrühren zunächst bei 60—70° und erst später bei 100—105° bis zur annähernden Gewichtskonstanz. Liegen sehr wasserreiche Seifen vor, so ist es empfehlenswert, den Trocknungsprozeß bei Gegenwart von ausgeglühtem Sand oder Bimsstein vorzunehmen, am besten vielleicht, indem man nach Gladding die alkoholische Lösung der Seife über Quarzsand verdampft und trocknet [1]).

Neben dieser Konventionsmethode ist sodann die Schnellmethode

---

[1]) Chem. Ztg. 1883, S. 568.

nach Fahrion[1]) empfehlenswert. 2—4 g Seife werden genau gewogen und in einer Platinschale mit der drei- bis vierfachen Menge einer reinen Ölsäure übergossen, die frei von allen flüchtigen Bestandteilen zuvor auf 120° C erhitzt wurde.

Nunmehr wird die Schale vorsichtig mit kleiner Flamme erwärmt, bis alles Wasser ausgetrieben und die Seife klar gelöst ist. Der nach dem Erkalten ermittelte Gewichtsverlust ist als Wasser zu berechnen. Diese Methode, die innerhalb kurzer Zeit gut übereinstimmende Resultate ergibt, kann jedoch nur dann zur Anwendung kommen, wenn Füllmittel, und zwar insonderheit Karbonate nicht vorhanden sind, die mit der Ölsäure in Reaktion treten würden.

**2. Bestimmung des Gesamtfettgehaltes.** Unter dem Gesamtfettgehalt einer Seife versteht man im allgemeinen die Summe aller vorhandenen „fettartigen“ Bestandteile, d. h. also Fettsäuren, Harzsäuren, unverseiftes Neutralfett, das Unverseifbare usw. Bei einer aus guten Rohmaterialien einwandfrei hergestellten Seife ist allerdings Gesamtfettgehalt und Fettsäuregehalt identisch, weshalb man in der Regel von einer Sonderbestimmung der unverseiften und unverseifbaren Bestandteile absieht. Eine Neutralfettbestimmung ist jedoch notwendig, wenn bei Fehlsuden größere Mengen Fett unverseift geblieben sind. Eine Bestimmung des Unverseifbaren ist erforderlich bei der Verarbeitung minderwertiger Rohmaterialien (Walkfett, Wollfett usw.), sowie bei absichtlichem Zusatz von Kohlenwasserstoffen u. dgl. zur Seifenmasse. In manchen Fällen ist es auch wünschenswert, eine Trennnng der Fettsäuren und Harzsäuren vorzunehmen; all diese Einzelbestimmungen sollen jedoch vorläufig außer acht gelassen und erst später behandelt werden.

Für die exakte Bestimmung des Gesamtfettgehaltes kommen lediglich gravimetrische Methoden in Betracht. Die vielfach empfohlenen volumetrischen Bestimmungen sollten lediglich zur schnellen Orientierung in der Fabrikpraxis benutzt werden, da die erzielbaren Ergebnisse nur als annähernd zu betrachten sind und einen entscheidenden Wert nicht besitzen.

Zur Ausführung der gravimetrischen Methoden wird die zur Untersuchung kommende Seifenprobe mit verdünnter Mineralsäure angesäuert und die abgeschiedene Fettsäure von der sauren Lösung entweder durch Abheben in erstarrtem Zustand (gegebenenfalls nach Zusatz eines Härtungsmittels), durch Filtration oder durch Ausschütteln mit einem Fettlösungsmittel gewonnen. Die erstgenannte Arbeitsweise wird vielfach als „Wachskuchenmethode“, die letztgenannte als „Ausätherungsmethode“ bezeichnet.

Für die Durchführung der „Wachskuchenmethode“ werden 6 bis 10 g gut zerkleinerte Seife in einer Porzellanschale mit dem 20-

[1]) Zeitschr. f. angew. Chemie 1906, S. 385.

bis 30fachen Gewicht 12fach verdünnter Schwefelsäure übergossen und so lange erwärmt, bis die klare Fettsäure obenauf schwimmt. Um das Erstarren derselben und damit ihre Abtrennung von dem Säurewasser zu erleichtern, gibt man 6 — 10 g weiches Wachs oder Stearinsäure, die zuvor genau gewogen sind, in die Masse, die nunmehr, völlig durchschmolzen, nach dem Erkalten eine zusammenhängende, harte Scheibe bildet und leicht von der unterstehenden Flüssigkeit abgehoben werden kann. Nunmehr wird das säurehaltige Wasser abgegossen und der geschmolzene Kuchen solange mit frischem Wasser gewaschen, bis eine Abgabe von Schwefelsäure an das Waschwasser nicht mehr stattfindet. Nach dem letzten Umschmelzen und Abgießen trocknet man die Schale mit dem Kuchen zunächst bei 70° und sodann bei 100°, indem man der Sicherheit halber zuletzt ein wenig Alkohol hinzufügt, um die Gewißheit zu haben, daß alles Wasser verdampft. Nach dem Erkalten wird das Ganze alsdann zur Wägung gebracht.

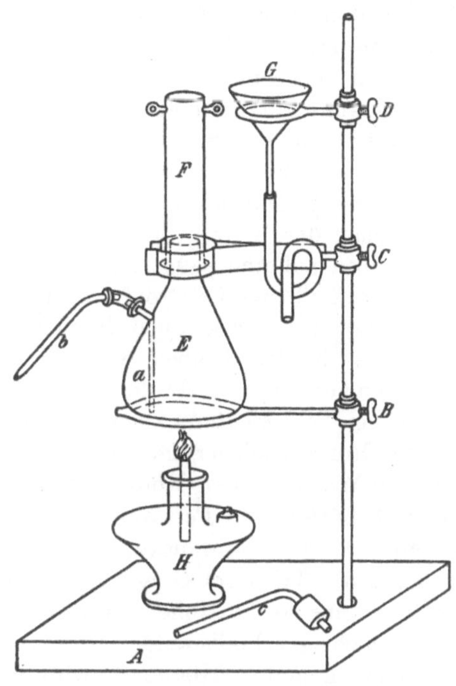

Fig. 89.

Eine für die Zwecke der Betriebskontrolle und Kalkulation durchaus genügende Modifikation der Wachskuchenmethode liegt dem Arbeiten mit dem Stiepelschen Seifenanalysator[1]) zugrunde. Wie aus der Abbildung 89 ersichtlich ist, besteht derselbe aus einem Erlenmeyerkolben E, der auf einem über dem Eisenring B befindlichen Drahtnetz ruht und durch die ebenfalls an dem Stativ A befestigte Messingklammer C gehalten wird. In diesen Erlenmeyerkolben ist ein Rohr a eingeschmolzen, das innen hart bis auf den Boden reicht und außen so weit hervorragt, daß ein Stück Gummischlauch bequem übergezogen werden kann. Auf dem außen geschliffenen Hals des Erlenmeyerkolbens sitzt ein zylindrisches Rohr F, das unten gleichfalls eingeschliffen ist und am oberen Ende zwei Ösen trägt, durch welche dieser Teil des Apparates mittels Drahtschlinge an der Wage aufgehängt werden kann.

[1]) Seifenfabrikant 1904, S. 370.

Ferner gehören zu dem Apparat ein kleiner Trichter mit Gummischlauch, der im Ring D ruht, ein kurzes, vorn ausgezogenes und gebogenes Glasröhrchen b und ein weiteres gezogenes Glasröhrchen c mit Korkstopfen. Erhitzt wird mittels der Spirituslampe H.

Die Fettsäurebestimmung selbst erfolgt nun in der Weise, daß man zunächst den Erlenmeyerkolben tariert und in denselben genau 25 g der zu untersuchenden Seife hineinwiegt. Feste Seifen schneidet man zuvor in kleine, schmale Streifen, Schmierseife gibt man unter Zuhilfenahme eines Glasstabes in den Kolben und gepulverte Seifenpräparate mittels eines kleinen Spatels oder Löffels. Sodann gießt man etwa 100 ccm einer ca. 10 %igen Schwefelsäure in den Kolben, setzt ihn auf das Drahtnetz des Ringes B, befestigt ihn in der Klemme C und erhitzt mit der Spiritusflamme so lange, bis die vollständig klare Fettsäure auf dem sauren Wasser schwimmt. Ist in dieser Weise die Zerlegung der Seife unter Abscheidung der Fettsäure beendigt, so verbindet man das Rohr b mit a, setzt das Rohr c mit dem Stopfen auf den Kolben auf und saugt an demselben kurze Zeit, um ein etwa im Rohr a befindliches Fetttröpfchen in den Kolben zurückzuziehen. Gegebenenfalls saugt man auch durch b etwas warmes Wasser aus einem Becherglas in den Kolben, wodurch das Fetttröpfchen gleichfalls in denselben zurückgeholt werden kann. Nunmehr drückt man die Hauptmenge der Schwefelsäure durch b langsam ab, bis Fettsäurekügelchen mit im Rohre hochzusteigen beginnen und saugt alsdann durch b ca. 150 ccm Wasser in den Kolben, erwärmt etwas und wäscht durch zeitweises Schütteln die Fettsäure aus. Ist diese Operation beendigt, so entfernt man den Rohransatz b und das Rohr e, verbindet den Gummischlauch des Trichters G mit Rohr a und gibt dem oberen Rand des Trichters eine solche Höhe, daß er etwas unterhalb des oberen Randes des nunmehr gleichfalls aufgesetzten und vorher gewogenen Zylinders F zu stehen kommt. Hierdurch wird die Möglichkeit des Überlaufens vermieden. Alsdann füllt man den Erlenmeyerkolben durch den Trichter G mit warmem Wasser weiter an, bis die Fettsäure vollständig in den Zylinder F hineingedrückt ist und überläßt darauf den Apparat so lange der Ruhe, bis die Fettsäure, erforderlichenfalls nach Zusatz von 5 g Paraffin oder Stearinsäure, vollständig erstarrt ist. Nunmehr nimmt man den Kolben mit Zylinder und Trichter vom Stativ herunter, legt den Trichter umgekehrt in ein Becherglas und lüftet den Zylinder ein wenig, um ein Ablaufen des darin befindlichen Wassers durch Luftzutritt zu ermöglichen. Ist das Wasser aus dem Zylinder ausgetreten, so hebt man ihn ab, trocknet die Innenfläche und die untere Fläche des Fettkuchens durch schwaches Betupfen mit Filtrierpapier und bringt den Zylinder erneut zur Wägung. Eine weitere Trocknung der Fettsäuren wird nicht vorgenommen, da der Wassergehalt der zuvor klar geschmolzenen Fettsäuren etwa 0,5 % beträgt und daher auch für die Kalkulation nicht in Betracht kommt.

Die Berechnung des Fettsäuregehaltes der untersuchten Probe gestaltet sich nun in einfacher Weise wie folgt: Angenommen, das Gewicht des leeren Zylinders betrug 23,67 g und nach Ausführung der Analyse bei Anwendung von 25 g Substanz 39,38 g, so beträgt der Prozentgehalt des untersuchten Produktes an Fettsäure $(39,38 - 23,67) \times 4 = 15,71 \times 4 = 64,84\,\%$ Fettsäure. Hat man 5 % Paraffin oder Stearin zugesetzt, so sind diese selbstverständlich vor der Multiplikation mit 4 abzuziehen.

Nach der Konventionsmethode, die das Prinzip der Ausätherung verfolgt, werden 10 — 20 g Seife oder Seifenpulver in warmem Wasser gelöst und im Scheidetrichter mit überschüssiger Schwefelsäure zersetzt. Alsdann werden die abgeschiedenen Fettsäuren mit 100 ccm eines nicht über 65° siedenden Petroläthers kräftig ausgeschüttelt und die saure, wässerige Flüssigkeit in einem zweiten Scheidetrichter einer nochmaligen Ausschüttelung mit 100 ccm Petroläther unterworfen. Die mit Wasser säurefrei gewaschenen Petrolätherfettlösungen werden vereinigt und in einem gewogenen Kölbchen auf dem Wasserbade bei niederer Temperatur eingedunstet und bis zur Gewichtskonstanz getrocknet. Liegen Kokos- und Palmkernölfettsäuren vor, so darf die Trocknungstemperatur der Flüchtigkeit dieser Säuren halber 55° C nicht überschreiten, während Leinölfettsäuren ihrer großen Oxydationsfähigkeit wegen in einem mit konzentrierter Schwefelsäure gewaschenen Kohlendioxydstrom getrocknet werden müssen.

Eine sehr bequeme Ausführung der eben beschriebenen Methode ermöglicht die Huggenbergsche Scheidebürette, deren Benutzung es gestattet, an Stelle der gesamten Ätherfettlösung einen aliquoten Teil derselben zur Trockne und zur Wägung zu bringen und so in kurzer Zeit die Untersuchung zu erledigen.

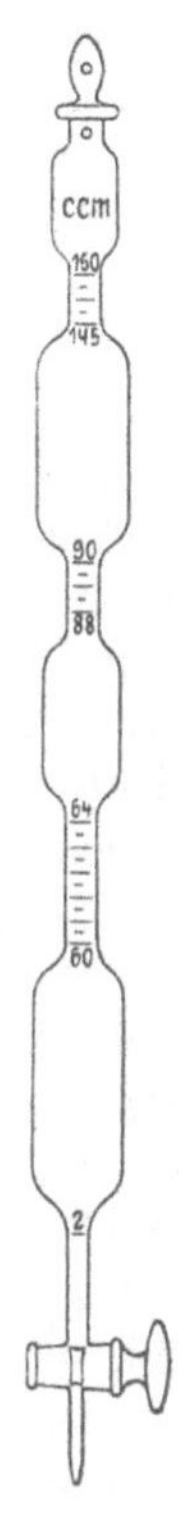

Fig. 90.

Der Apparat stellt eine unten mit Glashahn, oben mit eingeschliffenem Glasstöpsel versehene Scheidebürette dar. Dieselbe faßt etwa 160 ccm Flüssigkeit und enthält der Raumverhältnisse halber drei birnenförmige Erweiterungen. Die untere Marke befindet sich 2 ccm oberhalb des Hahnes, die oberste bei 150 ccm. An den verengten Teilen des Apparates sind außerdem Einteilungen angebracht, die genaue Ablesungen auf $^1/_{10}$ ccm gestatten.

Für die Ausführung einer Fettbestimmung werden 4—5 g Natron- oder 5—6 g Kaliseife in einer kleinen Schale oder einem Bechergläschen genau abgewogen, in 50—60 ccm heißen Wassers gelöst und die Lösung ohne Verlust in die Bürette gebracht, die zuvor mit 25 ccm $^n/_1$ Schwefelsäure beschickt wurde. (Sollen nur die Fettsäuren bestimmt werden, so verwendet man 20 ccm ca. 10 %ige Säure.) Nach leichtem Umschwenken und Abkühlenlassen gibt man zu den ausgeschiedenen Fettsäuren wasserhaltigen Äther bis etwa in die Mitte der oberen Ausbuchtung (40—50 ccm) und schüttelt nach Verschluß mit dem Glasstopfen, indem man letzteren mit dem Daumen festhält, öfters gut durch. Der Stopfen besitzt seitlich eine kreisrunde Öffnung, die mit einer ebensolchen im Hals der Bürette korrespondiert. Hierdurch kann man bei senkrechter Lage des Instrumentes jederzeit den durch den Äther bewirkten Überdruck ausgleichen und die Bürette sofort wieder hermetisch verschließen. Die Trennung zwischen Äther und Wasser erfolgt meist rasch. Die saure Flüssigkeit wird alsdann abgelassen, die Ätherschicht noch 1—2 mal mit einigen ccm Wasser geschüttelt und das Waschwasser mit der sauren, wässerigen Flüssigkeit vereinigt. Die nun in der Bürette bleibende Fettsäureätherlösung füllt man bis zur Marke 89 ccm oder bis zu 149 ccm auf. Nach kräftigem Umschütteln wird der obere Stand der homogenen Ätherschicht genau abgelesen, dann die kleine Wassermenge im Hahn und dessen Spitze durch Ablassen von 1—2 ccm Flüssigkeit durch Äther verdrängt und hierauf ein bestimmtes Quantum Ätherfettlösung (z. B. 88 — 60 = 28 ccm) in einen trockenen, genau tarierten Erlenmeyerkolben abgelassen. Das Lösungsmittel dunstet auf dem kochenden Wassertrockenschrank in etwa $^1/_4$ bis $^1/_2$ Stunde ab; alsdann wird das Kölbchen mit den Fettsäuren in dem betreffenden Trockenschrank bis zum konstanten Gewichte getrocknet, was meist in $^1/_2$ bis $^3/_4$ Stunden erreicht ist. Die gewogene Menge Fettsäure wird auf die ganze Ätherschicht und dann auf 100 g Seife berechnet.

Handelt es sich um Kokosseifen oder um solche, bei denen bedeutende Mengen von Kokosöl oder Palmkernöl im Fettansatze verwendet wurden, was am Geruch und am „Rauchen" während des Abdunstens der Ätherfettlösung beobachtet werden kann, so geschieht das Trocknen, wie schon oben gesagt, am besten bei 50—55° C, d. h. nur auf dem Trockenschrank. Erhebliche Verluste flüchtiger Fettsäuren lassen sich auf diese Weise vermeiden.

Die üblichen Methoden der Fettsäurebestimmung versagen also nach dem Obigen bei den Seifen solcher Fette, die viel flüchtige bzw. wasserlösliche Fettsäuren enthalten (Palmkern- und Kokosölseifen). Die Fettsäuremenge wird alsdann zu klein gefunden, da sich ein Teil der Fettsäuren beim Trocknen in höherer Temperatur verflüchtigt, ein anderer beim Auswaschen in Lösung geht. Heselmann und Steiner [1]) haben z. B. festgestellt, daß bei einer Kokosseife mit 65 % Fettsäuregehalt nach ca. vierstündigem Trocknen der Fettsäuren bei 100° C nur noch $43^1/_2$% Fettsäuregehalt gefunden wurde. Gleichzeitig hatte die vierstündige Erhitzung ein Sinken der Säurezahl von 257,2 auf

---

[1]) Zeitschr. f. öffentl. Chemie 1898, **4**, 393.

205,6 bewirkt, wodurch der Beweis erbracht ist, daß sich fast die ganzen Fettsäuren von niederem Molekulargewicht bei 100° C verflüchtigen. Die Autoren haben deshalb vorgeschlagen, statt der Fettsäuren die Kaliseifen zur Wägung zu bringen.

Ein anderes Verfahren benutzt F. Goldschmidt[1]), indem er unter Vermeidung jeglicher Trocknung bei höherer Temperatur den Fettsäuregehalt der Seifen titrimetrisch ermittelt. Aus einem großen Stück Seife werden, wie üblich, die Fettsäuren abgeschieden und ausgewaschen. Die isolierte Fettsäure wird mit wasserfreiem Natriumsulfat versetzt und über Nacht bei Zimmertemperatur stehen gelassen. Sind die Fettsäuren bei gewöhnlicher Temperatur fest, so muß man sie in Äther lösen und die ätherische Lösung mit Natriumsulfat trocknen. Nach genügend langem Stehen wird die Fettsäure bzw. ihre ätherische Lösung durch ein trockenes Filter filtriert und gegebenenfalls der Äther in einem Wasserbade bei 45 — 50° C verdunstet. Man hat dann ohne Erhitzung eine wirklich trockene, unverändert gebliebene Fettsäure, deren Säurezahl durch die Verdunstung der Fettsäuren von niedrigem Molekulargewicht eine Veränderung nicht erfahren hat. Von den auf diese Weise hergestellten Fettsäuren werden nunmehr 2 g abgewogen und an ihnen die Säurezahl in üblicher Weise bestimmt. Zur eigentlichen Analyse selbst wird die Seife dann in Wasser gelöst, im Scheidetrichter zersetzt und die Fettsäure mit Äther ausgeschüttelt. Nach zweimaligem Waschen mit Wasser wird die Ätherlösung in ein Erlenmeyer-Kölbchen gelassen, ungefähr mit dem reichlich gleichen Volumen Alkohol nachgespült und darauf mit halbnormaler wässeriger Lauge titriert. Da durch den Vorversuch bekannt ist, wieviel Alkali einem Gramm Fettsäure entspricht, so ergibt die Titration unmittelbar den Fettsäuregehalt der Seife. Anzuraten ist, durch einen Parallelversuch den Alkaliverbrauch des als Lösungsmittel verwandten Alkoholäthers festzustellen und bei der eigentlichen Titration das zur Neutralisierung des Lösungsmittels verbrauchte Volumen Alkalilauge in Abzug zu bringen. Auch ist zu beachten, daß beide Titrationen mit derselben Lauge ausgeführt werden.

Die Goldschmidtsche Titrationsmethode ist in kurzer Zeit durchführbar und kann daher zur schnellen Betriebskontrolle am ehesten empfohlen werden. Bei ungemischten Kokosölsätzen ist es auch durchaus nicht notwendig, das Molekulargewicht der Fettsäuren selbst zu bestimmen, wenn man einen mittleren Wert für dasselbe zugrunde legt. Die erhaltenen Werte dürften alsdann bei reinen Kokosseifen mit 50 — 66 % Fettsäure im Höchstfalle um 1—2 %, bei hochgefüllten Seifen mit etwa 20 % Fettsäure um 0,5 % von den wirklichen Werten abweichen.

**3. Bestimmung des Gesamtalkalis.** Unter „Gesamtalkali" versteht man die Summe des vorhandenen freien, sowie des an Kohlensäure (Kieselsäure, Borsäure) und Fettsäure gebundenen Alkalis.

---

[1]) Seifenfabrikant 1904, S. 201.

In der Regel wird die Bestimmung des Gesamtalkalis gleichzeitig mit der Bestimmung des Gesamtfettgehaltes vorgenommen, indem man die hierbei erforderliche Zersetzung der Seife mit Normalsäure durchführt und den vom Gesamtalkali der Seife nicht gebundenen Säureüberschuß mit Normallauge zurücktitriert. Bei der Wachskuchenmethode verwendet man zur Titration das unter dem Kuchen abgegossene Säurewasser gemeinsam mit den vom Umschmelzen desselben herrührenden Waschwässern, bei der Ausätherungsmethode (Huggenberg-Bürette) die aus dem Scheidetrichter abgetrennte wässerige Schicht ebenfalls mit den dazu gehörenden Waschwässern.

Nach der Konventionsmethode werden 10—20 g Seife in Wasser heiß gelöst und mit 50—100 ccm Normalschwefelsäure zersetzt. Die saure, von den klar geschmolzenen Fettsäuren abgetrennte Lösung bringt man alsdann in ein Becherglas, vereinigt sie mit den Waschwässern des Fettsäurekuchens und titriert nach Zusatz von Methylorange als Indikator mit Normal-Alkalilauge bis zum Umschlag in Orangegelb. Die Differenz zwischen der angewandten Normalsäure und der zur Rücktitration verbrauchten Normallauge in ccm entspricht dem Gesamtalkali, wenn man 1 ccm Normalsäure gleich 0,03105 g $Na_2O$ oder gleich 0,04715 g $K_2O$ einsetzt.

Man berechnet bei harten Seifen gewöhnlich das Alkali auf Natriumoxyd, $Na_2O$, bei Schmierseifen auf Kaliumoxyd, $K_2O$, unbekümmert darum, daß harte Seifen zuweilen auch Kali und die Schmierseifen in den meisten Fällen auch Natron enthalten. Will man die Menge beider Alkalien feststellen, so bestimmt man in einer Probe das Gesamtalkali alkalimetrisch; eine zweite Probe zerlegt man mit Salzsäure und bestimmt in der Lösung mit Platinchlorid das Kali. Aus dem gefundenen Kali und dem Gesamtalkali berechnet man alsdann das Natron.

**4. Bestimmung des an Fettsäure gebundenen Alkalis.** Die Menge des an Fettsäure gebundenen Alkalis ergibt sich aus der Verseifungszahl bzw. Neutralisationszahl der aus den Seifen isolierten Fettsäuren.

**5. Bestimmung des freien Ätzalkalis bzw. Ammoniaks.** Ist überschüssiges Ätzalkali in einer Seife vorhanden, so wird eine etwa 2 %ige Lösung derselben in 96—98 %igem Alkohol auf Zusatz von Phenolphthaleïn Rotfärbung auftreten lassen.

Bei Anwesenheit größerer Mengen wird alsdann die exakte Bestimmung nach der Konventionsmethode in folgender Weise ausgeführt: 10 g Seife werden unter Erwärmen auf dem Wasserbade in 100 ccm absolutem Alkohol gelöst; die Lösung wird durch einen Heißwassertrichter vom Unlöslichen abfiltriert und nach Phenolphthaleïnzusatz mit $^n/_{10}$ Salzsäure bis zum Verschwinden der Rotfärbung titriert. 1 ccm $^n/_{10}$ Salzsäure entspricht 0,005616 g KOH bzw. 0,004006 g NaOH.

Zur Bestimmung kleinerer Mengen von freiem Alkali ist es zweckmäßig, die Chlorbariummethode von Heermann[1]) anzuwenden. Je nach der Alkalität werden 5—10 g Seife in etwa 300—400 ccm frisch ausgekochtem, destilliertem Wasser gelöst und mit 15 ccm konzentrierter, neutraler Chlorbariumlösung (300 : 1000) heiß gefällt. Die ausgefallene Barytseife mitsamt dem Bariumkarbonat wird bis zum Zusammenballen kurze Zeit auf freier Flamme erhitzt, dann abfiltriert und das Filtrat unter Zusatz von Phenolphthaleïn mit $^{n}/_{10}$ Salzsäure titriert.

Die Bestimmung von Ammoniak, das sich in Seifenpulvern und vielen Textilwaschmitteln teils frei, teils in Form von Ammoniumsalzen vorfindet, erfolgt durch Destillation der mit Natronlauge stark alkalisch gemachten wässerigen Lösung des zur Untersuchung kommenden Präparates. Das Destillat wird in einer Vorlage aufgefangen, die mit $^{n}/_{10}$ Salzsäure beschickt ist. Nach beendeter Destillation wird der Säureüberschuß unter Zugabe von Methylorange als Indikator mit $^{n}/_{10}$ Natronlauge zurücktitriert. 1 ccm $^{n}/_{10}$ Salzsäure entspricht 0,001703 g Ammoniak oder 0,005349 g Chlorammonium.

**6. Bestimmung des kohlensauren Alkalis.** In der Regel wird das kohlensaure Alkali nicht direkt bestimmt, sondern aus dem Gesamtalkali nach Abzug des an Fettsäure gebundenen Alkalis und des freien Alkalis berechnet. Diese an sich einfache Umrechnung gestaltet sich jedoch etwas komplizierter, wenn auch Wasserglas zugegen ist, da es alsdann notwendig ist, auch den Kieselsäuregehalt exakt zu bestimmen. Unter der Annahme, daß dem Wasserglas die Formel $Na_2O \cdot 4\,SiO_2$ bzw. $K_2O \cdot 4\,SiO_2$ zukommt, muß alsdann die gefundene Kieselsäure zunächst in $Na_2O$ bzw. $K_2O$ umgerechnet werden, das dann ebenfalls von dem Gesamtalkali mit in Abzug zu bringen ist.

Eine schnelle Bestimmung des kohlensauren Alkalis läßt sich in der Regel aber mit einer Ermittelung des freien Alkaligehaltes verbinden, wenn man das in absolutem Alkohol unlösliche Salzgemisch auf einem Filter sammelt, mit Alkohol nachwäscht, in Wasser löst und schließlich unter Anwendung von Methylorange als Indikator mit $^{n}/_{2}$ Salzsäure titriert. 1 ccm $^{n}/_{2}$ Salzsäure entspricht 0,02652 g Soda oder 0,03455 g Pottasche. Die Methode ergibt jedoch nur dann einigermaßen zuverlässige Resultate, wenn im Alkoholunlöslichen weder Alkalisilikate noch Alkaliborate oder andere durch Säure zersetzliche Zusatzstoffe vorhanden sind.

Nach der Konventionsmethode (Heermannsche Karbonisationsmethode) werden 10 g Seife fein geschabt, getrocknet und in absolutem Alkohol gelöst. Hierauf leitet man Kohlensäure in die Lösung, bis sämtliches freie Ätzalkali in Alkalikarbonat übergeführt ist. Das Unlösliche wird auf einem Filter gesammelt und mit heißem, absolutem Alkohol so lange nachgewaschen, bis das Filtrat seifenfrei ist. Hierauf

[1]) Chem. Ztg. 1904, S. 53.

löst man den Filterinhalt in heißem Wasser und titriert die erkaltete Lösung nach Zusatz von Methylorange als Indikator mit $^{n}/_{10}$ Salzsäure bis zum deutlichen Farbenumschlage.

1 ccm $^{n}/_{10}$ Salzsäure entspricht 0,006915 g Pottasche, $K_2CO_3$, oder 0,005305 g Soda, $Na_2CO_3$.

Von der gefundenen Alkalikarbonatmenge ist alsdann das auf anderem Wege (Chlorbariummethode) gefundene freie Ätzalkali in Abzug zu bringen. Bei Gegenwart von Alkalisilikat oder Alkaliborat ist außerdem von der Gesamtalkalinität des Filterrückstandes noch die jeweilige Alkalinität, welche sich auf Grund der Kieselsäure- und Borsäurebestimmung berechnet, abzuziehen.

**7. Bestimmung der freien Fettsäuren.** Freie Fettsäuren, die ohne besondere Absicht in nicht korrekt hergestellten Seifen vorhanden sein können, in größerer Menge aber insonderheit in den sauren Seifen nach Schrauth [1]) auftreten, werden nach der Konventionsmethode in folgender Weise ermittelt:

20 g Seife werden in vorher neutralisiertem Alkohol (60 Vol.-Proz.) gelöst und mit $^{n}/_{10}$ alkoholischer Kalilauge unter Zusatz von Phenolphthaleïn als Indikator bis zur schwachen Rotfärbung titriert. Der Alkaliverbrauch kann auf freie Fettsäure umgerechnet, in Ölsäureprozenten zum Ausdruck gebracht werden.

1 ccm $^{n}/_{10}$ Alkali entspricht 0,0282 g Ölsäure.

**8. Bestimmung des unverseiften Neutralfettes.** Nach der Konventionsmethode werden 6—8 g des in der oben angegebenen Weise [2]) isolierten Gesamtfettes in 96 $^0/_0$igem Alkohol aufgenommen und mit halbnormaler alkoholischer Kalilauge unter Zugabe von Phenolphthaleïn bis zur schwachen Rötung alkalisch gemacht. Die Lösung wird in einen Scheidetrichter gebracht und mit nur so viel Wasser nachgespült, daß der Gesamtgehalt der Lösung an Alkohol keinesfalls unter 50 $^0/_0$ liegt. Nun wird mit 75—100 ccm Petroläther (Siedepunkt höchstens 65 $^0$) ausgeschüttelt und dann noch einmal mit je 50 ccm Petroläther extrahiert. Der mit 50 $^0/_0$igem Alkohol wiederholt gewaschene Petrolätherextrakt ergibt alsdann nach dem Verdampfen des Extraktionsmittels die Summe des in der Seife vorhandenen, unverseiften Neutralfettes und der unverseifbaren, fettartigen Stoffe.

Dieser gewogene Rückstand wird nunmehr mit überschüssiger alkoholischer Kalilauge verseift und die erhaltene Seifenlösung, wie oben beschrieben, nochmals mit Petroläther extrahiert. Der nunmehr erhaltene Extrakt besteht aus dem Unverseifbaren, während sich das Neutralfett aus der Differenz des bei der ersten Extraktion erhaltenen Gesamtrückstandes und des Unverseifbaren ergibt.

---

[1]) Vgl. S. 91 und 126.

[2]) S. S. 386.

**9. Bestimmungen der unverseifbaren, fettartigen Stoffe.** Handelt es sich lediglich um die Bestimmung des Unverseifbaren, so verfährt man am besten in der schon früher bei Besprechung der für die Fette und fetten Öle maßgeblichen Untersuchungsmethoden mitgeteilten Weise [1]). Es muß jedoch betont werden, daß diese Methode bei Kokos- und Palmkernölseifen zuweilen auf Schwierigkeiten stößt, und daß es sich daher empfiehlt, zunächst eine Trocknung der feinzerkleinerten Seife bei 100° vorzunehmen und im Anschluß hieran die Extraktion mit Petroläther im Soxhletschen Extraktionsapparat vorzunehmen.

**10. Bestimmung des Harzgehaltes.** Der qualitative Nachweis von Harzsäuren in Seifen geschieht am besten mittels der Liebermann-Storchschen Reaktion. Die durch Mineralsäure aus der zur Untersuchung kommenden Seife abgeschiedenen Fettsäuren werden in Essigsäureanhydrid gelöst und die Lösung abgekühlt. Sodann gibt man vorsichtig Schwefelsäure von 1,53 spezifischem Gewicht hinzu. Bei Anwesenheit der geringsten Mengen von Harzsäure tritt eine rötlichviolette Farbe auf; ist die Lösung warm, so verschwindet diese Farbe fast sofort, indem sie in ein gelbliches Braun übergeht. Fettsäuren geben die violette Farbe nicht; jedoch ist zu beachten, daß sich Cholesterin, das eine ähnliche Farbenreaktion mit Schwefelsäure und Essigsäureanhydrid gibt, in dem Fettsäuregemisch vorfinden kann. In diesem Falle muß dasselbe durch Ausschütteln der Seifenlösung mit Äther entfernt werden, bevor man die Abscheidung der Fettsäuren vornimmt.

Zur quantitativen Bestimmung des Harzes neben Fettsäuren benutzt man meist die Methode von Twitchell, welche darauf beruht, daß die Fettsäuren in alkoholischer Lösung durch die Einwirkung von Salzsäuregas in ihre Äthylester übergehen, während Harzsäuren unter den gleichen Umständen nicht verändert werden.

Die Ausführung dieser auch als Konventionsmethode benutzten Bestimmung geschieht in der folgenden Weise: 2—3 g des Gemisches von Fettsäuren und Harzsäuren werden in einem 150 ccm fassenden, zweckmäßig mit Glasstopfen verschließbaren Kölbchen genau abgewogen und mit der zehnfachen Menge absoluten Alkohols versetzt. Hierauf senkt man den Kolben in kaltes Wasser und leitet durch die Flüssigkeit so lange einen Strom trocknen Salzsäuregases, bis keine Absorption mehr stattfindet, welcher Punkt meist nach etwa $^3/_4$ Stunden erreicht ist. Die Flasche wird alsdann aus dem Kühlwasser herausgenommen und nach Abspülen des Einleitungsrohres (mit wenig absol. Alkohol) mindestens 1 Stunde verschlossen beiseite gestellt. Man verdünnt nun den Kolbeninhalt mit dem etwa fünffachen Volumen Wasser und erhitzt, bis die saure Lösung klar geworden ist.

---

[1]) S. S. 87.

Die Analyse wird maßanalytisch zu Ende geführt.

Der Inhalt des Kolbens wird in einen Scheidetrichter gebracht und mit 75 ccm Äther, der gleichzeitig zum Nachspülen des Kolbens dient, innig geschüttelt. Die saure wässerige Lösung wird alsdann abgelassen und die ätherische Lösung, welche die Äthylester der Fettsäuren und die Harzsäuren enthält, mit Wasser bis zum Verschwinden der sauren Reaktion gewaschen (Prüfung mit Lackmuspapier). Nach Zusatz von 50 ccm Alkohol titriert man unter Anwendung von Phenolphthaleïn als Indikator mit $^n/_2$ alkoholischer Kalilauge. Hierbei verbinden sich nur die Harzsäuren mit dem Alkali zu Harzseife, während die Fettsäureäthylester nahezu unverändert bleiben

1 ccm $^n/_2$ Kalilauge entspricht 0,175 g Harzsäure

**11. Bestimmung des Glyzeringehaltes.** Kernseifen enthalten in der Regel nur sehr wenig Glyzerin, während kalt gerührte Kokos- oder Palmkernölseifen 5—6 %, und aus Neutralfetten hergestellte Schmierseifen 3—4 % Glyzeringehalt aufweisen. Für eine exakte Bestimmung sind daher bei Kernseifen relativ große, bei den übrigen Seifen entsprechend kleinere Einwagen notwendig. Die Bestimmung selbst erfolgt nach der Konventionsmethode in folgender Weise:

Man löst 20—25 g Seife oder Seifenpulver in heißem Wasser, versetzt mit einem geringen Überschuß an Schwefelsäure und erwärmt so lange auf dem Wasserbade, bis klare Abscheidung der Fettsäuren erfolgt ist. Hierauf wird die Flüssigkeit durch ein angefeuchtetes, glattes Filter in einen Meßkolben filtriert und das Filter genügend mit Wasser nachgespült. Das wässerige Filtrat wird nach Absättigung durch Kalilauge mit soviel Bleiessig versetzt, bis keine Fällung mehr entsteht. Nun wird mit Wasser bis zur Marke aufgefüllt, geschüttelt, filtriert und ein aliquoter Teil des Filtrates zur Glyzerinbestimmung nach der Bichromatmethode [1]) verwendet.

Bei Gegenwart von ätherischen Ölen, Zucker, Dextrin und sonstigen Stoffen ist diese Methode jedoch nicht anwendbar. In diesem Falle muß der Glyzeringehalt entweder nach der Azetinmethode [2]) oder durch direkte Wägung des Glyzerins als solches (Reinigung des Sauerwassers mit Kalkmilch, Verdampfen zur Trockne, Extraktion mit Alkohol, Eindampfen zur Sirupdicke, Erschöpfung des Rückstandes mit Alkohol-Äther-Gemisch und Verdunstung des Lösungsmittels) ermittelt werden.

**12. Qualitativer und quantitativer Nachweis von Zusatzstoffen.** Die Zusatzstoffe (Füllungsmittel) für Seifen bestehen teils aus wasserlöslichen Salzen, namentlich Chlorkalium, Chlornatrium, schwefelsaurem Kali, schwefelsaurem Natron, kohlensauren Alkalien und Wasserglas, teils aus in Wasser unlöslichen Mineralsubstanzen, wie

---

[1]) S. S. 41.
[2]) S. S. 42.

Talk, Schwerspat, Kieselgur usw., teils aus organischen Substanzen, insonderheit Kartoffelmehl. Zur Ermittelung von Beimengungen wird eine abgewogene Seifenmenge in einem oben und unten durchlöcherten, mit Asbest- und Filterpapier bedeckten Filtertrockenglas anfänglich bei 30—50°, später bei 105° getrocknet und alsdann 6 Stunden im Soxhletapparat mit 98 %igem Alkohol heiß extrahiert. Das nach Beendigung dieser Operation bei 105° getrocknete und wiederum gewogene Wägegläschen ergibt abzüglich der Tara das Gewicht der alkoholunlöslichen Zusatzstoffe.

An Stelle dieser Trennung durch Alkohol kann man die Seife aber auch in einer Platinschale veraschen. Zieht man alsdann von der Gesamtasche das ursprünglich vorhandene und das durch die Verbrennung des fettsauren Alkalis entstandene Karbonat ab, so erhält man die Menge der anorganischen Beimengungen.

Die Veraschung selbst geschieht nach dem Vorschlage des Verbandes der Seifenfabrikanten in folgender Weise: Etwa 5 g Seife oder Seifenpulver werden in einer ausgeglühten und gewogenen Platinschale durch eine mäßig starke Flamme verkohlt. Hierbei empfiehlt es sich, die Flamme mehrmals für kurze Zeit zu entfernen, wodurch die Verbrennung der Hauptmenge der Kohle beschleunigt wird. Die nach mäßigem Erhitzen noch vorhandene, nötigenfalls mit einem Glaspistillchen verriebene Kohle wird darauf auf dem Wasserbade mit heißem Wasser digeriert, das Ganze durch ein sog. aschefreies Filter in ein Bechergläschen filtriert und mit wenig Wasser nachgewaschen. Das Filter mit dem Kohlenrückstande wird alsdann in der Platinschale getrocknet und vollständig verascht, bis keine Kohle mehr sichtbar ist. Nach dem Erkalten der Schale gibt man das Filtrat hinzu und verdampft den Schaleninhalt auf dem Wasserbade unter Zusatz von etwas Ammoniumkarbonat zur Trockne. Nach vorherigem Trocknen im Trockenschranke wird schwach geglüht und zuletzt gewogen.

Ergibt die qualitative Prüfung des Aschenrückstandes die Anwesenheit von Kieselsäure (Kieselsäureskelett in der Phosphorsalzperle), so kann derselbe sogleich zur quantitativen Bestimmung verwendet werden. Nach der Konventionsmethode wird die Asche unter Bedecken mit einem Uhrglase vorsichtig mit überschüssiger Salzsäure versetzt. Alsdann dampft man unter Verreiben mit dem Glasstabe zur staubigen Trockne, gibt konzentrierte Salzsäure hinzu und bringt dann abermals zur Trockne. Nach erneuter Zugabe von Salzsäure läßt man 15 Minuten bei gewöhnlicher Temperatur stehen — um die gebildeten basischen Salze oder Oxyde in Chloride zu verwandeln —, fügt etwa 60 ccm Wasser hinzu, erwärmt auf dem Wasserbade, läßt die Kieselsäure sich absetzen und dekantiert die überstehende Flüssigkeit durch ein sog. aschefreies Filter. Den Rückstand wäscht man 3—4 mal durch Dekantation mit heißem Wasser, bringt ihn aufs Filter und wäscht bis zum Verschwinden der Chlorreaktion aus. (Salzlösung und Waschwasser können unter Umständen, wenn es auf sehr genaue Bestimmungen ankommt, eingeengt und, wie oben angeführt, nochmals weiter behandelt werden.)

Das Filter samt Kieselsäure wird in einen gewogenen Platintiegel gebracht, naß verbrannt, die Kieselsäure schließlich mit der vollen Flamme eines guten Teclubrenners bis zum konstanten Gewichte geglüht und alsdann gewogen.

Will man die gefundene Kieselsäure auf gutes Handelswasserglas — Tetrasilikat $Na_2O + 4\ SiO_2$ oder $K_2O + 4\ SiO_2$ — umrechnen, so entspricht 1 g Kieselsäure $SiO_2$ 1,257 g Natriumsilikat $Na_2Si_4O_9$ oder 1,390 g Kaliumsilikat $K_2Si_4O_9$ bzw. 3,771 g Normalnatronwasserglas von 38 ° Bé.

Die etwa vorhandenen, übrigen Aschenbestandteile sind auf Grund ihrer Wasserlöslichkeit bzw. -unlöslichkeit zu trennen. Die wasserlöslichen, wie Alkali-Chloride, -Sulfate, -Phosphate, -Karbonate und -Borate sind nach dem bekannten Gange der Mineralanalyse zu ermitteln, die wasserunlöslichen, wie Speckstein, Kieselgur, Sand, Bimsstein usw. durch Trocknen des mit Wasser, gegebenenfalls auch Alkohol völlig ausgewaschenen Aschenrückstandes bei 100°.

Die Menge der etwa vorhandenen organischen Füllstoffe ergibt sich aus der Differenz zwischen den gesamten, in Alkohol unlöslichen Zusatzstoffen und der nach der obigen Anweisung erhaltenen Asche. Die direkte Bestimmung der Einzelbestandteile erfolgt dann in folgender Weise: Ist Stärke bzw. Kartoffelmehl durch die Jodreaktion (Blaufärbung) qualitativ nachgewiesen, so wird dieselbe quantitativ nach dem Vorschlage des Verbandes der Seifenfabrikanten am besten nach der Methode von Huggenberg bestimmt, die im wesentlichen auf der Unlöslichkeit der Stärke in alkoholischer Kalilauge und der Löslichkeit von Fett, Seife, Eiweiß u. dgl. im gleichen Medium beruht. Das Bestimmungsverfahren selbst ist das folgende:

5—10 g Seife werden in einem Becherglas oder in einem etwas weithalsigen Kolben von Erlenmeyerform genau abgewogen und mit 60 — 80 ccm alkoholischer Kalilauge (ca. 2 %) bis zur Lösung des fettsauren Alkalis auf dem Wasserbade erhitzt. Man bedeckt dabei das Gefäß mit einem Uhrglas oder setzt beim Kolben ein Rückflußrohr an. Hierauf wird heiß filtriert und mehrmals mit je ca. 50 ccm siedendem Alkohol nachgewaschen, bis das Lösungsmittel keine Seife mehr aufnimmt, d. h. bis es nicht mehr alkalisch reagiert. 3—4maliges Waschen ist meist genügend. Das Filter mit Inhalt bringt man in das ursprüngliche Gefäß zurück, übergießt es mit 60 ccm 6 %iger, wässeriger Kalilauge und erwärmt auf dem kochenden Wasserbade unter öfterem Umrühren oder Schütteln ½ Stunde lang. Nach dem Erkalten säuert man mit Essigsäure ganz schwach an, wobei man zweckmäßig einige Tropfen Phenolphthaleïn-Lösung als Indikator hinzugibt und bringt das Volumen der Flüssigkeit nach Umgießen in einen Meßzylinder bei 15$^{0}$ C auf 100 ccm. Der durch das Filter veranlaßte Fehler kann vernachlässigt werden. Nach dem Umschütteln wird die Flüssigkeit filtriert, wobei man sich mit Vorteil eines Glastrichters mit einem kleinen Baumwollpfropfen bedient. Die ziemlich rasch und erst trübe durchgehende Flüssigkeit wird 1 bis 2 mal zurückgegossen, bis ein nur schwach opaleszierendes Filtrat erhalten wird. Die Filtration durch ein Papierfilter ist weitaus zeitraubender und kaum genauer. Von dieser filtrierten Stärkelösung werden 25 oder 50 ccm (je nach dem Stärkegehalt) in ein Becherglas gebracht, mit 2 bis 3 Tropfen Essigsäure und danach allmählich unter Umrühren mit 30 bzw. 60 ccm Alkohol (96 Vol.- $^{0}/_{0}$) versetzt. Nach mehrstündigem Stehen (am besten über Nacht) setzt sich die Stärke vollständig und flockig ab. Sie wird dann durch ein bei 100$^{0}$ C in einem Wägeglas getrocknetes und gewogenes Filter abfiltriert und mit 50 $^{0}/_{0}$igem Alkohol so lange gewaschen, bis das Filtrat beim Verdampfen auf einem Uhrglas keinen Rückstand mehr hinterläßt. Sodann verdrängt man den verdünnten Alkohol mit absolutem oder 98 bis 99 $^{0}/_{0}$igem, diesen mit Äther und trocknet dann in dem Wägegläschen bei 100$^{0}$ bis zur Gewichtskonstanz. Die Ausfällung der Stärke ist vollkommen, wenn zur wässerigen Lösung derselben eine gleiche Menge Alkohol von 96 Gewichtsprozenten zugesetzt wird, so daß die Mischung 50 Prozent Alkohol enthält. Würde bei gleichzeitiger Stärke- und Wasserglasfüllung der Seife etwas Kieselsäure in den Stärkeniederschlag gelangen, so könnte dieser Fehler durch Veraschung des Filters samt Inhalt festgestellt und in Abzug gebracht werden.

Die ermittelte Menge Stärke, auf 100 ccm Filtrat bezogen, entspricht dem Stärkegehalt der abgewogenen Menge Seife und wird daraus auf 100 g des Untersuchungsmaterials umgerechnet.

Dextrin, das ebenfalls bisweilen in Seifen vorhanden ist, wird nach der Vorschrift des Verbandes der Seifenfabrikanten am besten aus dem in Alkohol unlöslichen Seifenrückstande mit wenig kaltem Wasser extrahiert und durch Alkoholzusatz wieder zur Ausfällung gebracht. Man gießt die überstehende Flüssigkeit ab, wäscht mit Alkohol und trocknet das Dextrin bei 100$^{0}$ auf gewogenem Filter. Selbstverständlich muß bei Ausfällung des Dextrins Vorsorge getroffen werden, daß keine gleichzeitige Mitfällung von anorganischen Salzen erfolgt. Eventuell mitausgefallene Salze kann man durch Veraschung des Rückstandes bestimmen und ihr Gewicht von dem Wägungsresultat in Abzug bringen.

Zu beachten bleibt jedoch, daß das rohe Kartoffelmehl nur zu 80 $^{0}/_{0}$ aus reiner Stärke und zu 20 $^{0}/_{0}$ aus Fremdstoffen besteht. Will man daher die Füllung als Kartoffelmehl bestimmen, ist es erforderlich, 25 $^{0}/_{0}$ der gefundenen Stärkemenge zu dieser hinzuzuzählen.

Zucker, der ebenfalls bei der Seifenfabrikation Verwendung

findet, wird nach Inversion mit Säure entweder polarimetrisch oder durch Behandlung mit Fehlingscher Lösung bestimmt.

**13. Bestimmung von ätherischen Ölen und Kohlenwasserstoffen.** Ätherische Öle, wie Terpentinöl u. dgl., sowie mit Wasserdämpfen flüchtige, in Wasser unlösliche Kohlenwasserstoffe werden nach dem Vorschlage des Verbandes der Seifenfabrikanten zweckmäßig durch langsame Destillation einer mit verdünnter Schwefelsäure (1 + 3) überschüssig versetzten Lösung aus etwa 30—40 g Seife und 150 ccm Wasser volumetrisch bestimmt. Zusatz einiger Bimssteinstückchen ist notwendig. Das Destillat wird in engen, auf 0,1 ccm genau kalibrierten Büretten mit Ablaßhahn aufgefangen; hierbei sind von Zeit zu Zeit die wässerigen Anteile abzulassen. Handelt es sich nur um einen allgemeinen und annähernden Überblick über den Gehalt an solchen flüchtigen Stoffen, so können die abgelesenen, wasserunlöslichen Anteile des Destillates ohne weiteres auf „Raumteile flüchtiger Stoffe in 100 Gewichtsteilen Substanz“ umgerechnet werden. Diese Methode gibt aber naturgemäß nur annähernd richtige Werte.

Höher siedende, mit gewöhnlichen Wasserdämpfen nur schwer flüchtige Kohlenwasserstoffe werden am besten durch Extraktion der Kalkseifen mit niedrig siedendem Petroläther bestimmt. Vorsichtshalber hat dann aber die Verdampfung des Lösungsmittels bei möglichst niedriger Temperatur zu erfolgen.

**14. Qualitativer und quantitativer Nachweis von Sauerstoff entwickelnden Substanzen.** Bei der analytischen Prüfung von Sauerstoff entwickelnden Waschmitteln ist es angebracht, vor der quantitativen Bestimmung des Sauerstoffes diesen qualitativ nachzuweisen, da die diesbezüglichen Produkte vielfach bereits völlig zersetzt und frei von aktivem Sauerstoff zur Untersuchung gelangen.

Für den qualitativen Nachweis am ehesten zu empfehlen sind die sehr empfindliche Überchromsäure- oder die Titansäurereaktion. Hierbei werden etwa 2 g des zu prüfenden Materials fein zerkleinert und mit etwa 20 ccm Wasser kurze Zeit durchgeschüttelt, alsdann mit verdünnter Schwefelsäure und 1 ccm Chloroform versetzt und abermals geschüttelt, wobei die ausgeschiedenen Fettsäuren vom Chloroform aufgenommen werden. 10 ccm der wässerig sauren, nunmehr fettsäurefreien Flüssigkeit werden alsdann mit 2—3 ccm Äther überschichtet und vorsichtig mit einigen Tropfen verdünnter Kaliumbichromatlösung versetzt. Nach gründlichem Durchschütteln tritt bei Gegenwart von Sauerstoff Blaufärbung der Ätherschicht (Bildung von Überchromsäure) ein.

Bei Anwendung einer warm bereiteten Lösung von käuflicher Titansäure in konzentrierter Schwefelsäure als Reagens erhält man eine Orangegelbfärbung der wie oben vorbereiteten sauren Flüssigkeit.

Zu beachten ist jedoch, daß beide Reaktionen bei Anwesenheit von Persulfaten versagen. Zu ihrem Nachweis werden nach Fuhrmann [1]) etwa 2 g der zu prüfenden Seife vorsichtig mit verdünnter Salzsäure übergossen, tüchtig durchgeschüttelt und leicht erwärmt. Die saure, von den ausgeschiedenen Fettsäuren durch Filtration getrennte Lösung wird alsdann einesteils mit etwas Jodzinkstärkelösung versetzt, die eine allmählich dunkler werdende Blaufärbung der Flüssigkeit erzeugt, anderenteils mit Chlorbarium auf Schwefelsäure geprüft.

Ein weiterer Nachweis für Persulfate ist durch die sogenannte Berlinerblau-Reaktion möglich, die bei der Vereinigung von Ferrozyankalium mit oxydfreiem Ferroammoniumsulfat (Mohrsches Salz) durch aktiven Sauerstoff ausgelöst wird.

Die quantitative Bestimmung des aktiven Sauerstoffes geschieht am einfachsten durch direkte Titration mit $^{n}/_{10}$ Kaliumpermanganatlösung; es ist jedoch erforderlich, daß auch hier der eigentlichen Bestimmung eine Abscheidung und Entfernung der in der Seife enthaltenen Fettsäuren vorausgeht. In den „Einheitsmethoden zur Untersuchung von Fetten usw.“ wird hierfür die folgende Vorschrift gegeben:

Man wägt genau 2 g des Untersuchungsmaterials ab, spült die Substanz mit etwa 100 ccm Wasser in eine Glasstöpselflasche von ungefähr 250 ccm Inhalt und gibt einen zur Abscheidung der Fett- und Harzsäuren genügenden Überschuß von verdünnter Schwefelsäure (1 + 3) hinzu. Nach Zusatz von 5 ccm reinen Chloroforms wird geschüttelt, dann kurze Zeit bis zum Absetzen der Chloroformschicht beiseite gestellt und schließlich mit Permanganatlösung bis zur bleibenden Rosafärbung titriert. War die Permanganatlösung genau $^{n}/_{10}$ stark, so ergibt sich der Prozentgehalt an aktivem Sauerstoff für 100 g des Untersuchungsmaterials durch einfache Multiplikation des Permanganatverbrauches mit 0,004. 1 g wirksamer Sauerstoff entspricht 4,88 g Natriumsuperoxyd oder 9,63 g Natriumperborat ($NaBO_3 + 4 H_2O$).

Für die quantitative Bestimmung von Persulfaten empfiehlt sich aber wieder ein von Fuhrmann angegebenes Verfahren mit Ferroammonsulfat, das zuvor gegen $^{n}/_{10}$ Kaliumpermanganatlösung eingestellt wird. Dabei verfährt man wie folgt:

Man wägt genau 2 g der zur Untersuchung stehenden Seife bzw. Seifenpulver ab, verteilt sie in einem Becherglas od. dgl. in 100 ccm Wasser und setzt verdünnte Schwefelsäure und 10 ccm Ferroammonsulfatlösung hinzu. Unter Umrühren erhitzt man nun bis zum Kochen und setzt dieses fort, bis sich die Fettsäuren oben klar abgeschieden haben. Man läßt nun abkühlen, bringt die Flüssigkeit in eine Glasstöpselflasche von 250 ccm und spült das Becherglas erst mit ca. 5 bis 10 ccm Chloroform, dann mit Wasser nach.

Die weitere Titration erfolgt mit Permanganatlösung, d. h. man

[1]) Seifensiederztg. 1909, S. 122 f.

läßt unter Umschütteln soviel Permanganatlösung hinzufließen, bis die Flüssigkeit dauernd rosafarben bleibt.

Zur Berechnung zieht man die gefundenen ccm Permanganatlösung von der Anzahl der ccm ab, die von den 10 ccm Ferroammonsulfatlösung bei ihrer Wertbestimmung allein verbraucht wurden, und erhält so die Anzahl ccm, welche dem in 2 g Substanz vorhandenen aktiven Sauerstoff entsprechen. Mit 0,04 multipliziert ergeben sie den Prozentgehalt an aktivem Sauerstoff. Hierbei wird vorausgesetzt, daß eine Permanganatlösung von genau Zehntelnormalstärke vorlag. Es entspricht dann 1 g wirksamer Sauerstoff 0 = 14,9 g Natriumpersulfat, $Na_2S_2O_8$ (100 %).

Wie Boßhard und Zwicky[1]) nachgewiesen haben, dürfen die beschriebenen Methoden jedoch keinen Anspruch auf völlige Genauigkeit erheben, da das zum Ausschütteln der Fettsäuren verwandte Chloroform, wenn es nicht von Zersetzungsprodukten völlig frei ist, stets selbst Permanganatlösung verbraucht. Auch durch die Anwesenheit von Riechstoffen und anderen reduzierend wirkenden Substanzen werden unzuverlässige Analysenresultate bedingt. Die besten Werte ergibt stets die gasvolumetrische Bestimmung des Sauerstoffes, welcher beispielsweise von Perboraten bei der Behandlung mit Permanganat oder Braunstein in saurer Lösung entbunden wird. Der Prozentgehalt p an aktivem Sauerstoff wird nach folgender Formel berechnet:

$$p = \frac{16 \, . \, b}{224 \, . \, a}$$

worin b das bei der Analyse entwickelte Sauerstoffvolumen in ccm bei 0° und 760 mm Druck und a die Anzahl Gramm der angewandten Substanz bedeutet.

## Berechnung der Ausbeute aus der Analyse.

Bei Besprechung der Kalkulation in der Seifenfabrikation ist bereits auf die Bedeutung der Ausbeuteberechnung hingewiesen. Im folgenden sollen diesbezüglich jedoch noch einige weitere Einzelheiten gegeben werden.

Von dem Praktiker wird die Berechnung der Ausbeute eines Sudes häufig in der Weise vorgenommen, daß er, wie schon oben ausgeführt, den Fettsäuregehalt der Seife ermittelt und daraus nach einer einfachen Proportion die Ausbeute berechnet. Hat man z. B. in einer Kernseife 66,25 % Fettsäure gefunden, so stellt man, ausgehend von der Voraussetzung, daß das verarbeitete Neutralfett 94 % Fettsäure enthielt, die Proportion auf:

$$66{,}25 : 100 = 94 : x,$$

[1]) Zeitschr. f. angew. Chemie 23, S. 1153, 1910.

woraus sich für x 141,90 % ergibt. Dieser Schluß ist nun aber insofern nicht gerechtfertigt, als die Fette mehr oder, wenn sie mit Wasser und Schmutz verunreinigt sind, erheblich weniger Fettsäuren enthalten können, und ebenso ungerechtfertigt ist es, bei Seifen, die unter Mitanwendung von Harz gesotten sind, die Harzsäuren ohne weiteres als Fettsäuren mit in Rechnung zu stellen.

Andere machen wieder den Fehler, daß sie die gefundenen Fettsäurehydrate mit den angewandten Fetten identisch annehmen und dann bei gefundenen 66,25 % Fettsäuren sagen:

$$66{,}25 : 100 = 100 : x$$

und auf diese Weise eine Ausbeute von über 150 % herausrechnen, während sie in Wirklichkeit erheblich weniger beträgt.

Besser und in sehr vielen Fällen ausreichend verfährt man, wenn man von der Voraussetzung ausgeht, daß die meisten zur Verwendung gelangenden Fette aus den Triglyzeriden der Palmitinsäure, der Stearinsäure und der Ölsäure bestehen — für Kokosöl und Palmkernöl stimmt diese Annahme freilich nicht — und das mittlere Molekulargewicht dieser drei Glyzeride mit 860, und das dreifache mittlere Molekulargewicht der entsprechenden drei Fettsäuren mit 822 den Berechnungen zugrunde legt. Die gefundenen Fettsäuren verhalten sich also zu dem ihnen entsprechenden Neutralfett wie 822 : 860, d. h. wie 1 : 1,0462. Man braucht daher die gefundenen Fettsäuren lediglich mit 1,0462 zu multiplizieren, um das gesuchte Fett zu erhalten. Besitzen also 100 g Seife einen Fettsäuregehalt von 66,25 %, so beträgt die darin verarbeitete Fettmenge 66,25 × 1,0462 = 69,31 g. Wir kommen demnach zu der Proportion:

$$69{,}31 : 100 = 100 : x, \quad x = 144{,}27.$$

Die Ausbeute beträgt also etwas über 144 %.

Umständlicher, aber genauer ist das Verfahren zur Berechnung der Ausbeute aus der Analyse, das G. Bornemann in einer sehr ausführlichen und sehr beachtenswerten Arbeit: „Die Berechnung der Seifenausbeute auf chemischer Grundlage“ [1]) vorgeschlagen hat. Angenommen, eine Seife enthält a % Fettsäureanhydrid und b % an die Fettsäure gebundenes Natron oder Kali, so enthält sie (a + b) % fettsaures Alkali. Es ist nun zunächst festzustellen, wieviel Fettsäure und wieviel Neutralfett dem Fettsäureanhydrid entspricht. Da nun

$$2\,C_{18}H_{36}O_2 \quad - \quad H_2O \quad = \quad (C_{18}H_{35}O)_2\,O$$

2 Mol. Stearinsäure — 1 Mol. Wasser = 1 Mol. Stearinsäureanhydrid

ergibt, so ist allgemein, wenn A 1 Mol. Fettsäurehydrid und M 1 Mol. Fettsäure bedeutet,

$$1. \qquad A = 2\,M - H_2O.$$

[1]) Seifensiederztg. 1901, S. 355; Seifenfabrikant 1901, S. 545.

Ist das an die Fettsäure gebundene Alkali Natron ($Na_2O$), so entstehen aus $(C_{18}H_{35}O)_2O + Na_2O$ $2\,C_{18}H_{35}O_2Na$, d. h. das in der Analyse gefundene Natron neutralisiert das gefundene Fettsäureanhydrid entsprechend der Proportion: $Na_2O : b = A : a$, aus der sich nunmehr die Gleichung

$$2. \quad A = \frac{a}{b} Na_2O \text{ (Molekulargewicht des Fettsäureanhydrids)}$$

ergibt.

Ist das durch die Analyse bestimmte Alkali Kali ($K_2O$), so kommt man auf gleichem Wege zu der Gleichung

$$3. \quad A = \frac{a}{b} K_2O,$$

Aus Gleichung 1. folgt, daß 1 Mol. Anhydrid stets 2 Mol. Fettsäure entspricht. Daraus ergibt sich die Proportion $A : a = 2\,M : x$, worin x die Menge Fettsäure bedeutet, die dem durch die Analyse ermittelten Anhydrid a entspricht. Daraus ergibt sich dann weiter die Gleichung

$$4. \quad x = \frac{2\,M}{A} a.$$

Setzt man hier nun den aus Gleichung 1 errechneten Wert für $2\,M = A + H_2O$ ein, so erhält man $x = \frac{(A + H_2O)\,a}{A} = a\left(1 + \frac{H_2O}{A}\right)$.
In dieser Gleichung wieder läßt sich nun A durch die aus Gleichung 2. und 3. sich ergebenden Werte ersetzen und man erhält nunmehr beim Vorhandensein einer Natronseife die Gleichung

$$5. \quad x = a + \frac{H_2O}{Na_2O} b = a + 0{,}2903\,b^{1)}$$

und beim Vorhandensein einer Kaliseife die Gleichung

$$6. \quad x = a + \frac{H_2O}{K_2O} b = a + 0{,}1914\,b.$$

Um nun die Menge des Fettes zu ermitteln, das den durch die Analyse ermittelten a Gewichtsteilen Fettsäure entspricht, muß man berücksichtigen, daß 3 Mol. Anhydrid 6 Mol. Fettsäure oder 2 Mol. Glyzerid entsprechen, wie sich aus den Gleichungen:

| $3\,(C_{18}H_{35}O)_2O$ | + | $3\,H_2O$ | = | $6\,C_{18}H_{36}O_2$ |
|---|---|---|---|---|
| 3 Mol. Stearinsäureanhydrid | | 3 Mol. Wasser | | 6 Mol. Stearinsäure |

| $6\,C_{18}H_{36}O_2$ | + | $2\,C_3H_5(OH)_3$ | = | $2\,(C_{18}H_{35}O_2)_3C_3H_5$ | + | $3\,H_2O$ |
|---|---|---|---|---|---|---|
| 6 Mol. Stearinsäure | | 2 Mol. Glyzerin | | 2 Mol. Tristearin | | 3 Mol. Wasser |

ergibt.

---

[1]) Bornemann hat seinen Berechnungen die Atomgewichte H = 1,0076, Na = 23,05, K = 39,15 zugrunde gelegt, während in der obigen Berechnung die abgerundeten Atomgewichte, die für die hier in Betracht kommenden Zwecke vollkommen ausreichen, in Rechnung gestellt sind, also H = 1, O = 16, C = 12, Na = 23, K = 39.

Es entsprechen sich also $3\,(C_{18}H_{35}O)_2O$ und $2\,(C_{18}H_{35}O_2)_3C_3H_5$ oder, wenn man wieder das Molekulargewicht des Anhydrids mit A und das des Glyzerids mit $M^1$ bezeichnet, $3\,A$ und $2\,M^1$. Nun ist, wenn M, wie oben, das Mol. der Fettsäure bedeutet, $M^1 = 3\,M + C_3H_5 - 3\,H$, da $(C_{18}H_{35}O_2)_3C_3H_5 = C_{57}H_{110}O_6 = C_{54}H_{108}O_6 + C_3H_5 - 3\,H = 3\,(C_{18}H_{36}O_2) + (C_3H_5 - 3\,H)$ ist; $C_3H_5 - 3\,H$ ist aber $= 38$. Daraus folgt:

$$7. \qquad M^1 = 3\,M + 38.$$

Setzt man nun hier hinein den Wert für M. der sich aus der Gleichung 1. ergibt, also $\frac{A + H_2O}{2}$, so erhält man die Gleichung

$$8. \qquad M^1 = {}^3/_2\,(A + H_2O) + 38.$$

Nun verhalten sich 3 Mol. Anhydrid zu dem gefundenen Anhydrid wie 2 Mol. Triglyzerid zu dem gesuchten Triglyzerid, also $3\,A : a = 2\,M^1 : y$, woraus die Gleichung folgt: $y = \frac{2\,M^1}{3\,A}\,a$ oder, wenn man den für $M^1$ gefundenen Wert einsetzt:
$y = \frac{3\,(A + H_2O) + 2 \cdot 38}{3\,A}\,a = \frac{3\,A + (3\,H_2O + 2 \cdot 38)}{3\,A}\,a$. Der eingeklammerte Wert ist eine Konstante $d = 130$, so daß sich ergibt:

$$y = \frac{3\,A + d}{3\,A}\,a = a\left(1 + \frac{d}{3\,A}\right).$$

Setzt man hier hinein nun die aus Gleichung 2 und 3 sich ergebenden Werte für A, so erhält man:

$$y = a\left(1 + \frac{d}{3\,a\,Na_2O}\,b\right) = a + \frac{d}{3\,Na_2O}\,b = a + \frac{130 \cdot b}{3\,Na_2O} =$$

$a + 0{,}6985\,b$ Gewichtsteile Fett für 100 Gewichtsteile Natronseife und $y = a + \frac{d}{3\,K_2O}\,b = a + \frac{130}{282}\,b = a + 0{,}461\,b$ Gewichtsteile Fett für 100 Gewichtsteile Kaliseife. Die Ausbeute ist für 100 kg Fett anzugeben. Aus der Proportion: y Gewichtsteile Fett : 100 = 100 Gewichtsteile Seife : z findet man also für Natronseife:

$$9. \qquad z = \frac{10\,000}{a + 0{,}6985 \cdot b}$$

und für Kaliseife:

$$10. \qquad z = \frac{10\,000}{a + 0{,}461 \cdot b}.$$

Als Beispiel gibt Bornemann in seiner Arbeit die folgende Analyse einer Grundseife:

| | | | |
|---|---|---|---|
| a % | Fettsäureanhydrid . . | 68,46 | |
| b % | gebundenes Natron. . | 8,55 | |
| | freies Natron . . . . | 0,12 | 0,47 % Nichtseife. |
| | kohlensaures Natron . | 0,23 | |
| | Chlornatrium . . . . | 0,11 | |
| | Unlösliches . . . . . | 0,01 | |
| | Wasser . . . . . . . | 22,52 | |
| | | 100,00 | |

Aus a = 68,46 und b = 8,55 ergibt sich die Ausbeute:

$$z = \frac{10000}{68{,}46 + 0{,}6985 \,.\, 8{,}55} = 134{,}35\,\%.$$

Bornemann entwickelt in seiner Arbeit noch verschiedene andere Formeln, die hier ohne weitere Herleitung mitgeteilt werden sollen. Es ist:

$$V = \frac{56\,000}{M},$$

$$V^1 = \frac{168\,000}{M^1},$$

$$M = \frac{56\,000}{V},$$

$$M^1 = \frac{168\,000}{V^1},$$

$$w = 100 + 0{,}039\,V,$$

$$x = 100 + 0{,}068\,V,$$

$$y = 100 + 0{,}017\,V^1,$$

$$z = 100 + 0{,}045\,V^1,$$

$$w = \frac{10\,000}{a + 0{,}29\,b},$$

$$x = \frac{10\,000}{a + 0{,}19\,b^1},$$

$$w = \frac{10\,000 - 1{,}6\,V}{a},$$

$$x = \frac{10\,000 - 1{,}6\,V}{a},$$

$$y = \frac{10\,000}{a} \cdot \frac{6222 - V}{6222 + 1{,}4\,V},$$

$$z = \frac{10\,000}{a} \cdot \frac{6222 - V}{6222 + 1{,}4\,V}.$$

wenn in diesen Formeln bedeutet:

M = Molekulargewicht der Fettsäuren,
$M^1$ = Molekulargewicht des Glyzerids oder Fettes,
V = Verseifungs- oder Säurezahl der Fettsäuren,
$V^1$ = Verseifungszahl des Glyzerids oder Fettes,
a = % Fettsäureanhydrid in der Seife,
b = % Natron ($Na_2O$) in der Seife,
$b^1$ = % Kali ($K_2O$) in der Seife,
w = Ausbeute an fettsaurem Natrium aus 100 Gewichtsteilen Fettsäure,
x = Ausbeute an fettsaurem Kalium aus 100 Gewichtsteilen Fettsäure,
y = Ausbeute an fettsaurem Natrium aus 100 Gewichtsteilen Glyzerid oder Fett,
z = Ausbeute an fettsaurem Kalium aus 100 Gewichtsteilen Glyzerid oder Fett.

Alle hier mitgeteilten Berechnungen gelten aber nur für Seifen aus Glyzeriden oder Fettsäuren; sie haben keine Berechtigung, sobald Harz mitverarbeitet ist. — Sind Abschnitte mit versotten, so sind diese natürlich bei der Berechnung zu berücksichtigen, und zwar unter Zurechnung des durch Eintrocknen verlorenen Wassergehalts, wenn sie bereits stark ausgetrocknet waren.

# Namenregister.

# Sachregister.